电路分析基础

第5版

◎刘陈 周井泉 于舒娟 编著

人民邮电出版社
北京

图书在版编目（CIP）数据

电路分析基础 / 刘陈，周井泉，于舒娟编著．-- 5 版．-- 北京：人民邮电出版社，2017.7
普通高等学校电类规划教材
ISBN 978-7-115-46528-3

Ⅰ．①电… Ⅱ．①刘… ②周… ③于… Ⅲ．①电路分析－高等学校－教材 Ⅳ．①TM133

中国版本图书馆CIP数据核字(2017)第180365号

内 容 提 要

本书系统地阐述电路理论中的基本概念、基本定律和基本分析方法。全书共 13 章，内容包括电路的基本概念、电路分析中的等效变换、电路的一般分析方法、电路定理、非线性电阻电路分析、一阶电路分析、二阶电路分析、正弦激励下电路的稳态分析、耦合电感和变压器电路分析、电路的频率响应、二端口网络、电路的复频域分析、大规模线性网络的分析。各章均配有与基本内容密切相关的例题和习题，书末附有习题答案。另外，本书还在各章节中添加了二维码，链接“电路知识拓展”“思维导图”“习题精讲”“Multisim 仿真”和“课堂内外”等在线阅读资料和视频内容。

本书可作为通信、电子、计算机和自动化等专业本科学生的教材，也可供有关科研人员学习参考。

◆ 编　　著　刘　陈　周井泉　于舒娟
责任编辑　李　召
责任印制　陈　犇

◆ 人民邮电出版社出版发行　　北京市丰台区成寿寺路 11 号
邮编　100164　　电子邮件　315@ptpress.com.cn
网址　http://www.ptpress.com.cn
北京市鑫霸印务有限公司印刷

◆ 开本：787×1092　1/16
印张：22.25　　2017 年 7 月第 5 版
字数：543 千字　　2024 年 12 月北京第 26 次印刷

定价：59.80 元

读者服务热线：(010)81055256　印装质量热线：(010)81055316
反盗版热线：(010)81055315
广告经营许可证：京东工商广登字 20170147 号

前言（第5版）

党的二十大报告中提到:“教育、科技、人才是全面建设社会主义现代化国家的基础性、战略性支撑。”“电路分析”是高等工科院校电气信息类专业学生必修的学科基础课。通过本课程的学习,学生能掌握电路分析的基本概念、基本理论、基本分析方法,培养科学思维能力、分析计算能力和理论联系实际的工程观念,为后续课程的学习准备必要的电路知识。

2015 年,电路分析(第 4 版)被列入江苏省重点建设(修订)教材。为此,根据教育部高等学校电子电气基础课程教学指导分委员会 2010 年制定的“电路分析基础”课程教学基本要求,结合重点教材审定组专家的意见,我们进行了全面的修订。

本版基本继承了第 4 版的体系和结构,从普遍认知规律考虑,先介绍直流电阻电路,然后介绍动态电路,最后介绍正弦稳态电路。内容安排上尽量重点突出,难点分解,做到各章中心明确、层次清楚、概念准确、便于教学。本版主要有以下特点。

(1)突出基础性。从电路分析原理到例题选择,均主题明确,形式新颖,使教材重点突出。构思独特的例题和习题,启发学生的创造性思维,而不是简单地要求学生重复教材中的概念或原理。

(2)加强应用性。将理论与工程实际应用相结合,在阐述电路的基本概念和基本分析方法的基础上,在各章节的例题中有针对性地编入一些强调电路理论应用的实例,并配有应用背景的习题。从实际例子中了解电路理论在各专业应用的概貌,包括利用电路处理能量和利用电路处理信号的实例。

(3)体现时代性。为适应互联网+的需求,本版教材中添加二维码,将教材的附录部分链接到网络上,成为在线阅读内容。在精简纸质教材的同时,在线内容能方便地紧跟时代发展而不断更新,读者也能感受到新的获取知识方法。

在电路分析课程近 40 年的教学实践中,南京邮电大学电路与系统教学中心的全体教师不断积累教学经验,本版教材在此基础上由刘陈教授、周井泉教授和于舒娟教授合作改编,于舒娟编写了第 1 章、第 2 章和第 5 章,周井泉编写了第 6 章、第 7 章、第 10 章、第 12 章和第 9 章的

第4节和第5节，刘陈编写了第3章、第4章、第8章、第11章、第13章和第9章的第1节、第2节、第3节，并对全书进行统稿。此外，周井泉、于舒娟对每章知识点进行梳理并制作“思维导图”，陆峰、李娟、谢娜和孙蔚分别编写了“电路知识拓展”“Multisim仿真”“习题精讲”和“课堂内外”等在线阅读材料和视频材料。本书的改编得到了南京邮电大学各级领导和“电路分析基础”课程任课教师的关心和支持，在此表示衷心的感谢。

限于编者水平，书中难免存在疏漏和差错，恳请各位老师和同学指正。

编　者

目　　录

第1章 电路分析的基本概念

大到长距离的电力传输线，小到芯片上的集成电路，电路多种多样，功能各异，但它们都被共同的电路基本规律约束。在这种共同的电路规律基础上，形成电路理论这一学科。电路理论包括电路分析和电路综合两部分内容。电路分析是指在已知电路结构、元件参数的条件下，通过分析计算获得由输入产生的输出；电路综合是指在给定输入和输出的条件下，设计可实现的电路结构和元件参数。电路分析是电路综合的基础，只有学好电路分析，才能更好地完成电路综合的任务。本书主要学习电路分析的基本理论和分析方法。

本章在物理电学的基础上，从分析电路的角度和要求出发，介绍电路元件和电路模型的概念，在回顾电压和电流概念的基础上，引入电压和电流的参考方向，重点介绍电路基本定律——基尔霍夫定律以及一些理想电路元件的特性。

1.1　实际电路和电路模型

电路理论的发展历史

实际电路是由各种电气设备按照一定方式相互连接而构成的具有一定功能的电流通路。这些电气设备主要包括发电设备（称为电源），如各种发电机、电池等；用电设备（称为负载），如各种电动机、灯泡等；传输、控制等辅助设备，如输电线、开关等。实际电路的主要功能是实现电能或电信号的产生、传输、转换和处理。

人们在工作生活中会遇到很多实际电路，有些电路十分复杂，包含成百上千个元器件，有些电路十分简单，只包含几个元器件。图1-1（a）是日常生活中常用的手电筒实际电路，它由干电池、灯泡、开关、连接导线组成。表1-1列举了一些我国国家标准中的电气图用图

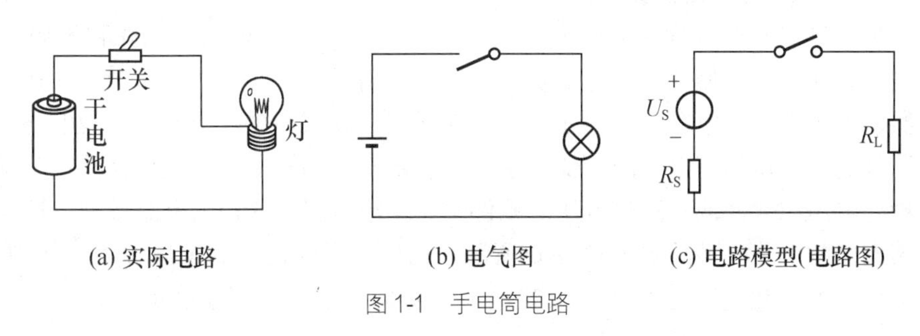

图1-1　手电筒电路

形符号，用这些符号可以绘出电气图。电气图用来表明电气设备的工作原理，为分析线路、排除电路故障提供依据。手电筒电路的电气图如图 1-1（b）所示。

表 1-1　　部分电气图用图形符号

名称	符号	名称	符号	名称	符号
导线		传声器		可变电阻器	
连接的导线		扬声器		电容器	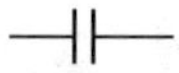
接地		二极管		电感器、绕组	
接机壳		稳压二极管		变压器	
开关	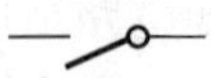	隧道二极管		铁心变压器	
熔断器	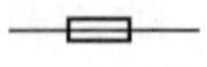	晶体管	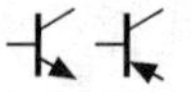	直流发电机	G
灯		电池	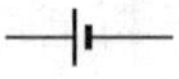	直流电动机	M
电压表	V	电阻器	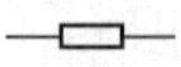		

实际的电路元器件多种多样，其工作过程都与电路中的电磁现象有关。任何一个实际元器件，在电压电流的作用下都包含消耗电能、存储电场能量、存储磁场能量三个基本效应，这些基本效应交织在一起，会使电路的分析和研究变得比较复杂。因此，实际电路分析需要建立电路模型。电路模型是实际电路在一定条件下的科学抽象和足够精确的数学描述。

电路理论是建立在理想化模型的基础上，它分析的对象并非实际电路，而是电路模型。

电路理论中所说的电路，是指由各种理想电路元件按照一定方式连接组成的总体。

理想电路元件是用数学关系式严格定义的假想元件。理想电路元件的数学关系反映实际电路器件的基本物理规律。每一种理想电路元件都可以表示实际元器件所具有的一种主要电磁性能，并且用规定的图形符号表示。任何一种实际元器件，根据其不同的工作条件总可以用一个或几个不同的理想元件的组合来表征。

常用的理想电路元件有理想电阻元件、理想电容元件、理想电感元件和理想电压源元件、理想电流源元件等。例如，理想电阻元件仅表征消耗电能并转变成非电能的特征，白炽灯、电阻器、电炉等实际电路器件，在一定条件下都可以用理想电阻元件作为电路模型；理想电压源元件表征提供固定电压的特征，干电池、蓄电池和发电机等电路器件在一定条件下都可以用理想电压源元件或者理想电压源元件串联理想电阻元件作为电路模型。这样，可以得到手电筒电路的电路模型如图 1-1（c）所示。图中干电池用理想电压源 U_S（反映电池提供固定的电压）和理想电阻元件 R_S（反映电池本身的耗能）串联组合的电路模型表示；电

阻元件 R_L 作为灯泡的电路模型（反映灯泡消耗电能）；连接线用理想导线（电阻为 0）来表示；开关用理想开关元件（开关动作可以瞬间完成，无延迟且导通后开关电阻为 0）来表示。图 1-1（c）中用到了理想电阻、理想电压源和理想开关的元件图形符号。其他理想元件的图形符号将在后面陆续介绍。

本书论述的电路分析内容遵循两条公理和一条假设。

1. 电荷守恒

电荷在电路中的定向移动形成电流。电荷在运动过程中经过电路元件，有的元件吸收能量，有的元件释放能量，但电荷的数量在运动过程中保持不变，即电荷守恒。

2. 能量守恒

电路的功能是转换与传输能量，在转换和传输过程中遵循能量守恒定律。

3. 集总假设

集总假设为本书的基本假设。

理想元件是抽象的模型，没有体积和大小，其特性集中表现在空间的一个点上，称为集总参数元件。每一种集总参数元件只反映一种基本电磁现象。由集总参数元件构成的电路称为集总参数电路，简称集总电路。在集总电路中，任何时刻该电路任何地方的电流、电压都是与其空间位置无关的确定值。需要指出，用集总参数电路来近似代替实际电路是有条件的：电路器件及其整个实际电路的尺寸 l 远小于电路最高工作频率对应的波长 λ，即

$$l \ll \lambda \quad \lambda = \frac{c}{f}, \quad c = 3\times10^8\text{m/s(光速)}$$

例如，在音频范围内，频率约为 20Hz~20kHz，对应的信号波长为 15km~15 000km。对于大多数用电设备来说，其尺寸与之相比可以忽略不计，因此，应用集总参数电路模型是合适的。但是对于数百千米甚至上千千米的通信线路和电力传输线路，则不满足上述条件，不能用集总参数电路来分析。又例如，在微波电路中，信号波长 λ = 0.1 ~ 10cm，此时波长与元件尺寸属于同一数量级，信号在电路中的传输时间不能忽略，电路中的电流、电压不仅是时间的函数，也是空间位置的函数，集总参数模型失效，应当采用分布参数电路或电磁场理论来分析。有关这部分内容将在后续课程中学习。

1.2 电路分析的变量

单位与量纲

电流、电压、电荷、磁链、功率和能量是描述电路工作状态和元件工作特性的 6 个变量，它们通常都是时间的函数，其中，分析电路最常用的物理量是电流、电压和功率。

1.2.1 电流及其参考方向

电子和质子都是带电的粒子，电子带负电荷，质子带正电荷。所带电荷的多少就是电荷量，单位时间内通过导体横截面的电荷量定义为电流强度，简称电流，用 $i(t)$ 表示，即

$$i(t)=\frac{\mathrm{d}q}{\mathrm{d}t} \tag{1-1}$$

式中，q 表示电荷量，t 表示时间。在国际单位制（SI）中，电流的单位为安培（简称安，符号为 A）；电荷的单位是库仑（简称库，符号为 C）；时间的单位为秒（符号为 s）。在通信和计算机技术中，常用毫安（mA）、微安（μA）作为电流的单位。它们的关系是

$$1\mathrm{mA}=10^{-3}\mathrm{A} \qquad 1\mu\mathrm{A}=10^{-6}\mathrm{A}$$

习惯上把正电荷运动方向规定为电流的方向。如果电流的大小和方向都不随时间改变，则这种电流称为恒定电流，简称直流电流，习惯上用大写字母 I 表示。

在实际问题中，电流的真实方向往往难以在电路图中标出，如交流电路中电流的真实方向在不断变化。即使在直流电路中，在求解较复杂电路时，也往往难以事先判断电流的真实方向。为解决这一困难，引入参考方向的概念。

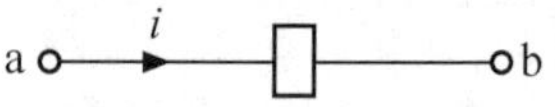

a —i→ [ ] — b

图 1-2　电流的参考方向

指定参考方向的用意在于把电流看成代数量。图 1-2 所示为连接 a、b 两个端子间的二端元件，流经它的电流 i 的参考方向用箭头表示。电流的参考方向可以任意选定，并不一定是电流的真实方向，但一经选定，就不再改变。在选定的电流参考方向下，如果经过计算电流为正值，就表示参考方向与电流的真实方向一致；如果电流为负值，就表示参考方向与电流的真实方向相反。

电流的参考方向也可以用字符 i 的双下标表示，对于图 1-2 来说，i_{ab} 表示电流参考方向由 a 指向 b。

需要指出，只有数值而无参考方向的电流是没有意义的。在求解电路时，必须首先选定电流的参考方向。电路图中用箭头所标的电流方向都是电流的参考方向。

1.2.2　电压及其参考方向

电路中，单位正电荷由 a 点移到 b 点所做的功称为 a、b 两点间的电压，也称为电位差或电压降，用 $u(t)$ 表示，即

$$u(t)=\frac{\mathrm{d}w}{\mathrm{d}q} \tag{1-2}$$

式中，w 表示能量，在国际单位制（SI）中，电压的单位为伏特（简称伏，符号为 V）；能量的单位是焦耳（简称焦，符号为 J）。在通信和计算机技术中，常用毫伏（mV）、微伏（μV）作为电流的单位。它们的关系是

$$1\mathrm{mV}=10^{-3}\mathrm{V} \qquad 1\mu\mathrm{V}=10^{-6}\mathrm{V}$$

由定义可以看出，电压是描述 a、b 两点之间物理关系的电路量。如果规定某点为参考点（参考点的电位设定为 0，在电路图中通常用 ⊥ 表示），则可以定义出关于一个点的电路量：电位。如果 a 点的电位定义为从 a 点到参考点（p）的电压，即

$$\varphi_{\mathrm{a}}=u_{\mathrm{ap}} \tag{1-3}$$

根据中学物理的常识可知，两点之间的电位差等于两点之间的电压，即

$$\varphi_{\mathrm{a}}-\varphi_{\mathrm{b}}=u_{\mathrm{ap}}-u_{\mathrm{bp}}=u_{\mathrm{ab}} \tag{1-4}$$

需要指出，电路中的参考点可以任意选择，但参考点一经选定，在整个电路的分析计算中不得更改，各点的电位值也相应的唯一确定。当选择不同的电位参考点时，电路中各点的

电位值将改变，但任意两点间的电压不变。

习惯上把电位降落的方向规定为电压的方向，电压的高电位端标出“+”极，低电位端标出“-”极。如果电压的大小和方向都不随时间改变，则这种电压称为恒定电压，简称直流电压，习惯上用大写字母 U 表示。

如同需要为电流选定参考方向一样，也需要为电压选定参考极性。指定参考极性的用意在于把电压看成代数量。电压的参考极性同样是任意选定的，并不一定是电压的真实极性，但一经选定，就不再改变。图 1-3 所示为连接 a、b 两个端子间的二端元件，用“+”表示参考极性的高电位，用“-”表示参考极性的低电位。在选定的电压参考极性下，如果经过计算电压为正值，就表示参考极性与电压的真实极性一致；如果电压为负值，就表示参考极性与电压的真实极性相反。

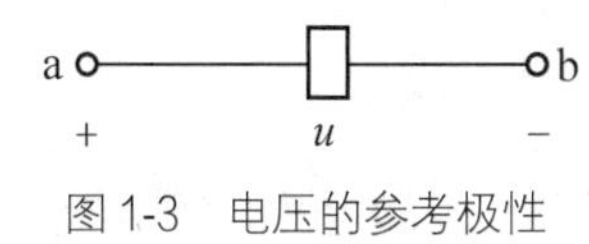

图 1-3　电压的参考极性

电压的参考极性也可以用字符 u 的双下标表示。对于图 1-3 来说，u_{ab}表示 a 点为电压参考极性端“+”，b 点为电压参考极性端“-”，那么 $u_{ab}=u$；u_{ba}表示 b 点为电压参考极性端“+”，a 点为电压参考极性端“-”，那么 $u_{ba}=-u$。

这里必须注意，只有数值而无参考极性的电压是没有意义的。在求解电路时，必须首先选定电压的参考极性。

1.2.3　关联参考方向

分析电路时，电流与电压的参考方向是任意选定的，两者之间独立无关。但是为了方便起见，对于同一元件或者同一段电路，习惯上采用“关联”参考方向。即电流的参考方向与电压参考“+”极到“-”极的方向选为一致。如图 1-4 所示，我们称电压 u 与电流 i 是关联参考方向。

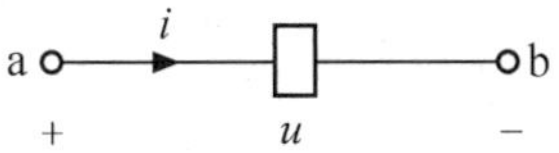

图 1-4　关联参考方向

1.2.4　功率和能量

功率和能量是电路中两个重要的电路变量。功率是指某一段电路吸收或供出能量的速率，用符号用 $p(t)$ 表示，即

$$p(t)=\frac{\mathrm{d}w}{\mathrm{d}t} \tag{1-5}$$

在电路中，更关注的是功率与电压、电流之间的关系。以图 1-5（a）所示的二端网络为例，图中电流与电压设定的是关联参考方向。移动 $\mathrm{d}q$ 正电荷量电场力做的功为 $\mathrm{d}w=u\cdot\mathrm{d}q$，电场力做功说明电能损耗，损耗的这部分电能被该二端网络吸收。下面具体导出图 1-5（a）所示的二端网络吸收的功率与电压、电流的关系。

由式（1-2）可知，正电荷量为 $\mathrm{d}q$ 的电荷在移动过程中失去的能量为 $\mathrm{d}w=u\cdot\mathrm{d}q$，再由式（1-1）可知 $\mathrm{d}q=i\cdot\mathrm{d}t$，因此当一个二端网络的电压和电流取关联参考方向时，其吸收的功率

$$p(t)=\frac{\mathrm{d}w}{\mathrm{d}t}=\frac{u\cdot\mathrm{d}q}{\mathrm{d}t}=u\cdot\frac{i\mathrm{d}t}{\mathrm{d}t}=ui \tag{1-6}$$

同理可以导出对于图 1-5（b）所示的二端网络，电流与电压设定的是非关联参考方向

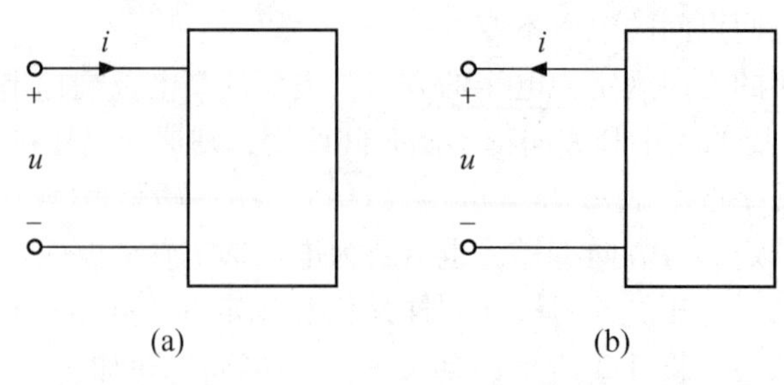

图1-5　二端网络功率的计算方法

时，它吸收的功率

$$p(t)=-ui \tag{1-7}$$

根据电压、电流是否为关联参考方向，可选用相应的计算公式。但无论是式（1-6）还是式（1-7），都是按吸收功率进行计算的。若计算出结果为正，就表示吸收了功率；计算出结果为负，就表示供出了功率。

在图1-5（a）所示的二端网络电压和电流设定为关联参考方向的前提下，从$-\infty$到t时间内，电路吸收的总能量

$$w(t)=\int_{-\infty}^{t}p(\xi)\mathrm{d}\xi=\int_{-\infty}^{t}u(\xi)i(\xi)\mathrm{d}\xi \tag{1-8}$$

在国际单位制（SI）中，功率的单位为瓦特（简称瓦，符号为W）。

【例1-1】　各元件的电压或电流数值如图1-6所示，试问

（1）若元件A吸收功率10W，则电压u_a为多少？

（2）若元件B吸收功率10W，则电流i_b为多少？

（3）若元件C供出功率10W，则电流i_c为多少？

（4）元件D产生功率P为多少？

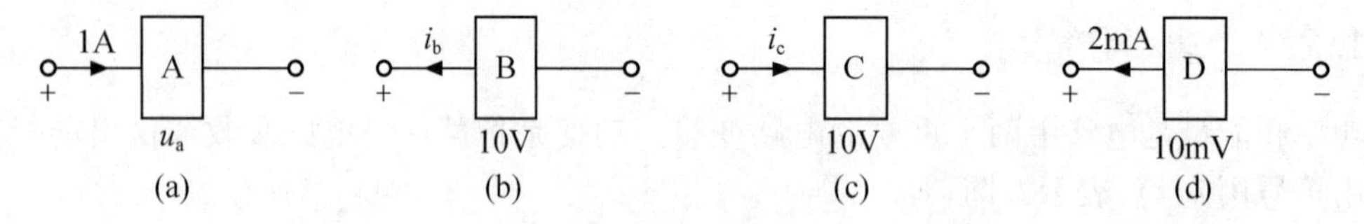

图1-6　例1-1图

解　（1）图1-6（a）电压、电流为关联参考方向，故由式（1-6）

$$p_A=u_a\times1=10\text{W},\text{故 } u_a=10\text{V}$$

（2）图1-6（b）电压、电流为非关联参考方向，故由式（1-7）

$$p_B=-10\times i_b=10\text{W},\text{故 } i_b=-1\text{A}$$

（3）图1-6（c）电压、电流为关联参考方向，元件C供出功率10W，也就是吸收功率为-10W，故由式（1-6）

$$p_C=10\times i_c=-10\text{W},\text{故 } i_c=-1\text{A}$$

（4）图1-6（d）电压、电流为非关联参考方向，故由式（1-7）

$$p_D=-(10\text{mV}\times2\text{mA})=-2\times10^{-5}\text{W},$$

故元件D吸收功率P为-2×10^{-5}W，也就是供出的功率为2×10^{-5}W。

1.3　电路元件

电路模型是由电路元件互相连接而成的一个整体，电路元件是组成电路模型的最小单元。

按电路元件端子数分类，电路元件分为二端电路元件和四端电路元件。基本的二端电路元件包括电阻元件、独立电源、电容元件及电感元件等；基本的四端电路元件包括受控电源、运算放大器、理想变压器及耦合电感元件等。

按电路元件在电路中的作用，电路元件可分为有源元件和无源元件。无源元件是指在接入任一电路进行工作的全部时间范围内，总的输入能量不为负值的元件。用数学式表达，即

$$w(t)=\int_{-\infty}^{t}p(\xi)\,\mathrm{d}\xi \geqslant 0 \tag{1-9}$$

式（1-9）中的 $p(t)$ 为该电路元件吸收的功率。常见的无源元件有电阻元件、电容元件、电感元件和互感元件等，它们在电路中通常作为负载。

任何不满足式（1-9）条件的元件即为有源元件。常见的有源元件有独立电源、受控源等。

按电路元件的性质分类，电路元件可分为线性元件和非线性元件、非时变元件和时变元件等。

在电路中，电路元件的特性是由它端子上的电压与电流的关系来表征的，通常称为伏安特性，记为 VCR（Voltage Current Relation），它可以用数学关系式表示，也可以描绘成电压与电流的关系曲线——伏安特性曲线。

1.3.1　电阻元件

电阻元件是一个无源的二端元件，是在一定条件下白炽灯泡、电炉、电烙铁等实际电阻器的理想化模型。

如果一个二端元件，其端钮间的电压 u 和通过其中的电流 i 之间的关系可以用代数方程

$$f(u,i)=0 \tag{1-10}$$

来描述，也就是说这个二端元件可以用 u-i 平面的一条曲线确定，那么这个二端元件就称为电阻元件，简称电阻（Resistor）。u-i 平面的这条曲线称为电阻元件的伏安特性曲线，式（1-10）称为电阻元件的伏安特性方程。

电阻元件按照其伏安特性曲线是否为通过原点的直线，可以分为线性电阻元件和非线性电阻元件；按照其伏安特性曲线是否随时间变化，可以分为时变电阻元件和非时变电阻元件。因此，电阻元件共有线性非时变、非线性非时变、线性时变、非线性时变 4 种类型。

通常所说的电阻元件，习惯上指的是线性非时变电阻元件，其图形符号如图 1-7 所示，其伏安特性曲线如图 1-8 所示。图 1-7 所示电阻元件的电压和电流是取关联参考方向，则其特性方程为

$$u=Ri \tag{1-11a}$$

或

$$i=Gu \tag{1-11b}$$

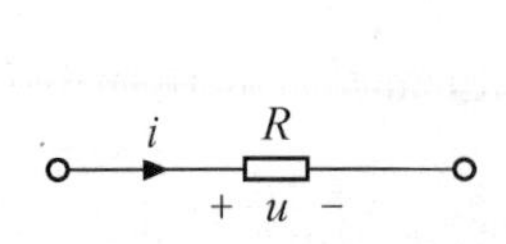

图1-7 线性非时变电阻元件图形符号

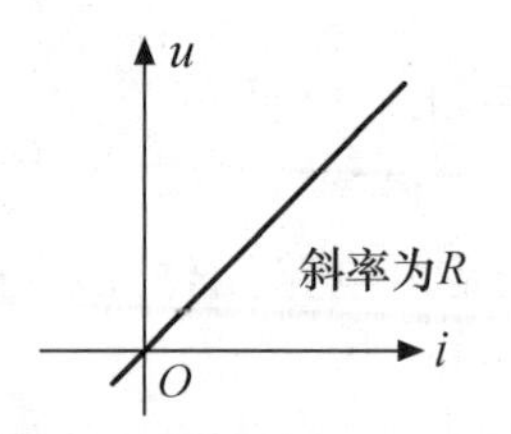

图1-8 线性非时变电阻元件伏安特性曲线

式（1-11）也就是欧姆定律，式中 R 的数值为伏安特性曲线的斜率，称为电阻元件的电阻量，简称电阻。电阻的单位是欧姆（简称欧，符号为 Ω），1 欧 = 1 伏/安。G 称为电导，单位是西门子（简称西，符号为 S），1 西 = 1 安/伏。

电阻 R 和电导 G 是互为倒数的常数，即 $G=1/R$。它们都是与电压、电流无关的常量，反映了电阻元件阻碍电流通过能力的大小。电阻元件的电阻值越大，阻碍电流通过的能力越强；相反，电阻元件的电导值越大，阻碍电流通过的能力越弱，也就是传导电流的能力越强。

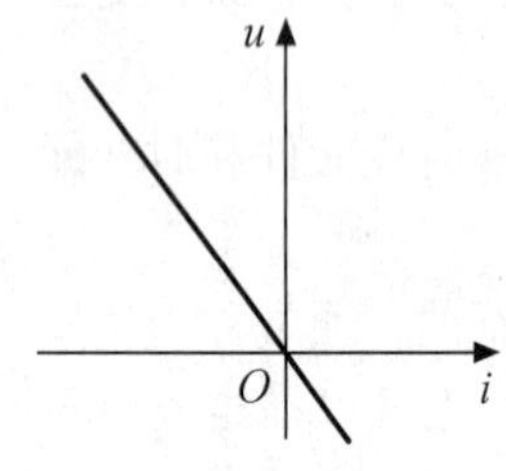

图1-9 负电阻的伏安特性曲线

如果对所有的时间 t，如图 1-8 所示的电阻伏安特性曲线位于 u-i 平面的第一、第三象限内，则这个电阻必然为正电阻，实际电阻器对应的电阻元件都是正电阻。如果对所有的时间 t，如图 1-9 所示的电阻伏安特性曲线位于 u-i 平面的第二、第四象限内，则这个电阻必然为负电阻。在工程实际中，可以通过其他电路器件构成的电路实现负电阻特性。

在理想情况下，电阻有以下两种特殊值。

① 当 $R=0$ 或 $G\to\infty$ 时，由式（1-11a）可知，不论流经电阻的电流为多大，其两端的电压恒等于 0，此时电阻元件相当于一段理想导线，称为“短路”，其伏安特性曲线与 i 轴重合，如图 1-10（a）所示，图中粗实线表示短路电流。

② 当 $R\to\infty$ 或 $G=0$ 时，由式（1-11b）可知，不论施加在电阻两端的电压为多大，流经电阻的电流恒等于 0，此时电阻元件相当于一段断开的导线，称为“开路”，其伏安特性曲线与 u 轴重合，如图 1-10（b）所示，图中粗实线表示开路电压。

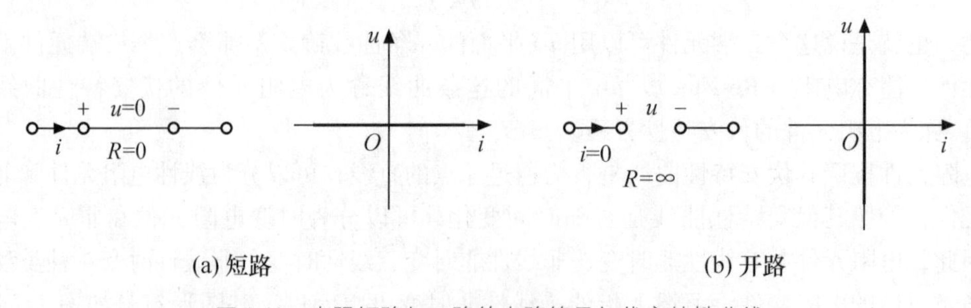

图1-10 电阻短路与开路的电路符号与伏安特性曲线

由电阻元件的伏安特性方程和伏安特性曲线可知，在任意时刻，电阻元件的端电压（或电流）由同一时刻的电流（或端电压）决定，与过去的电压或电流无关。因此，电阻元件是一种无记忆的元件或称即时元件。

需要指出，如果电阻元件的电压和电流采用非关联参考方向时，则其特性方程应改为

$$u=-Ri \tag{1-12a}$$

或

$$i=-Gu \tag{1-12b}$$

在电阻元件的电压和电流取关联参考方向时，任意时刻，电阻元件吸收的功率为

$$p=ui=i^2R=u^2G \tag{1-13}$$

对于实际电阻器对应的电阻元件来说，R 和 G 都是正的实常数，故由式（1-13）可知电阻元件吸收的功率 p 恒为非负值，表明其在任何时刻都不可能向外发出功率，电阻元件（$R>0$）是耗能元件。

线性非时变电阻元件是遵循欧姆定律的无源、耗能、无记忆的理想二端电路元件。对于某些实际电阻器，如金属膜电阻器、碳膜电阻器、线绕电阻器等，在一定的工作范围内，它们的电阻值基本不变，可以用线性非时变电阻元件作为对应的电路模型。

应当注意，作为理想元件，电阻元件上的电压、电流可以不受限制地满足欧姆定律，但作为实际的电阻器件，对电压、电流或功率都有一定的限额，超过这些限额将会由于过电压或过电流而损坏电阻器。工程应用中，在规定的环境温度和湿度下，假定周围空气不流通，在长期连续负载而不损坏或基本不改变性能的情况下，电阻上消耗的最大功率称为额定功率 P_N。因此，在电子线路的设计中选择电阻器件时，不仅要考虑电阻值，还要兼顾考虑额定功率以及器件的散热问题。为保证安全使用，一般选择额定功率为电阻在电路中消耗功率的 1~2 倍。额定功率分为 19 个等级，常用的有 0.05W、0.125W、0.25W、0.5W、1W、2W、3W、5W、7W、10W。

【例 1-2】 已知图 1-11 所示电路中电阻 R 两端的电压 $u=10V$，欲使流过 R 的电流 $i=-10mA$，如何选择电阻 R？

图 1-11　例 1-2 图

解　图 1-11 中电阻 R 的电压、电流为非关联参考方向，故由式（1-12）

$$R=-\frac{u}{i}=-\frac{10}{-(10\times10^{-3})}=1k\Omega$$

课堂内外　电路中的基本元件

电阻 R 消耗的功率为

$$p=\frac{u^2}{R}=\frac{10^2}{10^3}=0.1W$$

考虑到留有一定裕量，选用 1kΩ、0.25W 的电阻比较合适。

若一个电阻元件的伏安特性曲线是随时间变化的、通过原点的直线，则称为线性时变电阻。线性时变电阻元件的电路符号及伏安特性曲线如图 1-12 所示，其特性方程为

$$u=R(t)\cdot i \tag{1-14a}$$

或

$$i=G(t)\cdot u \tag{1-14b}$$

若一个电阻元件的伏安特性曲线不是通过原点的直线，则称为非线性电阻。按照特性曲线是否随时间变换，非线性电阻又可以分为非线性非时变电阻及非线性时变电阻。其相应的电路符号如图 1-13 所示。半导体器件中的充气二极管、隧道二极管等都是常见的非线性电阻，在后面的章节将详细介绍非线性电阻电路。

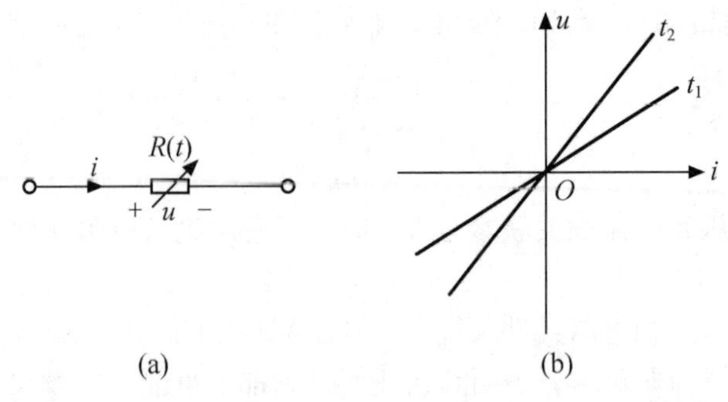

图1-12　线性时变电阻元件的电路符号及其伏安特性曲线

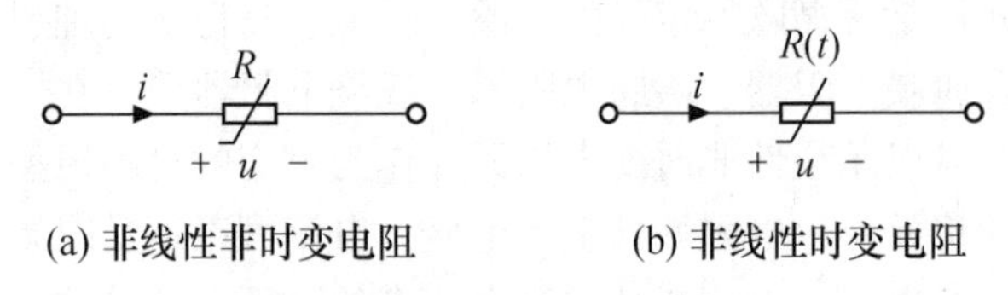

图1-13　非线性电阻元件的电路符号

1.3.2 独立电源

独立电源（Independent source）是实际电源的理想化电路元件模型，是能够主动对外电路提供能量或电信号的有源元件，包括独立电压源和独立电流源。

1. 独立电压源

如果一个二端元件接到任意电路中，无论流经它的电流是多少，其两端电压始终保持给定的时间函数 u_S(t) 或定值 Us，则该二端元件称为独立电压源，简称电压源。

电压源是实际电压源忽略内阻后的理想化模型。常见的干电池、蓄电池、发电机等实际电压源在一定的电流范围内可以近似地看成是一个电压源，也可以用电压源与电阻元件构成实际电压源模型，这个问题将在第2章中详细介绍。

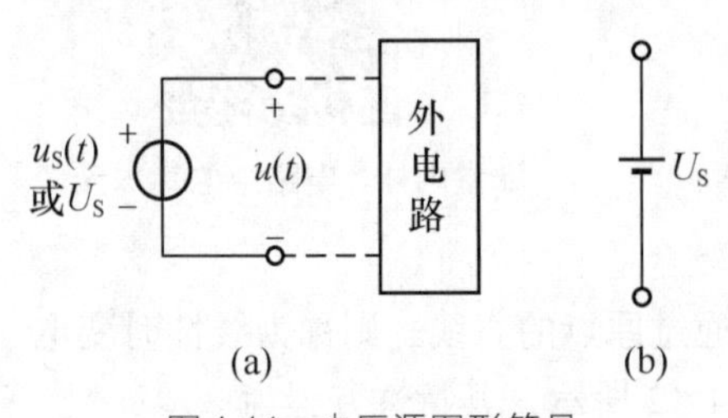

图1-14　电压源图形符号

电压源在电路图中的符号如图1-14（a）所示，符号中的+、-表示电压的参考极性。直流电压源也可以用图1-14（b）所示的图形符号表示，长横线表示电压参考正极性，短横线表示电压的参考负极性。

电压源的特性方程为

$$u(t)=u_S(t) \tag{1-15}$$

式中，u_S(t) 是给定的时间函数，称为电压源的源电压。式（1-15）中不含电流 i，表示电压源的端电压由元件本身确定，与流过它的电流无关。对于含电压源的电路，流经电压源的电流由该具体电路确定。

电压源的伏安特性曲线如图1-15所示。对于直流电压源，其特性曲线为一条平行于 i 轴的直线，u 轴截距 U_S 表示直流电压源的电压值，如图1-15（a）所示。对于时变电压源，其特性曲线为平行于 i 轴但随时间而改变的直线，u 轴的截距表示不同时刻时变电压源的电压值，如图1-15（b）所示。

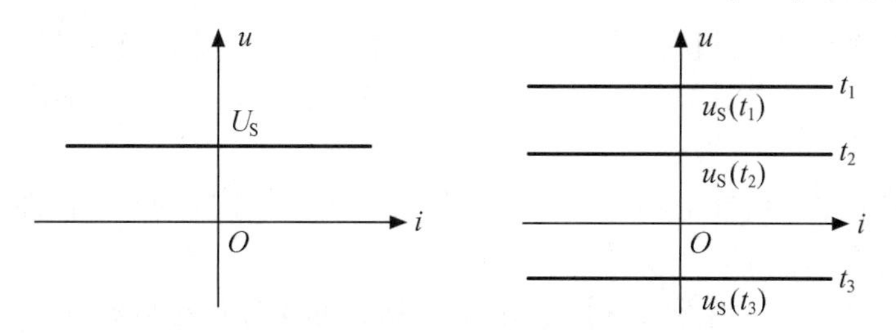

(a) 直流电压源的伏安特性曲线　　(b) 时变电压源的伏安特性曲线

图 1-15　电压源的伏安特性曲线

当 $u_S(t)$ 或 U_S 为 0 时，其伏安特性曲线与 i 轴重合，电压源相当于短路。如果需要去除含独立电源电路中某一个电压源的作用，则可以使该电压源 $u_S(t)=0$，即用短路置换，称为电压源置零。

由于流经电压源的电流由外电路决定，电流可以从不同方向流经电压源，所以电压源可能对外电路提供能量，也可能从外电路吸收能量。

2. 独立电流源

如果一个二端元件接到任意电路中，无论其两端电压是多少，流经它的电流始终保持给定的时间函数 $i_S(t)$ 或定值 I_S，则该二端元件称为独立电流源，简称电流源。

电流源是将实际电流源内阻视为无穷大后的理想化模型。例如，光电池在一定照度的光线照射时被激发产生一个定值的电流，电流与照度成正比，它可以近似地看成是一个电流源。通常用电流源与电阻元件构成实际电流源模型，这个问题也将在第 2 章中详细介绍。

电流源在电路图中的符号如图 1-16 所示，符号中的箭头表示电流的参考方向。

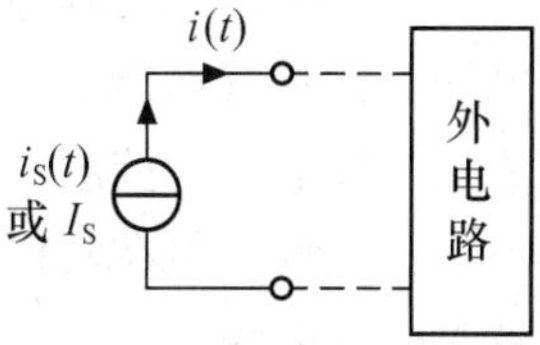

图 1-16　电流源图形符号

电流源的特性方程为

$$i(t)=i_S(t) \tag{1-16}$$

式中，$i_S(t)$ 是给定的时间函数，称为电流源的源电流。式（1-16）中不含电压 u，表示电流源的源电流由元件本身确定，与它的端电压无关。对于含电流源的电路，电流源的端电压由该具体电路确定。

电流源的伏安特性曲线如图 1-17 所示。对于直流电流源，其特性曲线为一条平行于 u 轴的直线，i 轴截距 I_S 表示直流电流源的电流值，如图 1-17（a）所示。对于时变电流源，其特性曲线为平行于 u 轴但随时间而改变的直线，i 轴的截距表示不同时刻时变电流源的电流值，如图 1-17（b）所示。

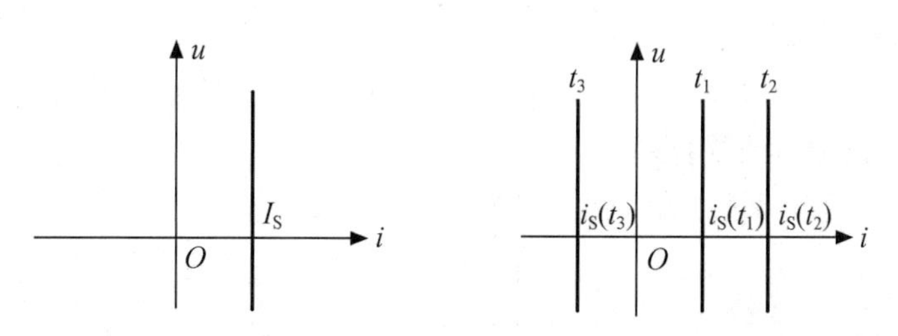

(a) 直流电流源的伏安特性曲线　　(b) 时变电流源的伏安特性曲线

图 1-17　电流源的伏安特性曲线

当 $i_S(t)$ 或 I_S 为0时，其伏安特性曲线与 u 轴重合，电流源相当于开路。如果需要去除含独立电源电路中某一个电流源的作用，则可以使该电流源 $i_S(t)=0$，即用开路置换，称为电流源置零。

由于电流源的端电压由外电路决定，其端电压可以具有不同的真实极性，所以电流源可能对外电路提供能量，也可能从外电路吸收能量。

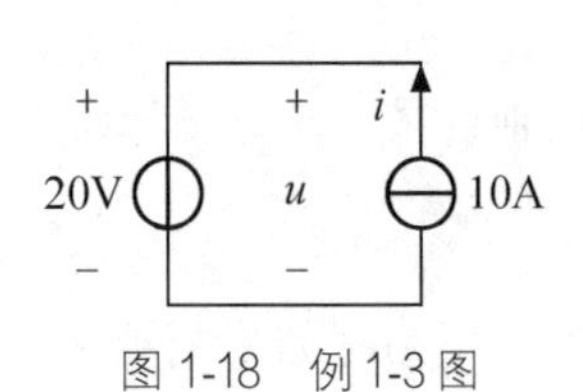

图 1-18　例 1-3 图

【例 1-3】　求图 1-18 所示电路中电压源和电流源的功率。

解　根据独立电压源和独立电流源的特性可知

流过电压源的电流由与它相连接的电流源决定，即 $i=10A$。

电流源的端电压由与它相连接的电压源决定，即 $u=20V$。

对于电压源来说，电压和电流为关联参考方向，吸收的功率

$$p_{电压源}=u\times i=20\times 10=200W$$

对于电流源来说，电压和电流为非关联参考方向，吸收的功率

$$p_{电流源}=-u\times i=-20\times 10=-200W$$

依据计算的结果可以看出，在这个电路中，电压源吸收功率，电流源产生功率。

1.3.3　受控电源

前面讨论的电路元件均为二端元件，对外只有一个端口。在电路理论中，还存在另外一类元件，它们有4个端子，对外有两个端口，称为四端元件或二端口元件。受控源就是四端元件。

电压源和电流源都是独立电源，电压源的端电压和电流源的电流都是由电源本身决定的，与电源以外的其他电路无关。受控电源是从电子器件中抽象出来的一种电路模型。有些电子器件具有输出端电压或电流受输入端电压或电流控制的特性。例如，晶体管的集电极电流受基极电流的控制、场效应管的漏极电流受栅极电压的控制等。它们虽然不能独立地为电路提供能量，但在其他信号控制下，可以提供一定的电压或电流。这类元件对应的电路模型就是受控电源。

根据控制量和受控量的不同，受控电源有4种基本形式：电压控制电压源（VCVS）、电流控制电源（CCVS）、电压控制电流源（VCCS）、电流控制电流源（CCCS）。受控电源的电路图形符号如图 1-19 所示。

在图 1-19 中，为了区别独立电源，受控电源用菱形符号表示。μ、γ、g、β 是控制参数，其中 μ 称为电压增益，γ 称为转移电阻，g 称为转移电导，β 称为电流增益。这里 μ 和 β 无量纲，γ 和 g 具有电阻和电导的量纲。当这些控制参数为常数时，被控制量与控制量成正比，这类受控电源称为线性受控电源。

如图 1-19 所示，受控电源表示成具有两个端口的电路模型，11′端称为输入端口或控制端口，22′端称为输出端口或受控端口。

电压控制电压源（VCVS）的特性方程为

$$\begin{cases} i_1=0 \\ u_2=\mu u_1 \end{cases} \tag{1-17}$$

电流控制电压源（CCVS）的特性方程为

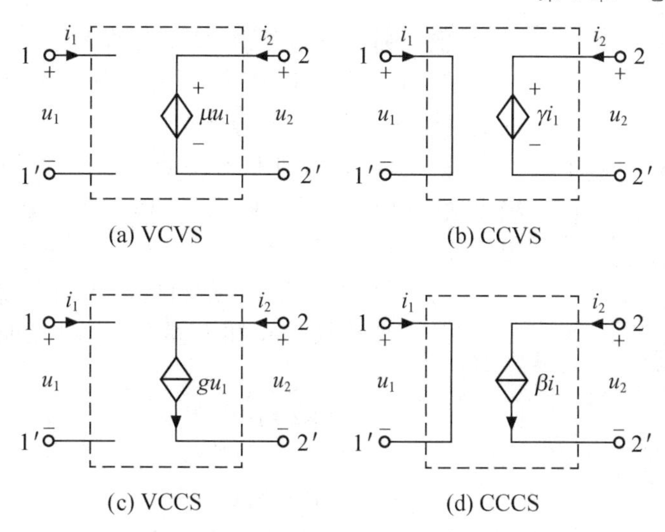

图 1-19　4 种受控电源的电路图形符号

$$\begin{cases} u_1 = 0 \\ u_2 = \gamma i_1 \end{cases} \tag{1-18}$$

电压控制电流源（VCCS）的特性方程为

$$\begin{cases} i_1 = 0 \\ i_2 = g u_1 \end{cases} \tag{1-19}$$

电流控制电流源（CCCS）的特性方程为

$$\begin{cases} u_1 = 0 \\ i_2 = \beta i_1 \end{cases} \tag{1-20}$$

如图 1-19 所示受控电源的两个端口：对于 11′端，控制端口电压 u_1 和电流 i_1 是关联参考方向，控制端口吸收的功率为 $p_1 = u_1 i_1$；对于 22′端，受控端口电压 u_2 和电流 i_2 也是关联参考方向，受控端口吸收的功率为 $p_2 = u_2 i_2$。因此，受控电源吸收的功率

$$p = p_1 + p_2 = u_1 i_1 + u_2 i_2$$

因为控制端口不是开路（$i_1 = 0$）就是短路（$u_1 = 0$），受控电源的控制端口功率 $p_1 = u_1 i_1 = 0$，所以受控电源吸收的功率也就是其受控端口吸收的功率，即

$$p = p_2 = u_2 i_2$$

受控电源与独立电源的相似之处是具有“有源性”，在电路中可以对外产生功率。当控制量一定时：受控电压源的电压也就一定，与流过它的电流无关；受控电流源的电流也就一定，与它的端电压无关。

受控电源与独立电源的不同之处是：受控电压源的电压、受控电流源的电流要受到电路中某部分电压或电流的控制，当这些控制电压或电流为 0 时，受控电压源的电压、受控电流源的电流也为 0。因此受控电源本身不能起“激励”的作用，仅用来反映电路中某部分电压或电流能够控制另一部分电压或电流的现象。

受控电源是四端元件，一般在含受控电源的电路中，并不明确标出两个端口，但其输出量与控制量必须明确标出。需要指出，在实际电路中，控制量与受控电源输出端并不一定放在一起。

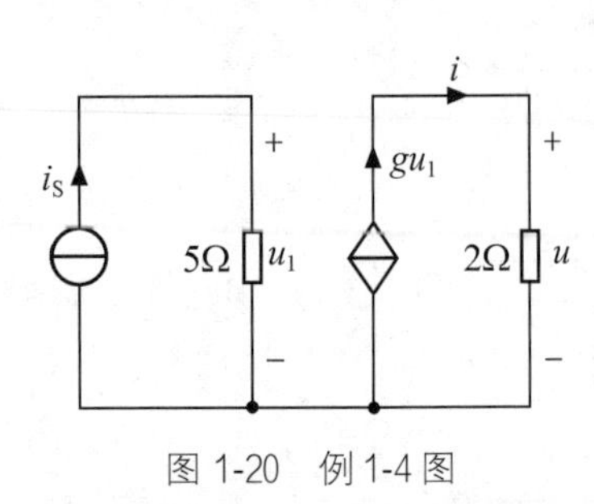

图 1-20　例 1-4 图

【例 1-4】　已知图 1-20 中 $i_S=2A$，受控电源控制系数 $g=2S$，求（1）图 1-20 中所含受控电源的类型；（2）受控电源的端电压 u；（3）受控电源的功率 $p_{控}$。

解　（1）根据图 1-20 中受控电压源的控制量是电压 u_1，输出量是电流 gu_1 可知，图 1-20 中所含受控电源是电压控制电流源（VCCS）。

（2）根据独立电流源的特性，5Ω 电阻流过的电流是 i_S。对于 5Ω 来说，u_1 和 i_S 是关联参考方向，根据电阻元件的伏安关系可知

$$u_1=5\times i_S=5\times 2=10V$$

因此受控电源输出电流

$$i=gu_1=2\times 10=20A$$

对于 2Ω 来说，u 和 i 是关联参考方向，根据电阻元件的伏安关系可知

$$u=2\times i=2\times 20=40V$$

（3）对于受控电源输出端来说，u 和 i 是非关联参考方向，其吸收的功率

$$p_{控}=-(u\times i)=-(40\times 20)=-800W$$

$p_{控}<0$，表明受控电源在这个电路中产生功率。

1.4　基尔霍夫定律

基尔霍夫定律

集总参数电路电压、电流变量间的关系受到两方面的约束：元件约束和拓扑约束，它们是分析研究集总参数电路的基本依据。元件约束是由元件本身特性决定的规律，如线性电阻元件满足欧姆定律；拓扑约束是指由电路的结构，即连接方式所表现出来的约束关系，基尔霍夫定律体现了这种约束关系。

1845 年，德国物理学家基尔霍夫（G. R. Kirchhoff）提出基尔霍夫定律，包括基尔霍夫电流定律和基尔霍夫电压定律。

在阐述基尔霍夫定律之前，首先介绍与电路拓扑结构有关的几个名词。电路由电路元件通过端子互相连接而成。图 1-21 就是一个电路拓扑结构图，电路的结构用支路、节点、路径、回路、网孔等名词描述。

图 1-21　电路拓扑结构图

支路：电路中一个二端元件称为一条支路。通常把流经元件的电流称为支路电流，把元件两端的电压称为支路电压。

节点：电路中两条或两条以上支路的连接点称为节点。

注意，b 和 c、e 和 f 之间用理想导线连接，不存在电路元件，所以 b 和 c 是一个节点，e 和 f 是一个节点。这样，图 1-21 共有 6 条支路（1，2，3，4，5，6），4 个节点（a，b（c），e（f），d）。

为了方便，也可将几个串联或并联连接的元件合并在一起定义为一条支路，把 3 条或 3 条以上的支路连接点定义为节点。按此定义，图 1-21 中只有 3 条支路（1—3，4—5，2—

6)，2 个节点（b(c)，e(f)）。

路径：如果电路中两个节点间存在由不同支路和不同节点依次连接而成的一条通路，则称这条通路为连接这两个节点的路径。

路径可以用支路集合或节点集合来表示，图 1-21 中的支路集合｛1，2｝或节点集合｛a，b（c），d｝都表示节点 a 和 d 之间的同一个路径。两个节点之间可以存在多条路径，如｛3，6｝也是 a 和 d 之间的一条路径。

回路：电路中任一个闭合的路径称为回路。

图 1-21 所示的电路共有 6 个回路，如｛1，3，4｝，｛1，3，6，2｝都是回路。

平面电路：如果将电路画在平面上，可以做到任意两条支路都不相交的情况，那么称该电路为平面电路。

网孔：内部不含支路的回路称为网孔。

只有平面网络才有网孔的定义。图 1-21 所示的电路共有 3 个网孔：｛1，3，4｝，｛4，5｝，｛2，5，6｝。

一般把含元件较多的电路称为网络，但实际上，电路与网络是可以混用的，没有严格的区别。内部含有独立源的网络称为有源网络，否则称为无源网络。

1.4.1　基尔霍夫电流定律

基尔霍夫电流定律（KCL）又称为基尔霍夫第一定律，其物理背景是电荷守恒公理。电荷守恒是指电荷既不能创造也不能消失。在任一时间间隔内，对电路中的任一节点，有多少电荷流入该节点，必定有多少电荷流出该节点，节点上没有电荷的累积。

基尔霍夫电流定律可表述为：在集总参数电路中，任一时刻、流经任一节点的所有支路电流的代数和等于 0。其数学表示式为

$$\sum_{k=1}^{n_1} i_k = 0 \tag{1-21}$$

式中，i_k 表示第 k 条流出（或流入）该节点的支路电流，n_1 为与该节点相连接的支路数。

式（1-21）称为节点电流方程或 KCL 方程。在建立方程时，习惯上将参考方向流出该节点的支路电流取正号，参考方向流入该节点的支路电流取负号（也可以做相反的规定，两者是等价的）。

如图 1-22 所示的电路，可分别列出 A、B、C 三个节点的 KCL 方程为

节点 A　　$-i_1+i_4-i_6=0$

节点 B　　$-i_2-i_4+i_5=0$

节点 C　　$-i_3-i_5+i_6=0$

每个 KCL 方程均是线性齐次代数方程，反映了电路中相应节点所连接的支路电流间的线性约束关系。如果改写图 1-22 中节点 A 的 KCL 方程，得

$$i_4=i_1+i_6$$

对照图 1-22 可知，此式表明，在集总参数电路

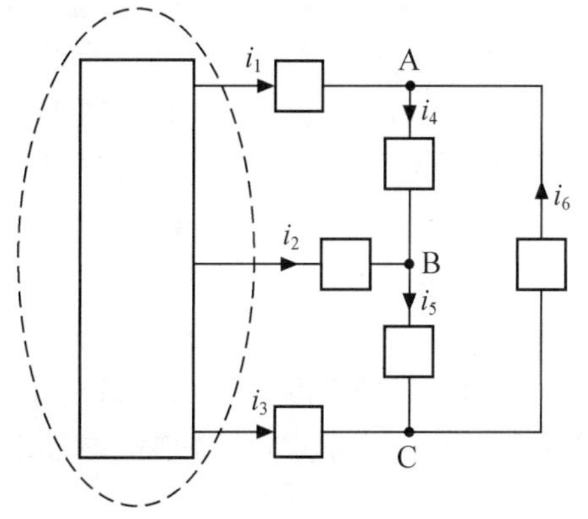

图 1-22　KCL 的说明图

中，任一时刻、任一节点流出该节点的所有支路电流之和等于流入该节点的所有支路电流之和，即

$$\sum i_{出} = \sum i_{入} \tag{1-22}$$

式（1-22）是基尔霍夫电流定律的另一种表示形式。

基尔霍夫电流定律通常应用于集总参数电路的节点，但对电路的闭合面也是成立的，如图1-22所示的虚线闭合面，有3条支路电流通过，而A、B、C三个节点的KCL方程相加正好可以得到

$$-i_1-i_2-i_3=0$$

此式表明，在集总参数电路中，通过任意封闭面的支路电流的代数和为0。这是基尔霍夫电流定律的推广，这种假想的封闭面又称为广义节点。

【例1-5】 电路如图1-23（a）所示，试由图中已知支路电流求出其余的支路电流。

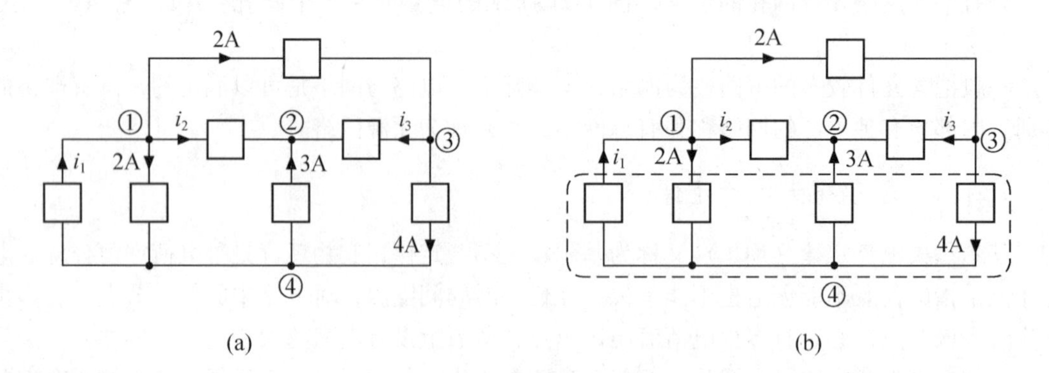

图1-23　例1-5图

解　对图1-23（a）所示的节点①、②、③列KCL方程

节点③　$-2+i_3+4=0 \Rightarrow i_3=-2\text{A}$

节点②　$-i_2-i_3-3=0$，代入 $i_3=-2\text{A} \Rightarrow i_2=-1\text{A}$

节点①　$-i_1+i_2+2+2=0$，代入 $i_2=-1\text{A} \Rightarrow i_1=3\text{A}$

也可以利用广义KCL方程，封闭面如图1-23（b）中的虚线所示，方程为

$$i_1-2+3-4=0 \Rightarrow i_1=3\text{A}$$

在KCL方程的列写和计算过程中，要注意两类正负号问题：一类是方程每项电流系数的正负号，另一类是电流自身的正负号。

【例1-6】 网络A、B如图1-24（a）所示由两条导线相连接。（1）i_1 与 i_2 有何关系？（2）如果电流 i_1 所在支路断开，求 i_2 中的电流。

解　（1）利用广义KCL方程，封闭面如图1-24（b）中的虚线所示，方程为

$$-i_1+i_2=0 \Rightarrow i_1=i_2$$

即 i_1 与 i_2 相等。

（2）如果电流 i_1 所在支路断开，如图1-24（c）所示，利用广义KCL方程，封闭面如虚线所示，只有一个支路电流通过，所以 $i_2=0$。

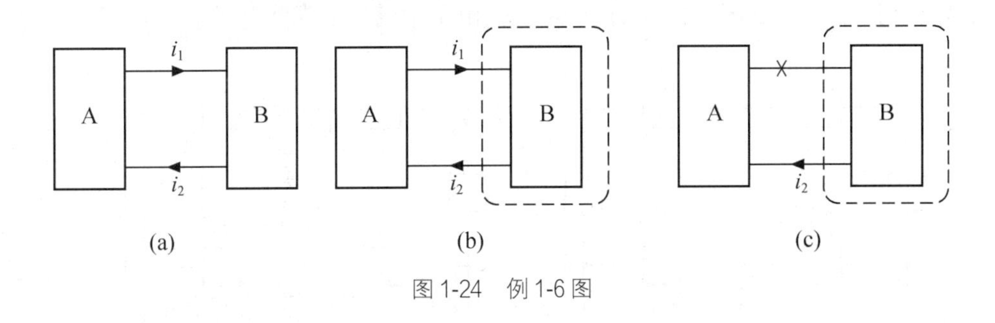

图 1-24　例 1-6 图

1.4.2　基尔霍夫电压定律

基尔霍夫电压定律（KVL）又称为基尔霍夫第二定律，其物理背景是能量守恒公理。能量守恒是指能量既不能创造也不能消失。对于任一独立电路，在任一时刻，电路从外界获得的能量或功率为 0。

基尔霍夫电压定律可表述为：在集总参数电路中，任一时刻、沿任一回路的所有支路电压的代数和等于 0。其数学表示式为

$$\sum_{k=1}^{n_2} u_k = 0 \tag{1-23}$$

式中，u_k 表示回路第 k 条支路的电压，n_2 为回路包含的支路数。

式（1-23）称为回路电压方程或 KVL 方程。在建立方程时，首先选定一个回路的绕行方向，支路电压的参考方向与绕行方向一致时取正号，支路电压的参考方向与绕行方向相反时取负号。

图 1-25 为某电路的一个局部回路，假设回路绕行方向为顺时针方向，则 KVL 方程为

$$u_1-u_2-u_3+u_4+u_5=0$$

或者支路电压用下标表示，则 KVL 方程为

$$u_{AB}+u_{BC}+u_{CD}+u_{DE}++u_{EA}=0$$

每个 KVL 方程均是线性齐次代数方程，反映了电路中组成相应回路的支路电压间的线性约束关系。

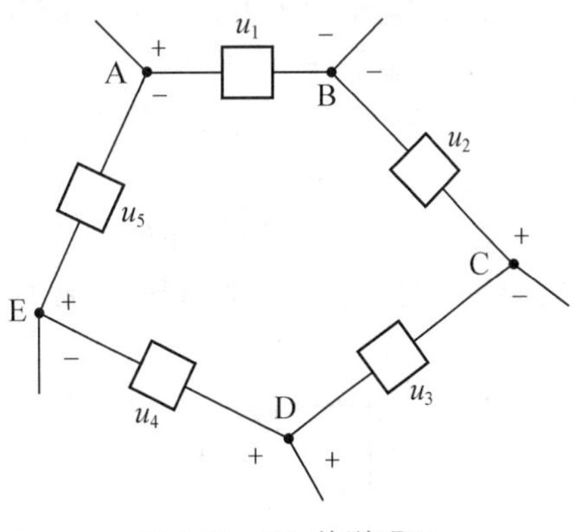

图 1-25　KVL 的说明图

如果改写图 1-25 所示回路的 KVL 方程，得

$$u_1+u_4+u_5=u_2+u_3$$

对照图 1-25 可知，此式表明，在集总参数电路中，任一时刻、沿任一回路的支路电压降之和等于支路电压升之和。即

$$\sum u_{降} = \sum u_{升} \tag{1-24}$$

式（1-24）是基尔霍夫电压定律的另一种表示形式。

基尔霍夫电压定律不仅适用于实际存在的回路，也适用于任意假想的回路。图 1-25 中的节点 B、D 间并无支路，但仍可把 BCDB 或 BAEDB 看成是一个回路，即假想回路。如果选顺时针绕行方向，对假想回路 BCDB 列 KVL 方程，则有

$$-u_2-u_3+u_{DB}=0$$

这是基尔霍夫电压定律的推广，这种假想的回路又称为广义回路。

【例 1-7】 电路如图 1-26（a）所示，试由图中已知的支路电压求出 u_{ab} 和 u_{bd}。

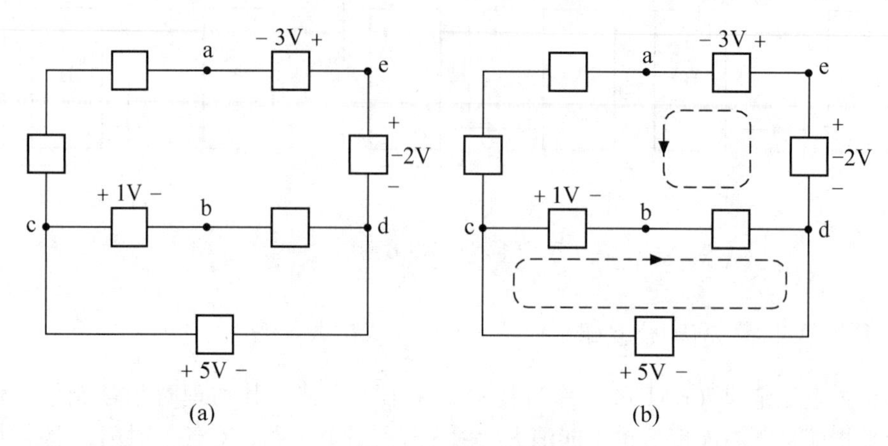

图 1-26 例 1-7 图

解 列 KVL 方程选择回路的方法是，尽量选择回路中除了待求支路电压以外，其余支路电压都已知的回路。

对于图 1-26（a），首先求 u_{bd}。

如图 1-26（b）所示，选顺时针绕行方向，对回路 cbdc 列 KVL 方程

$$1+u_{bd}-5=0 \Rightarrow u_{bd}=4V$$

然后求 u_{ab}。

如图 1-26（b）所示，选逆时针绕行方向，对广义回路 abdea 列 KVL 方程

$$u_{ab}+u_{bd}+u_{de}+3=0$$

代入 $u_{bd}=4V$，$u_{de}=2V$（注意，此处 $u_{ed}=-2V \Rightarrow u_{de}=2V$）

求得 $u_{ab}=-9V$

在 KVL 方程的列写和计算过程中，也要注意两类正负号问题：一类是方程每项电压系数的正负号，另一类是电压自身的正负号。

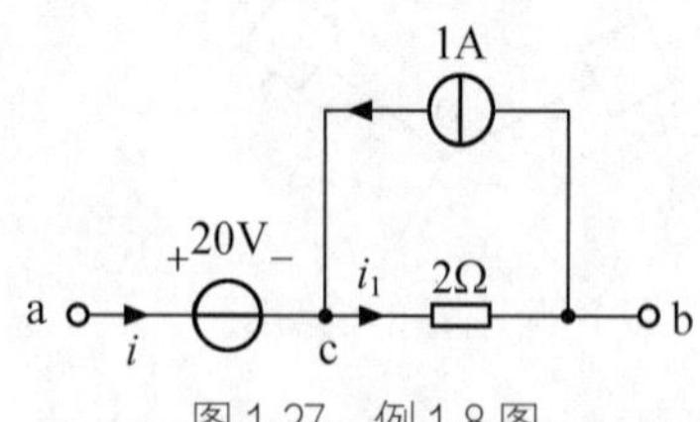

图 1-27 例 1-8 图

【例 1-8】 如图 1-27 所示的电路，已知 $u_{ab}=30V$，求电流 i_1 和 i。

解 如图 1-27 所示，选顺时针绕行方向，对广义回路 acba 列 KVL 方程

$$20+u_{cb}+u_{ba}=0 \qquad ①$$

因为对于 2Ω 电阻来说，u_{cb} 与 i_1 是关联参考方向，故 $u_{cb}=2\times i_1$，而 $u_{ab}=30V \Rightarrow u_{ba}=-30V$ 代入式①，求得

$$20+2\times i_1-30=0 \Rightarrow i_1=5A$$

对 C 列 KCL 方程，即

$$-i+i_1-1=0 \Rightarrow i=4A$$

1.4.3 单回路及单节偶电路

单回路及单节偶电路都是只需列一个 KVL 或 KCL 方程就可以求解的简单电路。单回路电路是只有一个回路的电路，依据一个 KVL 方程及元件 VCR 关系即可以求解；单节偶电路

是只含一对节点的电路，依据一个 KCL 方程及元件 VCR 关系即可以求解。下面通过具体实例了解这两种简单电路的求解方法。

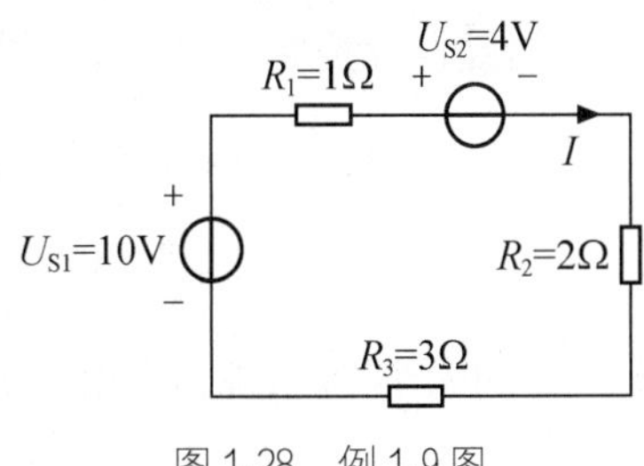

图 1-28　例 1-9 图

【例 1-9】　图 1-28 所示的直流电路，各元件参数均已给定，求电流 I 及各元件的功率。

解　(1) 如图 1-28 所示，电路只有一个回路，是单回路电路，流过所有电路元件的电流是同一个电流 I。为方便计算，各电阻电压与电流采用关联参考方向，则有

$$U_{R_1}=IR_1,U_{R_2}=IR_2,U_{R_3}=IR_3 \quad ①$$

选顺时针绕行方向，对回路列 KVL 方程

$$U_{R_1}+U_{S2}+U_{R_2}+U_{R_3}-U_{S1}=0$$

将式①代入，可得：$IR_1+U_{S2}+IR_2+IR_3-U_{S1}=0$

代入元件参数，$I=\dfrac{U_{S1}-U_{S2}}{R_1+R_2+R_3}=\dfrac{10-4}{1+2+3}=1\text{A}$

(2) 求各元件的功率

对于电压源 U_{S1}，电压 U_{S1} 与电流 I 是非关联参考方向，吸收的功率

$$P_{U_{S1}}=-(U_{S1}\times I)=-(10\times1)=-10\text{W}<0$$

所以电压源 U_{S1} 在电路中产生 10W 的功率。

对于电压源 U_{S2}，电压 U_{S2} 与电流 I 是关联参考方向，吸收的功率

$$P_{U_{S2}}=U_{S2}\times I=4\times1=4\text{W}>0$$

所以电压源 U_{S2} 在电路中吸收 4W 的功率。

各电阻元件吸收的功率

$$P_{R_1}=I^2\times R_1=1\text{W},P_{R_2}=I^2\times R_2=2\text{W},P_{R_3}=I^2\times R_3=3\text{W}$$

可以看出，电路元件吸收的总功率等于元件产生的总功率，即

$$\sum P_{吸收}=\sum P_{产生} \quad (1\text{-}25)$$

式 (1-25) 是能量守恒定律在电路中的反映，称为电路的平衡功率方程，也可表示为

$$\sum P=0 \quad (1\text{-}26)$$

如果电路非直流电路，电压、电流随时间变化，则电路平衡功率方程可表示为

$$\sum p_{吸收}(t)=\sum p_{产生}(t) \quad 或 \quad \sum p(t)=0 \quad (1\text{-}27)$$

【例 1-10】　在图 1-29 所示的电路中，已知电流源某瞬时电流 $i_S=4\text{A}$，$R_1=6\Omega$，$R_2=2\Omega$，试求电流 i、电压 u 及受控源吸收的功率。

解　如图 1-29 所示，电路只有一对节点，是单节偶电路，各元件端电压相同均为 u，电路中含有一个电流控制电流源，电路可以列一个 KCL 方程求解。为减少变量，利用电阻元件的伏安关系直接用电压表示出流经电阻的电流，则对电路任一节点列写 KCL 方程为

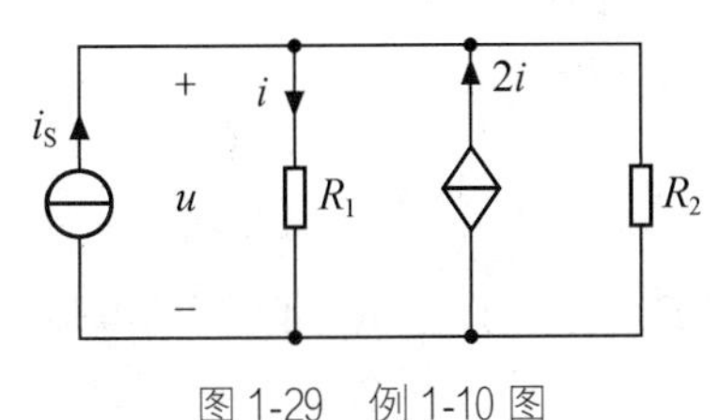

图 1-29　例 1-10 图

$$i_S-\frac{u}{R_1}+2i-\frac{u}{R_2}=0 \quad ①$$

对受控源控制支路列辅助方程：　　$i=\dfrac{u}{R_1}$　　②

将元件参数及式②代入式①，得

$$4-\frac{u}{6}+2\cdot\frac{u}{6}-\frac{u}{2}=0\Rightarrow u=12\text{V},\text{受控源控制量}\ i=\frac{u}{R_1}=2\text{A}$$

对于受控源来说，端电压 u 和流过的电流 $2i$ 是非关联参考方向，吸收的功率

$$p_{受控}=-(u\times 2i)=-(12\times 4)=-48\text{W}<0$$

所以受控源在此电路中产生 48W 的功率。

思维导图

习题精讲　电路分析的基本概念

基尔霍夫定律仿真实例

习　题　1

1-1　如果一个音响系统所允许信号的最高频率为 25kHz，最低频率为 20Hz，试问该系统能否看作是集总参数电路？为什么？

1-2　若沿电流参考方向通过导体横截面的正电荷变化规律为 $q(t)=(10t^2-2t)$C，试求 $t=0$ 和 $t=2$s 时刻的电流强度。

1-3　1C 电荷由 a→b 电场力做功为 10J，试求当（1）电荷为正时，电压 u_{ab} 为多少？（2）电荷为负时，电压 u_{ab} 为多少？

1-4　在指定的参考方向下，写出如题图 1-4 所示的各元件伏安关系。

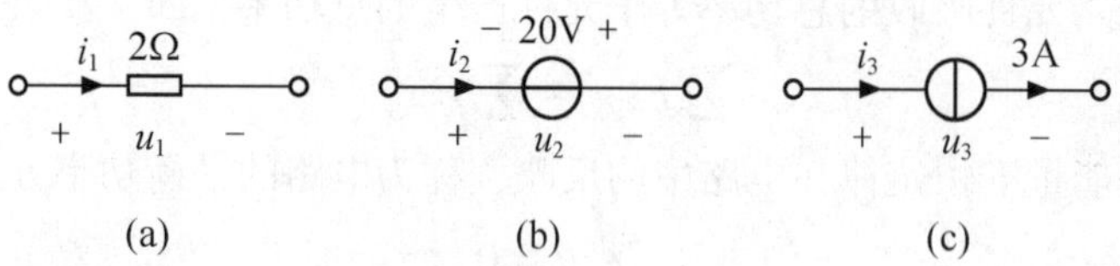

(a)　　(b)　　(c)

题图 1-4

1-5　各元件的电压或电流数值如题图 1-5 所示，试问：（1）若元件 A 吸收功率为 −10W，则电压 u_a 为多少？（2）若元件 B 产生功率为 10W，则电流 i_b 为多少？（3）若元件 C 吸收功率为−10W，则电流 i_c 为多少？（4）元件 D 吸收功率 P 为多少？（5）若元件 E 产生功率为 10W，则电流 i_e 为多少？（6）若元件 F 产生功率为−10W，则电压 u_f 为多少？（7）若元件 G 产生功率为 10mW，则电流 i_g 为多少？（8）元件 H 产生功率为多少？

1-6　根据基尔霍夫定律，试求出如题图 1-6 所示电路中的未知电路变量。

1-7　电路如题图 1-7 所示，试求电流 i_1 和 i_2。

1-8　电路如题图 1-8 所示，试求电压 u_1、u_2 和 u_3。

1-9　电路如题图 1-9 所示，已知 $u_{S1}=6$V，$u_{S2}=2$V，$R_1=3\Omega$，$R_2=1\Omega$，$i_3=4$A，求电流 i_1、i_2。

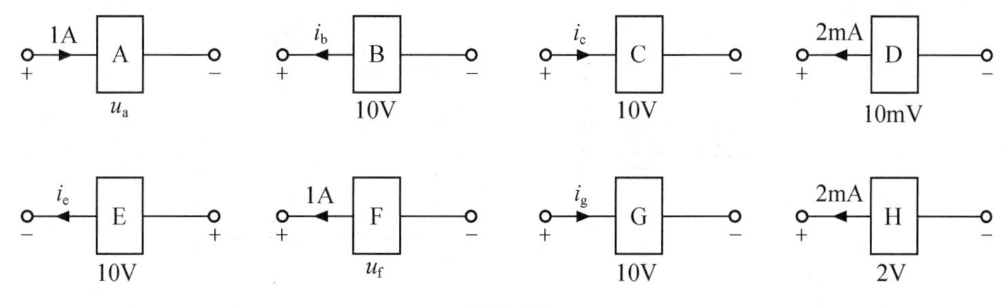

题图 1-5

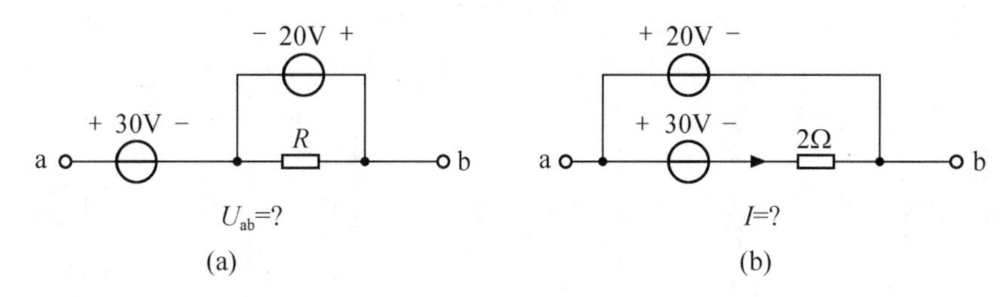

题图 1-6

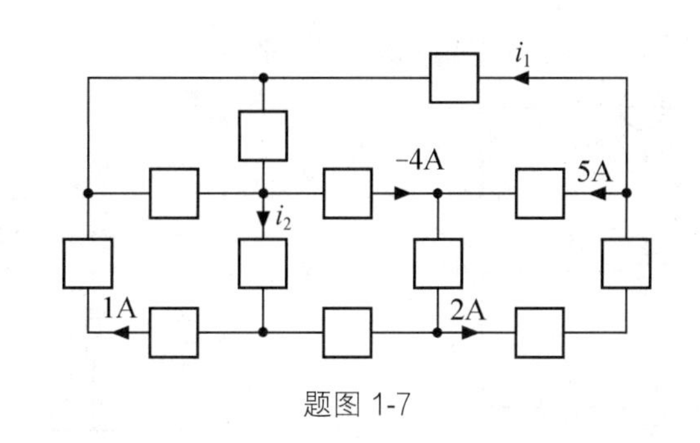

题图 1-7

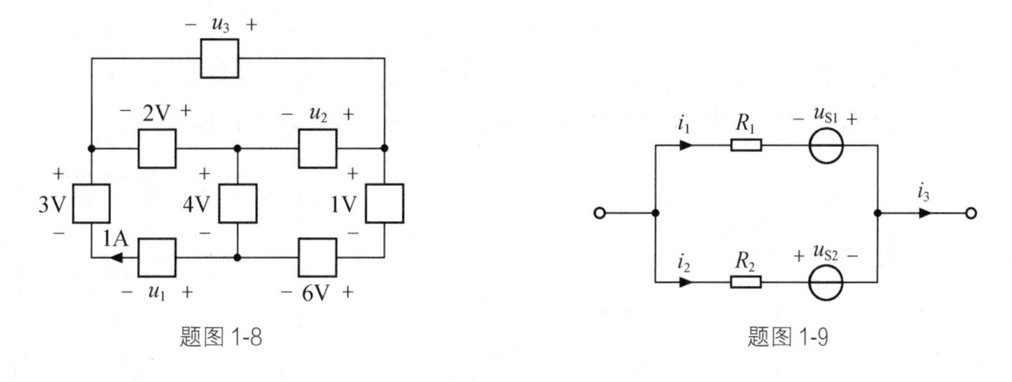

题图 1-8　　题图 1-9

1-10　试求题图 1-10 所示各电路中 A 点、B 点的电位。

1-11　试求题图 1-11 所示电路中的电流 i 及受控源的功率。

1-12　电路如题图 1-12 所示，试求电流 I 和电压 U。

1-13　电路如题图 1-13 所示，试求电流 I_1、I_2。

1-14　电路如题图 1-14 所示，已知 $U=28\text{V}$，求电阻 R 的大小。

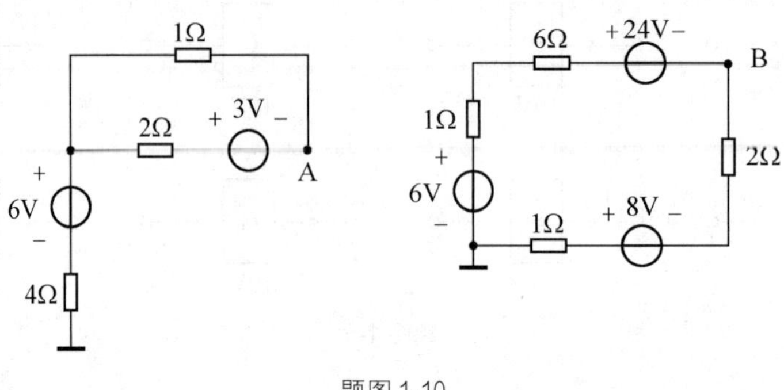

题图 1-10

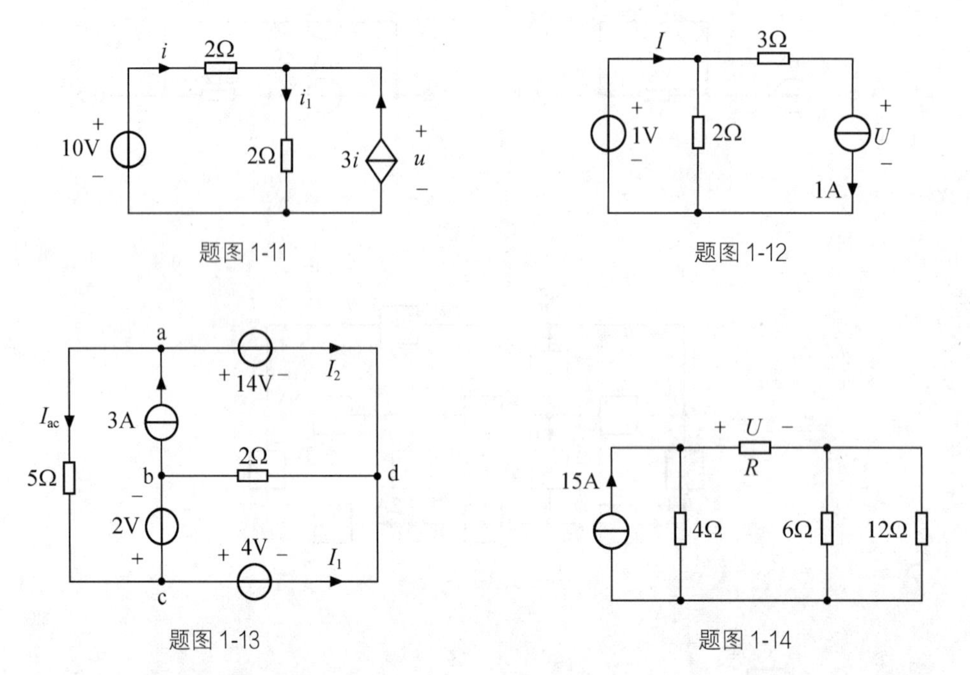

题图 1-11

题图 1-12

题图 1-13

题图 1-14

1-15　电路如题图 1-15 所示，试求电流 I 和电压 U 并分析每个电源的工作状态。

1-16　电路如题图 1-16 所示，试判断 A、B、C 中哪个元件一定是电源。

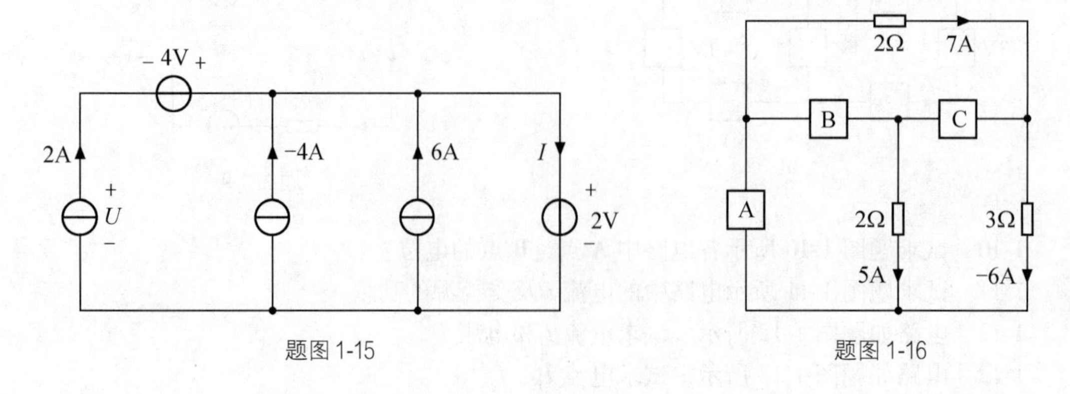

题图 1-15

题图 1-16

第2章 电路分析中的等效变换

电路分析的依据是基尔霍夫定律和组成电路各元件自身的 VCR 关系。由独立电源、电阻和受控电源组成的电路称为电阻电路。本章在分析简单电阻电路的基础上，运用电路的等效变换方法简化电路，使其易于分析计算。等效变换是电路理论中的重要概念，是电路分析中常用的分析方法。

本章讲述了电阻电路等效变换的概念；详细介绍了电阻串联、并联和混联电路的等效变换；电阻星形连接与三角形连接的等效变换；实际电源戴维南电路模型、诺顿电路模型；含独立电源、受控电源电路的等效变换。

2.1 等效二端网络的概念

在电路分析中，“网络”就是指元件数、支路数、节点数较多的电路，具体对“网络”与“电路”的概念没有严格的区分。随着近代电子技术的飞速发展，越来越多的电路，一旦制成后，就被封装，类似一个“黑箱”，看不到内部的具体构造，只引出一定数目的端子与外电路相联，其性能由端口上的电压电流关系来表征。

网络可按引出端的数目来分类，常见的以端子数划分的网络如图 2-1（a）所示。图 2-1（a）所示的网络，对外只有两个端子，称为二端网络；图 2-1（b）所示的网络，对外具有 3 个端子，故称为三端网络；图 2-1（c）所示的网络，对外具有 4 个端子，属于四端网络。网络还可按端口数目来分类，当从一个端子流入的电流一定等于从另一个端子流出的电流时，称这两个端子构成一个端口。故图 2-1（a）又可称为单端口网络，简称单口网络；图 2-1（b）和图 2-1（c）可以连接成二端口网络，简称双口网络。

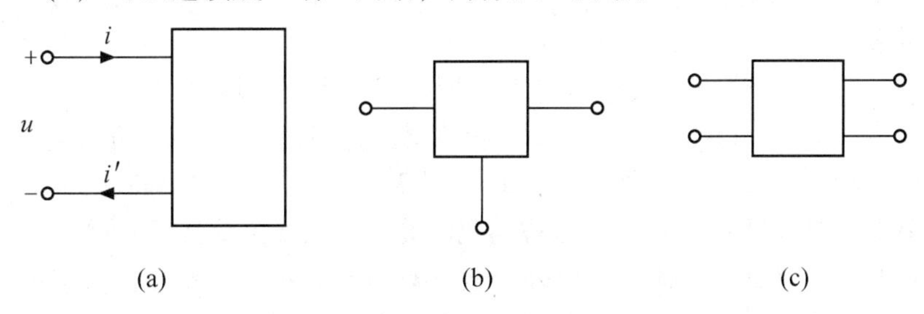

图 2-1　常见的以端子数划分的网络

对于图2-1（a）所示的二端网络，通常称两端子之间的电压u为端口电压，流经端子的电流i称为端口电流（依据广义的KCL方程可知，从二端网络一个端子流入的电流i一定等于另一个端子流出的电流i'），该二端网络性能可以由端口电压u和端口电流i的关系表征。

简单的例子如图2-2所示。图2-2（a）所示的二端网络由3个电阻构成，依据KVL及电阻元件的伏安关系，可知网络N_1的电压电流关系为

$$u=1\cdot i+2\cdot i+3\cdot i=6i$$

图2-2（b）所示的二端网络由一个电阻和一个电压源构成，依据KVL及电压源和电阻元件的伏安关系，可知网络N_2的电压电流关系为

$$u=5+1\cdot i=5+i$$

图2-2（c）所示的二端网络结构最简单，仅由一个电阻构成，依据KVL及电阻元件的伏安关系，可知网络N_3的电压电流关系为

$$u=6\cdot i=6i$$

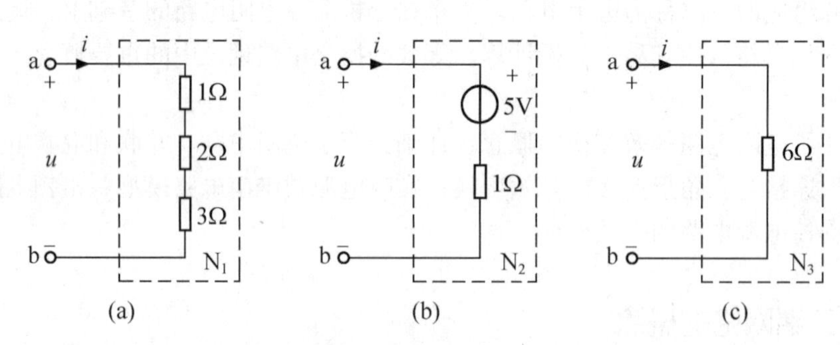

图2-2　二端网络端口电压电流关系分析示例

通过分析比较可以看出，尽管N_1和N_3这两个网络具有不同的内部结构，但端口电压电流的关系完全相同，对任意相同的外电路作用效果相同，这种情况就可以称为N_1和N_3互为等效二端网络。

综上所述，如果一个二端网络在端口处的电压电流关系与另一个二端网络在端口处的电压电流关系完全相同，则称这两个二端网络是等效的。等效的二端网络可以相互代换，这种代换称为“等效变换”。

运用等效变换的概念，可以把一个结构复杂的二端网络用一个结构简单的二端网络等效代换，从而简化电路的分析计算。最简二端网络是图2-3所示的几种结构。其中，图2-3（c）可以看作是当图2-3（a）中的电阻$R=0$时的情况；图2-3（d）可以看作是当图2-3（b）中的电阻$R=\infty$时的情况；图2-3（e）可以看作是当图2-3（a）中的电压源$U_S=0$时或图2-3（b）中的电流源$I_S=0$的情况。例如，如图2-4（a）所示，一个二端网络N与一个负载电阻R_L相连，需要分析负载电阻的工作情况，如果把二端网络N等效为图2-3（a），则电路等效变换为图2-4（b），这是一个单回路电路，只需一个KVL方程与电阻元件的伏安关系就可以求解；如果把二端网络N等效为图2-3（b），则电路等效变换为图2-4（c），这是一个单节偶电路，只需一个KCL方程与电阻元件的伏安关系就可以求解。

值得注意的是，等效变换具有“对外等效，对内不等效”的特点。对照图2-4，“对外等效”指的是N、N_b、N_c对“外电路”，即与二端网络N、N_b、N_c相连的电路，这里就是负

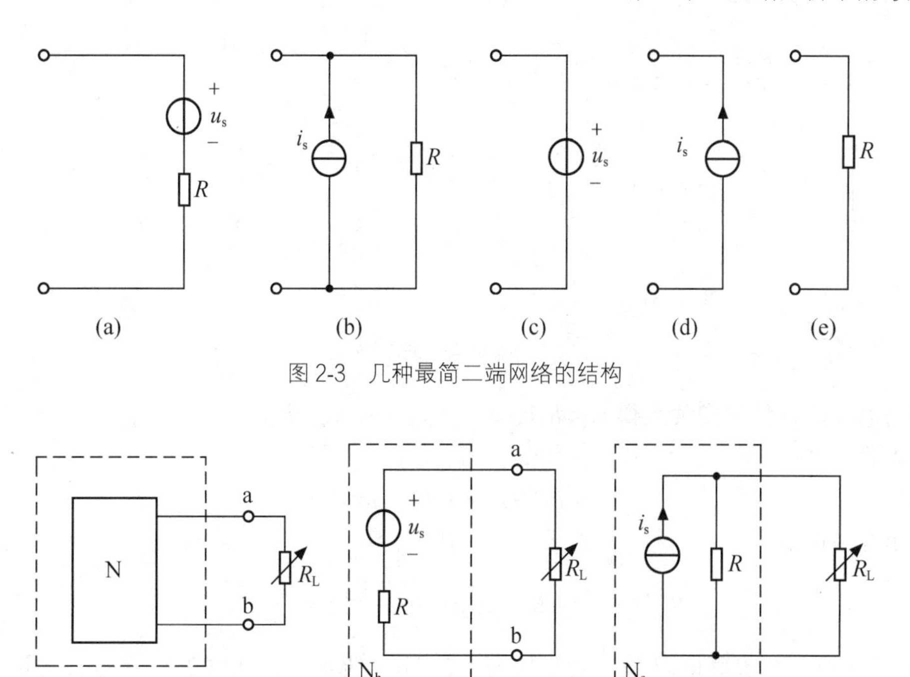

图 2-3　几种最简二端网络的结构

图 2-4　电路化简示例

负载电阻 R_L 的作用效果相同，即图 2-4（a）~ 图 2-4（c）3 个电路中负载电阻 R_L 的电压、电流和功率都相同。“对内不等效”指的是如果要分析计算 N 内部的工作情况，在图 2-4（b）、图 2-4（c）中已经找不到 N，必须返回原电路，即在图 2-4（a）中进行分析计算。

上述等效变换的概念也可以推广到具有 3 个和三个以上端子的多端电路情况，即两个多端电路对应的端子处电压电流的关系完全相同，则这两个多端电路对任意相同的外电路作用效果相同，可以等效变换。

2.2　电阻的串联、并联和混联

如果一个二端网络 N 仅含电阻元件，不含独立源及受控源，通常记为 N_R，它可以等效的最简结构如图 2-3（e）所示，即等效为一个电阻元件。下面用等效的概念分析电阻串联、并联以及混联电路。

2.2.1　电阻的串联

由若干电阻首尾依次连接成一个无分支的二端网络，通过各电阻的电流是同一电流，这种连接方式称为串联。图 2-5（a）是一个由 n 个电阻构成的串联电路。设串联的每个电阻的阻值分别为 R_1、$R_2 \cdots R_n$，每个电阻的端电压分别为 u_1、$u_2 \cdots u_n$，总电压为 u，总电流为 i，对每个电阻元件来说，电压和电流是关联参考方向，根据 KVL 得

$$u = u_1 + u_2 + \cdots + u_n = \sum_{k=1}^{n} u_k \tag{2-1}$$

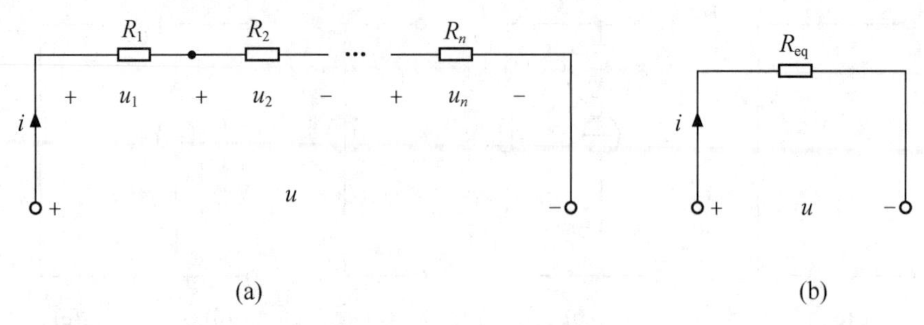

图 2-5　电阻的串联

根据电阻元件的伏安关系得 $u_1=R_1i$，$u_2=R_2i$，…，$u_n=R_ni$。

代入式（2-1）得

$$u=(R_1+R_2+\cdots+R_n)i=R_{eq}i \tag{2-2}$$

其中等效电阻

$$R_{eq}=\frac{u}{i}=(R_1+R_2+\cdots+R_n)=\sum_{k=1}^{n}R_k \tag{2-3}$$

用 R_{eq} 代换 n 个串联电阻后，电路如图 2-5（b）所示。由式（2-2）可知，图 2-5（a）和图 2-5（b）所示电路端口的伏安关系完全相同，因此这两个二端网络等效。

由式（2-3）可知，等效电阻 R_{eq} 大于串联的任何一个电阻的阻值，即

$$R_{eq}>R_k,\quad k=1,2,\cdots n \tag{2-4}$$

电阻串联时，每个电阻的电压

$$u_k=R_ki=\frac{R_k}{R_{eq}}\cdot u\quad k=1,2,\cdots n \tag{2-5}$$

式（2-5）为串联电阻分压公式，它表明在电阻串联电路中，总电压 u 按电阻大小成正比分配；电阻值越大，分到的电压越大。

将式（2-3）两边同时乘 i^2，得

$$R_{eq}i^2=R_1i^2+R_2i^2+\cdots+R_ni^2=\sum_{k=1}^{n}R_ki^2$$

即

$$p=p_1+p_2+\cdots+p_n=\sum_{k=1}^{n}p_k \tag{2-6}$$

式（2-6）表明在电阻串联电路中，等效电阻消耗的功率等于每个串联电阻消耗的功率之和。电阻值越大，消耗的功率越大。

2.2.2　电阻的并联

由若干电阻首尾分别连接在一起构成一个二端网络，各电阻的端电压是同一电压，这种连接方式称为并联。

图 2-6（a）是一个由 n 个电阻构成的并联电路。设并联的每个电阻的电导值分别为 G_1，$G_2\cdots G_n$，每个电阻流过的电流分别为 i_1，$i_2\cdots i_n$，总电压为 u，总电流为 i，对于每个电阻元件来说，电压和电流是关联参考方向，根据 KCL 得

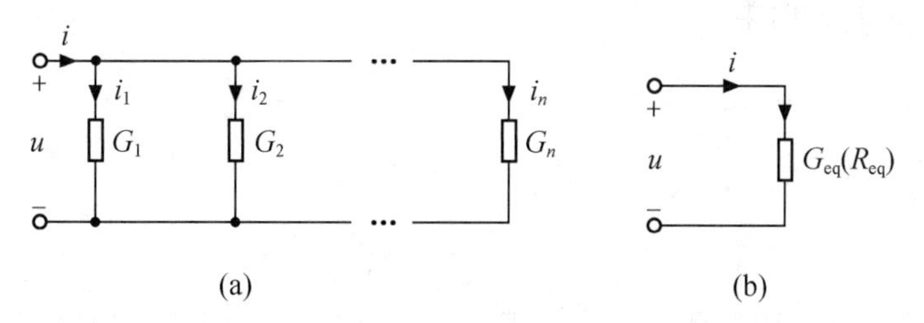

图 2-6　电阻的并联

$$i = i_1 + i_2 + \cdots + i_n = \sum_{k=1}^{n} i_k \tag{2-7}$$

根据电阻元件的伏安关系得 $i_1=G_1u$，$i_2=G_2u$，…，$i_n=G_nu$。

代入式（2-7）得

$$i=(G_1+G_2+\cdots+G_n)u=G_{eq}u \tag{2-8}$$

其中等效电导

$$G_{eq} = \frac{i}{u} = (G_1 + G_2 + \cdots + G_n) = \sum_{k=1}^{n} G_k \tag{2-9}$$

用 G_{eq}代换 n 个并联电阻后，电路如图 2-6（b）所示。由式（2-8）可知，图 2-6（a）和图 2-6（b）所示电路端口的伏安关系完全相同，因此这两个二端网络等效。

由式（2-9）可知，等效电导 G_{eq}大于并联的任何一个电阻的电导值，即

$$G_{eq}>G_k,\quad k=1,2,\cdots n \tag{2-10}$$

由于并联的每一个电阻

$$R_k=\frac{1}{G_k},\quad k=1,2,\cdots n \tag{2-11}$$

等效电阻

$$R_{eq}=\frac{1}{G_{eq}} \tag{2-12}$$

因此

$$R_{eq}<R_k,\quad k=1,2,\cdots n \tag{2-13}$$

式（2-13）表明并联电阻电路的等效电阻 R_{eq}小于并联的任何一个电阻的阻值。

电阻并联时，流过每个电阻的电流

$$i_k=G_ku=\frac{G_k}{G_{eq}}\cdot i\quad k=1,2,\cdots n \tag{2-14}$$

式（2-14）为并联电阻分流公式，它表明在电阻并联电路中，总电流 i 按电导大小成正比分配；电导值越大，分到的电流越大。

只有两个电阻并联的情况如图 2-7 所示，有

$$\begin{cases} i_1=\dfrac{R_2}{R_1+R_2}i \\ i_2=\dfrac{R_1}{R_1+R_2}i \end{cases} \tag{2-15}$$

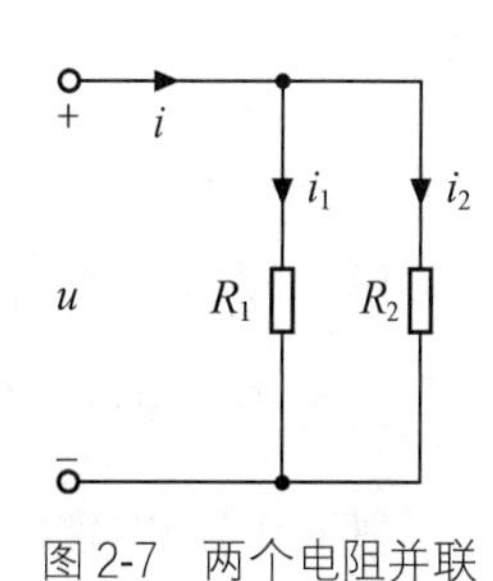

图 2-7　两个电阻并联

将式（2-9）两边同时乘 u^2，得

$$G_{\mathrm{eq}}u^2 = G_1u^2 + G_2u^2 + \cdots + G_nu^2 = \sum_{k=1}^{n} G_k u^2$$

即

$$p = p_1 + p_2 + \cdots + p_n = \sum_{k=1}^{n} p_k \tag{2-16}$$

式（2-16）表明在电阻并联电路中，等效电导（电阻）消耗的功率等于每个并联电导（电阻）消耗的功率之和。电导值越大（电阻值越小），消耗的功率越大。

【例2-1】 一个测量直流电流的磁电式表头，其满偏电流 $I_g = 50\mu A$，表头内阻 $R_g = 2k\Omega$，为使量程扩大为5mA和50mA，可采用图2-8（a）所示的并联电阻电路，试分别求出分流电阻 R_1 和 R_2 的值。

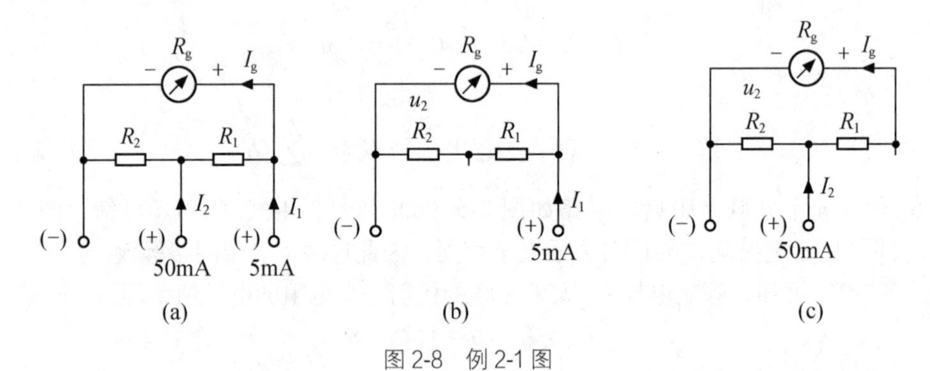

图2-8 例2-1图

解 当量程为5mA时，如图2-8（b）所示，表头电流 $I_g = 50\mu A$ 是并联电路总电流 $I_1 = 5mA$ 在表头电阻 R_g 上的分流，根据并联电路分流公式（2-15），有

$$I_g = \frac{R_1 + R_2}{R_1 + R_2 + R_g} \cdot I_1 \qquad ①$$

当量程为50mA时，如图2-8（c）所示，表头电流 $I_g = 50\mu A$ 是并联电路总电流 $I_1 = 50mA$ 在表头电阻 R_g 与 R_1 串联电路上的分流，根据并联电路分流公式（2-15），有

$$I_g = \frac{R_2}{R_1 + R_2 + R_g} \cdot I_1 \qquad ②$$

将式①、式②联立，并代入参数，可得

$$\begin{cases} 50\times10^{-6} = \dfrac{R_1 + R_2}{R_1 + R_2 + 2\times10^3} \cdot (5\times10^{-3}) \\ 50\times10^{-6} = \dfrac{R_2}{R_1 + R_2 + 2\times10^3} \cdot (50\times10^{-3}) \end{cases}$$

解方程，可得 $R_1 \approx 18\Omega$，$R_2 \approx 2\Omega$

2.2.3 电阻的混联

既有电阻串联又有电阻并联的连接方式称为电阻的混联。对这种电阻混联电路可以逐个利用串联等效、并联等效、分压以及分流公式等进行分析计算。对于复杂混联电路的分析可

以采用的方法有以下 3 种。

① 判断连接方式：两电阻首尾相连就是串联，两电阻首首尾尾相连是并联。

② 根据需要对电路进行变形等效：如左边的支路可以扭到右边，上边的支路可以翻到下边，弯曲的支路可以拉直，与短路线并联的支路可以断开，短路线可以任意压缩和伸长，多点接地可以用短路线相连等。

③ 对具有对称特点的电路，找出等电位点，进而断开支路电流为 0 的支路，以简化电路。

【例 2-2】　求图 2-9（a）所示电路的等效电阻 R_{ab}。

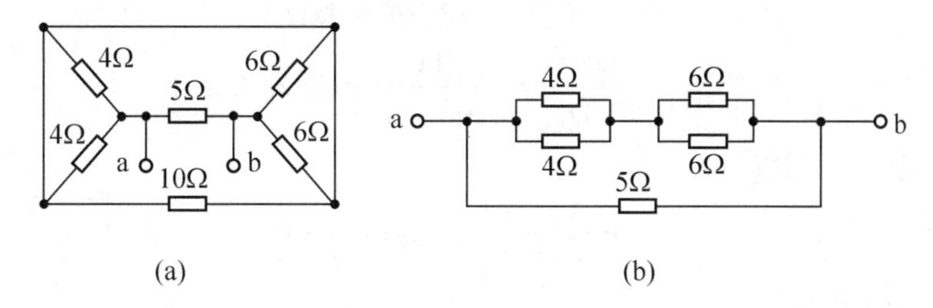

图 2-9　例 2-2 图

解　如图 2-9（a）所示，与短路线并联的支路可以断开，故 10Ω 电阻支路可以断开；短路线可以任意压缩和伸长，故两个 4Ω 电阻相并联，两个 6Ω 电阻相并联。据此，可以改画电路如图 2-9（b）所示，所以

$$R_{ab}=[(4//4)+(6//6)]//5=2.5\Omega$$

【例 2-3】　图 2-10（a）为一个实际电压源给混联电阻电路供电的电路。试求（1）开关 S 打开时的开路电压 u_{cd}；（2）开关 S 闭合时的短路电流 i_{cd}。

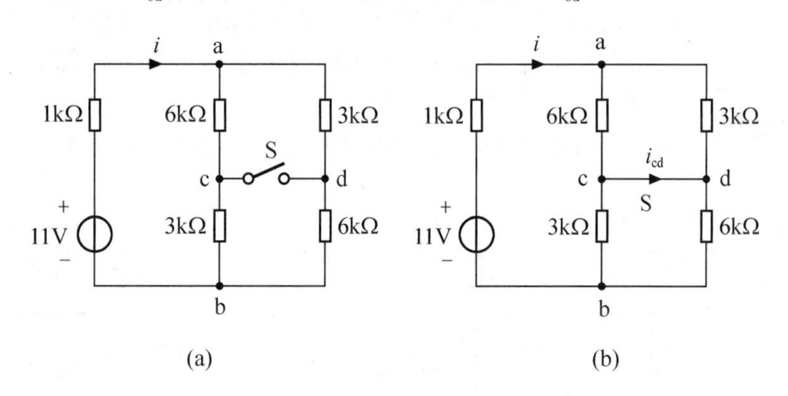

图 2-10　例 2-3 图

解　（1）当开关 S 打开时，电路如图 2-10（a）所示，首先 acb 支路 6kΩ 电阻和 3kΩ 相串联，adb 支路 3kΩ 电阻和 6kΩ 相串联，然后两个串联支路相并联，故等效电阻

$$R_{ab}=(6+3)//(3+6)=4.5\text{k}\Omega$$

$$i=\frac{11}{1\times10^3+R_{ab}}=\frac{11}{(1+4.5)\times10^3}=2\text{mA}$$

根据并联电路分流公式

$$i_{ac}=i_{ad}=\frac{1}{2}i=1\text{mA}$$

对广义 acda 回路列 KVL 方程

$$u_{ac}+u_{cd}+u_{da}=0$$

代入电阻元件的伏安关系，即 $6\times10^3\times i_{ac}+u_{cd}-3\times10^3\times i_{ad}=0$。

故 $u_{cd}=-3\times10^3\times1\times10^{-3}=-3\text{V}$

（2）当开关 S 闭合时，电路如图 2-10（b）所示，首先 ac 支路 6kΩ 电阻和 ad 支路 3kΩ 相并联，cb 支路 3kΩ 电阻和 db 支路 6kΩ 相并联，然后两个二端网络相串联，故等效电阻

$$R_{ab}=(6//3)+(3//6)=4\text{k}\Omega$$

$$i=\frac{11}{1\times10^3+R_{ab}}=\frac{11}{(1+4)\times10^3}=2.2\text{mA}$$

根据并联电路分流公式

$$i_{ac}=i\times\frac{3}{6+3}=\frac{1}{3}i,\ i_{cb}=i\times\frac{6}{6+3}=\frac{2}{3}i$$

对 C 点列 KCL 方程

$$-i_{ac}+i_{cd}+i_{cb}=0\Rightarrow i_{cd}=-\frac{1}{3}i=-\frac{11}{15}\text{mA}$$

上面的例子介绍了开路电压和短路电流的求解方法。在电路分析中，还经常遇到如图 2-11 所示的桥式电路，A、B 两点之间连接一个电阻 R_3，就像有一个桥把原本并联的支路连接起来。这样电阻 R_1、R_2、R_3、R_4、R_5 就构成了一个电桥，其中 R_3 称为桥接电阻或桥臂。桥式电路平衡条件是：两个对边桥臂电阻乘积相等，对图 2-11 来说就是 $R_1R_5=R_2R_4$，此时将中间支路（桥接电阻 R_3 支路）断开（$I=0$）或短路（$U_{AB}=0$）都不影响其他支路的响应。

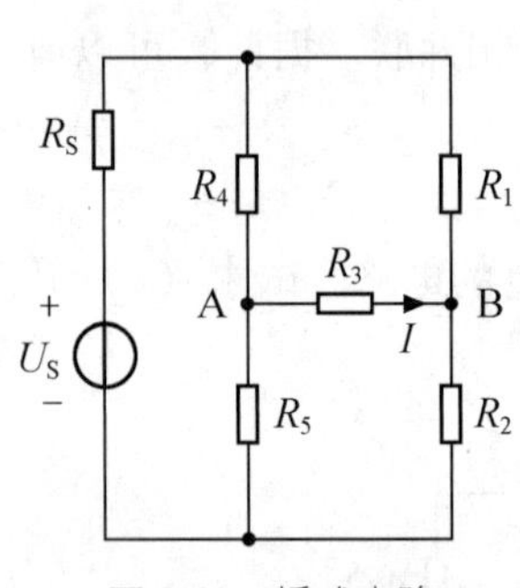

图 2-11 桥式电路

【例 2-4】 图 2-12（a）为一个桥式电路。试求电路中的电流 i。

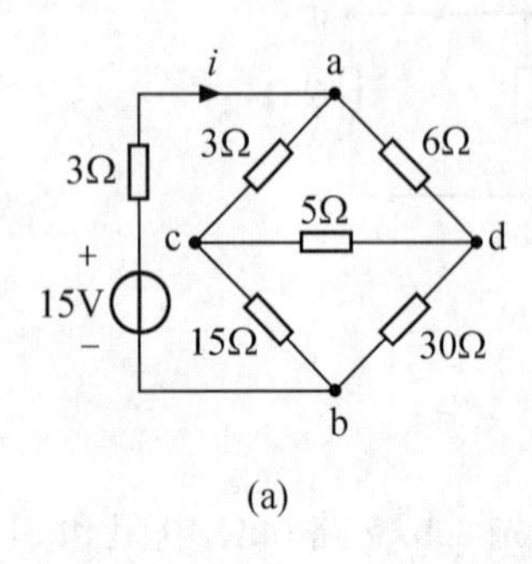

(a)

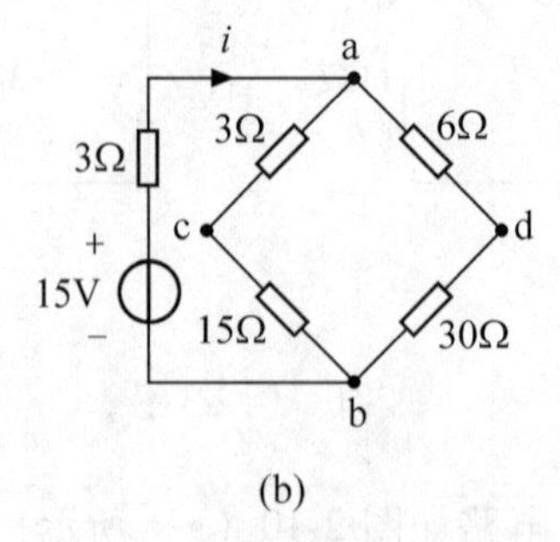

(b)

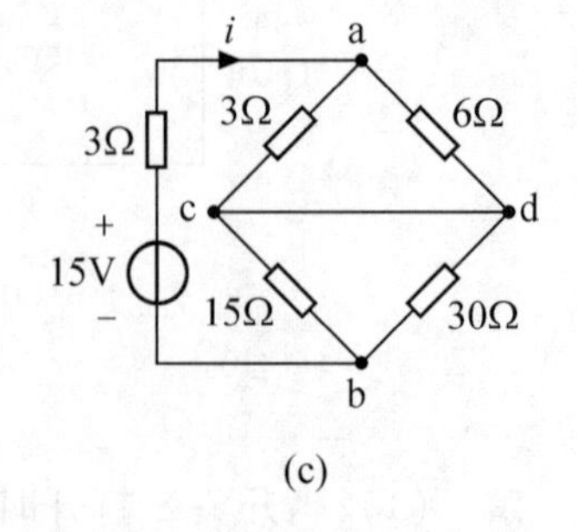

(c)

图 2-12 例 2-4 图

解 图 2-12（a）所示的桥式电路，因为

$$3\times30=6\times15$$

对边桥臂电阻乘积相等，桥式电路平衡，所以

桥接电阻 5Ω 支路可以断开（$i_{cd}=0$），如图 2-12（b）所示。

即　　$R_{ab}=(3+15)//(6+30)=12\Omega$

或将 5Ω 支路短路（$u_{cd}=0$），如图 2-12（c）所示。

即　　$R_{ab}=(3//6)+(15//30)=12\Omega$

故　　$i=\dfrac{15}{3+12}=1\text{A}$

从电桥的角度看开路和短路

2.3 电阻星形连接与三角形连接的等效变换

在电路分析中，有时会遇到电阻既非串联又非并联的电路。图 2-13（a）所示的桥式电路，电阻 R_1、R_2、R_3 的一端连接在公共节点 d，它们的另一端分别连接到节点 a、b、c 构成电阻星形（Y 形）连接；电阻 R_1、R_3、R_4 分别连接在节点 a、c、d 的每两个节点之间构成三角形（△形）连接。此类电路无法直接用串并联方法计算 a、b 端等效电阻。但如果将电阻 R_1、R_2、R_3 Y 连接等效变换为由电阻 R_a、R_b、R_c 构成的△连接，如图 2-13（b）所示；或者将电阻 R_1、R_3、R_4△连接等效变换为由电阻 R_x、R_y、R_z 构成的 Y 连接，如图 2-13（c）所示，则 a、b 端等效电阻就可以利用串并联等效方法求出。

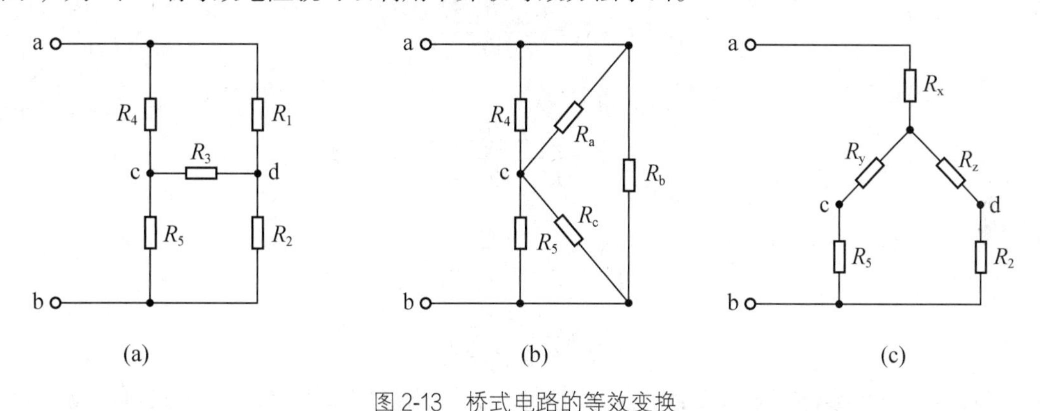

图 2-13　桥式电路的等效变换

图 2-14（a）和图 2-14（b）分别是 Y 形电阻电路和△电阻电路，是两个三端网络。根据 KCL 三个端子电流仅有两个是独立的；根据 KVL 三个端对电压也仅有两个是独立的。因此，如果两个三端网络等效，则 i_1、i_2、u_{13}、u_{23}的关系完全相同。

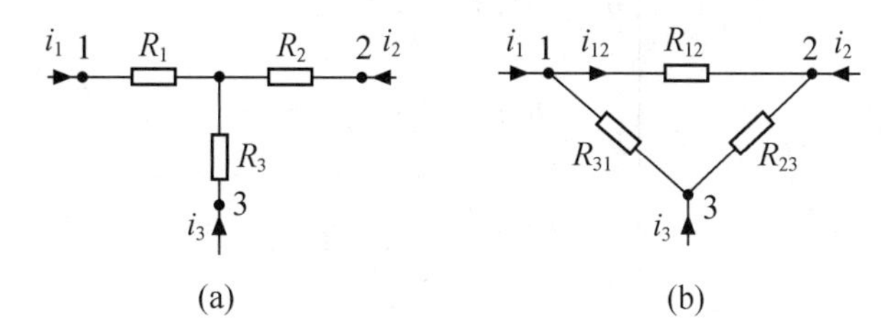

图 2-14　Y 形电阻电路和△电阻电路

对于图 2-14（a）有

$$\begin{cases}u_{13}=R_1i_1+R_3(i_1+i_2)=(R_1+R_3)i_1+R_3i_2\\u_{23}=R_2i_2+R_3(i_1+i_2)=R_3i_1+(R_2+R_3)i_2\end{cases}\tag{2-17}$$

对于图2-14（b），对 R_{12}、R_{23}、R_{31}组成的回路列写KVL方程，得

$$-(i_1-i_{12})R_{31}+i_{12}R_{12}+(i_2+i_{12})R_{23}=0$$

得
$$i_{12}=\frac{R_{31}i_1-R_{23}i_2}{R_{12}+R_{23}+R_{31}}=\frac{R_{31}i_1}{R_{12}+R_{23}+R_{31}}-\frac{R_{23}i_2}{R_{12}+R_{23}+R_{31}}$$

计算 u_{13}、u_{23}，即

$$\begin{cases} u_{13}=(i_1-i_{12})R_{31}=\dfrac{R_{31}(R_{12}+R_{23})}{R_{12}+R_{23}+R_{31}}i_1+\dfrac{R_{23}R_{31}}{R_{12}+R_{23}+R_{31}}i_2 \\ u_{23}=(i_2+i_{12})R_{23}=\dfrac{R_{23}R_{31}}{R_{12}+R_{23}+R_{31}}i_1+\dfrac{R_{23}(R_{12}+R_{31})}{R_{12}+R_{23}+R_{31}}i_2 \end{cases} \tag{2-18}$$

若图2-14（a）与图2-14（b）两个电路等效，则式（2-17）和式（2-18）相等，即

$$\begin{cases} R_1+R_3=\dfrac{R_{31}(R_{12}+R_{23})}{R_{12}+R_{23}+R_{31}} \\ R_3=\dfrac{R_{23}R_{31}}{R_{12}+R_{23}+R_{31}} \\ R_2+R_3=\dfrac{R_{23}(R_{12}+R_{31})}{R_{12}+R_{23}+R_{31}} \end{cases} \tag{2-19}$$

由（2-19）解得

$$\begin{cases} R_1=\dfrac{R_{12}R_{31}}{R_{12}+R_{23}+R_{31}} \\ R_2=\dfrac{R_{12}R_{23}}{R_{12}+R_{23}+R_{31}} \\ R_3=\dfrac{R_{31}R_{23}}{R_{12}+R_{23}+R_{31}} \end{cases} \tag{2-20}$$

这就是由三角形连接等效变换为星形连接的公式，式（2-20）的三个等式可以概括为

$$\mathrm{Y}_{形}R_i=\frac{\triangle_{形}\text{端子}\,i\,\text{所连两电阻乘积}}{\triangle_{形}\text{三电阻之和}} \tag{2-21}$$

由式（2-19）又可解得

$$\begin{cases} R_{12}=\dfrac{R_1R_2+R_2R_3+R_3R_1}{R_3} \\ R_{23}=\dfrac{R_1R_2+R_2R_3+R_3R_1}{R_1} \\ R_{31}=\dfrac{R_1R_2+R_2R_3+R_3R_1}{R_2} \end{cases} \tag{2-22}$$

这就是由星形连接等效变换为三角形连接的公式，式（2-22）的三个等式可以概括为

$$\triangle_{形}R_{jk}=\frac{\mathrm{Y}_{形}\text{电阻两两相乘之和}}{\text{接在与}\,R_{jk}\,\text{相对端子的}\,\mathrm{Y}_{形}\text{电阻}} \tag{2-23}$$

若星形连接的3个电阻都相等，即 $R_1=R_2=R_3=R_{\mathrm{Y}}$时，则等效的三角形连接的3个电阻也相等，有 $R_{12}=R_{23}=R_{31}=R_{\triangle}$，并有如下关系。

$$R_{\triangle}=3R_{Y} \tag{2-24}$$

$$R_{Y}=\frac{1}{3}R_{\triangle} \tag{2-25}$$

【例 2-5】 试求图 2-15（a）所示电路的端口等效电阻 R_{ab}。

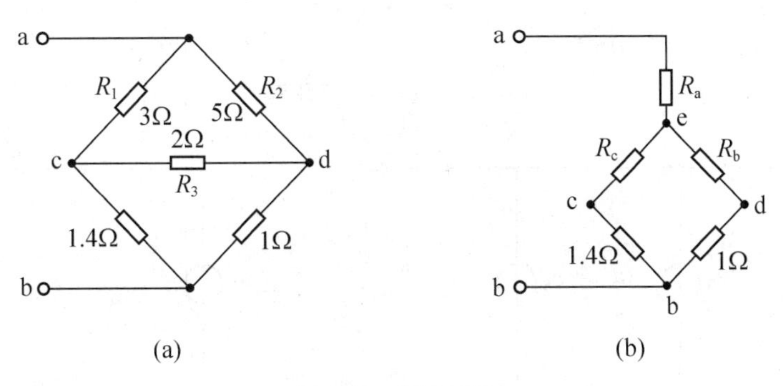

图 2-15　例 2-5 图

解　将图 2-15（a）中由 R_1、R_2、R_3 组成的三角形电路等效转换成图 2-15（b）中由 R_a、R_b、R_c组成的星形电路。由式（2-21）可得

$$R_a=\frac{3\times5}{3+5+2}=1.5\Omega$$

$$R_b=\frac{2\times5}{3+5+2}=1\Omega$$

$$R_c=\frac{3\times2}{3+5+2}=0.6\Omega$$

运用串并联公式即可得

$$\begin{aligned}R_{ab}&=R_a+(R_c+1.4)//(R_b+1)\\&=1.5+(0.6+1.4)//(1+1)\\&=2.5\Omega\end{aligned}$$

2.4　含独立电源网络的等效变换

2.4.1　电压源的串联和并联

设有 n 个电压源串联，如图 2-16（a）所示，根据 KVL 可得

$$u=u_{S1}+u_{S2}-u_{S3}+\cdots+u_{Sn}=\sum_{k=1}^{n}u_{Sk}$$

$$u_{Seq}=\sum_{k=1}^{n}u_{Sk} \tag{2-26}$$

即 n 个电压源串联，可以用一个等效替代，如图 2-16（b）所示。

只有电压相等且极性一致的电压源才允许并联，否则将违反 KVL。此时，等效电压源即并联电压源中的一个，如图 2-17 所示。推广，一个电压源 u_S 与电阻、电流源或者任意一个二端网络相并联，其等效电路均为电压源 u_S，如图 2-18~图 2-20 所示。

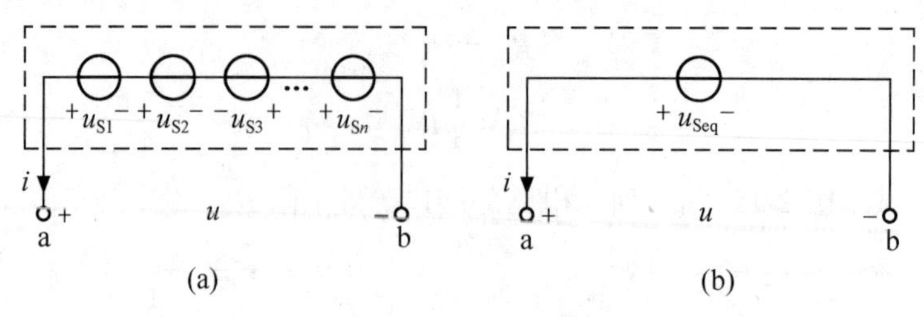

图 2-16　电压源的串联等效

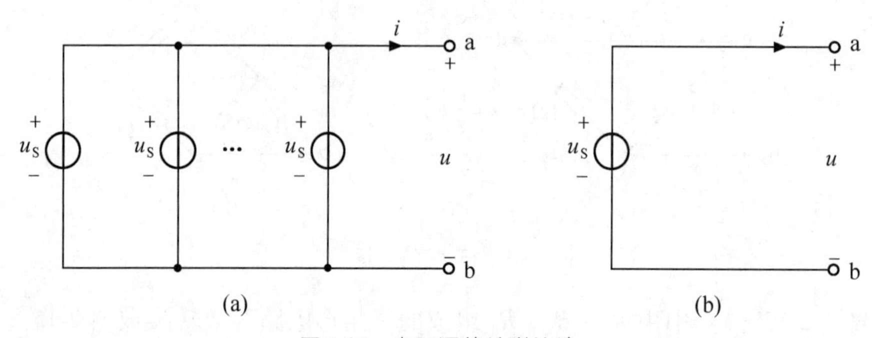

图 2-17　电压源的并联等效

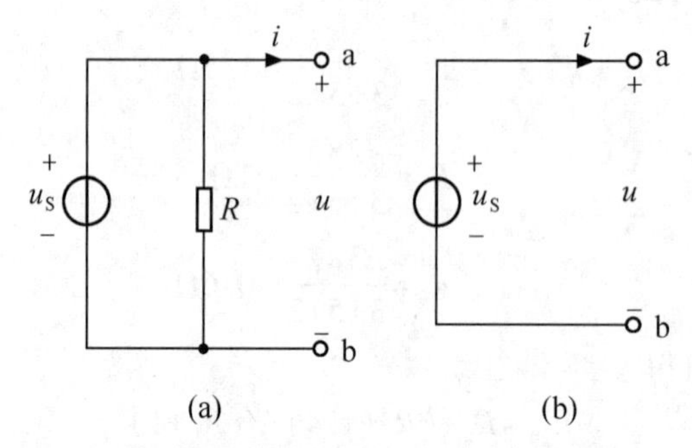

图 2-18　电压源与电阻并联及其等效电路

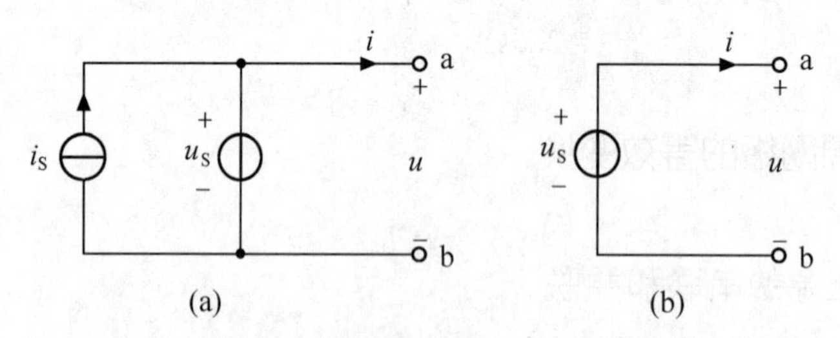

图 2-19　电压源与电流源并联及其等效电路

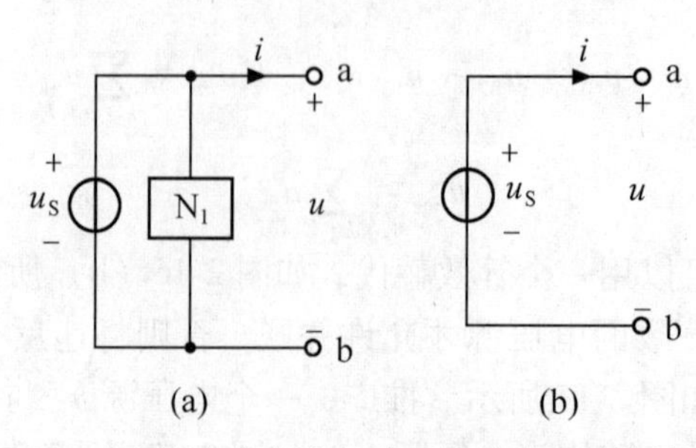

图 2-20　电压源与与任意二端网络并联及其等效电路

2.4.2　电流源的串联和并联

设有 n 个电流源并联，如图 2-21（a）所示，根据 KCL 可得

$$i = i_{S1} + i_{S2} - i_{S3} + \cdots + i_{Sn} = \sum_{k=1}^{n} i_{Sk}$$

$$i_{Seq} = \sum_{k=1}^{n} i_{Sk} \tag{2-27}$$

即 n 个电流源并联，可以用一个等效替代，如图 2-21（b）所示。

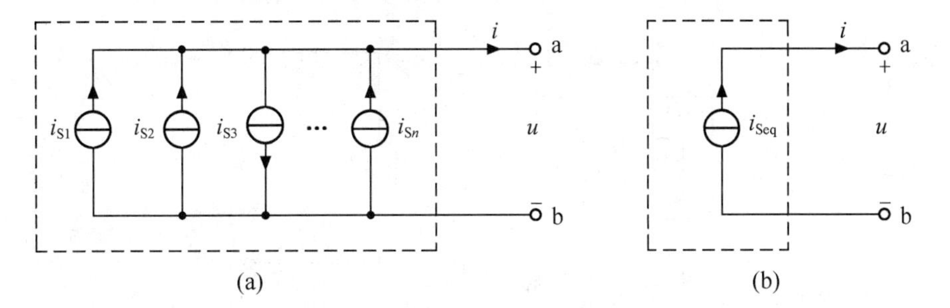

图 2-21　电流源的并联等效

只有电流相等且电流方向一致的电流源才允许串联，否则将违反 KCL。此时，等效电流源即串联电流源中的一个，如图 2-22 所示。推广，一个电流源 i_S 与电阻、电压源或者任意一个二端网络相串联，其等效电路均为电流源 i_S，如图 2-23～图 2-25 所示。

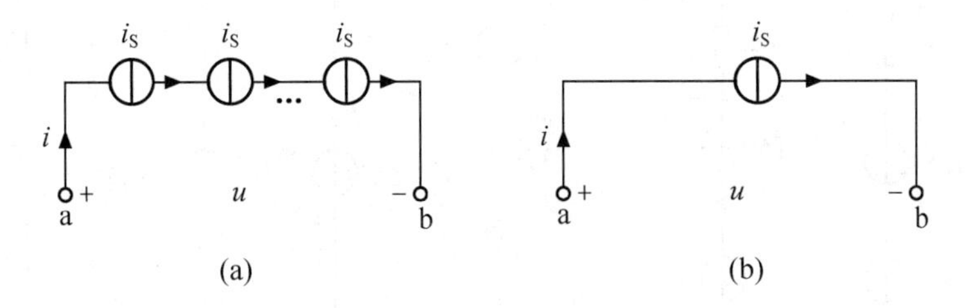

图 2-22　电流源的串联等效

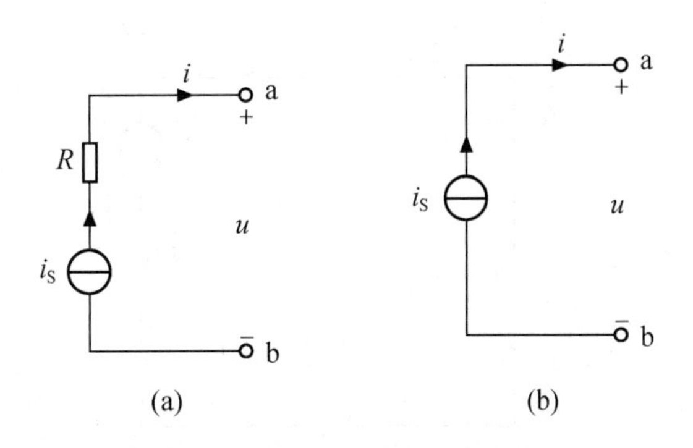

图 2-23　电流源与电阻串联及其等效电路

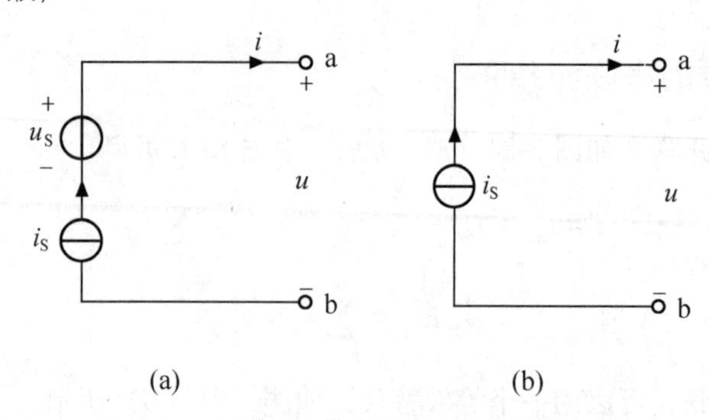

图 2-24　电流源与电压源串联及其等效电路

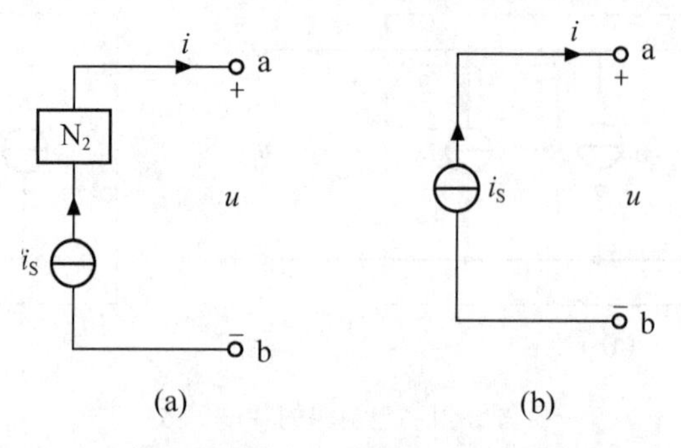

图 2-25　电流源与任意二端网络串联及其等效电路

【例 2-6】　电路如图 2-26（a）所示，求电流 i。

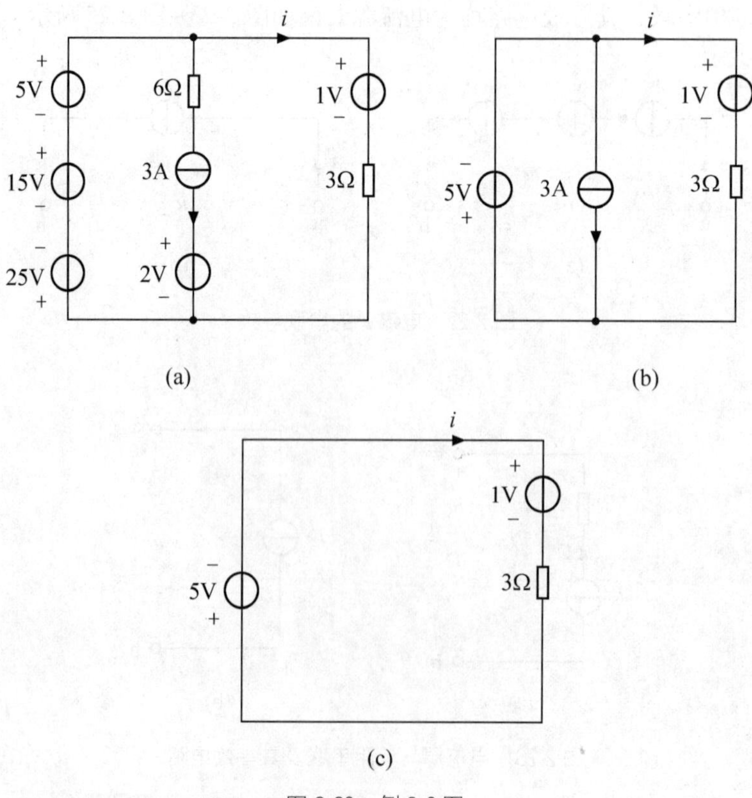

图 2-26　例 2-6 图

解　图 2-26（a）中 5V、15V、25V 三个电压源相串联的支路，根据电压源串联的等效规则，等效为一个电压源，大小为 $u_{seq}=5+15-25=-5V$，即与 25V 电压源方向一致。6Ω 电阻、3A 电流源、2V 电压源相串联的支路，根据电流源串联的等效规则，仍等效为 3A 电流源。因此，可以等效为图 2-26（b）。图 2-26（b）中的 3A 电流源、5V 电压源相并联的支路，根据电压源并联的等效规则，仍等效为 5V 电压源。因此，可以等效为图 2-26（c）。

图 2-26（c）为一个单回路电路，根据 KVL 可以求出

$$1+3i+5=0 \Rightarrow i=-2A$$

2.5　实际电源的两种模型及其等效变换

第 1 章介绍了两种理想的独立源模型：独立电压源和独立电流源。但事实上，当实际电源接入电路时，电源自身会有一定的损耗，内阻经常不能忽略。本节首先介绍实际电源的两种模型，然后再进一步讨论它们的相互转换。

2.5.1　实际电源的戴维南电路模型

实际电压源如干电池、蓄电池、发电机等，当外接负载时，有电流流过负载，其端电压不能保持恒定。这样的实际电压源可以用一个电压源 u_S 和一个表征电源损耗的电阻 R_S 的串联电路来模拟。如图 2-27（a）所示，它也称为实际电压源模型或戴维南电路模型，其中 R_S 为实际电源的内阻，又叫电源的输出电阻。在图示电压、电流参考方向下，其伏安关系可表示为

$$u=u_S-R_Si \tag{2-28}$$

由式（2-28）可画出其端口的伏安特性曲线如图 2-27（b）所示。式（2-28）和图 2-27 表明：

（1）当电源输出端开路，即 $i=0$ 时，电源的输出电压等于电压源 u_S 的值，此时端口电压为开路电压，用 u_{OC} 表示，显然有 $u=u_{OC}=u_S$；

（2）随着流过电源电流的增大，电源的端电压逐渐减小；

（3）当电源输出端短路，即端口电压 $u=0$ 时，端口电流为短路电流，用 i_{SC} 表示，显然有 $i=i_{SC}=\dfrac{u_S}{R_S}$；

（4）电源内阻 R_S 越小，伏安特性曲线越平坦，电源特性越接近于理想电压源的特性，当 $R_S \to 0$ 时，即为理想电压源情况，其输出电压 $u=u_S$ 为定值，伏安特性曲线如图 2-27（b）中的虚线所示。

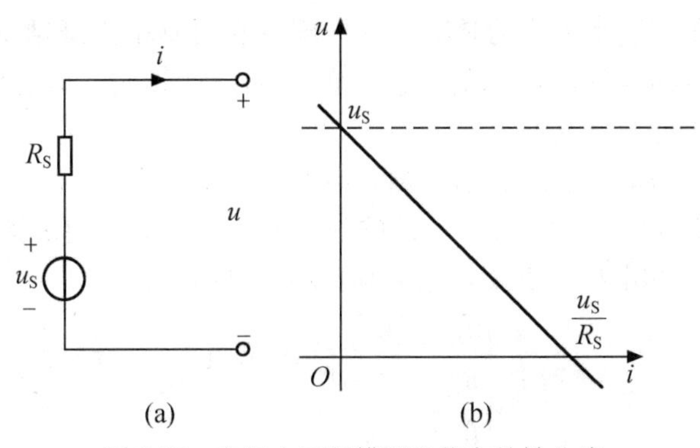

图 2-27　实际电压源模型及伏安特性曲线

2.5.2 实际电源的诺顿电路模型

理想电流源在实际电路中也是不存在的，它仅是作为光电池等一类实际电源的理想化模型。当光电池与外电路接通时，被光激发产生的电流中的一部分将在光电池内部流动，流到外电路的电流随端电压的升高而减少。这样的实际电流源可以用一个电流源 i_S 和一个表征电源损耗电阻 R'_S 的并联电路来模拟。如图2-28（a）所示，它也称为实际电流源模型或诺顿电路模型，其中 R'_S 为实际电源的内阻，又叫电源的输出电阻。在图示电压、电流参考方向下，其伏安关系可表示为

$$i=i_S-\frac{u}{R'_S} \tag{2-29}$$

由式（2-29）可画出其端口的伏安特性曲线如图2-28（b）所示。式（2-29）和图2-28表明：

（1）当电源输出端短路，即端口电压 $u=0$ 时，端口电流为短路电流，显然有 $i=i_{SC}=i_S$；

（2）随着流过电源端电压的增大，电源的输出电流逐渐减小；

（3）当电源输出端开路，即 $i=0$ 时，电源的输出电压 $u=u_{OC}=R'_S i_S$；

（4）电源内阻 R'_S 越大，分流作用越小，伏安特性曲线越陡峭，电源特性越接近于理想电流源的特性，当 $R'_S\to\infty$ 时，即为理想电流源情况，其输出电流 $i=i_S$ 为定值，伏安特性曲线如图2-28（b）中的虚线所示。

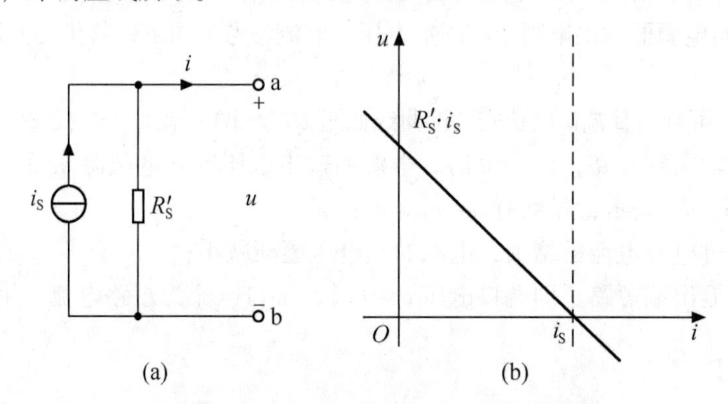

图2-28 实际电流源模型及其伏安特性曲线

2.5.3 两种实际电源模型的等效互换

在电路分析中，我们通常关心的是电源的外部特性而不是内部情况。根据等效的概念，就外电路而言，只要这两种实际电源等效模型的外部特性相同，即它们端口的伏安关系相同，就可以依据需要进行等效互换。

据此，图2-27（a）所示的实际电压源模型和图2-28（a）所示的实际电流源模型等效互换的条件是在端口电压电流参考方向一致的前提下：伏安特性曲线图2-27（b）与图2-28（b）完全相同，即它们的电压轴截距与电流轴截距分别相等，得

$$\begin{cases} u_S=R'_S i_S \\ \dfrac{u_S}{R_S}=i_S \end{cases} \Rightarrow \begin{cases} R_S=R'_S \\ u_S=R_S i_S \end{cases} \tag{2-30}$$

应用式（2-30）可以实现实际电压源模型与实际电流源模型的等效互换，在互换时应遵循以下几点。

（1）首先转换结构，实际电压源模型是电压源与电阻串联，实际电流源模型是电流源与电阻并联；

（2）等效互换时，内阻 R_S 保持不变；

（3）电压源的极性与相应的电流源方向的关系是，电流源的方向与电压源“-”端指向“+”的方向一致。

需要注意：上述两种电路的等效只是对外电路而言，对其内部并不等效；理想电压源与理想电流源不可互为等效，它们的伏安关系曲线不可能重合。

有时，将具有串联电阻的电压源称为“有伴电压源”，具有并联电阻的电流源称为“有伴电流源”。与之对应的，不与电阻串联的电压源称为“无伴电压源”，不与电阻并联的电流源称为“无伴电流源”。如图 2-29 所示，i_{S1} 是有伴电流源，u_{S2} 是有伴电压源，i_{S2} 是无伴电流源，u_{S1} 是无伴电压源。只有有伴电压源和有伴电流源才可以进行等效互换。

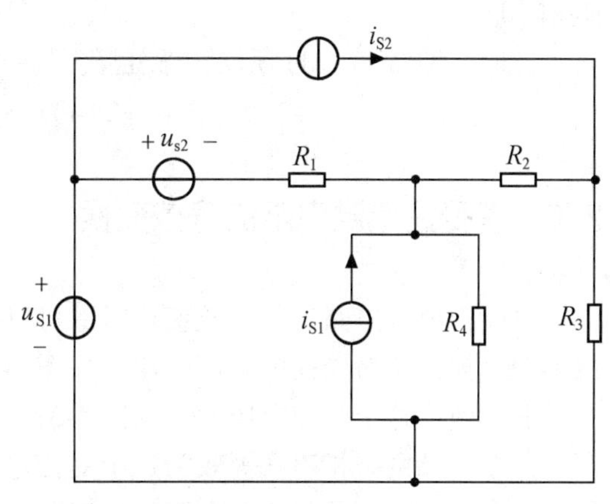

图 2-29　电路中的有伴电源与无伴电源

【例 2-7】　电路如图 2-30（a）所示，求电流 i。

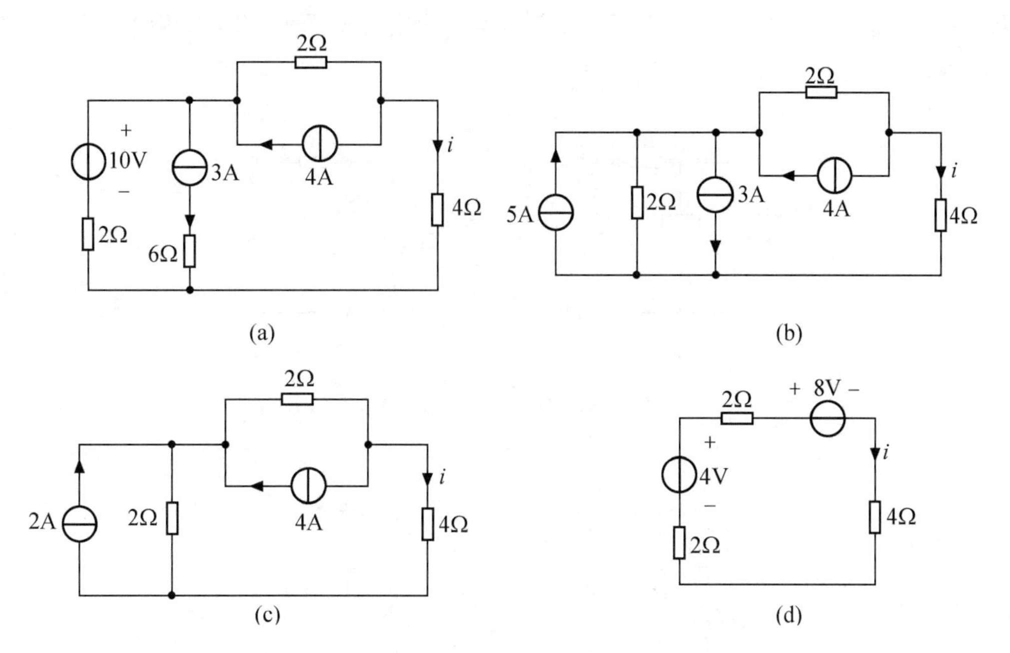

图 2-30　例 2-7 图

解　将需求电流 i 的 4Ω 支路看作外电路，等效化简 4Ω 支路左端的电路。

在图 2-30（a）所示电路中：10V 电压源和 2Ω 电阻相串联的戴维南模型等效转换为诺

顿模型，如图2-30（b）所示电路中，5A电流源和2Ω电阻相并联；3A电流源和6Ω电阻相串联等效为如图2-30（b）所示电路中的3A电流源。

在图2-30（b）所示电路中，3A电流源和5A电流源相并联，等效为如图2-30（c）所示电路中2A电流源。

在图2-30（c）所示电路中：2A电流源和2Ω电阻相并联的诺顿模型等效转换为戴维南模型，如图2-30（d）所示电路中的4V电压源和2Ω电阻相串联；4A电流源和2Ω电阻相并联的诺顿模型等效转换为戴维南模型，如图2-30（d）所示电路中的8V电压源和2Ω电阻相串联。

此时，图2-30（d）所示电路已经是一个单回路电路，列KVL方程

$$(2+2+4)i+8-4=0 \Rightarrow i=-0.5\text{A}$$

2.6 含受控电源电路的等效变换

含受控电源电路进行等效变换时，可以把受控电源作为独立电源来对待，有关独立电源的等效变换方法对受控电源都适用。如图2-31（a）所示，一个受控电压源与一个二端网络相并联等效为这个受控电压源，如图2-31（b）所示。如图2-32（a）所示，一个受控电流源与一个二端网络相串联等效为这个受控电流源，如图2-32（b）所示。如图2-33（a）所示，一个受控电压源与一个电阻的相串联构成的戴维南模型等效为一个受控电流源与电阻相并联的诺顿模型，如图2-33（b）所示，等效条件$g=\dfrac{\mu}{R}$。如图2-34（a）所示，一个受控电流源与一个电阻的相并联构成的诺顿模型等效为一个受控电压源与电阻相串联的戴维南模型，如图2-34（b）所示，等效条件$r=\beta R$。

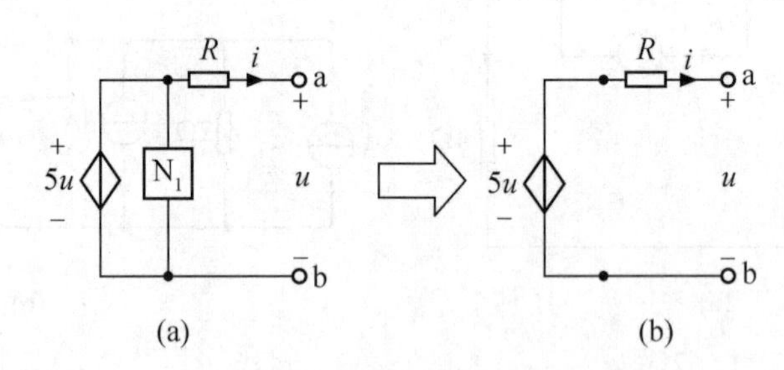

图2-31 受控电压源与二端网络相并联及其等效电路

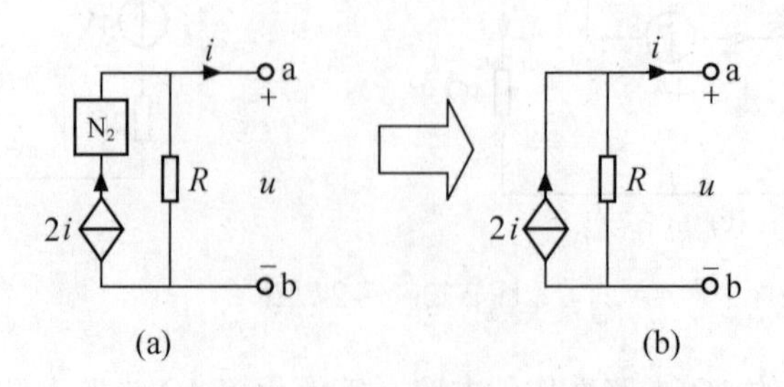

图2-32 受控电流源与二端网络相串联及其等效电路

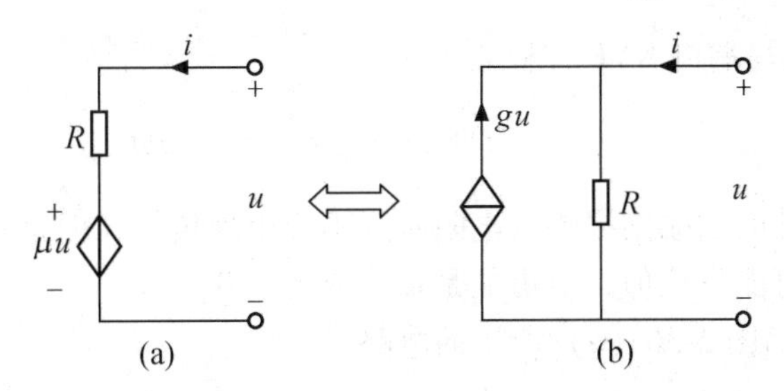

图 2-33　含受控电压源的戴维南模型转换为诺顿模型

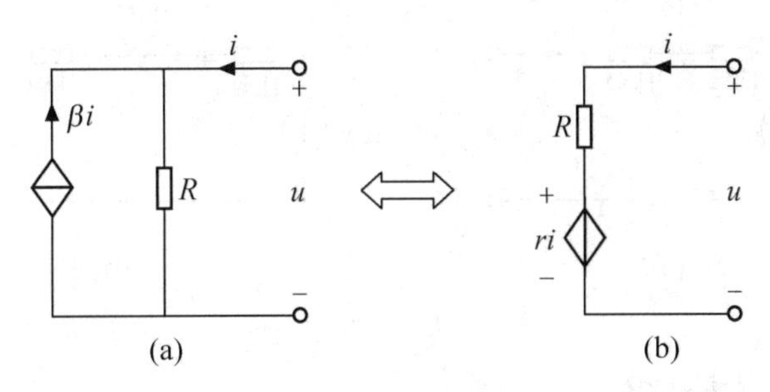

图 2-34　含受控电流源的诺顿模型转换为戴维南模型

对含受控电源电路进行等效变换需要注意的是，只要电路中受控电源还存在，受控电源的控制量就不能消失。

受控电源不仅具有“电源性”，而且具有“电阻性”，运用等效变换方法可以求解含受控电源无源二端网络的等效电阻。

【例 2-8】　试求图 2-35（a）所示电路的端口输入电阻 R_{ab}。

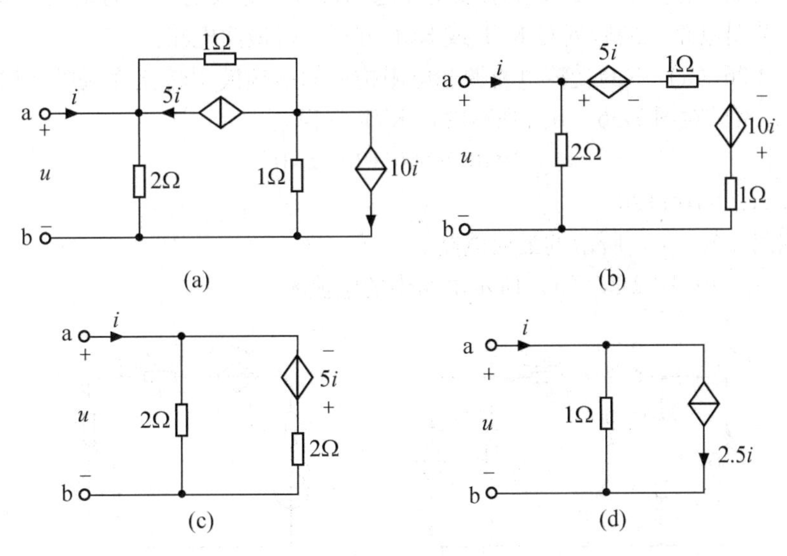

图 2-35　例 2-8 图

解　首先将图 2-35（a）中两个受控电流源和电阻构成的诺顿模型转化为戴维南模型，如图 2-36（b）所示。然后合并图 2-35（b）中的受控电压源和电阻，如图 2-35（c）。接着将图 2-35（c）中受控电压源和电阻构成的戴维南模型转化为诺顿模型，合并电阻，如图 2-

35（d）所示。最后列写端口 KVL 方程

$$u=(i-2.5i)\times 1 \Rightarrow R_{ab}=\frac{u}{i}=-1.5\Omega$$

一个只含电阻元件的二端网络输入电阻永远不会出现负值，但是一个含受控电源的无源二端网络的输入电阻可能是正值，也可能是负值或者是 0。

【例 2-9】 试化简图 2-36（a）所示的电路。

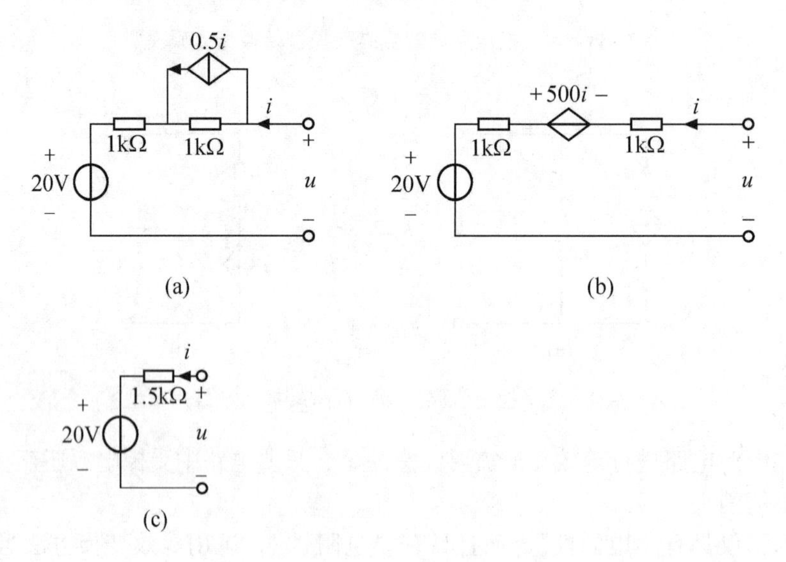

图 2-36 例 2-9 图

解 一般情况下，并非一定要先求取受控电源自身的等效电阻，而是通过等效转换化简为单回路或单节偶电路，最后列写 KVL 或 KCL 方程获得最简电路。

首先将图 2-36（a）中的受控电流源和电阻构成的诺顿模型转化为戴维南模型，如图 2-36（b）所示，然后对图 2-36（b）列写端口 KVL 方程。

$$2\times 10^{3}i-500i+20-u=0$$

整理得 $u=1.5\times 10^{3}i+20$

最后得到图 2-36（c）所示的最简电路。

【例 2-10】 计算图 2-37（a）所示电路中的电流 i。

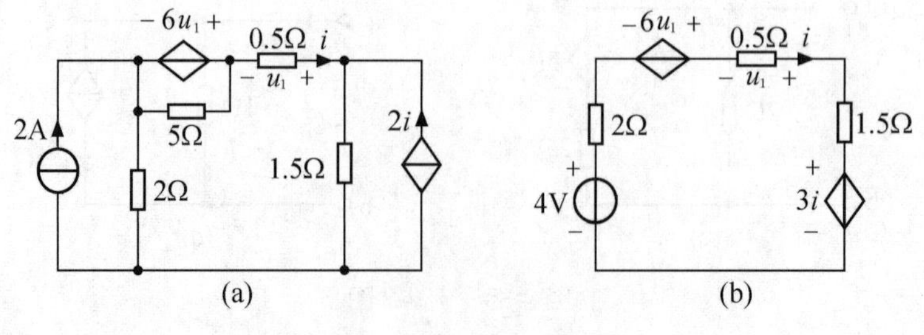

图 2-37 例 2-10 图

解 首先应用等效变换将 $6u_1$ 受控电压源与 5Ω 电阻相并联的局部电路等效为 $6u_1$ 受控电压源；$2i$ 受控电流源与 1.5Ω 电阻相并联的诺顿模型等效为戴维南模型，如图 2-37（b）

所示。

对图 2-37（b）列 KVL 方程

$$2i-6u_1+0.5i+1.5i+3i-4=0 \quad ①$$

对控制量 u_1 列方程 $u_1=-0.5i$ 代入式①

可得 $i=0.4\text{A}$

注意，因为在图 2-37（b）中 0.5Ω 的电阻电压是受控电压源的控制量 u_1，所以只要受控电压源存在，它就不能与其他电阻合并。

思维导图　　习题精讲　电路分析中的等效变换　　简单电阻电路分析仿真实例

习　题　2

2-1　求题图 2-1 所示电路的电流 I。

2-2　常用的分压电路如题图 2-2 所示，$R_L=150\Omega$。试求（1）当开关 S 打开时，分压器的输出电压 U_0；（2）当开关 S 闭合时，分压器的输出电压 U_0。

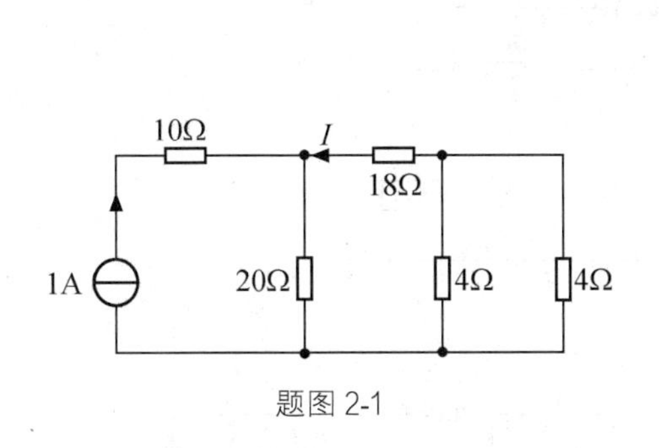

题图 2-1

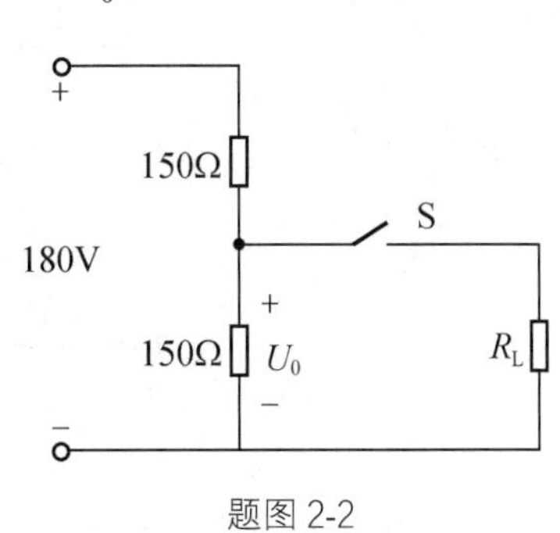

题图 2-2

2-3　求题图 2-3 所示电路的等效电阻 R_{ab}。

2-4　求题图 2-4 所示电路的等效电阻 R_{ab}。

2-5　求题图 2-5 所示的含受控电源电路的输入电阻 R_{ab}。

2-6　电路如题图 2-6 所示，计算电压 u_x。

2-7　电路如题图 2-7 所示，（1）若 $U_2=10\text{V}$，求电流 I_1 和电源电压 U_S；（2）若电源电压 $U_S=10\text{V}$，求 U_2。

2-8　化简题图 2-8 所示的各电路。

2-9　化简题图 2-9 所示的各电路为戴维南等效电路。

2-10　化简题图 2-10 所示的各电路为诺顿等效电路。

2-11　利用等效变换的方法计算题图 2-11 所示的电流 I 以及电阻 R 吸收的功率。

2-12　利用等效变换的方法计算题图 2-12 中 5Ω 电阻的电压 u。

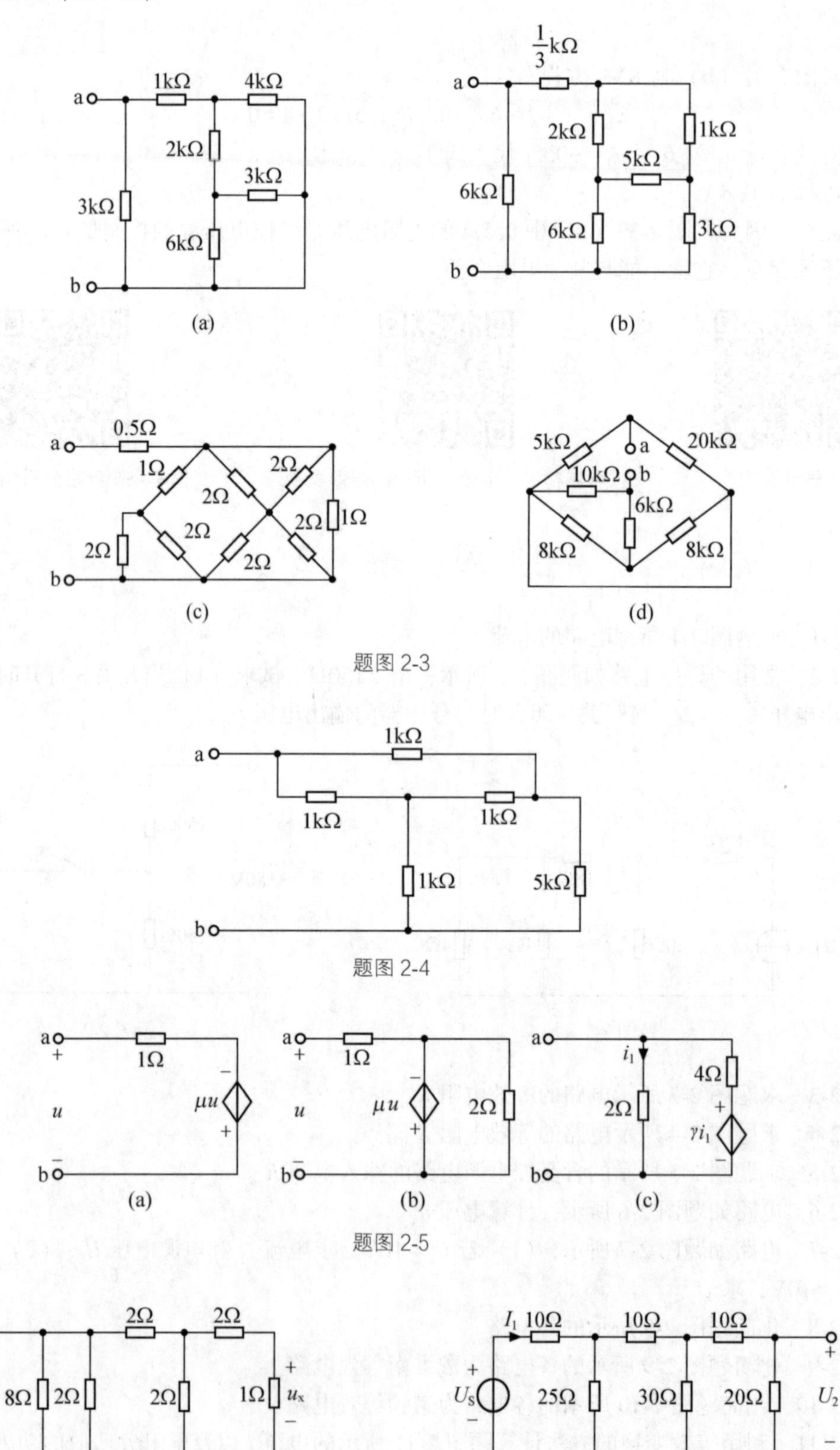

题图 2-3

题图 2-4

题图 2-5

题图 2-6

题图 2-7

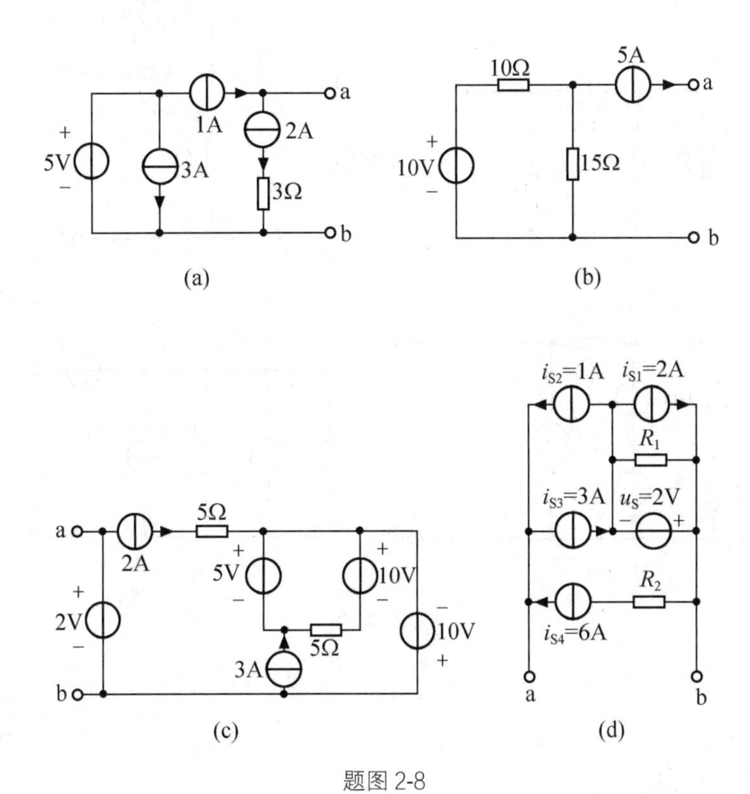
+
5V
−
3A
1A
2A
3Ω
a
b
(a)
10Ω
5A
a
+
10V
−
15Ω
b
(b)
a
2A
5Ω
+
5V
−
+
10V
−
+
2V
−
5Ω
3A
−
10V
+
b
(c)
i_{S2}=1A
i_{S1}=2A
R_1
i_{S3}=3A
u_S=2V
R_2
i_{S4}=6A
a
b
(d)

题图 2-8

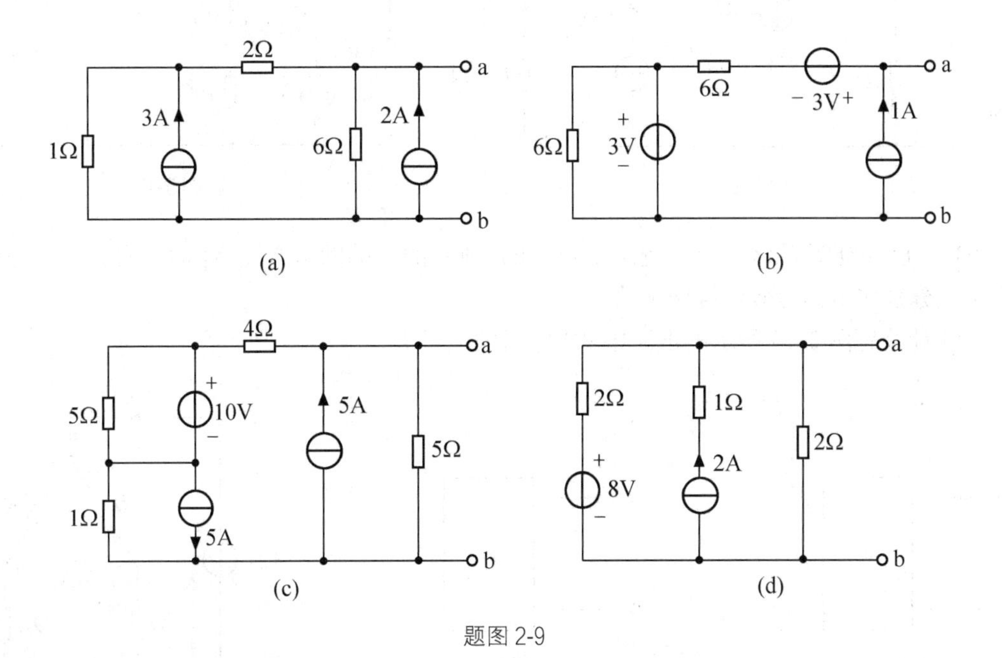
2Ω
a
3A
2A
1Ω
6Ω
b
(a)
6Ω
− 3V+
a
+
3V
−
1A
6Ω
b
(b)
4Ω
a
+
10V
−
5A
5Ω
5Ω
1Ω
5A
b
(c)
a
2Ω
1Ω
2Ω
+
8V
−
2A
b
(d)

题图 2-9

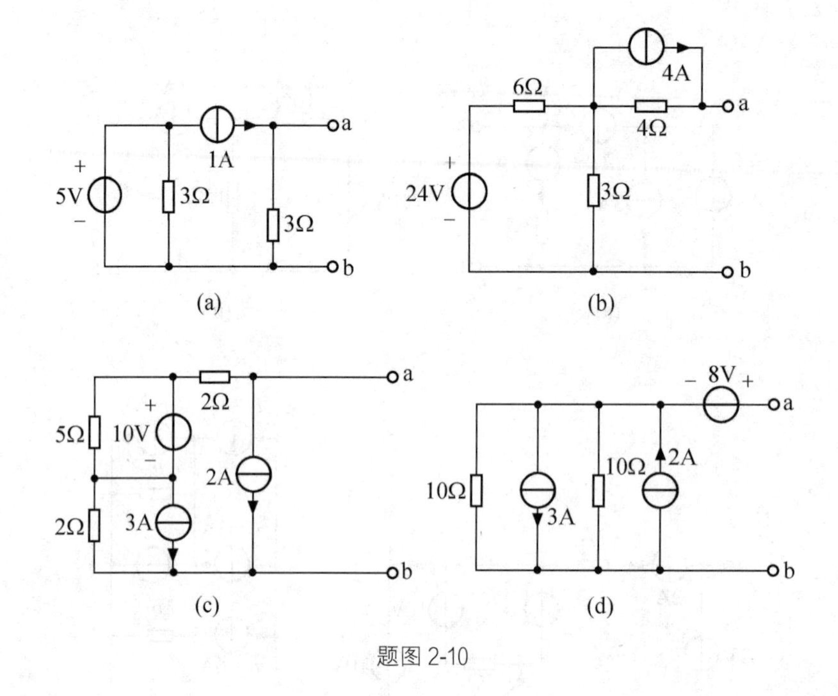

题图 2-10

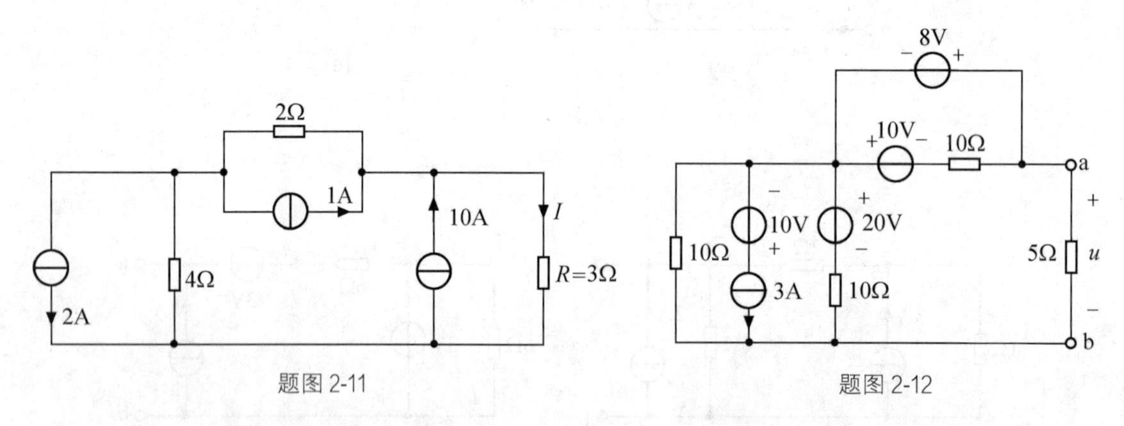

题图 2-11　　题图 2-12

2-13　已知题图 2-13（a）、题图 2-13（b）所示的二端网络 N_1、N_2 的伏安关系均为 $u=4+3i$，试分别作出其等效戴维南电路。

2-14 计算题图 2-14 所示的电路中 9Ω 电阻的电压 U_1。

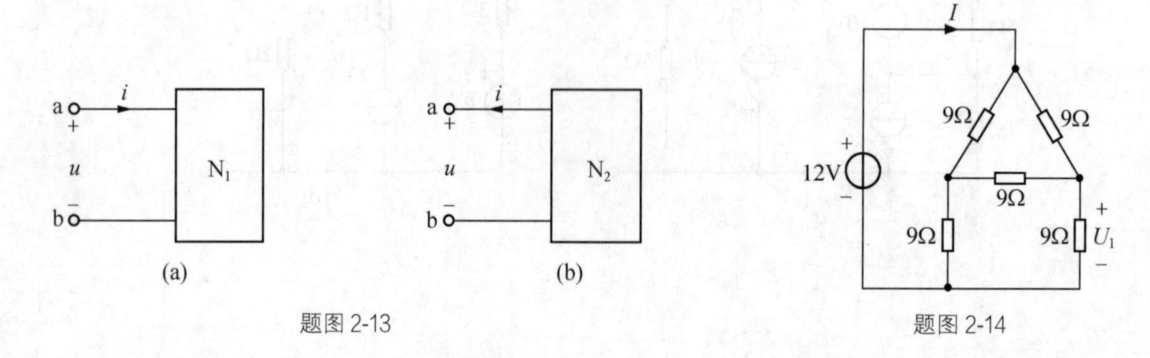

题图 2-13　　题图 2-14

2-15　化简题图 2-15 所示的电路为戴维南等效电路。

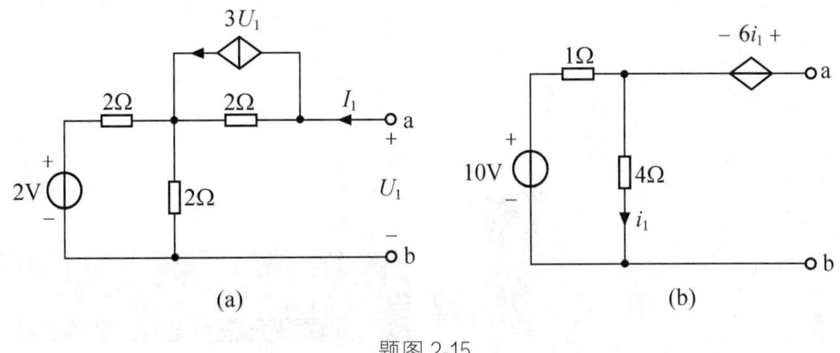

(a)　(b)

题图 2-15

2-16　化简题图 2-16 所示的电路为诺顿等效电路。

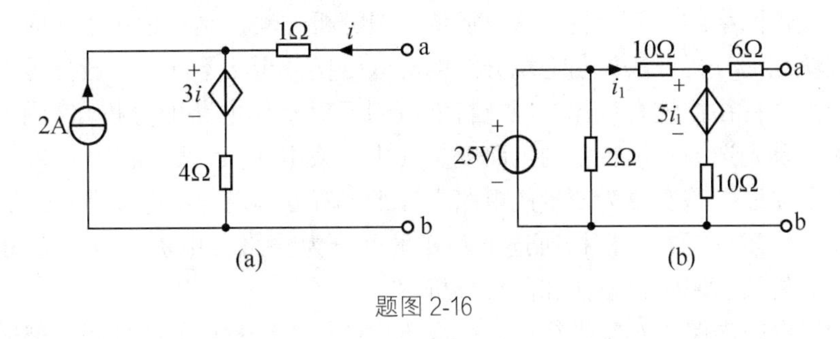

(a)　(b)

题图 2-16

2-17　求题图 2-17 所示电路的电压 U 和电流 I。

2-18　利用等效变换的方法求题图 2-18 所示电路中 1A 电流源的功率。

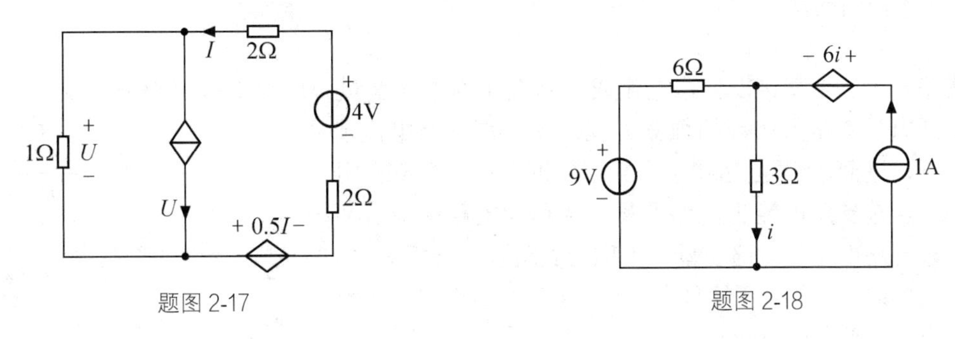

题图 2-17　题图 2-18

2-19　电路如题图 2-19 所示。（1）若 $R=4\Omega$，求电压 U_1 和电流 I；（2）若电压 $U_1=-4\text{V}$，求电阻 R。

2-20　电路如题图 2-20 所示，试利用等效变换的方法求 U_1 及受控电源吸收的功率 P。

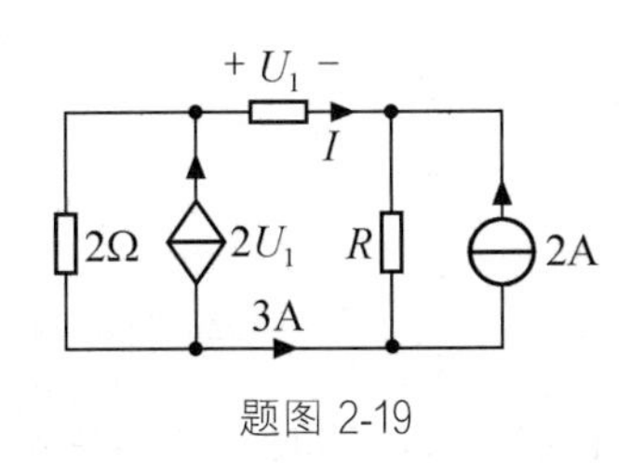

题图 2-19

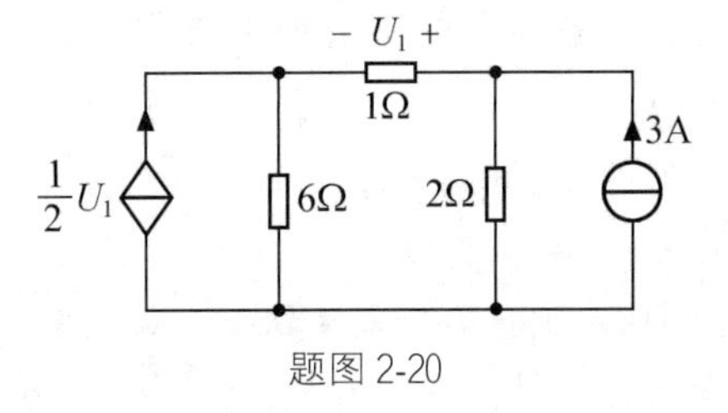

题图 2-20

第 3 章 线性网络的一般分析方法

本章讨论线性网络的一般分析方法。所谓一般分析方法，是指适用于任何线性网络的具有普遍性和系统化的分析方法。与上章介绍的等效变换分析法不同，一般分析方法不改变电路的结构，分析过程往往较有规律，因此特别适用于对整体电路的分析和利用计算机求解。其大体步骤为：首先选择一组特定的电路变量（电压或电流）；然后利用 KCL、KVL 和支路的伏安关系，建立以电路变量为变量的电路方程组，解方程求得电路变量；最后由电路变量求出待求响应。一般分析方法根据所选电路变量可分为支路（电流或电压）分析法、网孔分析法、节点分析法、回路分析法和割集分析法。

在本章中以电阻电路为对象进行讨论，但所述分析方法对任何线性网络都适用。

3.1 支路分析法

支路分析法是直接以支路电流或支路电压为电路变量，应用 KVL、KCL 和支路的伏安关系，列出与支路数相等的独立方程，先解得支路电流或支路电压，进而求得电路响应的电路分析方法。在支路分析法中，若选支路电流为电路变量，则称为支路电流分析法；若选支路电压为电路变量，则称为支路电压分析法。

下面先以图 3-1 所示的具有 4 个节点、6 条支路的电路为例，介绍支路电流分析法。

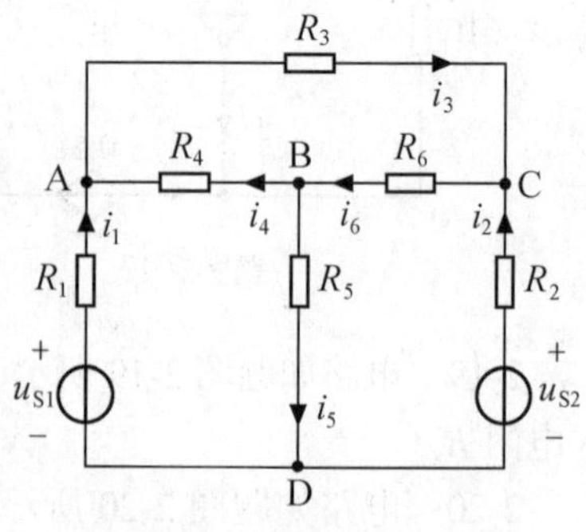

图 3-1 支路分析法示例

支路电流分析法以各支路电流为电路变量，设各支路电流的参考方向如图 3-1 所示。为求得这 6 个电路变量，必须建立 6 个以支路电流为变量的独立方程。

首先，对各节点可建立 KCL 方程

节点 A： $-i_1+i_3-i_4=0$ (3-1a)

节点 B： $i_4+i_5-i_6=0$ (3-1b)

节点 C： $-i_2-i_3+i_6=0$ (3-1c)

节点 D： $i_1+i_2-i_5=0$ (3-1d)

上述 4 个方程不是独立的，其中任意一个方程等于其余 3 个方程取负相加；但如果从 4 个方程中，任选 3 个方程（或删去任一方程），则每一个方程含有其余 2 个方程没有的支路电流变量。以选节点 A、B 和 C 的 KCL 方程为例，i_1、i_5 和 i_2 分别为各方程独有的支路电流变量，因此是一组独立方程。通常将独立 KCL 方程对应的节点称为独立节点，删去方程对应的节点称为非独立节点或参考节点。因此，对于图 3-1 所示的具有 4 个节点的电路，其独立节点数和独立的 KCL 方程数为 4−1=3。

上述结论可推广到一般情况：对于具有 n 个节点的连通网络①，其独立节点数和独立的 KCL 方程数为（n−1）。

其次，对于电路中的每一个回路，可列一个 KVL 方程，图 3-1 所示的电路共有 7 个回路，因此可列出 7 个 KVL 方程。

$$\left.\begin{array}{lll}
\text{回路 ABDA:} & -R_4i_4+R_5i_5-u_{S1}+R_1i_1=0 & (1)\\
\text{回路 BCDB:} & -R_6i_6-R_2i_2+u_{S2}-R_5i_5=0 & (2)\\
\text{回路 ACBA:} & R_3i_3+R_6i_6+R_4i_4=0 & (3)\\
\text{回路 ABCDA:} & -R_4i_4-R_6i_6-R_2i_2+u_{S2}-u_{S1}+R_1i_1=0 & (1)+(2)\\
\text{回路 ACBDA:} & R_3i_3+R_6i_6+R_5i_5-u_{S1}+R_1i_1=0 & (1)+(3)\\
\text{回路 ACDBA:} & R_3i_3-R_2i_2+u_{S2}-R_5i_5+R_4i_4=0 & (2)+(3)\\
\text{回路 ACDA:} & R_3i_3-R_2i_2+u_{S2}-u_{S1}+R_1i_1=0 & (1)+(2)+(3)
\end{array}\right\}\quad(3\text{-}2)$$

显然，这 7 个方程不是独立的，其中后四个方程可由前三个方程导出，而前三个方程（即该电路的 3 个网孔的 KVL 方程）由于分别独立含有 i_1、i_2 和 i_3 支路电流变量，因此，这 3 个方程是独立的。通常将与独立 KVL 方程对应的回路称为独立回路。因此，对于图 3-1 所示的具有 4 个节点、6 条支路的电路，其独立回路数和独立的 KVL 方程数为 $3[=6-(4-1)]$。

上述结论可推广到一般情况：对于具有 n 个节点、b 条支路的连通网络，其独立回路数和独立的 KVL 方程数为

$$l=b-(n-1) \tag{3-3}$$

从式（3-1）中任选 3 个方程与式（3-2）的（1）、（2）和（3）联立，即可解得图 3-1 所示电路的各支路电流。

由于网络的回路数大于独立回路数，因此就有如何选择独立回路的问题。一个比较直观和简便的选择规则是：按序选取回路，即每一新选回路至少含有一条已选回路不含的新支路，则选出的回路是独立的。按这一规则能且仅能选出 l 个独立回路。必须指出的是，对于一个给定网络，独立回路数是一定的，但独立回路的选取不是唯一的。可以证明（见本节最后的备注），对于具有 n 个节点、b 条支路的平面连通网络，有 $m=b-(n-1)$ 个网孔，恰好等于独立回路数，并且网孔是独立回路，由各网孔列出的 KVL 方程是独立的，因此为方便起见，对平面网络通常选网孔为独立回路。如前所述，图 3-1 所示电路的网孔为独立回路，按网孔列出的 KVL 方程是独立方程。

综合上述，对于具有 n 个节点、b 条支路的连通网络，有（n−1）个独立节点，可列出（n−1）个独立的 KCL 方程；有 $l=b-(n-1)$ 个独立回路，可列出 $l=b-(n-1)$ 个独立的 KVL 方程，因此可列出的独立方程总数为 $(n-1)+[b-(n-1)]=b$，恰好等于待求的支

① 从网络的任一节点出发，沿着某些支路连续移动能够到达其余所有节点的网络称为连通网络。

路电流数，联立求解这 b 个方程就可求得各支路电流。因此，用支路电流分析法分析电路的步骤可归纳为：

（1）选定各支路电流的参考方向；

（2）对独立节点列出（$n-1$）个独立的 KCL 方程；

（3）选 $b-(n-1)$ 个独立回路（对平面网络，通常取网孔为独立回路），对独立回路列出 $b-(n-1)$ 个以支路电流为变量的独立的 KVL 方程；

（4）联立求解上述 b 个独立方程，解得各支路电流，并以此求出其他响应。

【例 3-1】 在图 3-2 所示的电路中，已知 $u_{S1}=30V$，$u_{S2}=20V$，$R_1=18\Omega$，$R_2=R_3=4\Omega$。试用支路电流分析法求各支路电流和支路电压 u_{AB}。

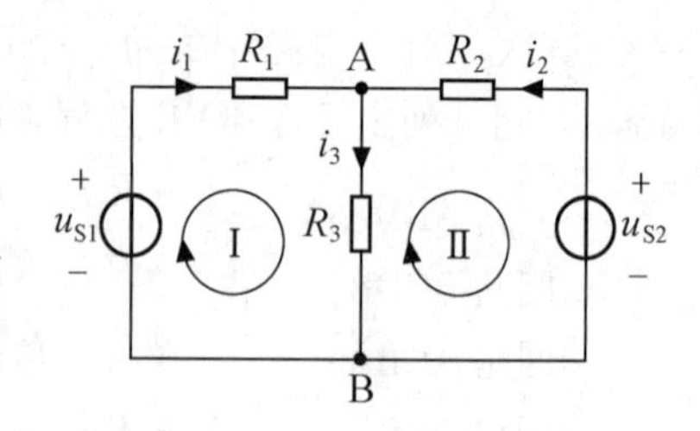

图 3-2 例 3-1 图

解 设各支路电流参考方向如图 3-2 所示。由于电路的节点数 $n=2$，故独立节点数为 $2-1=1$，若选 A 节点为独立节点，根据 KCL 可得

$$i_1+i_2-i_3=0$$

由于该电路为平面电路，因此可选其网孔为独立回路，根据 KVL 可得

网孔Ⅰ： $R_1i_1+R_3i_3-u_{S1}=0$

网孔Ⅱ： $-R_2i_2+u_{S2}-R_3i_3=0$

代入数据，整理后可得

$$i_1+i_2-i_3=0$$
$$18i_1+4i_3=30$$
$$4i_2+4i_3=20$$

由克莱姆法则可得

$$D=\begin{vmatrix}1&1&-1\\18&0&4\\0&4&4\end{vmatrix}=-160 \qquad D_1=\begin{vmatrix}0&1&-1\\30&0&4\\20&4&4\end{vmatrix}=-160$$

$$D_2=\begin{vmatrix}1&0&-1\\18&30&4\\0&20&4\end{vmatrix}=-320 \qquad D_3=\begin{vmatrix}1&1&0\\18&0&30\\0&4&20\end{vmatrix}=-480$$

$$i_1=\frac{D_1}{D}=\frac{-160}{-160}=1A,\quad i_2=\frac{D_2}{D}=\frac{-320}{-160}=2A,\quad i_3=\frac{D_3}{D}=\frac{-480}{-160}=3A$$

可得

$$u_{AB}=R_3i_3=4\times3=12V$$

支路电压分析法与支路电流分析法类似，由于支路电压分析法选支路电压为电路变量，因此独立 KCL 方程中的各支路电流均应利用支路的伏安关系用支路电压表示。

支路分析法的优点是对未知支路电流或支路电压可直接求解；缺点是需联立求解的独立方程数等于网络的支路数，且方程的列写无规律可循，因此对支路较多的复杂网络来说，计算工作量较大，且不便用计算机辅助计算。这就自然提出一个问题：在以电流或电压为电路变量时，能否使必需的变量数最少，从而相应地使所需联立求解的独立方程数最少？如果能够找到这样一组电路变量，它们应具备什么样的条件？

从线性代数知识可知，为了用最小数目的电路变量描述电路，所选择的电路变量应具有完备性和独立性。所谓完备性，是指电路中的其他量都能用这组变量表示；所谓独立性，是指所选的电路变量之间彼此不能互相表示。具体而言，若一组电流变量是独立的，则各电流变量之间应不受 KCL 约束；若一组电压变量是独立的，则各电压变量之间应不受 KVL 约束。下面，看看支路电流和支路电压作为电路变量是否具有完备性和独立性。首先，根据支路的伏安关系，由支路电流可求出各支路电压和其他响应，因此支路电流具有完备性；而各支路电流必须受到 KCL 的约束，因此不具有独立性。对应可得，支路电压也具有完备性但不具有独立性。由前已知，对于具有 n 个节点、b 条支路的连通网络，由独立节点可列出 $(n-1)$ 个独立的 KCL 方程，由独立回路可列出 $b-(n-1)$ 个独立的 KVL 方程，因此在 b 个支路电流中，有 $(n-1)$ 个支路电流可用其余的支路电流表示，所以只能有 $b-(n-1)$ 个支路电流具有独立性；在 b 个支路电压中，因为有 $b-(n-1)$ 个支路电压可用其余的支路电压表示，所以只能有 $(n-1)$ 个支路电压具有独立性。

综上所述，对于具有 n 个节点、b 条支路的连通网络，只可能有 $b-(n-1)$ 个电流变量或 $(n-1)$ 个电压变量同时具有完备性和独立性。现在的问题是：如何选择这 $b-(n-1)$ 个同时具有完备性和独立性的电流变量，或 $(n-1)$ 个同时具有完备性和独立性的电压变量呢？对这一问题的每一种答案就产生了一种网络分析法。

备注：证明具有 n 个节点、b 条支路的平面连通网络，有 $m=b-(n-1)$ 个网孔。

用数学归纳法证明：当网络仅有一个网孔，即 $m=1$ 时，如图 3-3（a）所示，显然，$b=n$，$m=b-(n-1)=1$ 成立。若设对于具有 m 个网孔的平面连通网络 $m=b-(n-1)$ 成立，如图 3-3（b）所示，可在原具有 m 个网孔网络的基础上，通过加一条支路使网孔数增加一个；也可加上 k 条串联支路、经过 $(k-1)$ 个节点使网孔数增加一个。如果设新网络的网孔数为 m'，支路数为 b'，节点数为 n'，则有

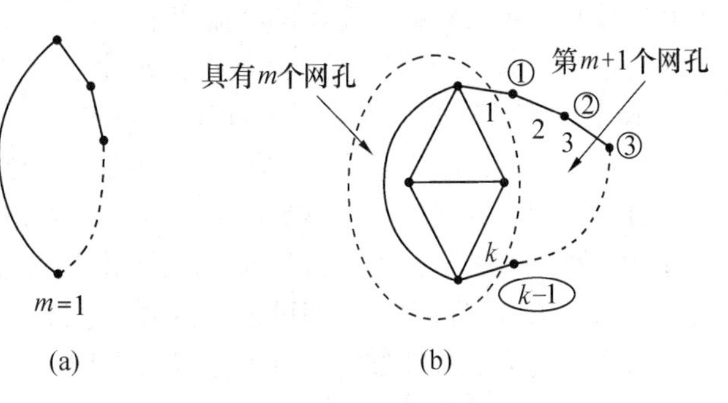

图 3-3　平面网络网孔数的证明

$$m'=m+1,\quad b'=b+k,\quad n'=n+(k-1)$$

由于 $m=b-(n-1)$，因此

$$\begin{aligned} m' &= m+1=b-(n-1)+1=b'-k-n'+k+1 \\ &= b'-(n'-1) \end{aligned}$$

故平面连通网络网孔数计算公式成立。

3.2　网孔分析法

网孔分析法是以网孔电流为电路变量，直接列写网孔的 KVL 方程，先解得网孔电流，进而求得响应的一种平面网络分析法。

3.2.1 网孔电流和网孔方程

网孔电流是一种沿网孔边界流动的假想电流。对于具有 n 个节点、b 条支路的平面连通网络，有 $m=b-(n-1)$ 个网孔，因而也有 m 个网孔电流。例如，图3-4所示的电路有3个网孔，其3个网孔电流 i_{m1}、i_{m2} 和 i_{m3} 分别沿ABDA、BCDB和ACBA网孔边界流动。

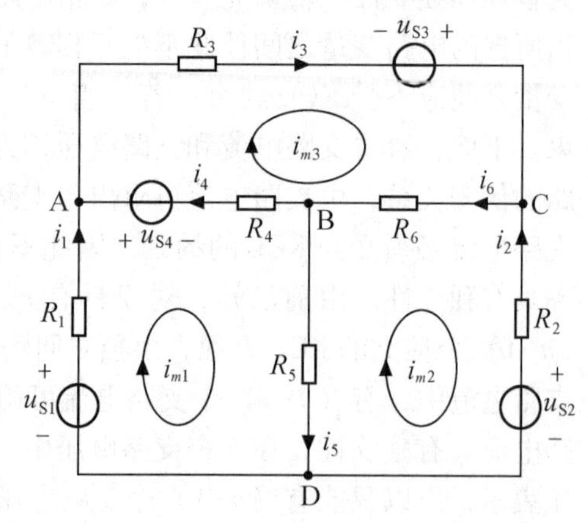

图3-4 网孔分析法示例

对于平面网络，网络边界的每条支路只与一个网孔关联，支路电流视其参考方向或等于其所关联网孔的网孔电流，或与该网孔电流相差一个负号；而网络内部的每条支路与两个网孔关联，支路电流等于其所关联两网孔网孔电流的和或差（视网孔电流的参考方向而定）。可见，网孔电流一旦求得，所有支路电流可随之求出，因此，网孔电流具有完备性。例如，图3-4所示的电路有

$$i_1=i_{m1},\qquad i_2=-i_{m2},\qquad i_3=i_{m3}$$

$$i_4=i_{m3}-i_{m1},\ i_5=i_{m1}-i_{m2},\ i_6=i_{m3}-i_{m2}$$

另外，由于每一网孔电流流经某一节点时，必流入又流出该节点，因此若以网孔电流列节点的KCL方程，各网孔电流将彼此抵消，它们相互间不受KCL约束，具有独立性。所以网孔电流是一组独立的和完备的电流变量。

为了求出 m 个网孔电流，必须建立 m 个以网孔电流为变量的独立方程，由于网孔电流不受KCL约束，因此只能根据KVL和支路的伏安关系列方程。由前已知，对于具有 n 个节点、b 条支路的平面连通网络，有 m 个网孔，且网孔就是独立回路，各网孔的KVL方程是一组独立方程。若利用网孔电流的完备性以及支路的伏安关系，将各KVL方程中的各支路电压用网孔电流表示，则可得到 m 个以网孔电流为变量的独立方程，该组方程就称为网孔方程，联立求解网孔方程，即可求得各网孔电流。以图3-4所示的电路为例，设各网孔电流的参考方向均为顺时针方向，可得各网孔的KVL方程为

$$\left.\begin{aligned}&\text{网孔 I}: -u_{S1}+R_1i_{m1}+u_{S4}+R_4(i_{m1}-i_{m3})+R_5(i_{m1}-i_{m2})=0\\&\text{网孔 II}: R_2i_{m2}+u_{S2}+R_5(i_{m2}-i_{m1})+R_6(i_{m2}-i_{m3})=0\\&\text{网孔 III}: R_3i_{m3}-u_{S3}+R_6(i_{m3}-i_{m2})+R_4(i_{m3}-i_{m1})-u_{S4}=0\end{aligned}\right\}\tag{3-4}$$

整理可得

$$\left.\begin{aligned}&\text{网孔 I}: (R_1+R_4+R_5)i_{m1}-R_5i_{m2}-R_4i_{m3}=u_{S1}-u_{S4}\\&\text{网孔 II}: -R_5i_{m1}+(R_2+R_5+R_6)i_{m2}-R_6i_{m3}=-u_{S2}\\&\text{网孔 III}: -R_4i_{m1}-R_6i_{m2}+(R_3+R_4+R_6)i_{m3}=u_{S3}+u_{S4}\end{aligned}\right\}\tag{3-5}$$

上述3个方程就是图3-4所示的电路的网孔方程，联立求解网孔方程，可得网孔电流 i_{m1}、i_{m2} 和 i_{m3}。

为了找出系统化地列写网孔方程的方法，将式（3-5）改写为如下一般形式。

$$\left.\begin{aligned}R_{11}i_{m1}+R_{12}i_{m2}+R_{13}i_{m3}=u_{Sm1}\\R_{21}i_{m1}+R_{22}i_{m2}+R_{23}i_{m3}=u_{Sm2}\\R_{31}i_{m1}+R_{32}i_{m2}+R_{33}i_{m3}=u_{Sm3}\end{aligned}\right\}\tag{3-6}$$

式（3-6）中，方程左边主对角线上各项的系数

$$R_{11}=R_1+R_4+R_5,\quad R_{22}=R_2+R_5+R_6,\quad R_{33}=R_3+R_4+R_6$$

分别称为网孔Ⅰ、网孔Ⅱ和网孔Ⅲ的自电阻，其值分别为各网孔所含支路的电阻之和；方程左边非主对角线上各项的系数

$$R_{12}=R_{21}=-R_5,\quad R_{13}=R_{31}=-R_4,\quad R_{23}=R_{32}=-R_6$$

分别称为网孔Ⅰ与网孔Ⅱ、网孔Ⅰ与网孔Ⅲ和网孔Ⅱ与网孔Ⅲ的互电阻，当各网孔电流一律取顺时针方向或一律取逆时针方向时，其值为对应两网孔公共支路电阻的负值。方程右边各项

$$u_{Sm1}=u_{S1}-u_{S4},\quad u_{Sm2}=-u_{S2},\quad u_{Sm3}=u_{S3}+u_{S4}$$

分别为各网孔中沿网孔电流方向电压源电压升的代数和。

由以上可得，从网络直接列写网孔方程的规则为

自电阻 × 本网孔的网孔电流 + Σ 互电阻 × 相邻网孔的网孔电流

= 本网孔中沿网孔电流方向所含电压源电压升的代数和

对于具有 m 个网孔的网络，网孔方程可一般表示为

$$\left.\begin{aligned}&R_{11}i_{m1}+R_{12}i_{m2}+\cdots+R_{1m}i_{mm}=u_{Sm1}\\&R_{21}i_{m1}+R_{22}i_{m2}+\cdots+R_{2m}i_{mm}=u_{Sm2}\\&\cdots\cdots\\&R_{m1}i_{m1}+R_{m2}i_{m2}+\cdots+R_{mm}i_{mm}=u_{Smm}\end{aligned}\right\}\tag{3-7}$$

综上所述，用网孔分析法分析网络的步骤可归纳为：

（1）设定网孔电流的参考方向（通常各网孔电流都取顺时针方向或都取逆时针方向）；

（2）列网孔方程组，并联立求解解出网孔电流；

（3）选定各支路电流的参考方向，由网孔电流求出支路电流或其他响应；

（4）由于网孔电流自动满足 KCL，故应用 KVL 来校验。

【例 3-2】　电路如图 3-5 所示，已知 $u_{S1}=20\text{V}$，$u_{S2}=30\text{V}$，$u_{S3}=10\text{V}$，$R_1=1\Omega$，$R_2=6\Omega$，$R_3=2\Omega$。试用网孔分析法求各支路电流。

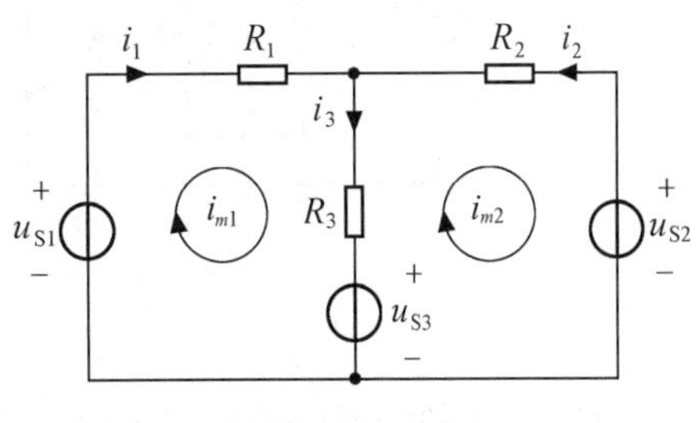

图 3-5　例 3-2 图

解　该电路有两个网孔，设两个网孔的网孔电流 i_{m1}、i_{m2}的参考方向如图 3-5 所示。

两个网孔的网孔方程为

$$(R_1+R_3)i_{m1}-R_3i_{m2}=u_{S1}-u_{S3}$$
$$-R_3i_{m1}+(R_2+R_3)i_{m2}=u_{S3}-u_{S2}$$

代入数据，整理可得

$$3i_{m1}-2i_{m2}=10$$
$$-2i_{m1}+8i_{m2}=-20$$

由克莱姆法则可得

$$D=\begin{vmatrix}3&-2\\-2&8\end{vmatrix}=20,\quad D_1=\begin{vmatrix}10&-2\\-20&8\end{vmatrix}=40,\quad D_2=\begin{vmatrix}3&10\\-2&-20\end{vmatrix}=-40$$

$$i_{m1}=\frac{D_1}{D}=\frac{40}{20}=2\text{A},\quad i_{m2}=\frac{D_2}{D}=\frac{-40}{20}=-2\text{A}$$

设各支路电流参考方向如图3-5所示，则

$$i_1 = i_{m1} = 2A,\quad i_2 = -i_{m2} = 2A,\quad i_3 = i_{m1} - i_{m2} = 2 - (-2) = 4A$$

从式（3-5）和例3-2可看出，如果网络由电压源和电阻组成，其网孔方程左边系数行列式关于主对角线对称。利用这个特点，可检查所列网孔方程的正确性。

3.2.2 含有电流源网络的网孔方程

在网孔分析法中，推导网孔方程时，要将各网孔KVL方程中的各支路电压用网孔电流表示。如果网络中含有独立电流源，则电流源两端的电压不能直接用网孔电流表示。若电流源是有伴的，可利用诺顿电路与戴维南电路的等效转换，先将电流源变换为电压源，再列网孔方程；若电流源是无伴的，则无法变换为电压源，这时可分如下两种情况分别处理。

（1）电流源是无伴的且为某一网孔独有，则与其关联网孔的网孔电流为已知，即等于该电流源的电流或其负值，该网孔的网孔方程可省去；

（2）电流源是无伴的且为两个网孔共有，则可将电流源两端电压设为未知变量，按前述方法先列网孔方程，再用辅助方程将该电流源的电流用网孔电流表示。

【例3-3】 电路如图3-6（a）所示，试用网孔分析法求电流 i 和电压 u。

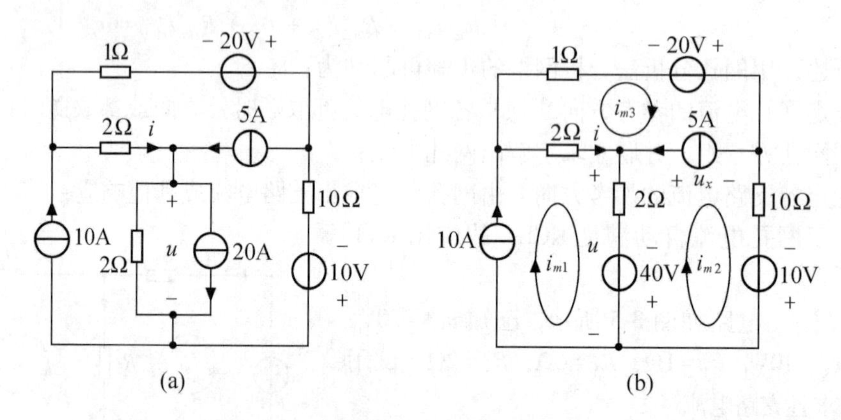

图3-6 例3-3图

解 由于20A电流源是有伴的，因此可先将它等效变换为电压源，此时电路及各网孔电流的参考方向如图3-6（b）所示。由于10A电流源为网孔Ⅰ独有，且 i_{m1} 的方向与该10A电流源的方向相同，因此 $i_{m1}=10A$，网孔Ⅰ的网孔方程可省去。而5A电流源是无伴的且为网孔Ⅱ和网孔Ⅲ共有，将其两端的电压设为 u_x，可列出网孔方程：

网孔Ⅱ： $-2i_{m1} + (2+10)i_{m2} = -40 - u_x + 10$

网孔Ⅲ： $-2i_{m1} + (1+2)i_{m3} = 20 + u_x$

辅助方程： $i_{m3} - i_{m2} = 5$

将上述3个方程联立，并将 $i_{m1}=10A$ 代入，可解得

$$i_{m2} = 1A,\quad i_{m3} = 6A$$

故

$$i = i_{m1} - i_{m3} = 10 - 6 = 4A$$

$$u = 2 \times (i_{m1} - i_{m2}) - 40 = 2 \times (10 - 1) - 40 = -22\text{V}$$

当然，对于无伴电流源，也可先对电流源等效转移，将其变为有伴的，然后利用诺顿电路与戴维南电路的等效转换，将电流源变换为电压源，再列网孔方程。但这样做要改变电路的结构，故一般不采用。

3.2.3　含受控源网络的网孔方程

当应用网孔分析法分析含受控源网络时，可先将受控源按独立源一样对待，列写网孔方程，再用辅助方程将受控源的控制量用网孔电流表示。

【例 3-4】　试列写图 3-7 所示电路的网孔方程。

解　设各网孔电流如图 3-7 所示，则可列出网孔方程：

网孔 Ⅰ：　$(2 + 4)i_{m1} - 4i_{m2} = 12$

网孔 Ⅱ：　$-4i_{m1} + (4 + 6)i_{m2} = 2u$

再用一个辅助方程，将受控源的控制量 u 用网孔电流表示

$$u = 4(i_{m1} - i_{m2})$$

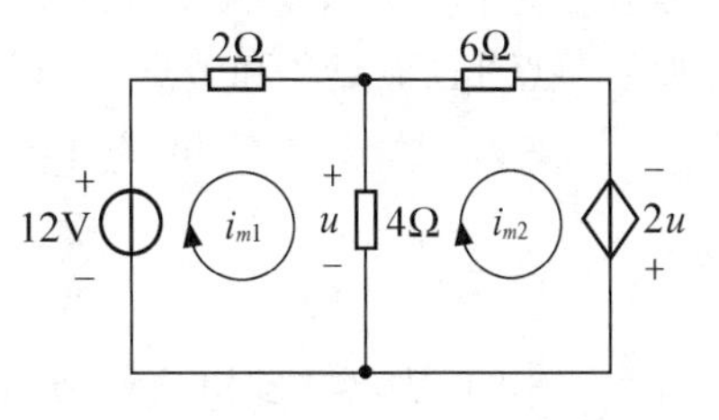

图 3-7　例 3-4 图

最后必须指出，只有平面网络才有网孔的概念，因此，网孔分析法只适用于分析平面网络。

3.3　节点分析法

从方法论的角度看网孔法、节点法

节点分析法是以节点电压为电路变量，直接列写独立节点的 KCL 方程，先解得节点电压，进而求得响应的一种网络分析法。

3.3.1　节点电压和节点方程

在网络中，任选一个节点为参考节点，其余每个节点与参考节点之间的电压，就称为该节点的节点电压。习惯上节点电压的参考极性均以参考节点为负极，参考节点用符号“⊥”表示。显然，节点电压比节点少一个。对于具有 n 个节点的网络，有 $(n-1)$ 个节点电压。在如图 3-8 所示的电路中，若选节点 4 为参考节点，则其余 3 个节点与参考节点之间的电压 u_{n1}、u_{n2} 和 u_{n3} 即为这 3 个节点的节点电压。

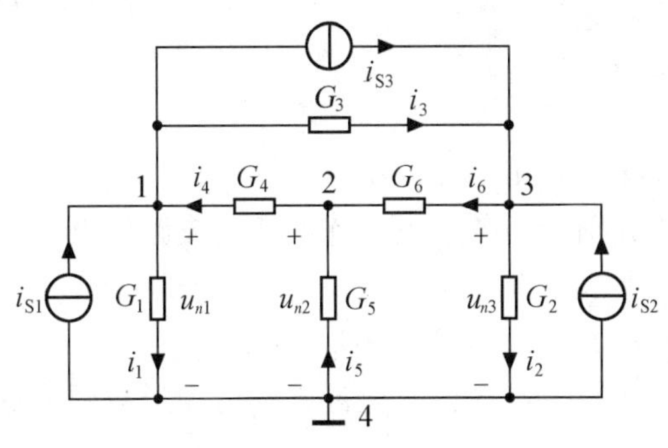

图 3-8　节点分析法示例

对于网络中的任意一条支路，如果它与参考节点相关联，则该支路电压或等于与该支路关联的独立节点的节点电压或差一个负号（视支路电压的极性而定）；如果不与参考节点相关联，则支路电压可表示为支路所连接的两个独立节点的节点电压的差。图 3-8 所示的电路有

$$u_1 = u_{n1}, \qquad u_5 = -u_{n2}, \qquad u_2 = u_{n3}$$

$$u_3 = u_{n1} - u_{n3}, \qquad u_4 = u_{n2} - u_{n1}, \qquad u_6 = u_{n3} - u_{n2}$$

可见，节点电压一旦求得，所有支路电压随之可求出，因此节点电压具有完备性。另外，与

参考节点相连的各支路不能构成闭合回路，因此，各节点电压相互间不受KVL约束，具有独立性。所以节点电压是一组独立的且完备的电压变量。

为了求出（n-1）个节点电压，必须列出（n-1）个以节点电压为变量的独立方程，由于节点电压不受KVL约束，因此只能根据KCL和支路的伏安关系建立方程。由前已知，对于具有n个节点的网络，除参考节点外，有（n-1）个独立节点，各独立节点的KCL方程是一组独立方程，因此若利用节点电压的完备性以及支路的伏安关系，将这些KCL方程中的各支路电流用节点电压表示，则可得到（n-1）个以节点电压为变量的独立方程，该组方程就称为节点方程，联立求解节点方程，即可求得各节点电压。以图3-8所示的电路为例，独立节点1、节点2和节点3的KCL方程为

$$\left.\begin{aligned}&\text{节点1:}\quad -i_{S1}+i_1+i_3+i_{S3}-i_4=0\\&\text{节点2:}\quad i_4-i_5-i_6=0\\&\text{节点3:}\quad -i_{S2}+i_2-i_3-i_{S3}+i_6=0\end{aligned}\right\}\tag{3-8}$$

将式（3-8）中各支路电流用节点电压表示为

$$i_1=G_1u_{n1},\quad i_2=G_2u_{n3},\quad i_3=G_3(u_{n1}-u_{n3})$$
$$i_4=G_4(u_{n2}-u_{n1}),\quad i_5=-G_5u_{n2},\quad i_6=G_6(u_{n3}-u_{n2})$$

代入式（3-8）可得

$$\left.\begin{aligned}&(G_1+G_3+G_4)u_{n1}-G_4u_{n2}-G_3u_{n3}=i_{S1}-i_{S3}\\&-G_4u_{n1}+(G_4+G_5+G_6)u_{n2}-G_6u_{n3}=0\\&-G_3u_{n1}-G_6u_{n2}+(G_2+G_3+G_6)u_{n3}=i_{S2}+i_{S3}\end{aligned}\right\}\tag{3-9}$$

式（3-9）就是图3-8所示电路的节点方程，联立求解节点方程，可得节点电压u_{n1}、u_{n2}和u_{n3}。

为了找出系统化地列写节点方程的方法，将式（3-9）改写为一般形式。

$$\left.\begin{aligned}G_{11}u_{n1}+G_{12}u_{n2}+G_{13}u_{n3}=i_{Sn1}\\G_{21}u_{n1}+G_{22}u_{n2}+G_{23}u_{n3}=i_{Sn2}\\G_{31}u_{n1}+G_{32}u_{n2}+G_{33}u_{n3}=i_{Sn3}\end{aligned}\right\}\tag{3-10}$$

式（3-10）中，方程左边主对角线上各项的系数

$$G_{11}=G_1+G_3+G_4,\quad G_{22}=G_4+G_5+G_6,\quad G_{33}=G_2+G_3+G_6$$

分别称为节点1、节点2和节点3的自电导，其值分别为与各节点相连的所有支路的电导之和；方程左边非主对角线上各项的系数

$$G_{12}=G_{21}=-G_4,\quad G_{13}=G_{31}=-G_3,\quad G_{23}=G_{32}=-G_6$$

分别称为节点1与节点2、节点1与节点3和节点2与节点3的互电导，其值为对应两节点间的公共支路电导之和的负值。方程右边各项

$$i_{Sn1}=i_{S1}-i_{S3},\quad i_{Sn2}=0,\quad i_{Sn3}=i_{S2}+i_{S3}$$

分别为流入各节点的各电流源电流的代数和。

由上可得，从网络直接列写节点方程的规则为

自电导 × 本节点的节点电压 + Σ 互电导 × 相邻节点的节点电压
= 流入本节点电流源电流的代数和

对于具有n个节点的网络，若以节点n为参考节点，则节点方程可一般表示为

$$\left.\begin{aligned}
&G_{11}u_{n1}+G_{12}u_{n2}+\cdots+G_{1(n-1)}u_{n(n-1)}=i_{Sn1}\\
&G_{21}u_{n1}+G_{22}u_{n2}+\cdots+G_{2(n-1)}u_{n(n-1)}=i_{Sn2}\\
&\cdots\cdots\\
&G_{(n-1)1}u_{n1}+G_{(n-1)2}u_{n2}+\cdots+G_{(n-1)(n-1)}u_{n(n-1)}=i_{Sn(n-1)}
\end{aligned}\right\}\tag{3-11}$$

综上所述，用节点分析法分析网络的步骤可归纳为：

（1）选定参考节点；

（2）列节点方程，并联立求解出节点电压；

（3）选定各支路电压的参考极性，由节点电压求出支路电压或其他响应；

（4）由于节点电压不受 KVL 约束，故应用 KCL 来校验。

【例 3-5】　电路如图 3-9 所示，已知 $i_{S1}=9\text{A}$，$i_{S2}=5\text{A}$，$i_{S3}=6\text{A}$，$G_1=1\text{S}$，$G_2=2\text{S}$，$G_3=1\text{S}$。试用节点分析法求电路中的电流 i。

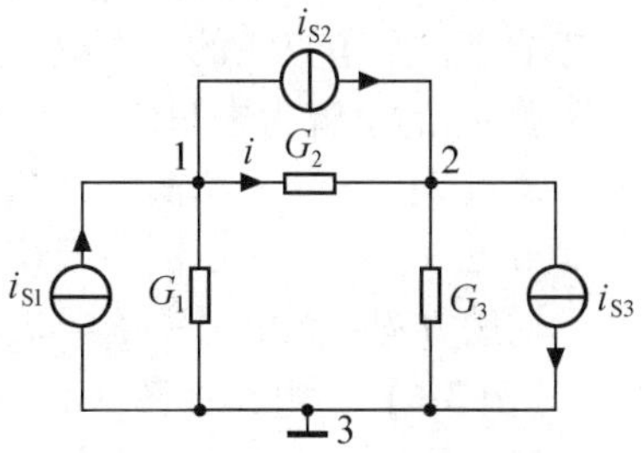

图 3-9　例 3-5 图

解　选节点 3 为参考节点，则可列节点方程为

节点 1：　$(G_1+G_2)u_{n1}-G_2u_{n2}=i_{S1}-i_{S2}$

节点 2：　$-G_2u_{n1}+(G_2+G_3)u_{n2}=i_{S2}-i_{S3}$

代入数据，整理可得

$$3u_{n1}-2u_{n2}=4$$

$$-2u_{n1}+3u_{n2}=-1$$

由克莱姆法则可得

$$D=\begin{vmatrix}3 & -2\\ -2 & 3\end{vmatrix}=5,\quad D_1=\begin{vmatrix}4 & -2\\ -1 & 3\end{vmatrix}=10,\quad D_2=\begin{vmatrix}3 & 4\\ -2 & -1\end{vmatrix}=5$$

$$u_{n1}=\frac{D_1}{D}=\frac{10}{5}=2\text{V},\qquad u_{n2}=\frac{D_2}{D}=\frac{5}{5}=1\text{V}$$

故

$$i=G_2(u_{n1}-u_{n2})=2\times(2-1)=2A$$

从式（3-9）和例 3-5 可看出，如果网络由电流源和电阻组成，其节点方程左边系数行列式关于主对角线对称。利用这个特点，可检查所列节点方程的正确性。

3.3.2　含有电压源网络的节点方程

使用节点分析法推导节点方程时，要将各独立节点 KCL 方程中的各支路电流用节点电压表示。如果网络中含有独立电压源，则流过电压源的电流不能直接用节点电压表示。若电压源是有伴的，则可利用戴维南电路与诺顿电路的等效转换，先将电压源变换为电流源，再列节点方程；若电压源是无伴的，则无法变换为电流源，这时可采用如下两种方法处理。

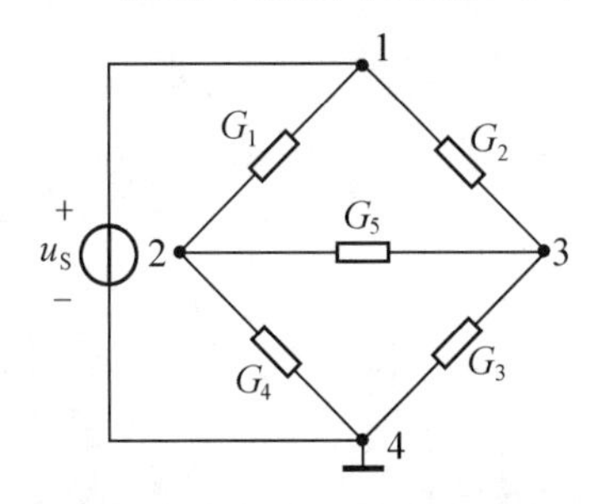

图 3-10　含电压源网络节点方程示例一

方法一：选无伴电压源支路的一端为参考节点，则它另一端的节点电压就等于该电压源的电压或差一个负号，为已知量，该节点的节点方程可省去。

图 3-10 所示的电路，有一个无伴的电压源 u_S，列该电路

的节点方程时，可设节点4为参考节点，则节点1的节点电压 $u_{n1}=u_S$ 为已知量，节点1的节点方程可省略。此时只需列节点2和节点3的节点方程，即

节点2：$-G_1u_S+(G_1+G_4+G_5)u_{n2}-G_5u_{n3}=0$

节点3：$-G_2u_S-G_5u_{n2}+(G_2+G_3+G_5)u_{n3}=0$

当网络中有不只一个无伴电压源，且这些电压源无公共节点时，方法一不能完全解决问题。这时可结合使用方法二。

方法二：设流过无伴电压源电流为未知变量，按前述方法先列节点方程，再用辅助方程将该电压源的电压用节点电压表示。

如图3-11所示的电路有两个无伴电压源 u_{S1} 和 u_{S2}，且它们没有公共节点，若设节点4为参考节点，则节点1的节点电压 $u_{n1}=u_{S1}$ 为已知量，节点1对应的节点方程可省去；设流过电压源 u_{S2} 的电流为未知量 i_x，可列出节点方程为

节点2：　$-G_1u_{S1}+(G_1+G_4)u_{n2}=i_x$

节点3：　$-G_2u_{S1}+(G_2+G_3)u_{n3}=-i_x$

辅助方程：　$u_{n2}-u_{n3}=u_{S2}$

【例3-6】 电路如图3-12所示，试用节点分析法求电路中的电压 u 和电流 i。

解 该电路中有两个无伴电压源，若设节点4为参考节点，则 $u_{n1}=10\text{V}$ 为已知，节点1的节点方程可省去不列；若设流过5V电压源的电流为 i_x，则可列出节点方程为

节点2：　$-\frac{1}{5}u_{n1}+\left(\frac{1}{5}+\frac{1}{5}\right)u_{n2}=-i_x$

节点3：　$-\frac{1}{10}u_{n1}+\left(\frac{1}{10}+\frac{1}{10}\right)u_{n3}=i_x+2$

辅助方程：　$u_{n2}-u_{n3}=5$

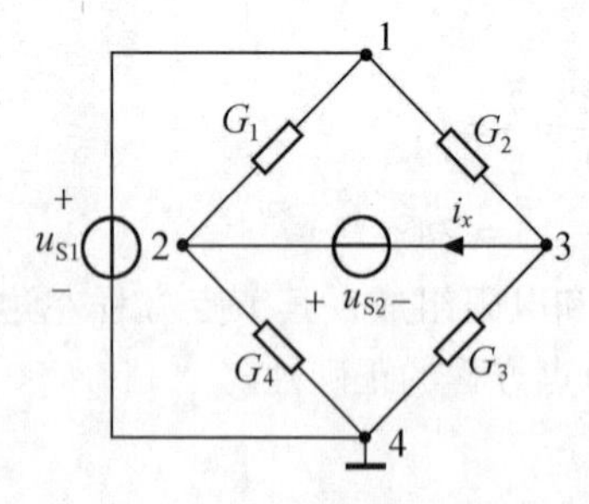

图3-11　含电压源网络节点方程示例二

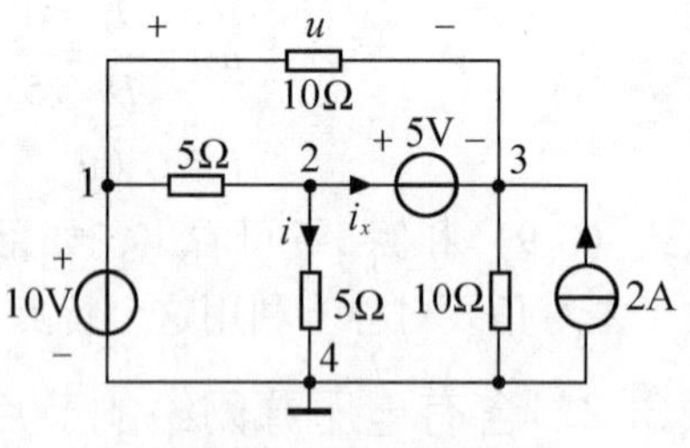

图3-12　例3-6图

将 $u_{n1}=10\text{V}$ 代入，整理可得

$$2u_{n2}=10-5i_x$$

$$u_{n3}=15+5i_x$$

$$u_{n2}-u_{n3}=5$$

联立可解得：$u_{n2}=10\text{V}$，$u_{n3}=5\text{V}$。

故

$$u=u_{n1}-u_{n3}=10-5=5\text{V}$$

$$i=\frac{u_{n2}}{5}=\frac{10}{5}=2\text{A}$$

3.3.3　含受控源网络的节点方程

当应用节点分析法分析含受控源的网络时，可先将受控源按独立源一样对待，列写节点方程，再用辅助方程将受控源的控制量用节点电压表示。

【例 3-7】　试列出图 3-13 所示电路的节点方程。

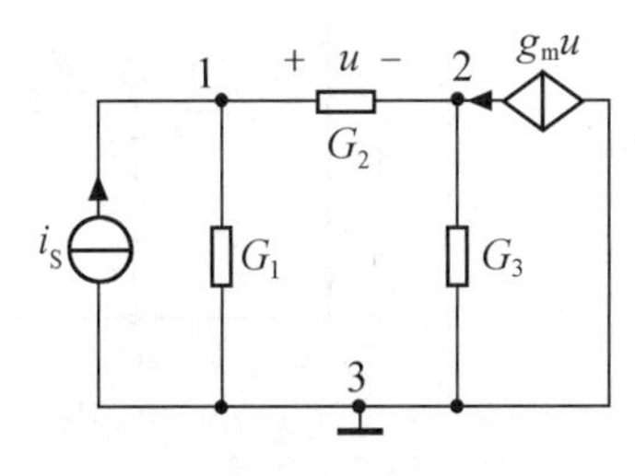

图 3-13　例 3-7 图

解　设节点 3 为参考节点，则节点方程为

节点 1：　$(G_1+G_2)u_{n1}-G_2u_{n2}=i_S$

节点 2：　$-G_2u_{n1}+(G_2+G_3)u_{n2}=g_mu$

辅助方程：　$u=u_{n1}-u_{n2}$

至此，已经介绍了支路分析法、网孔分析法和节点分析法。支路分析法需联立求解的方程数等于支路数，计算工作量较大，故在实际中很少使用。对具有 n 个节点、b 条支路的连通网络，用网孔分析法和节点分析法进行分析需联立求解的方程分别为$b-(n-1)$和（$n-1$）个，少于支路数，并且方程较有规律，可从网络直接列出。网络分析用网孔分析法还是用节点分析法，要根据网络的具体情况而定。若网络的节点数少于网孔数，则用节点分析法通常所需联立的方程数较少，求解容易；反之，若网络的网孔数少于节点数，通常应采用网孔分析法。另外，网络中电源的类型也是应该考虑的，如果网络中的电源大多为电流源，则节点方程的列写较方便；反之，如果网络中的电源大多为电压源，则网孔方程较易列出。

最后应注意，网孔分析法只适用于平面网络，而节点分析法则无此限制，因此，节点分析法更具有普遍意义，它是目前计算机辅助网络分析中使用最广泛的分析方法。

3.4　独立电路变量的选择与独立方程的存在性

从前两节已经知道，平面网络的网孔电流是一组独立的和完备的电流变量，网孔的 KVL 方程是一组独立方程；节点电压是一组独立的和完备的电压变量，独立节点的 KCL 方程是一组独立方程。那么，除网孔电流和节点电压外，是否还有其他独立的和完备的电流变量或电压变量呢？除了网孔的 KVL 方程和独立节点的 KCL 方程外，是否还有其他的独立 KVL 或 KCL 方程呢？为了从理论上回答这些问题，首先介绍有关网络图论的基本概念。

3.4.1　网络图论的基本概念

基尔霍夫定律分别反映了由网络的连接方式造成的各支路电流和各支路电压之间的约束关系，它与网络元件的性质无关，因此如果只研究网络的各支路电流或各支路电压之间的关系，则可撇开元件的性质，将网络中的每一条支路抽象为一根线段，称为拓扑支路，简称支路；而将网络中的节点抽象为几何点，称为拓扑节点，简称节点。这样就得到了一个与原网络对应的几何图形，该图形称为原网络的线图。如果网络的各支路电流与电压取关联参考方向，则可在对应线图的各支路上用箭头表示出该参考方向，这样得到一个各支路都具有特定方向的线图，通常称为有向图。图 3-14（b）和 3-14（c）所示就是图 3-14（a）所示电路的线图和有向图。必须注意电路图与它对应的线图是有差别的，前者是由电路元件按一定方式连接而成的；而后者是一组支路和一组节点的集合。网络图论就是以网络的线图为基础来分析网络的理论。

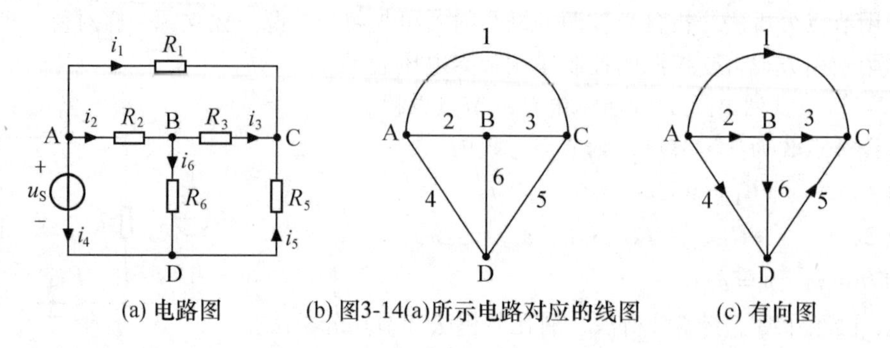

(a) 电路图　(b) 图3-14(a)所示电路对应的线图　(c) 有向图

图 3-14　电路图、线图和有向图

如果两个线图 G 和 G'，其中 G' 的所有支路和节点都是 G 的对应支路和节点，则称 G' 为 G 的一个子图。如图 3-15 所示，G_1、G_2、G_3 和 G_4 都是线图 G 的子图。注意，其中 G_4 仅由一个节点组成。

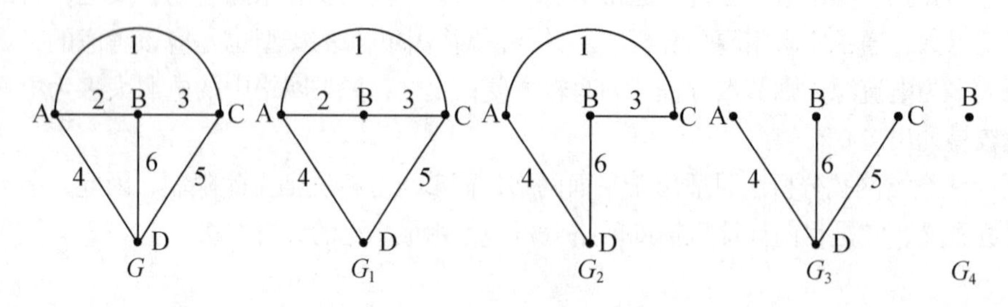

图 3-15　线图 G 及其子图

如果线图 G 的任意两节点之间至少存在一条由支路构成的路径，则 G 称为连通图，如图 3-16（a）所示，否则称为非连通图，如图 3-16（b）所示。习惯上，把仅有一个节点的图也称为连通图。一个连通图也可称为一个独立部分。对于非连通图，其每个最大的连通子图称为一个独立部分。这样一个非连通图至少必须有两个独立部分。

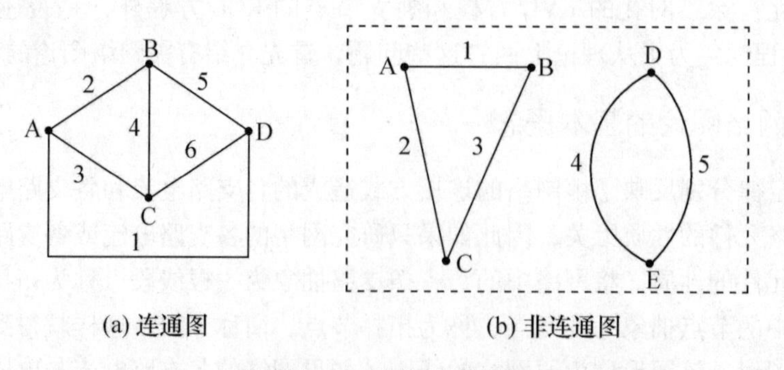

(a) 连通图　(b) 非连通图

图 3-16　连通图与非连通图

连通图中的一组支路集合如果满足：（1）若移去该集合中的所有支路（被移去支路所关联的节点保留），连通图将被分为两个独立部分；（2）若少移去集合中的任意一条支路，线图仍然是连通的，则这组支路集合称为割集。图 3-17 给出了一些割集的例子。图中组成割集的支路用粗线表示，虚线表示把连通图分割成两个独立部分的情况，虚线切割割集的所有支路。图 3-18 给出了一些非割集的例子。

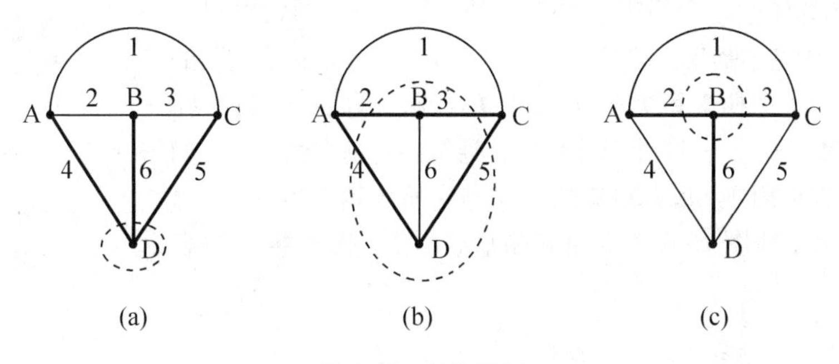

图 3-17　割集示例

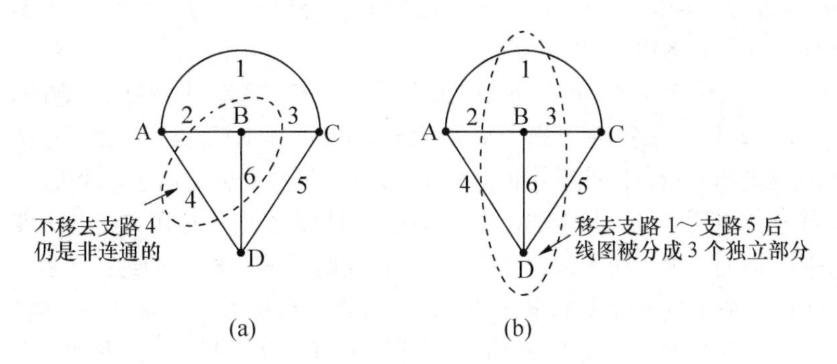

图 3-18　非割集示例

在网络图论中，树的概念具有极其重要的地位。树是一种特殊类型的子图。连通图 G 的一个子图如果满足：（1）是连通图；（2）包含 G 的全部节点；（3）无回路，则该子图称为 G 的一个树。一个线图的树选定后，构成树的各支路称为树支，其余的支路称为连支，树支组成的集合为树，而连支组成的集合称为余树或补树。图 3-19 展示了线图 G 的几个树。由此可见，对于一个给定的线图可能有多种不同形式的树。

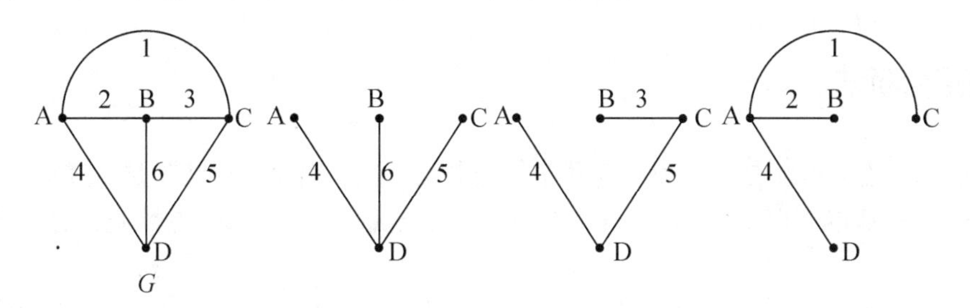

图 3-19　线图 G 的几个树

对于一个具有 n 个节点、b 条支路的连通图 G，由于线图的树不构成回路，所以除第一条树支连接两个节点外，以后每增加一个节点只需加一条树支，因此线图 G 可能有多种不同形式的树，但各树所含树支数相同，为（$n-1$）。

线图 G 的树选定后，由于树是连通的且不构成回路，因此 G 的任意两个节点之间存在唯一一条完全由树支组成的路径，故每一条连支和连支所连接的两个节点之间的由树支组成的路径一起形成一个仅含一条连支的回路，通常将这样只含一条连支的回路称为基本回路；对应地，由于树是线图的连通子图，因此线图的任意一个割集至少要包含一条树支，通常将只含一条树支的割集称为基本割集。故对于一个具有 n 个节点、b 条支路的连通图 G，有（$n-1$）条树支和 $b-(n-1)$ 条连支，因此对应地有 $(n-1)$ 个基本割集和 $b-(n-1)$ 个基本回路，通常约定基本回路的方向与它所含连支的方向相同，基本割集的方向与它所含树支的方向一致。图3-20分别给出了线图 G 的基本回路和基本割集，图中粗实线表示树支。

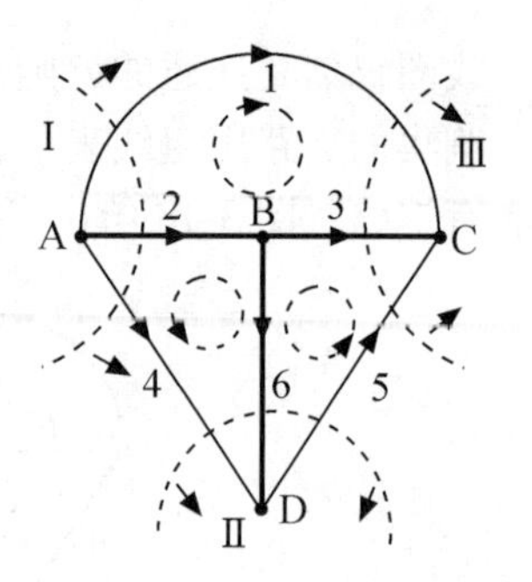

图3-20 线图 G 的基本回路和基本割集

3.4.2 独立变量与独立方程

现在来回答本节开头提出的问题，即如何选择独立的和完备的电流变量和电压变量，如何寻找独立的KCL方程和KVL方程。

由前可知，对于一个具有 n 个节点、b 条支路的连通图 G，选定一个树后，它的 $b-(n-1)$ 条连支与 $b-(n-1)$ 个基本回路对应，每个基本回路可列出一个KVL方程，由于每个方程中含有其他方程没有的连支电压变量，因此基本回路的KVL方程是独立的。由于每个基本回路的KVL方程中只包含一个连支电压变量，其余都是树支电压，因此连支电压可用树支电压表示，所以树支电压具有完备性。同时，由于树不包含回路，所以树支电压不受KVL的约束，是一组独立的变量。故树支电压是一组独立的和完备的电压变量。对应地，线图 G 的（$n-1$）条树支与（$n-1$）个基本割集对应，每个基本割集可列出一个KCL方程，由于每个方程中含有其他方程没有的树支电流变量，因此基本割集的KCL方程是独立的。由于每个基本割集的KCL方程中只包含一个树支电流变量，其余都是连支电流，因此树支电流可用连支电流表示，所以连支电流具有完备性。同时，由于仅由连支不能构成割集，所以连支电流不受KCL的约束，是一组独立的变量。故连支电流是一组独立的和完备的电流变量。

综合上述，基本回路的KVL方程和基本割集的KCL方程是独立方程；树支电压是一组独立的和完备的电压变量，连支电流是一组独立的和完备的电流变量。

3.5 回路分析法

由前已知，连支电流是一组独立的和完备的电流变量。回路分析法就是以连支电流为电路变量，直接列写基本回路的KVL方程，先解得连支电流，进而求得电路响应的一种网络分析法。

对于一个具有 n 个节点、b 条支路的连通网络，其连支数为 $l=b-(n-1)$，因此有相同数目的连支电流变量。每一条连支对应于一个基本回路，因此有 l 个基本回路。由于各基本回路的KVL方程是独立的，因此如果利用连支电流的完备性，将各基本回路KVL方程中的各支路电压用连支电流表示，则可得到 l 个独立的以连支电流为变量的方程，该组方程称为回路方程，联立求解即可得到各连支电流。设想连支电流沿基本回路连续流动，形成回路电流，因此连支电流又可称为基本回路的回路电流。

下面以图 3-21（a）所示的电路为例，具体说明回路分析法，该电路对应的线图如图3-21（b）所示。设选树如图（b）中的粗实线所示，即支路 4，支路 5 和支路 6 为树支，支路 1，支路 2 和支路 3 为连支，则各基本回路的 KVL 方程为

$$\left.\begin{aligned} &\text{回路 I：} && -u_{S1}+R_1i_1+R_6i_6+R_5i_5+R_4i_4+u_{S4}=0 \\ &\text{回路 II：} && R_2i_2+R_6i_6+R_5i_5=0 \\ &\text{回路 III：} && R_3i_3-u_{S4}-R_4i_4-R_5i_5=0 \end{aligned}\right\} \tag{3-12}$$

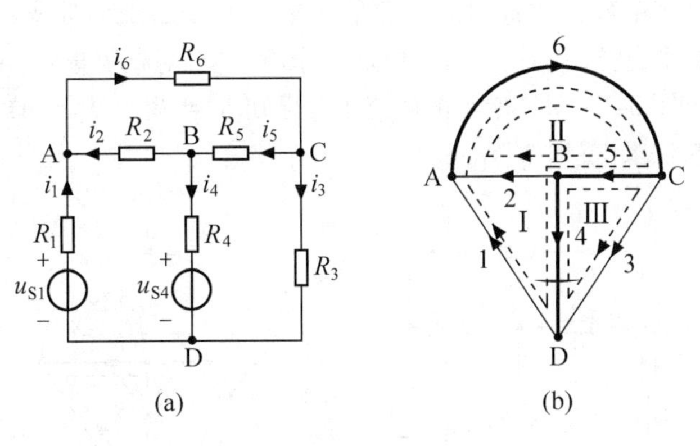

图 3-21　回路分析法示例

由于树支电流可用连支电流表示为

$$i_4=i_1-i_3,\qquad i_5=i_1+i_2-i_3,\qquad i_6=i_1+i_2$$

代入式（3-12）可得

$$\left.\begin{aligned} &\text{回路 I：}(R_1+R_4+R_5+R_6)i_1+(R_5+R_6)i_2-(R_4+R_5)i_3=u_{S1}-u_{S4} \\ &\text{回路 II：}(R_5+R_6)i_1+(R_2+R_5+R_6)i_2-R_5i_3=0 \\ &\text{回路 III：}-(R_4+R_5)i_1-R_5i_2+(R_3+R_4+R_5)i_3=u_{S4} \end{aligned}\right\} \tag{3-13}$$

上述 3 个方程就是图 3-21（a）所示电路的回路方程。联立求解回路方程，可得连支电流 i_1、i_2 和 i_3。

为了找出系统化地列写回路方程的方法，将式（3-13）改写为一般形式

$$\left.\begin{aligned} R_{11}i_1+R_{12}i_2+R_{13}i_3=u_{Sl1} \\ R_{21}i_1+R_{22}i_2+R_{23}i_3=u_{Sl2} \\ R_{31}i_1+R_{32}i_2+R_{33}i_3=u_{Sl3} \end{aligned}\right\} \tag{3-14}$$

式中，方程左边主对角线上各项的系数

$$R_{11}=R_1+R_4+R_5+R_6,\qquad R_{22}=R_2+R_5+R_6,\qquad R_{33}=R_3+R_4+R_5$$

分别称为回路 I 、回路 II 和回路 III 的自电阻，其值分别为各回路所含支路的电阻之和；方程左边非主对角线上各项的系数

$$R_{12}=R_{21}=R_5+R_6,\qquad R_{13}=R_{31}=-(R_4+R_5),\qquad R_{23}=R_{32}=-R_5$$

分别称为回路 I 与回路 II 、回路 I 与回路 III 和回路 II 与回路 III 的互电阻。互电阻可正可负，当相应两回路电流的参考方向在公共支路上方向一致时，其值为公共支路的电阻之和；方向相反时，其值为公共支路的电阻之和的负值。方程右边各项

$$u_{Sl1}=u_{S1}-u_{S4},\qquad u_{Sl2}=0,\qquad u_{Sl3}=u_{S4}$$

分别为各基本回路中沿回路电流方向所含的各电压源电压升的代数和。

由上可得，从网络直接列写回路方程的规则为

自电阻 × 本回路的回路电流 + Σ 互电阻 × 相邻回路的回路电流

= 本回路中沿回路电流方向所含电压源电压升的代数和

当应用回路分析法分析含受控源的网络时，可先将受控源按独立源一样对待，列写回路方程，再用辅助方程将受控源的控制量用连支电流表示。

为减少连支电流变量数，在选树时尽可能将电流源支路选为连支；为了减少转换计算量，在选树时尽可能将受控源的控制量支路和待求响应支路选为连支。

【例 3-8】 在如图 3-22（a）所示的电路中，已知 $R_1=10\Omega$，$R_2=5\Omega$，$R_3=15\Omega$，$R_4=5\Omega$，$i_S=2A$，试用回路分析法求支路电流 i_1。

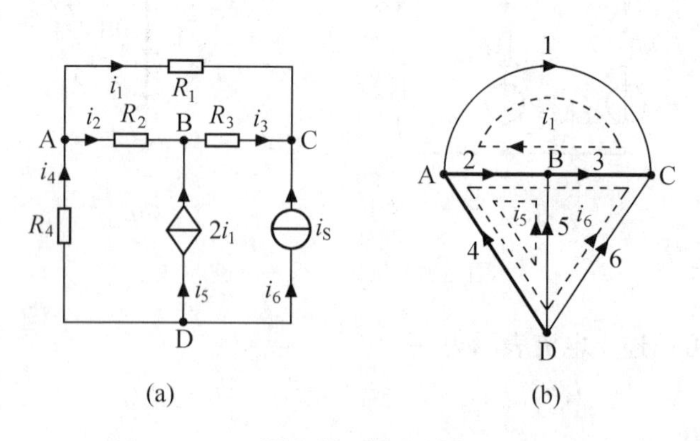

图 3-22 例 3-8 图

解 该电路对应的线图如图 3-22（b）所示。由于支路 1、支路 5 和支路 6 分别为受控源控制量所在支路和电流源支路，如图 3-22（b）中细实线所示，选这 3 条支路为连支。同时，由于连支电流 $i_5=2i_1$，$i_6=i_S=2A$，因此，实际上只有一个未知连支电流变量 i_1，只需列写连支 1 对应的基本回路的回路方程

$$(R_1+R_2+R_3)\ i_1+(R_2+R_3)\ i_6+R_2i_5=0$$

代入数据

$$i_5=2i_1,\quad i_6=i_S=2A$$

可得

$$40i_1=-40$$

故

$$i_1=-1A$$

*3.6 割集分析法

由前已知，树支电压是一组独立和完备的电压变量。割集分析法就是以树支电压为电路变量，直接列写基本割集的 KCL 方程，先解得树支电压，进而求得电路响应的一种网络分析法。

对于一个具有 n 个节点的连通网络，其树支数为（$n-1$），因此有相同数目的树支电压变量。每一条树支对应于一个基本割集，因此有（$n-1$）个基本割集。由于各基本割集的 KCL 方程是独立的。如果利用树支电压的完备性，将各基本割集 KCL 方程中的各支路电流用树支电压表示，则可得到（$n-1$）个独立的以树支电压为变量的 KCL 方程，该组方程就

称为割集方程，联立求解即可得到各树支电压。

下面以图 3-23（a）所示的电路为例，具体说明割集分析法。该电路对应的线图如图 3-23（b）所示，设选树如图中的粗实线所示，即支路 3、支路 4 和支路 5 为树支，其余支路为连支。则各树支对应的基本割集如图 3-23（b）中的虚线所示，基本割集的 KCL 方程为

$$\left.\begin{aligned}&\text{割集 I：}\quad -i_{S1}+G_1u_1+G_2u_2+G_3u_3=0\\&\text{割集 II：}\quad -i_{S1}+G_1u_1+G_4u_4+i_{S2}+G_2u_2=0\\&\text{割集 III：}\quad G_5i_5-i_{S2}-G_2u_2=0\end{aligned}\right\}\tag{3-15}$$

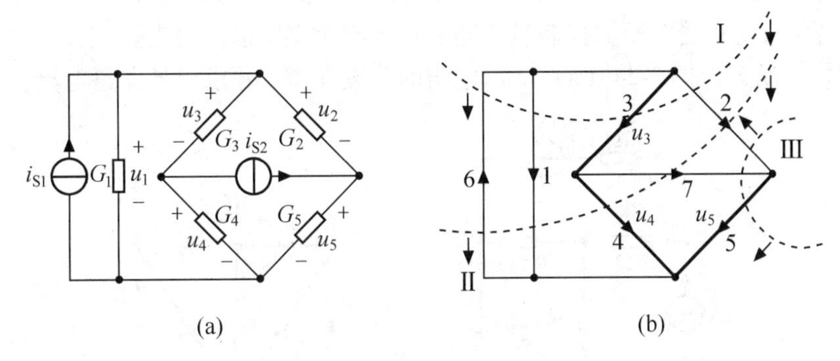

图 3-23　割集分析法示例

由于连支电压

$$u_1=u_3+u_4,\qquad u_2=u_3+u_4-u_5$$

代入式（3-15）可得

$$\left.\begin{aligned}&\text{割集 I：}\quad (G_1+G_2+G_3)u_3+(G_1+G_2)u_4-G_2u_5=i_{S1}\\&\text{割集 II：}\quad (G_1+G_2)u_3+(G_1+G_2+G_4)u_4-G_2u_5=i_{S1}-i_{S2}\\&\text{割集 III：}\quad -G_2u_3-G_2u_4+(G_2+G_5)u_5=i_{S2}\end{aligned}\right\}\tag{3-16}$$

上述 3 个方程就是图 3-23（a）所示电路的割集方程。联立求解割集方程，可得树支电压 u_3、u_4 和 u_5。

为了找出系统化地列出割集方程的方法，将式（3-16）改写为一般形式

$$\left.\begin{aligned}G_{11}u_3+G_{12}u_4+G_{13}u_5=i_{Sc1}\\G_{21}u_3+G_{22}u_4+G_{23}u_5=i_{Sc2}\\G_{31}u_3+G_{32}u_4+G_{33}u_5=i_{Sc3}\end{aligned}\right\}\tag{3-17}$$

式中，方程左边主对角线上各项的系数

$$G_{11}=G_1+G_2+G_3,\qquad G_{22}=G_1+G_2+G_4,\qquad G_{33}=G_2+G_5$$

分别称为割集 I 、割集 II 和割集 III 的自电导，其值分别为相应基本割集的所有支路的电导之和；方程左边非主对角线上各项的系数

$$G_{12}=G_{21}=(G_1+G_2),\qquad G_{13}=G_{31}=-G_2,\qquad G_{23}=G_{32}=-G_2$$

分别称为割集 I 与割集 II 、割集 I 与割集 III 和割集 II 与割集 III 的互电导。互电导可正可负，当两割集的参考方向在公共支路上方向一致时，其值为公共支路的电导之和；方向相反时，其值为公共支路的电导之和的负值。方程右边各项

$$i_{Sc1}=i_{S1},\qquad i_{Sc2}=i_{S1}-i_{S2},\qquad i_{Sc3}=i_{S2}$$

分别为各基本割集所含的各电流源电流的代数和，当电流源方向与割集方向相反时取正，反之取负。

由上可得，从网络直接列写割集方程的规则为

自电导 × 本割集的树支电压 + Σ 互电导 × 相邻割集的树支电压
= 本割集中所含电流源电流的代数和

当应用割集分析法分析含受控源网络时，可先将受控源按独立源一样对待，列写割集方程，再用辅助方程将受控源的控制量用树支电压表示。

为减少树支电压变量数，在选树时尽可能将电压源支路选为树支；为了减少转换计算量，在选树时尽可能将受控源的控制量支路和待求响应支路选为树支。

【例 3-9】 试列出图 3-24（a）所示电路的割集方程，并求出各支路电流。

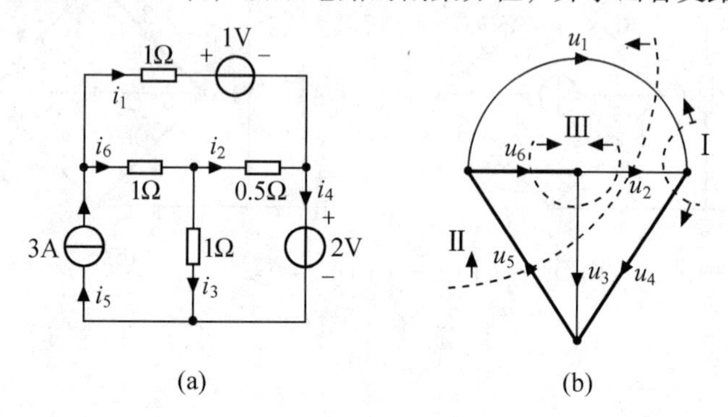

图 3-24　例 3-9 图

解　该电路对应的线图如图 3-24（b）所示，选图中粗线支路为树支，树支电压 u_4、u_5 和 u_6 中的 $u_4=2\text{V}$，故基本割集 I 的方程可省去。

割集Ⅱ：$\left(1+\dfrac{1}{0.5}+1\right)u_5+\left(1+\dfrac{1}{0.5}\right)u_6+\left(1+\dfrac{1}{0.5}\right)u_4=-3-1$

割集Ⅲ：$\left(1+\dfrac{1}{0.5}\right)u_5+\left(1+1+\dfrac{1}{0.5}\right)u_6+\dfrac{1}{0.5}u_4=0$

即
$$4u_5+3u_6=-10$$
$$3u_5+4u_6=-4$$

解得
$$u_5=-4\text{V},\quad u_6=2\text{V}$$

故
$$i_6=\frac{u_6}{1}=2\text{A}$$
$$i_1=\frac{u_1-1}{1}=-u_4-u_5-1=-2+4-1=1\text{A}$$
$$i_2=\frac{u_2}{0.5}=\frac{-u_6-u_5-u_4}{0.5}=-2\times(2-4+2)=0\text{A}$$
$$i_3=\frac{u_3}{1}=-u_6-u_5=-2+4=2\text{A}$$
$$i_4=i_1+i_2=1\text{A}$$
$$i_5=3\text{A}$$

【例 3-10】　试用割集分析法求图 3-25（a）所示电路的支路电压 u_2。

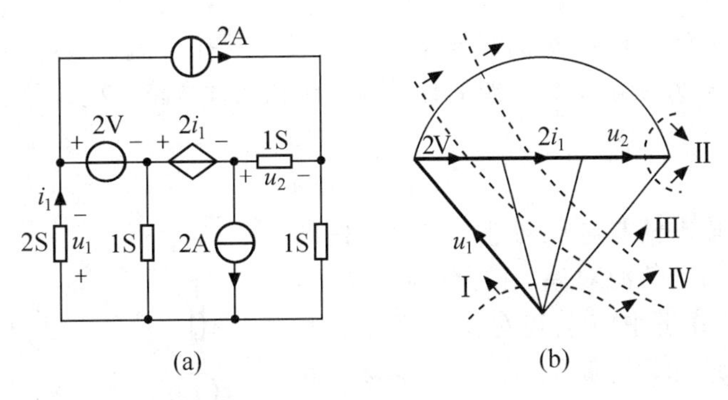

图 3-25　例 3-10 图

解　该电路对应的线图如图 3-25（b）所示，选图中粗线支路为树支。各树支电压的参考方向和各树支对应的基本割集如图 3-25（b）所示。

由于受控源支路的树支电压 $2i_1=4u_1$，因此只需列出割集 Ⅰ 和割集 Ⅱ 的 KVL 方程。

割集 Ⅰ：$(2+1+1)u_1+(1+1)2+(1)2i_1+(1)u_2=2$

割集 Ⅱ：$(1+1)u_2+(1)2i_1+(1)2+(1)u_1=-2$

将 $2i_1=4u_1$ 代入，整理可得

$$8u_1+u_2=-2$$

$$5u_1+2u_2=-4$$

由克莱姆法则可得

$$D=\begin{vmatrix}8 & 1\\5 & 2\end{vmatrix}=11,\quad D_2=\begin{vmatrix}8 & -2\\5 & -4\end{vmatrix}=-22$$

$$u_2=\frac{D_2}{D}=\frac{-22}{11}=-2\text{V}$$

应当指出，回路分析法和割集分析法既适用于平面网络，也适用于非平面网络；在采用回路分析法或割集分析法分析网络时，首先要对给定电路选一个树，而一个电路往往有多种不同形式的树。从上述例题可看出，如果树选得合适，将可简化计算，因此，回路分析法和割集分析法要比网孔分析法和节点分析法具有更大的灵活性。

电路的对偶之美

3.7　电路的对偶特性与对偶电路

3.7.1　电路的对偶特性

从前面的学习可以发现，电路中的许多变量、元件、结构及定律等都是成对出现的，存在明显的一一对应关系，这种类比关系就称为电路的对偶特性。例如，在平面电路中，对于每一节点，可列一个 KCL 方程

$$\sum_k i_k=0 \tag{3-18}$$

而对于每一网孔，可列一个 KVL 方程

$$\sum_{k} u_{k} = 0 \tag{3-19}$$

在这里，电路变量电流与电压对偶，电路结构节点与网孔对偶，电路定律 KCL 与 KVL 对偶。又如，对于图 3-26 所示实际电源的戴维南电路和诺顿电路模型，分别有

$$u = u_{\mathrm{S}} - R_{\mathrm{S}}i \tag{3-20}$$

$$i = i_{\mathrm{S}} - G_{\mathrm{S}}u \tag{3-21}$$

在这里又有电路变量电流与电压对偶，电路元件电阻与电导及电压源与电流源对偶，电路结构串联与并联对偶。在电路分析中将上述对偶的变量、元件、结构和定律等统称为对偶元素。式（3-18）和式（3-19）及式（3-20）和式（3-21）数学表达式形式相同，若将其中一式的各元素用它的对偶元素替换，则得到另一式，像这样具有对偶性质的关系式称为对偶关系式。电路的对偶特性是电路的普遍性质，电路中存在大量对偶元素，现将一些常见的对偶元素列于表 3-1。

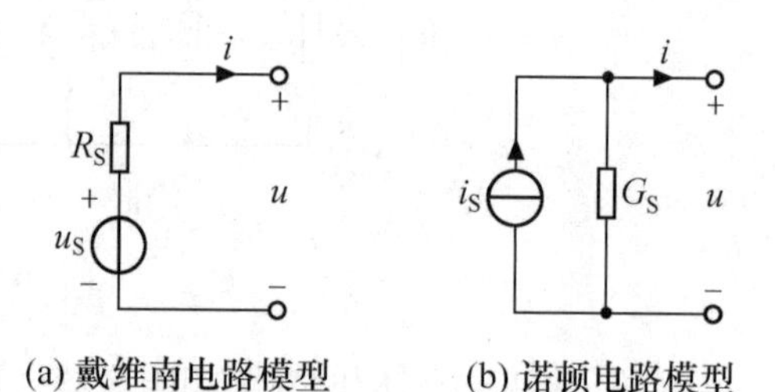

(a) 戴维南电路模型　　(b) 诺顿电路模型

图 3-26　实际电源的电路模型

表 3-1　　**电路中的常见对偶元素**

<table>
<tr><td rowspan="2">电路变量</td><td>电压 u — 电流 i</td><td rowspan="5">电路结构</td><td>节点—网孔</td></tr>
<tr><td>电荷 q — 磁链 ψ</td><td>参考节点—外网孔</td></tr>
<tr><td rowspan="6">电路元件</td><td>电阻 R -电导 G</td><td>串联—并联</td></tr>
<tr><td>电容 C — 电感 L</td><td>割集—回路</td></tr>
<tr><td>电压源 u_{S} — 电流源 i_{S}</td><td>树支—连支</td></tr>
<tr><td>短路（$R=0$）—开路（$G=0$）</td><td>电路定律</td><td>KVL—KCL</td></tr>
<tr><td>VCCS—CCVS</td><td rowspan="2">电特性</td><td>节点电压—网孔电流</td></tr>
<tr><td>VCVS— CCCS</td><td>树支电压—连支电流</td></tr>
</table>

3.7.2　对偶电路

考虑如图 3-27 所示的两个电路，对于电路 N 可列出节点方程为

$$(G_1 + G_3)u_{n1} - G_3u_{n2} = i_{\mathrm{S1}} \tag{3-22a}$$

$$-G_3u_{n1} + (G_2 + G_3)u_{n2} = -i_{\mathrm{S2}} \tag{3-22b}$$

对于电路 N′可列出网孔方程为

$$(R_1 + R_3)i_{m1} - R_3i_{m2} = u_{\mathrm{S1}} \tag{3-23a}$$

$$-R_3i_{m1} + (R_2 + R_3)i_{m2} = -u_{\mathrm{S2}} \tag{3-23b}$$

比较这两组方程，不难发现，它们形式相同，对应变量是对偶元素，因此是对偶方程组。电路中把像这样一个电路的节点方程（网孔方程）与另一电路的网孔方程（节点方程）对偶的两个电路称为对偶电路，因此，电路 N 与电路 N′是对偶电路。如果进一步令两个电路的对偶元件参数在数值上相等，即 $R_1 = G_1$，$R_2 = G_2$，$R_3 = G_3$，$i_{\mathrm{S1}} = u_{\mathrm{S1}}$，$i_{\mathrm{S2}} = u_{\mathrm{S2}}$，则只要求得一个电路的响应，它的对偶电路的对偶响应将同时可得，因此达到事半功倍的效果。

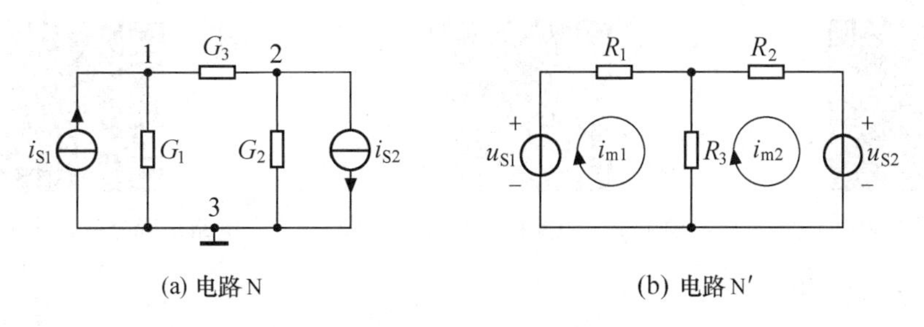

(a) 电路 N　　(b) 电路 N′

图 3-27　对偶电路

那么，对于一个给定的电路，如何求它的对偶电路呢？下面介绍常用的一种方法——打点法，其具体步骤如下。

（1）在给定电路 N 的每一网孔中安放其对偶电路 N′的一个对偶节点，在外网孔中安放 N′的参考节点。

（2）穿过电路 N 的每一元件，将该元件所在两网孔中安放对偶电路 N′的两节点相连构成 N′的一条支路，连线支路上的元件与被穿过的元件对偶。

（3）确定对偶电路 N′中各电源的参考方向。在电路 N 中，设各网孔方向均为顺时针方向，若网孔中有电压源，且电压源电压升的方向与网孔方向一致，则对偶电路 N′中对偶电流源的参考方向为流入该网孔所对偶的节点；若网孔中有电流源，且电流源的参考方向与网孔方向一致，则对偶电路 N′中对偶电压源的正极与该网孔所对偶的节点相接。

（4）整理所得电路，得对偶电路 N′。

【例 3-11】　试用打点法求出图 3-28（a）所示电路的对偶电路。

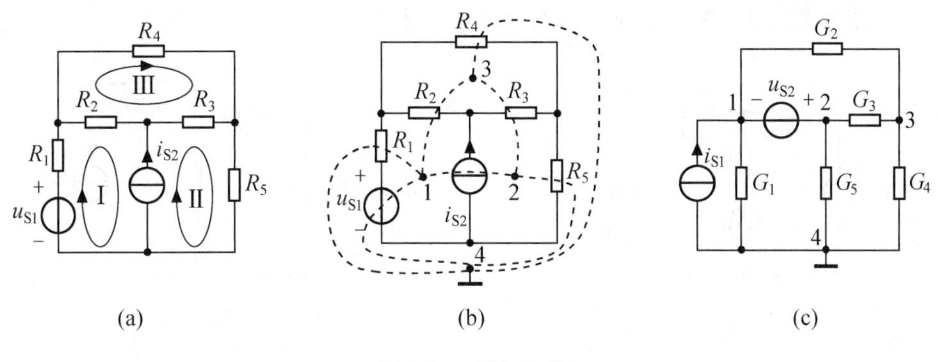

(a)　(b)　(c)

图 3-28　例 3-11 图

解　在给定电路的 3 个网孔中各安放一个对偶电路的节点 1、节点 2、节点 3，在外网孔中安放对偶电路的参考节点 4，如图 3-28（b）所示。穿过原电路的每一元件将该元件所在两网孔中的对偶电路的两节点相连，构成 N′的一条支路，连线支路上的元件与被穿过的元件对偶。整理所得电路，就得到图 3-28（c）所示的对偶电路。

最后应当指出，由于只有平面电路才有网孔，所以只有平面电路才有对偶电路，非平面电路不存在对偶电路。对偶电路反映了不同结构电路之间存在的对偶特性，它与等效变换是两个不同的概念。两个等效电路的对外特性完全相同，而对偶两电路的对外特性一般不相同。

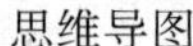
思维导图

习题精讲　电路的一般分析方法

电路一般分析方法仿真实例

习　题　3

3-1　试用支路电流法求解题图 3-1 所示电路中各电源供出的功率。

3-2　电路如题图 3-2 所示，试用支路电流法求各支路电流及支路电压。

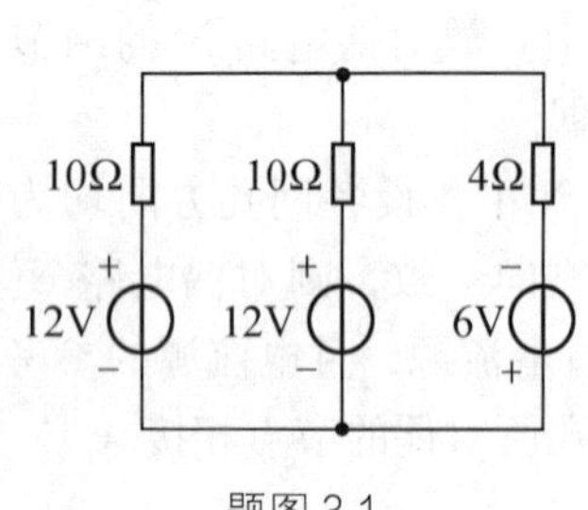

题图 3-1

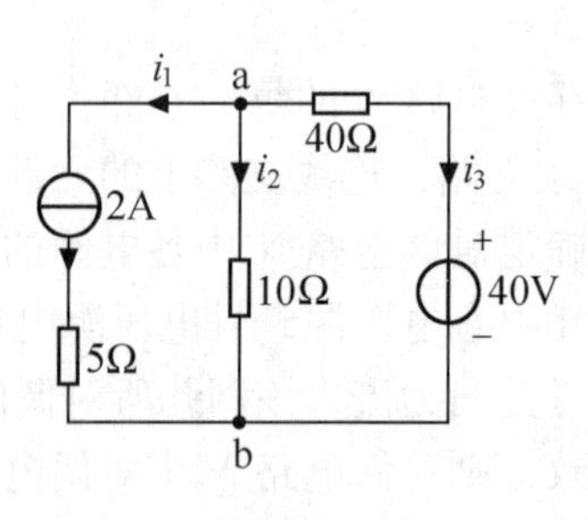

题图 3-2

3-3　电路如题图 3-3 所示，试用网孔分析法求电流 i。

3-4　电路如题图 3-4 所示，试用网孔分析法求电压 u。

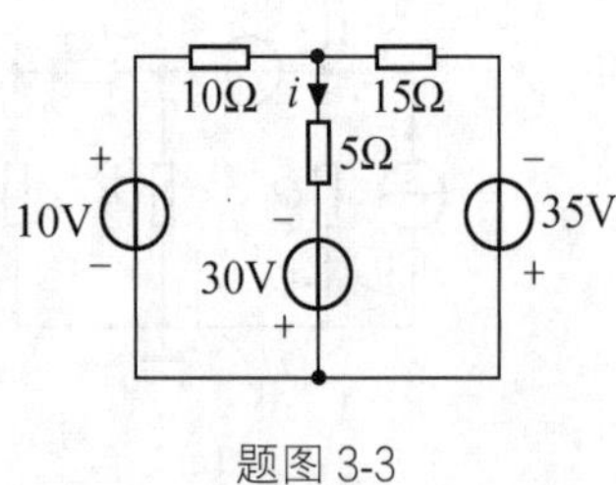

题图 3-3

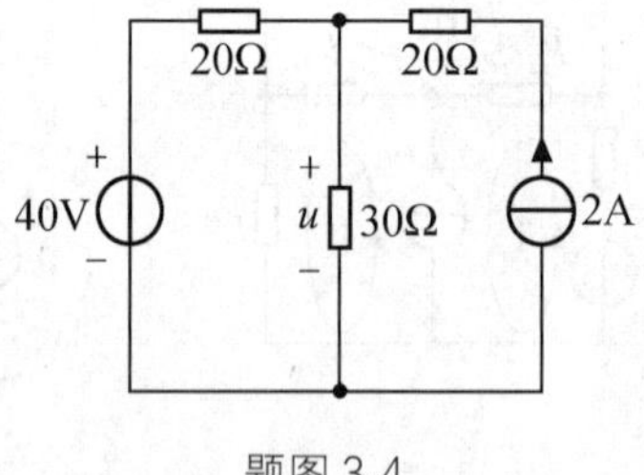

题图 3-4

3-5　电路如题图 3-5 所示，试列网孔方程。

3-6　用网孔分析法求题图 3-6 所示电路中的电流 i_x 和电压 u_x。

3-7　已知某网络的网孔方程为

$$3i_{m1}-i_{m2}-2i_{m3}=6$$

$$-i_{m1}+6i_{m2}-3i_{m3}=-12$$

$$-2i_{m1}-3i_{m2}+6i_{m3}=0$$

试画出该网络的最简结构图。

3-8　用节点分析法求题图 3-8 所示电路的各节点电压。

3-9　电路如题图 3-9 所示，试用节点分析法求电压 u。

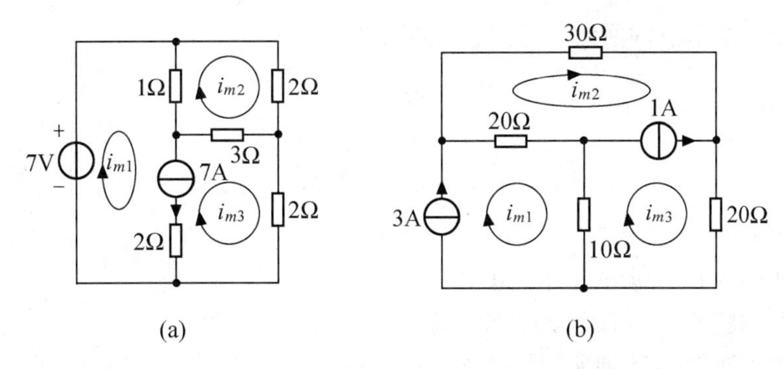

(a)　　　　　　(b)

题图 3-5

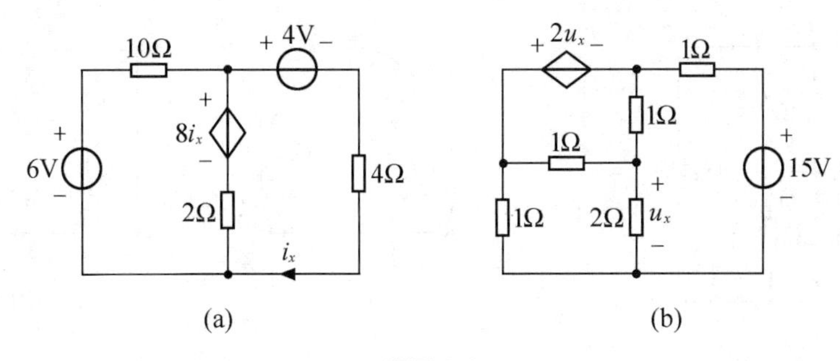

(a)　　　　　　(b)

题图 3-6

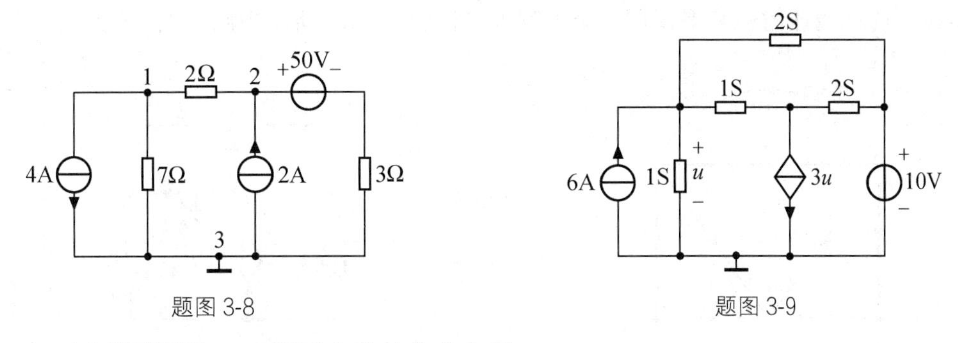

题图 3-8　　　　　　题图 3-9

3-10　试列写题图 3-10 所示电路的节点方程。

3-11　用节点分析法列出题图 3-11 所示电路的节点方程；试改变参考节点的位置，比较所列方程的数目。

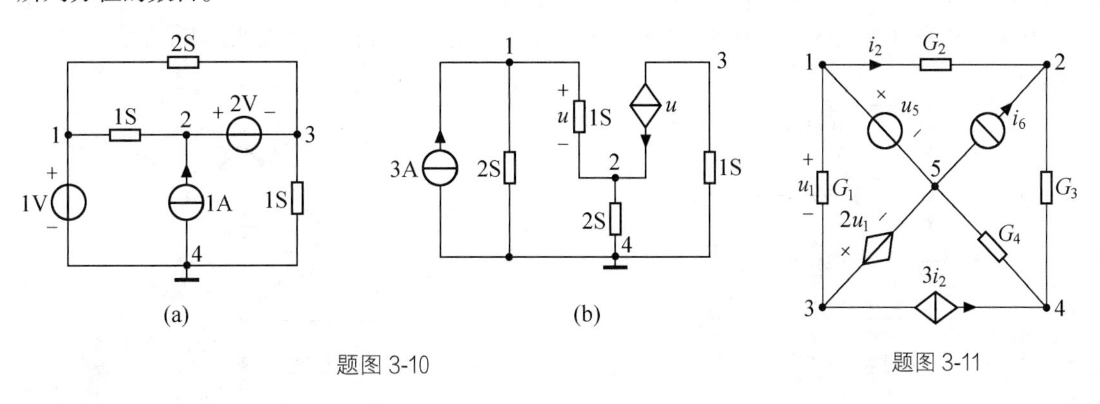

(a)　　　　　　(b)

题图 3-10　　　　　　题图 3-11

3-12　一个 4 个节点的网络，已知其节点方程为

$$
\begin{aligned}
3u_{n1}-u_{n2}-u_{n3}&=1\\
-u_{n1}+3u_{n2}-u_{n3}&=0\\
-u_{n1}-u_{n2}+3u_{n3}&=1
\end{aligned}
$$

试画出其电路结构图。

3-13　求题图 3-13 所示电路中的电压 u_{ab}。

3-14　线图如题图 3-14 所示，试各选定 3 种不同形式的树。

3-15　线图如题图 3-15 所示，图中粗线表示树，试列举出其全部基本回路和基本割集。

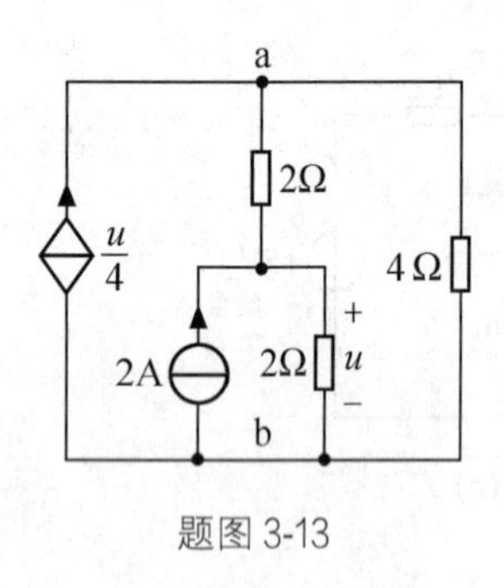

题图 3-13

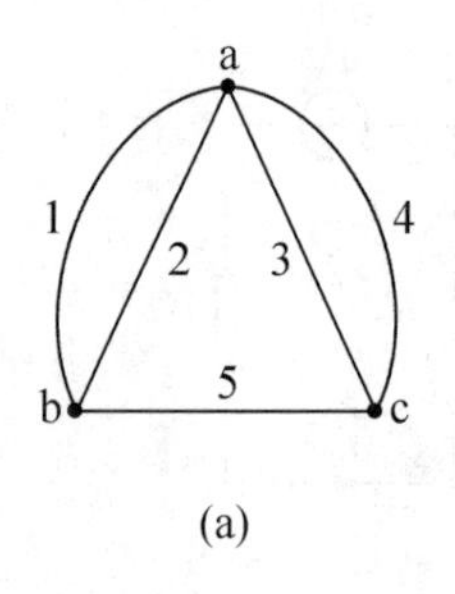

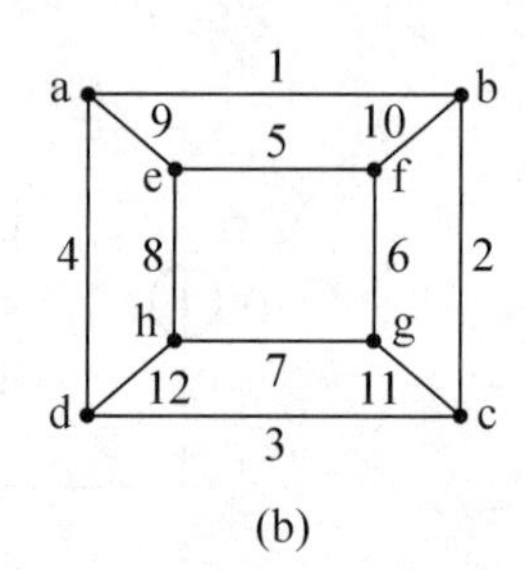

题图 3-14

3-16　选择最佳树，使得仅用一个方程可求得题图 3-16 所示电路中的电流 i。

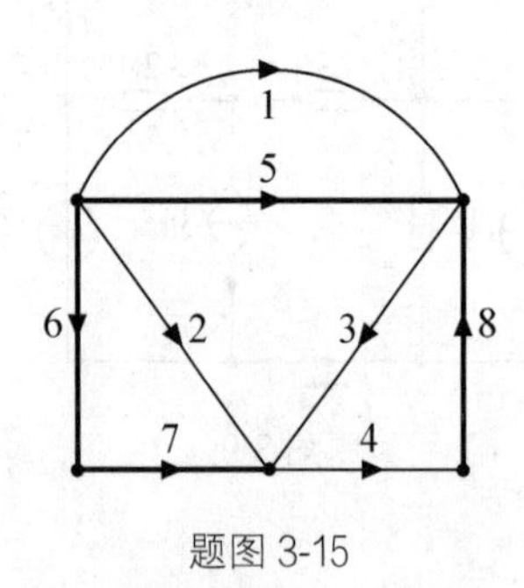

题图 3-15

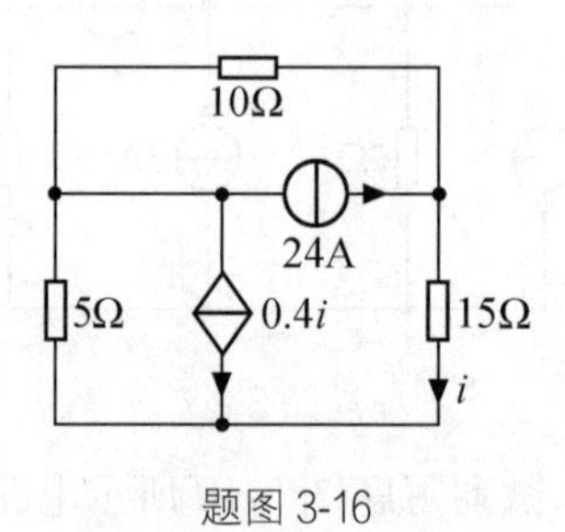

题图 3-16

3-17　仅用一个方程求题图 3-17 所示电路中的电压 u。

3-18　试列写题图 3-18 所示电路的回路方程和割集方程（图中粗线表示树）。

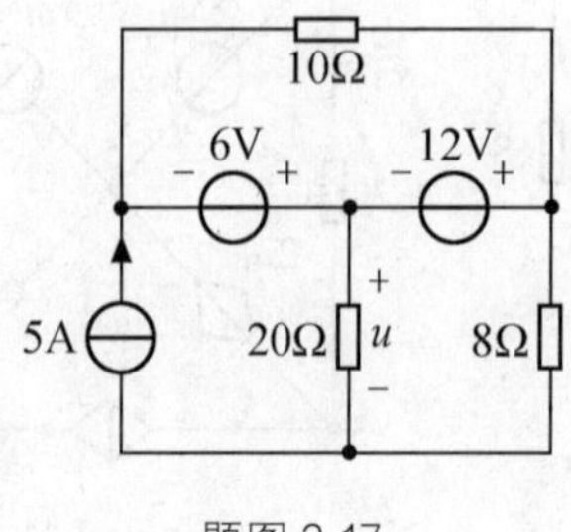

题图 3-17

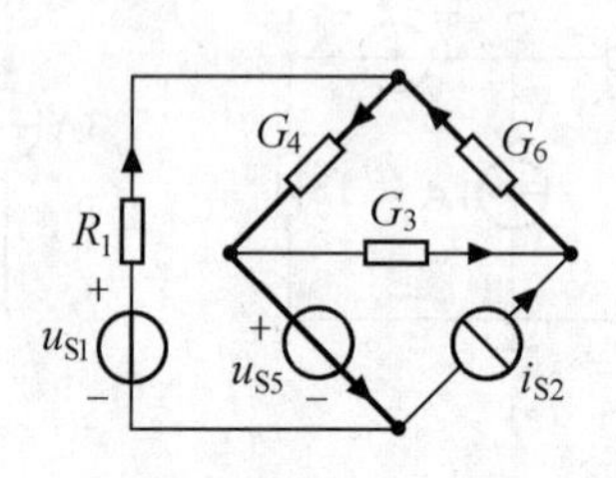

题图 3-18

3-19　若回路方程为

$$\begin{cases}(R_1+R_4+R_6)i_1+(R_1+R_4)i_2+R_4i_3=u_{S1}\\(R_1+R_4)i_1+(R_1+R_3+R_4+R_5)i_2+(R_4+R_5)i_3=u_{S1}+u_{S2}\\R_4i_1+(R_4+R_5)i_2+(R_2+R_4+R_5)i_3=u_{S2}\end{cases}$$

试画出电路图。

3-20　试画出题图 3-20 所示电路的对偶电路。

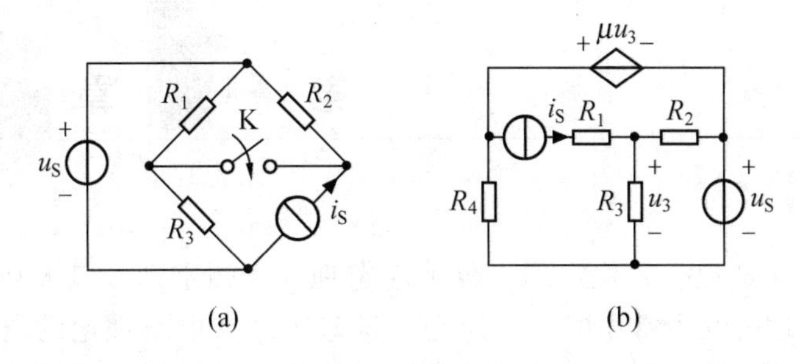

题图 3-20

第4章 网络定理

本章将介绍叠加定理、替代定理、戴维南定理、诺顿定理、最大功率传输定理、互易定理、特勒根定理等几个常用的网络定理。这些定理在电路理论的研究和分析计算中起着十分重要的作用。尽管在本章中是以电阻网络为对象来讨论这几个定理的，但它们的适用范围并不局限于这种网络。

4.1 叠加定理

自然界中的叠加原理和电路中的叠加定理

由线性元件和独立源组成的网络称为线性网络。线性网络具有如下线性性质。

（1）当网络中只有单个激励（独立源）作用时，响应（网络中任意电压或电流）与激励成正比，符合齐次性（Homogeneity）。

（2）当网络中有多个激励同时作用时，总响应等于每个激励单独作用（其余激励置零）时产生的响应分量的代数和，符合可加性（Additivity）。

因此，如果线性网络中有激励 $e_1(t)$，$e_2(t)$，…，$e_m(t)$，则响应 $r(t)$ 可表示为

$$r(t) = k_1 e_1(t) + k_2 e_2(t) + \cdots + k_m e_m(t) \tag{4-1}$$

式中，k_1，k_2，…，k_m 为常数。

利用线性网络的可加性，可将求多个激励同时作用下的响应问题，分解为若干个单激励作用下的响应问题，故电路理论中常将线性网络的可加性称为叠加定理（Superposition theorem）。

线性网络的线性和叠加定理可以用不同的方法证明，我们用节点分析法证明如下。设线性网络由线性电阻、线性受控源和独立源组成，共有 n 个独立节点。若将所有的独立电压源变换为相应的电流源，则可列出其节点方程组

$$\left.\begin{aligned} G_{11}u_{n1} + G_{12}u_{n2} + \cdots + G_{1n}u_{nn} &= i_{Sn1} \\ G_{21}u_{n1} + G_{22}u_{n2} + \cdots + G_{2n}u_{nn} &= i_{Sn2} \\ &\vdots \\ G_{n1}u_{n1} + G_{n2}u_{n2} + \cdots + G_{nn}u_{nn} &= i_{Snn} \end{aligned}\right\} \tag{4-2}$$

方程组（4-2）中等式右边的项 i_{Sn1}，i_{Sn2}，…，i_{Snn} 分别为流入各独立节点的独立电流源电流的代数和；而各受控源的控制量用节点电压表示后，受控源可计入自电导或互电导中。

应用克莱姆法则，可求得第 k 个节点的节点电压为

$$u_{nk} = \frac{D_{1k}}{D}i_{Sn1} + \frac{D_{2k}}{D}i_{Sn2} + \cdots + \frac{D_{nk}}{D}i_{Snn} \tag{4-3}$$

式中，D 为节点方程组的系数行列式，D_{1k}，D_{2k}，…，D_{nk}为行列式 D 中第 k 列各元素的余因式，它们都是仅和元件参数有关的常数。如果网络中有 m 个独立源，将式（4-3）中的 i_{Sn1}，i_{Sn2}，…，i_{Snn}用独立源 i_{S1}，i_{S2}，…，i_{Sm}线性表示，并将各独立源的系数合并，则节点电压 u_{nk}可表示为

$$u_{nk} = k_1 i_{S1} + k_2 i_{S2} + \cdots + k_m i_{Sm} \tag{4-4}$$

式中，k_1，k_2，…，k_m 为只与网络中元件参数有关的常数。

由节点电压的完备性和支路的伏安关系，可得线性网络中任意电流或电压与独立源之间都有类似的线性关系式。

线性网络的线性及叠加定理反映了线性网络的基本性质，在线性网络理论和分析中占有重要地位。在应用叠加定理时应注意以下几点。

（1）叠加定理适用于所有线性网络，而非线性网络一般不适用。

（2）叠加定理只能用于计算线性网络的电压和电流，而不能用于计算功率和能量，因为功率和能量是电压或电流的二次函数。

（3）应用叠加定理计算某一个激励单独作用的响应分量时，其他激励置零是指将其他独立电压源短路，独立电流源开路；相应电源的内阻必须保留。

（4）受控源由于不是激励，应保留不变。

（5）响应叠加是代数相加，应注意每个响应的方向。

【例 4-1】　在图 4-1（a）所示的电路中，已知 $u_S = 12V$，$i_S = 6A$，试用叠加定理求支路电流 i。

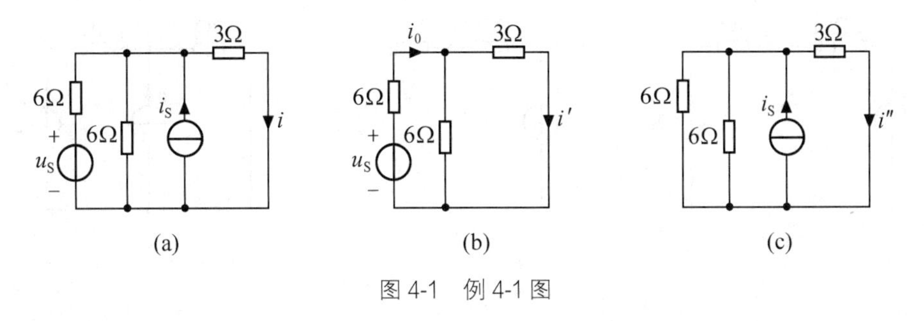

图 4-1　例 4-1 图

解　当电压源 u_S 单独作用时，电流源 i_S 因置零而被开路，此时电路如图 4-1（b）所示，由此电路可得

$$i_0 = \frac{12}{6 + \dfrac{6 \times 3}{6 + 3}} = \frac{3}{2}\text{A}$$

故

$$i' = \frac{3}{2} \times \frac{6}{6 + 3} = 1\text{A}$$

当电流源 i_S 单独作用时，电压源 u_S 因置零而被短路，此时电路如图 4-1（c）所示，由

分流公式，可得响应分量

$$i'' = 6 \times \frac{\frac{1}{3}}{\frac{1}{3} + \frac{1}{6} + \frac{1}{6}} = 3\text{A}$$

根据叠加定理，可得 u_S 和 i_S 共同作用下的响应为

$$i = i' + i'' = 1 + 3 = 4\text{A}$$

【例 4-2】 在图 4-2 所示网络中，N_0 为内部结构未知的线性无源网络。已知：当 $u_S = 1\text{V}$，$i_S = 1\text{A}$ 时，$u = 0$；当 $u_S = 10\text{V}$，$i_S = 0$ 时，$u = 1\text{V}$。试求当 $u_S = 20\text{V}$，$i_S = 10\text{A}$ 时，电压 u 为多少？

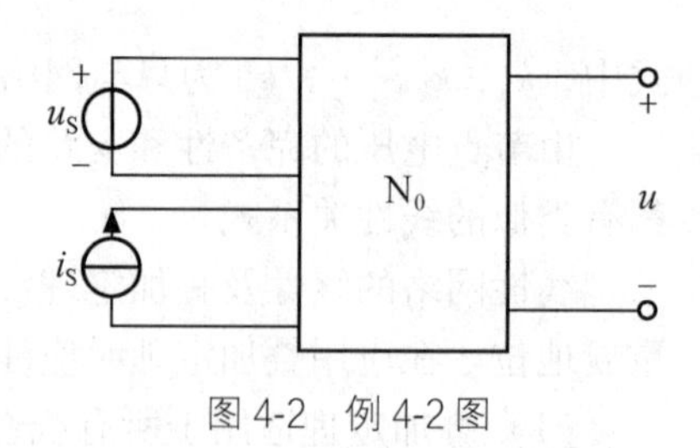

图 4-2 例 4-2 图

解 由线性网络的线性，响应 u 可表示为

$$u = k_1 u_S + k_2 i_S$$

其中，k_1、k_2 为常数。

由已知条件可得

$$k_1 \times 1 + k_2 \times 1 = 0$$
$$k_1 \times 10 + k_2 \times 0 = 1$$

解方程组可得：$k_1 = 0.1$，$k_2 = -0.1$。

因此，当 $u_S = 20\text{V}$，$i_S = 10\text{A}$ 时

$$u = k_1 \times 20 + k_2 \times 10 = 0.1 \times 20 + (-0.1) \times 10 = 1\text{V}$$

【例 4-3】 电路如图 4-3（a）所示，已知 $u_S = 10\text{V}$，$i_S = 5\text{A}$；试用叠加定理求电流 i 和 1Ω 电阻消耗的功率。

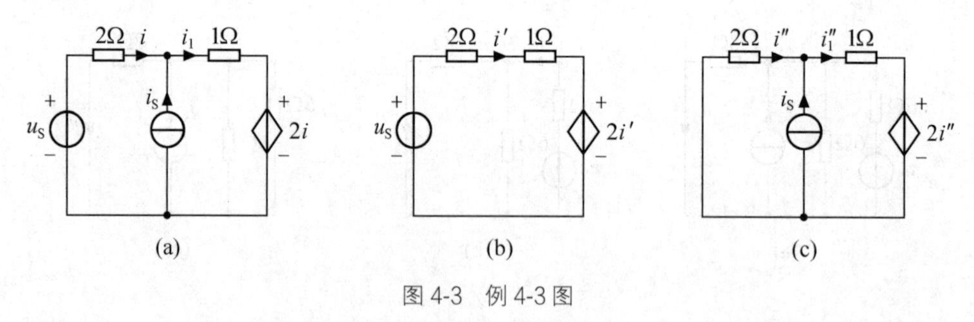

图 4-3 例 4-3 图

解 电压源 u_S 单独作用时，电流源开路，受控源保留，此时电路如图 4-3（b）所示。由 KVL 可得

$$2i' + i' + 2i' - u_S = 0$$
$$i' = 2\text{A}$$

电流源 i_S 单独作用时，电压源 u_S 短路，此时电路如图 4-3（c）所示。

由 KCL 可得

$$i'' - i_1'' = -5$$

由 KVL 可得

$$2i'' + i_1'' + 2i'' = 0$$

可解得

$$i'' = -1\text{A}$$

当 u_S 和 i_S 共同作用时，由叠加定理可得

$$i = i' + i'' = 2\text{A} - 1\text{A} = 1\text{A}$$

故

$$i_1 = i + 5 = 6\text{A}$$

1Ω 电阻消耗的功率为

$$p = i_1^2 R = 6^2 \times 1 = 36\text{W}$$

4.2　替代定理

替代定理（Substitution theorem）也称置换定理，其内容为：在具有唯一解的任意集总参数网络中，设已知某条支路 k 的支路电压 u_k（或支路电流 i_k），且该支路 k 与网络中的其他支路无耦合，如果该支路用一个电压为 u_k 的独立电压源（或电流为 i_k 的独立电流源）替代后，所得电路仍具有唯一解，则替代前后电路中各支路电压和电流保持不变。

替代定理可用一个简单电路来说明，对如图 4-4（a）所示电路，可很容易求得

$$i_1 = 4\text{A},\quad i_2 = 1\text{A},\quad i_3 = 3\text{A},\quad u = 6\text{V}$$

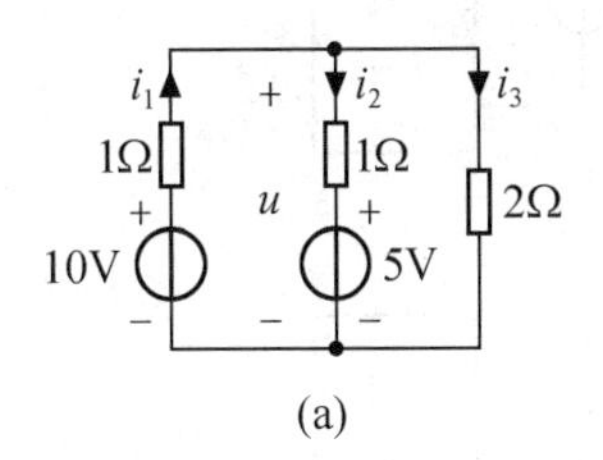

(a)

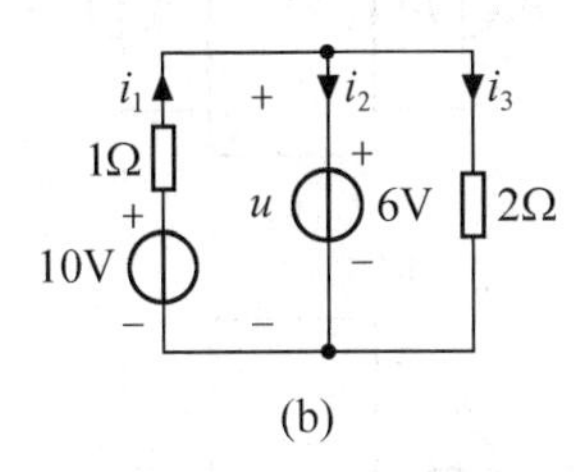

(b)

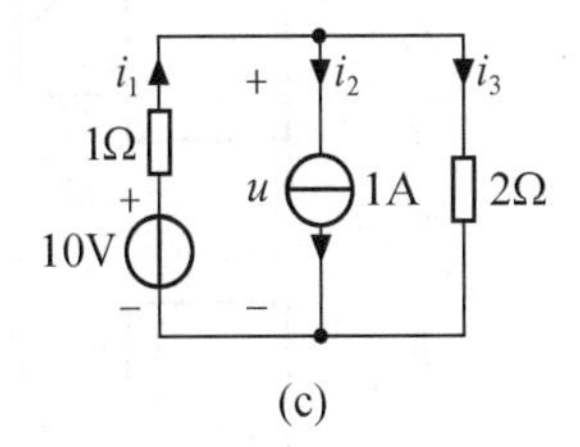

(c)

图 4-4　替代定理示例

为了验证替代定理的正确性，将中间支路用 $u_S = u = 6\text{V}$、极性与原支路电压极性一致的独立电压源替代，得如图 4-4（b）所示电路；或用 $i_S = i_2 = 1\text{A}$、方向与原支路电流方向一致的电流源替代，得如图 4-4（c）所示的电路。从替代后得到的两电路不难求得：$i_1 = 4\text{A}$，$i_2 = 1\text{A}$，$i_3 = 3\text{A}$，$u = 6\text{V}$，因此替代前后电路中各支路电压和电流保持不变。

替代定理可证明如下：在任一集总参数网络中，各支路电压和电流应满足 KVL、KCL 和各支路的伏安关系。当第 k 条支路用 $u_S = u_k$ 的独立电压源替代后，由于电路结构未发生变化，因此替代前后电路的 KVL 方程相同，同时由于网络具有唯一解，所以替代前后各支路电压不变。此外除第 k 条支路以外，各支路的伏安关系不变，因而这些支路的支路电流也都不变，而第 k 条支路中流过独立电压源的支路电流则由外电路决定，由于替代前后电路的 KCL 方程相同，根据网络解的唯一性，未替代部分的支路电流决定了第 k 条支路的支路电流应与替代前相等，这就证明了用 $u_S = u_k$ 的独立电压源替代第 k 条支路，替代前后电路中各支路电压和电流保持不变。同理可证：用 $i_S = i_k$ 的独立电流源替代第 k 条支路，替代前后电路中各支路电压和电流也保持不变。

对于替代定理应注意以下几点。

（1）替代定理适用于任意集总参数网络，无论网络是线性的还是非线性的，时变的还是非时变的。

（2）“替代”与“等效变换”是两个不同的概念，“替代”是用独立电压源或电流源替代已知电压或电流的支路，替代前后替代支路以外电路的拓扑结构和元件参数不能改变，因为一旦改变，替代支路的电压和电流也将发生变化；而等效变换是两个具有相同端口伏安特性的电路间的相互转换，与变换以外电路的拓扑结构和元件参数无关。

（3）不仅可以用电压源或电流源替代已知电压或电流的支路，而且可以替代已知端口电压或端口电流的二端网络。因此应用替代定理和电源转移，可将一个大网络撕裂成若干小网络，用于大网络的分析，如图 4-5 所示。

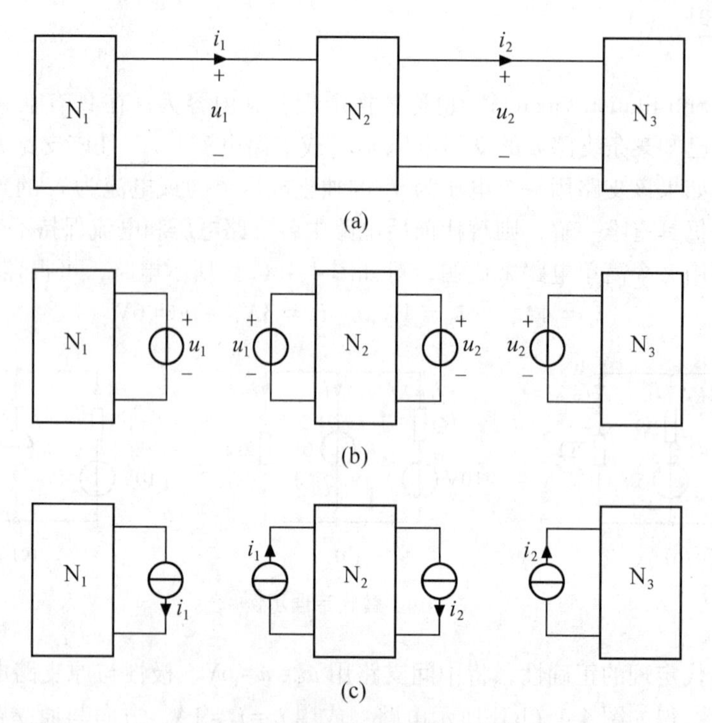

图 4-5　大网络撕裂成若干小网络

【例 4-4】　在图 4-6 所示的电路中，已知：无源网络 N_0 当 22′端开路时，11′端的输入电阻为 5Ω；当 11′端接 1A 电流源时，22′端的端口电压 $u=1V$，如图 4-6（a）所示。试求在图 4-6（b）中，当 11′端接内阻为 5Ω、电压为 10V 的实际电压源时，22′端的端口电压 u'为多少？

解　由题可知：无源网络 N_0 当 22′端开路时，11′端的输入电阻为 5Ω，因此图 4-6（b）中流过实际电压源支路的电流 i_1'为

$$i_1' = \frac{10}{5+5} = 1A$$

根据替代定理，将图 4-6（b）中的实际电压源支路用 1A 的电流源替代，端口电压 u'不变，而替代后的电路与图 4-6（a）相同，故有

$$u' = u = 1V$$

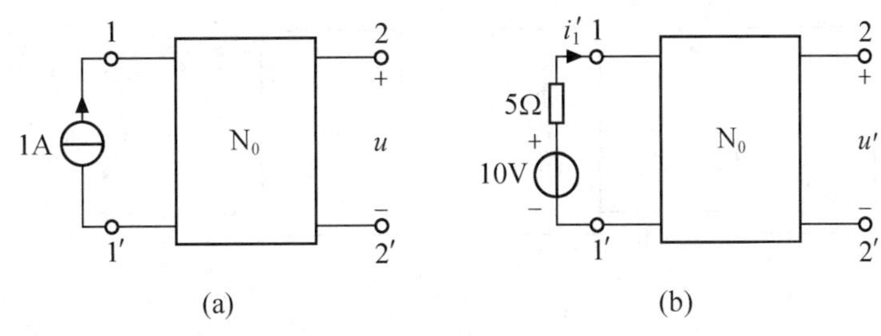

图 4-6　例 4-4 图

4.3　戴维南定理和诺顿定理

4.3.1　戴维南定理

戴维南、亥姆霍兹和诺顿

戴维南定理（Thevenin’s theorem）由法国电信工程师戴维南于 1883 年提出。戴维南定理可陈述如下：任意一个线性有源二端网络 N，就其两个输出端而言，总可用一个独立电压源和一个线性电阻串联的电路等效，其中独立电压源的电压等于该二端网络 N 输出端的开路电压 u_{OC}，串联电阻 R_o 等于将该二端网络 N 内所有独立源置零时，从输出端看入的等效电阻。

定理中的独立电压源与电阻串联的电路通常称为二端网络 N 的戴维南等效电路。

戴维南定理可用替代定理和叠加定理证明：设如图 4-7（a）所示线性有源二端网络 N 的两个输出端为 a、b，端口电压和电流分别为 u 和 i，根据替代定理，如图 4-7（b）所示，将外电路用$i_S=i$的独立电流源替代，替代前后端口电压 u 不变。由于二端网络 N 为线性网络，因此，在图4-7（b）所示电路中，应用叠加定理可将电压 u 分为 u'和 u'' 两个分量，其中 u'是当电流源 i_S 置零时，仅由二端网络 N 内的所有独立源作用产生的端口电压分量，即二端网络 N 的开路电压 u_{OC}，如图4-7（c）所示；u''是当二端网络 N 内所有独立源置零时，仅由电流源 i_S 单独作用产生的端口电压分量，如图 4-7（d）所示。由于当二端网络 N 内所有独立源置零时，网络 N 成为一个无源二端网络 N_0，因此 N_0 可用其输出电阻 R_o 等效代替，故电压分量 $u''=-R_o i_S=-R_o i$。

根据叠加定理，有

$$u = u' + u'' = u_{OC} - R_o i \tag{4-5}$$

式（4-5）也就是图 4-7（e）所示独立电压源 u_{OC}和电阻 R_o 串联电路的伏安关系式，因此二端网络 N 与该独立电压源 u_{OC}和电阻 R_o 串联电路等效。

【例 4-5】　在图 4-8（a）所示的电路中，已知：$u_S=12V$，$i_S=4A$，$R_1=6\Omega$，$R_2=3\Omega$，$R_3=6\Omega$；试求电路 a、b 端的戴维南等效电路。

解　（1）求开路电压 u_{OC}。

当电压源 u_S 单独作用时，电路如图 4-8（b）所示，此时

$$u_{OC}' = \frac{R_1}{R_1 + R_2}u_S = \frac{6}{6+3} \times 12 = 8V$$

当电流源 i_S 单独作用时，电路如图 4-8（c）所示，此时

$$u_{OC}'' = \frac{R_1 R_2}{R_1 + R_2}i_S = \frac{6 \times 3}{6+3} \times 4 = 8V$$

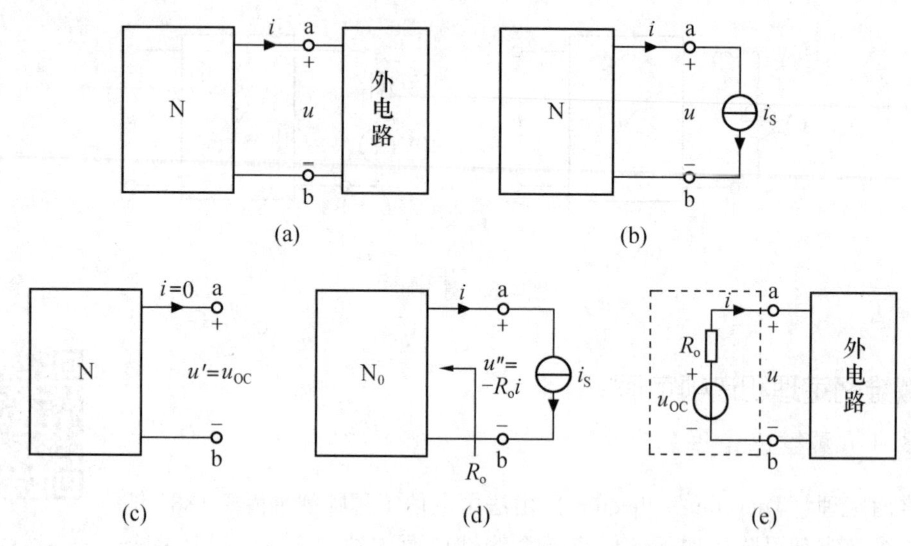

图 4-7 戴维南定理证明用图

应用叠加定理可得

$$u_{OC} = u_{OC}' + u_{OC}'' = 8 + 8 = 16\text{V}$$

（2）求输出电阻 R_o

将二端电路中的所有独立源置零，得如图 4-8（d）所示的电路，其输出电阻 R_o 为

$$R_o = R_3 + \frac{R_1R_2}{R_1 + R_2} = 6 + 2 = 8\Omega$$

因此，可得所求戴维南等效电路如图 4-8（e）所示。

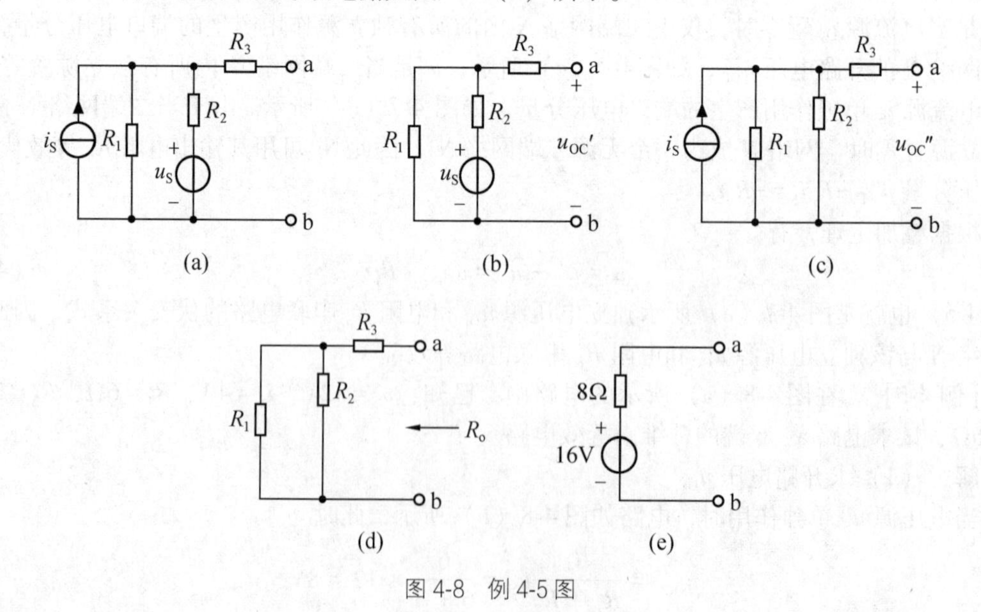

图 4-8 例 4-5 图

4.3.2 诺顿定理

诺顿定理（Norton's theorem）由美国贝尔电话实验室工程师诺顿于 1926 年提出。诺顿

定理可陈述如下：任意一个线性有源二端网络 N，就其两个输出端而言，总可用一个独立电流源和一个线性电阻并联的电路等效，其中独立电流源的电流等于该二端网络 N 输出端的短路电流 i_{SC}，并联电阻 R_o 等于将该二端网络 N 内所有独立源置零时从输出端看入的等效电阻。

定理中的独立电流源与电阻并联的电路通常称为二端网络 N 的诺顿等效电路。

诺顿定理示意图如图 4-9 所示，由于它的证明与戴维南定理的证明相似，故不赘述。

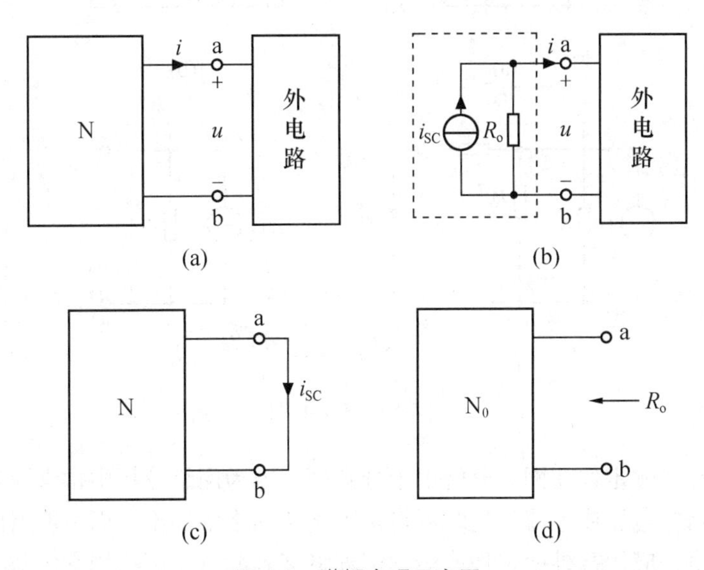

图 4-9　诺顿定理示意图

【例 4-6】　求例 4-5 中图 4-8（a）所示电路 a、b 端的诺顿等效电路。

解　为解题方便，将图 4-8（a）重画成图 4-10（a）。

（1）求短路电流 i_{SC}。

当电压源 u_S 单独作用时，电路如图 4-10（b）所示，得

$$i_o = \frac{u_S}{R_2 + \dfrac{R_1 R_3}{R_1 + R_3}} = \frac{12}{3 + 3} = 2\text{A}$$

$$i_{SC}' = \frac{R_1}{R_1 + R_3} i_o = 1\text{A}$$

当电流源 i_S 单独作用时，电路如图 4-10（c）所示，由分流公式可得

$$i_{SC}'' = \frac{\dfrac{1}{R_3}}{\dfrac{1}{R_1} + \dfrac{1}{R_2} + \dfrac{1}{R_3}} i_S = 1\text{A}$$

根据叠加定理

$$i_{SC} = i_{SC}' + i_{SC}'' = 1 + 1 = 2\text{A}$$

（2）求输出电阻 R_o

按【例 4-5】的方法计算 R_o，可得 $R_o = 8\Omega$。

因此，可得所求诺顿等效电路如图 4-10（d）所示。

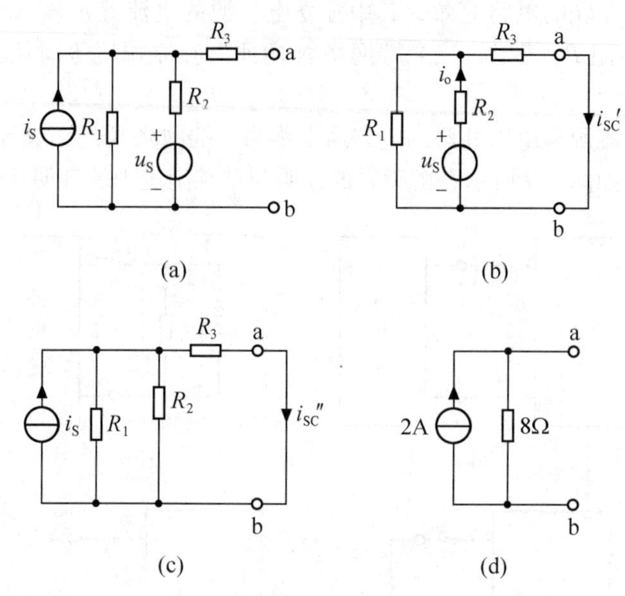

图 4-10　例 4-6 图

戴维南定理和诺顿定理在网络分析中十分有用，因为网络分析中常常遇到的问题是要求网络中某一条支路的电压或电流，这时可将该支路从网络中抽出，而将网络的其余部分视为一个有源二端网络；应用戴维南定理或诺顿定理将该有源二端网络用它的戴维南等效电路或诺顿等效电路等效，从而把原电路简化为一个单回路或单节偶的电路，在此电路中要求的支路电压或电流可很容易地求得。

对于戴维南定理和诺顿定理应注意以下几点。

（1）戴维南定理和诺顿定理只要求被等效的有源二端网络是线性的，而该二端网络所接的外电路可以是任意（线性或非线性、有源或无源）网络，但被等效的有源二端网络与外电路之间不能有耦合关系。

（2）在求戴维南等效电路或诺顿等效电路中的电阻 R_o 时，应将二端网络中的所有独立源置零，而受控源应保留不变。

（3）当 $R_o \neq 0$ 和 $R_o \neq \infty$ 时，有源二端网络既有戴维南等效电路，又有诺顿等效电路，并且 u_{OC}、i_{SC} 和 R_o 存在关系

$$u_{OC} = R_o i_{SC} \qquad R_o = \frac{u_{OC}}{i_{SC}} \qquad i_{SC} = \frac{u_{OC}}{R_o}$$

【例 4-7】　试求图 4-11（a）所示电路中 12Ω 电阻支路的电流 i。

解　应用戴维南定理解此题。应看到：如果选 a、b 两端以左电路为二端网络，它的戴维南等效电路较难求；但如果选 c、d 两端以左电路为二端网络，则它的戴维南等效电路较易求出。

按图 4-11（b）可得开路电压

$$u_{OC} = u_{cf} + u_{fd} = \frac{8}{8+8} \times 30 - \frac{3}{6+3} \times 30 = 15 - 10 = 5\text{V}$$

将二端网络中的独立电压源置零，此时电路如图 4-11（c）所示，可得

$$R_o = \frac{8 \times 8}{8 + 8} + \frac{6 \times 3}{6 + 3} = 4 + 2 = 6\Omega$$

因此，可将原电路化简为图 4-11（d）所示的电路，由该电路可得

$$i_o = \frac{5}{6 + \frac{12 \times 6}{12 + 6}} = \frac{1}{2}\text{A}$$

由分流公式可得

$$i = \frac{6}{12 + 6} \times \frac{1}{2} = \frac{1}{6}\text{A}$$

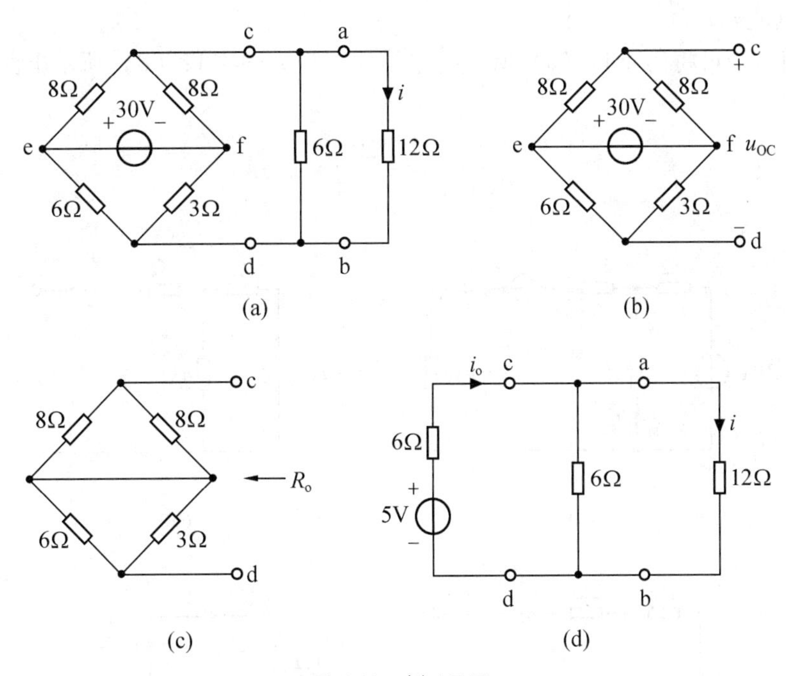

图 4-11　例 4-7 图

由例 4-7 可看出：应用戴维南定理或诺顿定理时，有源二端网络不一定要选待求量支路所接的二端网络，而应以具体网络灵活掌握，以求解方便为原则。

【例 4-8】　试用戴维南定理求图 4-12（a）所示电路中的电流 i。

解　应用戴维南定理可先将图 4-12（a）所示电路 a、b 以左电路部分化简为一个戴维南电路。

（1）求开路电压 u_{OC}。

a、b 开路后电路如图 4-12（b）所示，可得受控源的控制量 i_1 为

$$i_1 = \frac{10}{1 + 4} = 2\text{A}$$

故

$$u_{OC} = 6i_1 + 4i_1 = 20\text{V}$$

（2）求输出电阻 R_o。

首先将图 4-12（b）所示二端网络中的独立电压源置零，得如图 4-12（c）所示电路，

由于该二端网络为含受控源的二端网络，为了求输出电阻，设 a、b 端口电压为 u'，端口电流为 i'。

由 KVL 可得

$$u' = 6i_1' + 2i' + 4i_1'$$

由 1Ω 和 4Ω 并联的分流关系可得

$$i_1' = \frac{i'}{1+4} = \frac{i'}{5}$$

因此

$$u' = 4i'$$

$$R_o = \frac{u'}{i'} = 4\Omega$$

（3）求电流 i。

由戴维南定理可将图 4-12（a）所示电路等效化简为图 4-12（d）所示电路，从该电路可得

$$i = \frac{u_{OC}}{R_o + R_L} = \frac{20}{4+4} = 2.5\text{A}$$

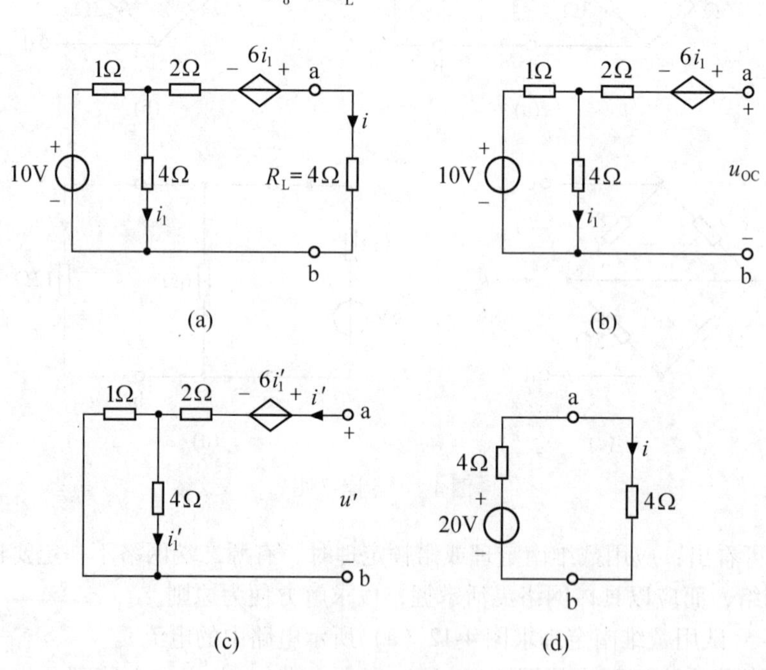

图 4-12　例 4-8 图

4.4　最大功率传输定理

在电路分析中，经常遇到最大功率传输问题。图 4-13（a）所示的最大功率传输就是指有源二端网络 N 连接负载电阻 R_L 后，通过改变负载电阻 R_L 的阻值使有源二端网络传递最大功率，也就是此时负载 R_L 获得最大功率。应用等效电源定理分析这一问题非常方便。

因为讨论的是负载电阻 R_L 的功率，依据等效变换对外等效的原则，可以应用戴维南定理，将有源二端网络 N 用戴维南电路替代，如图 4-13（b）所示。因为有源二端网络是给定不可变的，所以图 4-13（b）中的 u_{OC} 和 R_0 是不变的，R_L 是可变的。因为 $p_L = i^2 \times R_L$，所以在 $R_L = 0$ 与 $R_L = \infty$ 之间将有一个电阻值可使 P_L 最大。由图 4-13（b）可知，负载 R_L 吸收的功率为

$$p_L = i^2 \times R_L = \left(\frac{u_{OC}}{R_0 + R_L}\right)^2 R_L = f(R_L) \tag{4-6}$$

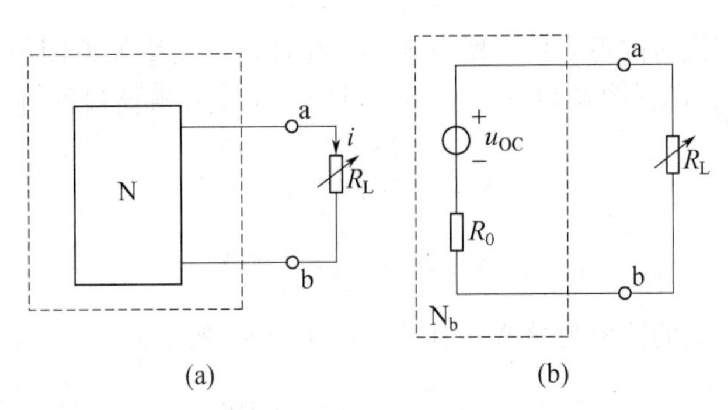

图 4-13　最大功率传输问题

要使 p_L 最大，应找到 $p_L = f(R_L)$ 的极值点，也就是使 $\dfrac{dp_L}{dR_L} = 0$ 的 R_L 值。即

$$\frac{dp_L}{dR_L} = u_{OC}^2\left[\frac{(R_0 + R_L)^2 - 2(R_0 + R_L) \times R_L)}{(R_0 + R_L)^4}\right] = 0$$

由此可得

$$R_L = R_0 \tag{4-7}$$

所以式（4-7）即为使 p_L 最大的条件。因此，由有源二端网络传递给可变负载 R_L 的功率为最大的条件是：负载 R_L 应与有源二端网络的戴维南（或诺顿）等效电阻 R_0 相等，此即最大功率传输定理。满足 $R_L = R_0$ 时，称为最大功率匹配，此时负载获得的最大功率为

$$p_{Lmax} = \frac{u_{OC}^2}{4R_0} \tag{4-8}$$

从上述可以看出，求解最大功率传输问题的关键是求有源二端网络的戴维南等效电路。因为由有源二端网络获得最大功率时，$R_L = R_0$，故对等效电源 u_{OC} 来讲，其功率传输效率为 50%。但有源二端网络和它的等效电路是对外等效，对内不等效，所以由等效电阻 R_0 计算的功率一般情况下不等于网络内部消耗的功率。因此，实际上当负载获得最大功率时，其原电路中电源功率传递效率一般并不等于 50%。

【例 4-9】　电路如图 4-14（a）所示，（1）试求电阻 R_L 为何值时获得最大功率，此最大功率是多少？（2）当 R_L 获得最大功率时，求 24V 电压源产生的功率及其传递给 R_L 效率。

解　（1）首先将图 4-14（a）中 a、b 端以左的电路看作是一个有源二端网络，应用戴

维南定理可以求出其戴维南等效电路如图4-14（b）所示，其中

$$u_{OC} = 24 \times \frac{4}{4+4} = 12\text{V}$$

$$R_0 = 2 + \frac{4 \times 4}{4+4} = 4\Omega$$

根据最大功率传输定理，当 $R_L = R_0 = 4\Omega$ 时可获得最大功率，此最大功率为

$$p_{L\max} = \frac{u_{OC}^2}{4R_0} = \frac{12^2}{4 \times 4} = 9\text{W}$$

（2）因为等效变换对内不等效，所以求24V电压源的功率要返回原电路。将 $R_L = R_0 = 4\Omega$ 代入图4-14（a），即得图4-14（c）。由图可知24V电压源流过的电流

$$i = \frac{24}{4 + 4//(4+2)} = \frac{15}{4}\text{A}$$

$$p_S = -24 \times \frac{15}{4} = -90\text{W}$$

即24V电压源产生的功率为90W。其功率传递给 R_L 效率为

$$\frac{p_{L\max}}{p_S} = \frac{9}{90} \times 100\% = 10\%$$

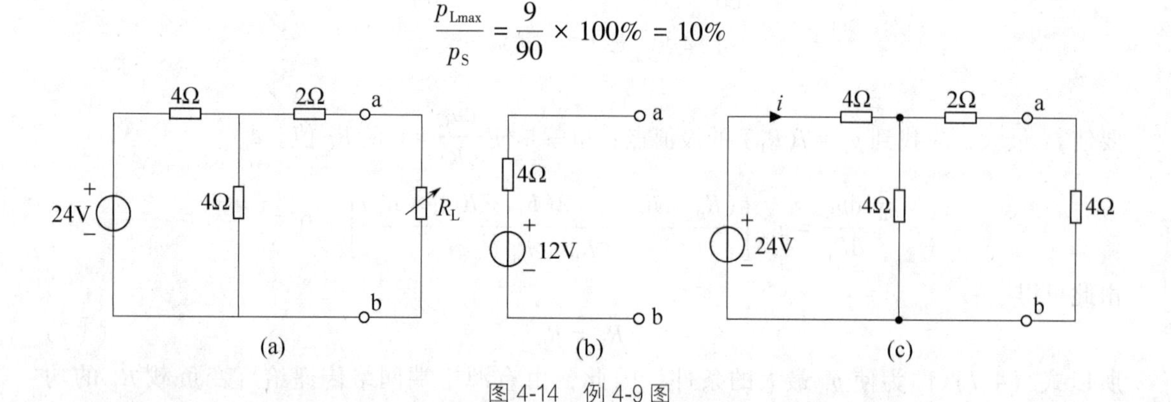

图4-14　例4-9图

【例4-10】 电路如图4-15（a）所示，试求电阻 R_L 为何值时获得最大功率，此最大功率是多少？

解 将图4-15（a）中a、b端以左的电路看作是一个有源二端网络，首先应用戴维南定理可以求等效电路的开路电压 u_{OC}，如图4-15（b）所示。因为端口开路，故 $i=0$，受控电压源 $3i=0$，根据KVL可得：

$$u_{OC} = 2 \times 4 = 8\text{V}$$

接着求等效电路的等效电阻 R_0，如图4-15（c）所示，因为独立源置零，故电流源开路，利用加压求流法设端口电压为 u，根据KVL可得：

$$u = 1 \times i + 3i + 4 \times i = 8i$$

所以 $R_0 = \frac{u}{i} = 8\Omega$

根据最大功率传输定理，当 $R_L = R_0 = 8\Omega$ 时可获得最大功率，此最大功率为

$$P_{L\max} = \frac{u_{OC}^2}{4R_0} = \frac{8^2}{4 \times 8} = 2\text{W}$$

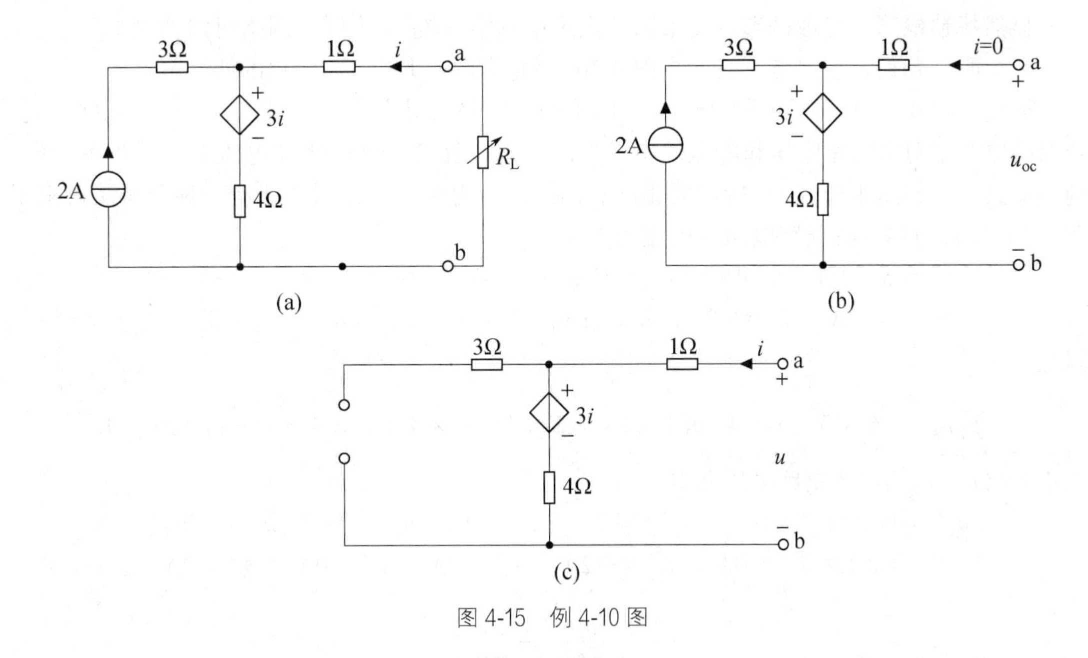

图 4-15　例 4-10 图

4.5　特勒根定理

特勒根定理（Tellegen's theorem）由荷兰学者特勒根于 1952 年提出，由于它可以从基尔霍夫定律直接导出，所以适用于任意集总参数网络且与电路元件的性质无关。特勒根定理有两个，现分述如下。

特勒根第一定理：任意一个具有 b 条支路、n 个节点的集总参数网络，设它的各支路电压和电流分别为 u_k 和 i_k（$k=1, 2, 3, \cdots, b$），且各支路电压和电流取关联参考方向，则有

$$\sum_{k=1}^{b} u_k i_k = 0 \tag{4-9}$$

由于式（4-9）中每一项是同一支路电压和电流的乘积，表示支路吸收的功率，因此，特勒根第一定理表达的是功率守恒，故又称为特勒根功率定理。

特勒根第二定理：两个具有相同有向线图的集总参数网络 N 和 N′，设它们的支路电压分别为 u_k、u_k'，支路电流分别为 i_k、i_k'（$k=1, 2, 3, \cdots, b$），且各支路电压和电流取关联参考方向，则有

$$\sum_{k=1}^{b} u_k i_k' = 0 \tag{4-10}$$

和

$$\sum_{k=1}^{b} u_k' i_k = 0 \tag{4-11}$$

式（4-10）和式（4-11）中的每一项是一个网络的支路电压和另一网络相应支路的支路电流的乘积，虽具有功率的量纲，但不表示任何支路的功率，称为似功率，因此，特勒根第二定理表达的是似功率守恒，故又称为特勒根似功率定理。

显然特勒根第一定理是当特勒根第二定理中网络 N 与 N′为同一网络时的特例。

在证明特勒根定理之前，先考察图 4-16（a）和图 4-16（b）所示的两个电路。

显然，图 4-16（a）和图 4-16（b）所示两个电路的对应线图相同，但各支路元件不同。若取两电路中对应支路电压和电流的参考方向一致，且各支路电压和电流取关联参考方向，则两电路具有如图 4-16（c）所示的相同有向线图。用第 3 章介绍的任何一种分析法可求得图 4-16（a）电路的各支路电压和电流为

$$u_1 = 6\text{V},\quad u_2 = -4\text{V},\quad u_3 = 2\text{V},\quad u_4 = 4\text{V},\quad u_5 = 2\text{V},\quad u_6 = -8\text{V};$$
$$i_1 = 3\text{A},\quad i_2 = -2\text{A},\quad i_3 = 1\text{A},\quad i_4 = 1\text{A},\quad i_5 = 4\text{A},\quad i_6 = 5\text{A}$$

因此有

$$\sum_{k=1}^{6} u_k i_k = 6\times 3 + (-4)\times(-2) + 2\times 1 + 4\times 1 + 2\times 4 + (-8)\times 5 = 0$$

图 4-16（b）电路的各支路电压和电流为

$$u_1' = 4\text{V},\quad u_2' = 0\text{V},\quad u_3' = 4\text{V},\quad u_4' = 8\text{V},\quad u_5' = 4\text{V},\quad u_6' = -8\text{V};$$
$$i_1' = 2\text{A},\quad i_2' = 0\text{A},\quad i_3' = -2\text{A},\quad i_4' = 2\text{A},\quad i_5' = 0\text{A},\quad i_6' = 2\text{A}$$

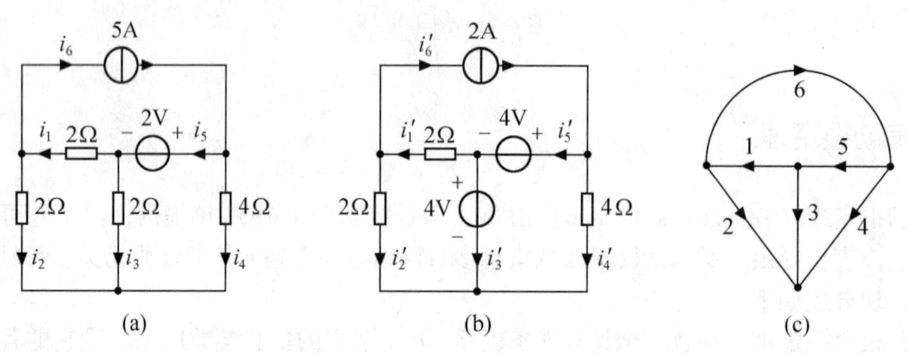

图 4-16　特勒根定理验证用图

因此有

$$\sum_{k=1}^{6} u_k' i_k' = 4\times 2 + 0\times 0 + 4\times(-2) + 8\times 2 + 4\times 0 + (-8)\times 2 = 0$$

这就验证了特勒根第一定理。

同时，将图 4-16（a）的每一支路电压与图 4-16（b）的相应支路电流相乘，然后相加，则

$$\sum_{k=1}^{6} u_k i_k' = 6\times 2 + (-4)\times 0 + 2\times(-2) + 4\times 2 + 2\times 0 + (-8)\times 2 = 0$$

对应地，将图 4-16（b）的每一支路电压与图 4-16（a）相应支路电流相乘，然后相加，则

$$\sum_{k=1}^{6} u_k' i_k = 4\times 3 + 0\times(-2) + 4\times 1 + 8\times 1 + 4\times 4 + (-8)\times 5 = 0$$

这就验证了特勒根第二定理。

特勒根定理的证明：若网络 N 有 n 个节点，选一个节点为参考点，设其余 $n-1$ 个独立节点的节点电压为 $u_{nm}(m=1,\ 2,\ \cdots,\ n-1)$，如果支路 k 连接节点 i 与 j，且该支路方向由节点 i 指向 j，则支路电压 u_k 可表示为

$$u_k = u_{ni} - u_{nj}$$

将网络 N 中的各支路电压如上式用节点电压表示，代入式（4-10）并以节点电压合并同类项，则有

$$\begin{aligned}\sum_{k=1}^{b} u_k i_k' = & u_{n1} \times (\text{N}' \text{ 中所有流出节点 1 支路电流的代数和}) \\ & + u_{n2} \times (\text{N}' \text{ 中所有流出节点 2 支路电流的代数和}) \\ & + \cdots \\ & + u_{n(n-1)} \times (\text{N}' \text{ 中所有流出节点 } n-1 \text{ 支路电流的代数和})\end{aligned}$$

由于网络 N′中的支路电流满足 KCL，因此上式右端各项括号里的因子都为 0，故

$$\sum_{k=1}^{b} u_k i_k' = 0$$

因此式（4-10）成立。同理可证式（4-11）也成立。

由上面的证明可以看出：特勒根定理只要求网络的各支路电压满足 KVL，支路电流满足 KCL，而对支路元件的特性无任何要求，所以特勒根定理适用于一切集总参数网络，具有很强的普遍性，特勒根定理在网络理论中常常用于证明其他定理。

【例 4-11】　在图 4-17 所示的电路中，N_R 为仅由电阻组成的网络，已知如图 4-17（a）所示，当端口 11′接 2A 电流源时，电压 $u_1 = 10\text{V}$，$u_2 = 5\text{V}$；若如图 4-17（b）所示，将该电流源移至 22′端口，而 11′端口接 5Ω，试求此时流过 5Ω 的电流为多少。

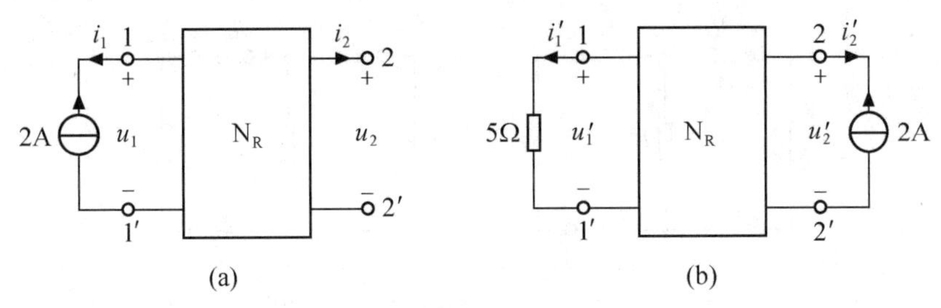

图 4-17　例 4-11 图

解　若选各支路电压和电流为图 4-17 所示的关联参考方向，由于图 4-17（a）和图 4-17（b）具有相同的有向线图，设网络 N_R 含有 $b-2$ 条支路，记为支路 3 至 b，则根据特勒根第二定理有

$$\sum_{k=1}^{b} u_k i_k' = \sum_{k=1}^{b} u_k' i_k = 0$$

由于网络 N_R 为既不含独立源也不含受控源的无源电阻网络，因此网络 N_R 中的支路 k 有

$$u_k i_k' = R_k i_k i_k' = R_k i_k' i_k = u_k' i_k$$

因此

$$\sum_{k=3}^{b} u_k i_k' = \sum_{k=3}^{b} u_k' i_k$$

$$u_1 i_1' + u_2 i_2' = u_1' i_1 + u_2' i_2$$

将 $u_1 = 10\text{V}$，$i_1 = -2\text{A}$，$u_2 = 5\text{V}$，$i_2 = 0\text{A}$ 和 $i_2' = -2\text{A}$，$u_1' = 5i_1'$代入上式，得

$$10 \times i_1' + 5 \times (-2) = 5i_1' \times (-2) + 0$$

故可解得

$$i_1' = 0.5\text{A}$$

4.6 互易定理

互易性是网络的重要性质之一。粗略地说，如果将一个网络的激励和响应的位置互换，而网络对相同激励的响应不变，则称该网络具有互易性。具有互易性的网络称为互易网络。在介绍互易定理（Reciprocity theorem）之前，先看下面的例子。

在图4-18（a）中，a、b端接激励电压源u_S，将c、d端短路，取短路电流i为响应，可得

$$i = \frac{u_S}{R_1 + \dfrac{R_2R_3}{R_2 + R_3}} \times \frac{R_3}{R_2 + R_3} = \frac{R_3}{R_1R_2 + R_1R_3 + R_2R_3}u_S \tag{4-12}$$

现将激励电压源u_S和响应短路电流的位置互换得图4-18（b）所示的电路，由该电路可得响应

$$i' = \frac{u_S}{R_2 + \dfrac{R_1R_3}{R_1 + R_3}} \times \frac{R_3}{R_1 + R_3} = \frac{R_3}{R_1R_2 + R_1R_3 + R_2R_3}u_S \tag{4-13}$$

可见

$$i = i'$$

从而可证实该网络具有互易性，是一个互易网络。

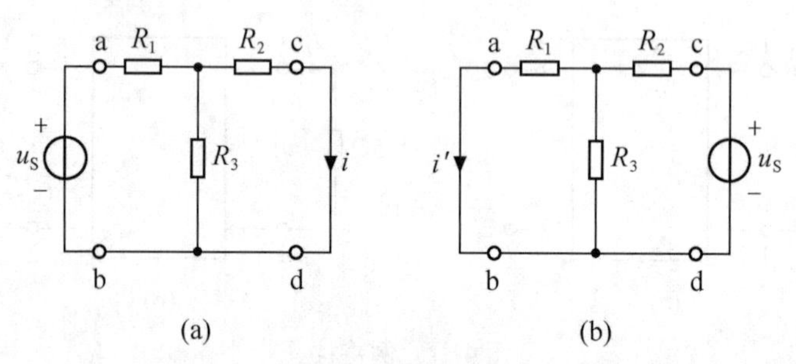

图4-18　互易网络示例

互易定理有3种形式。

形式一：如图4-19所示，设网络N_R为仅由电阻组成的网络，只有一个独立电压源u_S激励，则在图示各电压和电流参考方向下有：激励在支路1时，支路2的响应电流i_2等于将此激励移至支路2后，在支路1产生的响应电流i_1'，即

$$i_2 = i_1'$$

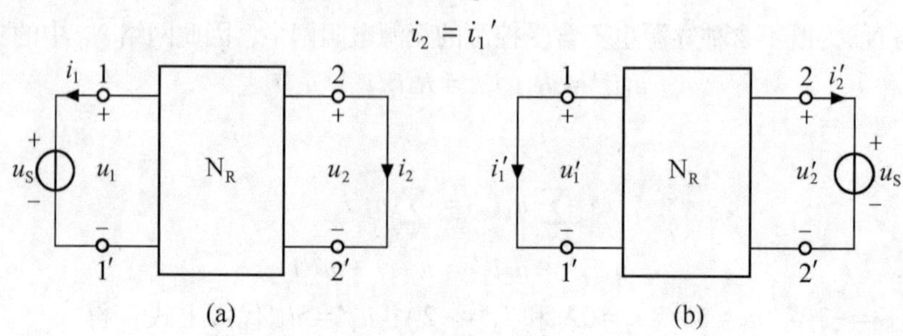

图4-19　互易定理形式一

形式二：如图 4-20 所示，设网络 N_R 为仅由电阻组成的网络，只有一个独立电流源 i_S 激励，则在图示各电压和电流参考方向下有：激励在支路 1 时，支路 2 的响应电压 u_2 等于将此激励移至支路 2 后，在支路 1 产生的响应电压 u_1'，即

$$u_2 = u_1'$$

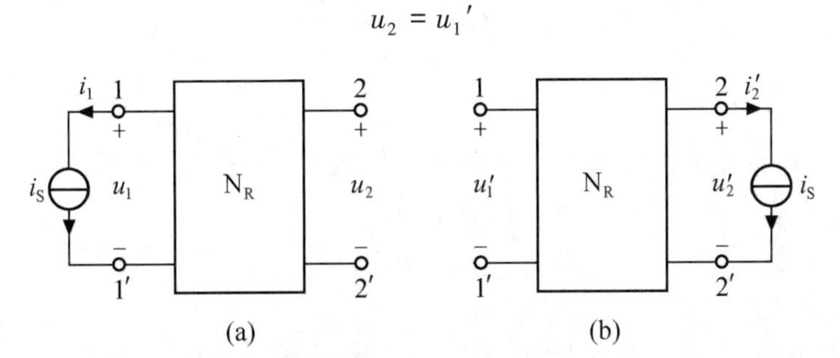

图 4-20 互易定理形式二

形式三：如图 4-21 所示，设网络 N_R 为仅由电阻组成的网络，则独立电压源 u_S 激励在支路 1 时，支路 2 的响应电压 u_2 等于将此激励换为相同数值的独立电流源 i_S，并移至支路 2 在支路 1 产生的响应电流 i_1'，即在数值上 u_2 与 i_1'相等。

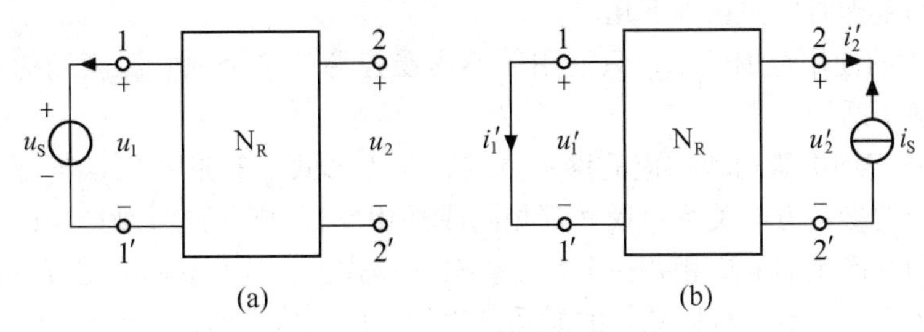

图 4-21 互易定理形式三

互易定理可用特勒根定理证明：设上述 3 种形式中的网络 N_R 中含有 $b-2$ 条支路，记为支路 3 至 b，加上激励支路和响应支路，因此网络共有 b 条支路，由于每种形式的图（a）和（b）具有相同的有向线图，根据特勒根定理必然有

$$u_1 i_1' + u_2 i_2' + \sum_{k=3}^{b} u_k i_k' = 0 \tag{4-14}$$

和

$$u_1' i_1 + u_2' i_2 + \sum_{k=3}^{b} u_k' i_k = 0 \tag{4-15}$$

由于网络 N_R 是电阻网络，由支路约束有

$$u_k = R_k i_k \quad (k = 3, 4, \cdots, b)$$

和

$$u_k' = R_k i_k' \quad (k = 3, 4, \cdots, b)$$

因此

$$u_k i_k' = R_k i_k i_k' = R_k i_k' i_k = u_k' i_k$$

$$\sum_{k=3}^{b} u_k i_k' = \sum_{k=3}^{b} u_k' i_k \tag{4-16}$$

于是有

$$u_1 i_1{}' + u_2 i_2{}' = u_1{}' i_1 + u_2{}' i_2 \tag{4-17}$$

对于形式一，$u_1=u_S$，$u_2=0$，$u_1{}'=0$，$u_2{}'=u_S$，代入式（4-17），可得

$$u_S i_1{}' = u_S i_2$$

故

$$i_2 = i_1{}'$$

因此形式一成立。

对于形式二，$i_1=i_S$，$i_2=0$，$i_1{}'=0$，$i_2{}'=i_S$，代入式（4-17），可得

$$u_2 i_S = u_1{}' i_S$$

故

$$u_2 = u_1{}'$$

因此形式二成立。

对于形式三，$u_1=u_S$，$i_2=0$，$u_1{}'=0$，$i_2{}'=-i_S$，代入式（4-17），可得

$$u_S i_1{}' - u_2 i_S = 0$$

$$u_S i_1{}' = u_2 i_S$$

由于 u_S 与 i_S 数值相同，故数值上 u_2 与 $i_1{}'$相等。

因此形式三成立。

在应用互易定理时应注意以下几点。

（1）该定理的使用范围较窄，只能用于不含受控源的单个独立源激励的线性网络，对其他的网络一般不适用。

（2）要注意定理中激励和响应的参考方向，对于形式一和形式二，若互易两支路互易前后激励和响应的参考方向关系一致（都相同或都相反），则相同激励产生的响应相同；不一致时，相同激励产生的响应相差一个负号。对于形式三，若互易两支路互易前后激励和响应的参考方向关系不一致，相同数值的激励产生的响应数值相同；一致时，相同数值的激励产生的响应相差一个负号。

【例 4-12】 在如图 4-22（a）所示的电路中，电阻 R 未知，试求电流 i。

解 由于图 4-22（a）电路中的 R 未知，因此要直接求电流 i 比较困难。现应用互易定理求解，将图 4-22（a）中的激励 25V 独立电压源与响应电流 i 的位置互换，互易后的电路如图 4-22（b）所示，由互易定理可得图 4-22（b）中的电流 i'与图 4-22（a）中要求的电流 i 相等。

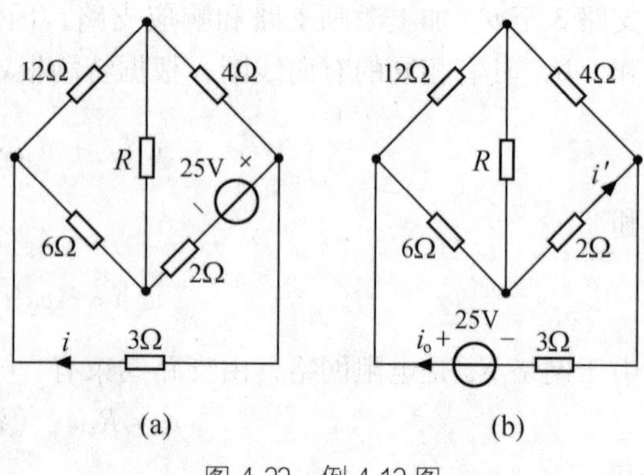

图 4-22 例 4-12 图

由于图 4-22（b）所示电路是一个电桥电路并且满足平衡条件，故电阻 R 支路无电流可开路，该电路可简化为一个简单混联电路。由此可得

$$i_o = \frac{25}{3 + \dfrac{(12+4)\times(2+6)}{12+4+2+6}} = 3\text{A}$$

根据分流公式

$$i' = \frac{12 + 4}{12 + 4 + 6 + 2} i_o = 2A$$

故

$$i = i' = 2A$$

【例 4-13】　在如图 4-23（a）所示的电路中，若 11′端接 1A 电流源，测得 $i_2 = 0.1A$；若如图 4-23（b）所示，将电流源移至 22′并加倍为 2A，测得 $i_1' = 0.4A$。试求网络中 R 之值。

解　由 $i_2 = 0.1A$，从图 4-23（a）可得

$$u_2 = 20 \times 0.1 = 2V$$

根据互易定理和线性网络的齐次性可知，图 4-23（b）中电阻 R 的端电压

$$u_1' = 2u_2 = 2 \times 2 = 4V$$

故

$$R = \frac{u_1'}{i_1'} = \frac{4}{0.4} = 10\Omega$$

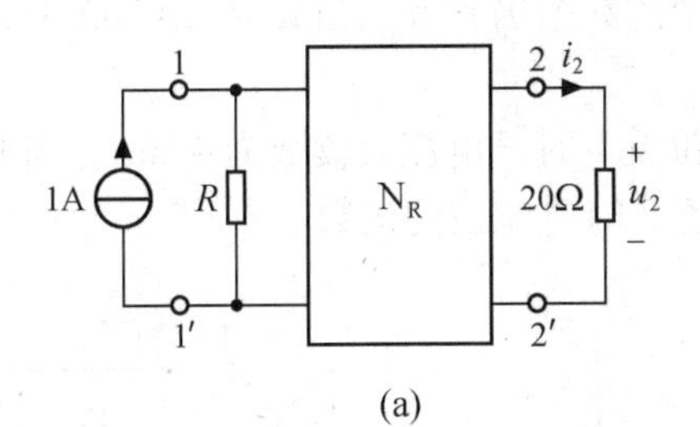

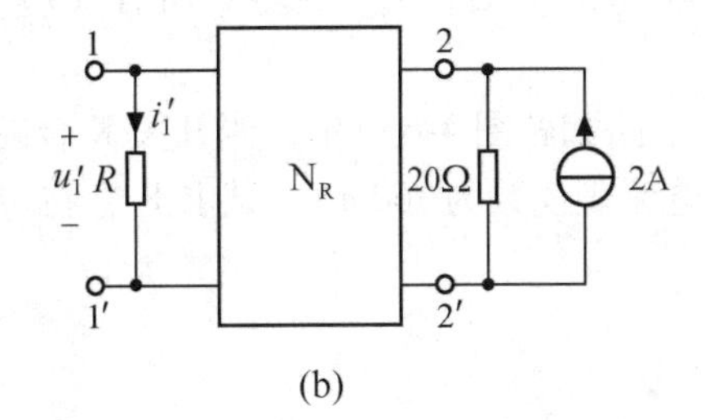

图 4-23　例 4-13 图

思维导图

习题精讲　电路定理

电路定理仿真实例

习　题　4

4-1　电路如题图 4-1 所示，试用叠加定理求电流 i。

4-2　电路如题图 4-2 所示，试用叠加定理求电压 u。

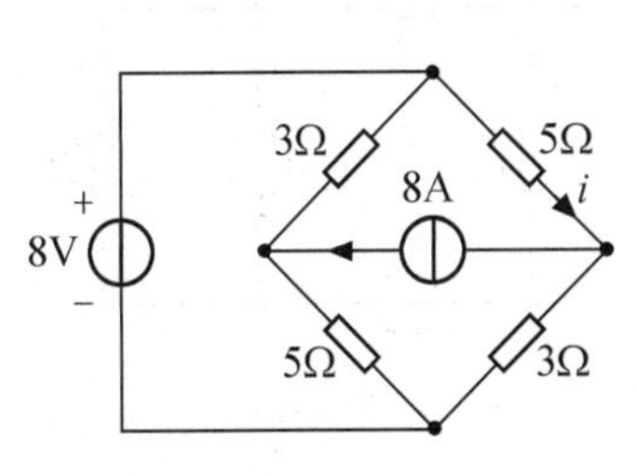

题图 4-1

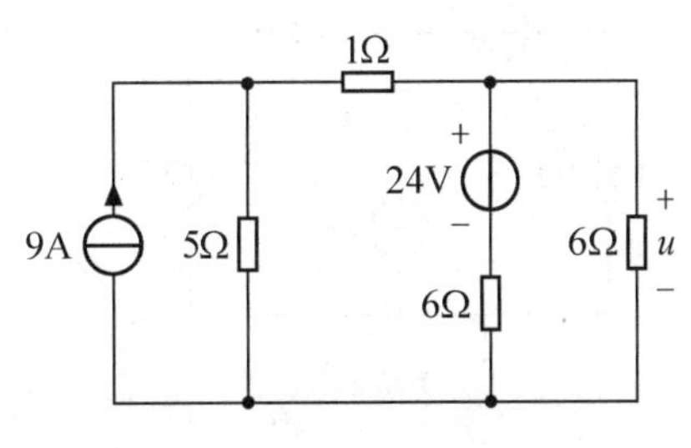

题图 4-2

4-3　试用叠加定理求题图4-3所示电路中的电流 i_x。

4-4　试用叠加定理求题图4-4所示电路中的电压 u_x。

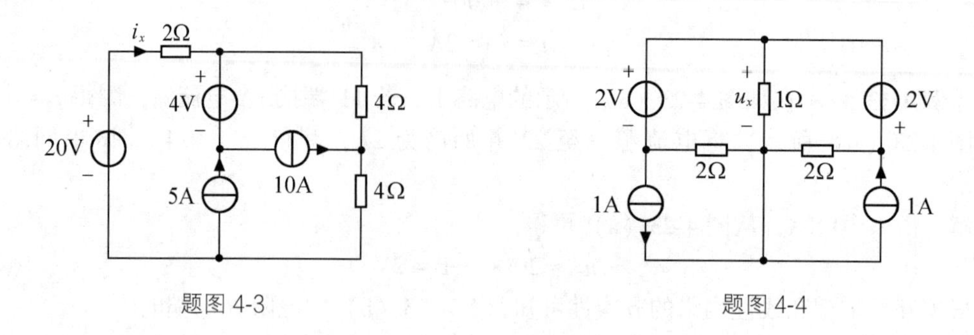

题图 4-3　　　　题图 4-4

4-5　（1）题图4-5所示的线性网络N只含电阻。若 $i_{S1}=8A$，$i_{S2}=12A$ 时，$u_x=80V$；若$i_{S1}=-8A$，$i_{S2}=4A$ 时，$u_x=0V$。当 $i_{S1}=i_{S2}=20A$ 时，u_x 为多少？（2）若所示网络N含有独立源，当 $i_{S1}=i_{S2}=0$ 时，$u_x=-40V$；所有（1）中的数据仍有效。当 $i_{S1}=i_{S2}=20A$ 时，电压 u_x 为多少？

4-6　电路如题图4-6所示，当开关K合在位置1时，电流表读数为40mA，当K合在位置2时，电流表读数为−60mA。试求K合在位置3时电流表的读数。

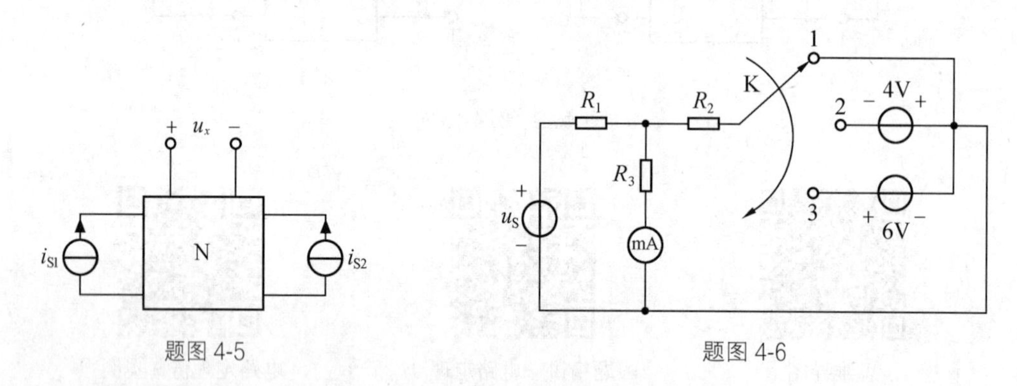

题图 4-5　　　　题图 4-6

4-7　试用叠加定理求题图4-7所示电路的电流 i 和电压 u。

4-8　如题图4-8所示的电路，当改变电阻 R 值时，电路中各处电压和电流都将随之改变，已知 $i=1A$ 时，$u=20V$；$i=2A$ 时，$u=30V$。当 $i=3A$ 时，电压 u 为多少？

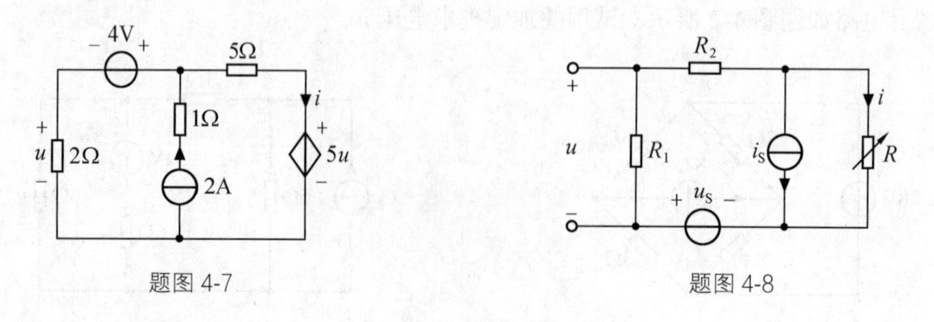

题图 4-7　　　　题图 4-8

4-9　试求题图4-9所示二端网络的戴维南等效电路。

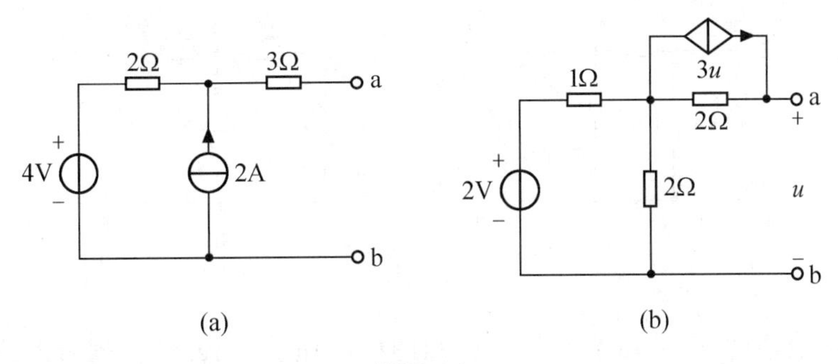

题图 4-9

4-10 试求题图 4-10 所示二端网络的诺顿等效电路。

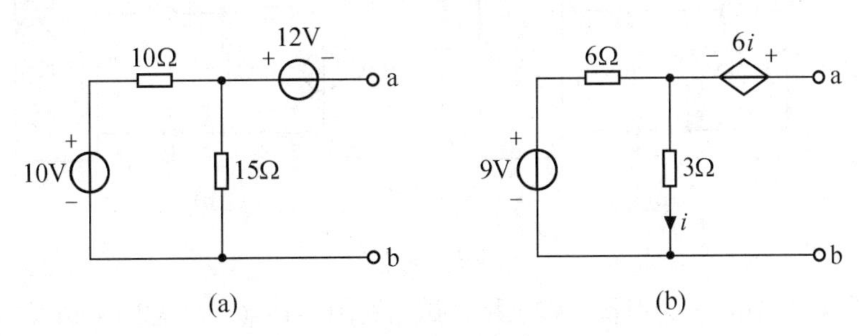

题图 4-10

4-11 用戴维南定理求题图 4-11 所示电路的电压 u。

4-12 用诺顿定理求题图 4-12 所示电路中的电流 i。

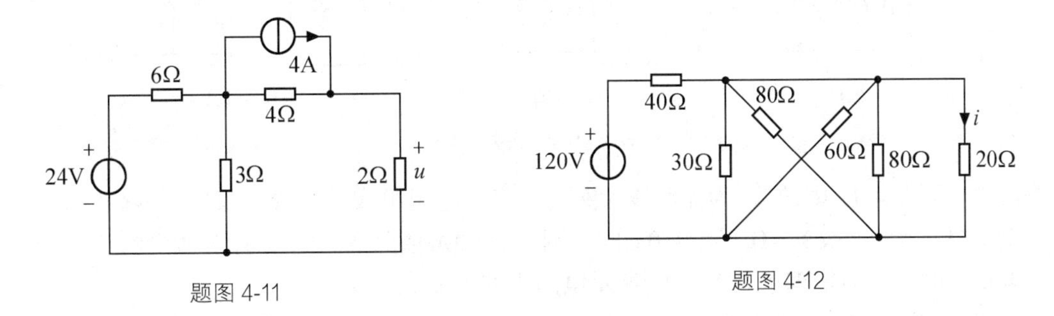

题图 4-11

题图 4-12

4-13 求题图 4-13 所示电路中的电压 u。

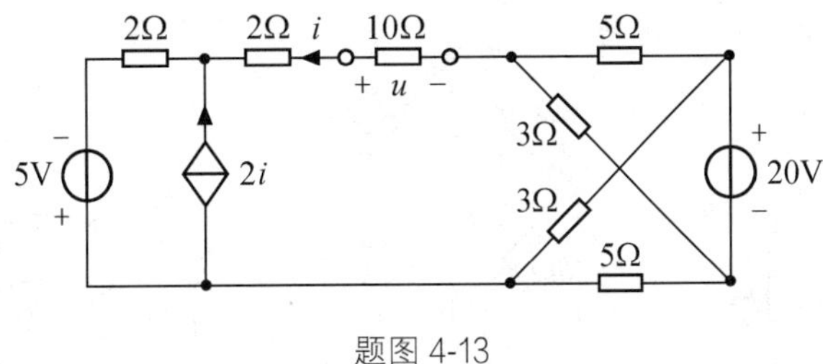

题图 4-13

4-14 电路如题图 4-14 所示，其中电阻 R_L 可调，试问 R_L 为何值时能获得最大功率，最大功率为多少？

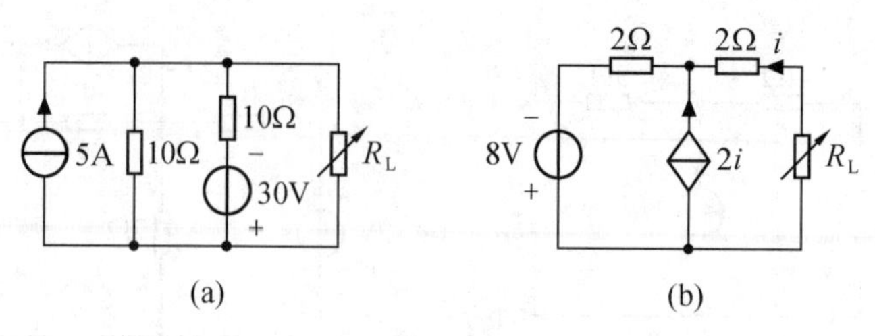

题图 4-14

4-15 电路如题图 4-15（a）所示，已知图中电压 $u_2 = 12.5$V。若将网络 N 短路，如图 4-15（b）所示，短路电流 $i = 10$mA。试求网络 N 在 AB 端的戴维南等效电路。

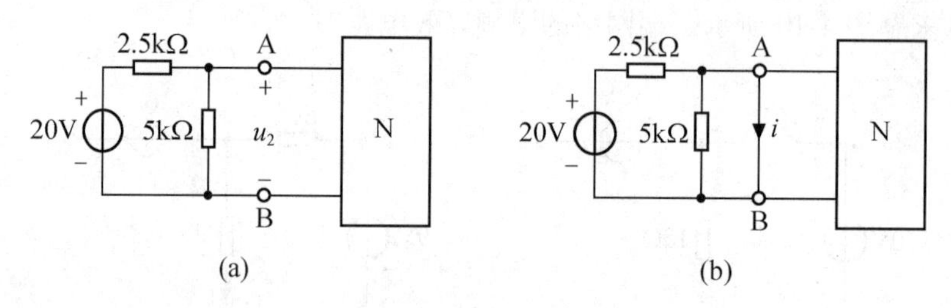

题图 4-15

4-16 题图 4-16 中的 N 为有源二端网络，试用题图 4-16（a）、题图 4-16（b）的数据求题图 4-16（c）中的电压 u。

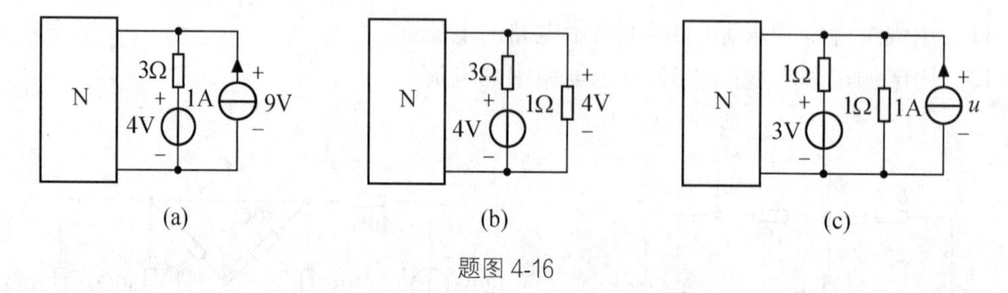

题图 4-16

4-17 题图 4-17 中的 N_0 为无源线性网络，仅由电阻组成，当 $R_2 = 2\Omega$，$u_1 = 6$V 时，$i_1 = 2$A，$u_2 = 2$V。当 R_2 改为 4Ω，$u_1 = 10$V 时，测得 $i_1 = 3$A 情况下的电压 u_2 为多少？

4-18 试用互易定理求题图 4-18 所示电路中的电流 i。

4-19 在题图 4-19 电路中，已知 $i_1 = 2$A，$i_2 = 1$A，若把电路中间的 R_2 支路断开，试问此时电流 i_1 为多少。

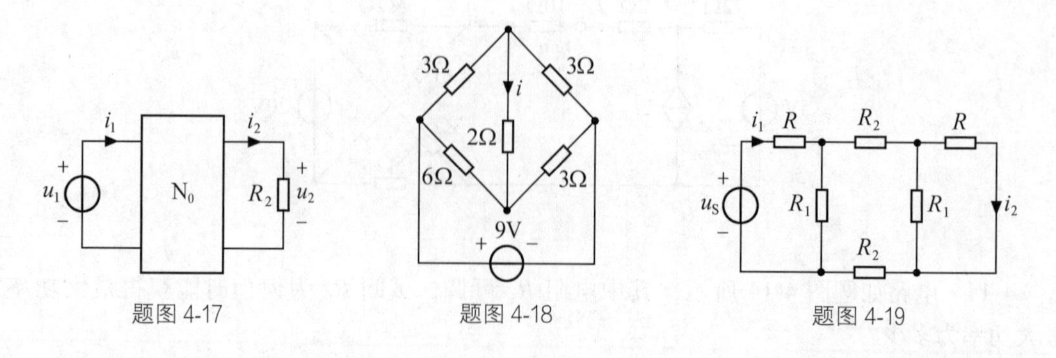

题图 4-17　　题图 4-18　　题图 4-19

4-20 线性无源二端网络 N_0 仅由电阻组成，如题图 4-20（a）所示。当 $u_S=100V$ 时，$u_2=20V$，求当电路改为图 4-20（b）时的电流 i。

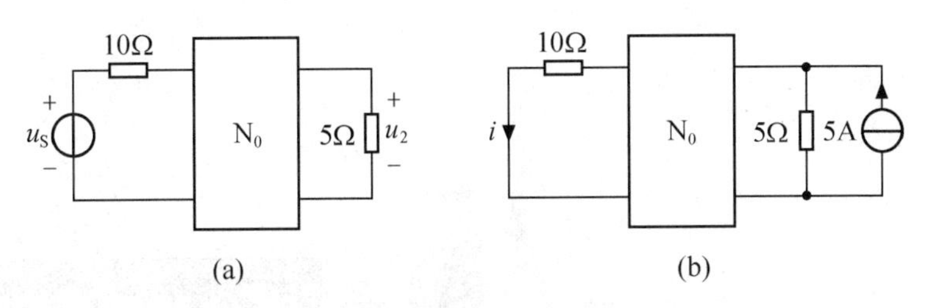

题图 4-20

4-21 题图 4-21（a）中的 N_0 为仅由电阻组成的无源线性网络，当 10V 电压源与 11′端相接，测得输入端电流 $i_1=5A$，输出电流 $i_2=1A$；若把电压源移至 22′端，且在 11′端跨接 2Ω 电阻如题图 4-21（b）所示，试求 2Ω 电阻上的电压 u_1'。

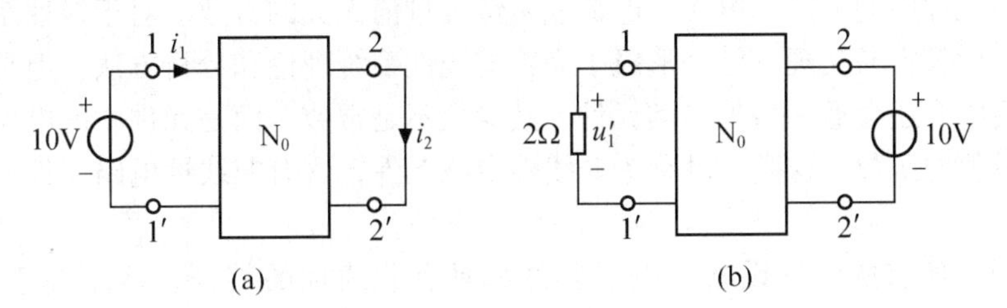

题图 4-21

4-22 电路如题图 4-22 所示，图中 6 条支路中的电阻均为 1Ω，但电压源大小、方向不明。若已知 $I_{AB}=1A$，试求：

（1）若 AB 支路上电阻 $R_{AB}=3\Omega$ 时，$I_{AB}=?$

（2）图中 6 条支路中的电阻均为 3Ω 时，$I_{AB}=?$

4-23 已知题图 4-23 中，当 $U_{S1}=1V$，$R=1\Omega$ 时，$U=\frac{4}{3}V$，试求 $U_{S1}=1.2V$，$R=2\Omega$ 时，$U=?$

4-24 电路如题图 4-24 所示，其中 N 为有源电阻网络，且已知 a、b 端戴维南等效电阻 $R_o=2\Omega$。当 $R=0$ 时，$i_1=2A$，$i_2=3A$；当 $R=2\Omega$ 时，$i_1=3A$，$i_2=4A$。试求：$R=3\Omega$ 时，$i_1=?$ $i_2=?$

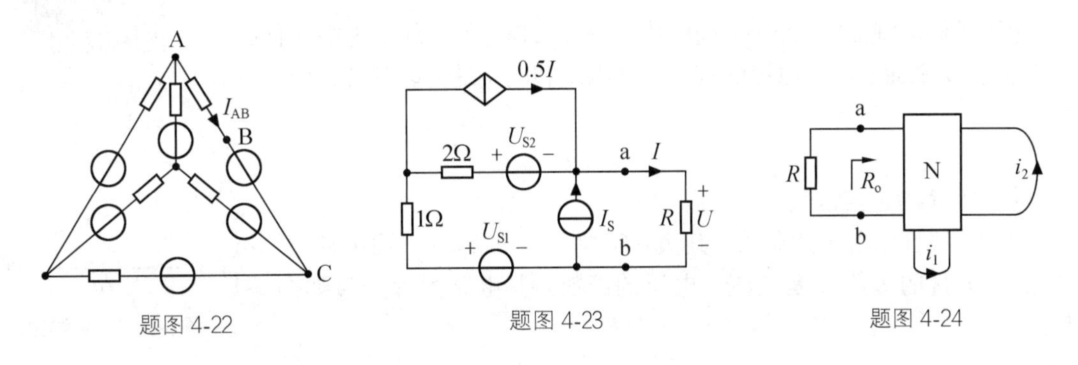

题图 4-22　题图 4-23　题图 4-24

第 5 章 非线性电阻电路分析

前面各章研究的都是由线性电阻元件和独立电源等组成的线性电阻电路。线性电路元件的参数都是与元件中的电流、电压、电荷或磁链等量值无关的常数。对于线性系统的物理描述和数学求解比较容易实现，已经形成了完善的线性系统理论和分析方法。但是，在电工电子技术的应用中，还会遇到另外一类元件，其参数不是常数，而是元件中的电流、电压、电荷或磁链等量值的函数。这类元件称为非线性电路元件，含有非线性电路元件的电路称为非线性电路。

严格地说，所有的电气设备、电子器件都具有非线性的特征，区别在于有些元件非线性程度强些，有些元件非线性程度弱些。在工程上往往忽略那些非线性程度较弱的电路元件的非线性特征，在满足工作条件和精度的前提下，把它们视为线性元件处理。但是，对于那些非线性程度较强的元件就不能忽略其非线性特征，否则其分析结果将与实际情况产生极大的误差，有时还会无法解释电路中发生的现象，也无法建立数学模型进行理论分析。

本章仅讨论含有非线性电阻元件的电路，即非线性电阻电路，它是非线性电路的理论基础。分析非线性电阻电路要比线性电阻电路复杂，经常无法写出明确的解析表达式，有时还没有唯一解。本章主要介绍非线性电阻的概念、串联及并联的等效运算，并讨论非线性电阻电路的分析方法，包括较常见的解析法、图解法、分段线性法与小信号分析法等。

5.1 非线性电阻

几种重要的非线性器件发展史

电阻元件的特征是用 u-i 平面的伏安特性来描述的。线性电阻元件的伏安特性是 u-i 平面上通过原点的直线，在电压和电流是关联参考方向下可表示为

$$u=Ri$$

式中的 R 为正实常数。

对于非线性电阻元件来说，其伏安特性不是一条 u-i 平面上通过原点的直线，元件的参数 R 是电流、电压的函数。其电路图形符号如图 5-1 所示。

图 5-1 非线性电阻

5.1.1　非线性电阻元件的分类

非线性电阻元件种类较多，按照其特性曲线是否随时间变化，可以分为时变非线性电阻元件和非时变非线性电阻元件。本章只介绍非时变非线性电阻元件，通常简称为非线性电阻元件。常见的非线性电阻元件又分为电压控制型电阻、电流控制型电阻和单调型电阻。

在电压和电流是关联参考方向的前提下，非线性电阻元件的伏安特性可以表示为

$$i=f(u) \tag{5-1}$$

或

$$u=h(i) \tag{5-2}$$

由式（5-1）表示的电阻，流过的电流是其端电压的单值函数，称之为电压控制型电阻，其典型伏安特性呈 N 型，如图 5-2（a）所示。由图 5-2（a）可见，在特性曲线上，对应于各电压值，有且只有一个电流值与之相对应；但是，对应于同一电流值，电压可能是多值的。隧道二极管就具有这种特性。

由式（5-2）表示的电阻，其两端电压是其电流的单值函数，称其为电流控制型电阻，其典型伏安特性呈 S 型，如图 5-2（b）所示。由图 5-2（b）可见，在特性曲线上对应于每一个电流值，有且只有一个电压值与之相对应；但是，对应于同一电压值，电流可能是多值的。充气二极管、辉光二极管就具有这样的特性。

还有一类非线性电阻的伏安特性是单调增长或单调下降的，它既是电压控制型，又是电流控制型，称为单调型电阻，其典型的伏安特性如图 5-2（c）所示。电子技术中常用的半导体二极管就具有这样的特性。单调型电阻的伏安关系既可用式（5-1）表示，也可用式（5-2）表示。

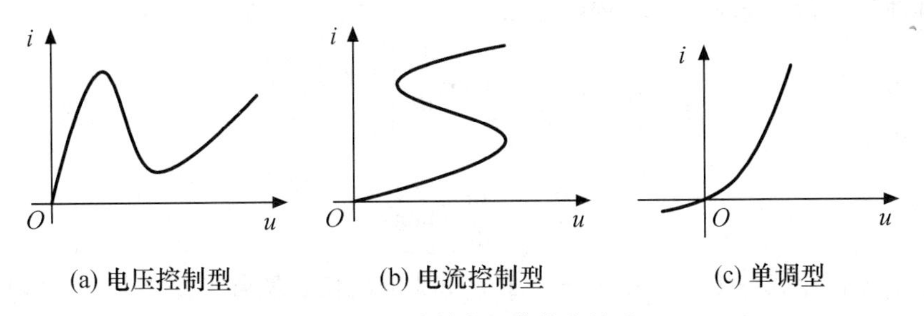

(a) 电压控制型　(b) 电流控制型　(c) 单调型

图 5-2　非线性电阻的伏安关系

例如，半导体二极管具有单调型电阻的伏安关系，可近似用式（5-3）表示为

$$i=I_S(e^{\lambda u}-1) \tag{5-3}$$

式中，I_S 为一常数，称为反向饱和电流，约 10^{-9}A；λ 是与温度有关的常数，在常温下 $\lambda\approx 40\text{V}^{-1}$。由式（5-3）不难求得

$$u=\frac{1}{\lambda}\ln\left(\frac{i}{I_S}+1\right) \tag{5-4}$$

由式（5-3）、式（5-4）可以看出，它既是电压控制型电阻，又是电流控制型电阻，所以称为单调型电阻。

需要注意，线性电阻和有些非线性电阻的伏安特性与其端电压的极性（或其电流的方

向）无关，其特性曲线对称于原点，如图 5-3 所示，称为双向性的电阻。但大多数非线性电阻是单向性的，其伏安特性与其端电压或电流方向有关，如图 5-4 所示。

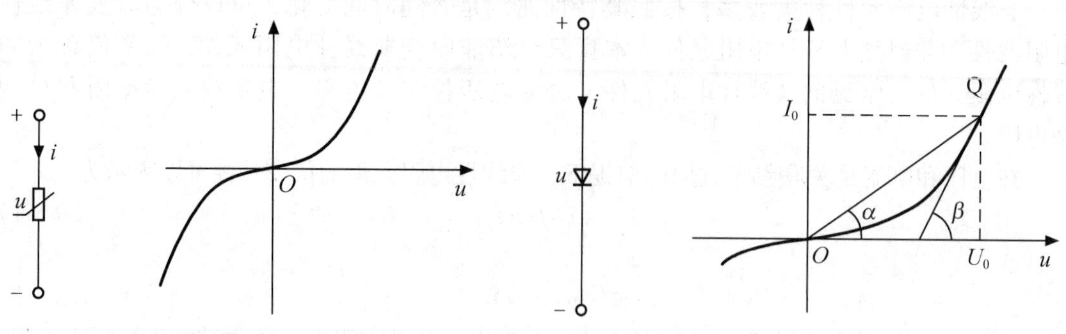

图 5-3　变阻管的符号及特性图　　　　图 5-4　半导体二极管的符号及特性

5.1.2　静态电阻和动态电阻

由于非线性电阻的伏安特性不是直线，因而不能像线性电阻那样用常数表示其电阻值。非线性电阻的电阻值有两种常用的与工作点位置有关的表示方法。一种称为静态电阻 R（或称为直流电阻），它定义为工作点电压与电流之比。例如，图 5-4 中工作点 Q 处的静态电阻，它等于工作点与原点相连的直线的斜率，即

$$R=\frac{U_0}{I_0}=\cot\alpha \tag{5-5}$$

另一种称为动态电阻 R_{d}（或称为交流电阻）。它定义为工作点处电压增量 Δu 与电流增量 Δi 之比的极限，即电压对电流的导数。例如，图 5-4 中工作点 Q 处的动态电阻，它正比于伏安特性曲线上过 Q 点的切线的斜率，即

$$R_{\mathrm{d}}=\frac{\mathrm{d}u}{\mathrm{d}i} \tag{5-6}$$

动态电导

$$G_{\mathrm{d}}=\frac{\mathrm{d}i}{\mathrm{d}u}=\tan\beta \tag{5-7}$$

非线性电阻在非线性电路理论中占有十分重要的地位，实际电路中常用非线性电阻实现整流、倍频、混频等信号处理功能。

【例 5-1】　设某非线性电阻的伏安特性为 $u=10i+i^3$。

（1）若 $i_1=1\mathrm{A}$，$i_2=3\mathrm{A}$，试求其端电压 u_1，u_2。

（2）若 $i_3=ki_1$，试求其电压 u_3，$u_3=ku_1$ 吗?

（3）若 $i_4=i_1+i_2$，试求电压 u_4，$u_4=u_1+u_2$ 吗?

（4）若 $i(t)=\cos\omega t$（A），试求电压 $u(t)$。

解　（1）当 $i_1=1\mathrm{A}$ 时

$$u_1=10\times1+(1)^3=11\mathrm{V}$$

当 $i_2=3\mathrm{A}$ 时

$$u_2=10\times3+(3)^3=57\mathrm{V}$$

（2）当 $i_3=ki_1=k$（A）时

$$u_3=10k+k^3(\mathrm{V})$$

显然 $u_3\neq ku_1$，即对于非线电阻而言，齐次性不成立。

（3）当 $i_4=i_1+i_2=1+3=4$（A）时

$$u_4=10\times4+(4)^3=104\mathrm{V}$$

显然 $u_4\neq u_1+u_2$，即对于非线电阻而言，叠加性也不成立。

（4）当 $i(t)=\cos\omega t$（A）时

$$u(t)=10\cdot\cos\omega t+\cos^3\omega t$$

利用 $\cos3\omega t=4\cos^3\omega t-3\cos\omega t$，有 $u(t)=10\frac{3}{4}\cdot\cos\omega t+\frac{1}{4}\cos3\omega t$

可见，当激励是角频率为 ω 的正弦信号时，其响应电压除角频率为 ω 的分量外，还包含有三倍于电流频率的分量，实现了倍频的功能。表明非线性电阻可以产生频率不同于输入频率的输出。

5.2　解析分析法

线性电路分析中的叠加定理、互易定理等方法在非线性电路中均不成立，分析非线性电阻电路的基本依据仍然是基尔霍夫定律与元件的伏安关系。基尔霍夫定律确定了电路中支路电流间与支路电压间的约束关系，而与元件本身的特性无关，因此，无论电路是线性的还是非线性的，按 KCL 和 KVL 所列的方程都是线性代数方法，而元件约束对于线性电路而言是线性方程，对于非线性电路而言是非线性方程。

解析分析法即分析计算法，当电路中非线性电阻元件的 VCR 关系是由一个数学函数式给定时，可使用解析分析法。

【例 5-2】　如图 5-5（a）所示的电路，已知 $U_S=8\mathrm{V}$，$R_1=2\Omega$，$R_2=2\Omega$，$R_3=1\Omega$，非线性电阻 R 的 VCR 为 $i=u^2-u+1.5\mathrm{A}$。试列出电路方程并计算 u 和 i。

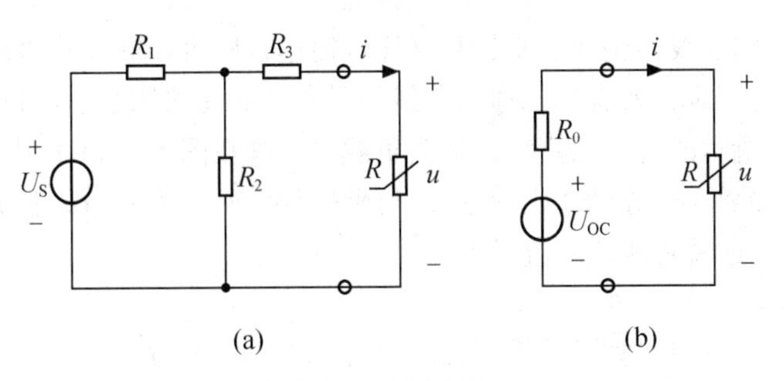

图 5-5　例 5-2 图

解　首先求非线性电阻以左电路的戴维南等效电路。

$$U_{OC}=U_S\cdot\frac{R_2}{R_1+R_2}=4\mathrm{V}$$

$$R_0=R_3+R_1//R_2=2\Omega$$

戴维南等效电路如图 5-5（b）所示。然后得到方程

$$\begin{cases}U_{OC}=R_0\cdot i+u\\ i=u^2-u+1.5\end{cases}\quad 即\begin{cases}4=2i+u & (1)\\ i=u^2-u+1.5 & (2)\end{cases}$$

将（1）式代入（2）式得

$$2u^2-u-1=0$$

解得　$u_1=1\text{V}$，或 $u_2=-0.5\text{V}$

代入非线性元件VCR，可以求得两组解，为

$$\begin{cases}u_1=1\text{V}\\ i_1=1.5\text{A}\end{cases}\quad 或\quad \begin{cases}u_2=-0.5\text{V}\\ i_2=2.25\text{A}\end{cases}$$

通常当电路中只含有一个非线性电阻元件时，应用戴维南定理是行之有效的方法。应该指出，非线性电阻电路的方程为非线性方程，在很多情况下，用普通的解析法求解非线性代数方程是十分困难的，需要应用数值计算方法。关于非线性电阻电路的数值解法，请学习有关计算机辅助分析的课程或书籍。

5.3 图解分析法

图解法是通过作图的方式来得到非线性电阻电路解的方法，当已知非线性电阻的伏安特性曲线时常使用图解法。

5.3.1 负载线法

对于只含有一个非线性电阻的电路，可以将非线性电阻以外的线性有源网络用戴维南等效电路来等效，即把电路分解为线性和非线性两部分，如图5-6（a）所示。这是分析非线性电阻电路的基本思路。设非线性电阻的伏安关系为

$$i=f(u) \tag{5-8}$$

其伏安特性曲线如图5-6（b）所示。而线性部分的伏安关系为

$$u=U_{oc}-R_0\cdot i \tag{5-9}$$

如果式（5-8）的非线性函数已知，且又比较简单，则可以联立式（5-9）用解析分析法求解。如果求解极为困难，或者仅知道其曲线的形状，而无法用数学解析式表示，大多采用图解法。式（5-9）所示的是一条直线，称为负载线，画在图5-6（b）中，与非线性电阻的特性曲线的交点Q常称为（静态）工作点，其坐标为（U_0，I_0），U_0 和 I_0 的值同时满足式（5-8）和式（5-9），这就是两联立方程的解。

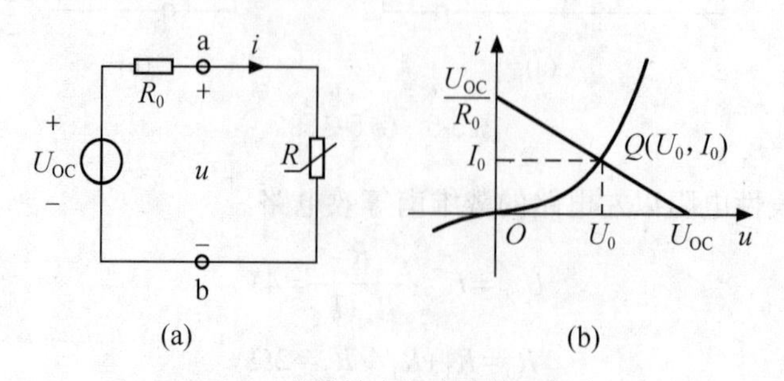

图5-6　非线性电阻电路的图解法

如果在上述等效电路中，a、b 的左侧部分也是非线性的，这时等效电路如图 5-7（a）所示。设 a、b 的左侧部分和 R_2 的非线性伏安特性为

$$i_1=f_1(u_1) \tag{5-10}$$

$$i_2=f_2(u_2) \tag{5-11}$$

其特性曲线如图 5-7（b）所示。

由图 5-7（a）可见，两个非线性电阻的电压、电流的关系为 $u_1=u_2$ 和 $i_2=-i_1$，于是，式（5-10）可写为

$$i_2=-i_1=-f_1(u_2) \tag{5-12}$$

这样，两个非线性电阻的特性曲线就变为具有相同未知量 u_2、i_2 的曲线。将式（5-11）和式（5-12）的曲线画在同一 u-i 平面上，如图 5-7（c）所示，两者的交点（U_0，I_0）就是式（5-11）和式（5-12）的解，也就是式（5-10）和式（5-11）的解，即

$$u_1=u_2=U_0,-i_1=i_2=I_0$$

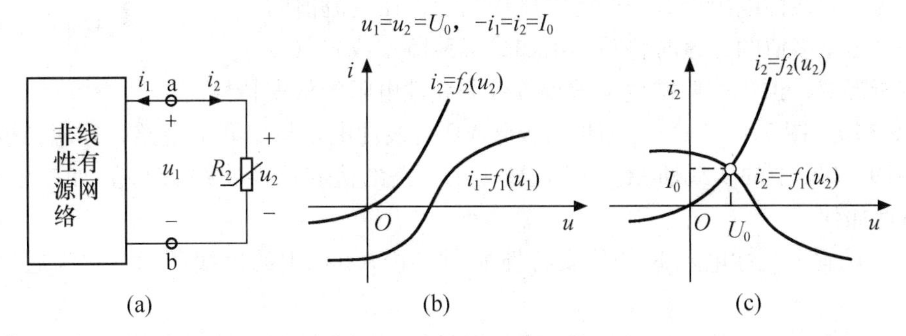

图 5-7　复杂非线性电阻电路的图解法

5.3.2　非线性电阻的串联和并联

如果电路中含有多个非线性电阻，以串联、并联或混联的形式相互连接，则可以将它们等效变换为一个非线性电阻，然后进行分析。线性电阻串、并联后等效电阻值的计算非常方便，但非线性电阻的串、并联后伏安特性往往很复杂，其运算通常使用解析法或图解法来实现。

1. 非线性电阻的串联

图 5-8（a）是两个非线性电阻的串联电路，根据 KCL 和 KVL，有

$$\left.\begin{aligned} i&=i_1=i_2 \\ u&=u_1+u_2 \end{aligned}\right\} \tag{5-13}$$

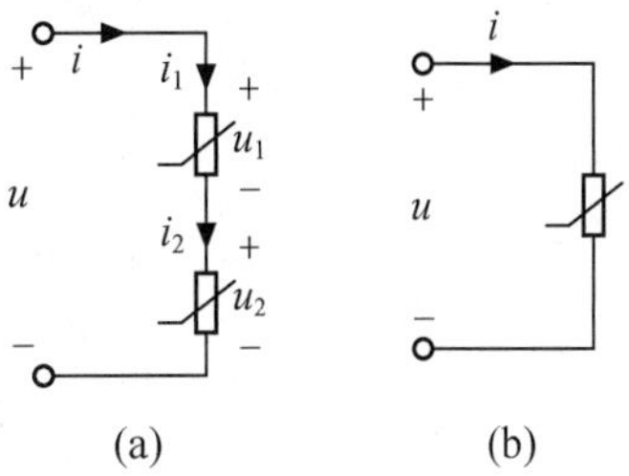

图 5-8　非线性电阻的串联

设两个电阻都为电流控制型电阻，其伏安特性可表示为

$$\left.\begin{aligned} u_1&=f_1(i_1) \\ u_2&=f_2(i_2) \end{aligned}\right\} \tag{5-14}$$

按式（5-13），两个电阻串联后应满足

$$u=u_1+u_2=f_1(i_1)+f_2(i_2)=f_1(i)+f_2(i) \tag{5-15}$$

如果把串联电路等效成一个非线性电阻，如图 5-8（b）所示，其端口电压电流关系

（伏安特性）可写为

$$u=f(i) \tag{5-16}$$

而对于所有的 i，有解析式

$$f(i)=f_1(i)+f_2(i) \tag{5-17}$$

式（5-17）表明，两个电流控制型电阻串联后的等效非线性电阻仍为一个电流控制型电阻。

若已知图5-8（a）的两个非线性电阻的伏安特性如图5-9所示，则可用图解的方法来分析非线性电阻串联电路。把同一电流值下的 u_1 和 u_2 相加即得到 u。例如，在 $i_1=i_2=i_0$ 处，有 $u_1=f_1(i_0)$，$u_2=f_2(i_0)$，则对应于 i_0 处的电压 $u=u_1+u_2$，取不同的 i_0 值，就可逐点求得等效非线性电阻元件的伏安特性，如图5-9所示。

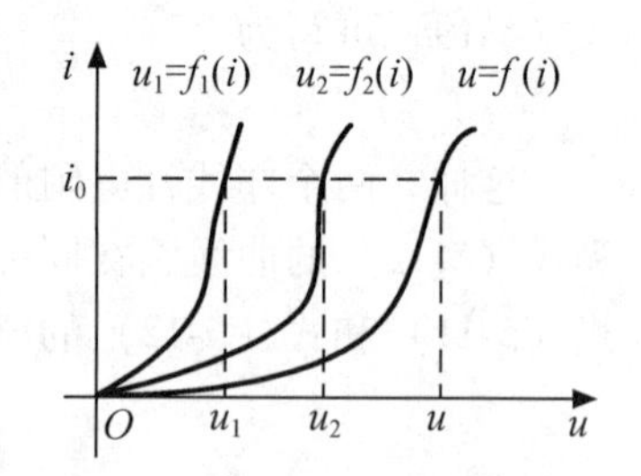

图5-9　非线性电阻串联的图解

如果两个非线性电阻中有一个是电压控制的，在电流值的某范围内电压是多值的，这时将写不出如式（5-15）或式（5-16）的解析形式，但用图解法仍可求得等效非线性电阻的伏安特性。

【例5-3】 图5-10（a）是理想二极管VD与线性电阻相串联的电路，理想二极管的特性如图5-10（b）中的实线所示。（1）试画出电路的伏安特性曲线。（2）如二极管反接，其伏安特性如何？

解 （1）画出线性电阻R的伏安特性如图5-10（b）中的虚线所示，它为通过原点的直线。

当电压 $u>0$ 时，电流 $i>0$，$u_1=0$，理想二极管相当于短路，处于导通状态，故在上半平面（即 $i>0$ 的半平面），只需将二者的伏安特性上电压相加，即可得到二极管VD与线性电阻相串联的电路特性；当 $u<0$ 时，二极管截止，相当于开路，这时两元件串联电路也开路，电流 i 恒等于0，于是两元件串联时的伏安特性如图5-10（c）所示。

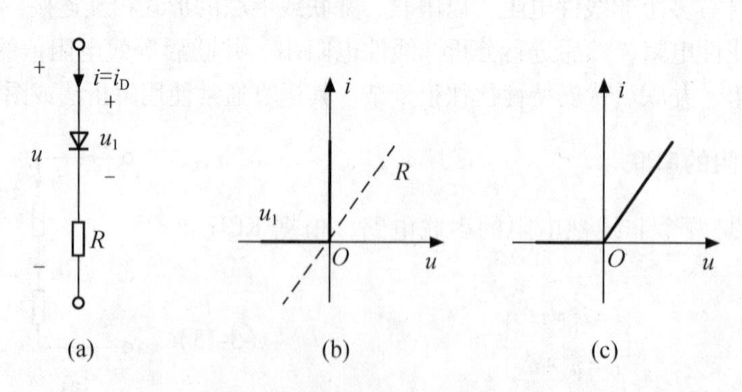

图5-10　理想二极管与线性电阻的串联（正接）

（2）理想二极管反接的电路如图5-11（a）所示。当电压 $u>0$ 时，理想二极管截止，电流 $i=0$。当电压 $u<0$ 时，二极管导通，相当于短路，电流 $i<0$，故其伏安特性如图5-11（b）中的实线所示，图中虚线为线性电阻 R 的伏安特性。于是得图5-8（a）所示电路的伏安特性，如图5-11（c）所示。

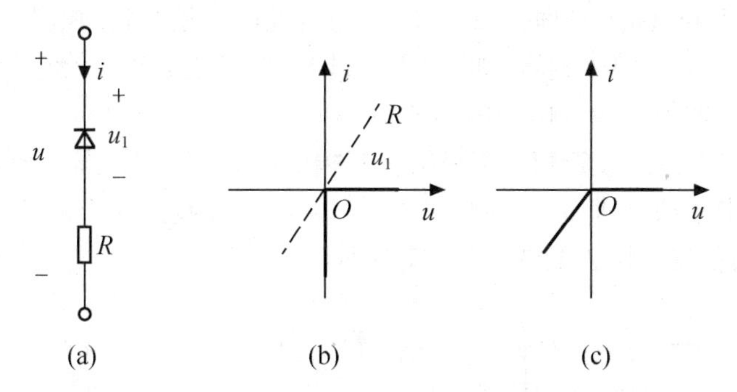

图 5-11 理想二极管与线性电阻的串联（反接）

2. 非线性电阻的并联

图 5-12（a）是两个非线性电阻的并联电路，根据 KVL 和 KCL，有

$$\left.\begin{aligned} u&=u_1=u_2 \\ i&=i_1+i_2 \end{aligned}\right\} \tag{5-18}$$

设两个非线性电阻为压控电阻或单调增长型电阻，其伏安特性可表示为

$$\left.\begin{aligned} i_1&=f_1(u_1) \\ i_2&=f_2(u_2) \end{aligned}\right\} \tag{5-19}$$

按式（5-18），两个电阻并联后应满足

$$i=i_1+i_2=f_1(u_1)+f_2(u_2)=f_1(u)+f_2(u) \tag{5-20}$$

把并联电路等效成一个非线性电阻，如图 5-12（b）所示，其端口电压电流关系（伏安特性）可写为

$$i=f(u) \tag{5-21}$$

而对于所有的 u，有

$$f(u)=f_1(u)+f_2(u) \tag{5-22}$$

式（5-22）表明，两个电压控制型电阻串联后的等效非线性电阻仍为一个电压控制型电阻。

如果并联的非线性电阻之一不是电压控制型的，就得不到上述解析表达式，但可以用图解法求解。

用图解法分析非线性电阻并联电路时，把在同一电压值下的各并联非线性电阻的电流值相加，例如，在图 5-13 中的 $u_1=u_2=u_0$ 处，有 $i_1=f_1(u_0)$，$i_2=f_2(u_0)$，则对应于 u_0 处的电流 $i=i_1+i_2$，取不同的 u 值，就可逐点求得等效非线性电阻的伏安特性。

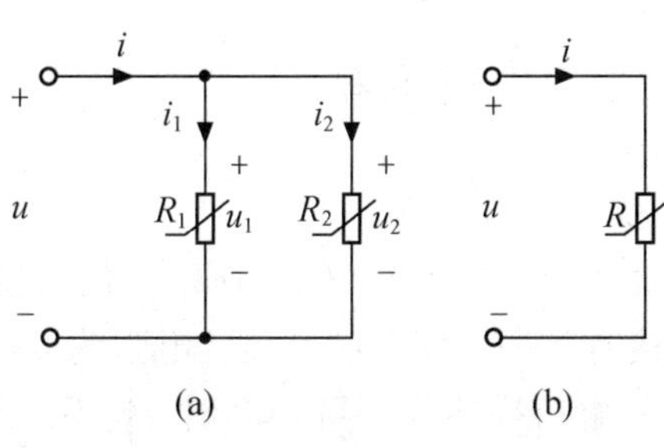

图 5-12 非线性电阻的并联

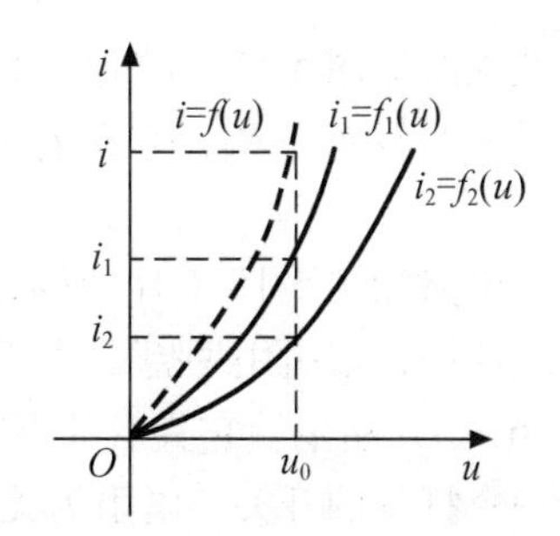

图 5-13 非线性电阻并联的图解法

【例 5-4】 图5-14（a）是理想二极管 V_D 与线性电阻相并联的电路，画出其伏安特性。

解 画出理想二极管的伏安特性如图5-14（b）中的实线所示，线性电阻 R 的伏安特性为通过原点的直线，如图5-14（b）中的虚线所示。

当电流 $i>0$ 时，理想二极管相当于短路，其端电压 u 恒为0；当 $u<0$ 时，理想二极管相当于开路，故在左半平面（即 $u<0$ 的半平面），只需将特性曲线上相应电流相加，就得到 V_D 与 R 相并联时的伏安特性，如图5-14（c）所示。

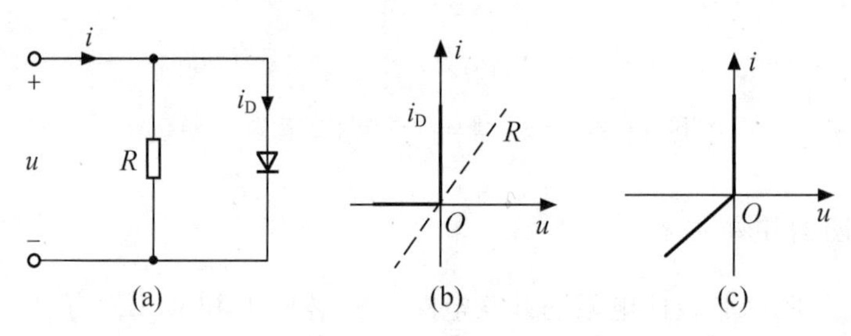

图5-14 例5-4图

5.4 分段线性化法

分段线性化法又称折线法，是将非线性电阻元件的伏安特性曲线近似地用若干条直线段来表示，这样就可以把非线性电路的求解过程分成几个线性区域，对每个线性区域来说，都可以按照线性电路的求解方法分析。分段的数目，可以根据非线性电阻的伏安特性及计算精度的要求确定。分段越多，误差越小，因此可以用足够的分段达到任意的精度要求。

例如，某非线性电阻的伏安特性如图5-15（a）中的虚线所示，它可以被分为三段，用①、②、③三条直线段组成的折线来近似表示。这样，每一段直线都可以用一个线性电路来等效。

在区间 $0\leqslant i\leqslant i_1$，如果线段①的斜率为 R_1，则其方程可写为

$$u=R_1 i \quad (0\leqslant i\leqslant i_1) \tag{5-23}$$

也就是说，在 $0\leqslant i\leqslant i_1$ 区间，该非线性电阻可等效为线性电阻 R_1，如图5-15（b）所示。

类似地，若线段②的斜率为 R_2（显然 $R_2<0$），它在电压轴的截距为 U_{S2}，则其方程可写为

$$u=R_2 i+U_{S2} \quad (i_1\leqslant i\leqslant i_2) \tag{5-24}$$

其等效电路如图5-15（c）所示。

若线段③的斜率为 R_3，它在电压轴的截距为 U_{S3}，则其方程可写为

$$u=R_3 i+U_{S3} \quad (i>i_2) \tag{5-25}$$

其等效电路如图5-15（d）所示。

在折线法中，常引用理想二极管的模型。其电路符号如图5-16（a）所示，伏安特性曲线如图5-16（b）所示。它具有如下特性：正向连接时是一个闭合的开关，电阻为0；反向连接时是一个打开的开关，电阻为无穷大，其特性的解析描述为：当 $u<0$ 时，$i=0$；当 $i>0$ 时，$u=0$。

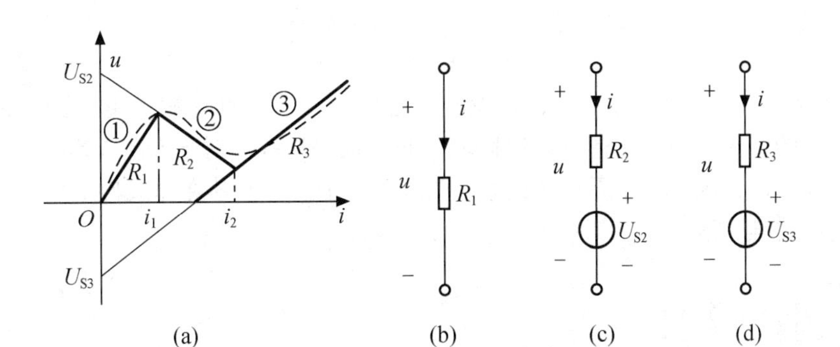

图 5-15　表示非线性电阻特性曲线的折线法

非线性电阻电路的分段线性解法步骤如下。

（1）分段：根据求解精度要求，将非线性电阻的伏安特性曲线进行分段，也就是用一组折线段近似代替。

（2）建模：对每一段折线建立相应的线性电路模型，并标注该线性电路模型成立的条件。

（3）假设：假设非线性工作点在某段折线上，用该段折线对应的线性电路模型替换该非线性电阻，从而得到一个线性电路，求解响应。

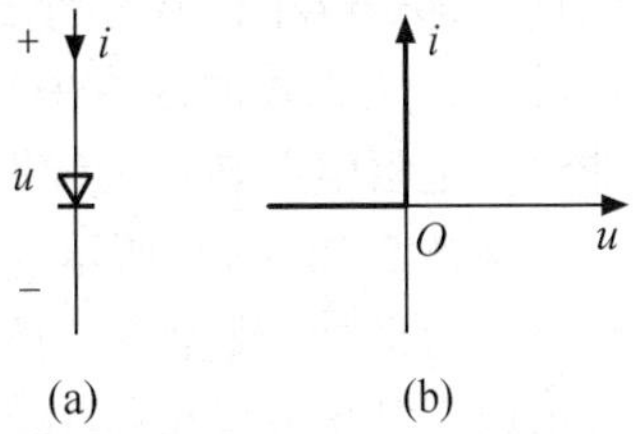

图 5-16　理想二极管及其伏安特性曲线

（4）检验：对求得的结果进行检验，看结果是否满足步骤（2）中该段线性电路模型成立的条件。如果满足，则求得的解即为非线性电路的解；如果不满足，则舍弃该解。

【例 5-5】　在如图 5-17（a）所示的电路中，非线性电阻的分段线性化特性曲线如图 5-17（b）所示。试求非线性电阻的电压 u 和电流 i。

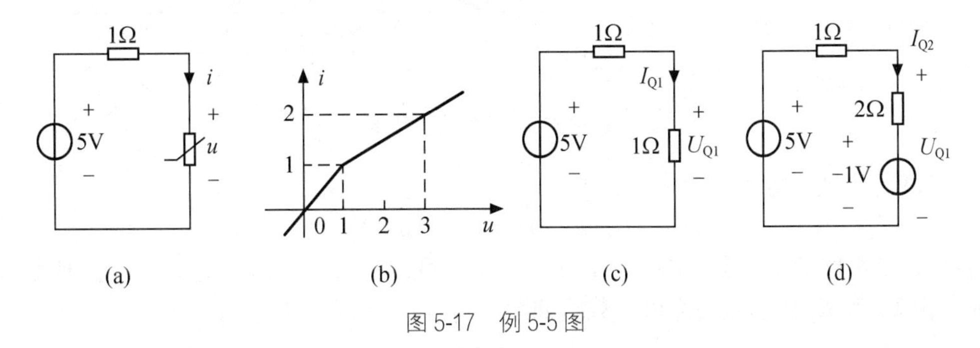

图 5-17　例 5-5 图

解　（1）分段：从图 5-17（b）可以看出，非线性电阻伏安特性曲线按 i 轴可以分成两段：

第一段，$i \leqslant 1\text{A}$；第二段，$i > 1\text{A}$。

（2）建模：非线性电阻的特性方程为

$$u=\begin{cases} i & i \leqslant 1A \\ 2i-1 & i>1A \end{cases}$$

（3）假设：非线性电阻的分段线性等效电路如图 5-17（c）和图 5-17（d）所示。

求解这两个电路，分别得到

$$I_{Q1}=2.5\text{A},\quad U_{Q1}=2.5\text{V}$$
$$I_{Q2}=2\text{A},\quad U_{Q2}=3\text{V}$$

（4）检验：在上述求解过程中，并没有考虑区域对非线性电阻的电压和电流取值的限制，因此所得的结果并不一定落在相应区域，必须加以检验。对于$I_{Q1}=2.5\text{A}$，$U_{Q1}=2.5\text{V}$不落在第一段区域内，因此它不是电路的解。$I_{Q2}=2\text{A}$，$U_{Q2}=3\text{V}$落在非线性电阻的第二段区域内，它是电路的唯一解。

5.5 小信号分析法

小信号分析法是工程上分析非线性电路的重要方法，在电子电路中有关放大器的分析和设计，都是以小信号分析法为基础的。非线性电路在时变信号激励下，如果信号的变化幅度足够小，使非线性特性在工作的一小段范围内可以用它的切线来近似，即对小信号而言，把非线性电阻电路转化为线性电阻电路来分析计算。

在图5-18（a）所示的电路中，U_S为直流电压源（常称为偏置），$u_S(t)$为时变的电压源（信号源或干扰源），且对于所有的时间t内，$|u_s(t)|\ll U_S$，R_S为线性电阻，R为非线性电阻，其伏安关系$i=f(u)$如图5-18（b）中的曲线所示。

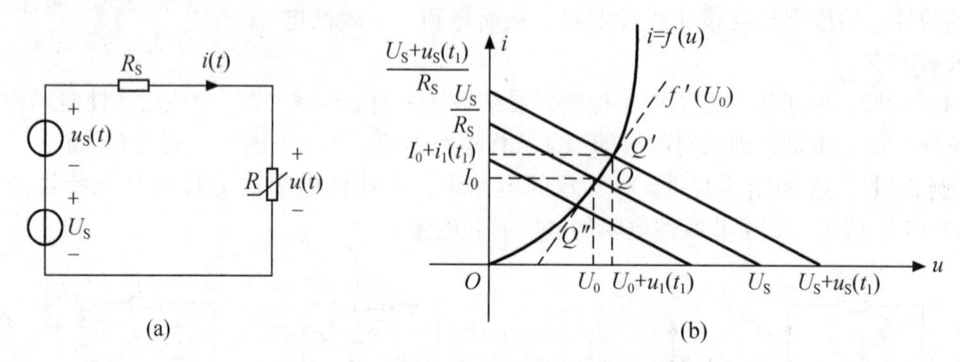

图5-18 小信号分析示例

由KVL，可列写方程

$$U_S+u_S(t)-R_Si(t)=u(t) \tag{5-26}$$

首先确定电路的工作点，由于$|u_S(t)|\ll U_S$，可以由直流电源确定工作点，即当$u_S(t)=0$时，由U_S和R_S的值画出直流负载线如图5-17（b）所示，负载方程为

$$U_S-R_Si=u \tag{5-27}$$

负载线与曲线的交点为工作点$Q(U_0,I_0)$。如前所述，U_0，I_0满足

$$\left.\begin{aligned} I_0&=f(U_0)\\ U_S-R_SI_0&=U_0\end{aligned}\right\} \tag{5-28}$$

当直流电源和小信号同时起作用，即$u_S(t)\neq 0$时，由于R_S不变，故负载曲线将随着$u_S(t)$的数值变化作平行移动，即$u_S(t_1)>0$右移，$u_S(t_2)<0$左移，它和曲线$i=f(u)$的交点将在静态工作点Q（U_0，I_0）附近移动，如图5-18（b）所示。电路中的$u(t)$和$i(t)$相当于在恒定电压U_0和恒定电流I_0的基础上分别附加一个小信号电压$u_1(t)$和小信号电流$i_1(t)$，即

$$\left.\begin{aligned}u(t)&=U_0+u_1(t)\\ i(t)&=I_0+i_1(t)=f[U_0+u_1(t)]\end{aligned}\right\}\tag{5-29}$$

在扰动的小范围内，可以把 $i=f(u)$ 曲线近似地视为直线。Q 点处斜率为 $f'(U_0)=\left.\dfrac{\mathrm{d}i}{\mathrm{d}u}\right|_{u=U_0}$，见图 5-18（b）。即在工作点 Q 附近可以把非线性电阻近似等效为一个线性电阻，即

$$f'(U_0)=G_d=\frac{1}{R_d}\tag{5-30}$$

式中，R_d 称为非线性电阻 R 在工作点 Q（U_0，I_0）处的小信号电阻或动态电阻，是一个常数；G_d 则称为小信号电导或动态电导，也是个常数。有

$$\left.\begin{aligned}u_1(t)&=R_d i_1(t)\\ i_1(t)&=G_d u_1(t)\end{aligned}\right\}\tag{5-31}$$

由式（5-31）可知，由小信号输入 $u_S(t)$ 引起的电压 $u_1(t)$ 和电流 $i_1(t)$ 呈线性关系。即对小信号输入引起的响应来说，非线性电阻 R 相当于一个线性电阻 R_d。将式（5-29）代入式（5-26），可得

$$U_S+u_S(t)-R_S[I_0+i_1(t)]=U_0+u_1(t)$$

又由式（5-27），得

$$u_S(t)-R_S i_1(t)=u_1(t)\tag{5-32}$$

由式（5-31）和式（5-32），可以容易得到

$$\left.\begin{aligned}i_1(t)&=\frac{u_S(t)}{R_S+R_d}\\ u_1(t)&=\frac{R_d}{R_S+R_d}u_S(t)\end{aligned}\right\}\tag{5-33}$$

由式（5-33）可以画出图 5-18（a）所示电路在工作点 Q（U_0，I_0）的小信号等效电路如图 5-19 所示。不难看出，这是一个线性电路，可见在小信号条件下，可将非线性电路分析近似转换成线性电路分析。

这个线性电路只保留了小信号分量 $u_1(t)$ 和 $i_1(t)$。如果需要求出 $u(t)$ 和 $i(t)$，只需将式（5-33）代入（5-29），得到

$$\left.\begin{aligned}u(t)&=U_0+\frac{R_d}{R_1+R_d}u_S(t)\\ i_1(t)&=I_0+\frac{u_S(t)}{R_1+R_d}\end{aligned}\right\}\tag{5-34}$$

下面将非线性电阻电路小信号分析法总结如下。

（1）只考虑直流电源的作用，求出非线性电阻电路的（静态）工作点 Q（U_0，I_0）；

（2）求出工作点处的动态电阻 R_d；

（3）画出小信号等效电路，并根据这个电路，求出小信号源作用时的电压 $u_1(t)$ 和电流 $i_1(t)$；

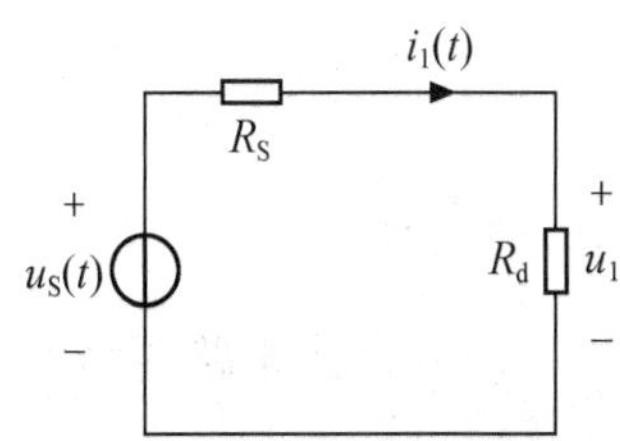

图 5-19　小信号等效电路

（4）将（1）、（3）步得到的结果叠加，就可以得到最后的电压 $u(t)$ 和电流 $i(t)$。

必须指出，这里也用到了叠加的概念，非线性电阻电路分析中采用叠加原理是有条件的，就是必须工作在非线性电阻伏安特性曲线的线性区域内。利用图5-19所示的小信号等效电路将给分析非线性电阻电路带来极大的方便。这种分析方法的工程应用非常广泛。

【例5-6】 在图5-20（a）所示的电路中，已知 $I_S=10\text{A}$，交流电流源的电流 $i_S(t)=\cos 2t\text{A}$，$R_S=\dfrac{1}{3}\Omega$，电压控制型非线性电阻 R 的伏安特性为 $i=f(u)=\begin{cases}0 & u\leqslant 0\\ u^2 & u>0\end{cases}$。试用小信号分析法求电压 $u(t)$。

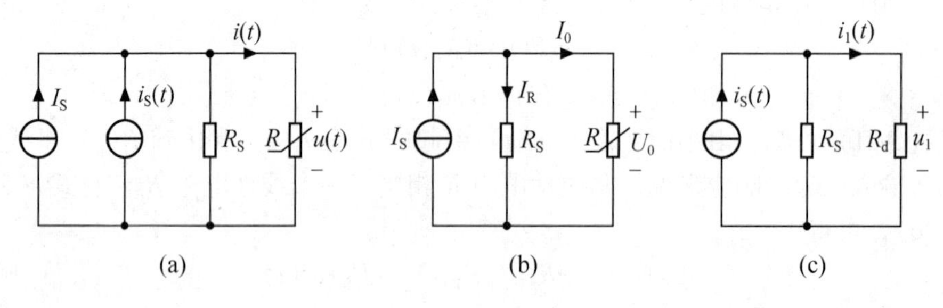

图5-20 例5-6图

解 由于交流电流源的输出电流幅值为1A，它远小于直流电流源的值10A，所以可以采用小信号分析法来求解。

（1）先求（静态）工作点。令 $i_S(t)=0$，按图5-20（b）所示的直流电流源单独作用时的电路图，可以根据KCL及 R_S 的VCR，得到

$$I_S=I_R+I_0=\frac{U_0}{R_S}+I_0$$

代入参数，得

$$10=3U_0+I_0$$

由非线性元件的VCR，得 $I_0=U_0{}^2$

联立求解上述两个方程，得 $U_0=2\text{V}$，$I_0=4\text{A}$；另一个解 $U_0=-5\text{V}$ 不符合 $u>0$ 的条件，故舍去。

（2）非线性电阻电路在工作点 U_0 处的动态电导为

$$G_d=\left.\frac{\mathrm{d}i}{\mathrm{d}u}\right|_{u=2V}=\left.\frac{\mathrm{d}}{\mathrm{d}u}[u^2]\right|_{u=2V}=4\text{S}$$

（3）画出小信号等效电路，如图5-20（c）所示，图中 $R_d=\dfrac{1}{G_d}=\dfrac{1}{4}\Omega$。根据此电路有

$$u_1(t)=i_S\frac{R_dR_S}{R_d+R_S}=\frac{1}{7}i_S=\frac{1}{7}\cos 2t\text{A}$$

（4）所求电路的解为

$$u(t)=U_0+u_1(t)=(2+\frac{1}{7}\cos 2t)\text{V}$$

思维导图

习　题　5

5-1　某一非线性电阻的伏安特性为 $u=f(i)=10i+0.1i^3$（单位 V，A）。

（1）试分别求出流过电阻的电流为 $i_1=2\text{A}$，$i_2=2\sin t\text{A}$ 时，相应的电压 u_1 和 u_2；并求出组成 u_2 的各频率分量。

（2）当流过的电流为 $i=i_1+i_2$ 时，相应的电压 $u=u_1+u_2$ 吗？当 $i=ki_1$（k 为常数）时，相应的 $u=ku_1$ 吗？

5-2　某非线性电阻的伏安特性为 $u=10i^2$，试求该电阻在工作点 $I_0=0.2\text{A}$ 处的静态电阻和动态电阻。

5-3　在题图 5-3 所示的电路中，若非线性电阻的伏安特性为 $i=u+0.13u^2$，试求电流 i。

5-4　如题图 5-4 所示的电路，已知非线性电阻 R 的伏安关系为 $i=\begin{cases}0 & u<0\\ u^2 & u>0\end{cases}$。试求：

（1）电路的静态工作点；

（2）工作点处的静态电阻 R；

（3）工作点处的动态电阻 R_d。

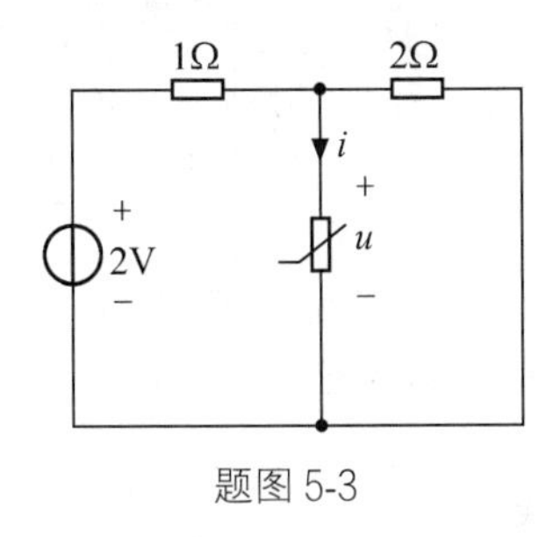

题图 5-3

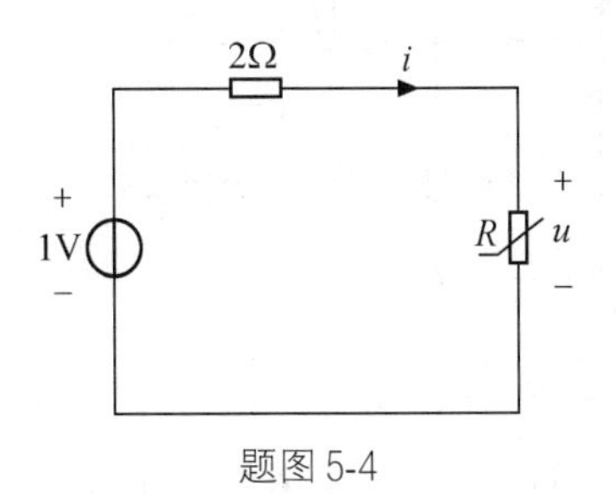

题图 5-4

5-5　如题图 5-5（a）所示的串联电路，其中非线性电阻 R_1 和 R_2 的伏安特性分别如题图 5-5（b）和题图 5-5（c）所示。试求端口的伏安关系。

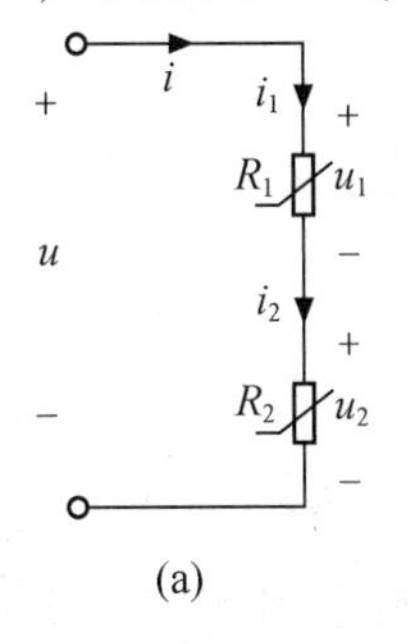

(a)

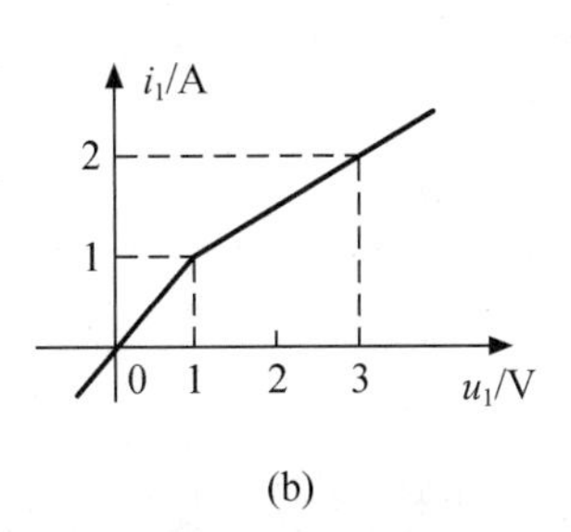

(b)

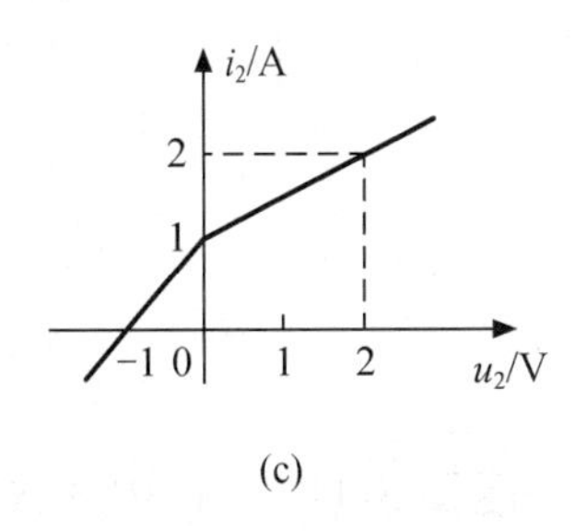

(c)

题图 5-5

5-6　电路如题图5-6（a）所示，其中非线性电阻 R_1 和 R_2 的伏安特性如题图5-6（b）所示，U=20V。试求：（1）R_2 上的电压 u_2；（2）电流 i；（3）R_1 的功耗。

5-7　如题图5-7所示的电路，已知非线性电阻的伏安关系为 $u=i^2(i>0)$，试求电压 u。

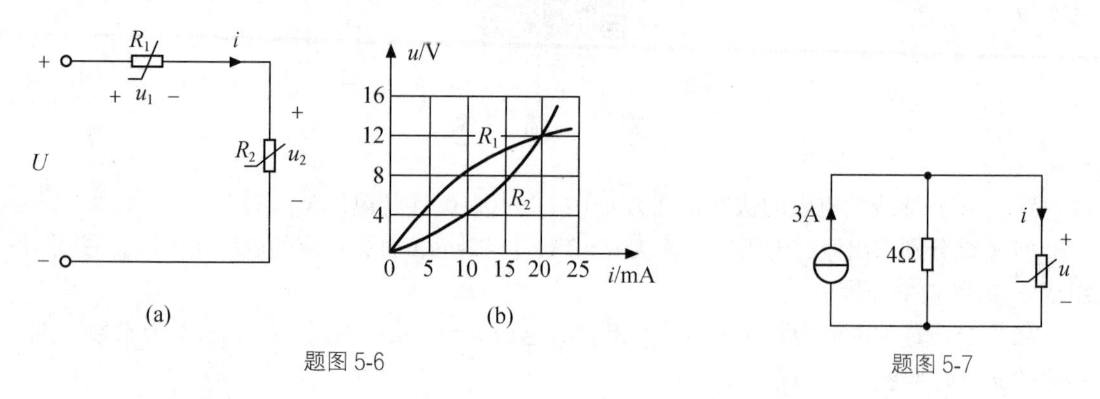

题图5-6　　题图5-7

5-8　电路如题图5-8所示，非线性网络N的伏安特性为 $i=\begin{cases}10^{-3}u^2, & u>0\\ 0, & u<0\end{cases}$（单位A，V），试绘出其伏安特性曲线并用图解法求 u 和 i。

5-9　在题图5-9（a）所示的电路中，非线性电阻的伏安特性曲线如图5-9（b）所示，试用图解法求 u 和 i。

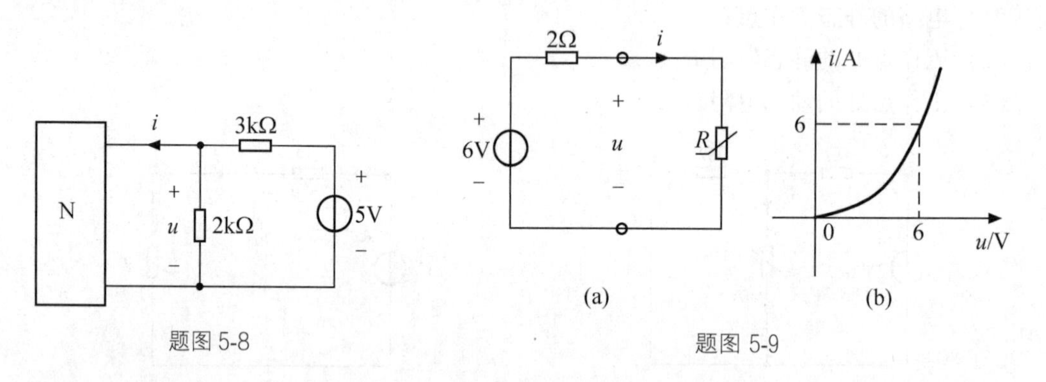

题图5-8　　题图5-9

5-10　试画出题图5-10所示电路的等效伏安特性曲线。

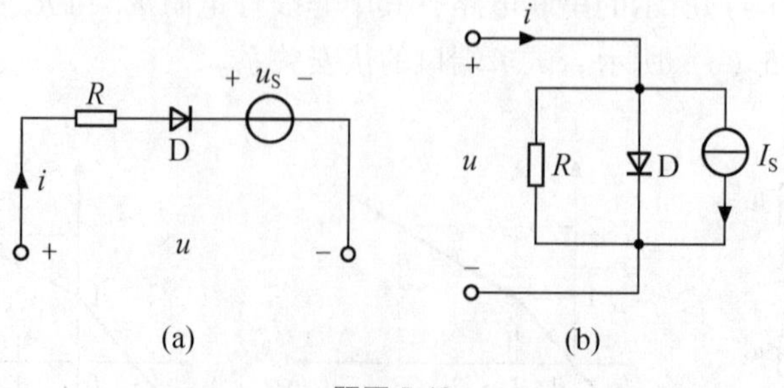

题图5-10

5-11　题图5-11（a）中的N为非线性网络，其特性曲线如题图5-11（b）所示。（1）u_S=10V，R=1kΩ时，求电流 i；（2）若 u>5V，试求N的等效电路。

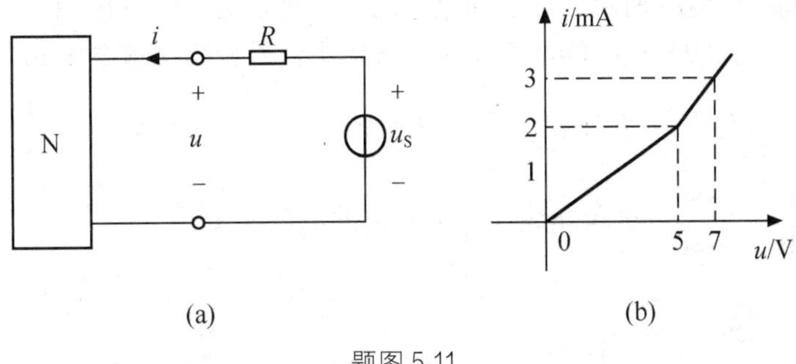

题图 5-11

5-12　题图 5-12（a）所示电路中，非线性电阻 R 的特性近似于如题图 5-12（b）所示的折线。试求电流 i。

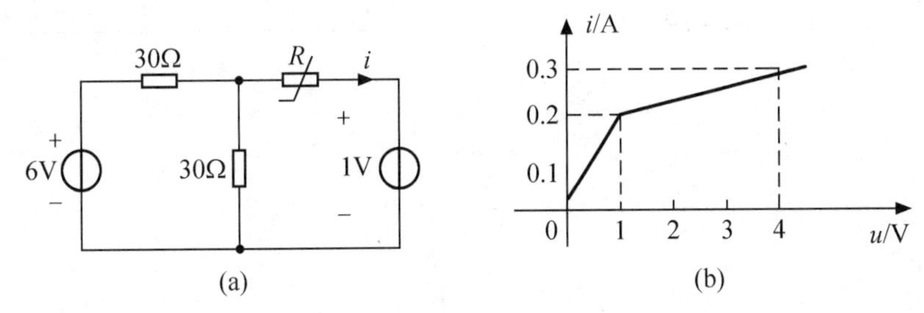

题图 5-12

5-13　已知题图 5-13（a）所示电路中的二极管 D_1、D_2 的特性曲线如题图 5-13（b）所示。（1）试画出分段线性化电路模型；（2）求流过 D_1 和 D_2 的电流。

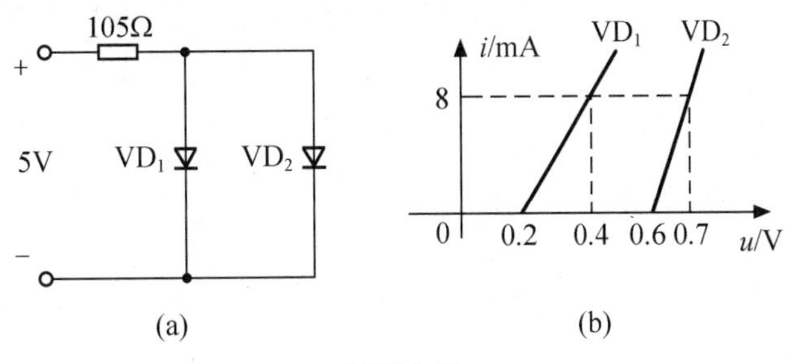

题图 5-13

5-14　在题图 5-14（a）所示的电路中，非线性电阻 R 的伏安特性如题图 5-14（b）所示，试求 $u_S(t)=0$V、2V、4V 时的 u 和 i。

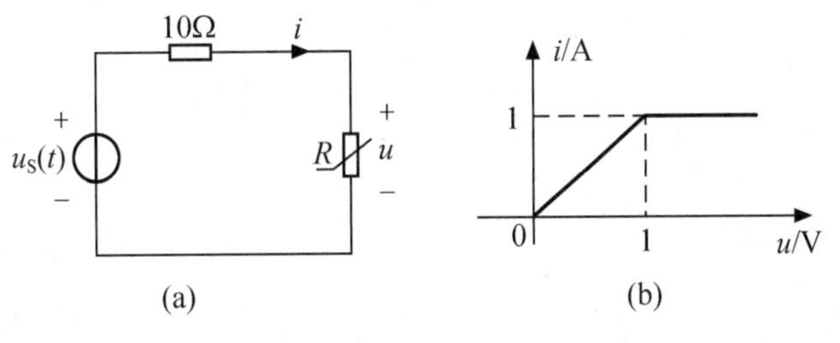

题图 5-14

5-15　电路如题图 5-15 所示，非线性电阻的伏安特性为 $u=i^3-3i$。(1) 设 $u_S(t)=0$，试求工作点电压和电流；(2) $u_S(t)=0.4\cos t\text{V}$，试用小信号分析法求电压 u。

5-16　在题图 5-16 所示的电路中，已知 $I_S=10\text{A}$，$i_S(t)=\sin t\text{A}$，$R_S=\frac{1}{3}\Omega$，非线性电阻 R 的伏安特性为 $i=\begin{cases}u^2 & u>0\\0 & u<0\end{cases}$。试求非线性电阻两端的电压 $u(t)$。

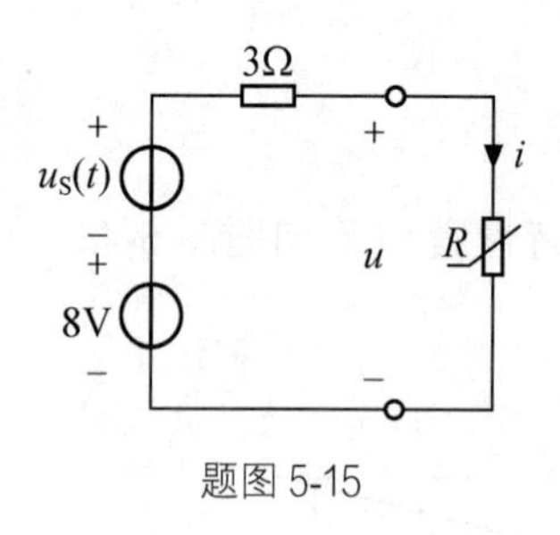

题图 5-15

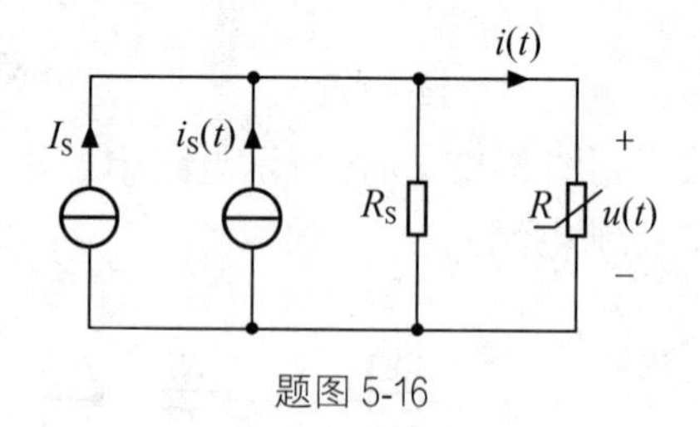

题图 5-16

第6章 一阶电路分析

在前四章介绍的电阻电路中，各元件的伏安关系均为代数关系，这类元件通常称为静态元件。描述电阻电路激励—响应关系的数学方程为代数方程，如果激励是常数，那么在激励作用的瞬间，电路响应也立即变为某一个常数，因而把电阻电路称为静态电路。或者说，静态电路在任一时刻 t 的响应只与时刻 t 的激励有关，与过去的激励无关，因此是“无记忆的”，或者说是“即时的”。

有许多实际电路并不能只用电阻和受控源来构成模型，其中的电磁现象需要用电容元件和电感元件。这两类元件的伏安关系都涉及对电压或电流的微分或积分，故称这两种元件为动态元件。含有动态元件的电路称为动态电路，动态电路在任一时刻的响应与激励的全部过去历史有关，也就是说，动态电路是有记忆的，这是与电阻电路完全不同的。当动态电路的连接方式或元件参数发生突然变化时，电路原有的工作状态需要经过一个过渡过程逐步到达另一个新的稳定工作状态，这个过渡过程称为电路的暂态过程，也称瞬态过程。动态电路分析或称暂态分析，就是指分析动态电路从电路结构或参数突然变化时刻开始，直至进入稳定工作状态的电压、电流的变化规律。动态电路的阶数由其独立的动态元件数决定，只含一个独立的动态元件（电容或电感）的电路是一阶（动态）电路，描述一阶动态电路的方程为一阶微分方程，在线性非时变条件下为一阶线性常系数微分方程。

本章介绍电容元件、电感元件的伏安关系；一阶电路的零输入响应、直流激励下的零状态响应和全响应，以及一阶电路的三要素公式；一阶电路的阶跃响应；冲激响应和任意激励下的零状态响应——卷积积分。

6.1 电容元件和电感元件

最早的电容器

6.1.1 电容元件

把两块金属极板用电介质隔开就可以构成一个简单的电容器。由于理想介质是不导电的，在外电源的作用下，两块极板上能分别积聚等量的异性电荷，在极板之间形成电场，可见电容器是一种能积聚电荷、储存电场能量的器件。电容器种类很多，按介质分为纸质电容器、云母电容器、电解电容器等；按极板形状分为平板电容器、圆柱形电容器等。

电容元件是实际电容器的理想化模型，它的定义为：一个二端元件在任一时刻 t，它所积累的电荷 q（t）与端电压 u（t）之间的关系可以用 q-u 平面上的一条曲线来确定，则称该二端元件为电容元件，简称电容。电容是一种电荷与电压相约束的元件，其电荷瞬时值与电压瞬时值之间具有代数关系。电容元件的符号如图 6-1 所示。

如果 q-u 平面上的特性曲线为通过原点的直线，且不随时间而变化，则称此电容为线性时不变电容，本书着重讨论线性时不变电容。

线性时不变电容元件的 q-u 特性曲线如图 6-2 所示，斜率为 C。在 q-u 取关联参考方向，即电压的正极板上的电荷也假设为+q 的情况下，其 q 和 u 的关系可以写成

$$q(t)=Cu(t) \tag{6-1}$$

式中 C 是一个与 q、u 及 t 无关的正值常量，是表征电容元件积聚电荷能力的物理量，称为电容量，也简称为电容。

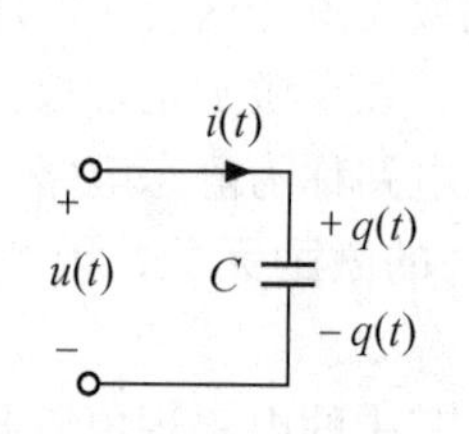

图 6-1　电容元件的符号

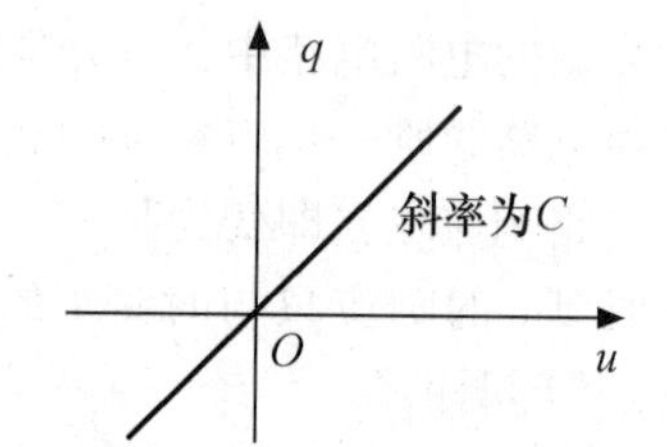

图 6-2　线性时不变电容的 q-u 曲线

在国际单位制（SI）中，电容的单位为法［拉］（简称法，符号为 F）。1 法 = 1 库/伏。也可以用微法（μF）或皮法（pF）作单位，它们的关系是

$$1\text{pF}=10^{-6}\mu\text{F}=10^{-12}\text{F}$$

虽然电容是根据 q-u 关系定义的，但在电路分析中感兴趣的是电容元件的伏安关系（VCR）。在图 6-1 所示的电容中，电容端电压 u 和电流 i 在关联参考方向下，由电流的定义 $i=\dfrac{\mathrm{d}q}{\mathrm{d}t}$和电容的定义 $q(t)=Cu(t)$，可得

$$i=C\frac{\mathrm{d}u}{\mathrm{d}t} \tag{6-2}$$

这就是电容元件微分形式的 VCR。若电容端电压 u 与电流 i 参考方向不关联，则伏安关系式中应加负号，即

$$i=-C\frac{\mathrm{d}u}{\mathrm{d}t} \tag{6-3}$$

式（6-2）表明，任一时刻通过电容的电流 i 与该时刻电容两端的电压的变化率成正比，而与该时刻电容电压的大小以及电压建立的历史过程无关。若电压恒定不变，则虽有电压值，但其变化率为 0，使其电流为 0。这时电容相当于开路，因此电容有隔直流的作用；若某一时刻电容电压为 0，但电容电压的变化率不为 0，此时电容电流也不为 0。这和电阻元件不同，电阻两端只要有电压，不论变化与否都一定有电流。由于电容电流不取决于该时刻所加的电压的大小，而取决于该时刻电容电压的变化率，所以电容元件称为动态元件。

式（6-2）还表明，若某一时刻电容电流 i 为有限值，则其电压变化率$\dfrac{\mathrm{d}u}{\mathrm{d}t}$也必然为有限

值，电容电压只能连续变化而不能发生跳变；反之，如果某时刻电容电压发生跳变，则意味着该时刻电容电流为无限大。一般电路中的电流总是有限值，这说明电容电压只能是时间 t 的连续函数，这种性质称为电容的惯性，电容元件也称为惯性元件。电容电压不发生跳变对于分析含电容元件的动态电路是十分重要的。

对式（6-2）两边积分，可得电容元件积分形式的 VCR，为

$$u(t) = \frac{1}{C}\int_{-\infty}^{t} i(\xi)\,\mathrm{d}\xi \tag{6-4}$$

式（6-4）中将积分号内的时间变量 t 改用 ξ 表示，以区别积分上限 t；积分下限 $-\infty$ 表示电容尚未积聚电荷的时刻。显然 $\int_{-\infty}^{t} i(\xi)\,\mathrm{d}\xi = q(t)$ 是电容在 t 时刻所积聚的总电荷量。由式（6-4）可知，任一时刻 t 电容电压并不取决于该时刻的电流值，而是取决于从 $-\infty$ 到 t 所有时刻的电流值，即与 t 以前电容电流的全部历史有关。电容电压能反映过去电流作用的全部历史，因此可以说电容电压有“记忆”电流的作用。电容是一种“记忆元件”。

实际上要弄清楚电容电流的全部作用史是不容易也没有必要的。电路分析中常常只对某一时刻 t_0 以后的情况感兴趣，因此可以把式（6-4）改写为

$$\begin{aligned} u(t) &= \frac{1}{C}\int_{-\infty}^{t} i(\xi)\,\mathrm{d}\xi \\ &= \frac{1}{C}\int_{-\infty}^{t_0} i(\xi)\,\mathrm{d}\xi + \frac{1}{C}\int_{t_0}^{t} i(\xi)\,\mathrm{d}\xi \\ &= \frac{1}{C}q(t_0) + \frac{1}{C}\int_{t_0}^{t} i(\xi)\,\mathrm{d}\xi \\ &= u(t_0) + \frac{1}{C}\int_{t_0}^{t} i(\xi)\,\mathrm{d}\xi \end{aligned} \tag{6-5}$$

式中称 $u(t_0)$ 为电容的初始电压，它反映了 t_0 前电流的全部作用对 t_0 时刻电压的影响。式（6-5）表明，一个电容元件只有在 C 和初始电压 $u(t_0)$ 都给定时，才是一个完全确定的元件。如果知道了 $t \geqslant t_0$ 时的电流 $i(t)$ 以及电容的初始电压 $u(t_0)$，就能确定 $t \geqslant t_0$ 后的电容电压。

在电容电压 $u(t)$ 和电流 $i(t)$ 关联参考方向下，其瞬时吸收功率为

$$p(t) = u(t) \cdot i(t) \tag{6-6}$$

当电容充电时，$u(t)$、$i(t)$ 符号相同，p 为正值，表示电容吸收能量；当电容放电时，$u(t)$、$i(t)$ 符号相反，p 为负值，表示电容释放能量。这与电阻元件吸收功率恒为正值的性质完全不同。任意时刻 t 电容吸收的总能量即电容的储能为

$$\begin{aligned} w_C(t) &= \int_{-\infty}^{t} p(\xi)\,\mathrm{d}\xi = \int_{-\infty}^{t} u(\xi)i(\xi)\,\mathrm{d}\xi \\ &= C\int_{-\infty}^{t} u(\xi)\,\frac{\mathrm{d}u(\xi)}{\mathrm{d}\xi}\mathrm{d}\xi = C\int_{u(-\infty)}^{u(t)} u(\xi)\,\mathrm{d}u(\xi) \end{aligned}$$

由于 $u(-\infty) = 0$，故

$$w_C(t) = \frac{1}{2}Cu^2(t) \tag{6-7}$$

式（6-7）表明，电容在任一时刻的储能只取决于该时刻的电容电压值，而与该时刻电

容电流值无关。任一时刻电容储能与该时刻电容电压的平方成正比。电容储能不能为负，这表明电容是一个无源元件。电容充电时，储能增加；电容放电时，储能减少。所以电容元件是一个储能元件而不是耗能元件。

电容电压具有记忆性质是电容的储能本质使然；电容电压在一般情况下不能跳变也是能量不能突变的缘故。如果储能突变，能量的变化率（即功率）$p(t)=\dfrac{\mathrm{d}w_{\mathrm{C}}}{\mathrm{d}t}$ 将为无限大，这在电容电流为有限的条件下是不可能的。

【例 6-1】 在图 6-3（a）所示电路中，$u_S(t)$ 波形如图 6-3（b）所示，已知电容 $C=4\mathrm{F}$，求 $i_{\mathrm{C}}(t)$、$p_{\mathrm{C}}(t)$ 和 $w_{\mathrm{C}}(t)$，并画出它们的波形。

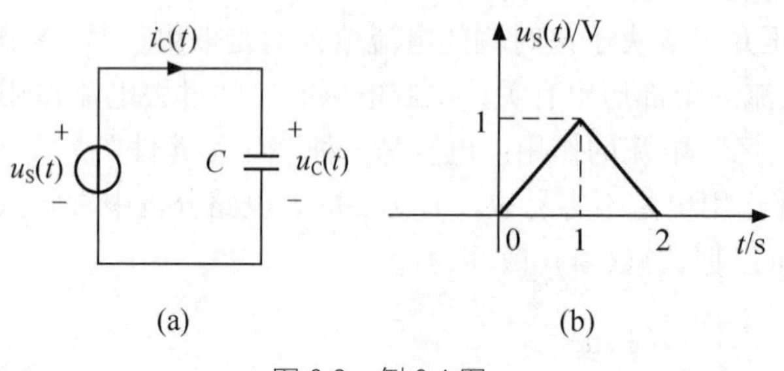

课堂内外　电容的用途

图 6-3　例 6-1 图

解　写出 $u_S(t)$ 的函数表达式

$$u_{\mathrm{S}}(t)=u_{\mathrm{C}}(t)=\begin{cases}0 & t<0\\ t\quad(\mathrm{V}) & 0\leqslant t\leqslant 1\\ -t+2 & 1<t\leqslant 2\\ 0 & t>2\end{cases}$$

由式（6-2），得

$$i_{\mathrm{C}}(t)=\begin{cases}0 & t<0\\ 4\quad(\mathrm{A}) & 0<t<1\\ -4 & 1<t<2\\ 0 & t>2\end{cases}$$

由式（6-6），得

$$p_{\mathrm{C}}(t)=\begin{cases}0 & t<0\\ 4t\quad(\mathrm{W}) & 0<t<1\\ 4(t-2) & 1<t<2\\ 0 & t>2\end{cases}$$

由式（6-7），得

$$w_{\mathrm{C}}(t)=\begin{cases}0 & t<0\\ 2t^2\quad(\mathrm{J}) & 0\leqslant t\leqslant 1\\ 2(2-t)^2 & 1<t\leqslant 2\\ 0 & t>2\end{cases}$$

由 $i_{\mathrm{C}}(t)$、$p_{\mathrm{C}}(t)$、$w_{\mathrm{C}}(t)$ 的数学表达式画出它们的波形如图 6-4 所示。

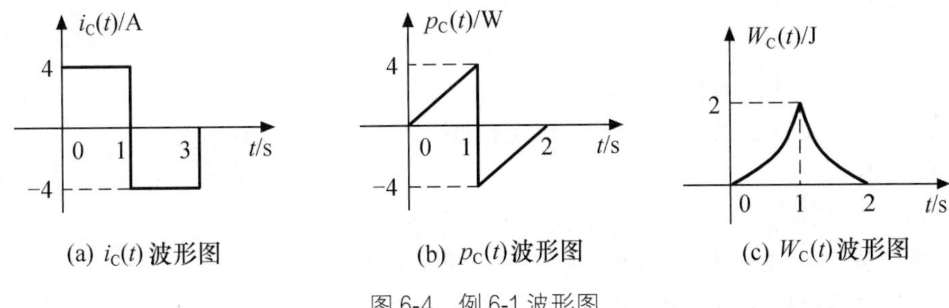

图 6-4　例 6-1 波形图

从本例可以看出：（1）电容电流是可以跳变的。（2）电容的功率也是可以跳变的，这是由于电容电流跳变的原因。功率值可正可负。功率为正值，表示电容从电源 $u_S(t)$ 吸收功率；功率为负值，表示电容释放功率且交还电源。（3）$w_C(t)$ 总是大于或等于 0，储能值可升可降，但为连续函数。

【例 6-2】　在图 6-5（a）所示电路中，$i_S(t)$ 波形如图 6-5（b）所示，已知电容 $C=2F$，初始电压 $u_C(0)=0.5V$，试求 $t\geqslant0$ 时电容电压，并画出其波形。

解　写出 $i_S(t)$ 的数学表达式，为

$$i_C(t)=i_S(t)=\begin{cases}1 \quad A & 0<t\leqslant1\\ 0 & t>1\end{cases}$$

根据电容 VCR 的积分形式，得

$$0\leqslant t\leqslant1\text{s}\quad u_C(t)=u_C(0)+\frac{1}{C}\int_0^t i_c(\xi)\,\mathrm{d}\xi$$

$$=0.5+0.5t\text{V}$$

$$t>1\text{s}\quad u_C(t)=u_C(1)+\frac{1}{C}\int_1^t i_c(\xi)\,\mathrm{d}\xi=1\text{V}$$

其波形如图 6-5（c）所示。

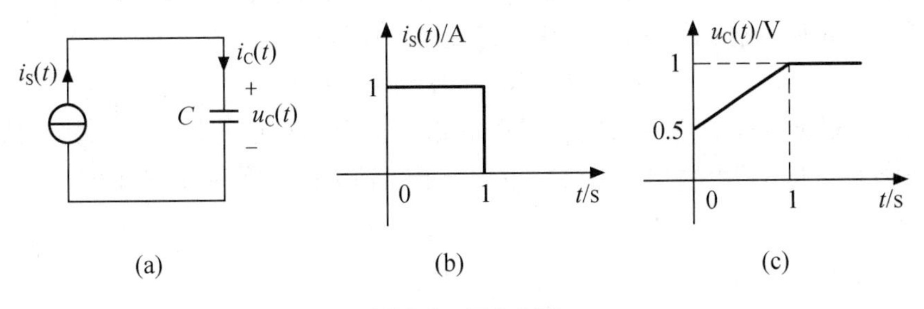

图 6-5　例 6-2 图

6.1.2　电感元件

通常把导线绕成的线圈称为电感器或电感线圈。当线圈通过电流时，即在其线圈内外建立磁场并产生磁通 Φ，如图 6-6 所示。各线匝磁通的总和称为磁链 ψ（若线圈匝数为 N，$\psi=N\Phi$）可见电感器是一种能建立磁场、储存磁场能量的器件。

电感元件（又称自感元件）是实际电感器的理想化模型，它的定义为：一个二端元件，

如果在任一时刻 t，它所交链的磁链 $\psi(t)$ 与其电流 $i(t)$ 之间的关系可以用 ψ-i 平面上的一条曲线来确定，则此二端元件称为电感元件，简称电感。电感元件是一种磁链与电流相约束的元件，其磁链瞬时值与电流瞬时值之间具有代数关系。

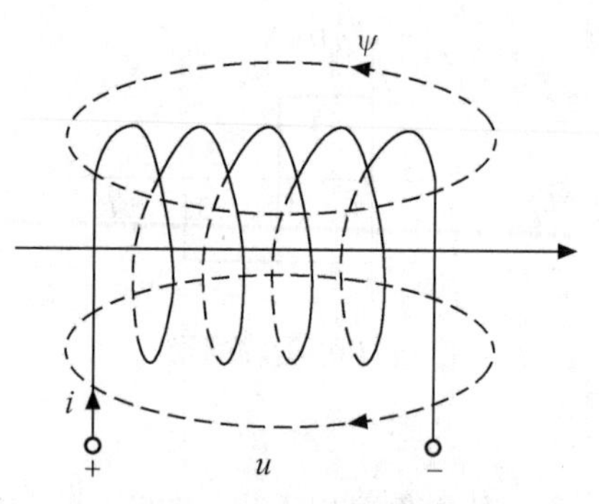

图6-6　电感线圈及其磁通

电感元件的电路符号如图6-7所示。在讨论 $i(t)$ 与 $\psi(t)$ 的关系时，通常采用关联参考方向，即两者的参考方向符合右手螺旋定则。由于电感元件的符号并不显示绕线方向，在假定电流的流入端处标以磁链的“+”号，这就表示，与该元件相对应的电感线圈中电流与磁链的参考方向符合右手螺旋法则。在图6-7中，“+”“−”号既表示磁链，也表示电压的参考方向。线性时不变电感元件的 ψ-i 特性曲线是一条通过原点的直线，且不随时间而变化，如图6-8所示，其 ψ 和 i 的关系可以写成

$$\psi(t)=Li(t) \tag{6-8}$$

式（6-8）中，L 是一个与 ψ、i 及 t 无关的正值常量，是表征电感元件产生磁链能力的物理量，称为电感量，简称为电感。

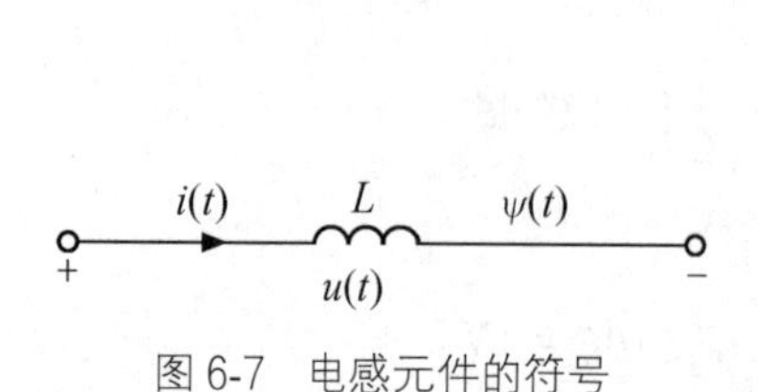

图6-7　电感元件的符号

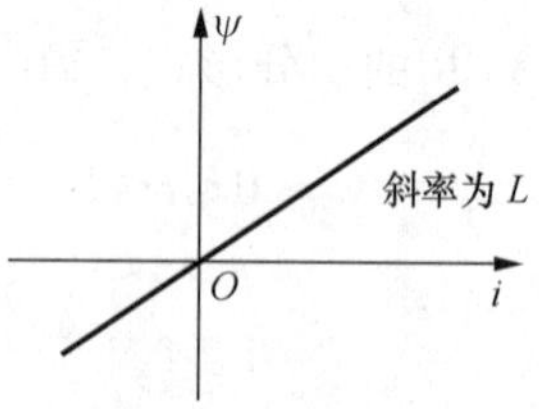

图6-8　线性非时变电感的 ψ-i 曲线

在国际单位制（SI）中，电感的单位为亨［利］（简称亨，符号为H）。1亨=1韦/安。也可以用毫亨（mH）或微亨（μH）作单位，它们的关系是

$$1\mu\text{H}=10^{-3}\ \text{mH}=10^{-6}\ \text{H}$$

虽然电感是根据 ψ-i 关系定义的，但在电路分析中感兴趣的是电感元件的伏—安关系（VCR）。在图6-7所示的电感中，电感端电压 u 和电流 i 在关联参考方向下，由电磁感应定律，可得

$$u=\frac{\mathrm{d}\psi}{\mathrm{d}t}$$

将式（6-8）代入上式，得

$$u=L\frac{\mathrm{d}i}{\mathrm{d}t} \tag{6-9}$$

这就是电感元件的微分形式的VCR。若电感元件端电压 u 与电流 i 参考方向不关联，则伏安关系式中应加负号，即

$$u=-L\frac{\mathrm{d}i}{\mathrm{d}t} \tag{6-10}$$

式（6-9）表明，任一时刻电感端电压 u 取决于该时刻电感电流的变化率$\frac{\mathrm{d}i}{\mathrm{d}t}$。若电流恒定不变，则虽有电流，但其变化率为 0，使其电压为 0。这时电感相当于短路，因此电感对直流起着短路的作用；若某一时刻电感电流为 0，但电感电流的变化率不为 0，此时电感电压也不为 0。由于电感电压不取决于该时刻电流的大小，而取决于该时刻电感电流的变化率，所以电感元件也称为动态元件。

式（6-9）还表明，若某一时刻电感电压 u 为有限值，则其电流变化率$\frac{\mathrm{d}i}{\mathrm{d}t}$也必然为有限值，这说明该时刻，电感电流只能连续变化而不能发生跳变；反之，如果某时刻电感电流发生跳变，则意味着该时刻电感电压为无限大。例如，在电感与理想电流源接通的瞬间，由于 KCL 的约束，电感电流一跃为电流源的电流值，此时刻电路中电感电压为无限大。这是一种理想情况。一般电路中的端电压总是有限值，这说明电感电流只能是时间的连续函数，这种性质称为电感的惯性，电感元件也称为惯性元件。电感电流不发生跳变对于分析含电感元件的动态电路是十分重要的。

对式（6-9）两边积分，可得电感元件积分形式的 VCR 为

$$i(t)=\frac{1}{L}\int_{-\infty}^{t}u(\xi)\,\mathrm{d}\xi \tag{6-11}$$

积分下限$-\infty$表示电感尚未建立磁场的时刻。$\int_{-\infty}^{t}u(\xi)\,\mathrm{d}\xi=\psi(t)$ 是电感在 t 时刻所交链的总磁链数。由式（6-11）可知，某一时刻电感电流并不取决于该时刻的电压值，而是取决于从$-\infty$到 t 所有时刻的电压值，即与 t 以前电感电压的全部历史有关。电感电流能反映过去电压作用的全部历史。因此，可以说电感电流有“记忆”电压的作用，电感也是一种“记忆元件”。

类似前面分析电容的情况，在选择起始时刻后，式（6-11）可以改写为

$$\begin{aligned}i(t)&=\frac{1}{L}\int_{-\infty}^{t}u(\xi)\,\mathrm{d}\xi=\frac{1}{L}\int_{-\infty}^{t_0}u(\xi)\,\mathrm{d}\xi+\frac{1}{L}\int_{t_0}^{t}u(\xi)\,\mathrm{d}\xi\\&=\frac{1}{L}\psi(t_0)+\frac{1}{L}\int_{t_0}^{t}u(\xi)\,\mathrm{d}\xi=i(t_0)+\frac{1}{L}\int_{t_0}^{t}u(\xi)\,\mathrm{d}\xi\end{aligned} \tag{6-12}$$

式中 $i(t_0)$ 称为电感的初始电流，它反映了 t_0 前电压的全部作用对 t_0 时刻电流的影响。式（6-12）表明，一个电感元件只有在 L 和初始电流 $i(t_0)$ 都给定时，才是一个完全确定的元件。如果知道了 $t\geqslant t_0$ 时的电压 $u(t)$ 以及电感的初始电流 $i(t_0)$，就可以确定 $t\geqslant t_0$ 后的电感电流。

在电感电压 $u(t)$ 和电流 $i(t)$ 关联参考方向下，其瞬时吸收功率为

$$p(t)=u(t)\cdot i(t) \tag{6-13}$$

电感元件的功率与电容元件一样有时为正，有时为负。功率为正值时，表示电感吸收能量，储存在磁场中；功率为负值时，表示电感释放储存在磁场中的能量。所以电感也是一个储能元件，而不是耗能元件。

任意时刻 t 电感吸收的总能量即电感的储能为

$$w_L(t)=\int_{-\infty}^{t}p(\xi)\,\mathrm{d}\xi=\int_{-\infty}^{t}u(\xi)i(\xi)\,\mathrm{d}\xi$$

$$= L\int_{-\infty}^{t} i(\xi)\,\frac{\mathrm{d}i(\xi)}{\mathrm{d}\xi}\mathrm{d}\xi$$

$$= L\int_{i(-\infty)}^{i(t)} i(\xi)\,\mathrm{d}i(\xi)$$

由于 $i(-\infty)=0$，故

$$w_{\mathrm{L}}(t)=\frac{1}{2}Li^{2}(t) \tag{6-14}$$

式（6-10）表明，任一时刻电感的储能只取决于该时刻的电感电流值，而与该时刻电感电压值无关。显然，电感储能不能为负。这表明电感是一个无源元件。

电感电流一般情况下不能跳变也正是能量不能突变的缘故。

【例 6-3】 在图 6-9（a）所示的电路中，$u_{\mathrm{S}}(t)$ 波形如图 6-9（b）所示，试求：（1）$t\geqslant 0$ 时的电感电流 $i_{\mathrm{L}}(t)$，并绘出波形图；（2）$t=2.5\mathrm{s}$ 时，电感储存的能量。

解 （1）由 $u_{\mathrm{S}}(t)$ 的波形可以写出函数的表达式为

$$u_{\mathrm{S}}(t)=\begin{cases}1 & 0<t<1\\ -1\mathrm{V} & 1<t<3\\ 0 & t>3\end{cases}$$

分段计算电流，得

当 $0\leqslant t<1\mathrm{s}$ 时，因电感无初始储能，$i_{\mathrm{L}}(0)=0\mathrm{A}$，所以

$$i_{\mathrm{L}}(t)=\frac{1}{L}\int_{0}^{t}u(\xi)\,\mathrm{d}\xi=\int_{0}^{t}1\cdot\mathrm{d}\xi=t\mathrm{A}$$

当 $t=1\mathrm{s}$ 时，$i_{\mathrm{L}}(1)=1\mathrm{A}$。

当 $1\leqslant t\leqslant 3\mathrm{s}$ 时，

$$i_{L}(t)=i_{L}(1)+\frac{1}{L}\int_{1}^{t}u(\xi)\,\mathrm{d}\xi=1+\int_{1}^{t}-1\mathrm{d}\xi=2-t\mathrm{A}$$

当 $t=3\mathrm{s}$ 时，$i_{\mathrm{L}}(3)=-1\mathrm{A}$。

当 $t>3\mathrm{s}$ 时，

$$i_{L}(t)=i_{L}(3)+\frac{1}{L}\int_{3}^{t}u(\xi)\,\mathrm{d}\xi=-1+\int_{0}^{t}0\mathrm{d}\xi=-1\mathrm{A}$$

$i_{\mathrm{L}}(t)$ 的波形如图 6-9（c）所示，可以看到尽管电感两端的电压有跳变，但 $i_{\mathrm{L}}(t)$ 的波形并未发生跳变。

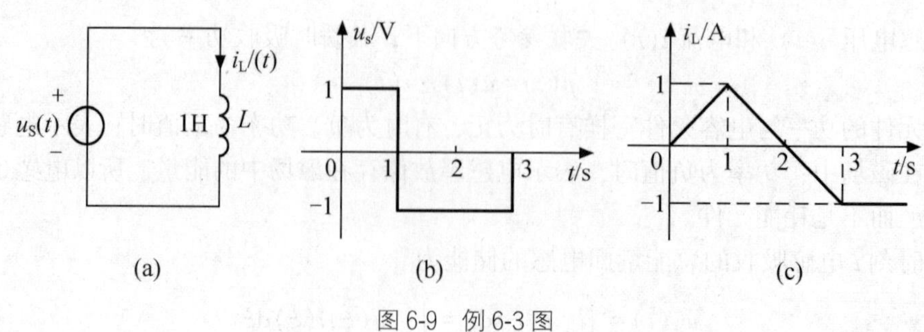

图 6-9 例 6-3 图

（2）$t=2.5\text{s}$ 时，i_L（2.5）$=2-2.5=-0.5\text{A}$，电感储存的能量

$$w_L(t)=\frac{1}{2}Li_L^{\ 2}(t)=\frac{1}{2}\times1\times(-0.5)^2=0.125\text{J}$$

如果将电容和电感的 VCR 加以比较，就会发现，把电容 VCR 式（6-2）中的 i 换成 u，u 换成 i，C 换成 L，就可得到电感的 VCR 式（6-9）；反之，通过类似的变换，也可由后者得到前者。因此，电容元件和电感元件是一对对偶元件，它们的含义、特性都具有相应的对偶关系，这在表 6-1 中已经列出。

6.1.3　电容、电感的串并联

图 6-10（a）是 n 个电容相串联的电路，流过各电容的电流为同一电流 i。根据电容的伏安关系，有

$$u_1=\frac{1}{C_1}\int_{-\infty}^{t}i\mathrm{d}\xi,u_2=\frac{1}{C_2}\int_{-\infty}^{t}i\mathrm{d}\xi,\cdots,u_n=\frac{1}{C_n}\int_{-\infty}^{t}i\mathrm{d}\xi$$

由 KVL 得端口电压

$$\begin{aligned}u&=u_1+u_2+\cdots+u_n\\&=\left(\frac{1}{C_1}+\frac{1}{C_2}+\cdots+\frac{1}{C_n}\right)\int_{-\infty}^{t}i\mathrm{d}\xi=\frac{1}{C_{eq}}\int_{-\infty}^{t}i\mathrm{d}\xi\end{aligned}$$

上式可理解为图 6-10（a）所示串联电路的 VCR，由此可得到等效电路如图 6-10（b）所示，其中

$$\frac{1}{C_{eq}}=\frac{1}{C_1}+\frac{1}{C_2}+\cdots+\frac{1}{C_n} \tag{6-15}$$

式（6-15）表明，n 个电容相串联可等效成一个电容，其等效电容的倒数为各串联电容倒数的总和。

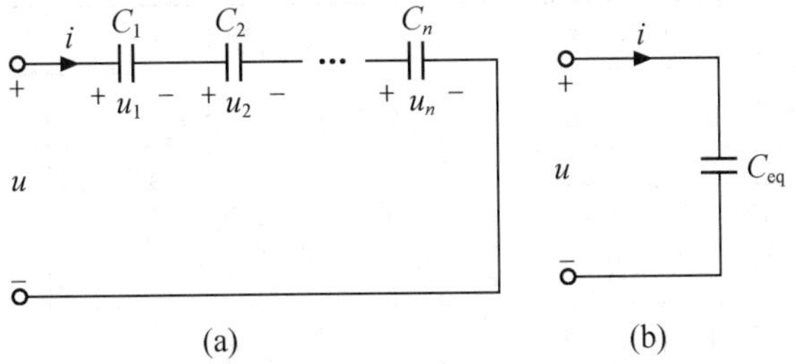

(a)　　(b)

图 6-10　电容的串联

图 6-11（a）是 n 个电容相并联的电路，各电容的端电压为同一电压 u。根据电容的伏安关系，有

$$i_1=C_1\frac{\mathrm{d}u}{\mathrm{d}t},i_2=C_2\frac{\mathrm{d}u}{\mathrm{d}t},\cdots,i_n=C_n\frac{\mathrm{d}u}{\mathrm{d}t}$$

由 KCL 得端口电流

$$\begin{aligned}i&=i_1+i_2+\cdots+i_n\\&=(C_1+C_2+\cdots+C_n)\frac{\mathrm{d}u}{\mathrm{d}t}=C_{eq}\frac{\mathrm{d}u}{\mathrm{d}t}\end{aligned}$$

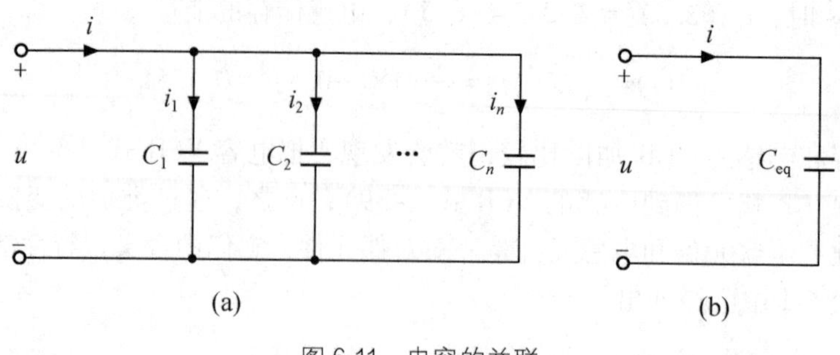

图 6-11　电容的并联

上式可理解为图 6-12（a）所示并联电路的 VCR，由此可得到等效电路如图 6-11（b）所示，其中

$$C_{eq}=C_1+C_2+\cdots+C_n \tag{6-16}$$

式（6-16）表明，n 个电容相并联的等效电容等于各并联电容的总和。

由电容元件和电感元件的对偶特性，可得到：对于 n 个电感相串联的电路，若串联电感为 L_1，L_2，…，L_n，则其等效电感为各串联电感的总和，即

$$L_{eq}=L_1+L_2+\cdots+L_n \tag{6-17}$$

对于 n 个电感相并联的电路，若并联电感为 L_1，L_2，…，L_n，则其等效电感的倒数为各并联电感倒数的总和，即

$$\frac{1}{L_{eq}}=\frac{1}{L_1}+\frac{1}{L_2}+\cdots+\frac{1}{L_n} \tag{6-18}$$

表 6-1 列出了电容元件和电感元件在串联和并联情况下的等效计算公式，以及分压和分流公式。为便于对照，将电阻元件也列入表中。

表 6-1　元件串联和并联的关系式

元件	电阻 R	电感 L	电容 C
串联	$R_{eq}=\sum R_k$	$L_{eq}=\sum L_k$	$\frac{1}{C_{eq}}=\sum\frac{1}{C_k}$
	$u_1=\frac{R_1}{R_{eq}}u$	$u_1=\frac{L_1}{L_{eq}}u$	$u_1=\frac{1/C_1}{1/C_{eq}}u$
并联	$\frac{1}{R_{eq}}=\sum\frac{1}{R_k}$	$\frac{1}{L_{eq}}=\sum\frac{1}{L_k}$	$C_{eq}=\sum C_k$
	$i_1=\frac{1/R_1}{1/R_{eq}}i$	$i_1=\frac{1/L_1}{1/L_{eq}}i$	$i_1=\frac{C_1}{C_{eq}}i$

6.2　动态电路方程和初始值计算

6.2.1　动态电路及其方程

当电路中含有动态元件电容和电感时，由于这两类元件的伏安关系是对电压或电流的微

分或积分，所以描述电路的数学方程是以电压或电流为变量的微分方程。用微分方程描述的电路称为动态电路。

与列写电阻电路方程一样，列写动态电路方程的依据仍然是两种约束，即拓扑约束（KCL、KVL）和元件约束。

【例 6-4】 电路如图 6-12 所示，试列写电路方程。

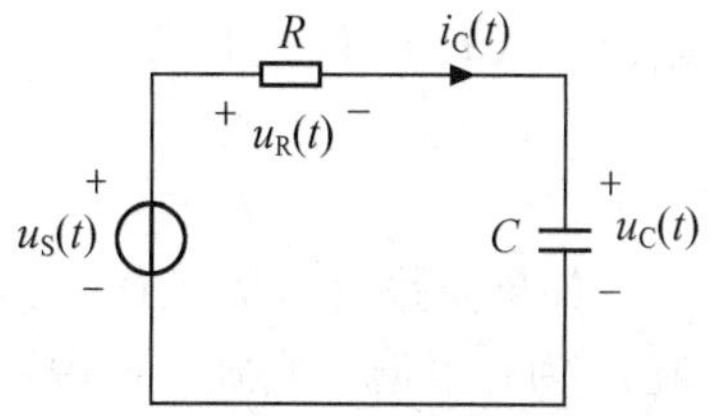

解 这是一个 RC 串联电路。由 KVL 得

$$u_S = u_R + u_C \qquad (1)$$

又根据电阻元件和电容元件的约束关系，有

$$u_R = Ri_C \qquad (2)$$

$$i_C = C\frac{du_C}{dt} \qquad (3)$$

图 6-12　例 6-4 图

将式（2）和式（3）代入式（1），得

$$RC\frac{du_C}{dt} + u_C = u_S$$

这就是所要列写的电路方程。这是一个关于 u_C 的一阶常系数微分方程。

用一阶微分方程描述的电路称为一阶电路，用二阶或高阶微分方程描述的电路称为二阶电路或高阶电路。电路的实际阶数由组成电路的独立动态元件数决定。

动态电路的分析有两种方法：时域分析法（简称时域法，也称经典分析法）和复频域分析法（即拉普拉斯变换法）。本章讨论时域分析法，复频域分析法将在第 12 章中讨论。

时域分析法包括以下两个主要步骤。

（1）依据电路的两类约束，即基尔霍夫定律和元件的 VCR 建立换路后所求响应为变量的微分方程。

（2）找出所需的初始条件求解微分方程。

求解微分方程需要初始条件，这就涉及初始值的计算。为此，先讨论换路定则。

6.2.2　换路定则

在电路分析中，把电路元件的连接方式或参数的突然改变称为换路。换路常用开关来完成。换路意味着电路工作状态的改变。

换路被认为是即时完成的，设 $t=0$ 是换路时刻，为了区分换路前后瞬间的时刻，将换路前的一瞬间记为 $t=0^-$，而刚换路后的一瞬间记为 $t=0^+$。

在动态电路的各个电压与电流变量中，电容电压和电感电流占有特殊重要的地位，它们确定了电路储能的状况，常称为状态变量。在电路与系统理论中，状态变量是一组能反映动态电路的最少数目的变量，已知 t_0 时刻的状态和 $t \geqslant t_0$ 时的输入后，就可以确定 $t \geqslant t_0$ 时的电路响应。在接下来的动态电路分析中，把电容电压和电感电流作为主要的分析对象。

换路前 $t=0^-$ 瞬间电路的储能状态即 $u_C(0^-)$ 或 $i_L(0^-)$，通常称为电路的初始状态。初始条件是所求变量（电压或电流）及其导数在 $t=0^+$ 时的值，也称为初始值。

在关联参考方向下，电容 VCR 的积分形式为

$$u_C(t) = u_C(t_0) + \frac{1}{C}\int_{t_0}^{t} i_C(\xi)\,d\xi$$

令 $t_0=0^-$，得

$$u_C(t)=u_C(0^-)+\frac{1}{C}\int_{0^-}^{t} i_C(\xi)\mathrm{d}\xi$$

式中，$u_C(0^-)$ 为换路前最后瞬间的电压值，即初始状态。为求取换路后电容电压的初始值，取 $t=0^+$ 代入上式，得

$$u_C(0^+)=u_C(0^-)+\frac{1}{C}\int_{0^-}^{0^+} i_C(\xi)\mathrm{d}\xi \tag{6-19}$$

如果换路（开关动作）是理想的，即不需要时间，则有 $0^-=0=0^+$，且换路瞬间电容电流 i_C 为有限值，则式（6-19）中积分项将为0，即

$$\int_{0^-}^{0^+} i_C(\xi)\mathrm{d}\xi=q_C(0^+)-q_C(0^-)=0$$

或

$$q_C(0^+)=q_C(0^-) \tag{6-20}$$

式（6-20）的结论正是物理学中给出的封闭系统（即与外界无能量交换的系统）中电荷守恒定律在瞬态分析中的体现。在满足式（6-20）时，式（6-19）变为

$$u_C(0^+)=u_C(0^-) \tag{6-21}$$

式（6-21）表明，换路虽然使电路的工作状态发生了改变，但只要换路瞬间电容电流为有限值，则电容电压在换路前后瞬间将保持同一数值，这正是电容惯性特性的体现。

由于电感与电容是对偶元件，根据对偶特性，可知电感具有如下特性。

$$\int_{0^-}^{0^+} u_L(\xi)\mathrm{d}\xi=\psi_L(0^+)-\psi_L(0^-)=0$$

或

$$\psi_L(0^+)=\psi_L(0^-) \tag{6-22}$$

$$i_L(0^+)=i_L(0^-) \tag{6-23}$$

式（6-22）表示封闭系统换路瞬间服从磁链守恒定律。式（6-23）表明，只要换路瞬间电感电压为有限值，则电感电流在换路前后瞬间将保持同一数值，这正是电感惯性特性的体现。

式（6-21）、式（6-23）统称为换路定则。当 $t=t_0$ 时，换路定则表示为

$$u_C(t_0^+)=u_C(t_0^-) \tag{6-24a}$$

$$i_L(t_0^+)=i_L(t_0^-) \tag{6-24b}$$

必须指出，应用换路定则是有条件的，即必须保证电路在换路瞬间电容电流、电感电压为有限值。一般电路均能满足这个条件，从而换路定则成立。有两种特殊情况会出现电容电流、电感电压为无限大，使换路定则失效。一种情况是外加的激励本身就是无限大的，称为冲激电源，这种电路的分析将在6.8节中介绍。另一种情况是外加的激励虽为有限的，但从结构上看，换路后的电路中存在纯电容和（或无）电压源构成的回路（简称全电容回路），或存在纯电感和（或无）电流源构成割集（简称全电感割集），这种电路的分析可参见例12-15。

6.2.3 初始值计算

电容电压和电感电流反映了电路的储能状态，它们具有连续的特性。当电路的初始状态 u_C（0^-）和 i_L（0^-）确定后，可根据换路定则得到电容电压和电感电流的初始值 u_C（0^+）

和 i_L（0^+）。而除了电容电压、电感电流以外的其他变量（如 i_C、u_L、i_R、u_R 等）都不受换路定则的约束，在换路瞬间可能发生跳变。在计算这些变量的初始值时，需要由激励以及 u_C（0^+）和 i_L（0^+）的值作出 $t=0^+$时的等效电路，再根据 KCL、KVL 和各元件的 VCR 来确定。

【例 6-5】 电路如图 6-13（a）所示，开关 S 原来合上已久，电路已稳定。$t=0$ 开关断开。试求开关断开时初始值 u_C（0^+）、i（0^+）和 u（0^+）。

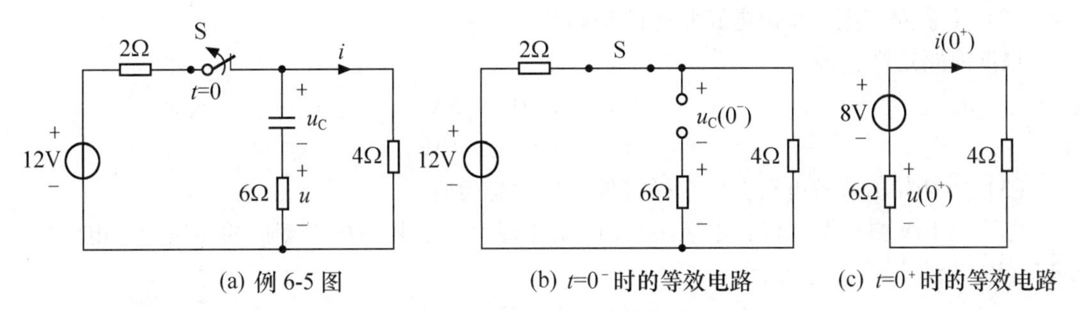

图 6-13 例 6-5 图及等效电路

解 （1）首先必须求得电路的初始状态，即 $u_C(0^-)$。

由于 $t<0$ 时，电路处于稳态，电路各处电压、电流为常量，$du_C/dt=0$，故 $i_C=0$，电容可看作开路。因此根据替代定理可作出 $t=0^-$时刻电路的等效图如图 6-13（b）所示，该图简称为 0^-图。运用电阻电路的分压求得

$$u_C(0^-)=\frac{4}{2+4}\times 12=8\text{V}$$

（2）应用换路定则，求出 $u_C(0^+)$。

$$u_C(0^+)=u_C(0^-)=8\text{V}$$

（3）由初始值等效电路，求出需求的其他变量的初始值。

在 $t=0^+$时刻，电容电压是常数，即 $u_C(0^+)=8\text{V}$。根据替代定理，电容可以用 8V 电压源替代，于是作出 $t=0^+$时刻的等效电路如图 6-13（c）所示。0^+时刻的等效电路通常称为初始值等效电路，简称 0^+图。

显然，初始值等效电路是线性电阻电路，可以运用电阻电路的各种分析方法求解。

$$i(0^+)=\frac{8}{6+4}=0.8\text{A}$$

$$u(0^+)=-6\,i(0^+)=-4.8\text{V}$$

【例 6-6】 电路如图 6-14 所示，开关 S 打开前电路已处于稳态，当 $t=0$ 时，开关打开。求初始值 $i_C(0^+)$、$u_L(0^+)$、$i_1(0^+)$、$\frac{di_L(0^+)}{dt}$ 和$\frac{du_C(0^+)}{dt}$。

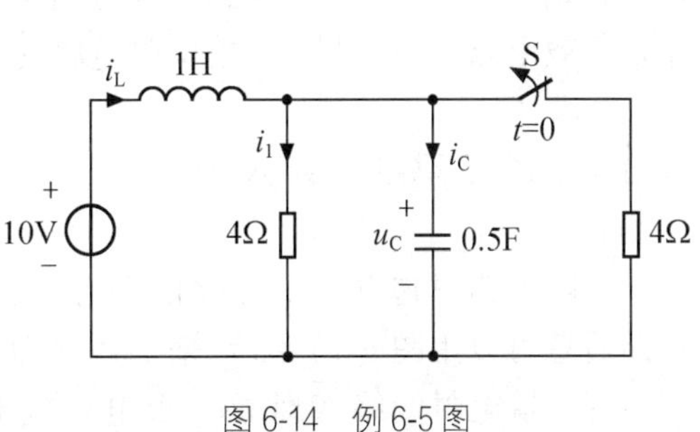

图 6-14 例 6-5 图

解 （1）画出 0^-图，求电路的初始状态，即 $u_C(0^-)$ 和 $i_L(0^-)$。

由于 $t<0$ 时，电路处于稳态，电路各处电压、电流为常量，则 $\mathrm{d}u_C/\mathrm{d}t=0$，故 $i_C=0$，电容可看作开路；而 $\mathrm{d}i_L/\mathrm{d}t=0$，故 $u_L=0$，电感看作短路。因此，将电容开路，电感短路，可作出 $t=0^-$ 时刻的等效电路如图 6-15（a）所示，得

$$i_L(0^-)=\frac{10}{4//4}=5\text{A}$$

$$u_C(0^-)=10\text{V}$$

（2）由换路定则，求出电路状态的初始值。

根据换路定则，得

$$i_L(0^+)=i_L(0^-)=5\text{A}$$

$$u_C(0^+)=u_C(0^-)=10\text{V}$$

（3）由初始值等效电路，可求得其他变量的初始值。

电容用 10V 电压源替代，电感用 5A 电流源替代，作出 $t=0^+$ 时刻的初始值等效电路如图 6-15（b）所示。

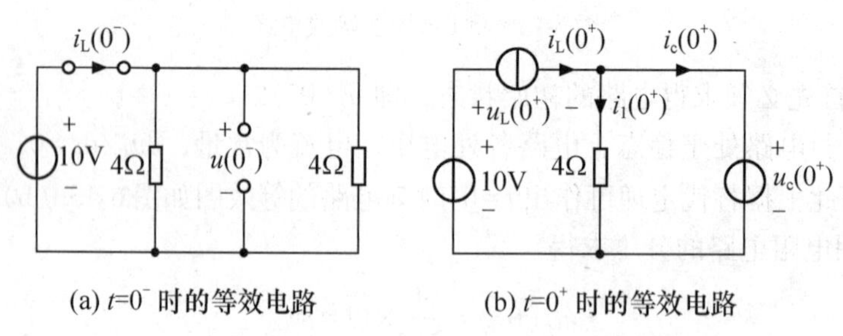

(a) $t=0^-$ 时的等效电路　　(b) $t=0^+$ 时的等效电路

图 6-15　例 6-5 的等效电路

$$u_L(0^+)=10-u_C(0^+)=0\text{V}$$

$$i_1(0^+)=u_C(0^+)/4=2.5\text{A}$$

$$i_C(0^+)=i_L(0^+)-i_1(0^+)=5-2.5=2.5\text{A}$$

$$\frac{\mathrm{d}i_L(0^+)}{\mathrm{d}t}=\frac{u_L(0^+)}{L}=0\text{A/s}$$

$$\frac{\mathrm{d}u_C(0^+)}{\mathrm{d}t}=\frac{i_C(0^+)}{C}=5\text{V/s}$$

从以上两个例题可以看出，在求解初始值时，首先应用替代定理得到 $t=0^-$ 的等效电路求解初始状态；然后应用换路定则得到 $u_C(0^+)$ 和 $i_L(0^+)$；再应用替代定理得到 $t=0^+$ 时的初始值等效电路，最后利用求解电阻电路的各种方法求解。

6.3　一阶电路的零输入响应

e 的故事

一阶电路只包含一个独立的动态元件。因此，任意一阶电路，换路后总可以用图 6-16（a）来描述。即一阶电路总可以看成由一个有源二端电阻网络 N 外接一个电容或电感组成。根据戴维南定理和诺顿定理，图 6-16（a）所示的电路总可以简化为图 6-16（b）或图 6-16（c）所示的电路。

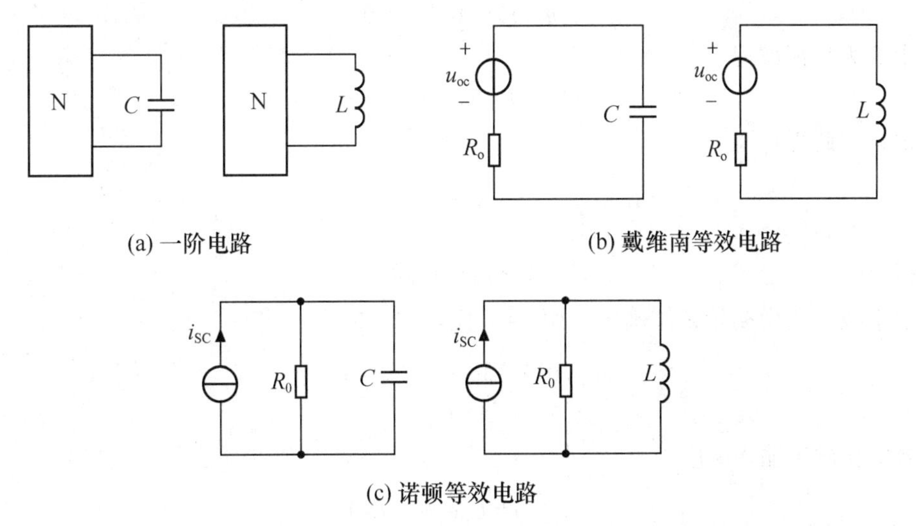

(a) 一阶电路　　(b) 戴维南等效电路

(c) 诺顿等效电路

图 6-16　一阶电路的基本形式

电路在没有外加激励时的响应称为零输入响应。因此，零输入响应仅仅是由非零初始状态引起的，也可以说，是由初始时刻电容的电场储能或电感的磁场储能引起的。

本节分析一阶电路的零输入响应，即分析图 6-16 中 $u_{OC}=0$ 或 $i_{SC}=0$ 而动态元件初始状态不为零时的响应问题。

6.3.1　RC 电路的零输入响应

电路如图 6-17 所示，在 $t<0$ 时，开关 S 在位置 1，电路已经处于稳态，即电容的初始状态 $u_C(0^-)=U_0$。当 $t=0$ 时，开关 S 由位置 1 倒向位置 2。根据换路定则，$u_C(0^+)=u_C(0^-)=U_0$，换路后，R、C 形成回路，电容 C 将通过 R 放电，从而在电路中引起电压、电流的变化。由于 R 是耗能元件，且电路在零输入条件下得不到能量的补充，电容电压将逐渐下降，放电电流也将逐渐减小，最后，电容储能全部被电阻耗尽，电路中的电压、电流也趋向于 0。

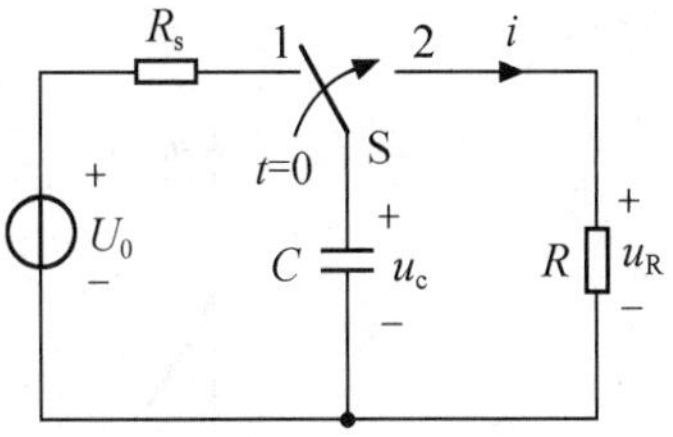

图 6-17　RC 零输入电路

下面进行定量的数学分析。

对于图 6-17 换路后的电路，由两类约束可得

$$u_C-u_R=0 \quad t>0 \qquad \text{(KVL)}$$

$$u_R=Ri \qquad \text{(VCR)}$$

$$i=-C\frac{\mathrm{d}u_C}{\mathrm{d}t} \quad 及 \quad u_C(0^+)=U_0 \qquad \text{(VCR)}$$

由以上三式，可得以电容电压 $u_C(t)$ 为变量的一阶常系数线性齐次微分方程为

$$RC\frac{\mathrm{d}u_C}{\mathrm{d}t}+u_C=0 \quad t>0 \tag{6-25}$$

$$u_C(0^+)=U_0 \tag{6-26}$$

由式（6-25）和初始条件式（6-26），可以求出电路响应 u_C（t）。由高等数学可知，一阶齐次微分方程通解形式为

$$u_C(t)=Ae^{St} \quad t>0 \tag{6-27}$$

其中 S 为特征方程

$$RCS+1=0$$

的根，因此得

$$S=S_1=-\frac{1}{RC}$$

故得

$$u_C(t)=Ae^{-\frac{1}{RC}t} \tag{6-28}$$

待定常数 A 则由初始条件确定。用 $t=0^+$ 代入式（6-28），得

$$u_C(0^+)=Ae^{-\frac{1}{RC}t}\Big|_{t=0^+}=U_0$$

得

$$A=U_0$$

电容电压的零输入响应为

$$u_C(t)=U_0e^{-\frac{1}{RC}t} \quad t>0$$

它是一个随时间衰减的指数函数。注意到在 $t=0$ 时，即开关 S 动作进行换路时，u_C 是连续的，没有跳变，表达式 u_C 的时间定义域可以延伸至原点，即

$$u_C(t)=U_0e^{-\frac{1}{RC}t} \quad t\geqslant 0 \tag{6-29}$$

其波形如图 6-18（a）所示。

求得 $u_C(t)$ 后，根据电容元件的 VCR，可得电流

$$i(t)=-C\frac{du_C}{dt}=-C\frac{d}{dt}(U_0e^{-\frac{1}{RC}t})=\frac{U_0}{R}e^{-\frac{1}{RC}t} \quad t>0$$

电阻电压

$$u_R(t)=Ri(t)=U_0e^{-\frac{1}{RC}t} \quad t>0$$

与电容电压不同的是 $i(t)$、$u_R(t)$ 在 $t=0$ 处发生了跳变，其波形如图 6-18（b）所示。

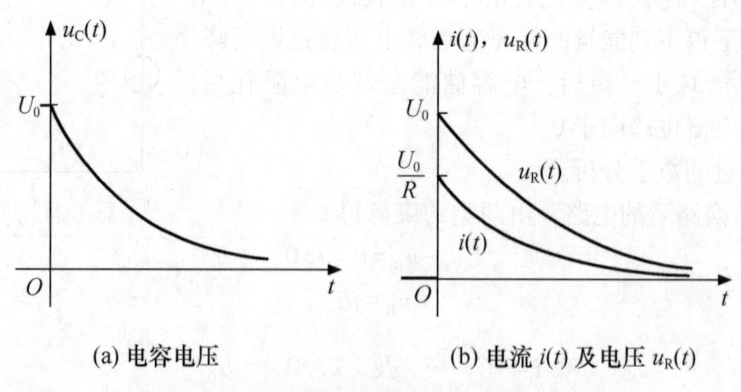

(a) 电容电压　　(b) 电流 $i(t)$ 及电压 $u_R(t)$

图 6-18　RC 零输入电路的电压、电流波形

比较电压、电流表达式可知，RC 电路中各变量的零输入响应具有相同的变化规律，即都是以各自的初始值为起点，按同样的指数规律 $e^{-\frac{1}{RC}t}$ 衰减到 0。衰减的快慢取决于特征根 $S_1=-\frac{1}{RC}$ 的大小。令

$$\tau=RC \tag{6-30}$$

τ 具有时间的量纲，称为 RC 电路的时间常数。因为 $[\tau]=[RC]=[\Omega][F]=\frac{[V]}{[A]}\cdot\frac{[A][s]}{[V]}=[s]$，即 τ 的单位为秒。时间常数仅仅取决于电路元件的参数 R 和 C，与电路的初始状态和激励无关，也就是由电路本身确定的。特征根 S_1 是 τ 的负倒数，单位是“s^{-1}”，为频率的量纲，故 S_1 称为电路的固有频率。

显然，零输入响应的衰减快慢也可用 τ 来衡量。以 u_C 为例说明时间常数 τ 的含义。表 6-2 为不同时刻 t 对应的 $u_C(t)$ 的数值。

表 6-2　不同时刻 t 对应的 $u_C(t)$

t	0	τ	2τ	3τ	4τ	5τ
u_C	U_0	$0.368U_0$	$0.135U_0$	$0.050U_0$	$0.018U_0$	$0.0067U_0$

由上述计算可知，当 $t=\tau$ 时，u_C 衰减到初始值的 36.8%。因此，时间常数 τ 也可以认为是电路零输入响应衰减到初始值 36.8%所需的时间。从理论上讲，只有 $t\to\infty$时，u_C 才能衰减到 0。但实际上，当 $t=4\tau$ 时，u_C 已衰减为初始值的 1.8%，一般可以认为零输入响应已基本结束。工程技术中时间常数一般不会大于毫秒（ms）数量级，故过渡过程常称为瞬态过程。通常认为经过（4~5）τ 时间，动态电路的过渡过程结束，从而进入稳定的工作状态。

时间常数 τ 在曲线上也有明确的意义，由图 6-19 来说明。在图 6-19 中，在 $t=0^+$作一条切线，切线与横轴相交对应的时间就是时间常数 τ。因为

$$u_C(t)=U_0e^{-\frac{1}{RC}t}=U_0e^{-\frac{1}{\tau}t}\quad t\geq 0$$

$t=0^+$时刻切线的斜率为

$$\left.\frac{du_C(t)}{dt}\right|_{t=0^+}=-\frac{U_0}{\tau}e^{-\frac{t}{\tau}}\Big|_{t=0^+}=-\frac{U_0}{\tau}$$

该切线与横轴相交于 τ 处。

若取任意一个时间 $t=t_0$，得

$$\left.\frac{du_C(t)}{dt}\right|_{t=t_0}=-\frac{1}{\tau}U_0e^{-\frac{1}{\tau}t_0}=-\frac{u_C(t_0)}{\tau}$$

以此斜率在图 6-19 作切线，与横轴相较于 b 点，则长度$\overline{ab}$也等于 τ。

若取 $t=t_0+\tau$，得

$$u_C(t_0+\tau)=U_0e^{-\frac{1}{\tau}(t_0+\tau)}=e^{-1}U_0e^{-\frac{1}{\tau}t_0}$$
$$=e^{-1}u_C(t_0)=0.368u_C(t_0)$$

可见时间常数 τ 表示任意时刻衰减到原来值的 36.8%所需的时间。

τ 的大小由 R 与 C 的大小决定，反映了一阶电路本身特性。R 与 C 越大，其响应衰减得越慢。这是因为在一定的初始值情况下，C 越大，意味着电容储存的电场能量越多；而 R 越大，意味着放电电流越小，衰减越慢；反之，则衰减得越快。不同 τ 值的响应曲线如图 6-20 所示。

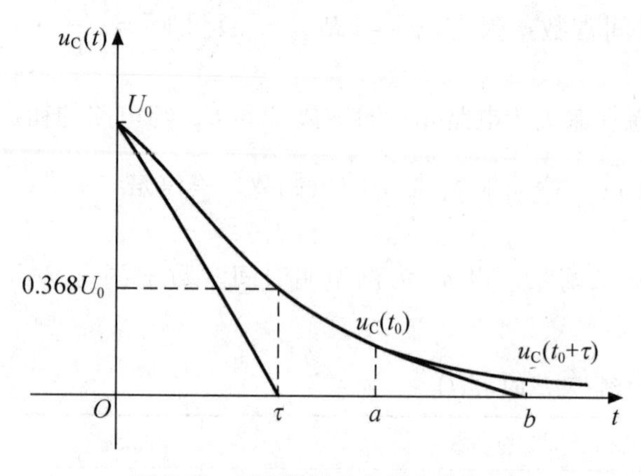

图 6-19　时间常数在曲线上的位置

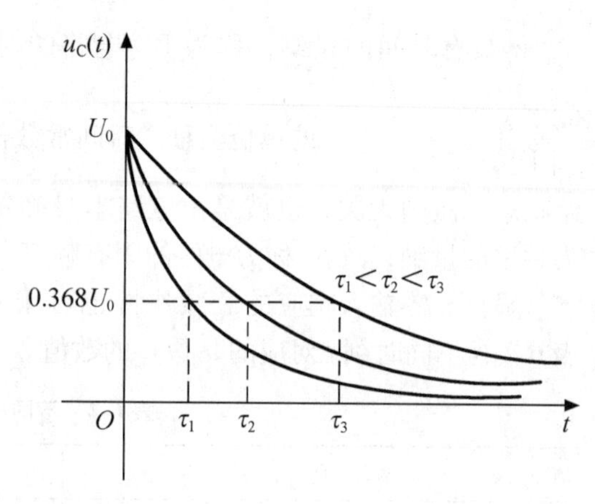

图 6-20　不同 τ 值的响应曲线

在整个放电过程中，电阻 R 消耗的总能量为

$$w_R=\int_{0^+}^{\infty}\frac{u_R^2}{R}\mathrm{d}t=\frac{U_0^2}{R}\int_{0^+}^{\infty}\mathrm{e}^{-\frac{2}{RC}t}\mathrm{d}t=\frac{1}{2}CU_0^2$$

其值恰好等于电容的初始储能。可见，电容的全部储能在放电过程中被电阻耗尽。这符合能量守恒定律。

6.3.2　RL 电路的零输入响应

电路如图 6-21 所示，在 $t<0$ 时，开关 S 在位置 1，电路已经处于稳态，即电感的初始状态 $i_L(0^-)=I_0$。当 $t=0$ 时，开关 S 由位置 1 倒向位置 2。根据换路定则 $i_L(0^+)=i_L(0^-)=I_0$，电感电流继续在换路后的 R、L 回路中流动，由于电阻 R 的耗能，电感电流将逐渐减小。最后，电感储存的全部能量被电阻耗尽，电路中的电流、电压也趋向于 0。

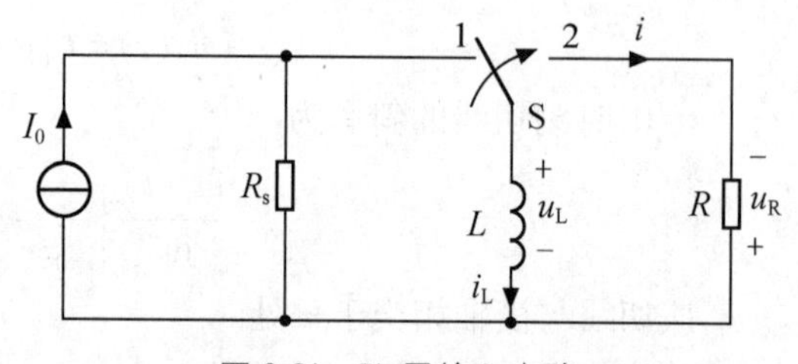

图 6-21　RL 零输入电路

对于图 6-21 换路后的电路，由两类约束关系，得

$$u_L+u_R=0 \quad t>0 \qquad \text{(KVL)}$$

$$u_R=Ri_L \qquad \text{(VCR)}$$

$$u_L=L\frac{\mathrm{d}i_L}{\mathrm{d}t} \quad 及 \quad i_L(0^+)=I_0 \qquad \text{(VCR)}$$

可得一阶常系数线性齐次微分方程为

$$\begin{cases}\dfrac{L}{R}\dfrac{\mathrm{d}i_L}{\mathrm{d}t}+i_L=0 & t>0 \quad (5\text{-}31)\\ i_L(0^+)=I_0 & \quad (5\text{-}32)\end{cases}$$

齐次微分方程解的形式为

$$i_L(t)=B\mathrm{e}^{St} \quad t>0 \qquad (6\text{-}33)$$

其中 S 为特征方程 $\frac{L}{R}S+1=0$ 的根，因此得

$$S=S_1=-\frac{R}{L}$$

待定常数 B 由初始条件确定，用 $t=0^+$ 代入式（6-33），得

$$i_L(0^+)=Be^{St}\mid_{t=0^+}=I_0$$

得
$$B=I_0$$

于是，可解得电感电流的零输入响应为

$$i_L(t)=I_0e^{-\frac{R}{L}t}\quad t>0$$

由于电感电流在换路瞬间连续，表达式的时间定义可延伸至原点，即

$$i_L(t)=I_0e^{-\frac{R}{L}t}\quad t\geqslant 0 \tag{6-34}$$

电感电压为

$$u_L(t)=L\frac{di_L}{dt}=-RI_0e^{-\frac{R}{L}t}\quad t>0 \tag{6-35}$$

电阻电压为
$$u_R(t)=Ri_L=RI_0e^{-\frac{R}{L}t}\quad t>0 \tag{6-36}$$

与电感电流不同的是，$u_L(t)$、$u_R(t)$ 在 $t=0$ 处发生了跳变。其波形分别如图 6-22 所示。

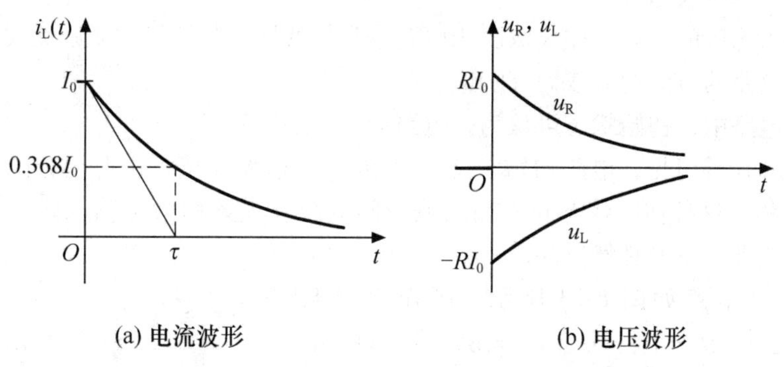

图 6-22　RL 零输入电路的电压、电流波形

与 RC 零输入电路类似，RL 零输入电路各变量也具有相同的变化规律，即都是以自己的初始值为起点，按同样的指数规律 $e^{-\frac{R}{L}t}$ 衰减到 0。衰减的快慢取决于固有频率 $S_1=-\frac{R}{L}$。令

$$\tau=\frac{L}{R}=GL \tag{6-37}$$

τ 称为 RL 电路的时间常数，当 L 单位为亨，R 单位为欧时，τ 的单位为秒。显然，零输入响应的衰减快慢也可用 τ 来衡量。τ 越大，衰减得越慢。这是因为在一定的初始值情况下，L 越大，电感储存的磁场能量越多，而 R 越小，消耗能量越少，电流下降越慢。反之，则衰减得越快。

在整个放电过程中，电阻 R 消耗的总能量为

$$w_R=\int_{0^+}^{\infty}Ri_L^2dt=RI_0^2\int_{0^+}^{\infty}e^{-2\frac{R}{L}t}dt=\frac{1}{2}LI_0^2$$

其值恰好等于电感的初始储能。可见，电感的储能在放电过程中全部被电阻耗尽。这是符合能量守恒定律的。

RL 电路时间常数 τ 的其他描述完全类似于 RC 电路的情况。

6.3.3 一阶电路零输入响应的一般公式

电路的零输入响应是在输入为 0 时，由非零初始状态引起的。从前面 RC、RL 零输入电路分析中可以看出，零输入响应取决于电路的初始状态和电路本身特性（电路结构、元件参数），而电路特性是由时间常数 τ 体现的。因此，在求解该响应时，必须掌握电容电压或电感电流的初始值，以及电路的时间常数。零输入响应过程就是动态元件放电的过程，由于在放电过程中，电阻在消耗能量，所以零输入响应均是以其初始值为起点按指数 $e^{-\frac{1}{\tau}t}$ 的规律衰减至 0。这一规律可以进一步推广，也就是不论一阶电路的结构和参数如何，零输入响应的形式均可以表示为

$$r_{zi}(t)=r_{zi}(0^+)e^{-\frac{t}{\tau}} \quad t>0 \tag{6-38}$$

式中 $r_{zi}(t)$ 为一阶电路任意需求的零输入响应；初始值 $r_{zi}(0^+)$ 反映了电路初始状态的影响；时间常数 τ 则体现了电路的固有特征。

由式（6-38）可知，只要确定 $r_{zi}(0^+)$ 和 τ，无须列写和求解电路的微分方程，就可写出需求的零输入响应表达式。

由于零输入响应的变化规律仅取决于电路本身的特性，与外界的激励无关。所以，零输入响应又称为电路的自然响应或固有响应。

在零输入电路中，初始状态可认为是电路的内激励。从式（6-29）、式（6-34）、式（6-35）和式（6-36）等可见，电路初始状态（U_0 或 I_0）增大 K 倍，由此引起的零输入响应也相应地增大 K 倍。这种初始状态和零输入响应间的线性关系称为零输入线性，它是线性电路激励与响应线性关系的必然反映。

【例 6-7】 电路如图 6-23 所示，已知 $R_1=4\Omega$，$R_2=8\Omega$，$R_3=3\Omega$，$R_4=1\Omega$，$u_C(0^-)=6V$，$t=0$ 时开关闭合。试求开 S 闭合后的 $u_C(t)$ 和 $u_{ab}(t)$。

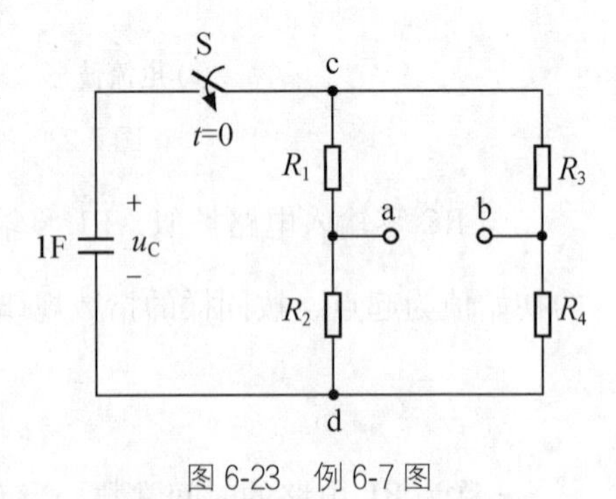

图 6-23 例 6-7 图

解 （1）$t=0^+$ 时由换路定则得

$$u_C(0^+)=u_C(0^-)=6V$$

（2）先求出 c、d 端右边网络的等效电阻，再求时间常数。

$$R_{cd}=\frac{(4+8)(3+1)}{(4+8)+(3+1)}=3\Omega$$

故 $\tau=R_{cd}C=3\times1=3s$

（3）代入式（6-38），得

$$u_C(t)=u_C(0^+)e^{-\frac{t}{\tau}}=6e^{-\frac{t}{3}}V \quad t\geq0$$

$$u_{ab}(t)=\frac{R_2}{R_1+R_2}u_C(t)-\frac{R_4}{R_3+R_4}u_C(t)=2.5e^{-\frac{t}{3}}V, \quad t>0$$

6.4　一阶电路的零状态响应

当动态电路的初始状态为 0，仅由外激励引起的响应就是零状态响应。本节只讨论一阶电路在恒定激励（直流）作用下的零状态响应。

6.4.1　RC 电路的零状态响应

电路如图 6-24 所示。$t<0$ 时，开关 S 在位置 1，电路已经处于稳态，即电容的初始状态 $u_C(0^-)=0$；当 $t=0$ 时，开关 S 由位置 1 倒向位置 2。根据换路定则，$u_C(0^+)=u_C(0^-)=0$，即 $t=0^+$ 时刻电容相当于短路，由 KVL 可知，电源电压 U_S 全部施加于电阻 R 两端，此时刻电流达到最大值，$i(0^+)=\dfrac{U_S}{R}$。随着充电的进行，电容电压逐渐升高，充电电流逐渐减小，直到 $u_C=U_S$，$i=0$，充电过程结束。电容相当于开路，电路进入稳态。

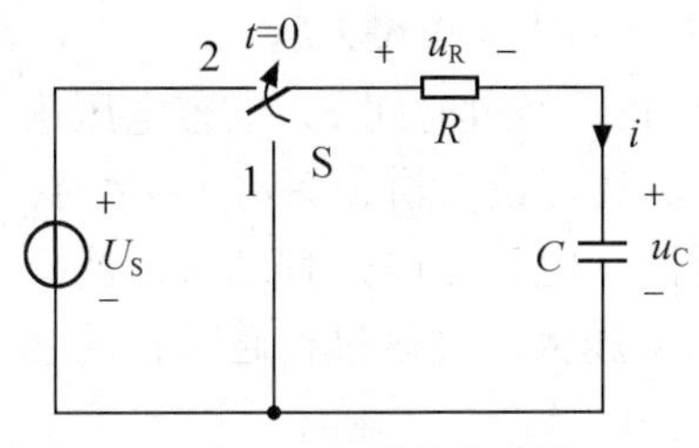

图 6-24　RC 零状态电路

下面对图 6-24 所示电路进行定量的数学分析。

换路后，由 KVL 可得

$$u_R+u_C=U_S \quad t>0$$

把元件伏安关系 $u_R=Ri$，$i=C\dfrac{\mathrm{d}u_C}{\mathrm{d}t}$代入上式，得一阶常系数线性非齐次微分方程为

$$RC\frac{\mathrm{d}u_C}{\mathrm{d}t}+u_C=U_S \quad t>0 \tag{6-39}$$

$$u_C(0^+)=0 \tag{6-40}$$

由高等数学可知，该微分方程的完全解由相应的齐次方程的通解 u_{Ch}和非齐次方程的特解 u_{Cp}两部分组成，即

$$u_C(t)=u_{Ch}(t)+u_{Cp}(t)$$

式（6-39）微分方程的齐次方程与式（6-25）相同，通解为

$$u_{Ch}(t)=A\mathrm{e}^{-\frac{1}{RC}t} \quad t>0 \tag{6-41}$$

非齐次微分方程的特解由外激励强制建立，通常与外激励有相同的函数形式。当激励为直流时，其特解为常量，设 $u_{Cp}(t)=K$，代入式（6-39）得

$$RC\frac{\mathrm{d}K}{\mathrm{d}t}+K=U_S$$

解得

$$K=U_S$$

故特解为　$u_{Cp}(t)=U_S$

在直流电压 U_S 激励下，当电路充电结束、电容等效为开路时，电容电压等于电源电压 U_S。可见，该特解等于充电结束后的稳态值，即 $u_{Cp}(t)=U_S=u_C(\infty)$。

于是式（6-39）方程的完全解为

$$u_C(t)=A\mathrm{e}^{-\frac{1}{RC}t}+U_S \quad t>0 \tag{6-42}$$

式中待定常数A由初始条件确定。用$t=0^+$代入式（6-42），得

$$u_C(0^+)=(Ae^{-\frac{1}{RC}t}+U_S)\mid_{t=0^+}=0$$

得 $A=-U_S$

于是得电容电压的零状态响应为

$$\begin{aligned}u_C(t)&=-U_Se^{-\frac{1}{RC}t}+U_S\\&=U_S(1-e^{-\frac{1}{RC}t})\quad t\geqslant0\\&=U_S(1-e^{-\frac{1}{\tau}t})\quad t\geqslant0\end{aligned}\tag{6-43}$$

式中$\tau=RC$为电路的时间常数。当$t=\tau$时，得$u_C(\tau)=U_S(1-e^{-1})=0.632\ U_S$。

可见，在充电过程中，电容电压由0随时间按指数规律增长，经过时间τ，电容电压达0.632 U_S，最后趋于稳定值U_S。其波形如图6-25（a）所示。从理论上讲，只有$t\to\infty$时，u_C才能充电到U_S。但在工程上，通常认为经过（4~6）τ时间，电路充电过程结束，从而进入稳定的工作状态。显然，τ的大小决定过渡过程的长短，τ越大，过渡过程越长；反之则越短。

式（6-43）和图6-25（a）表明，电容电压的零状态响应为齐次解u_{Ch}与特解u_{Cp}之和。齐次解$u_{Ch}(t)=-U_S\,e^{-\frac{1}{RC}t}$在经过（4~6）$\tau$时间，可以认为已经衰减结束，所以称之为暂态（或瞬态）分量。该分量的初始值以及之后的瞬时值与输入U_S有关，但其随时间变化的规律，也就是其响应的模式只取决于电路的时间常数τ，而时间常数仅由电路结构和元件参数决定，与输入无关。因此，该分量反映了电路本身特性，也称其为固有响应分量或自然响应分量。特解u_{Cp}（t）$=U_S=u_C$（∞）为电路趋于稳定后的响应，称为稳态响应分量。特解与激励形式相同，是输入电源强迫其电压达到的规定值，所以也称为强制响应分量。

充电电流可根据电容的VCR求得

$$i(t)=C\frac{du_C}{dt}=\frac{U_S}{R}e^{-\frac{1}{RC}t}\quad t>0\tag{6-44}$$

其波形如图6-25（b）所示。

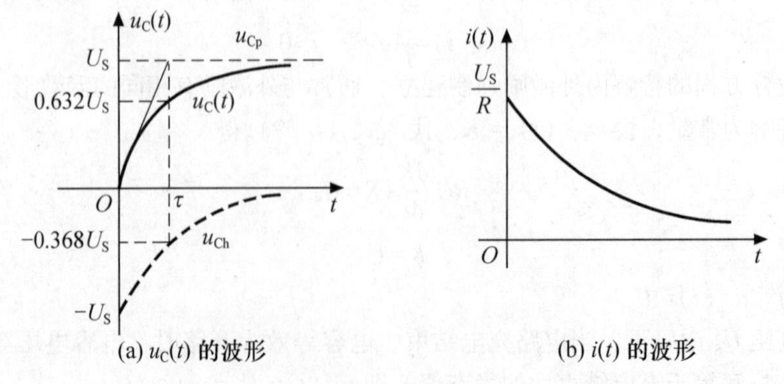

图6-25 RC零状态电路$u_C(t)$和$i(t)$的波形

在整个充电过程中，电阻R消耗的总能量为

$$w_R = \int_{0^+}^{\infty} i^2 R\mathrm{d}t = \int_{0^+}^{\infty} R\left(\frac{U_S}{R}\right)^2 \mathrm{e}^{-\frac{2}{RC}t}\mathrm{d}t$$

$$= \left(-\frac{RC}{2}\cdot\frac{U_S^2}{R}\mathrm{e}^{-\frac{2}{RC}t}\right)\Bigg|_{0^+}^{\infty} = \frac{1}{2}CU_S^2$$

与充电结束时电容所存储的电场能量相同。可见不论电阻 R 和电容 C 为何值，充电效率仅为 50%。

6.4.2　RL 电路的零状态响应

RL 零状态电路如图 6-26 所示，$t<0$，开关 S 闭合，电路已经稳定，即电感的初始状态 $i_L(0^-)=0$。当 $t=0$ 时，开关 S 打开，根据换路定则，$i_L(0^+)=i_L(0^-)=0$，对于换路后的电路，由 KCL 可得

$$i_R+i_L=I_S \quad t>0$$

把元件伏安关系 $i_R=u/R$，$u=L\frac{\mathrm{d}i_L}{\mathrm{d}t}$代入上式，得到一阶常系数线性非齐次微分方程为

$$\frac{L}{R}\frac{\mathrm{d}i_L}{\mathrm{d}t}+i_L=I_S,\quad t>0 \tag{6-45}$$

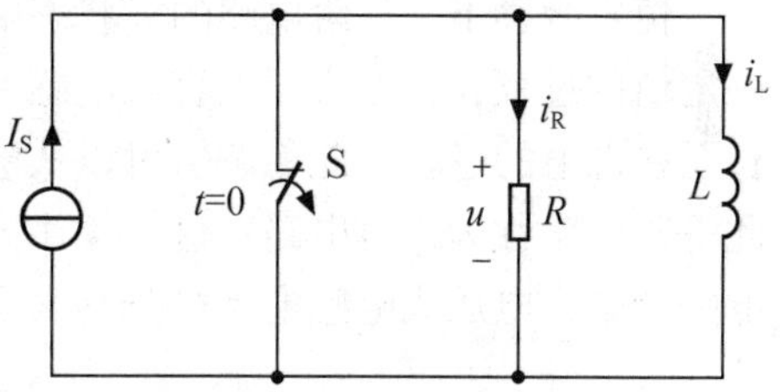

图 6-26　RL 零状态电路

$$i_L(0^+)=0 \tag{6-46}$$

与 RC 电路零状态响应类似，电感电流的完全解也由齐次解和特解构成。

$$i_L(t)=i_{Lh}(t)+i_{Lp}(t)$$

其中　$i_{Lh}(t)=B\mathrm{e}^{-\frac{R}{L}t}$，　$t>0$

设　$i_{Lp}(t)=K$

代入式（6-45）得

$$K=I_S$$

于是式（6-45）方程的完全解为

$$i_L(t)=B\mathrm{e}^{-\frac{R}{L}t}+I_S,t>0 \tag{6-47}$$

式中待定常数 B 由初始条件确定，用 $t=0^+$代入式（6-47），得

$$i_L(0^+)=(B\mathrm{e}^{-\frac{1}{RC}t}+I_S)\mid_{t=0^+}=0$$

得　$B=-I_S$

于是电感电流的零状态响应为

$$i_L(t)=I_S(1-\mathrm{e}^{-\frac{R}{L}t})\quad t\geqslant 0$$

$$=I_S(1-\mathrm{e}^{-\frac{1}{\tau}t})\quad t\geqslant 0 \tag{6-48}$$

式中 $\tau=L/R$ 为电路的时间常数。

$$u(t)=L\frac{\mathrm{d}i_L}{\mathrm{d}t}=RI_S\mathrm{e}^{-\frac{R}{L}t}\quad t>0 \tag{6-49}$$

其波形如图 6-27 所示。

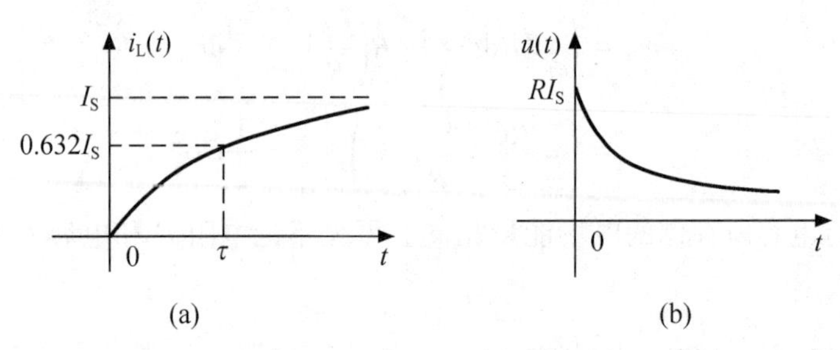

图 6-27　RL 零状态电路的 $i_L(t)$ 和 $u(t)$ 的波形

6.4.3　一阶电路电容电压、电感电流零状态响应的一般公式

恒定激励下，一阶电路的零状态响应过程，实质上是动态元件的储能由零逐渐增长到某一定值的过程，也是表征电容或电感储能状态的状态变量 u_C 或 i_L 从零值按指数规律逐渐增长至稳态值的过程。此稳态值可以从电容相当于开路、电感相当于短路的等效电路来求取，此等效电路称为终值电路。这一规律同样适合于其他结构和参数的一阶电路，即一阶零状态电路的电容电压或电感电流可分别表示为

$$u_{Czs}(t)=u_C(\infty)(1-e^{-\frac{1}{\tau}t})\quad t\geqslant 0 \tag{6-50}$$

$$i_{Lzs}(t)=i_L(\infty)(1-e^{-\frac{1}{\tau}t})\quad t\geqslant 0 \tag{6-51}$$

式中稳态值 $u_C(\infty)$、$i_L(\infty)$ 简称为终值，可以从终值电路中求取；电路的时间常数 $\tau=RC$ 或 $\tau=L/R$。其中 R 为动态元件所接电阻网络戴维南等效电路的等效电阻。

由式（6-50）和式（6-51）可知，只要确定了 $u_C(\infty)$ 或 $i_L(\infty)$ 和 τ，无须列写和求解电路的微分方程，就可写出电容电压或电感电流的零状态响应表达式。

由式（6-43）、式（6-44）、式（6-48）和式（6-49）可见，当激励（U_S 或 I_S）增大 K 倍，零状态响应也相应增大 K 倍。若电路有多个激励，则响应是每个激励分别作用时产生响应的代数和。这种关系称为零状态线性。它是线性电路中齐次性和可加性在零状态电路中的反映。

【例 6-8】　电路如图 6-28（a）所示，电路原已处于稳态，$t=0$ 时开关 S 闭合，试求 $t>0$ 时的 $i_L(t)$。

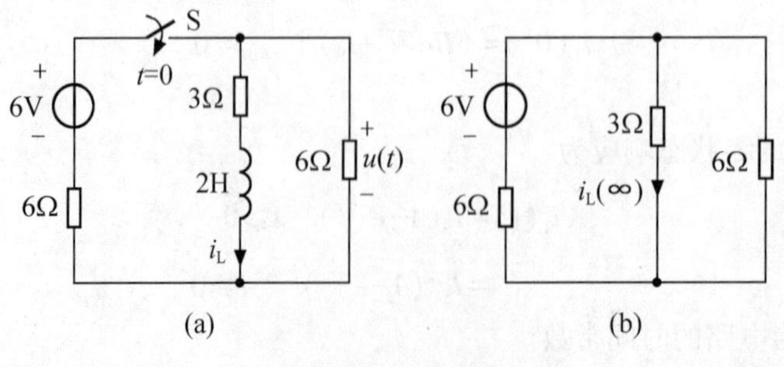

图 6-28　例 6-8 图

解　（1）$t<0$ 时，电感无电流，$i_L(0^-)=0$，由换路定则，$i_L(0^+)=i_L(0^-)=0$。

因此所求响应为零状态响应。由式（6-51）可知，只要确定 $i_L(\infty)$ 和 τ，就能确定零

状态响应 $i_L(t)$。

（2）$t\to\infty$时，电感相当于短路，画出终值电路如图 6-28（b）所示，求得

$$i_L(\infty)=\frac{6}{6+3//6}\cdot\frac{6}{3+6}=\frac{6}{8}\cdot\frac{2}{3}=0.5\text{A}$$

（3）由图 6-28（a），电感所接电阻网络的等效电阻为

$$R=3+6//6=6\Omega$$

时间常数

$$\tau=\frac{L}{R}=\frac{1}{3}\text{s}$$

（4）代入式（6-51），得

$$i_L(t)=0.5(1-\text{e}^{-3t})\text{A}\quad t\geqslant 0$$

6.5　一阶电路的全响应

在非零初始状态下，由外激励（仍限于直流激励）和初始状态共同引起的响应称为全响应。从电路换路后的能量来源可以推论：电路的全响应必然是其零输入响应与零状态响应的叠加。

一阶 RC 电路如图 6-29 所示，开关 S 未闭合前，电容初始状态为 $u_C(0^-)=U_0$；$t=0$ 时，开关 S 闭合，电路与直流电压 U_S 接通。因此，换路后的电路响应就是全响应。以电容电压为响应变量，可得一阶 RC 电路全响应的微分方程为

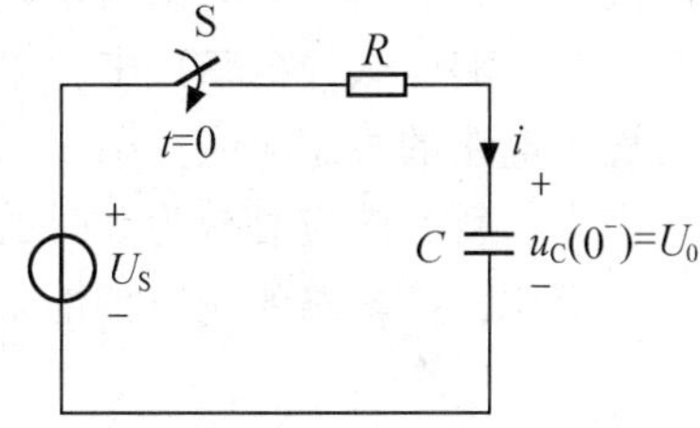

图 6-29　RC 全响应电路

$$RC\frac{\text{d}u_C}{\text{d}t}+u_C=U_S\quad t>0 \tag{6-52}$$

$$u_C(0^+)=U_0 \tag{6-53}$$

可见，全响应的微分方程式（6-52）与零状态电路方程式（6-39）相同，因此，求解全响应的过程与求解零状态响应相同，差别仅在于式（6-53）表示的初始条件与式（6-40）不同。故有　$u_C(t)=u_{Ch}(t)+u_{Cp}(t)$

式中，$u_{Ch}(t)=A\text{e}^{-\frac{1}{RC}t}$，$u_{Ch}(t)=U_S$，于是

$$u_C(t)=A\text{e}^{-\frac{1}{RC}t}+U_S \tag{6-54}$$

式中待定常数 A 由初始条件确定。用 $t=0^+$ 代入式（6-54），得

$$u_C(0^+)=A+U_S=U_0$$

得　$A=U_0-U_S$

于是，电容电压的全响应为

$$u_C(t)=(U_0-U_S)\text{e}^{-\frac{1}{RC}t}+U_S\quad t\geqslant 0 \tag{6-55}$$

在全响应式（6-55）中，第一项（即齐次解）的函数形式由特征根确定，而与激励的函数形式无关（它的系数与激励有关），为固有响应或自然响应分量。第二项（即特解）与激励具有相同的函数形式，为强制响应分量。

可见，按电路的响应形式来分，全响应可分解为

全响应=固有响应(自然响应)+强制响应

图 6-30 分别画出了 $U_0< U_S$ 和 $U_0>U_S$ 两种情况下，u_C（t）及各个分量的波形。

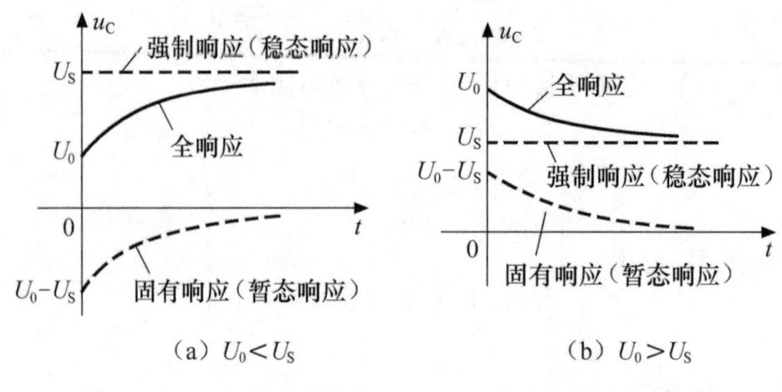

图 6-30　RC 全响应电压 $u_C(t)$及各个分量波形

由图 6-30 可知，$U_0< U_S$ 时电容充电；$U_0>U_S$ 时，电容放电；$U_0=U_S$ 时，电路换路后立即进入稳态。可见只有电路初始值和终值不同时，才会有过渡过程。

在全响应式（6-55）中，第一项按指数规律衰减，当 $t\to\infty$时，该分量将衰减至 0，故又称为电路的暂态响应。第二项在任何时刻都保持稳定，故又称为稳态响应，它是 t 趋近于无穷大、暂态响应衰减为 0 时的电容电压的稳态响应分量 $u_C(\infty)$。

因此，按电路的响应特性来分，全响应可分解为

全响应=暂态响应+稳态响应

将式（6-55）重新整理，可表示为

$$u_C(t)=U_0e^{-\frac{1}{RC}t}+U_S(1-e^{-\frac{1}{RC}t})\quad t\geqslant 0 \tag{6-56}$$

（零输入响应）（零状态响应）

$$=u_{Czi}(t)+u_{Czs}(t)$$

式中第一项是外激励 $U_S=0$ 时，由初始状态 $u_C(0^-)=U_0$ 产生的零输入响应；第二项是初始状态 $u_C(0^-)=0$ 时，由外激励 U_S 产生的零状态响应。式（6-56）说明动态电路的全响应符合线性的叠加定理，即

全响应=零输入响应+零状态响应

在换路后恒定激励且 $R>0$ 的情况下，一阶电路的固有响应就是暂态响应，强制响应就是稳态响应。

6.6　一阶电路的三要素法

从自由落体运动的角度去思考三要素公式

前面几节主要以电容电压和电感电流这两个状态变量为分析对象，分析了零输入响应和零状态响应，并指出全响应是零输入响应和零状态响应的叠加。本节介绍的三要素法是一种能直接计算一阶电路的简便方法，它可用于求解任一变量的零输入响应、零状态响应和全响应。

6.6.1　三要素公式

在线性时不变一阶电路中，设 $t=0$ 时换路。换路后电路任一响应与激励之间的关系都可用一个一阶常系数线性微分方程来描述，其一般形式为

$$\frac{\mathrm{d}r(t)}{\mathrm{d}t}+ar(t)=bw(t) \quad t>0 \tag{6-57}$$

其中 $r(t)$ 为电路的任一响应，$w(t)$ 是与外激励有关的时间 t 的函数，a、b 为实常数。响应 $r(t)$ 的完全解为该微分方程相应的齐次方程的通解与非齐次方程特解之和。即响应 $r(t)$ 为

$$r(t)=r_{\mathrm{h}}(t)+r_{\mathrm{p}}(t) \quad t>0 \tag{6-58}$$

其中 $r_{\mathrm{h}}(t)=A\mathrm{e}^{-\frac{1}{\tau}t}$，$r_{\mathrm{p}}(t)$ 的形式由外激励决定。得

$$r(t)=r_{\mathrm{p}}(t)+A\mathrm{e}^{-\frac{1}{\tau}t} \tag{6-59}$$

设响应的初始值为 $r(0^+)$，将 $t=0^+$ 代入上式，得

$$r(0^+)=A+r_{\mathrm{p}}(0^+)$$

得

$$A=r(0^+)-r_{\mathrm{p}}(0^+) \tag{6-60}$$

将式（6-60）代入式（6-59），得

$$r(t)=r_{\mathrm{p}}(t)+[r(0^+)-r_{\mathrm{p}}(0^+)]\mathrm{e}^{-\frac{1}{\tau}t} \quad t>0 \tag{6-61}$$

式（6-61）为求取一阶电路任意激励下任一响应的公式，式中 $r_{\mathrm{p}}(0^+)$ 为非齐次方程特解或强制响应在 $t=0^+$ 时的值。

当换路后在恒定激励作用下，式（6-61）中非齐次方程特解 $r_{\mathrm{p}}(t)$ 为常数，即为响应的稳态值 $r(\infty)$。显然有 $r_{\mathrm{p}}(t)=r(\infty)=r_{\mathrm{p}}(0^+)$，故式（6-61）可表示为

$$r(t)=r(\infty)+[r(0^+)-r(\infty)]\mathrm{e}^{-\frac{1}{\tau}t} \quad t>0 \tag{6-62}$$

式中 $r(0^+)$、$r(\infty)$ 和 τ 分别代表响应的初始值、稳态值（也称终值）和时间常数，称为恒定激励下一阶电路响应的三要素。式（6-62）表明，恒定激励下一阶电路任一响应由三要素确定，只要求出这三个要素，就能确定响应的表达式，而不用求解微分方程。这种直接根据式（6-62）求解恒定激励下一阶电路响应的方法称为三要素法。相应地式（6-62）则称为三要素公式。

三要素公式适用于恒定激励下一阶电路任意支路的电流或任意两端的电压，而且不仅适用于计算全响应，还适用于求解零输入响应和零状态响应。

如果换路时刻为 $t=t_0$，则式（6-62）为

$$r(t)=r(\infty)+[r(t_0{}^+)-r(\infty)]\mathrm{e}^{-\frac{1}{\tau}(t-t_0)} \quad t>t_0$$

6.6.2　三要素法的计算步骤

三要素法可按下列步骤进行，其中三要素的求法在前面已分别做了讨论，下面进行归纳说明。

（1）初始值 $r(0^+)$。

设换路时刻 $t=0$，且换路前电路已稳定。此时，$\frac{\mathrm{d}u_{\mathrm{C}}}{\mathrm{d}t}=0$，即 $i_{\mathrm{C}}=0$，或 $\frac{\mathrm{d}i_{\mathrm{L}}}{\mathrm{d}t}=0$，即 $u_{\mathrm{L}}=0$。

因此，将电容元件视作开路，将电感元件视作短路，画出 $t=0^-$ 时刻的等效电路，用电阻电路方法求出初始状态 $u_C(0^-)$ 或 $i_L(0^-)$。然后根据换路定则，求得 $u_C(0^+)=u_C(0^-)$ 或 $i_L(0^+)=i_L(0^-)$。再将电容元件用电压为 $u_C(0^+)$ 的直流电压源替代，电感元件用电流为 $i_L(0^+)$ 的直流电流源替代，得出 $t=0^+$ 时刻的初始值等效电路，用电阻电路分析方法求出任一需求的初始值 $r(0^+)$。

（2）稳态值 $r(\infty)$。

电路在 $t\to\infty$ 时达到新的稳态，将电容元件视作开路，将电感元件视作短路，这样可作出稳态电路，求得任一变量的稳态值 $r(\infty)$。

（3）时间常数 τ。

将换路后电路中的动态元件（电容或电感）从电路中取出，求出剩余电路的戴维南（或诺顿）等效电路的电阻 R_0，也就是说 R_0 等于电路中独立源置零时，从动态元件两端看进去的等效电阻。对于 RC 电路，则 $\tau=R_0C$，对于 RL 电路，则 $\tau=L/R_0$。

（4）将初始值 $r(0^+)$、稳态值 $r(\infty)$ 和时间常数 τ 代入三要素公式（6-62），写出响应 $r(t)$ 的表达式，这里 $r(t)$ 泛指任一电压或电流。

【例 6-9】 电路如图 6-31（a）所示，$t=0$ 时，开关 S 由 1 倒向 2，开关换路前电路已经稳定。试求 $t>0$ 时的响应 $i(t)$，并画出其波形。

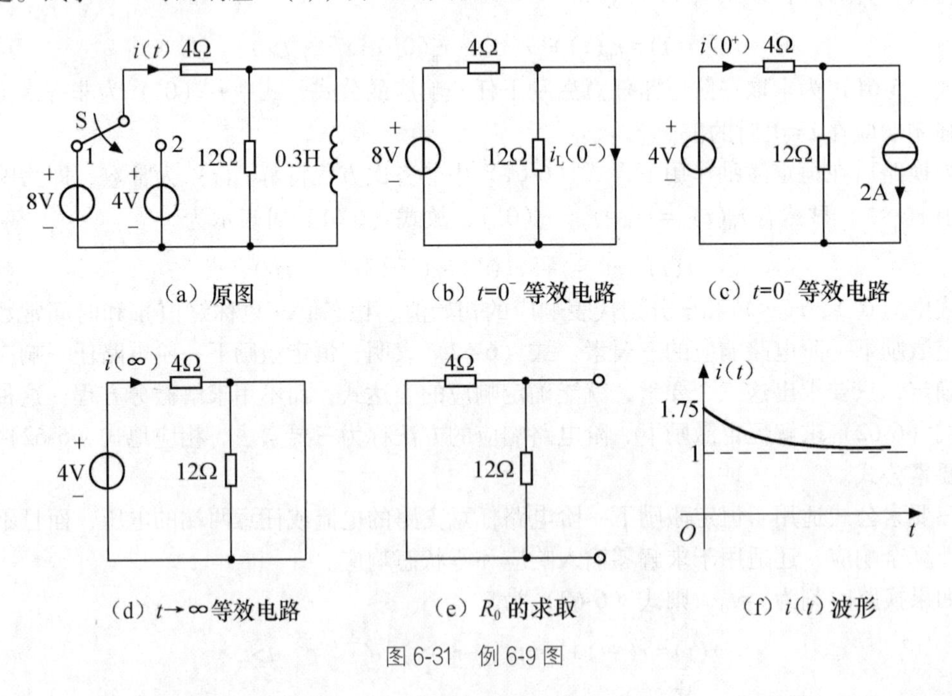

图 6-31 例 6-9 图

解 （1）求取 $i(0^+)$。

首先求取 $i_L(0^-)$，已知开关 S 换路前电路已经稳定，则电感相当于短路，得 $t=0^-$ 的等效电路，如图 6-31（b）所示，得

$$i_L(0^-)=2\text{A}$$

然后应用换路定则，$i_L(0^+)=i_L(0^-)=2\text{A}$，换路后 $t=0^+$ 的等效电路，如图 6-31（c）所示，由叠加定理得

$$i(0^+)=\frac{1}{4}+2\times\frac{12}{16}=1.75\text{A}$$

（2）求取 $i(\infty)$。

$t\to\infty$时，电路达到新的稳定，电感相当于短路，得 $t\to\infty$的等效电路如图 6-31（d）所示，得

$$i(\infty)=1\text{A}$$

（3）求取 τ。

动态元件所接电阻电路如图 6-31（e）所示，得

$$R_0=4//12=3\Omega$$

$$\tau=\frac{L}{R_0}=\frac{0.3}{3}=0.1\text{s}$$

（4）将三要素代入公式（6-62），得

$$i(t)=1+[1.75-1]\text{e}^{-10t}=1+0.75\text{e}^{-10t}\text{A}\quad t>0$$

$i(t)$ 波形图如图 6-31（f）所示。

【例 6-10】　电路如图 6-32（a）所示，$t=0$ 时开关 S 合上，开关 S 合上前电路已经稳定。试求 $t>0$ 的 $u_C(t)$ 和 $i(t)$。

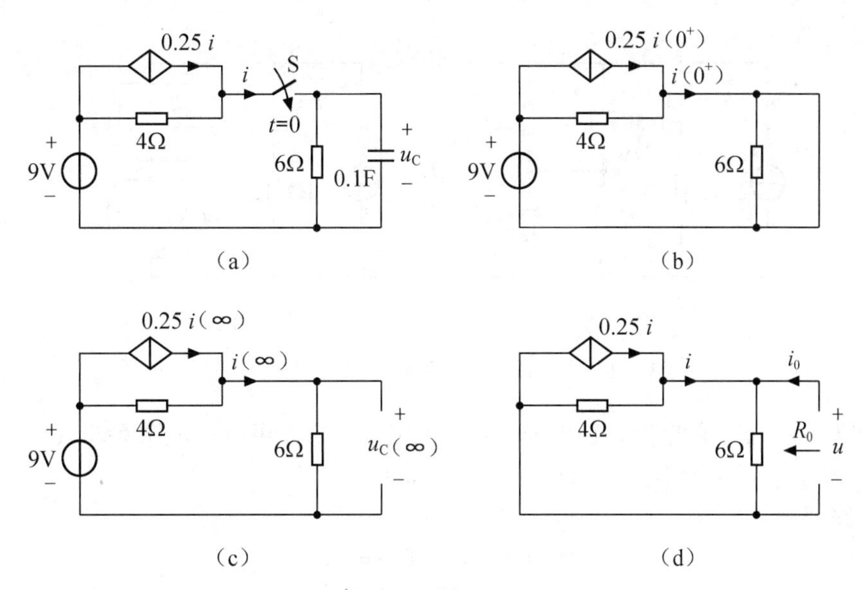

图 6-32　例 6-10 图

解　（1）求取 $u_C(0^+)$，$i(0^+)$

由于开关 S 合上前电路已经稳定，因此 $u_C(0^-)=0$，即电路为零状态电路。由换路定则得 $u_C(0^+)=u_C(0^-)=0$，作 $t=0^+$等效电路如图 6-32（b）所示，则 4Ω 电阻上的电压等于电源电压，得

$$4[i(0^+)-0.25i(0^+)]=9\text{V}$$

解得　$i(0^+)=3\text{ A}$

（2）求取 $u_C(\infty)$、$i(\infty)$

$t\to\infty$时，电路已经稳定，电容相当于开路，得 $t\to\infty$时的等效电路如图 6-32（c），列回

路方程得

$$4[i(\infty)-0.25i(\infty)]+6\,i(\infty)=9\text{V}$$

求得 $i(\infty)=1\text{A}$

$$u_C(\infty)=6\,i(\infty)=6\text{V}$$

（3）求取 τ

动态元件所接电阻网络如图6-32（d）所示，采用加压求流法，得

$$u=6(i+i_0)$$

$$u=4(0.25i-i)$$

联立以上两式，可得 $u=2i_0$

即 $R_0=u/i_0=2\Omega$，则

$$\tau=R_0C=0.2\text{s}$$

（4）最后，代入三要素公式，得

$$u_C(t)=6(1-e^{-5t})\text{V}\quad t>0$$

$$i(t)=1+[3-1]e^{-5t}=1+2e^{-5t}\text{A}\quad t>0$$

【例6-11】 电路如图6-33（a）所示，已知 $u_C(0^-)=1\text{V}$，$i_L(0^-)=2\text{A}$，$t=0$ 时开关S由位置1倒向位置2，求 $t>0$ 时的响应 $u(t)$。

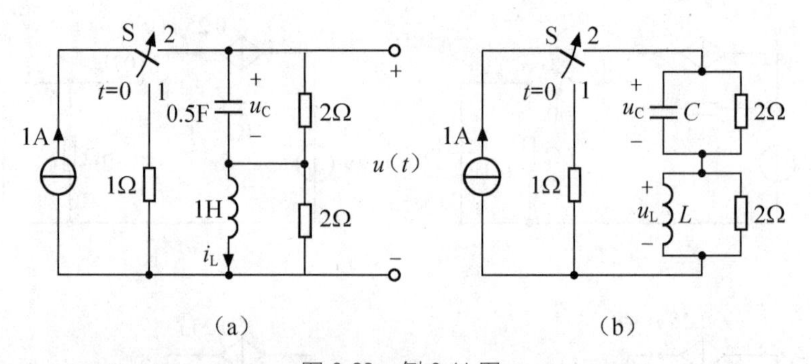

图6-33 例6-11图

解 此电路并非一阶电路，但电源是理想电流源，原图可改画成图6-33（b）。换路后，RC、RL两部分电路可分别计算。显然有 $u(t)=u_C(t)+u_L(t)$。

RC电路部分

$$u_C(0^+)=u_C(0^-)=1\text{V}$$

$$u_C(\infty)=2\text{V}$$

$$\tau_1=RC=1\text{ s}$$

$$u_C(t)=2-e^{-t}\text{V}\quad t>0$$

RL电路部分

$$i_L(0^+)=i_L(0^-)=2\text{A}$$

$$u_L(0^+)=-2\text{V}$$

$$u_L(\infty)=0$$

$$\tau_2=\frac{L}{R_0}=\frac{1}{2}\text{s}$$

$$u_L(t)=-2e^{-2t}V \quad t>0$$

所以，$u(t)=2-e^{-t}-2e^{-2t}V \quad t>0$

【例 6-12】　电路如图 6-34（a）所示，已知 $R_1=10\Omega$，$R_2=15\Omega$，$C=0.1F$，$U_S=20V$。开关 S 在位置 a 时电路已稳定，$t=0$ 时开关 S 由位置 a 倒向位置 b，当 $t=2s$ 时，开关 S 由位置 b 倒回位置 a，求 $i_C(t)$ 并画出 $i_C(t)$ 的波形。

解　$t<0$ 时，$u_C(0^-)=0$

$t=0^+$时，$u_C(0^+)=u_C(0^-)=0$

$$i_C(0^+)=\frac{U_S}{R_1}=2A$$

$t=\infty$ 时，$u_C(\infty)=U_S=20V$，$i_C(\infty)=0$

$$\tau_1=R_1C=1s$$

由三要素公式得

$$i_C(t)=2e^{-t}A \quad 0<t<2s$$

$$u_C(t)=20(1-e^{-t})V \quad 0<t<2s$$

$t=2^-$时，$u_C(2^-)=20(1-e^{-2})=17.3V$

$t=2^+$时，由换路定则，$u_C(2^+)=u_C(2^-)=17.3V$，画出 $t=2^+$等效电路如图 6-34（b）所示，得

$$i_C(2^+)=-\frac{u_C(2^+)}{R_1+R_2}=-0.692A$$

$$i_C(\infty)=0$$

$$\tau_2=(R_1+R_2)C=2.5s$$

由三要素公式得

$$i_C(t)=i_C(2^+)e^{-\frac{t-2}{\tau_2}}$$

$$=-0.692e^{-0.4(t-2)}A \quad t>2s$$

$i_C(t)$ 波形如图 6-34（c）所示。

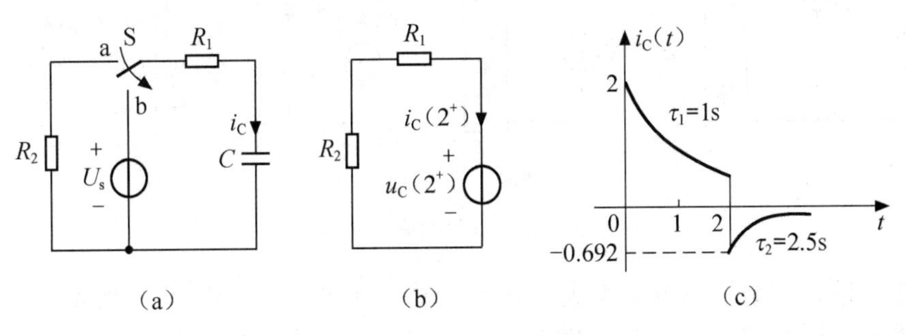

图 6-34　例 6-12 图

第一次换路时电路处于零状态情况，第二次换路时电路处于零输入情况。这两种情况下的响应在本例中都应用三要素公式来计算，因为三要素公式不仅适用于计算全响应，还适用于求解零输入响应和零状态响应。

6.7 一阶电路的阶跃响应

阶跃函数的量纲与单位的研究

6.7.1 单位阶跃函数

在动态电路中，广泛引用阶跃函数来描述电路的激励和响应。单位阶跃函数的定义为：

$$\varepsilon(t)=\begin{cases}0 & t<0\\1 & t>0\end{cases} \tag{6-63}$$

其波形如图6-35（a）所示，在跃变点 $t=0$ 处，函数值未定义。

若单位阶跃函数跃变点在 $t=t_0$ 处，则称其为延迟单位阶跃函数，它可表示为

$$\varepsilon(t-t_0)=\begin{cases}0 & t<t_0\\1 & t>t_0\end{cases} \tag{6-64}$$

其波形如图6-35（b）所示。

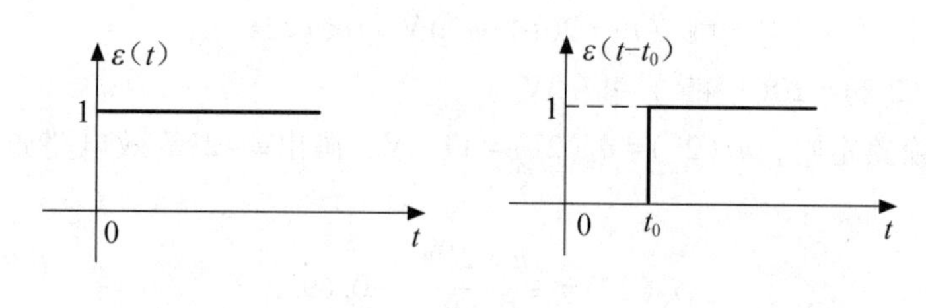

（a）单位阶跃函数　（b）延迟单位阶跃函数

图6-35　阶跃函数

在动态电路中，单位阶跃函数可以用来描述开关S的动作。a 伏的直流电压在 $t=0$ 时施加于电路，用开关表示如图6-36（a）所示，引入阶跃函数后，同一问题可用图6-36（b）来表示，两者是等效的。类似地，图6-36（c）、图6-36（d）也是等效的。

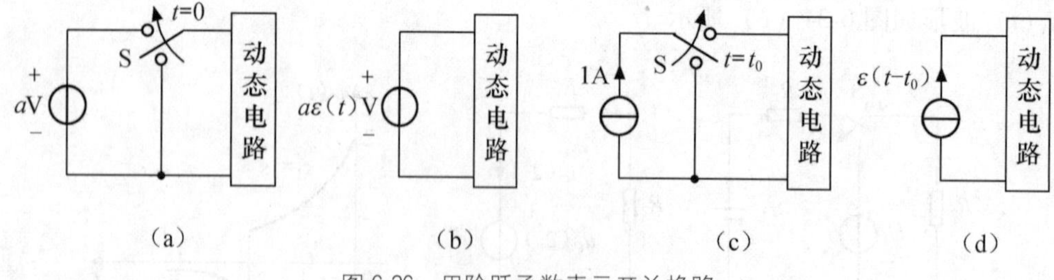

图6-36　用阶跃函数表示开关换路

利用单位阶跃函数可以方便地表示各种信号。例如，图6-37（a）所示的矩形脉冲信号，可以看成是图6-37（b）、图6-37（c）所示的两个阶跃函数的叠加。即

$$f(t)=A\varepsilon(t)-A\varepsilon(t-t_0)$$

图6-38（a）、图6-38（b）和图6-38（c）所示的信号分别表示为

$$f_1(t)=-\varepsilon(t)+3\varepsilon(t-1)-2\varepsilon(t-2)$$

$$f_2(t)=t[\varepsilon(t)-\varepsilon(t-1)]$$

$$f_3(t)=\sin t\varepsilon(t)$$

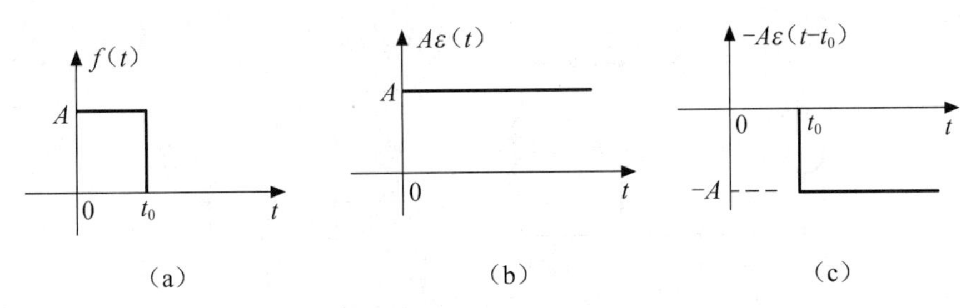

图 6-37　矩形脉冲的分解

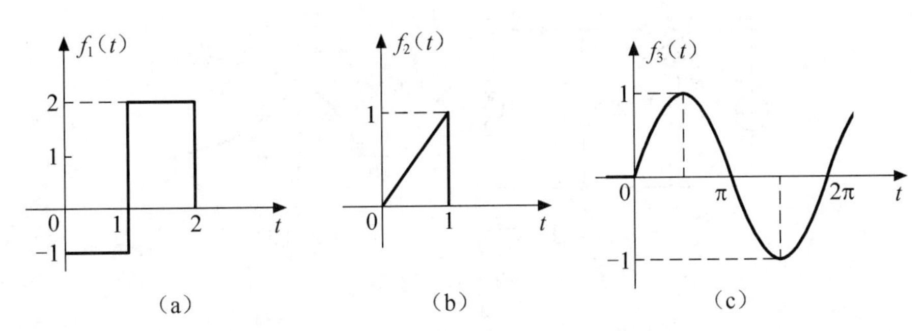

图 6-38　利用阶跃函数表示各种分段信号

可见，用阶跃函数来表示分段信号很简洁。

6.7.2　一阶电路的阶跃响应

零状态电路在单位阶跃信号作用下的响应称为单位阶跃响应，用 $s(t)$ 表示。响应可以是电压，也可以是电流。一阶电路的单位阶跃响应可按直流一阶电路来分析，即可运用三要素法进行分析。

【例 6-13】　求图 6-39（a）所示的电路在图 6-39（b）所示脉冲电流作用下的零状态响应 $i_L(t)$。

解　本例可用两种方法求解。

方法一　将激励视作图 6-39（c）电路开关 S 动作两次。

在 $0<t<1$ 期间，$i_S=2\text{A}$，$i_L(0^+)=i_L(0^-)=0$，求得

$$i_L(\infty)=2\text{A}, \tau=0.5\text{s}$$

由三要素公式得

$$i_L(t)=2(1-e^{-2t})\text{A}\quad 0\leqslant t\leqslant 1$$

在 $t>1$ 期间，电路成为零输入，由换路定则得

$$i_L(1^+)=i_L(1^-)=2(1-e^{-2})\text{A}$$

又　$i_L(\infty)=0$，$\tau=0.5\text{s}$

得　$i_L(t)=2(1-e^{-2})e^{-2(t-1)}\text{A}\quad t>1$

$i_L(t)$ 的波形如图 6-39（d）所示。

方法二 将脉冲电流 $i_S(t)$ 看作是两个阶跃电流之和，即

$$i_S(t)=2\varepsilon(t)-2\varepsilon(t-1)\text{A}$$

求电路的阶跃响应 $s(t)$，得

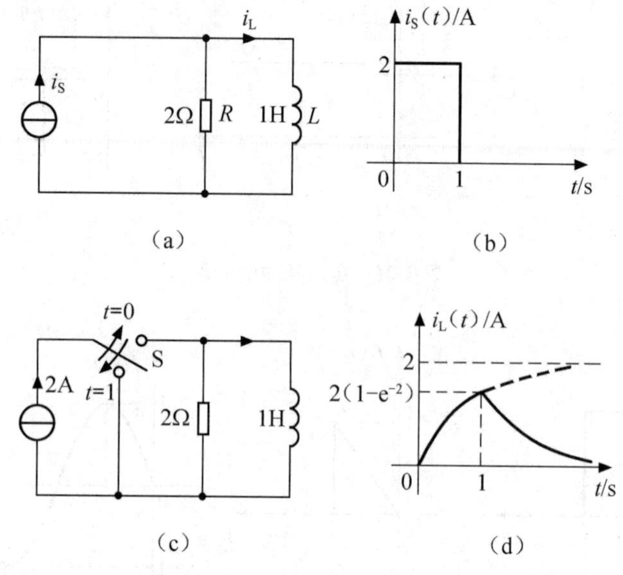

图 6-39　例 6-13 图

$$s(t)=(1-e^{-2t})\varepsilon(t)$$

上式求得的阶跃响应中包含 $\varepsilon(t)$ 因子，故无需在表达式后再注明（$t>0$）。

由电路的零状态线性，可得 $2\varepsilon(t)$ 作用的零状态响应为 $2s(t)$；

再由电路的线性和时不变性，可得 $-2\varepsilon(t-1)$ 作用下的零状态响应为 $-2s(t-1)$。

根据叠加原理，可得 $i_S(t)=2\varepsilon(t)-2\varepsilon(t-1)$ 作用下的零状态响应为 $2s(t)-2s(t-1)$，即

$$i_L(t)=2(1-e^{-2t})\varepsilon(t)-2(1-e^{-2(t-1)})\varepsilon(t-1)\,\text{A}$$

这两种方法计算结果一致。显然方法二的表达要简单。

利用阶跃响应求分段函数作用下的零状态响应，只需计算单位阶跃响应，各延迟阶跃函数激励下的响应可以根据线性和时不变性由单位阶跃响应得到。由于图 6-39（b）所示的分段常量信号可分解为阶跃函数和延迟阶跃函数，根据叠加原理，将各（延迟）阶跃函数分量单独作用于电路的零状态响应相加得到该分段常量信号作用下电路的零状态响应。如果电路的初始状态不为 0，则需再叠加上电路的零输入响应，就可得到该电路在分段常量信号作用下的全响应。单位阶跃响应给分析分段常量信号作用下的一阶电路带来极大方便。

【例 6-14】　电路如图 6-40（a）所示，$u_S(t)$ 波形如图 6-40（b）所示，已知 $u_C(0^-)=2\text{V}$，求 $t>0$ 时的 $i(t)$。

解　由于外激励是分段常量信号，故可以通过阶跃响应求零状态响应，零输入响应单独求取，叠加后得到全响应。

（1）求取零输入响应 $i_{zi}(t)$

令 $u_S(t)=0$。由 $u_C(0^+)=u_C(0^-)=2\text{V}$，可求得

$$i(0^+)=-1\text{A},\ i(\infty)=0,\ \tau=0.2\text{s}$$

由三要素公式得

$$i_{zi}(t)=-e^{-5t}\quad t>0$$

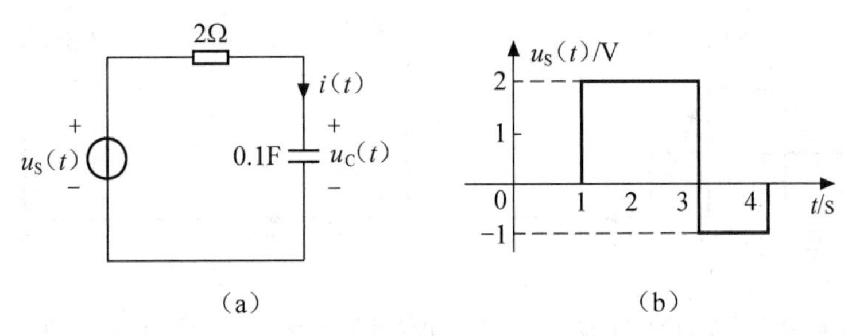

（a）　　　　（b）

图 6-40　例 6-14 图

(2) 求取零状态响应 $i_{zs}(t)$

令 $u_S(t)=\varepsilon(t)$，$u_C(0^-)=0$，由三要素法可求得单位阶跃响应

$$s(t)=0.5e^{-5t}\varepsilon(t)$$

由　$u_S(t)=2\varepsilon(t-1)-3\varepsilon(t-3)+\varepsilon(t-4)$

得　$i_{zs}(t)=2s(t-1)-3s(t-3)+s(t-4)$

$=e^{-5(t-1)}\varepsilon(t-1)-1.5e^{-5(t-3)}\varepsilon(t-3)+0.5e^{-5(t-4)}\varepsilon(t-4)\text{A}$

(3) 叠加求全响应

$i(t)=i_{zi}(t)+i_{zs}(t)=-e^{-5t}+e^{-5(t-1)}\varepsilon(t-1)-1.5e^{-5(t-3)}\varepsilon(t-3)+0.5e^{-5(t-4)}\varepsilon(t-4)\text{A}\quad t>0$

由于 $t<0$ 时不能确定 $i_{zi}(t)$，故零输入响应或非零初始储能的全响应表达式后仍要注明 $(t>0)$。

6.8 一阶电路的冲激响应

6.8.1 单位冲激函数

单位冲激函数 $\delta(t)$ 的工程定义为

$$\delta(t)=\begin{cases}0 & t\neq 0\\ \infty & t=0\end{cases}\quad 和\quad \int_{-\infty}^{\infty}\delta(t)\mathrm{d}t=1 \tag{6-65}$$

单位冲激函数的工程定义反映了它出现时间极短和面积为 1 两个特点。它除在原点以外，处处为 0，并且在 $(-\infty,\infty)$ 时间内的积分，即被积函数 $\delta(t)$ 与横轴 t 围成的面积（称为冲激强度）为 1。直观地看，这一函数可以设想为一列窄脉冲的极限。比如一个矩形脉冲，宽度为 Δ，高度为 $1/\Delta$，在 $\Delta\to 0$ 极限的情况下，它的高度无限增大，但面积始终保持为 1，如图 6-41（a）所示。

可以看出，$\delta(t)$ 不是通常意义下的函数，而是广义函数或称分配函数。单位冲激函数的波形难于用普通方式表达，通常用一个带箭头的单位长度线表示，旁边括号内的 1 表示其强度，如图 6-41（b）所示。如果矩形脉冲的面积不为 1，而是一个常数为 A，则强度为 A 的冲激信号可表示为 $A\delta(t)$。在用图形表示时，可将强度 A 标注在箭头旁边的括号内。

当冲激出现在任一点 $t=t_0$ 处时，其工程定义是

$$\delta(t-t_0)=\begin{cases}0 & t\neq t_0\\ \infty & t=t_0\end{cases}\quad 和\quad \int_{-\infty}^{\infty}\delta(t-t_0)\mathrm{d}t=1 \tag{6-66}$$

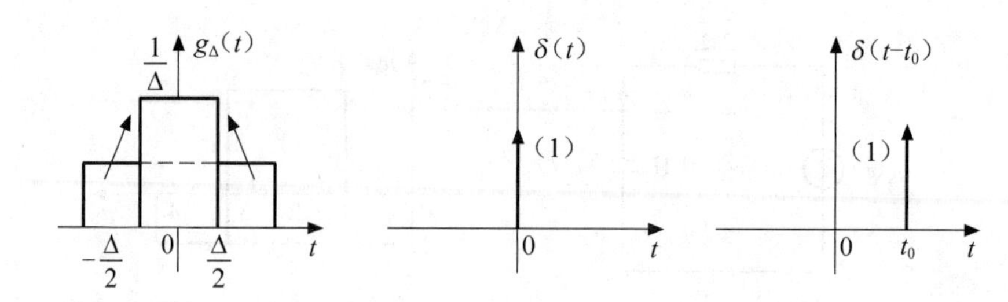

（a）矩形脉冲演变为冲激函数　（b）单位冲激函数　（c）延迟单位冲激函数

图6-41　冲激函数

式（6-66）称为延迟冲激函数，波形如图6-41（c）所示。

在电路中，对非常短暂时间内发生的巨大脉冲电流或脉冲电压，可以用冲激函数来近似地描述它。例如，图6-42（a）所示的电路，已知开关S在$t=0$时闭合，1V的电压源对1F的理想电容进行充电。若$u_C(0^-)=0$，由三要素公式，得

$$i(t)=\frac{1}{R}e^{-\frac{t}{RC}}\varepsilon(t)=\frac{1}{R}e^{-\frac{t}{R}}\varepsilon(t)\ \mathrm{A}$$

随着电阻R的减少，$i(t)$的变化如图6-42（b）所示，波形变得越来越高且窄，但充电电流的积分值（曲线下的面积）等于1不变，即

$$\int_{-\infty}^{\infty}\frac{1}{R}e^{-\frac{t}{R}}\varepsilon(t)\,dt=\int_{0}^{\infty}\frac{1}{R}e^{-\frac{t}{R}}dt=-e^{-\frac{t}{R}}\Big|_0^{\infty}=1$$

所以，当$R\to 0$时，这个理想的充电电流是一个单位冲激电流，即

$$i(t)=\lim_{R\to 0}\left[\frac{1}{R}e^{-\frac{t}{R}}\varepsilon(t)\right]=\delta(t)\ \mathrm{A}$$

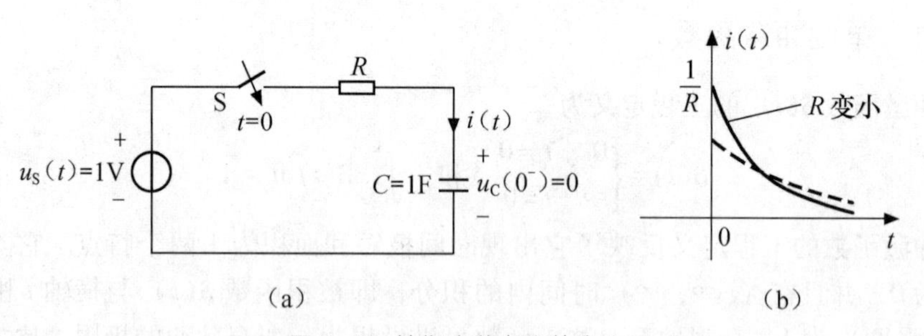

（a）　（b）

图6-42　单位冲激电流的产生

该冲激电流$i(t)=\delta(t)$，单位为A，表示发生在$t=0$处，强度为1的冲激函数，而冲激发生时刻的幅值为无穷大。由于冲激函数的强度是冲激函数与横轴围成的面积，所以冲激电流强度的量纲是安培秒［A·S］，即库伦［C］。冲激电压强度的单位是伏秒［V·S］，即韦伯［Wb］。

冲激函数具有下列性质。

（1）单位阶跃函数$\varepsilon(t)$是单位冲激函数$\delta(t)$的积分；单位阶跃函数$\varepsilon(t)$的导数等于单位冲激函数$\delta(t)$。

因为对单位冲激函数$\delta(t)$从$-\infty$到t积分，由式（6-65）可得

$$\int_{-\infty}^{t}\delta(\tau)\mathrm{d}\tau=\begin{cases}0 & t<0\\ 1 & t>0\end{cases}$$

即
$$\int_{-\infty}^{t}\delta(\tau)\mathrm{d}\tau=\varepsilon(t) \tag{6-67}$$

式（6-67）表明，单位阶跃函数 $\varepsilon(t)$ 是单位冲激函数 $\delta(t)$ 的积分。反之，得

$$\frac{\mathrm{d}\varepsilon(t)}{\mathrm{d}t}=\delta(t) \tag{6-68}$$

式（6-68）表明，单位阶跃函数 ε（t）的导数等于单位冲激函数 δ（t）。ε（t）在 $t=0$ 处不连续，出现跳变，其导数为该不连续点处的冲激，其强度为原函数 ε（t）在该处的跳变量。

类似地，有

$$\int_{-\infty}^{t}\delta(\tau-t_0)\mathrm{d}\tau=\varepsilon(t-t_0) \tag{6-69}$$

$$\frac{\mathrm{d}\varepsilon(t-t_0)}{\mathrm{d}t}=\delta(t-t_0) \tag{6-70}$$

（2）冲激函数 $\delta(t)$ 具有加权特性。

由于 $t\neq t_0$ 时有 $\delta(t-t_0)=0$，因此，对于一个在 $t=t_0$ 处连续的普通函数 $f(t)$，$f(t)$ 与 $\delta(t-t_0)$ 的乘积只有在 $t=t_0$ 处不为 0，即

$$f(t)\delta(t-t_0)=f(t_0)\delta(t-t_0) \tag{6-71}$$

如果 $t_0=0$，则有

$$f(t)\delta(t)=f(0)\delta(t) \tag{6-72}$$

式（6-71）和式（6-72）称为冲激函数的加权特性。也就是说，一个普通函数与单位冲激函数相乘，结果仍是一个冲激函数，该冲激函数出现的时刻与原冲激函数出现的时刻相同，但其强度为冲激出现时刻的该普通函数的值。

（3）冲激函数 $\delta(t)$ 具有筛选特性。

$$\int_{-\infty}^{\infty}f(t)\delta(t-t_0)\mathrm{d}t=\int_{-\infty}^{\infty}f(t_0)\delta(t-t_0)\mathrm{d}t=f(t_0) \tag{6-73}$$

$$\int_{-\infty}^{\infty}f(t)\delta(t)\mathrm{d}t=\int_{-\infty}^{\infty}f(0)\delta(t)\mathrm{d}t=f(0) \tag{6-74}$$

可见，单位冲激函数通过与普通函数 f（t）相乘、积分运算，可将函数 f（t）在冲激出现时刻的函数值筛选出来。这就是冲激函数的筛选特性。

例如，利用加权性和筛选性可分别算出下列各式的值。

$$2\sin\pi t\delta(t-0.5)=2\sin\pi t\Big|_{t=0.5}\delta(t-0.5)=2\delta(t-0.5)$$

和
$$\int_{-\infty}^{\infty}2\sin\pi t\delta\left(t-\frac{1}{6}\right)\mathrm{d}t=2\sin\pi t\Big|_{t=\frac{1}{6}}=1$$

6.8.2　冲激响应

电路的单位冲激响应，是指零状态电路在单位冲激信号 δ（t）作用下的响应，简称冲激响应，且用 h（t）表示。

1. RL 串联电路的冲激响应

冲激函数可视为幅度为无穷大、持续期为 0（从极限意义看）的信号，因此，冲激信号

作用于零状态电路是在 $t=0$ 瞬间给储能元件建立初始值（初始储能）。在 $t>0$ 时，冲激信号的值为0，电路成了零输入情况，电路响应即由该初始储能产生。因此，电路的冲激响应是一个特殊的零输入响应，在 $t>0$ 时，响应的变化规律完全与电路的固有响应相同。

在图6-43（a）所示的电路中，$i_L(0^-)=0$，仅在电压源 $u_S(t)=\delta(t)$ 激励下的电路响应，即为冲激响应 $h(t)$。由基尔霍夫定律和元件伏安关系，可得响应的电路方程

$$L\frac{di_L}{dt}+Ri_L=u_S,\quad t>0 \tag{6-75}$$

对式（6-75）的两边从 $t_0=0^-$ 到 $t=0^+$ 积分，得

$$\int_{0-}^{0+}L\frac{di_L}{dt}dt+\int_{0-}^{0+}Ri_L dt=\int_{0-}^{0+}\delta(t)dt \tag{6-76}$$

得：

$$L[i_L(0^+)-i_L(0^-)]+\int_{0-}^{0+}Ri_L dt=1 \tag{6-77}$$

观察式（6-75）可知，右边含冲激 $u_S(t)=\delta(t)$，则左边 $i_L(t)$ 的导数项含冲激，而 $i_L(t)$ 为有限值。因此

$$\int_{0-}^{0+}Ri_L dt=0 \tag{6-78}$$

将式（6-78）代入式（6-77），得

$$i_L(0^+)=\frac{1}{L} \tag{6-79}$$

即在冲激电压 $\delta(t)$ 作用下，电感电流从0跳变到 $\frac{1}{L}$。在 $t=0$ 瞬间加到电感上的是一个无穷大的冲激电压，因此电感电流发生了跳变，即 $i_L(0^+)\neq i_L(0^-)$。此时不再满足换路定则。这是因为在阐述电感惯性时，有"电感上电压为有限值"这样的条件，此时才有 $i_L(0^+)=i_L(0^-)$。而本例在 $t=0$ 瞬间加到电感上的是一个无穷大的冲激电压，换路定则的前提条件已经不存在。

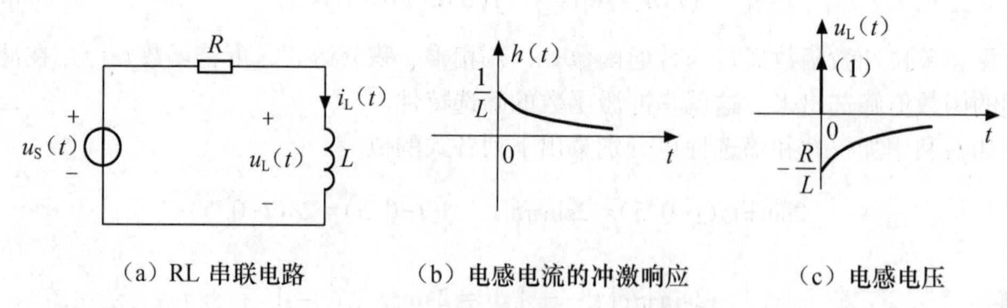

（a）RL串联电路　（b）电感电流的冲激响应　（c）电感电压

图6-43　RL串联电路的冲激响应

在 $t>0$ 时，冲激信号的值为0，电路响应成为由该初始储能产生零输入响应。

此时的电路方程为

$$L\frac{di_L}{dt}+Ri_L=0 \tag{6-80}$$

方程的解（冲激响应）为

$$h(t)=i_L(t)=i_L(0^+)e^{-\frac{t}{\tau}}\varepsilon(t)=\frac{1}{L}e^{-\frac{R}{L}t}\varepsilon(t)\mathrm{A} \tag{6-81}$$

电感电压为

$$u_L(t)=L\frac{\mathrm{d}i_L}{\mathrm{d}t}=\delta(t)-\frac{R}{L}e^{-\frac{R}{L}t}\varepsilon(t)\mathrm{V}$$

电感电流和电压的波形如图 6-43（b）和图 6-43（c）所示。

2. RC 并联电路的冲激响应

图 6-44（a）所示电路中的 $u_C(0^-)=0$，仅在电流源 $i_S(t)=\delta(t)$ 激励下的电路响应，即为冲激响应 $h(t)$。由基尔霍夫定律和元件伏安关系，可得响应的电路方程

$$C\frac{\mathrm{d}u_C}{\mathrm{d}t}+\frac{1}{R}u_C=i_S,\quad t>0 \tag{6-82}$$

对式（6-82）的两边从 $t_0=0^-$ 到 $t=0^+$ 积分，得

$$\int_{0-}^{0+}C\frac{\mathrm{d}u_C}{\mathrm{d}t}\mathrm{d}t+\int_{0-}^{0+}\frac{1}{R}u_C\mathrm{d}t=\int_{0-}^{0+}\delta(t)\mathrm{d}t \tag{6-83}$$

得：

$$C[u_C(0^+)-u_C(0^-)]+\int_{0-}^{0+}\frac{1}{R}u_C\mathrm{d}i=1 \tag{6-84}$$

观察式（6-82）可知，要使两边的冲激达到平衡，则左边 $u_C(t)$ 的导数项含冲激，而 $u_C(t)$ 为有限值。因此

$$\int_{0-}^{0+}\frac{1}{R}u_C\mathrm{d}t=0 \tag{6-85}$$

将式（6-85）代入式（6-84），得

$$u_C(0^+)=\frac{1}{C} \tag{6-86}$$

式（6-86）表明，在冲激电流 $\delta(t)$ 作用下，电容电压从 0 跳变到$\frac{1}{C}$。在 $t=0$ 瞬间加到电容上的是一个无穷大的冲激电流，因此电容电压发生了跳变，即 $u_C(0^+)\neq u_C(0^-)$。可见在不满足“电容上电流为有限值”这样的前提条件下，换路定则不适用。

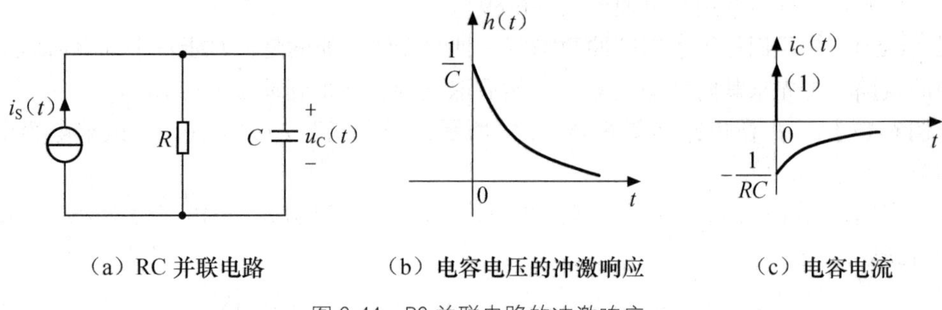

（a）RC 并联电路　（b）电容电压的冲激响应　（c）电容电流

图 6-44　RC 并联电路的冲激响应

在 $t>0$ 时，冲激信号的值为 0，电路响应成为由该初始储能产生零输入响应。

此时的电路方程为

$$C\frac{\mathrm{d}u_C}{\mathrm{d}t}+\frac{1}{R}u_C=0 \tag{6-87}$$

方程的解（冲激响应）为

$$h(t)=u_C(t)=u_C(0^+)\mathrm{e}^{-\frac{t}{\tau}}\varepsilon(t)=\frac{1}{C}\mathrm{e}^{-\frac{1}{RC}t}\varepsilon(t)\,\mathrm{V} \tag{6-88}$$

电容电流为

$$i_C(t)=C\frac{\mathrm{d}u_C}{\mathrm{d}t}=\delta(t)-\frac{1}{RC}\mathrm{e}^{-\frac{1}{RC}t}\varepsilon(t)\,\mathrm{A}$$

电感电流和电压的波形如图6-43（b）和图6-43（c）所示。

3. 冲激响应与阶跃响应的关系

单位冲激函数与单位阶跃函数之间关系为式（6-67）和式（6-68），这两个关系式表明，单位阶跃函数 $\varepsilon(t)$ 是单位冲激函数 $\delta(t)$ 的积分，单位阶跃函数 $\varepsilon(t)$ 的导数等于单位冲激函数 $\delta(t)$。线性电路的冲激响应与阶跃响应也有这种相应的关系，也就是，单位阶跃响应是单位冲激响应的积分，单位阶跃响应的导数等于单位冲激响应。即有

$$s(t)=\int_{-\infty}^{t}h(\tau)\mathrm{d}\tau \tag{6-89}$$

$$h(t)=\frac{\mathrm{d}s(t)}{\mathrm{d}t} \tag{6-90}$$

上述冲激响应与阶跃响应之间的关系可以证明如下。

零状态电路在 $\varepsilon(t)$ 激励下的响应为阶跃响应 $s(t)$，记作：激励 $\varepsilon(t)\rightarrow$ 响应 $s(t)$

由零状态电路的时不变性，可得：激励 $\varepsilon(t-\Delta t)\rightarrow$ 响应 $s(t-\Delta t)$

由电路的线性，可得：激励$\dfrac{\varepsilon(t)-\varepsilon(t-\Delta t)}{\Delta t}\rightarrow$响应$\dfrac{s(t)-s(t-\Delta t)}{\Delta t}$

左边激励取极限，就是冲激函数，即

$$\lim_{\Delta t\to 0}\frac{\varepsilon(t)-\varepsilon(t-\Delta t)}{\Delta t}=\frac{\mathrm{d}\varepsilon(t)}{\mathrm{d}t}=\delta(t)$$

因此，右边响应的极限对应冲激响应$\lim\limits_{\Delta t\to 0}\dfrac{s(t)-s(t-\Delta t)}{\Delta t}=\dfrac{\mathrm{d}s(t)}{\mathrm{d}t}=h(t)$

式（6-90）证毕，两边积分便得式（6-89）。

式（6-90）为我们提供了求解冲激响应一种间接法，那就是，对于一个计算阶跃响应比较方便的电路，可先求其阶跃响应 $s(t)$，然后取其导数便得到冲激响应 $h(t)$。

【例6-15】 一阶电路如图6-45（a）所示，若电流源 $i_S(t)=\delta(t)$，试求电容电压的冲激响应。

解 当输入 $i_S(t)=\varepsilon(t)$ 时的零状态响应即为单位阶跃响应，可由三要素公式求得电容电压的阶跃响应

$$s(t)=u_C(\infty)(1-\mathrm{e}^{-\frac{1}{\tau}t})\varepsilon(t)=3(1-\mathrm{e}^{-20t})\varepsilon(t)\,\mathrm{V}$$

再利用式（6-90）得该电容电压的冲激响应

$$h(t)=\frac{\mathrm{d}s(t)}{\mathrm{d}t}=60\mathrm{e}^{-20t}\varepsilon(t)\,\mathrm{V}$$

冲激响应的波形如图 6-45（b）所示。

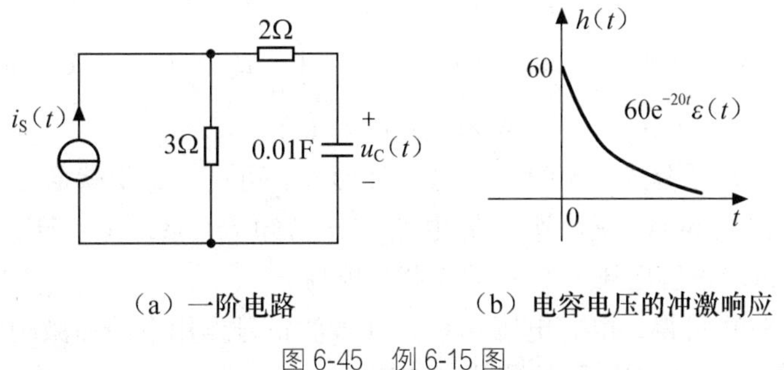

（a）一阶电路　　（b）电容电压的冲激响应

图 6-45　例 6-15 图

6.9　任意激励下的零状态响应

利用电路的冲激响应 $h(t)$，可以求取任意信号 $x(t)$ 激励下的线性时不变电路的零状态响应 $y(t)$。

对于线性时不变电路来说，在 $\delta(t)$ 激励下的零状态响应为冲激响应为 $h(t)$，记作

$$\delta(t)\rightarrow h(t)$$

由电路的时不变性，得 $$\delta(t-\tau)\rightarrow h(t-\tau)$$

对于线性电路，当激励是强度为 $x(\tau)$ 的冲激 $x(\tau)\cdot\delta(t-\tau)$ 时，其响应必为 $x(\tau)\cdot h(t-\tau)$，即

$$x(\tau)\cdot\delta(t-\tau)\rightarrow x(\tau)\cdot h(t-\tau),$$

根据叠加原理可知，如果把对应于所有 τ 值的激励之和作为电路的输入，则输出就应该是上述响应之和。即

$$\int_{-\infty}^{\infty}x(\tau)\delta(t-\tau)\mathrm{d}\tau\rightarrow\int_{-\infty}^{\infty}x(\tau)h(t-\tau)\mathrm{d}\tau$$

由于延时冲激函数 $\delta(t-\tau)$ 只在 $t=\tau$ 处有值，其他时刻均为 0，所以 $\delta(t-\tau)=\delta(\tau-t)$，再根据冲激函数 $\delta(t)$ 的筛选性质，上述激励又可表示为

$$\int_{-\infty}^{\infty}x(\tau)\delta(t-\tau)\mathrm{d}\tau=\int_{-\infty}^{\infty}x(\tau)\delta(\tau-t)\mathrm{d}\tau=x(t)\tag{6-91}$$

可见，该输入就是 $x(t)$。由此，得出下列结论。

在任意信号 $x(t)$ 作用下，冲激响应为 $h(t)$ 的线性时不变电路的零状态响应为

$$y(t)=\int_{-\infty}^{\infty}x(\tau)h(t-\tau)\mathrm{d}\tau\tag{6-92}$$

式（6-92）称为 $x(t)$ 与 $h(t)$ 的卷积积分（Convolution integral），简称卷积。也就是说，信号 $x(t)$ 激励下的零状态响应等于输入信号 $x(t)$ 与电路冲激响应 $h(t)$ 的卷积积分。记作

$$y(t)=x(t)*h(t)\tag{6-93}$$

式（6-93）表明，一旦求得电路的冲激响应 $h(t)$，只要计算激励信号 $x(t)$ 与 $h(t)$ 的卷积积分，就可得到由 $x(t)$ 引起的零状态响应，这种方法将使零状态响应的计算大为简化，通常也称其为卷积分析法。

在式（6-92）中，令 $t-\tau=\xi$，则 $\tau=t-\xi$，$\mathrm{d}\tau=-\mathrm{d}\xi$，积分限将由 $-\infty$ 至 ∞ 变为 ∞ 至 $-\infty$，于是

$$y(t)=\int_{\infty}^{-\infty}-x(t-\xi)h(\xi)\mathrm{d}\xi=\int_{-\infty}^{\infty}h(\xi)x(t-\xi)\mathrm{d}\xi \tag{6-94}$$

即
$$y(t)=h(t)*x(t) \tag{6-95}$$

式（6-94）是卷积积分式（6-92）的另一种形式。可见，卷积满足交换律。

【例6-16】 在图6-44（a）所示的电路中，已知 $R=1\Omega$，$C=1\text{F}$，激励为指数函数 $i_{\mathrm{S}}(t)=2\mathrm{e}^{-3t}\varepsilon(t)$。试求电容电压 $u_{\mathrm{C}}(t)$ 的零状态响应。

解 由式（6-88）可得，电容电压 $u_{\mathrm{C}}(t)$ 在冲激信号作用下的冲激响应 $h(t)=\mathrm{e}^{-t}\varepsilon(t)$。在激励指数信号 $i_{\mathrm{S}}(t)$ 作用下的零状态响应

$$\begin{aligned}u_{\mathrm{C}}(t)&=i_{\mathrm{S}}(t)*h(t)\\&=\int_{-\infty}^{\infty}\mathrm{e}^{-\tau}\varepsilon(\tau)\times 2\mathrm{e}^{-3(t-\tau)}\varepsilon(t-\tau)\mathrm{d}\tau\\&=\mathrm{e}^{-3t}\int_{0}^{t}\mathrm{e}^{-\tau}\times 2\mathrm{e}^{3\tau}\mathrm{d}\tau\cdot\varepsilon(t)\\&=\mathrm{e}^{-3t}[\mathrm{e}^{2\tau}]\big|_{0}^{t}\varepsilon(t)\\&=[\mathrm{e}^{-t}-\mathrm{e}^{-3t}]\varepsilon(t)\end{aligned}$$

【例6-17】 在图6-46（a）所示的电路中，已知激励 $u_{\mathrm{S}}(t)$ 的波形如图6-46（b）所示。试求电路的零状态响应 $i_{\mathrm{L}}(t)$。

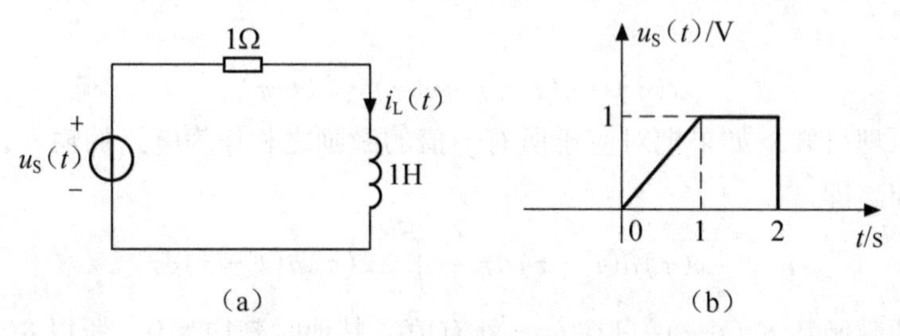

图6-46 例6-17图

解 零状态响应 $i_{\mathrm{L}}(t)=u_{\mathrm{S}}(t)*h(t)$，因此必须求得电感电流 $i_{\mathrm{L}}(t)$ 的单位冲激响应 $h(t)$。为此，可先求得 $u_{\mathrm{S}}(t)=\varepsilon(t)$ 作用下电感电流的单位阶跃响应 $s(t)$。由三要素法可求得

$$s(t)=(1-\mathrm{e}^{-t})\varepsilon(t)\,\text{A}$$

则
$$h(t)=\frac{\mathrm{d}s(t)}{\mathrm{d}t}=\mathrm{e}^{-t}\,\varepsilon(t)\,\text{A}$$

由图6-46（b），在 $0\leqslant t<1\text{s}$，$u_{\mathrm{S}}(t)=t$，所以由式（6-92）得零状态响应为

$$\begin{aligned}i_{\mathrm{L}}(t)=u_{\mathrm{S}}(t)*h(t)&=\int_{0}^{t}\tau\times\mathrm{e}^{-(t-\tau)}\mathrm{d}\tau\\&=\mathrm{e}^{-t}(\tau\mathrm{e}^{\tau}-\mathrm{e}^{\tau})\big|_{0}^{t}\\&=(\mathrm{e}^{-t}+t-1)\,\text{A}\end{aligned}$$

因为 $1\leqslant t<2\text{s}$ 时，$u_{\mathrm{S}}(t)=1$，所以零状态响应

$$i_L(t)=\int_0^1 \tau\times e^{-(t-\tau)}d\tau+\int_1^t 1\times e^{-(t-\tau)}d\tau$$
$$=e^{-t}(\tau e^{\tau}-e^{\tau})\Big|_0^1+e^{-t}e^{\tau}\Big|_1^t$$
$$=e^{-t}+1-e^{-(t-1)}\text{A}$$

因为 $2\leqslant t$ 时，$u_S(t)=0$，所以零状态响应

$$i_L(t)=\int_0^1 \tau\times e^{-(t-\tau)}d\tau+\int_1^2 1\times e^{-(t-\tau)}d\tau+\int_2^t 0\times e^{-(t-\tau)}d\tau$$
$$=e^{-t}(\tau e^{\tau}-e^{\tau})\Big|_0^1+e^{-t}e^{\tau}\Big|_1^2$$
$$=e^{-t}+e^{-(t-2)}-e^{-(t-1)}\text{A}$$

【例 6-18】　已知电路的冲激响应 $h(t)=e^{-(t-1)}\ \varepsilon(t-1)$，试求电路的单位阶跃响应。

解　单位阶跃响应 $s(t)=h(t)*\varepsilon(t)$

$$=\int_{-\infty}^{\infty}e^{-(\tau-1)}\varepsilon(\tau-1)\cdot\varepsilon(t-\tau)d\tau$$
$$=\int_1^t e^{-(\tau-1)}d\tau=(1-e^{-(t-1)})\varepsilon(t-1)\text{V}$$

思维导图

习题精讲　一阶电路分析

一阶电路分析的仿真实例

习　题　6

6-1　在题图 6-1（a）所示的电路中，已知电流源波形如题图 6-1（b）所示，且 $u_C(0)=1\text{V}$，试求：（1）$u_C(t)$ 及其波形；（2）$t=1\text{s}$、2s 和 3s 时电容的储能。

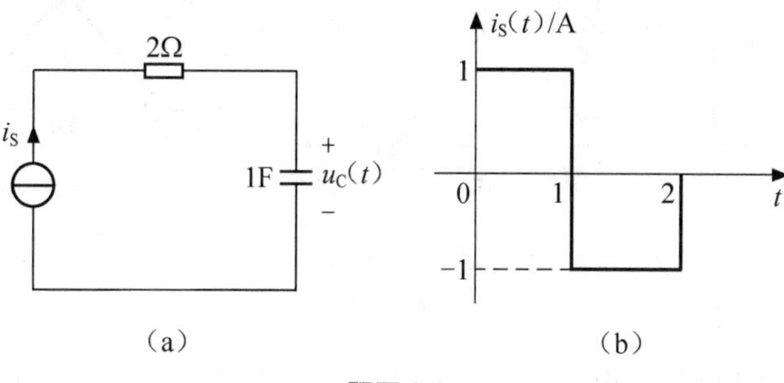

题图 6-1

6-2　二端网络如题图 6-2 所示，其中 $R=5\Omega$，$L=0.1\text{H}$。若已知电感电流 $i_L(t)=e^{-50t}+e^{-25t}\text{A}$，求端电流 $i(t)$。

6-3　题图 6-3 所示为某一电容的电压和电流波形。试求（1）电容 C；（2）电容在 $0<t<1\text{ms}$ 期间得到的电荷；（3）电容在 $t=2\text{ms}$ 时吸收的功率；（4）电容在 $t=2\text{ms}$ 时储存的能量。

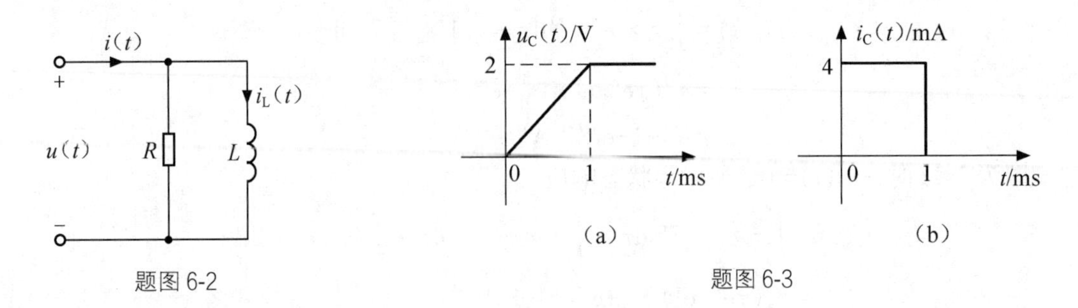

题图 6-2　　题图 6-3

6-4　在题图 6-4 所示的电路中，已知 $u_R(t)=10(1-e^{-200t})$V，$t>0$，$R=20\Omega$，$L=0.1$H。试求：(1) $u_L(t)$ 并绘波形图；(2) 电压源电压 $u_S(t)$。

6-5　在题图 6-5 所示的电路中，已知 $u_C(t)=te^{-t}$V，试求：(1) $i(t)$ 和 $u_L(t)$；(2) 电容储能达最大值的时刻，并求出最大储能是多少？

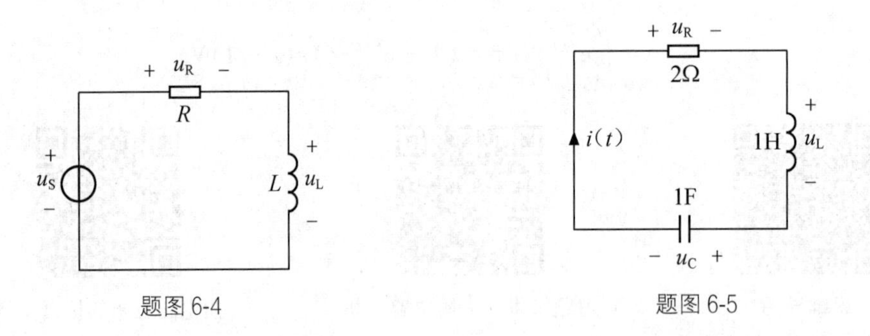

题图 6-4　　题图 6-5

6-6　题图 6-6（a）所示的二端网络 N 中含有一个电阻和一个电感。其电压 $u(t)$ 和 $i(t)$ 的波形如题图 6-6（b）、题图 6-6（c）所示。试求（1）二端网络 N 中电阻 R 和电感 L 的连接方式（串联或并联）；（2）电阻 R 和电感 L 的值。

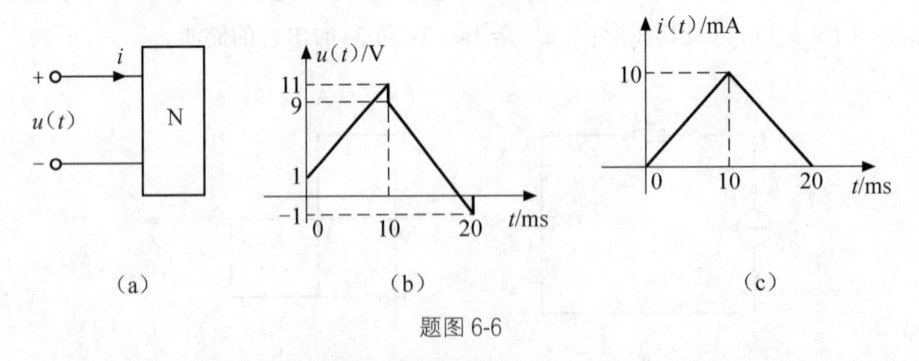

题图 6-6

6-7　已知题图 6-7 所示的电路由一个电阻 R、一个电感 L 和一个电容 C 组成。$i(t)=10e^{-t}-20e^{-2t}$A　$t\geqslant0$；$u_1(t)=-5e^{-t}+20e^{-2t}$V，$t\geqslant0$。若在 $t=0$ 时，电路总储能为 25J，试求 R、L、C 之值。

6-8　试求题图 6-8 所示电路的等效电容或电感。

6-9　在题图 6-9 所示的电路中，$t=t_0$ 时，$u_C(t_0)=2$V，$du_C(t)/dt|_{t=t_0}=-10$V/s。试确定电容 C 之值。

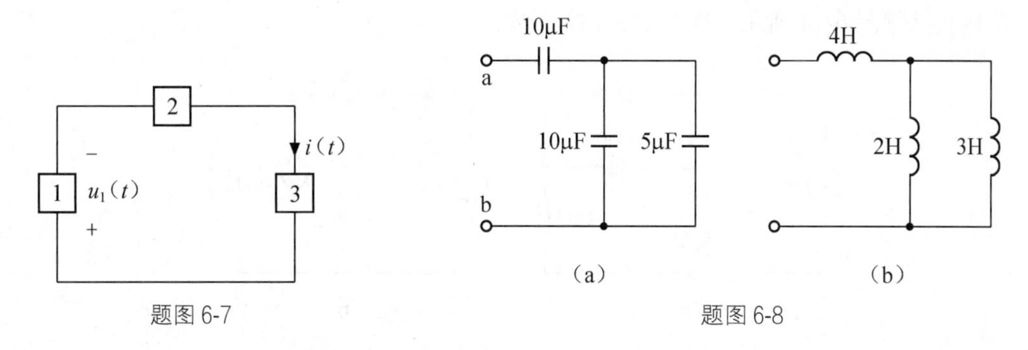

题图 6-7

题图 6-8

6-10　题图 6-10 所示的电路原已稳定，开关 S 在 $t=0$ 时闭合，试求 $i_C(0^+)$、$u_L(0^+)$ 和 $i(0^+)$。

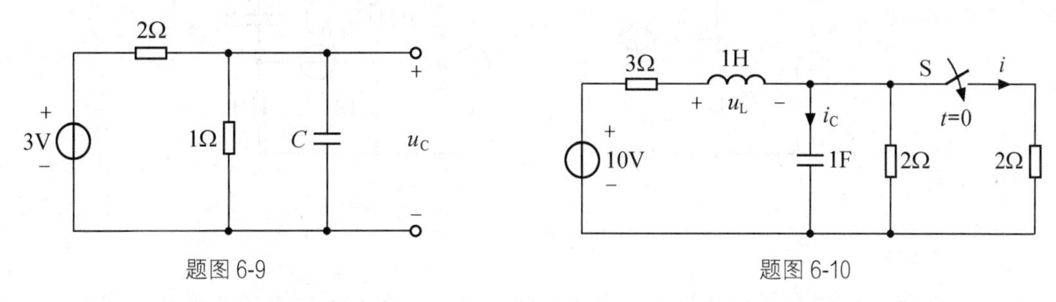

题图 6-9

题图 6-10

6-11　题图 6-11 所示的电路原已稳定，开关 S 在 $t=0$ 时打开，试求 $u(0^+)$ 和 $i(0^+)$。

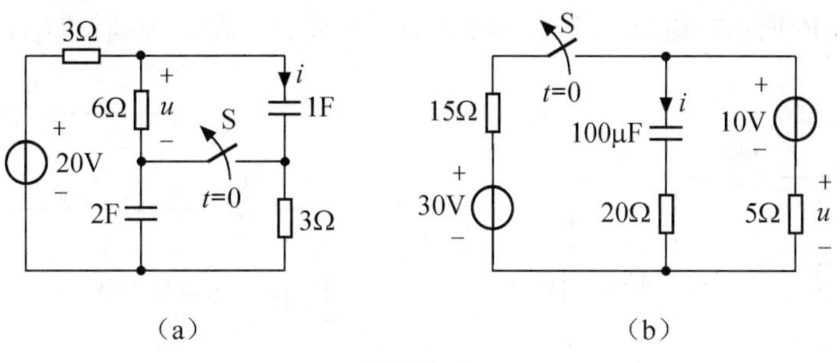

题图 6-11

6-12　题图 6-12 所示电路原已稳定，开关 S 在 $t=0$ 时打开，试求 $i_L(0^+)$、$u_L(0^+)$ 和 $i_L{}'(0^+)=\left.\dfrac{\mathrm{d}i_L}{\mathrm{d}t}\right|_{t=0^+}$。

6-13　如题图 6-13 所示，已知 $u_S(t)=5\cos(3t+60°)$ V，$u_C(0^-)=1$V，$t=0$ 时开关 S 合上。试求 $u(0^+)$ 和 $i(0^+)$。

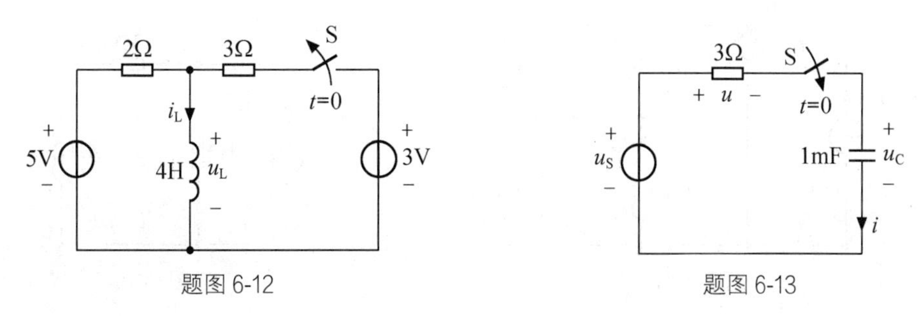

题图 6-12

题图 6-13

6-14　求题图 6-14 所示一阶电路的时间常数 τ。

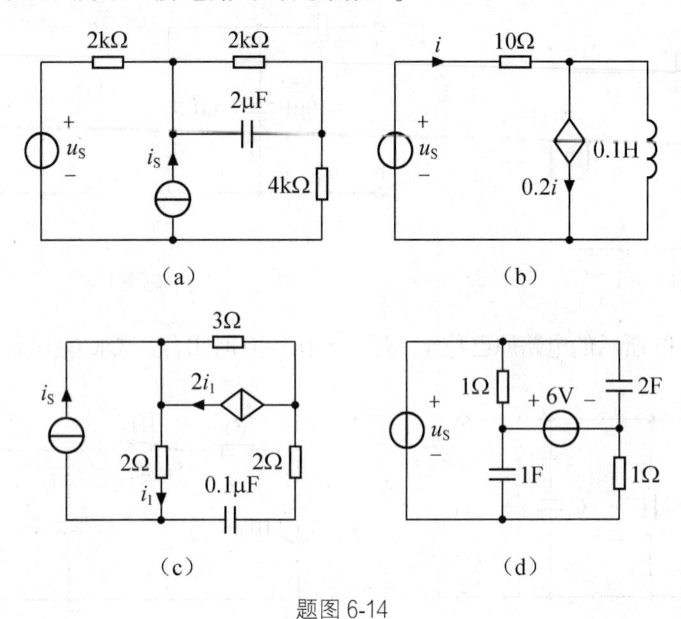

题图 6-14

6-15　在题图 6-15 所示的电路中，开关 S 闭合已久，在 $t=0$ 时开关 S 断开，试求 $t>0$ 时的 $u_C(t)$ 和 $i_R(t)$。

6-16　题图 6-16 所示电路原已稳定，$t=0$ 时开关 S 闭合，试求 $t>0$ 时的 $i_L(t)$、$i(t)$ 和 $i_R(t)$。

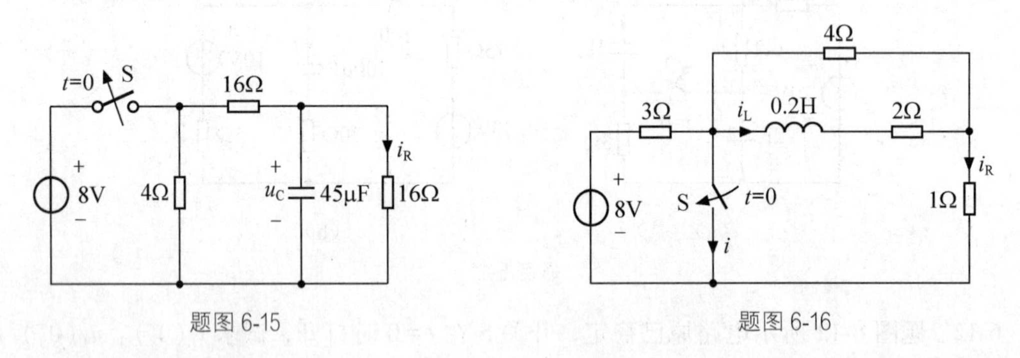

题图 6-15　　　　　　题图 6-16

6-17　电路如题图 6-17 所示，$t=0$ 时开关 S 由 1 倒向 2，设开关动作前电路已经处于稳态，求 $u_C(t)$、$i_L(t)$ 和 $i(t)$。

6-18　电路如题图 6-18 所示，已知 $i(0^-)=2\text{A}$。试求 $t>0$ 时的 $u(t)$。

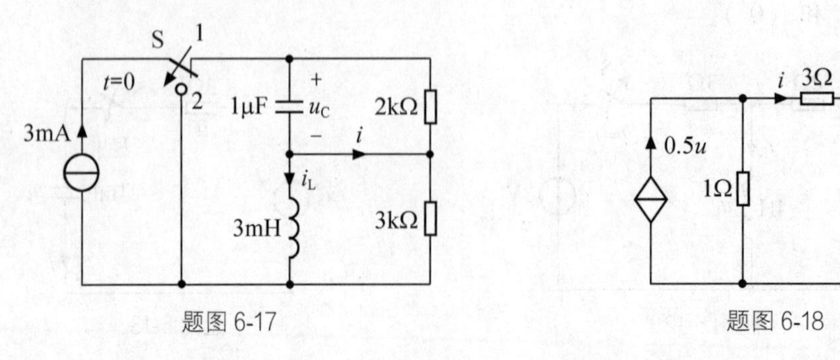

题图 6-17　　　　　　题图 6-18

6-19　题图 6-19 所示电路原已稳定，$t=0$ 时开关 S 合上。试求 $t>0$ 时的电容电压 $u_C(t)$。

6-20　电路如图 6-20 所示，$t=0$ 时开关 S 闭合，若开关动作前电路已经稳定，试求 $t>0$ 时的 $i_L(t)$。

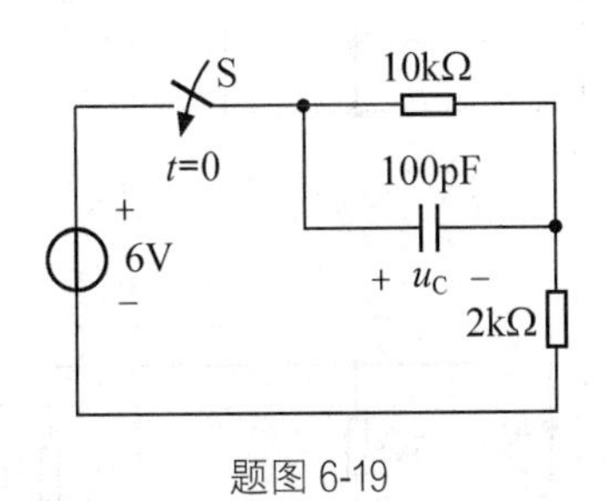

题图 6-19

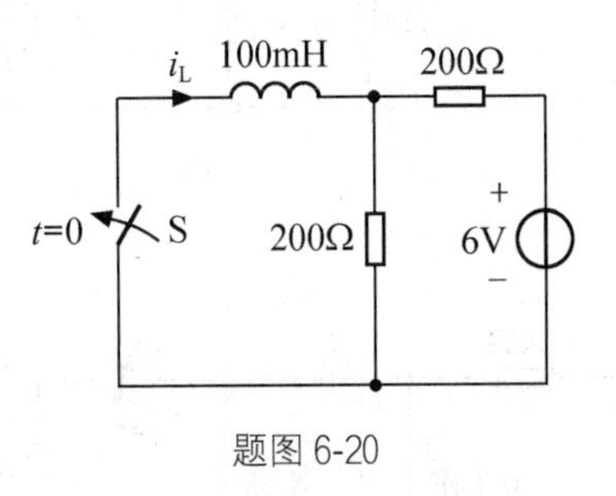

题图 6-20

6-21　题图 6-21 所示的电路原已处于稳态，$t=0$ 时开关 S 断开，试求 $i(\infty)$ 及时间常数 τ。

6-22　在题图 6-22 所示的电路中，$i_L(0^-)=0$，$t=0$ 时开关 S 闭合，试求 $t>0$ 时的 $i(t)$。

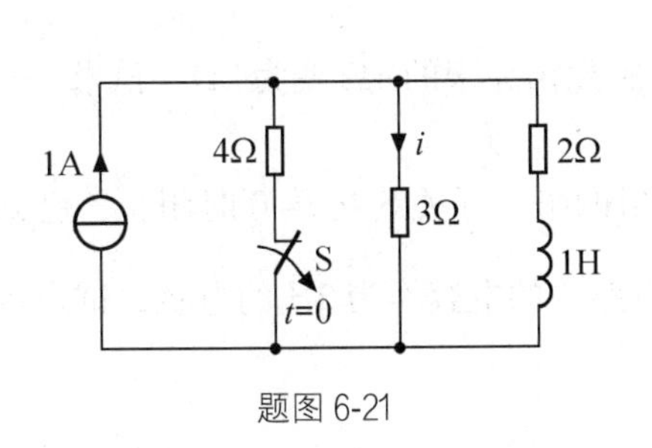

题图 6-21

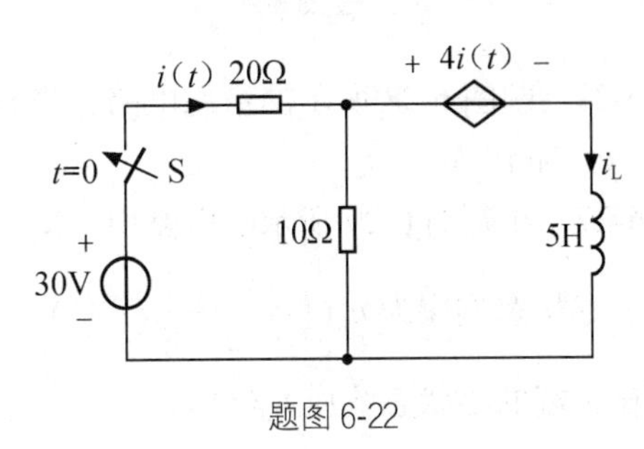

题图 6-22

6-23　电路如题图 6-23 所示，$t=0$ 时开关 S 闭合，已知 $u_C(0^-)=0$，$i_L(0^-)=0$，试求 $t>0$ 时的 $i_L(t)$ 和 $i_C(t)$。

6-24　题图 6-24 所示的电路原已稳定，$t=0$ 时开关 S 闭合，求 $i_L(t)$ 的全响应、零输入响应、零状态响应、暂态响应和稳态响应。

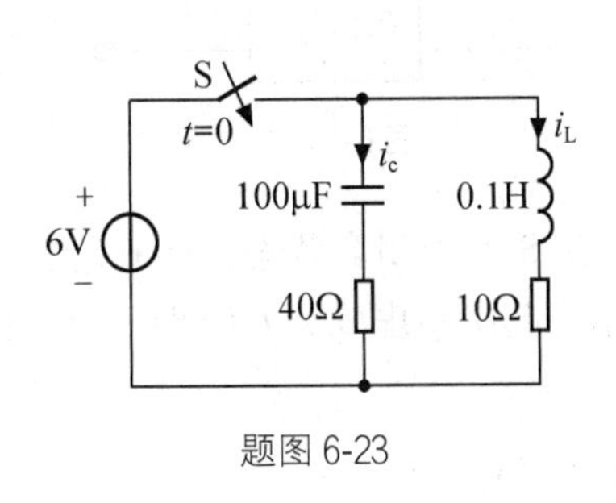

题图 6-23

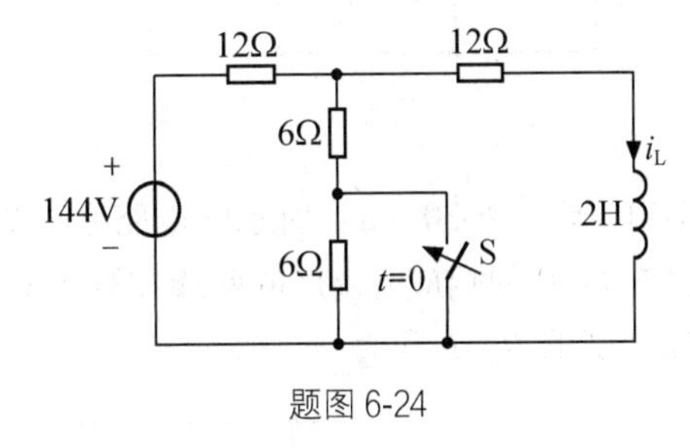

题图 6-24

6-25　已知在题图 6-25 所示的电路中，开关 S 动作前电路已稳定，求开关 S 动作后的 $i_R(t)$。

6-26　题图 6-26 所示的电路原已稳定，$t=0$ 时开关 S 闭合，试求（1）$u_{S2}=6V$ 时的 $u_C(t)t>0$；（2）$u_{S2}=?$ 时，换路后不出现过渡过程。

6-27　题图 6-27 所示的电路原已稳定，$t=0$ 时开关 S 打开，试求 $i_L(t)$。

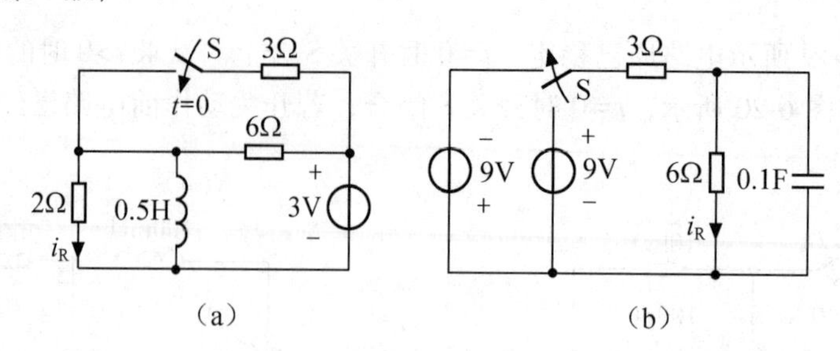

题图 6-25

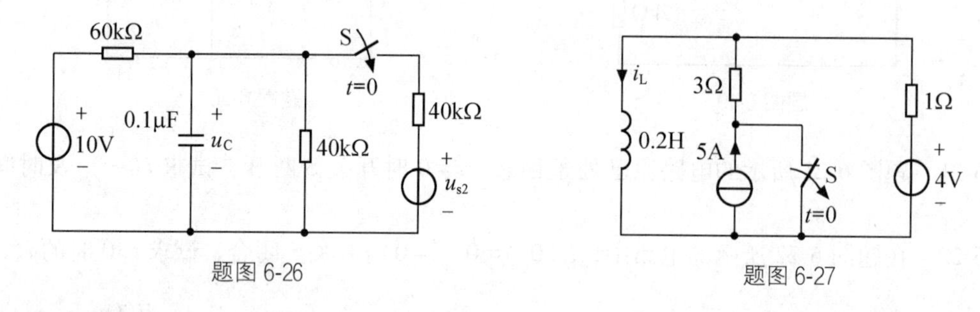

题图 6-26　　题图 6-27

6-28　题图 6-28 所示的稳态电路，当 $t=0$ 时，r 突然由原来的 4Ω 变为 2Ω，试求 $t>0$ 时的 $u_C(t)$ 和 $i(t)$。

6-29　在题图 6-29 所示的电路中，N_R 为线性电阻网络，开关 S 在 $t=0$ 时闭合，已知输出端的零状态响应为 $u_0(t)=\frac{1}{2}+\frac{1}{8}e^{-0.25t}\text{V}\quad t>0$，若电路中的电容换为 2H 的电感，试求该情况下输出端的零状态响应 $u_0(t)$。

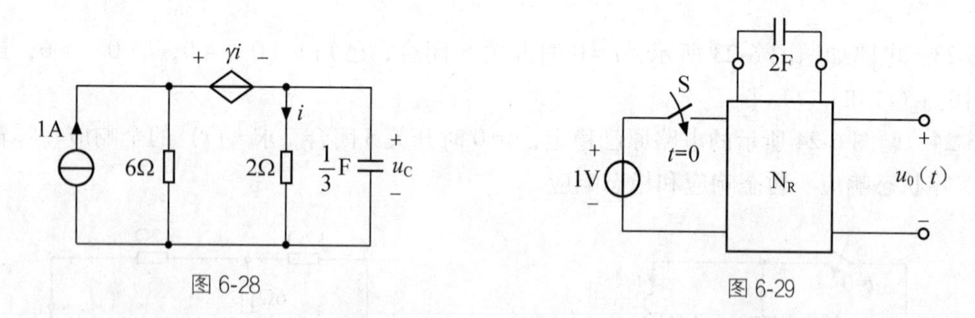

图 6-28　　图 6-29

6-30　题图 6-30（a）所示的电路原已处于稳态，开关 S 处于闭合状态，$t=0$ 时打开开关。已知 $t\geqslant 0$ 的响应 $i_L(t)$ 的曲线如题图 6-30（b）所示。其中斜虚线为 $t=0$ 时 $i_L(t)$ 曲线的切线。试求 R、L 和 I_S。

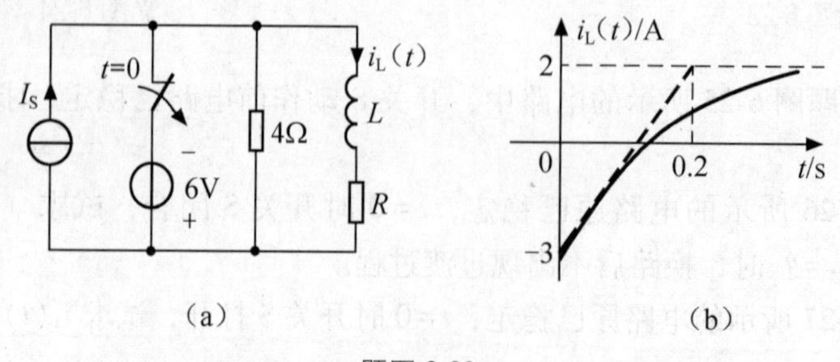

题图 6-30

6-31　电路如题图 6-31 所示，已知 $i_S(t)=1+1.5\varepsilon(t)\,\mathrm{mA}$，试求 $u_C(t)$。

6-32　电路如题图 6-32 所示，试求以 $u(t)$ 为响应的阶跃响应。

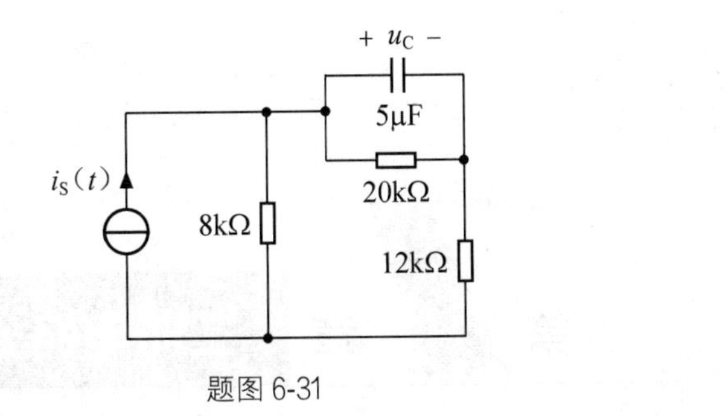

题图 6-31

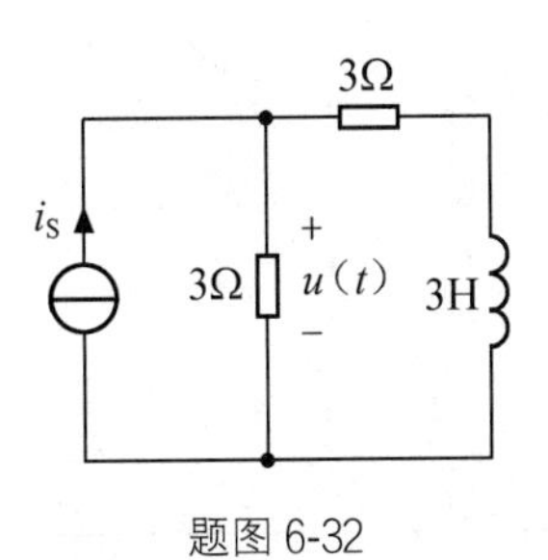

题图 6-32

6-33　在题图 6-33（a）所示的电路中，已知 $i_L(0^-)=1\mathrm{A}$，其 $u_s(t)$ 波形如图 6-33（b）所示，试求 $i_L(t)$。

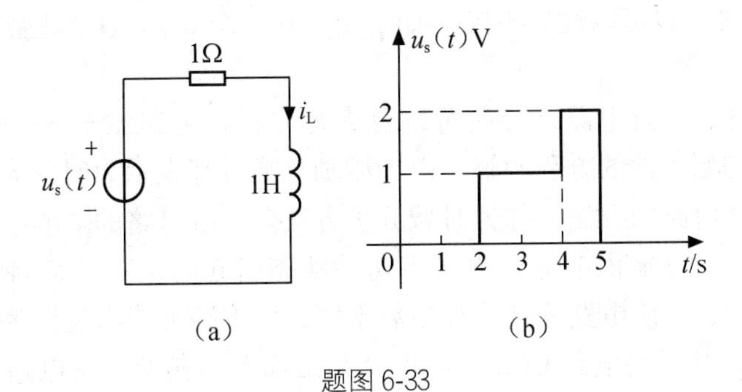

题图 6-33

6-34　如题图 6-34 所示的电路，试求：(1) 电容电压 $u_C(t)$ 的单位阶跃响应；(2) 电容电压 $u_C(t)$ 的单位冲激响应。

6-35　如题图 6-35 所示的电路。试求电流 $i(t)$ 的响应。

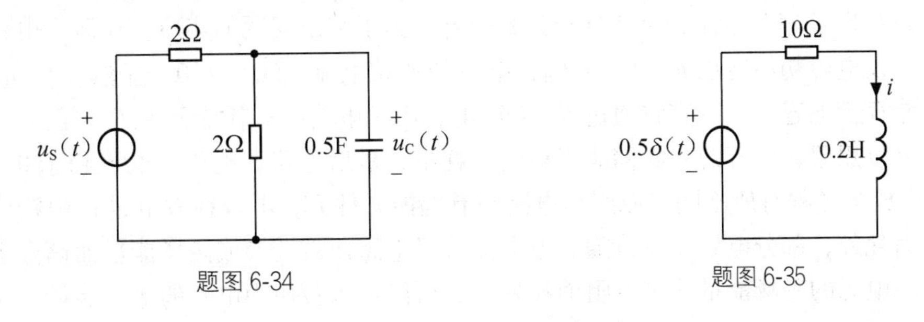

题图 6-34　　题图 6-35

6-36　已知电路的冲激响应 $h(t)=\mathrm{e}^{-10t}\varepsilon(t)$，试求下列激励下的零状态响应。

(1) $\varepsilon(t)-\varepsilon(t-1)$；(2) $\mathrm{e}^{-5t}\varepsilon(t)$。

第7章 二阶电路分析

包含两个独立的动态元件的电路称为二阶电路，这两个独立的动态元件可以性质相同（如两个L或两个C），也可以性质不同（如一个L和一个C）。这类电路可用二阶微分方程描述。

与一阶电路一样，二阶电路的分析可以首先建立描述电路激励——响应关系的微分方程，然后求解满足初始条件的方程的解。由于激励与响应都表示为时间t的函数，因此，这种采用微分方程求解电路的方法，称为时域分析方法。二阶电路的全响应也等于零输入响应和零状态响应的叠加。零输入响应是由非零初始状态引起的，零状态响应是由外激励引起的。与一阶电路不同，二阶电路的结构和参数不同，使电路可能出现振荡。

RLC 串联电路及其对偶电路 GCL 并联电路是最简单的典型二阶电路，本章重点讨论它们的零输入响应、换路后恒定激励下的零状态响应和全响应，最后简单介绍一般二阶电路。

7.1 RLC 串联电路的零输入响应

图 7-1 为 RLC 串联电路，$t=0$ 时开关 S 闭合。为了突出问题的实质，在研究电路的零输入响应时，设电容初始电压 $u_C(0^-)=U_0$，电感的初始电流 $i_L(0^-)=0$。显然，在初始时刻，能量全部储存于电容中，电容将通过R、L放电，由于电路中有耗能元件R，且无外激励补充能量，可以想象，电容的初始储能将被电阻耗尽，最后电路各电压、电流趋于 0。但这与零输入 RC 放电过程有所不同，原因是电路中有储能元件L，电容在放电过程中释放的能量除供电阻消耗外，部分电场能量将随放电电流流经电感而被转换成磁场能量而储存于电感之中。同样，电感的磁场能量除供电阻消耗外，也可能再次转换为电容的电场能量，从而形成电场和磁场能量的交换。这种能量交换视R、L、C参数相对大小不同可能是反复多次，也可能构不成能量反复交换。

下面进行定量的数学分析。

在图 7-1 所示电压、电流参考方向下，由 KVL，得

$$u_L+u_R+u_C=0 \quad t>0$$

将元件的 VCR，$i=C\dfrac{du_C}{dt}$，$u_R=Ri=RC\dfrac{du_C}{dt}$，$u_L=L\dfrac{di}{dt}=LC\dfrac{d^2u_C}{dt^2}$ 代入上式，可以得到以 u_C 为

变量得二阶线性常系数齐次微分方程，为

$$LC\frac{\mathrm{d}^2u_C}{\mathrm{d}t^2}+RC\frac{\mathrm{d}u_C}{\mathrm{d}t}+u_C=0\quad t>0 \tag{7-1}$$

为求解该微分方程的解，必须知道两个初始条件 u_C（0^+）和 u_C'（0^+）。第一个条件可直接由换路定则确定，即 $u_C(0^+)=u_C(0^-)=U_0$。第二个条件由换路定则 $i(0^+)=i_L(0^+)=i_L(0^-)=I_0$，以及电容元件的 VCR 确定，即

$$u_C'(0^+)=\frac{\mathrm{d}u_C}{\mathrm{d}t}\Big|_{t=0^+}=\frac{i(0^+)}{C}=\frac{I_0}{C}$$

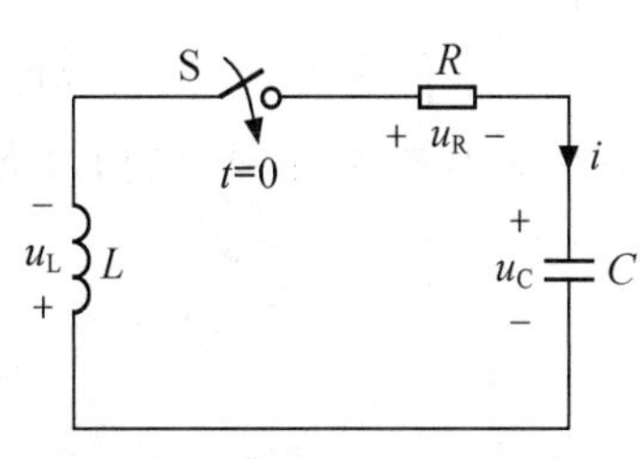

图 7-1　零输入 RLC 串联电路

因此，只要知道电路的初始状态 $u_C(0^-)$ 及 $i_L(0^-)$，即可确定电路的两个初始条件，进而确定响应 $u_C(t)$。

由微分方程理论可知，式（7-1）的解答形式将视特征根的性质而定。

特征方程为

$$LCS^2+RCS+1=0$$

其特征根为

$$S_{1,2}=-\frac{R}{2L}\pm\sqrt{\left(\frac{R}{2L}\right)^2-\frac{1}{LC}} \tag{7-2}$$

式（7-2）表明，特征根由电路本身的参数 R、L、C 的数值决定，反映了电路的固有特性，且具有频率的量纲，称为电路的固有频率。电路的固有频率将决定电路响应的模式。由于 R、L、C 相对数值不同，电路的固有频率可能出现以下三种情况。

（1）当 $\left(\frac{R}{2L}\right)^2>\frac{1}{LC}$ 即 $R>2\sqrt{\frac{L}{C}}$ 时，S_1，S_2 为不相等的负实数；

（2）当 $\left(\frac{R}{2L}\right)^2=\frac{1}{LC}$ 即 $R=2\sqrt{\frac{L}{C}}$ 时，S_1，S_2 为相等的负实数；

（3）当 $\left(\frac{R}{2L}\right)^2<\frac{1}{LC}$ 即 $R<2\sqrt{\frac{L}{C}}$ 时，S_1，S_2 为共轭复数。

$2\sqrt{\frac{L}{C}}$ 具有电阻的量纲，称为 RLC 串联电路的阻尼电阻，记为 R_d，即

$$R_d=2\sqrt{\frac{L}{C}} \tag{7-3}$$

当串联电阻 R 大于、等于或小于阻尼电阻时分别称为过阻尼、临界阻尼和欠阻尼情况。下面主要在 $u_C(0^-)=U_0$ 和 $i_L(0^-)=0$ 的假设条件下分别讨论这三种情况。从该分析方法中不难推广得出对于 $u_C(0^-)$ 和 $i_L(0^-)$ 为任意值的零输入响应的变化规律，区别仅在于因初始条件不同，其常数不同而已。

7.1.1　过阻尼情况

当 $R>R_d=2\sqrt{\frac{L}{C}}$ 时，为过阻尼。电路的两个固有频率 S_1，S_2 为不相等的负实数，即

$$S_1=-\frac{R}{2L}+\sqrt{(\frac{R}{2L})^2-\frac{1}{LC}}=-a_1 \quad S_2=-\frac{R}{2L}-\sqrt{(\frac{R}{2L})^2-\frac{1}{LC}}=-a_2$$

齐次方程的解为

$$u_C(t)=A_1e^{S_1t}+A_2e^{S_2t}=A_1e^{-\alpha_1t}+A_2e^{-\alpha_2t} \quad t>0 \tag{7-4}$$

式中，常数 A_1 和 A_2 由初始条件确定。用 $t=0^+$ 代入式（7-4），得

$$u_C(0^+)=A_1+A_2=U_0$$

$$u'_C(0^+)=-a_1A_1-a_2A_2=\frac{i(0^+)}{C}=0$$

联立求解上述两式，得

$$A_1=\frac{a_2}{a_2-a_1}U_0$$

$$A_2=\frac{-a_1}{a_2-a_1}U_0$$

将 A_1、A_2 代入式（7-4），得零输入响应 u_C（t）的表达式为

$$u_C(t)=\frac{a_2}{a_2-a_1}U_0e^{-\alpha_1t}-\frac{a_1}{a_2-a_1}U_0e^{-\alpha_2t}$$

$$=\frac{U_0}{a_2-a_1}(a_2e^{-a_1t}-a_1e^{-a_2t}) \quad t>0 \tag{7-5}$$

电路的其他响应为

$$i(t)=C\frac{du_C}{dt}=\frac{CU_0a_1a_2}{a_2-a_1}(e^{-a_2t}-e^{-a_1t})$$

$$=\frac{U_0}{L(a_2-a_1)}(e^{-a_2t}-e^{-a_1t}) \quad t>0 \tag{7-6}$$

$$u_L(t)=L\frac{di}{dt}=\frac{U_0}{a_2-a_1}(a_1e^{-a_1t}-a_2e^{-a_2t}) \quad t>0 \tag{7-7}$$

由前述 α_1、α_2 的表达式可知，$\alpha_2>\alpha_1$，故 $t>0$ 时，$e^{-\alpha_1t}>e^{-\alpha_2t}$，且 $\frac{\alpha_2}{\alpha_2-\alpha_1}>\frac{\alpha_1}{\alpha_2-\alpha_1}>0$。所以，$u_C$（$t$）在 $t>0$ 的所有时间内均为正值；而 i（t）在 $t>0$ 的所有时间内均为负值，这同时说明 u_C（t）的斜率始终为负值，即 u_C（t）始终单调下降直至趋于0。

式（7-6）又表明，$t=0$ 时，i（0）= 0；$t\to\infty$ 时，i（∞）= 0，这表明 i（t）将出现极值，可通过导数为0，即式（7-7）u_L（t）= 0 得到

$$\alpha_1e^{-\alpha_1t}-\alpha_2e^{-\alpha_2t}=0$$

故得

$$t=t_m=\frac{1}{\alpha_2-\alpha_1}\ln\frac{\alpha_2}{\alpha_1} \tag{7-8}$$

u_C（t）、i（t）和 u_L（t）的波形如图7-2所示。

分析图7-2所示的各电压、电流波形可知，在整个工作过程中，u_C 单调下降，电容始终

处于放电状态，且 u_C 和 i 的方向相反，其瞬时功率 $p_C=u_Ci<0$，表明电容始终在释放电场能量。但在 $0<t<t_m$ 期间，i 和 u_L 方向相同，其瞬时功率 $p_L=u_Li>0$，表明电感吸收能量。在 $t=t_m$ 时电感储能达最大值。故在此期间，电容释放的能量除一部分供电阻消耗外，另一部分转换成磁场能量。在 $t_m<t<\infty$ 期间，u_L 改变了方向，u_L 和 i 方向相反，其瞬时功率 $p_L=u_Li<0$，表明电感释放原先储存的能量。可见，$t>t_m$ 后，电容和电感均在释放能量，共同提供给电阻，最终被电阻耗尽，各电压、电流均趋于 0。电容这种单向性放电称为非振荡放电。

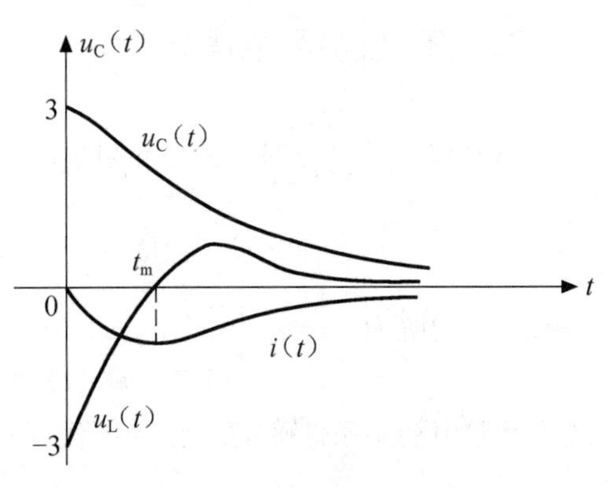

图 7-2　RLC 串联零输入电路过阻尼情况下的电压、电流波形

因此，当电路中电阻符合 $R>R_d=2\sqrt{\frac{L}{C}}$ 条件的过阻尼时，响应是非振荡性的。

【例 7-1】　如图 7-1 所示的 RLC 串联电路，已知 $R=5\Omega$，$C=0.125\text{F}$，$L=0.5\text{H}$，$u_C(0^-)=3\text{V}$，$i_L(0^-)=0$。试求 $t=0$ 时开关 S 闭合后的 $u_C(t)$、$i(t)$ 和 $u_L(t)$。

解　$R=5\Omega>R_d=2\sqrt{\frac{L}{C}}=4\Omega$，因而电路为过阻尼情况。其固有频率为

$$S_{1,2}=-\frac{R}{2L}\pm\sqrt{\left(\frac{R}{2L}\right)^2-\frac{1}{LC}}$$
$$=-5\pm3$$

即　$-\alpha_1=-2$，$-\alpha_2=-8$

故
$$u_C(t)=A_1e^{-2t}+A_2e^{-8t}\qquad t>0$$
$$u_C'(t)=-2A_1e^{-2t}-8A_2e^{-8t}\qquad t>0$$

代入初始条件
$$u_C(0^+)=u_C(0^-)=3\text{V}=A_1+A_2$$
$$u'_C(0^+)=\frac{i_L(0^+)}{C}=\frac{i_L(0^-)}{C}=0=-2A_1-8A_2$$

得
$$A_1=4,\ A_2=-1$$

于是，得
$$u_C(t)=4e^{-2t}-e^{-8t}\text{V}\qquad t>0$$

则
$$i(t)=C\frac{du_C(t)}{dt}=0.125(-8e^{-2t}+8e^{-8t})$$
$$=-e^{-2t}+e^{-8t}\quad \text{A}\qquad t>0$$
$$u_L(t)=L\frac{di(t)}{dt}=0.5\times(2e^{-2t}-8e^{-8t})$$
$$=e^{-2t}-4e^{-8t}\text{V}\quad t>0$$

7.1.2 临界阻尼情况

当$R=R_d=2\sqrt{\dfrac{L}{C}}$时，为临界阻尼。此时固有频率$S_1$、$S_2$为相等的负实数，即

$$S_1=S_2=-\frac{R}{2L}=-\alpha$$

齐次方程的解为

$$u_C(t)=A_1e^{-\alpha t}+A_2te^{-\alpha t}\quad t>0 \tag{7-9}$$

式中常数由初始条件确定，用$t=0^+$代入式（7-9），得

$$u_C(0^+)=A_1=U_0$$

$$u'_C(0^+)=\frac{du_C}{dt}\Big|_{t=0^+}=-A_1\alpha+A_2=\frac{i(0^+)}{C}=0$$

得
$$A_2=U_0\alpha$$

将A_1、A_2代入式（7-9），零输入响应$u_C(t)$的表达式为

$$u_C(t)=U_0(1+\alpha t)e^{-\alpha t}\quad t>0 \tag{7-10}$$

电路其他响应为

$$i(t)=C\frac{du_C}{dt}=-\alpha^2CU_0te^{-\alpha t}=-\frac{U_0}{L}te^{-\alpha t}\quad t>0 \tag{7-11}$$

$$u_L(t)=L\frac{di}{dt}=U_0(\alpha t-1)e^{-\alpha t}\quad t>0 \tag{7-12}$$

根据式（7-10）~式（7-12）的响应表达式，可得电容电压$u_C(t)$、电流$i(t)$和电感电压$u_L(t)$的曲线如图7-3所示，与图7-2所示的过阻尼情况相似，也是非振荡的，电路仍处于单向放电状态。由于$R=2\sqrt{\dfrac{L}{C}}$恰是电路响应呈非振荡与振荡的分界线，故称之为临界振荡情况，此时电阻R称为临界电阻，它等于阻尼电阻R_d。图7-3中$i(t)$出现极值的时刻$t_m=\dfrac{1}{\alpha}$。

【例7-2】 在RLC串联电路中，已知$R=10\Omega$，$C=4\text{mF}$，$L=0.1\text{H}$，$u_C(0^-)=3\text{V}$，$i_L(0^-)=0.1\text{A}$。试求$t=0$时开关K闭合后的$u_C(t)$和$i(t)$。

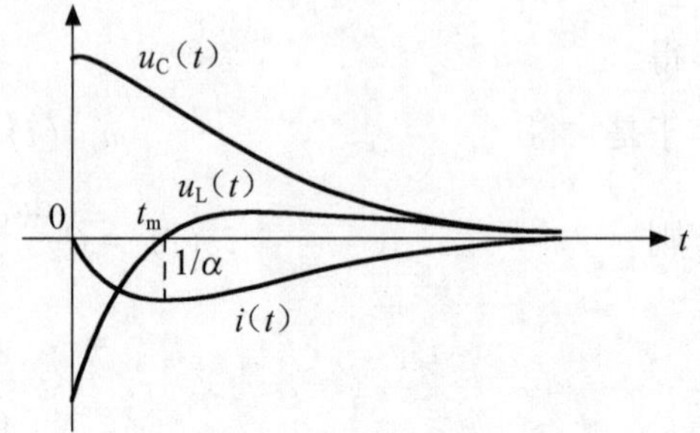

图7-3 RLC串联零输入电路临界阻尼情况下的电压、电流波形

解 $R=10\Omega=R_d=2\sqrt{\dfrac{L}{C}}$，因而电路为临界阻尼情况。其固有频率为

$$S_{1,2}=-\alpha=-\frac{R}{2L}=-50$$

故 $u_C(t)=(A_1+A_2t)e^{-50t}\quad t>0$

代入初始条件

$$u_C(0^+)=u_C(0^-)=3\text{V}$$

$$u'_C(0^+)=\frac{i_L(0^+)}{C}=\frac{i_L(0^-)}{C}=25\ \text{V/s}$$

得

$$u_C(0^+)=A_1=3$$

$$u'_C(0^+)=-50A_1+A_2=25$$

得

$$A_1=3,\ A_2=175$$

于是，得

$$u_C(t)=3e^{-50t}+175te^{-50t}\quad t>0$$

则

$$i(t)=C\frac{du_C(t)}{dt}=4\times10^{-3}(-150e^{-50t}+175e^{-50t}-8750te^{-50t})$$

$$=0.1e^{-50t}-35te^{-50t}\ \text{A}\quad t>0$$

7.1.3　欠阻尼情况

当$R<R_d=2\sqrt{\frac{L}{C}}$时，为欠阻尼。此时固有频率$S_1$、$S_2$为一对共轭复数，即

$$S_1=-\frac{R}{2L}+j\sqrt{\frac{1}{LC}-\left(\frac{R}{2L}\right)^2}$$

$$S_2=-\frac{R}{2L}-j\sqrt{\frac{1}{LC}-\left(\frac{R}{2L}\right)^2}$$

式中，$j=\sqrt{-1}$为虚数单位；$\alpha=\frac{R}{2L}$为振荡电路的衰减系数。

$\omega_0=\frac{1}{\sqrt{LC}}$为电路无阻尼自由振荡角频率或谐振角频率。

$\omega_d=\sqrt{\omega_0^2-\alpha^2}$为电路的衰减振荡角频率。于是$S_1$和$S_2$可表示为

$$S_1=-\alpha+j\omega_d,\ S_2=-\alpha-j\omega_d$$

齐次方程的解为

$$u_C(t)=A_1e^{S_1t}+A_2e^{S_2t}$$

$$=A_1e^{(-\alpha+j\omega_d)t}+A_2e^{(-\alpha-j\omega_d)t}$$

$$=e^{-\alpha t}(A_1e^{j\omega_dt}+A_2e^{-j\omega_dt})\quad t>0 \tag{7-13}$$

应用欧拉公式$e^{jx}=\cos x+j\sin x$，上式可表示为

$$u_C(t)=e^{-\alpha t}[(A_1+A_2)\cos\omega_dt+j(A_1-A_2)\sin\omega_dt]$$

令

$$A_1+A_2=K_1$$

$$j(A_1-A_2)=K_2$$

则上式可表示为

$$u_C(t)=e^{-\alpha t}(K_1\cos\omega_dt+K_2\sin\omega_dt)\quad t>0 \tag{7-14}$$

上式也可写成

$$u_C(t)=Ke^{-\alpha t}\cos(\omega_dt-\theta)\quad t>0 \tag{7-15}$$

式中 $K=\sqrt{K_1^2+K_2^2}$ $\theta=\arctan\dfrac{K_2}{K_1}$。

待定常数 K_1、K_2 或 K、θ 由初始条件确定。用 $t=0^+$ 代入式（7-14），得

$$u_C(0^+)=K_1=U_0$$

$$u'_C(0^+)=\left.\frac{\mathrm{d}u_C}{\mathrm{d}t}\right|t=0^+=-\alpha K_1+\omega_d K_2=\frac{i(0^+)}{C}=0$$

得

$$K_2=\frac{\alpha U_0}{\omega_d}$$

将常数 K_1、K_2 代入式（7-14），有

$$u_C(t)=\mathrm{e}^{-\alpha t}\left(U_0\cos\omega_d t+\frac{\alpha U_0}{\omega_d}\sin\omega_d t\right)\quad t>0 \tag{7-16}$$

或

$$u_C(t)=\frac{\omega_0}{\omega_d}U_0\mathrm{e}^{-\alpha t}\cos(\omega_d t-\theta)\quad t>0 \tag{7-17}$$

式中，$\theta=\arctan\dfrac{\alpha}{\omega_d}$。$\omega_0$、$\omega_d$、$\alpha$、$\theta$ 之间的关系可用图7-4所示的直角三角形表示。

电路的其他响应为

$$i(t)=C\frac{\mathrm{d}u_C}{\mathrm{d}t}=\frac{-U_0}{L\omega_d}\mathrm{e}^{-\alpha t}\sin\omega_d t\quad t>0 \tag{7-18}$$

$$u_L(t)=L\frac{\mathrm{d}i}{\mathrm{d}t}=-\frac{\omega_0}{\omega_d}U_0\mathrm{e}^{-\alpha t}\cos(\omega_d t+\theta)\quad t>0 \tag{7-19}$$

从式（7-17）和式（7-18）可知，欠阻尼情况下，零输入响应电容电压 $u_C(t)$、电感电流 $i(t)$ 和电感电压 $u_L(t)$ 都是振幅按指数规律衰减的正弦量，即放电过程是周期性振荡的。它们的响应曲线如图7-5所示。虚线构成衰减振荡的包络线，振荡幅度衰减的快慢取决于 α 的大小。α 越小，衰减得越慢，故称 α 为衰减系数。而衰减振荡又是按周期规律变化的，振荡周期 $T=\dfrac{2\pi}{\omega_d}$，衰减振荡角频率 ω_d 越大，振荡周期 T 越小，振荡就越快。

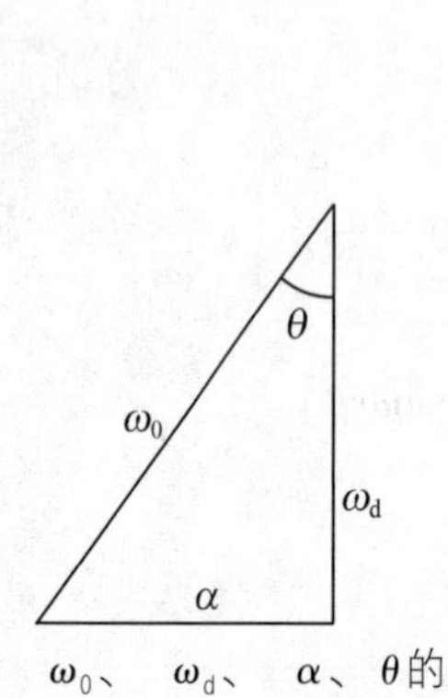

图7-4 ω_0、ω_d、α、θ 的关系

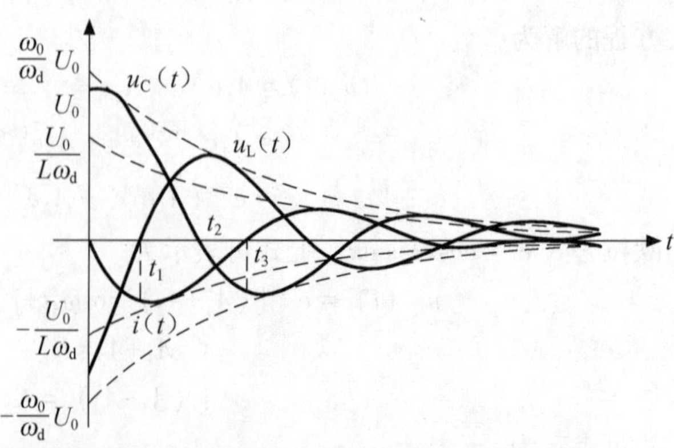

图7-5 RLC串联零输入电路欠阻尼情况下的电压、电流波形

在欠阻尼情况下，由于电阻比较小，消耗能量的速度慢，所以在电阻消耗所有能量之前，电容中的电场能量与电感中的磁场能量之间存在多次能量交换，响应是衰减振荡的。由

图 7-5 可知，在 $0<t<t_1$ 期间，u_C 从最大值 U_0 开始下降，u_C 和 i 的方向相反，电容瞬时功率 $p=u_C i<0$，表明电容释放电场能量；而 u_L 和 i 的方向相同，电感瞬时功率 $p_L=u_L i>0$，表明电感在吸收能量。在此期间，电容释放的电场能量，一部分供给电阻消耗，另一部分转换成电感的磁场能量。在 $t_1<t<t_2$ 期间，u_C 继续下降，这时 u_C、i 和 u_L、i 的方向均相反。表明 $p_C<0$，$p_L<0$，在此期间，电容和电感均释放能量共同提供电阻的耗能。在 $t_2<t<t_3$ 期间，电容反向充电，这时 u_C 和 i 的方向相同，而 u_L 和 i 的方向相反。表明 $p_C>0$，$p_L<0$，在此期间，电感继续释放磁场能量，一部分供给电阻消耗，另一部分转换为电容的电场能量。在 $t=t_3$ 时，$i=0$，此时电感磁场能量已释放完毕，而电容反向充电完毕。至此，电场能和磁场能完成了一次交换。$t>t_3$ 以后，又重复前面的过程，直至电容初始储能被电阻全部耗尽，电路中各电压、电流均趋于 0。

在 $R=0$ 时，响应将是等幅振荡的。因为 $R=0$ 是欠阻尼情况的特例，这时 $\alpha=\dfrac{R}{2L}=0$，$\omega_d=\sqrt{\omega_0^2-\alpha^2}=\omega_0=\dfrac{1}{\sqrt{LC}}$。固有频率 S_1、S_2 为一对共轭虚数，为

$$S_1=\mathrm{j}\omega_0 \qquad S_2=-\mathrm{j}\omega_0$$

由式（7-17）可知 $u_C(t)$ 表达式为

$$u_C(t)=U_0\cos\omega_0 t \quad t>0 \tag{7-20}$$

由式（7-18）、式（7-19），可分别得到 $i(t)$ 和 $u_L(t)$ 为

$$i(t)=-\frac{U_0}{L\omega_0}\sin\omega_0 t \quad t>0 \tag{7-21}$$

$$u_L(t)=-U_0\cos\omega_0 t \quad t>0 \tag{7-22}$$

$R=0$ 时电路各响应曲线如图 7-6 所示，各响应均作无衰减的等幅振荡，角频率 ω_0 称为自由振荡角频率。由于电路中没有能量消耗，故电容和电感之间周期性地进行电场能量和磁场能量的交换。振荡一经形成，就将一直持续下去。

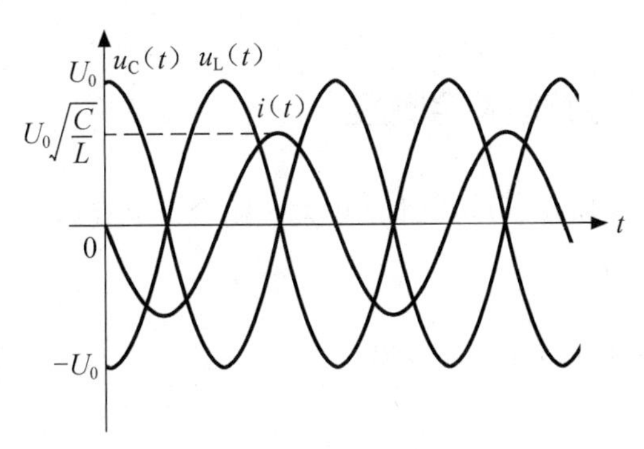

图 7-6　LC 零输入电路无阻尼时的电压、电流波形

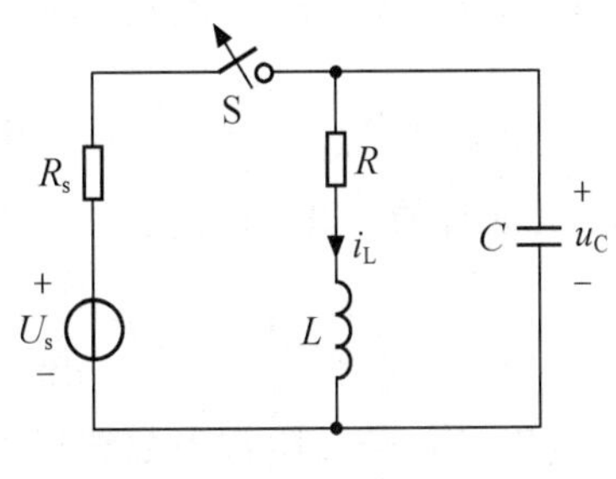

图 7-7　例 7-3 图

【例 7-3】　电路如图 7-7 所示，$U_s=5$V，$R_s=3\Omega$，$R=2\Omega$，$C=0.25$F，$L=0.5$H，电路原已稳定。$t=0$ 时开关 K 打开，试求 $u_C(t)$ 和 $i_L(t)$。

解　已知电路原已稳定，得

$$i_L(0^-)=1\text{A}$$

$$u_C(0^-)=2\text{V}$$

$t>0$ 时为 RLC 串联零输入电路。其固有频率为

$$S_{1,2}=-\frac{R}{2L}\pm\sqrt{\left(\frac{R}{2L}\right)^2-\frac{1}{LC}}$$

$$=-2\pm j2$$

为一对共轭复数，电路响应将呈现振荡型，得

$$u_C(t)=e^{-2t}(K_1\cos 2t+K_2\sin 2t)$$

式中常数由初始条件确定。由换路定则得

$i_L(0^+)=i_L(0^-)=1A$　$u_C(0^+)=u_C(0^-)=2V$ 在图示参考方向下

$$u'_C(0^+)=\frac{du_C}{dt}\bigg|_{t=0^+}=-\frac{i(0^+)}{C}=-4\quad V/s$$

故 $t=0^+$ 时

$$u_C(0^+)=K_1=2$$

$$u'_C(0^+)=-2K_1+2K_2=-4$$

得

$$K_2=0$$

将 K_1、K_2 代入，得

$$u_C(t)=2e^{-2t}\cos 2t\quad V\qquad t>0$$

由

$$i_L(t)=-C\frac{du_C(t)}{dt}$$

$$=e^{-2t}\cos 2t+e^{-2t}\sin 2t$$

$$=\sqrt{2}e^{-2t}\cos(2t-45°)\quad A\qquad t>0$$

RLC 串联零输入电路中，电阻 R 从大到小变化，电路工作状态从过阻尼、临界阻尼到欠阻尼变化，直到 $R=0$ 时为无阻尼状态。电路响应的形式分别对应非震荡、衰减振荡和等幅振荡。

综上所述，电路零输入响应的模式仅取决于电路的固有频率，而与初始条件无关。此结论可推广到任意高阶电路。

7.2 RLC 串联电路在恒定激励下的零状态响应和全响应

在恒定激励下，R、L、C 串联电路如图 7-8 所示，$t=0$ 时，开关 S 闭合，$u_S(t)=U_S$。由 KVL 和元件的 VCR 可得关于 u_C 的微分方程为

$$LC\frac{d^2u_C}{dt^2}+RC\frac{du_C}{dt}+u_C=U_S\quad t>0 \tag{7-23}$$

式（7-23）是二阶常系数线性非齐次微分方程，它的完全解由齐次方程的通解 u_{Ch} 和非齐次方程的特解 $u_{Cp}(t)$ 组成

$$u_C(t)=u_{Ch}(t)+u_{Cp}(t)$$

特解 $u_{Cp}(t)$ 为响应的强制分量，与激励同模式，为常量。设 $u_{Cp}(t)=K$，代入式（7-23），得 $u_{Cp}(t)=U_S$。通解 $u_{Ch}(t)$ 为响

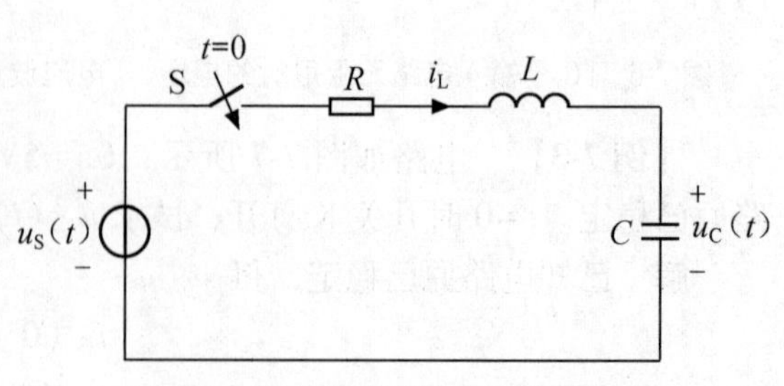

图 7-8　恒定激励下的 RLC 串联电路

应的固有分量，其模式由电路的固有频率决定，即由 R、L、C 的大小决定。因此在恒定激励下，不论是零状态下的零状态响应还是非零状态下的完全响应，都与零输入电路一样，根据电路元件参数 R、L、C 之间的相互关系，亦可分为过阻尼、临界阻尼和欠阻尼三种情况，相应的响应为非振荡型和振荡型。

若 $u_C(0^-)=0$，$i_L(0^-)=0$，所求 $u_C(t)$ 为零状态响应；若 $u_C(0^-)$ 与 $i_L(0^-)$ 两者至少有一个不为零，则 $u_C(t)$ 为全响应。

1. 过阻尼情况

当 $R>2\sqrt{\dfrac{L}{C}}$（即 $\alpha>\omega_0$）时，为过阻尼情况。此时，$S_{1,2}=-\alpha\pm\sqrt{\alpha^2-\omega_0^2}=-\alpha_{1,2}$ 为两个不相等得负实根，响应 $u_C(t)$ 可表示为

$$u_C(t)=A_1e^{-\alpha_1 t}+A_2e^{-\alpha_2 t}+U_S \quad t>0 \tag{7-24}$$

2. 临界阻尼情况

当 $R=2\sqrt{\dfrac{L}{C}}$（即 $\alpha=\omega_0$）时，为临界阻尼情况。此时，$S_{1,2}=-\alpha$ 为两个相等的负实数，响应可表示为

$$u_C(t)=(A_1+A_2t)e^{-\alpha t}+U_S \quad t>0 \tag{7-25}$$

3. 欠阻尼情况

当 $R<2\sqrt{\dfrac{L}{C}}$（即 $\alpha<\omega_0$）时，为欠阻尼情况。此时，$S_{1,2}=-\alpha\pm\sqrt{\alpha^2-\omega_0^2}=-\alpha\pm j\omega_d$ 为一对共轭复数，响应 $u_C(t)$ 可表示为

$$u_C(t)=e^{-\alpha t}(A_1\cos\omega_d t+A_2\sin\omega_d t)+U_S \quad t>0 \tag{7-26}$$

式（7-26）也可写成

$$u_C(t)=Ke^{-\alpha t}\cos(\omega_d t-\theta)+U_S \quad t>0 \tag{7-27}$$

式（7-24）~式（7-27）中的常数 A_1、A_2 或 K、θ 由初始条件 $u_C(0^+)$ 和 $u_C'(0^+)=\dfrac{i_L(0^+)}{C}$ 确定。

【例 7-4】 电路如图 7-9 所示，已知 $R_1=4\Omega$，$R_2=3\Omega$，$L=1\text{H}$，$C=0.25\text{F}$，电路原已稳定，$t=0$ 时开关 S 打开，试求 $t>0$ 时的 $u_C(t)$ 和 $i_L(t)$。

解 在恒定电压源激励下，电路原已稳定，电感可视作短路，电容可视作开路，得

$$i_L(0^-)=\frac{7}{4+3}=1\text{A}$$

$$u_C(0^-)=3\text{V}$$

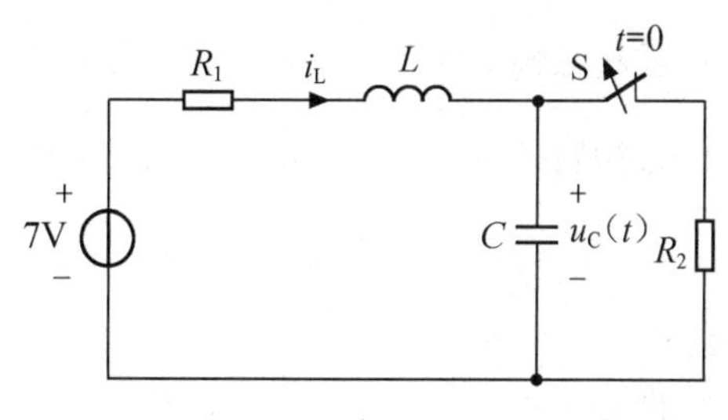

图 7-9　例 7-4 图

$t=0$ 时开关 S 打开，为 RLC 串联电路，由换路定则，得 $u_C(0^+)=u_C(0^-)=3\text{V}$，

$i_L(0^+)=i_L(0^-)=1A$。

$$S_{1,2}=-\frac{R}{2L}\pm\sqrt{\left(\frac{R}{2L}\right)^2-\frac{1}{LC}}$$
$$=-2$$

特征根为两个相等的负实数，是临界阻尼情况。$t\to\infty$电路达到新的稳定状态，电容开路，电感短路，得

$$u_{C_p}(t)=u_C(t)\mid_{t\to\infty}=7V$$

故全响应 $$u_C(t)=(A_1+A_2t)e^{-2t}+7\quad t\geqslant 0$$

$$t=0^+时\quad u_C(0^+)=A_1+7=3$$

$$u_C'(0^+)=\frac{i_C(0+)}{C}=\frac{i_L(0^+)}{C}$$
$$=\frac{1}{0.25}=4=-2A_1+A_2$$

解得 $$A_1=-4\qquad A_2=-4$$

故全响应 $$u_C(t)=7-(4+4t)e^{-2t}\ V\quad t\geqslant 0$$
$$i_L(t)=C\frac{du_C}{dt}=(1+2t)e^{-2t}A\quad t\geqslant 0$$

可以看出，电容电压是单调上升的，从3V趋向7V，说明电容一直在充电；电感电流单调下降，从1A趋向0，一直在放电。响应是非振荡型。

【例7-5】 如图7-8所示的RLC串联电路，已知$R=1\Omega$，$L=1H$，$C=1F$，$U_S=1V$，$u_C(0^-)=0$，$i_L(0^-)=0$。试求$t>0$时的$u_C(t)$。

解 $R=1\Omega<R_d=2\sqrt{\frac{L}{C}}=2\Omega$，电路是欠阻尼情况。

特征根为共轭复数

$$S_{1,2}=-\frac{R}{2L}\pm\sqrt{\left(\frac{R}{2L}\right)^2-\frac{1}{LC}}$$
$$=-\frac{1}{2}\pm\frac{\sqrt{3}}{2}j$$

强制响应分量 $u_{C_p}=U_S=1V$

故零状态响应 $u_C(t)=e^{-\frac{1}{2}t}\left(A_1\cos\frac{\sqrt{3}}{2}t+A_2\sin\frac{\sqrt{3}}{2}t\right)+1\quad t\geqslant 0$

代入初始条件 $u_C(0^+)=A_1+1=0$

$$u_C'(0^+)=\frac{i_L(0^+)}{C}=0=-\frac{1}{2}A_1+\frac{\sqrt{3}}{2}A_2$$

解得 $$A_1=-1\quad A_2=-\frac{\sqrt{3}}{3}$$

故，零状态响应 $u_C(t)=1-e^{-\frac{1}{2}t}\left(\cos\frac{\sqrt{3}}{2}t+\frac{\sqrt{3}}{3}\sin\frac{\sqrt{3}}{2}t\right)V\quad t\geqslant 0$

可见，欠阻尼情况下，响应是衰减振荡型。

7.3　GCL 并联电路分析

GCL 并联电路如图 7-10 所示，它是图 7-8 所示电路的对偶电路。因此 RLC 串联电路分析中的方程、响应公式和结论，经过对偶转换就成了 GCL 并联电路方程、响应公式和结论。下面简要介绍 GCL 并联电路分析。

$t=0$ 时开关 S 打开，$i_S(t)=I_S$。由式（7-23）对偶得到关于 i_L 的微分方程为

$$CL\frac{d^2 i_L}{dt^2}+GL\frac{di_L}{dt}+i_L=I_S \quad t>0 \tag{7-28}$$

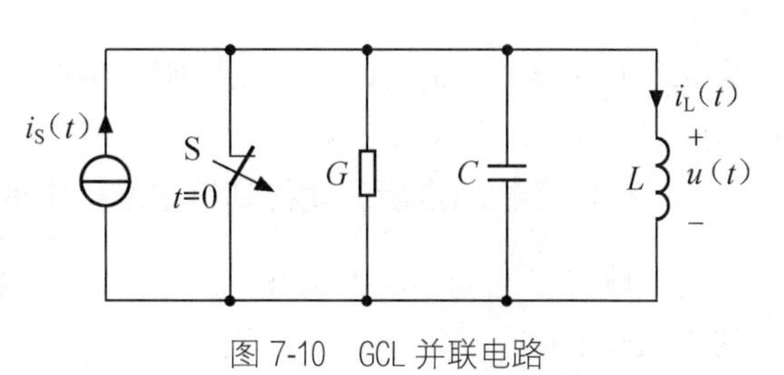

图 7-10　GCL 并联电路

由式（7-3）可对偶得到 GCL 并联电路的阻尼电导

$$G_d=2\sqrt{\frac{C}{L}} \tag{7-29}$$

式（7-29）可用于对响应形式做出判断。$G>G_d$时为过阻尼（非振荡型）；$G=G_d$时为临界阻尼（非振荡型）；$G<G_d$时为欠阻尼（衰减振荡型）；$G=0$ 时为无阻尼（等幅振荡型）。

在过阻尼、临界阻尼和欠阻尼三种情况下的响应形式分别如下。

1. 过阻尼情况

此时 $G>2\sqrt{\frac{C}{L}}$，固有频率 S_1，S_2 为两个不相等的负实数，即

$$S_{1,2}=-\frac{G}{2C}\pm\sqrt{\left(\frac{G}{2C}\right)^2-\frac{1}{CL}}=-\alpha_{1,2}$$

响应为非振荡型的。i_L 的全响应与式（7-24）对偶，为

$$i_L(t)=A_1e^{-\alpha_1 t}+A_2e^{-\alpha_2 t}+I_S \quad t\geqslant 0 \tag{7-30}$$

2. 临界阻尼情况

此时 $G=2\sqrt{\frac{C}{L}}$，固有频率 S_1，S_2 为两个相等的负实数，即

$$S_{1,2}=-\alpha$$

响应也为非振荡型的，i_L 的全响应与式（7-25）对偶，为

$$i_L(t)=(A_1+A_2t)e^{-\alpha t}+I_S \quad t\geqslant 0 \tag{7-31}$$

3. 欠阻尼情况

此时 $G<2\sqrt{\frac{C}{L}}$，固有频率 S_1，S_2 为一对共轭复数，即

$$S_{1,2}=-\alpha\pm j\omega_d$$

其中$\alpha=\dfrac{G}{2C}$，$\omega_0=\dfrac{1}{\sqrt{LC}}$，$\omega_d=\sqrt{\omega_0^2-\alpha^2}$。响应为振荡型的，$i_L$的全响应与式（7-27）对偶，为

$$i_L(t)=Ke^{-\alpha t}\cos(\omega_d t-\theta)+I_S \quad t\geqslant 0 \tag{7-32}$$

$G=0$是欠阻尼情况的特例，这时$S_{1,2}=\pm j\omega_0$。

$$i_L(t)=I_S-I_S\cos\omega_0 t \quad t\geqslant 0 \tag{7-33}$$

式（7-30）~式（7-32）中的常数A_1、A_2或K、θ由初始条件确定。设电路的初始状态为$u_C(0^-)=U_0$，$i_L(0^-)=I_0$，则初始条件为$i_L(0^+)=i_L(0^-)=I_0$，$i_L'(0^+)=\dfrac{u_C(0^+)}{L}=\dfrac{U_0}{L}$。待定常数确定后，就得到恒定激励下的全响应$i_L(t)$。当$I_S=0$时，响应$i_L(t)$即为零输入响应；当初始状态为0，$u_C(0^-)=0$和$i_L(0^-)=0$时，得到的响应即为恒定激励下的零状态响应。

【例7-6】 如图7-10所示的GCL并联电路，已知$G=5\text{S}$，$L=0.125\text{H}$，$C=0.5\text{F}$，$u_C(0^-)=0$，$i_L(0^-)=3\text{A}$。试分别求下列两种情况下$t>0$时的$i_L(t)$和$u(t)$。(1) $I_S=0$；(2) $I_S=1.5\text{A}$。

解 由于$G=5\text{S}>G_d=2\sqrt{\dfrac{C}{L}}=4\text{S}$，因而电路为过阻尼情况。其固有频率为

$$S_{1,2}=-\frac{G}{2C}\pm\sqrt{\left(\frac{G}{2C}\right)^2-\frac{1}{LC}}$$
$$=-5\pm 3$$

故

$$i_L(t)=A_1e^{-2t}+A_2e^{-8t}+I_S \quad t>0$$

(1) $I_S=0$，代入初始条件，得

$$i_L(0^+)=A_1+A_2+I_S=3$$
$$i'_L(0^+)=\frac{u_C(0^+)}{L}=-2A_1-8A_2=0$$

得

$$A_1=4,\ A_2=-1$$

于是，得零输入响应

$$i_L(t)=4e^{-2t}-e^{-8t}\ \text{A} \quad t>0$$

则

$$u(t)=L\frac{di_L(t)}{dt}=0.125(-8e^{-2t}+8e^{-8t})$$
$$=-e^{-2t}+e^{-8t}\ \text{V} \quad t>0$$

可以看出此解完全可由例7-1的解对偶得到。

(2) $I_S=1.5\text{A}$，代入初始条件，得

$$i_L(0^+)=A_1+A_2+I_S=3$$
$$i'_L(0^+)=\frac{u_C(0^+)}{L}=-2A_1-8A_2=0$$

得

$$A_1=2,\ A_2=-0.5$$

于是，得全响应

$$i_L(t)=2e^{-2t}-0.5e^{-8t}+1.5 \quad A \quad t>0$$

则

$$u(t)=L\frac{di_L(t)}{dt}=0.125(-4e^{-2t}+4e^{-8t})$$

$$=-0.5e^{-2t}+0.5e^{-8t} \quad V \quad t>0$$

【例 7-7】 GCL 并联电路和激励 $i_S(t)$ 的波形分别如图 7-11（a）和图 7-11（b）所示，$G=6S$，$C=0.2F$，$L=25mH$，试求零状态响应的 $i_L(t)$ 和 $u_L(t)$。

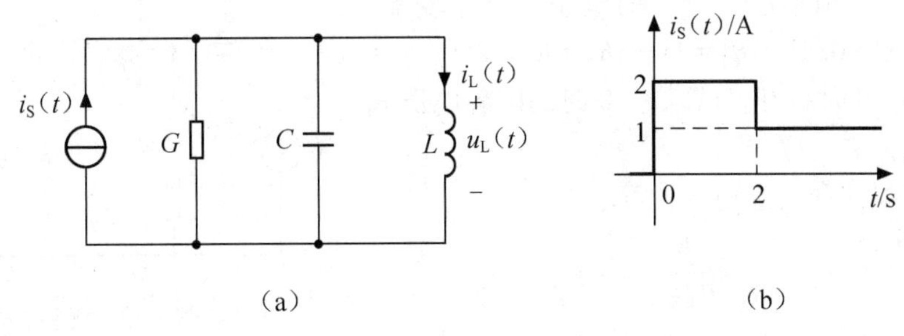

图 7-11　例 7-7 图

解　（1）由于输入 $i_S(t)$ 是分段常量，所以先求阶跃响应。

$G=6S>G_d=2\sqrt{\frac{C}{L}}=4\sqrt{2}S$，电路为过阻尼情况。固有频率为 $S_{1,2}=-15\pm5$。

在求阶跃响应时，输入为阶跃信号，且电路初始状态为 0，即 $t>0$ 时，$I_S=1$，且 $u_C(0^-)=0$，$i_L(0^-)=0$。所以，引用式（7-30），得电感电流阶跃响应为

$$S_{i_L}=A_1e^{-10t}+A_2e^{-20t}+1A \quad t>0$$

代入初始条件，得

$$i_L(0^+)=A_1+A_2+1=0$$

$$i'_L(0^+)=\frac{u_C(0^+)}{L}=40(-10A_1-20A_2)=0$$

得

$$A_1=-2,\ A_2=1$$

于是，得电感电流的单位阶跃响应

$$S_{i_L}=(-2e^{-10t}+e^{-20t}+1)\varepsilon(t)\ A$$

电感电压的阶跃响应为

$$S_{u_L}=L\frac{dS_{i_L}}{dt}=0.5(e^{-10t}-e^{-20t})\varepsilon(t)\ V$$

（2）$i_S(t)=2\varepsilon(t)-\varepsilon(t-2)$ A

（3）零状态响应

$$i_L(t)=2S_{i_L}(t)-S_{i_L}(t-2)$$
$$=(-4e^{-10t}+2e^{-20t}+2)\varepsilon(t)-[-2e^{-10(t-2)}+e^{-20(t-2)}+1]\varepsilon(t-2)\ A$$

$$u_L(t)=2S_{u_L}(t)-S_{u_L}(t-2)$$
$$=(e^{-10t}-e^{-20t})\varepsilon(t)-0.5[e^{-10(t-2)}-e^{-20(t-2)}]\varepsilon(t-2)\ V$$

7.4 一般二阶电路分析

RLC 串联电路和 GCL 并联电路是最简单的二阶电路，这两种电路的分析归结为二阶常系数线性微分方程的求解。对于任意结构形式的一般二阶电路，由于其激励—响应关系仍然是二阶常系数线性微分方程，故其分析方法与 RLC 串联电路或 GCL 并联电路的分析方法相同，现举例说明。

【例 7-8】 如图 7-12 所示的电路已处于稳态，已知 $L=1\text{H}$，$C=0.5\text{F}$，$R_1=1\Omega$，$R_2=R_3=2\Omega$，$u_S=4\text{V}$ 开关 S 在 $t=0$ 时打开。试求 $t>0$ 时的电容电压 $u_C(t)$ 和电感电流 $i_L(t)$。

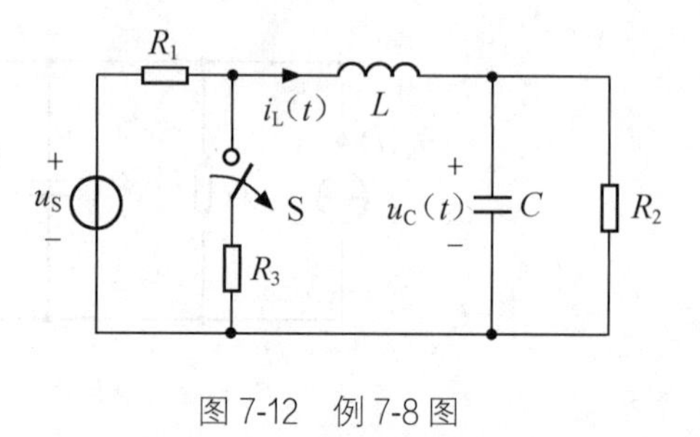

图 7-12 例 7-8 图

解 电路换路前已经稳定，可求得

$$i_L(0^-)=\frac{4}{R_1+R_2//R_3}\times\frac{R_3}{R_2+R_3}=1\text{A}$$

$$u_C(0^-)=R_2\times i_L(0^-)=2\text{V}$$

列写电路方程。换路后由 KCL，得

$$-i_L+C\frac{\mathrm{d}u_C}{\mathrm{d}t}+\frac{u_C}{R_2}=0 \tag{1}$$

由 KVL，得

$$R_1i_L+L\frac{\mathrm{d}i_L}{\mathrm{d}t}+u_C=u_S \tag{2}$$

由式（1）得 $i_L=C\frac{\mathrm{d}u_C}{\mathrm{d}t}+\frac{u_C}{R_2}$，代入式（2），得

$$R_1C\frac{\mathrm{d}u_C}{\mathrm{d}t}+\frac{R_1}{R_2}u_C+LC\frac{\mathrm{d}^2u_C}{\mathrm{d}t^2}+\frac{L}{R_2}\frac{\mathrm{d}u_C}{\mathrm{d}t}+u_C=u_S$$

整理后得

$$LC\frac{\mathrm{d}^2u_C}{\mathrm{d}t^2}+\left(R_1C+\frac{L}{R_2}\right)\frac{\mathrm{d}u_C}{\mathrm{d}t}+\left(\frac{R_1}{R_2}+1\right)u_C=u_S$$

将参数代入上式，得

$$\frac{\mathrm{d}^2u_C}{\mathrm{d}t^2}+2\frac{\mathrm{d}u_C}{\mathrm{d}t}+3u_C=8$$

特征方程为

$$S^2+2S+3=0$$

特征根

$$S_{1,2}=\frac{-2\pm\sqrt{4-12}}{2}=-1\pm\mathrm{j}\sqrt{2}$$

在恒定激励下，强制响应为常量，设 $u_{Cp}(t)=K$，代入方程，或取电容电压的稳态值，均可得 $K=u_{Cp}(t)=u_C(\infty)=8/3\text{V}$。故得 u_C 的解为

$$u_C(t)=K_1e^{-t}\cos(\sqrt{2}t+\theta)+8/3$$

式中，常数 K_1 和 θ 由初始条件决定。由换路定则，得 $u_C(0^+)=u_C(0^-)=2V$，$i_L(0^+)=i_L(0^-)=1A$。由式（1）可得 $u_C'(0^+)=\frac{i_L(0^+)}{C}-\frac{1}{R_2C}u_C(0^+)=0°$

取 $t=0^+$，得
$$u_C(0^+)=K_1\cos\theta+8/3=2$$

$$u_C'(0^+)=[-K_1e^{-t}\cos(\sqrt{2}t+\theta)-\sqrt{2}K_1e^{-t}\sin(\sqrt{2}t+\theta)]|_{t=0+}$$
$$=-K_1\cos\theta-\sqrt{2}K_1\sin\theta=0$$

解得
$$K_1=-0.816,\ \theta=-35.3°$$

故全应响应
$$u_C(t)=-0.816e^{-t}\cos(\sqrt{2}t-35.3°)+8/3\ V,\ t\geqslant 0$$

由式（1）得 $i_L=C\frac{du_C}{dt}+\frac{u_C}{R_2}=0.577e^{-t}\sin(\sqrt{2}t-35.3°)+4/3\ A\quad t\geqslant 0$

由 R、L、C 元件组成的一般二阶电路，当 R、L、C 元件参数不同时，其固有频率有不相等负实数、相等负实数和共轭复数 3 种可能，故其响应亦有非振荡、振荡之分。但对于无受控源的 RL 或 RC 二阶电路来说，固有频率只可能是不相等的负实数，故其电路固有响应只可能是非振荡型的。从物理概念上讲，同类动态元件不可能出现电场能量与磁场能量交换的电磁振荡过程。

【例 7-9】　RC 二阶电路如图 7-13 所示，$t=0$ 时开关 S 闭合，试列写响应为 u_2 的微分方程，并证明响应必然是非振荡型的。

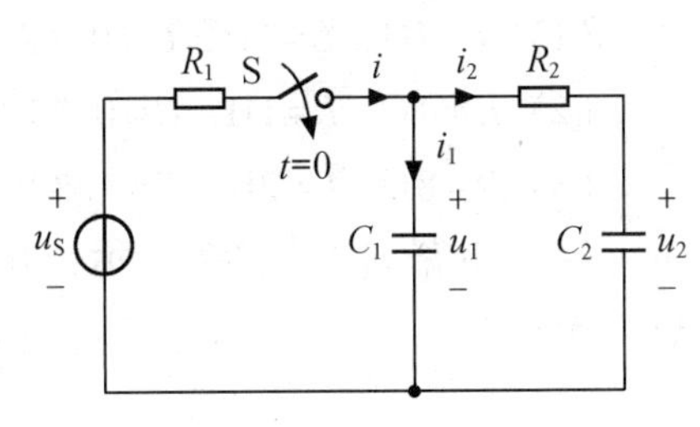

图 7-13　例 7-9 图

解　换路后，由 KVL 得

$$u_S=R_1i+u_1$$
$$=R_1(i_1+i_2)+u_1$$
$$=R_1\left(C_1\frac{du_1}{dt}+C_2\frac{du_2}{dt}\right)+u_1\qquad(1)$$
$$u_1=R_2i_2+u_2$$
$$=R_2C_2\frac{du_2}{dt}+u_2\qquad(2)$$

将式（2）代入式（1），得

$$u_S=R_1C_1\frac{d}{dt}\left(R_2C_2\frac{du_2}{dt}+u_2\right)+R_1C_2\frac{du_2}{dt}+R_2C_2\frac{du_2}{dt}+u_2$$

整理后，微分方程为

$$R_1R_2C_1C_2\frac{d^2u_2}{dt^2}+(R_1C_1+R_1C_2+R_2C_2)\frac{du_2}{dt}+u_2=u_S$$

得特征方程为

$$R_1R_2C_1C_2S^2+(R_1C_1+R_1C_2+R_2C_2)S+1=0$$

特征根为

$$S_{1,2}=\frac{-(R_1C_1+R_1C_2+R_2C_2)\pm\sqrt{(R_1C_1+R_1C_2+R_2C_2)^2-4R_1R_2C_1C_2}}{2R_1R_2C_1C_2}$$

特征根的判别式为：

$$
\begin{aligned}
&(R_1C_1 + R_1C_2 + R_2C_2)^2 - 4R_1R_2C_1C_2 \\
&= (R_1C_1 + R_2C_2)^2 + 2R_1C_2(R_1C_1 + R_2C_2) + (R_1C_2)^2 - 4R_1R_2C_1C_2 \\
&= (R_1C_1 - R_2C_2)^2 + 2R_1C_2(R_1C_1 + R_2C_2) + (R_1C_2)^2
\end{aligned}
$$

由于上式的各元件参数为正值，不论电阻和电容取何值，判别式总是大于0，因此特征根（固有频率）S_1 和 S_2 必然为不相等的负实数，其固有响应必然为非振荡型的。

思维导图

二阶动态电路分析的仿真实例

习　题　7

7-1　电路如题图7-1所示。试列出以 $i_L(t)$ 为未知量的微分方程，在下列情况下分别求电流 $i_L(t)$。

（1）$R=7\Omega$，$L=1\text{H}$，$C=0.1\text{F}$，$u_C(0^-)=0$，$i_L(0^-)=3\text{A}$；

（2）$R=4\Omega$，$L=1\text{H}$，$C=0.25\text{F}$，$u_C(0^-)=4\text{V}$，$i_L(0^-)=2\text{A}$；

（3）$R=8\Omega$，$L=2\text{H}$，$C=1/32\text{F}$，$u_C(0^-)=3\text{V}$，$i_L(0^-)=0$。

7-2　电路如题图7-2所示，开关S在 $t=0$ 时打开，打开前电路已处于稳定，试求 $u_C(t)$ 和 $i_L(t)$。

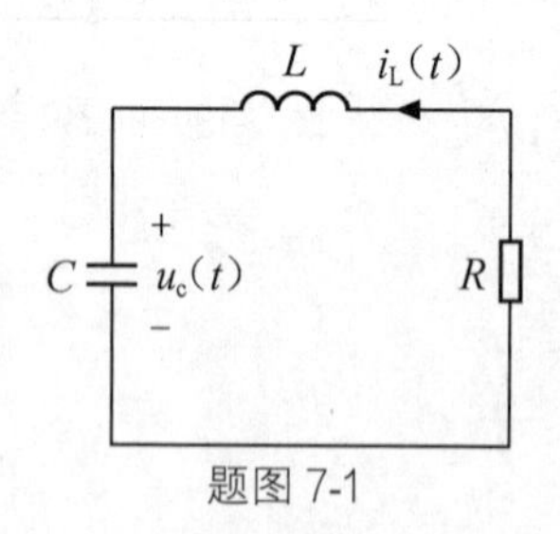

题图7-1

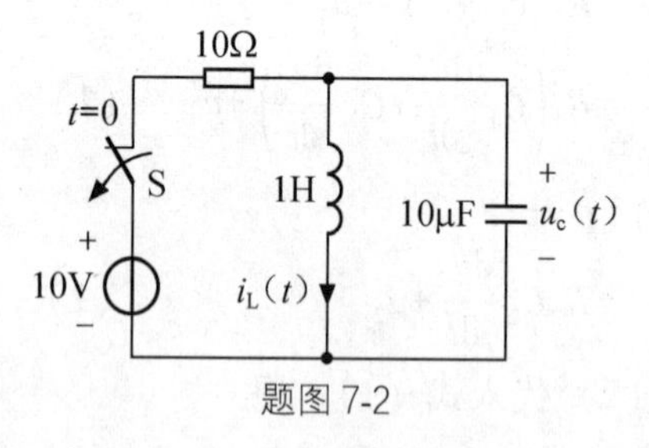

题图7-2

7-3　RLC串联电路如题图7-3（a）所示。试求：（1）$i(t)$ 的阶跃响应；（2）$i(t)$ 的冲激响应；（3）当 $u_S(t)$ 如题图7-3（b）所示时，$i(t)$ 的零状态响应。

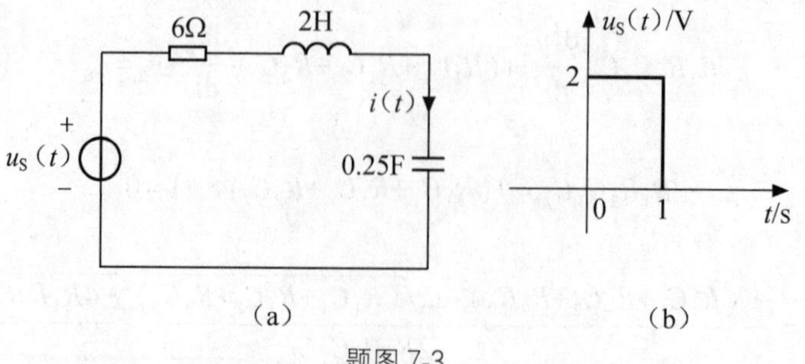

题图7-3

7-4　题图 7-4 所示的电路原已稳定，$t=0$ 时开关 S 打开，试求 $t>0$ 时的 $u_C(t)$ 和 $i_L(t)$。

7-5　如题图 7-5 所示电路，假定开关 S 接 15V 电压源已久，在 $t=0$ 时改与 10V 电压源接通，试求 $i(t)$，$t\geqslant 0$。

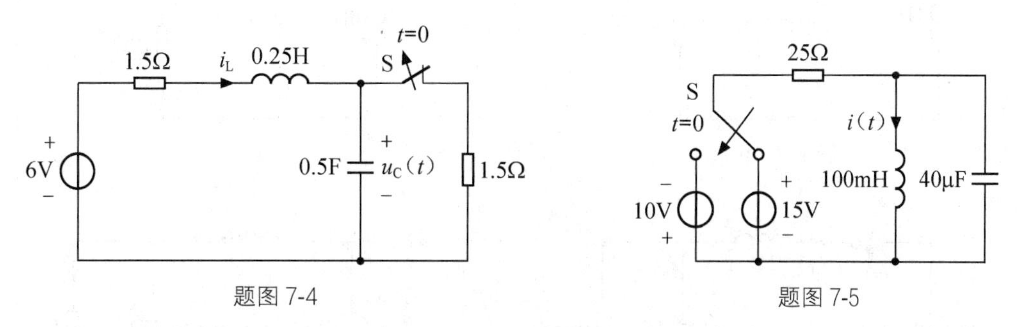

题图 7-4　　题图 7-5

7-6　电路如题图 7-6 所示，若 $i(t)=5\sin 3t$A，$t\geqslant 0$；$i(t)=0$，$t<0$。试确定 $i(0^-)$、$u_C(0^-)$ 和 K 值。

7-7　试求题图 7-7 所示电路中的 $u_C(t)$ 和 $i_L(t)$。

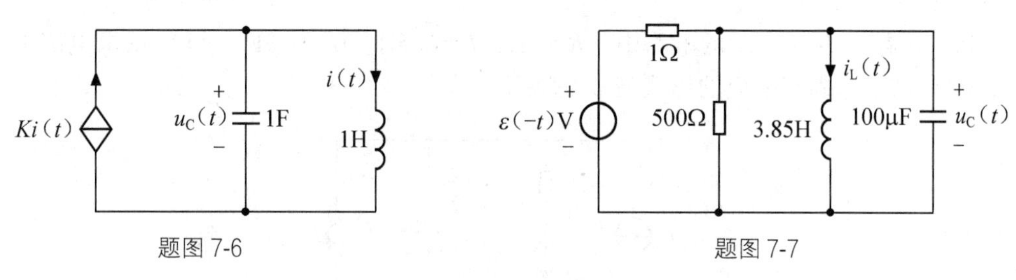

题图 7-6　　题图 7-7

7-8　题图 7-8 中，$R=\frac{1}{8}\Omega$，$L=\frac{1}{8}$H，$C=2$F，$i_S(t)=\varepsilon(t)$ A，求电流源两端的电压 $u(t)$。

7-9　题图 7-9 所示的 RL 二阶电路，试论证：不论电阻和电感参数为何值，固有频率总是实数。

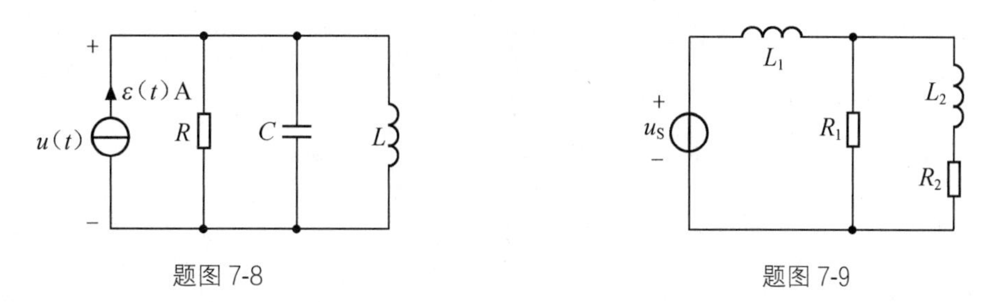

题图 7-8　　题图 7-9

7-10　电路如题图 7-10 所示，已知 $i_L(0^-)=-2$A，$u_C(0^-)=2$V。试求 $u_C(t)$，$t\geqslant 0$。

7-11　题图 7-11 所示的电路，已知 $i_L(0^-)=0$，$u_C(0^-)=5$V，在 $t=1$s 时，开关 S 闭合，试求（1）$i_L(t)$，$0\leqslant t\leqslant 1$s；（2）$i_L(t)$，$t>1$s。

7-12　电路如题图 7-12 所示，开关 S 在 $t=0$ 时闭合。试求零状态响应 $u_C(t)$ 和 $i_L(t)$。

7-13　电路如题图 7-13 所示，电容电压 $u_C(t)$ 为响应。（1）试列出电路响应的微分方程；（2）若已知 $L=4$mH，$C=10\mu$F，为使其零输入响应为衰减振荡，求电阻 R 的取值范围。

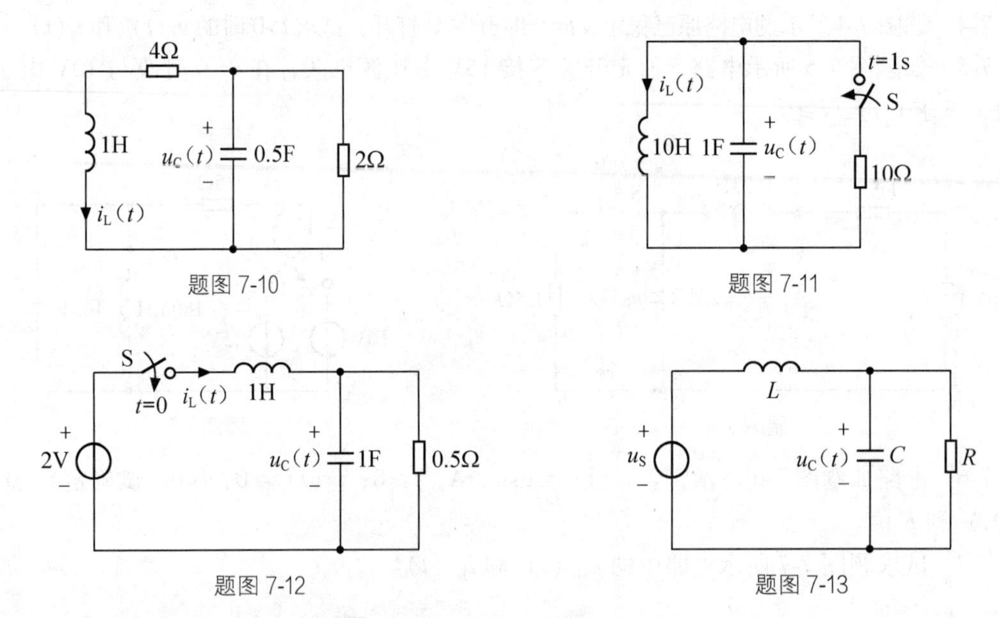

题图 7-10　题图 7-11

题图 7-12　题图 7-13

7-14　在题图 7-14 所示的电路中，$R=2\Omega$，$L=0.5\text{H}$，$C=0.5\text{F}$。（1）试求电路的特征方程；（2）试讨论固有响应的形式与 μ 的关系。

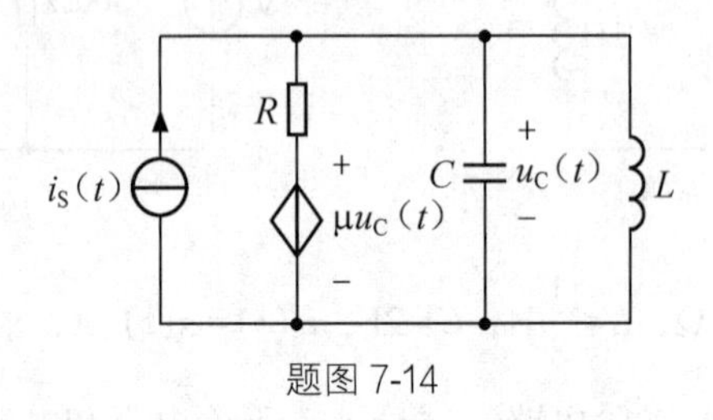

题图 7-14

第8章 正弦激励下电路的稳态分析

本章将讨论线性非时变动态电路在正弦信号作用下的稳态响应。从前面两章可知，描述线性非时变动态电路激励—响应关系的电路方程是常系数线性微分方程，它的全响应由固有响应分量和强制响应分量两部分组成，其中固有响应分量满足电路微分方程对应的齐次微分方程，它的变化规律完全由电路的结构和元件参数决定；强制响应分量是电路微分方程的特解，它的变化规律与激励有关，与电路的初始状态无关。如果电路是渐近稳定的（即电路的全部固有频率的实部均小于0），则固有响应经历一定时间后将衰减至0，为暂态响应；当激励是单频正弦信号时，强制响应是与激励同频的正弦信号，因此是稳态响应，所以电路进入稳态后，电路中任意电压或电流均随时间按与激励同频率的正弦规律变化。通常称电路这时的工作状态为正弦稳态，处于正弦稳态的电路称为正弦稳态电路，把分析和求解正弦稳态电路的响应称为正弦稳态分析。

正弦稳态分析具有十分广泛的实际应用价值和重要的理论意义，因此，在电路理论中占有非常重要的地位。首先，由于正弦电压和电流产生较容易，与非电量的转换也较方便，在工程技术和科学研究中，尤其是在电力、通信和广播等系统中，许多设备和仪器都是以正弦信号作为电源或信号源，因此许多实用电路是正弦稳态电路。其次，正弦信号是一种最简单和最基本的信号，根据傅里叶级数和傅里叶变换的理论，各种复杂信号皆可分解为一系列不同频率正弦信号之和，因此，利用叠加定理可将正弦稳态分析推广到线性非时变电路在非正弦信号作用下的响应，所以正弦稳态分析具有普遍意义。

正弦稳态分析从数学的角度来说就是求解电路微分方程的特解，该特解可用常微分方程理论中的经典方法求解，但这些方法往往很烦琐而不易计算。在本章中将介绍一种正弦稳态分析的简便方法——相量法。相量法的基础是数学中的变换概念和复数运算，在相量法中用相量（复数）表示正弦量，将三角函数运算变换为复数运算，将电路微分方程求解问题变换为复系数代数方程求解问题。并且若将时域电路变换为对应的相量模型，则由相量模型列出的基尔霍夫方程和元件的伏安关系与电阻电路在形式上完全相同，因此，前面所学的电阻电路的各种分析方法和定理均可推广到正弦稳态电路，从而给正弦稳态分析带来很大方便。

必须指出，并非所有动态电路都存在正弦稳态，只有当电路是渐近稳定的，固有响应才是暂态响应，才有正弦稳态。而实用动态电路大多是渐近稳定的。

本章将着重介绍正弦稳态电路的相量分析法，其主要内容包括正弦量及其相量表示、基尔霍夫定律和电路元件伏安关系的相量形式、阻抗和导纳的概念、正弦稳态电路的分析及其功率的计算，最后简单介绍三相电路和非正弦周期信号作用下电路的稳态分析。

8.1 正弦量

交流电的发展历史

在本节中将介绍正弦量的三要素、相位差和有效值等概念。

8.1.1 正弦量的三要素

所谓正弦量是指随时间按正弦或余弦规律变化的物理量。正弦量既可用正弦函数表示，亦可用余弦函数表示，但在本书中将采用余弦函数表示正弦量。

在选定参考方向和计时起点的情况下，正弦量的瞬时值可表示为

$$f(t)=F_m\cos(\omega t+\varphi) \tag{8-1}$$

式（8-1）中的 F_m 称为正弦量的振幅，通常用带下标 m 的大写字母表示，它是一个正常数，表示正弦量在整个变化过程中所能达到的最大值。

（$\omega t+\varphi$）称为正弦量的相位角，简称相位，单位为弧度（rad）或度（°），它是时间 t 的函数，表示正弦量的变化进程；φ 是正弦量计时起点 $t=0$ 时刻的相位，称为正弦量的初相角，简称初相，通常规定 $|\varphi|\leqslant\pi$；ω 称为角频率，是相位随时间的变化率，即

$$\frac{\mathrm{d}}{\mathrm{d}t}(\omega t+\varphi)=\omega \tag{8-2}$$

单位为弧度/秒（rad/s）。

正弦函数是周期函数，通常将正弦量完成一个循环所需的时间称为周期，记作 T，单位为秒（s）；周期 T 的倒数，即正弦量每秒完成的循环次数称为频率，记作 f，即

$$f=\frac{1}{T} \quad 或 \quad T=\frac{1}{f} \tag{8-3}$$

频率的单位为赫［兹］（Hz）。通信中所用的频率较高，故常采用千赫（kHz），兆赫（MHz）和吉赫（GHz）等单位。它们之间的关系为

$$1\text{kHz}=10^3\ \text{Hz};\quad 1\text{MHz}=10^6\ \text{Hz};\quad 1\text{GHz}=10^9\text{Hz}$$

周期 T、频率 f 和角频率 ω 都是描述正弦量变化快慢的物理量。由于正弦量完成一个循环相位变化 2π 弧度或360度，因此 T、f 和 ω 之间有如下关系。

$$\omega=\frac{2\pi}{T}=2\pi f \tag{8-4}$$

例如，我国电力部门所提供的所谓交流电的频率为50Hz，它的周期为0.02s，角频率为314rad/s。

正弦量除可用数学表达式表示外，还可用波形图表示。由于无论正弦量的频率 f 为何值，每个循环正弦量的相位总改变 2π 弧度，因此为方便起见，作波形图时，通常以 ωt 为横轴坐标。图8-1为 $\varphi>0$ 和 $\varphi<0$ 时，正弦量 $f(t)$ 的波形图。

由式（8-1）可看出：正弦量的振幅 F_m、初相 φ 和频率 f（或角频率 ω）可唯一地确定正弦量 $f(t)$ 的变化规律，因此，将振幅、初相和频率（或角频率）称为正弦量的三要素。

【例8-1】 试求正弦量 $f(t)=-10\sin\left(100\pi t-\dfrac{\pi}{6}\right)$ 的振幅 F_m、初相 φ 和频率 f。

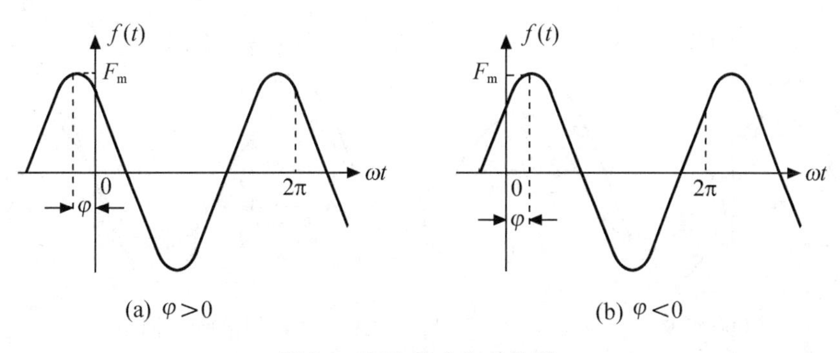

(a) $\varphi>0$　　　　(b) $\varphi<0$

图 8-1　正弦量 $f(t)$ 的波形

解　首先将正弦量 $f(t)$ 的表达式化为如下基本形式。

$$f(t)=10\sin\left(100\pi t-\frac{\pi}{6}+\pi\right)=10\sin\left(100\pi t+\frac{5\pi}{6}\right)$$

$$=10\cos\left(100\pi t+\frac{5\pi}{6}-\frac{\pi}{2}\right)=10\cos\left(100\pi t+\frac{\pi}{3}\right)$$

由上式可得：振幅 $F_m=10$，初相 $\varphi=\frac{\pi}{3}\text{rad}$，角频率 $\omega=100\pi\text{rad/s}$，频率 $f=\frac{\omega}{2\pi}=\frac{100\pi}{2\pi}=50\text{Hz}$。

8.1.2　正弦量间的相位差

在同一正弦稳态电路中，任意电压和电流都是同频率的正弦量，因此各正弦量的区别在于振幅和初相不同；虽然我们关心各电压或电流的大小，但有时也关心各正弦电压和电流间变化进程之间的差别，即正弦量间的相位差。下面，以电路中两处电压为例来说明相位差的意义。

设 $u_1(t)=U_{m1}\cos(\omega t+\varphi_1)$，$u_2(t)=U_{m2}\cos(\omega t+\varphi_2)$ 为正弦稳态电路中两处具有相同计时起点的电压，φ_1 和 φ_2 分别为 $u_1(t)$ 和 $u_2(t)$ 的初相，则这两个正弦量间的相位差为

$$\theta=(\omega t+\varphi_1)-(\omega t+\varphi_2)=\varphi_1-\varphi_2 \tag{8-5}$$

由式（8-5）可见：两个同频率正弦量间的相位差等于它们的初相差。

若 $\theta=\varphi_1-\varphi_2>0$，即 $\varphi_1>\varphi_2$，则如图 8-2（a）所示，$u_1(t)$ 比 $u_2(t)$ 在时间上先达到最大值，称 $u_1(t)$ 超前 $u_2(t)$；反之若 $\theta=\varphi_1-\varphi_2<0$，即 $\varphi_1<\varphi_2$，$u_1(t)$ 比 $u_2(t)$ 在时间上后达到最大值，则称 $u_1(t)$ 落后 $u_2(t)$；

若 $\theta=\varphi_1-\varphi_2=0$，即 $\varphi_1=\varphi_2$，则如图 8-2（b）所示，$u_1(t)$ 与 $u_2(t)$ 变化进程一致，同时达到最大值或零值，称 $u_1(t)$ 与 $u_2(t)$ 同相；

若 $\theta=\varphi_1-\varphi_2=\pm\pi$，则如图 8-2（c）所示，当 $u_1(t)$ 和 $u_2(t)$ 中一个达到正最大值时，另一个恰好达到负最大值，称 $u_1(t)$ 与 $u_2(t)$ 反相；

若 $\theta=\varphi_1-\varphi_2=\pm\frac{\pi}{2}$，则如图 8-2（d）所示，当 $u_1(t)$ 和 $u_2(t)$ 中一个达到最大值时，另一个恰好达到零值，称 $u_1(t)$ 与 $u_2(t)$ 正交。

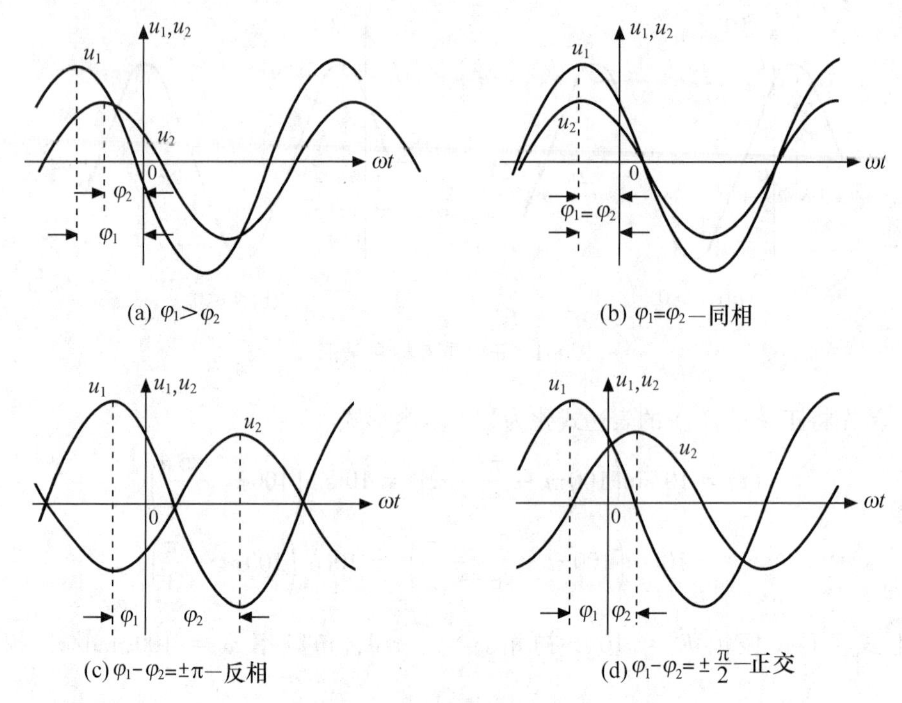

图 8-2　正弦量间的相位差

由于正弦量是相位按 2π 弧度循环变化的周期函数，因此若无限制，当 $u_1(t)$ 超前 $u_2(t)\,\theta$ 弧度时，也可说 $u_2(t)$ 超前 $u_1(t)\,(2\pi-\theta)$ 弧度，故为了避免混淆，通常规定相位差 $|\theta|\leqslant\pi$。对不在该取值范围内的相位差，可通过 $\theta\pm2\pi$ 将其变换到该取值范围内。

【例 8-2】　已知正弦电压 $u_1(t)=U_{\mathrm{m1}}\cos\left(\omega t+\dfrac{\pi}{6}\right)$ V，$u_2(t)=U_{\mathrm{m2}}\cos\left(\omega t-\dfrac{\pi}{2}\right)$ V；正弦电流 $i_3(t)=I_{\mathrm{m3}}\cos\left(\omega t+\dfrac{2\pi}{3}\right)$ A，试求各正弦量间的相位差。

解　正弦电压 u_1 和 u_2 间的相位差

$$\theta_{12}=\varphi_{\mathrm{u1}}-\varphi_{\mathrm{u2}}=\frac{\pi}{6}-\left(-\frac{\pi}{2}\right)=\frac{2\pi}{3}>0$$

因此，u_1 超前 u_2 $\dfrac{2\pi}{3}$弧度，或 u_2 落后 u_1 $\dfrac{2\pi}{3}$弧度。

正弦电压 u_1 和正弦电流 i_3 间的相位差

$$\theta_{13}=\varphi_{\mathrm{u1}}-\varphi_{\mathrm{i3}}=\frac{\pi}{6}-\frac{2\pi}{3}=-\frac{\pi}{2}<0$$

因此，u_1 落后 i_3 $\dfrac{\pi}{2}$弧度，i_3 超前 u_1 $\dfrac{\pi}{2}$弧度。

正弦电压 u_2 和正弦电流 i_3 间的相位差为

$$\theta_{23}=\varphi_{\mathrm{u2}}-\varphi_{\mathrm{i3}}=\left(-\frac{\pi}{2}\right)-\frac{2\pi}{3}=-\frac{7\pi}{6}<0$$

由于该相位差不满足 $|\theta_{23}| \leqslant \pi$，应取 $\theta_{23} = -\frac{7\pi}{6}+2\pi=\frac{5\pi}{6}$，故 u_2 超前 i_3 $\frac{5\pi}{6}$弧度，或 i_3 落后 u_2 $\frac{5\pi}{6}$弧度。

从例 8-2 可看出，u_1 超前 u_2；u_2 超前 i_3，但 u_1 却落后 i_3，因此，相位上的超前与落后不满足传递性。

对于同频的两个正弦量，计时起点改变，虽然它们的初相发生变化，但由于初相的改变量相同，所以相位差不变，因此相位差与计时起点的选择无关，基于此，在正弦稳态电路分析中，为了方便起见，通过选择合适的计时起点，使某个正弦量的初相为 0，然后再由相位差来决定其他正弦量的初相，并将这个初相为 0 的正弦量称为参考正弦量；对于两个不同频率的正弦量，由于它们的相位差随时间变化，无法确定它们之间的超前与落后关系，因此其相位差无实际意义。

8.1.3　正弦量的有效值

周期信号（包括正弦信号）的瞬时值随时间不断变化，在测量和计算中使用很不方便，因此在工程中常常用有效值来度量周期信号的大小。

周期信号的有效值是根据其本身的热效应与一个直流信号的热效应进行对比而定义的。现以周期电流信号为例来加以说明。

根据焦耳—楞次定律，当周期电流信号 $i(t)$ 流过电阻 R 时，一个周期 T 内电阻所消耗的能量为

$$W_1 = \int_0^T p(t)\,\mathrm{d}t = \int_0^T Ri^2(t)\,\mathrm{d}t \tag{8-6}$$

直流电流 I 流过电阻 R 时，在相同时间 T 内，该电阻消耗的能量为

$$W_2 = \int_0^T RI^2\mathrm{d}t = RI^2T \tag{8-7}$$

如果上述两种情况中，电阻 R 消耗的能量相同，即

$$RI^2T = \int_0^T Ri^2(t)\,\mathrm{d}t$$

$$I = \sqrt{\frac{1}{T}\int_0^T i^2(t)\,\mathrm{d}t} \tag{8-8}$$

则此电流 I 就定义为周期电流信号 $i(t)$ 的有效值。由于有效值等于周期电流瞬时值平方在一个周期中的平均值的平方根，因此又称为方均根值，通常以大写字母表示。

当周期电流为正弦电流时，将 $i(t) = I_\mathrm{m}\cos(\omega t + \varphi_i)$ 代入式（8-8），可得正弦电流的有效值 I 为

$$\begin{aligned} I &= \sqrt{\frac{1}{T}\int_0^T [I_\mathrm{m}\cos(\omega t + \varphi_i)]^2\mathrm{d}t} = \sqrt{\frac{I_\mathrm{m}^2}{T}\int_0^T \frac{1+\cos2(\omega t+\varphi_i)}{2}\mathrm{d}t} \\ &= \frac{1}{\sqrt{2}}I_\mathrm{m} \approx 0.707I_\mathrm{m} \end{aligned} \tag{8-9}$$

同理，周期电压 $u(t)$ 的有效值可定义为

$$U = \sqrt{\frac{1}{T}\int_0^T u^2(t)\,\mathrm{d}t} \tag{8-10}$$

正弦电压 $u(t)=U_{\mathrm{m}}\cos(\omega t+\varphi_u)$ 的有效值为

$$U=\frac{1}{\sqrt{2}}U_{\mathrm{m}}\approx 0.707U_{\mathrm{m}} \tag{8-11}$$

从式（8-9）和式（8-11）可得：正弦量的有效值等于其振幅的 $1/\sqrt{2}$，与角频率 ω 和初相 φ 无关。因此正弦量也可表达为

$$u(t)=\sqrt{2}U\cos(\omega t+\varphi_u) \tag{8-12}$$

$$i(t)=\sqrt{2}I\cos(\omega t+\varphi_i) \tag{8-13}$$

有效值在工程中应用十分广泛，实验室中的交流电流表和电压表的刻度是指其有效值，交流电机和电器的铭牌上标注的额定电压或电流是指有效值，通常所说的民用交流电的电压为220V，指的也是其电压的有效值。

8.2 正弦量的相量表示法

复数知识拓展

由于任意一个正弦量，可以由其三要素：频率（或周期、角频率）、振幅（或有效值）和初相3个物理量来唯一地确定。而在正弦稳态电路中，各个电压、电流响应与激励是同频率的正弦量，在已知频率的情况下，三要素降为两要素，即只需求出相应的振幅和初相。相量法正是利用这一特点，用相量表示正弦量的振幅和初相，从而将求解电路的微分方程变换为复数代数方程，简化了正弦稳态电路的分析计算。

8.2.1 复数及其运算

在相量分析法中，经常应用复数，为此对复数及其四则运算加以复习。

在数学上，虚部的单位用符号“i”来表示，而在电路中“i”是代表电流，所以这里采用符号“j”来表示虚部单位。复数有如下4种数学表达形式。

1. 复数的代数形式

$$A=a+\mathrm{j}b$$

式中，a，b 分别为复数 A 的实部和虚部，即

$$a=\mathrm{Re}[A],\ b=\mathrm{Im}[A]$$

上式 Re 与 Im 分别是取实部和虚部的运算符号。

2. 复数的三角形式

$$A=r\cos\theta+\mathrm{j}r\sin\theta$$

式中，r 称为复数 A 的模，模总是取正值；θ 称为 A 的幅角。

3. 复数的指数形式

依据欧拉恒等式：$e^{\mathrm{j}\theta}=\cos\theta+\mathrm{j}*\sin\theta$，可以由复数的三角形式推出复数的指数形式。

$$A=re^{\mathrm{j}\theta}$$

4. 复数的极坐标形式

在电路理论中，复数的指数形式又常简写为极坐标形式

$$A = r\angle\theta$$

可读为“r 在一个角度 θ”。

根据计算需要，可以灵活选用上述复数形式并进行相互变换。复数 A 除可用数学表达式表达外，还可用复平面中横坐标为 a，纵坐标为 b 的点或用长度为 r，与实轴正方向夹角为 θ 的向量表示，如图 8-3 所示。由图 8-3 可知几种形式之间的关系。

$$\begin{cases} a = r \cdot \cos\theta \\ b = r \cdot \sin\theta \end{cases} \tag{8-14}$$

$$\begin{cases} r = \sqrt{a^2 + b^2} \\ \theta = \arctan \dfrac{b}{a} \end{cases} \tag{8-15}$$

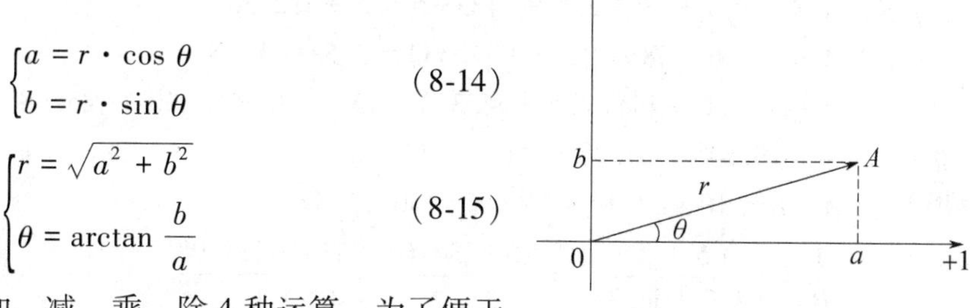

图 8-3　复数的表示

复数的运算包括加、减、乘、除 4 种运算，为了便于运算，经常需将复数的代数形式和极坐标形式进行转换。

设有两复数 $A = a_1 + \mathrm{j}a_2 = a\angle\theta_A$，$B = b_1 + \mathrm{j}b_2 = b\angle\theta_B$

1. 相等

当复数表示为直角坐标形式时，如果两个复数的实部和虚部分别相等，则这两个复数相等，例如，若 $a_1 = b_1$，$a_2 = b_2$，则 $A = B$。

当复数表示为极坐标形式时，如果两个复数的模相等，辐角相等，则这两个复数相等，例如，若 $a = b$，$\theta_A = \theta_B$，则 $A = B$。

2. 加、减运算

几个复数的相加或相减就是把它们的实部和虚部分别相加或相减。例如：

$$\begin{aligned} A \pm B &= (a_1 + \mathrm{j}a_2) \pm (b_1 + \mathrm{j}b_2) \\ &= (a_1 \pm b_1) + \mathrm{j}(a_2 \pm b_2) \end{aligned}$$

因此，复数的加、减运算必须用直角坐标形式进行。在复平面上可按“平行四边形法则”或“三角形法则”求复数的加、减运算。

3. 乘、除运算

当复数用直角坐标表示时，乘法运算需要运用到 $\mathrm{j}^2 = -1$ 这一关系。例如：

$$\begin{aligned} A \cdot B &= (a_1 + \mathrm{j}a_2)(b_1 + \mathrm{j}b_2) \\ &= a_1b_1 + \mathrm{j}a_2b_1 + \mathrm{j}a_1b_2 + \mathrm{j}^2a_2b_2 = (a_1b_1 - a_2b_2) + \mathrm{j}(a_2b_1 + a_1b_2) \end{aligned}$$

复数的乘法运算用指数形式或极坐标形式比较方便，其模相乘，辐角相加即可。例如：

$$A \cdot B = a\mathrm{e}^{\mathrm{j}\theta_A} \cdot b\mathrm{e}^{\mathrm{j}\theta_B} = ab\mathrm{e}^{\mathrm{j}(\theta_A + \theta_B)} = ab\angle(\theta_A + \theta_B)$$

当复数用直角坐标表示时，除法运算需要进行分母有理化，比较烦琐。例如：

$$\frac{A}{B}=\frac{a_1+\mathrm{j}a_2}{b_1+\mathrm{j}b_2}=\frac{(a_1+\mathrm{j}a_2)(b_1-\mathrm{j}b_2)}{(b_1+\mathrm{j}b_2)(b_1-\mathrm{j}b_2)}=\frac{(a_1b_1+a_2b_2)}{b_1^2+b_2^2}+\mathrm{j}\frac{(a_2b_1-a_1b_2)}{b_1^2+b_2^2}$$

复数的除法运算用指数形式或极坐标形式比较方便，其模相除，辐角相减即可。例如：

$$\frac{A}{B}=\frac{a\mathrm{e}^{\mathrm{j}\theta_{\mathrm{A}}}}{b\mathrm{e}^{\mathrm{j}\theta_{\mathrm{B}}}}=\frac{a}{b}\mathrm{e}^{\mathrm{j}(\theta_{\mathrm{A}}-\theta_{\mathrm{B}})}=\frac{a}{b}\angle(\theta_{\mathrm{A}}-\theta_{\mathrm{B}})$$

【例8-3】 已知 $A=6+\mathrm{j}8=10\angle 53.1°$，$B=2.5+\mathrm{j}4.33=5\angle 60°$，

试计算 $A+B$，$A-B$，$A\cdot B$，$\frac{A}{B}$。

解 $A+B=6+\mathrm{j}8+2.5+\mathrm{j}4.33=8.5+\mathrm{j}12.33$

$A-B=6+\mathrm{j}8-(2.5+\mathrm{j}4.33)=3.5+\mathrm{j}3.67$

$A\cdot B=(6+\mathrm{j}8)(2.5+\mathrm{j}4.33)=15-34.64+\mathrm{j}20+\mathrm{j}25.98$

$=-19.64+\mathrm{j}45.98\approx 50\angle 113.1°$

或 $A\cdot B=10\angle 53.1°\cdot 5\angle 60°=50\angle 113.1°$

$$\frac{A}{B}=\frac{(6+\mathrm{j}8)}{(2.5+\mathrm{j}4.33)}=\frac{15+34.64+\mathrm{j}20-\mathrm{j}25.98}{2.5^2+4.33^2}$$

$$=\frac{49.64-\mathrm{j}5.98}{24.99}\approx 2\angle-6.9°$$

或 $$\frac{A}{B}=\frac{10\angle 53.1°}{5\angle 60°}=2\angle-6.9°$$

由例8-3可以看出，利用复数的极坐标形式（或指数形式）计算乘、除运算要比直角坐标形式简便很多。在具体应用时，根据需要我们经常在进行乘、除运算时，把复数的直角坐标形式转化为极坐标形式；在进行加、减运算时，把复数的极坐标形式转化为直角坐标形式。

8.2.2 相量表示法

下面考虑正弦量 $f(t)=F_{\mathrm{m}}\cos(\omega t+\varphi)$。

由复数的指数形式和三角形式有：

$$F_{\mathrm{m}}\mathrm{e}^{\mathrm{j}(\omega t+\varphi)}=F_{\mathrm{m}}\cos(\omega t+\varphi)+\mathrm{j}F_{\mathrm{m}}\sin(\omega t+\varphi)$$

从上式可看出，正弦量 $f(t)$ 是复函数 $F_{\mathrm{m}}\mathrm{e}^{\mathrm{j}(\omega t+\varphi)}$ 的实部，引用复数取实部运算 Re［ ］，则 $f(t)$ 可表示为

$$f(t)=F_{\mathrm{m}}\cos(\omega t+\varphi)=\mathrm{Re}[F_{\mathrm{m}}\mathrm{e}^{\mathrm{j}(\omega t+\varphi)}]$$

$$=\mathrm{Re}[F_{\mathrm{m}}\mathrm{e}^{\mathrm{j}\varphi}\mathrm{e}^{\mathrm{j}\omega t}]=\mathrm{Re}[\dot{F}_{\mathrm{m}}\mathrm{e}^{\mathrm{j}\omega t}] \tag{8-16}$$

式中，$\dot{F}_{\mathrm{m}}=F_{\mathrm{m}}\mathrm{e}^{\mathrm{j}\varphi}=F_{\mathrm{m}}\angle\varphi$ 是以正弦量 $f(t)$ 的振幅为模，以 $f(t)$ 的初相为幅角的复常数。由于正弦稳态电路中，各处的电压和电流都是同频的正弦量，而频率通常是已知的，因此电压和电流由其振幅和初相确定，而 $\dot{F}_{\mathrm{m}}$ 恰好含有这两个量，所以 $\dot{F}_{\mathrm{m}}$ 能完全表征正弦稳态电路中的正弦量。在电路分析中把能表征正弦量的复数称为相量，为了区别于一般的复数，在相量符号上方加“·”。

相量 $\dot{F}_{\mathrm{m}}$ 是复数，可采用复数的各种数学表达形式和运算规则；也可在复平面中（见图8-4）

用向量表示，并把这种在复平面中表示相量的图称为相量图。

式（8-16）中的复指数函数 $e^{j\omega t}$ 是模为 1、幅角为 ωt 的复数，它在复平面中可用一个以恒定角频率 ω 按逆时针方向旋转的单位向量表示，通常称其为旋转因子。因此 $\dot{F}_m e^{j\omega t}$ 表示一个在复平面中以恒定角频率 ω 按逆时针方向旋转长度为 F_m 的相量，故称其为旋转相量。由此可得正弦量与其相量的对应关系为：正弦量在任何时刻的瞬时值均等于对应旋转相量同一时刻在实轴上的投影。这个关系可用图 8-5 来说明。

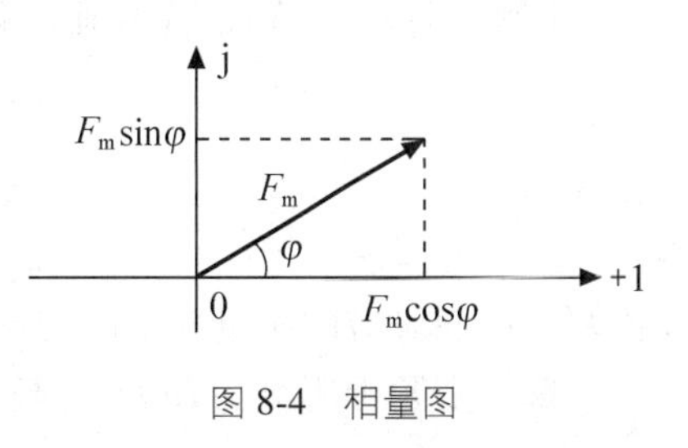

图 8-4　相量图

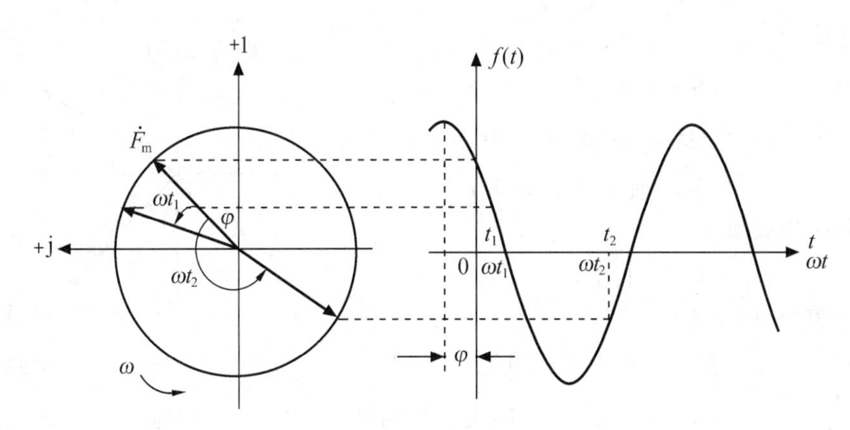

图 8-5　正弦量与其相量的对应关系

正弦量的有效值 F 与振幅 F_m 之间有关系：$F_m=\sqrt{2}F$，因此 $\dot{F}=Fe^{j\varphi}=F\angle\varphi$，在正弦稳态电路中也能完全表征正弦量，故也是相量。为避免混淆，将 $\dot{F}_m$ 称为正弦量的振幅相量，而 $\dot{F}$ 称为有效值相量。由于有效值的使用较广泛，今后凡无下标 m 的相量均指有效值相量。

当正弦量为正弦电流 $i(t)$ 时，它对应的相量 $\dot{I}$ 和 $\dot{I}_m$ 分别称为电流（有效值）相量和电流振幅相量；同样，当正弦量为正弦电压 $u(t)$ 时，它对应的相量 $\dot{U}$ 和 $\dot{U}_m$ 分别称为电压（有效值）相量和电压振幅相量。

最后，必须注意，正弦稳态电路中的正弦量 $f(t)$ 既可用时间函数表达式或对应的波形图表示，亦可用相量 $\dot{F}_m$、$\dot{F}$ 或对应的相量图表示，并且正弦量 $f(t)$ 的时间函数表达式与其对应的相量 $\dot{F}_m$、$\dot{F}$ 之间可相互变换；但是相量是表示正弦量的复数，它不可能与在实数中取值的正弦量相等，它与正弦量是对应关系。这种关系可简单地用↔表示，即

$$f(t)=F_m\cos(\omega t+\varphi)\leftrightarrow\dot{F}_m=F_m\angle\varphi \qquad (8\text{-}17)$$

或

$$f(t)=\sqrt{2}F\cos(\omega t+\varphi)\leftrightarrow\dot{F}=F\angle\varphi \qquad (8\text{-}18)$$

因此，时间函数表达式与相量是在不同域中对正弦量的表示，通常将正弦量的时间函数表达式和对应的波形图称为正弦量的时域表示；而将相量和对应的相量图称为正弦量的相量表示或频域表示。

【例 8-4】 已知正弦电流和电压分别为

$$i_1(t)=5\sqrt{2}\cos(314t+30°)\,\mathrm{A}$$
$$u_2(t)=5\sqrt{2}\sin(314t+45°)\,\mathrm{V}$$
$$u_3(t)=-3\sqrt{2}\cos(314t+60°)\,\mathrm{V}$$

试写出它们对应的相量并作出相量图。

解 由题中所给的 $i_1(t)$ 的函数表达式，可得其对应相量为

$$\dot{I}_1=5\angle 30°\,\mathrm{A}$$

因为 $u_2(t)=5\sqrt{2}\sin(314t+45°)$

$$=5\sqrt{2}\cos(314t-45°)\,\mathrm{V}$$

其对应的相量为

$$\dot{U}_2=5\angle-45°\,\mathrm{V}$$

又因为 $u_3(t)=-3\sqrt{2}\cos(314t+60°)$

$$=3\sqrt{2}\cos\ (314t-120°)\ \mathrm{V}$$

因此，其对应相量为

$$\dot{U}_3=3\angle-120°\,\mathrm{V}$$

它们的相量图如图 8-6 所示。

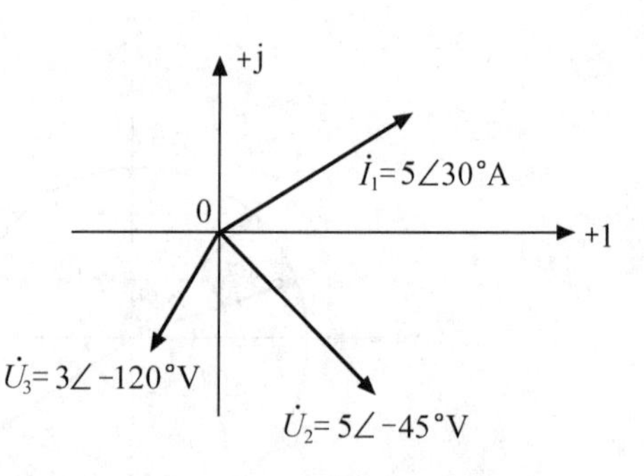

图 8-6 3 个正弦量的相量图

【例 8-5】 已知同频正弦电压相量为

$$\dot{U}_1=3+\mathrm{j}4\mathrm{V},\quad \dot{U}_2=-3+\mathrm{j}4\mathrm{V},\quad \dot{U}_3=3-\mathrm{j}4\mathrm{V}$$

频率 $f=50\mathrm{Hz}$。试写出它们对应的函数表达式。

解 由题可得 $\omega=2\pi f=100\pi\mathrm{rad/s}\approx 314\mathrm{rad/s}$

为了写出它们对应的函数表达式，先将所给相量转换为极坐标形式。

$$\dot{U}_1=3+\mathrm{j}4=5\angle 53.1°\mathrm{V}$$
$$\dot{U}_2=-3+\mathrm{j}4=5\angle 126.9°\mathrm{V}$$
$$\dot{U}_3=3-\mathrm{j}4=5\angle-53.1°\mathrm{V}$$

因此

$$u_1(t)=5\sqrt{2}\cos(314t+53.1°)\,\mathrm{V}$$
$$u_2(t)=5\sqrt{2}\cos(314t+126.9°)\,\mathrm{V}$$
$$u_3(t)=5\sqrt{2}\cos(314t-53.1°)\,\mathrm{V}$$

8.3 正弦稳态电路的相量模型

相量法、相量映射

由于电路的两种约束，即基尔霍夫定律和电路元件的伏安关系是进行电路分析的两个基本依据，因此在介绍正弦稳态电路的相量分析法之前，首先要讨论基尔霍夫定律和电路元件伏安关系的相量形式。

8.3.1　基尔霍夫定律的相量形式

首先来看基尔霍夫电流定律（KCL）。

由第 1 章知，KCL 可用时域表达式表示为

$$\sum_k i_k(t) = 0 \tag{8-19}$$

式（8-19）中的电流是集总参数电路中与任一节点关联或封闭面上的各支路电流。

对于正弦稳态电路，由于各电流都是同频的正弦量，因此式（8-19）可写为

$$\sum_k i_k(t) = \sum_k \sqrt{2}I_k\cos(\omega t + \varphi_{ik}) = \sum_k \mathrm{Re}(\sqrt{2}\dot{I}_k\mathrm{e}^{\mathrm{j}\omega t}) = 0$$

或写为

$$\sum_k i_k(t) = \mathrm{Re}(\sum_k \sqrt{2}\dot{I}_k\mathrm{e}^{\mathrm{j}\omega t}) = \mathrm{Re}(\mathrm{e}^{\mathrm{j}\omega t}\sum_k \sqrt{2}\dot{I}_k) = 0 \tag{8-20}$$

由于式（8-20）对任意 t 成立，并且 $\mathrm{e}^{\mathrm{j}\omega t}$ 恒不为 0，因此有

$$\sum_k \dot{I}_k = 0 \quad 或 \quad \sum_k \dot{I}_{km} = 0 \tag{8-21}$$

这就是 KCL 的相量形式。它表示正弦稳态电路中流出（或流入）任一节点或封闭面的各支路电流相量的代数和为 0。

对应地，KVL 可用时域表达式表示为

$$\sum_k u_k(t) = 0 \tag{8-22}$$

式（8-22）中的电压是集总参数电路中任一闭合回路的各支路电压。

同理，对于正弦稳态电路有

$$\sum_k \dot{U}_k = 0 \quad 或 \quad \sum_k \dot{U}_{km} = 0 \tag{8-23}$$

这就是 KVL 的相量形式。它表示正弦稳态电路中任一闭合回路的各支路电压相量的代数和为 0。

必须注意的是，$\sum_k \dot{I}_k = 0$ 和 $\sum_k \dot{I}_{km} = 0$ 或 $\sum_k \dot{U}_k = 0$ 和 $\sum_k \dot{U}_{km} = 0$ 中表示的是相量的代数和为 0，切不可误认为有效值或振幅的代数和为 0。

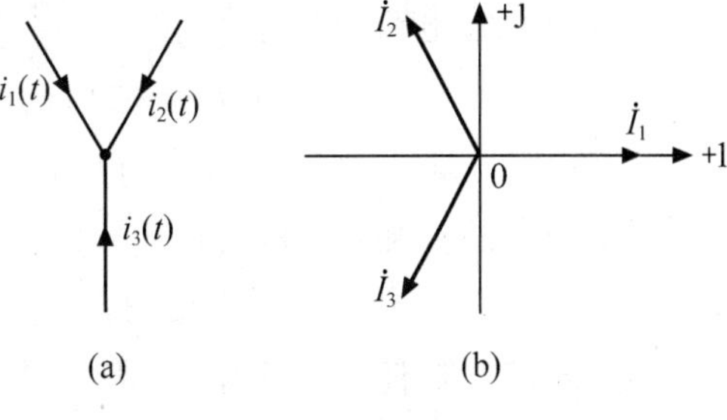

图 8-7　例 8-6 图

【例 8-6】　如图8-7（a）所示的电路节点上有 $i_1(t) = 2\sqrt{2}\cos 314t\mathrm{A}$，$i_2(t) = 2\sqrt{2}\cos(314t + 120°)\mathrm{A}$。试求电流 $i_3(t)$，并作出各电流相量的相量图。

解　为利用 KCL 的相量形式，先将已知电流变换为对应的相量，得

$$\dot{I}_1 = 2\angle 0°\mathrm{A}, \quad \dot{I}_2 = 2\angle 120°\mathrm{A}$$

由 KCL 的相量形式得

$$\dot{I}_1 + \dot{I}_2 + \dot{I}_3 = 0$$

因此

$$\dot{I}_3 = -\dot{I}_1 - \dot{I}_2 = -2\angle 0° - 2\angle 120°$$

$$= -2 + 1 - \mathrm{j}\sqrt{3} = 2\angle -120°\mathrm{A}$$

最后，根据 $\dot{I}_3$ 可写出对应的正弦量 $i_3(t)$ 为

$$i_3(t)=2\sqrt{2}\cos(314t-120°)\,\mathrm{A}$$

各电流相量的相量图如图 8-7（b）所示。

【例 8-7】 如图8-8 所示的部分电路中，已知 $u_1(t)=200\sqrt{2}\cos(314t+45°)\,\mathrm{V}$，$u_2(t)=200\sqrt{2}\cos(314t+135°)\,\mathrm{V}$，$u_3(t)=100\sqrt{2}\times\cos(314t+45°)\,\mathrm{V}$，试求电压 $u(t)$。

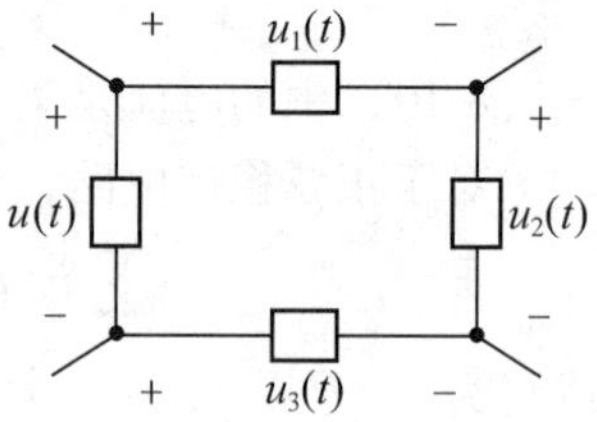

图 8-8 例 8-7 图

解 先将已知电压变换为对应的电压相量，得

$$\dot{U}_1=200\angle 45°\mathrm{V},\qquad \dot{U}_2=200\angle 135°\mathrm{V},$$

$$\dot{U}_3=100\angle 45°\mathrm{V}$$

由 KVL 的相量形式得

$$\begin{aligned}\dot{U}&=\dot{U}_1+\dot{U}_2-\dot{U}_3\\&=100\sqrt{2}+\mathrm{j}100\sqrt{2}-100\sqrt{2}+\mathrm{j}100\sqrt{2}-50\sqrt{2}-\mathrm{j}50\sqrt{2}\\&=-50\sqrt{2}+\mathrm{j}150\sqrt{2}\\&=158.11\sqrt{2}\angle 108.4°\mathrm{V}\end{aligned}$$

因此

$$u(t)=158.11\times 2\cos(314t+108.4°)\,\mathrm{V}$$

8.3.2 电路元件伏安关系的相量形式

1. 电阻元件伏安关系的相量形式

设电阻元件的时域模型如图 8-9（a）所示，根据欧姆定律有

$$u(t)=Ri(t)\tag{8-24}$$

在正弦稳态电路中，可令

$$u(t)=\sqrt{2}U\cos(\omega t+\varphi_{\mathrm{u}})=\mathrm{Re}(\sqrt{2}\dot{U}\mathrm{e}^{\mathrm{j}\omega t})\tag{8-25}$$

$$i(t)=\sqrt{2}I\cos(\omega t+\varphi_{\mathrm{i}})=\mathrm{Re}(\sqrt{2}\dot{I}\mathrm{e}^{\mathrm{j}\omega t})\tag{8-26}$$

将式（8-25）和式（8-26）代入式（8-24），得

$$\mathrm{Re}(\sqrt{2}\dot{U}\mathrm{e}^{\mathrm{j}\omega t})=R\mathrm{Re}(\sqrt{2}\dot{I}\mathrm{e}^{\mathrm{j}\omega t})=\mathrm{Re}(\sqrt{2}R\dot{I}\mathrm{e}^{\mathrm{j}\omega t})$$

式（8-27）对任意 t 都成立，因此可得

$$\dot{U}=R\dot{I}\tag{8-27}$$

式（8-27）即为正弦稳态电路中，电阻元件伏安关系的相量形式。

由于 $\dot{U}=U\angle\varphi_{\mathrm{u}}$，$\dot{I}=I\angle\varphi_{\mathrm{i}}$，$R=R\angle 0°$，式（8-27）即为

$$U=RI\quad 或\ U_{\mathrm{m}}=RI_{\mathrm{m}}\tag{8-28}$$

和

$$\varphi_{\mathrm{u}}=\varphi_{\mathrm{i}}\tag{8-29}$$

由式（8-28）和式（8-29）可得，正弦稳态电路中，电阻上的电压和电流是同频同相的正弦量（见图 8-9（b）），并且它们的有效值或振幅之间服从欧姆定律。电阻元件伏安关系的相量形式，可用图 8-9（c）所示的电路模型表示，该模型通常称为电阻元件的相量模型。图

8-9（d）给出了电阻电压和电流相量的相量图，由于两者同相，故它们在同一直线上。

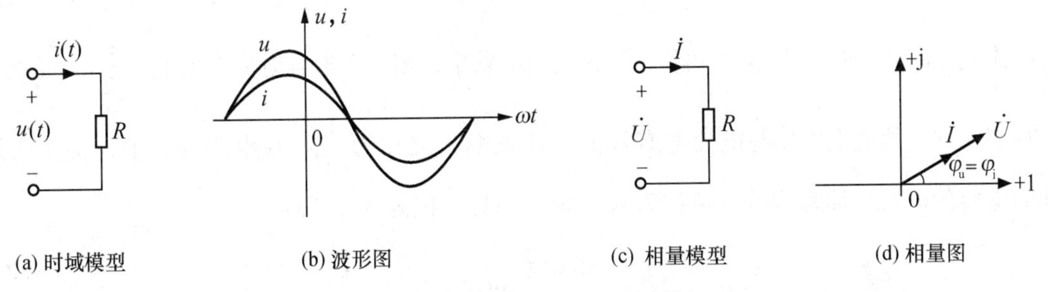

图 8-9　电阻元件的正弦稳态特性

2. 电容元件伏安关系的相量形式

设电容元件的时域模型如图 8-10（a）所示，根据电容元件的伏安关系有

$$i(t)=C\frac{\mathrm{d}u(t)}{\mathrm{d}t} \tag{8-30}$$

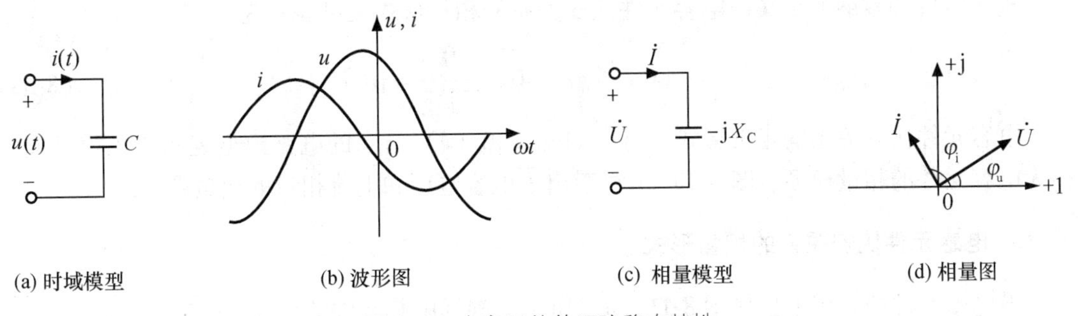

图 8-10　电容元件的正弦稳态特性

在正弦稳态电路中，可令

$$u(t)=\sqrt{2}U\cos(\omega t+\varphi_{\mathrm{v}})=\mathrm{Re}(\sqrt{2}\dot{U}\mathrm{e}^{\mathrm{j}\omega t}) \tag{8-31}$$

$$i(t)=\sqrt{2}I\cos(\omega t+\varphi_{\mathrm{i}})=\mathrm{Re}(\sqrt{2}\dot{I}\mathrm{e}^{\mathrm{j}\omega t}) \tag{8-32}$$

将式（8-31）和式（8-32）代入式（8-30），得

$$\mathrm{Re}(\sqrt{2}\dot{I}\mathrm{e}^{\mathrm{j}\omega t})=C\frac{\mathrm{d}}{\mathrm{d}t}[\mathrm{Re}(\sqrt{2}\dot{U}\mathrm{e}^{\mathrm{j}\omega t})]$$

$$=\mathrm{Re}\left[\sqrt{2}C\dot{U}\frac{\mathrm{d}}{\mathrm{d}t}(\mathrm{e}^{\mathrm{j}\omega t})\right]=\mathrm{Re}(\sqrt{2}j\omega C\dot{U}e^{\mathrm{j}\omega t})$$

对任意 t 都成立，因此可得

$$\dot{I}=\mathrm{j}\omega C\dot{U}\quad 或\quad \dot{U}=\frac{1}{\mathrm{j}\omega C}\dot{I} \tag{8-33}$$

式（8-33）即为正弦稳态电路中，电容元件伏安关系的相量形式。

由于 $\dot{U}=U\angle\varphi_{\mathrm{u}}$，$\dot{I}=I\angle\varphi_{\mathrm{i}}$，$\mathrm{j}\omega C=\omega C\angle 90°$，式（8-33）可表示为

$$I=\omega CU\quad 或\quad \frac{U}{I}=\frac{U_{\mathrm{m}}}{I_{\mathrm{m}}}=\frac{1}{\omega C} \tag{8-34}$$

及
$$\varphi_{\mathrm{i}}=\varphi_{\mathrm{u}}+\frac{\pi}{2} \tag{8-35}$$

由式（8-34）和式（8-35）可得，正弦稳态电路中，相位上电容电流超前电压$\frac{\pi}{2}$rad（见图8-10（b）），数值上电压与电流的有效值（或振幅）之比为$\frac{1}{\omega C}$。在电路理论中，将此比值称为电容的电抗，简称容抗，单位为欧［姆］（Ω），记为X_{C}，即

$$X_{\mathrm{C}}=\frac{1}{\omega C} \tag{8-36}$$

将容抗的倒数称为电容的电纳，简称容纳，单位为西［门子］（S），记为B_{C}，即

$$B_{\mathrm{C}}=\frac{1}{X_{\mathrm{C}}}=\omega C \tag{8-37}$$

容抗（容纳）表示电容元件在正弦稳态电路中阻碍（传导）电流能力大小的物理量。由于容抗X_{C}与频率成反比，频率越低，容抗越大，阻碍电流通过的能力越强。因此当$\omega=0$时，$X_{\mathrm{C}}=\infty$，电容元件相当于开路，故具有隔直流作用。

利用容抗和容纳的定义，电容元件伏安关系的相量形式又可表示为

$$\dot{U}=-\mathrm{j}X_{\mathrm{C}}\dot{I} \quad 或 \quad \dot{I}=\frac{\dot{U}}{-\mathrm{j}X_{\mathrm{C}}}=\mathrm{j}B_{\mathrm{C}}\dot{U} \tag{8-38}$$

电容元件伏安关系的相量形式，可用如图8-10（c）所示的电路模型表示，该模型通常称为电容元件的相量模型。图8-10（d）给出了电容电压和电流相量的相量图。

3. 电感元件伏安关系的相量形式

设电感元件的时域模型如图8-11（a）所示，根据电感元件的伏安关系有

$$u(t)=L\frac{\mathrm{d}i(t)}{\mathrm{d}t} \tag{8-39}$$

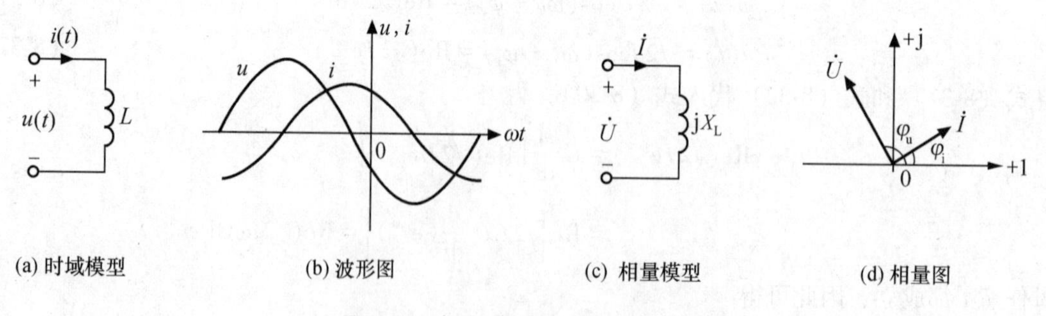

(a) 时域模型　(b) 波形图　(c) 相量模型　(d) 相量图

图8-11　电感元件的正弦稳态特性

在正弦稳态电路中，可令

$$u(t)=\sqrt{2}U\cos(\omega t+\varphi_{\mathrm{v}})=\mathrm{Re}(\sqrt{2}\dot{U}\mathrm{e}^{\mathrm{j}\omega t}) \tag{8-40}$$

$$i(t)=\sqrt{2}I\cos(\omega t+\varphi_{\mathrm{i}})=\mathrm{Re}(\sqrt{2}\dot{I}\mathrm{e}^{\mathrm{j}\omega t}) \tag{8-41}$$

将式（8-40）和式（8-41）代入式（8-39），得

$$\mathrm{Re}(\sqrt{2}\dot{U}\mathrm{e}^{\mathrm{j}\omega t}) = L\frac{\mathrm{d}}{\mathrm{d}t}[\mathrm{Re}(\sqrt{2}\dot{I}\mathrm{e}^{\mathrm{j}\omega t})]$$

$$= \mathrm{Re}\left[\sqrt{2}L\dot{I}\frac{\mathrm{d}}{\mathrm{d}t}(\mathrm{e}^{\mathrm{j}\omega t})\right] = \mathrm{Re}(\sqrt{2}\mathrm{j}\omega L\dot{I}\mathrm{e}^{\mathrm{j}\omega t})$$

上式对任意 t 都成立，因此可得

$$\dot{U} = \mathrm{j}\omega L\dot{I} \quad \text{或}\ \dot{I} = \frac{1}{\mathrm{j}\omega L}\dot{U} \tag{8-42}$$

此式即为正弦稳态电路中，电感元件伏安关系的相量形式。

由于 $\dot{U}=U\angle\varphi_u$，$\dot{I}=I\angle\varphi_i$，$\mathrm{j}\omega L=\omega L\angle 90°$，式（8-42）可表示为

$$U = \omega LI \quad \text{或}\frac{U}{I} = \frac{U_m}{I_m} = \omega L \tag{8-43}$$

和

$$\varphi_u = \varphi_i + \frac{\pi}{2} \tag{8-44}$$

由式（8-43）和式（8-44）可得，正弦稳态电路中，相位上电感电压超前电流 $\frac{\pi}{2}$rad（见图 8-11（b）），数值上电压与电流的有效值（或振幅）之比为 ωL。在电路理论中，将此比值称为电感的电抗，简称感抗，单位为欧［姆］（Ω），记为 X_L，即

$$X_L = \omega L \tag{8-45}$$

将感抗的倒数称为电感的电纳，简称感纳，单位为西［门子］（S），记为 B_L，即

$$B_L = \frac{1}{X_L} = \frac{1}{\omega L} \tag{8-46}$$

感抗（感纳）是表示电感元件在正弦稳态电路中阻碍（传导）电流能力大小的物理量。由于感抗 X_L 与频率成正比，因此频率越低，感抗越小，阻碍电流通过的能力越弱。当 $\omega=0$ 时，$X_L=0$，故电感元件在直流电路中相当于短路。

利用感抗和感纳的定义，电感元件伏安关系的相量形式又可表示为

$$\dot{U} = \mathrm{j}X_L\dot{I} \quad \text{或} \quad \dot{I} = \frac{\dot{U}}{\mathrm{j}X_L} = -\mathrm{j}B_L\dot{U} \tag{8-47}$$

电感元件伏安关系的相量形式，可用如图 8-11（c）所示的电路模型表示，该模型通常称为电感元件的相量模型。图 8-11（d）给出了电感电压和电流相量的相量图。

对于一个正弦稳态电路，若将电路中的所有电压和电流（包括电源和各支路电压或电流）都用它们对应的相量代替；将所有的电路元件都用它们的相量模型代替，则可得到原电路对应的相量模型。

【例 8-8】　在图8-12 所示的正弦稳态电路中，已知 $i(t) = 2\sqrt{2}\cos(100t - 120°)\mathrm{A}$，试求电感两端的电压 $u(t)$ 。

解　首先将电流 $i(t)$ 变换为对应的相量

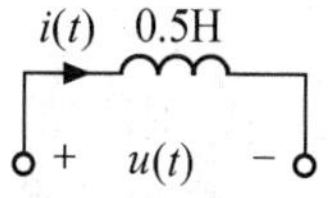

$$\dot{I} = 2\angle -120°\mathrm{A}$$

图 8-12　例 8-8 图

电感的感抗为

$$X_L = \omega L = 100\times 0.5 = 50\Omega$$

由电感元件伏安关系的相量形式可得

$$\dot{U}=\mathrm{j}X_L\dot{I}=\mathrm{j}50\times2\angle-120°=50\angle90°\times2\angle-120°=100\angle-30°\mathrm{V}$$

故
$$u(t)=100\sqrt{2}\cos(100t-30°)\mathrm{V}$$

【例 8-9】 在图8-13 所示的正弦稳态电路中，已知 $u(t)=60\sqrt{2}\cos10^3t\mathrm{V}$，$R=15\Omega$，$L=10\mathrm{mH}$，$C=50\mu\mathrm{F}$。试求电流 $i(t)$。

解 由题可知

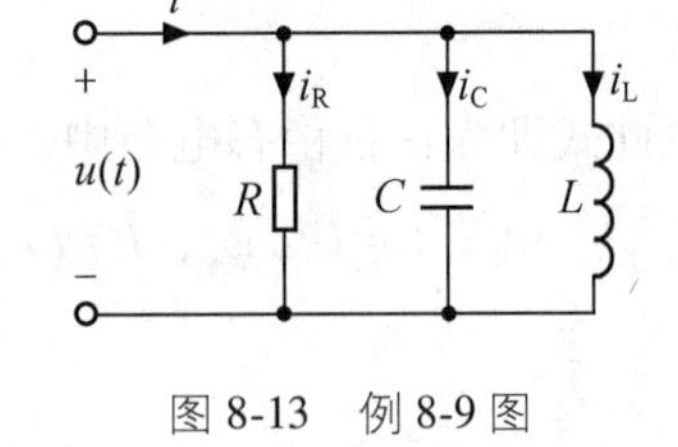

图 8-13 例 8-9 图

$$\dot{U}=60\angle0°\mathrm{V}$$

$$X_L=\omega L=10^3\times10\times10^{-3}=10\Omega$$

$$X_C=\frac{1}{\omega C}=\frac{1}{10^3\times50\times10^{-6}}=20\Omega$$

利用 R、L 和 C 元件伏安关系的相量形式，可得各支路电流为

$$\dot{I}_R=\frac{\dot{U}}{R}=\frac{60\angle0°}{15}=4\angle0°\mathrm{A}$$

$$\dot{I}_C=\frac{\dot{U}}{-\mathrm{j}X_C}=\frac{60\angle0°}{-\mathrm{j}20}=\mathrm{j}3\mathrm{A}$$

$$\dot{I}_L=\frac{\dot{U}}{\mathrm{j}X_L}=\frac{60\angle0°}{\mathrm{j}10}=-\mathrm{j}6\mathrm{A}$$

由 KCL 的相量形式，可得电流 $i(t)$ 的相量为

$$\dot{I}=\dot{I}_R+\dot{I}_C+\dot{I}_L=4+\mathrm{j}3-\mathrm{j}6=4-\mathrm{j}3=5\angle-36.9°\mathrm{A}$$

故
$$i(t)=5\sqrt{2}\cos(10^3t-36.9°)\mathrm{A}$$

8.4 阻抗与导纳

由前已知，在电阻电路中，任意一个线性无源二端网络可等效为一个电阻或电导。在正弦稳态电路中，通过引入阻抗和导纳的概念，将看到任意一个无源二端网络的相量模型可与一个阻抗或导纳等效。

如图 8-14（a）所示，N_0 为正弦稳态电路中的无源二端网络，设其端口电压相量为 $\dot{U}$，电流相量为 $\dot{I}$，电压与电流取关联参考方向。则将端口电压相量 $\dot{U}$ 与电流相量 $\dot{I}$ 之比称为网络 N_0 的输入阻抗或等效阻抗，简称阻抗，记为 $Z(\mathrm{j}\omega)$；将端口电流相量 $\dot{I}$ 与电压相量 $\dot{U}$ 之比称为网络 N_0 的输入导纳或等效导纳，简称导纳，记为 $Y(\mathrm{j}\omega)$。即

$$Z(\mathrm{j}\omega)=\frac{\dot{U}}{\dot{I}},\qquad Y(\mathrm{j}\omega)=\frac{1}{Z}=\frac{\dot{I}}{\dot{U}} \tag{8-48}$$

式中，阻抗的单位为欧［姆］（Ω），导纳的单位为西［门子］（S）。

由阻抗和导纳的定义有

$$\dot{U}=Z\dot{I},\qquad \dot{I}=Y\dot{U} \tag{8-49}$$

式（8-49）与电阻电路中的欧姆定律相似，故称为欧姆定律的相量形式。

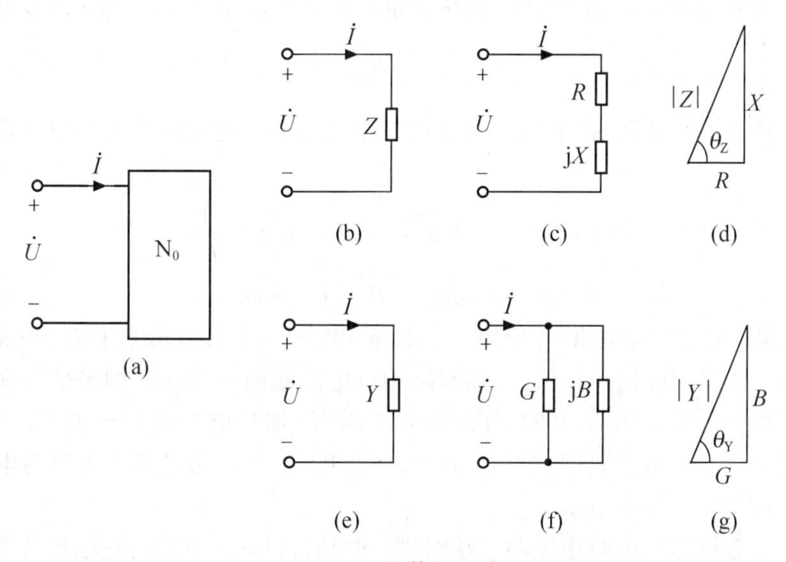

图 8-14　阻抗与导纳

由电路元件伏安关系的相量形式，可得电阻、电容和电感的阻抗和导纳分别为

$$Z_R = R, \qquad Y_R = G$$

$$Z_C = \frac{1}{j\omega C} = -jX_C, \qquad Y_C = j\omega C = jB_C$$

$$Z_L = j\omega L = jX_L, \qquad Y_L = \frac{1}{j\omega L} = -jB_L$$

一般情况下，阻抗 $Z(j\omega)$ 是角频率 ω 的复函数，可用直角坐标形式和极坐标形式表示，即

$$Z(j\omega) = R + jX = |Z| \angle\theta_Z \tag{8-50}$$

式中，R 是阻抗的实部，称为阻抗的电阻分量；X 是阻抗的虚部，称为阻抗的电抗分量。$|Z| = \dfrac{U}{I}$ 称为阻抗的模，$\theta_Z = \varphi_u - \varphi_i$ 称为阻抗的阻抗角。阻抗的电阻分量和电抗分量与模间构成一个如图 8-14（d）所示的直角三角形，通常称之为阻抗三角形，即有如下关系。

$$|Z| = \sqrt{R^2 + X^2}; \qquad \theta_Z = \arctan\frac{X}{R} \tag{8-51}$$

$$R = |Z|\cos\theta_Z; \qquad X = |Z|\sin\theta_Z \tag{8-52}$$

由式（8-50）得，无源二端网络 N_0 可用一个电阻元件和一个电抗元件串联的电路等效，如图 8-14（c）所示。当 $X>0$ 时，$\theta_Z>0$，二端网络端口电压超前于电流，网络呈感性，电抗元件可等效为一个电感元件；当 $X<0$ 时，$\theta_Z<0$，二端网络端口电流超前于电压，网络呈容性，电抗元件可等效为一个电容元件；当 $X=0$ 时，$\theta_Z=0$，二端网络的端口电流与电压同相，网络呈电阻性，可等效为一个电阻。

同样，一般情况下，导纳 $Y(j\omega)$ 也是角频率 ω 的复函数，可用直角坐标形式和极坐标形式表示，即

$$Y(j\omega) = G + jB = |Y| \angle\theta_Y \tag{8-53}$$

式中，G是导纳的实部，称为导纳的电导分量；B是导纳的虚部，称为导纳的电纳分量。$|Y|=\frac{I}{U}=\frac{1}{|Z|}$称为导纳的模，$\theta_Y=\varphi_i-\varphi_u=-\theta_Z$称为导纳的导纳角。导纳的电导分量和电纳分量与模间构成一个如图8-14（g）所示的直角三角形，通常称之为导纳三角形，即有如下关系：

$$|Y|=\sqrt{G^2+B^2}; \quad \theta_Y=\arctan\frac{B}{G} \tag{8-54}$$

$$G=|Y|\cos\theta_Y; \quad B=|Y|\sin\theta_Y \tag{8-55}$$

由式（8-53）得，无源二端网络N_0可用一个电导元件和一个电纳元件并联的电路等效，如图8-14（f）所示。当$B>0$时，$\theta_Y>0$，二端网络端口电流超前于电压，网络呈容性，电纳元件可等效为一个电容元件；当$B<0$时，$\theta_Y<0$，二端网络端口电压超前于电流，网络呈感性，电纳元件可等效为一个电感元件；当$B=0$时，$\theta_Y=0$，二端网络的端口电流与电压同相，网络呈电阻性，可等效为一个电阻。

综上所述，正弦稳态电路中无源二端网络，就其端口而言，既可用阻抗等效，也可用导纳等效，前者为电阻和电抗的串联电路，后者为电导和电纳的并联电路。由于阻抗和导纳都是角频率ω的函数，因此随着ω的改变，电路的性质（感性、容性或电阻性）和等效电路中元件参数都会随之改变。

显然，对于同一个二端网络，有

$$Y=\frac{1}{Z}=\frac{1}{R+\mathrm{j}X}=\frac{R}{R^2+X^2}+\mathrm{j}\frac{-X}{R^2+X^2}=G+\mathrm{j}B$$

即由电阻与电抗的串联等效电路（见图8-14（c））改变为并联等效电路的电导与电纳（见图8-14（f）），分别为

$$\left.\begin{aligned} G&=\frac{R}{R^2+X^2} \\ B&=\frac{-X}{R^2+X^2} \end{aligned}\right\}$$

类此，相反的情况，即

$$\left.\begin{aligned} R&=\frac{G}{G^2+B^2} \\ X&=\frac{-B}{G^2+B^2} \end{aligned}\right\}$$

一般情况下，R并非是G的倒数，而$|X|$也不是$|B|$的倒数。

以上各式中的R、G、X、B均为ω的函数。所以只有确定频率的情况下，才能确定R、G的数值和X、B的数值及其正、负号，因此，一般不存在一个适用于所有频率的具体的等效电路。

此外，上述等效转换，仅在求解正弦稳态电路的条件下才成立，不能据此来求解原电路的完全响应。

【例8-10】 在图8-15（a）所示的无源二端网络中，已知端口电压和电流分别为

$$u(t)=10\sqrt{2}\cos(100t+36.9°)\mathrm{V}, \quad i(t)=2\sqrt{2}\cos100t\mathrm{A}$$

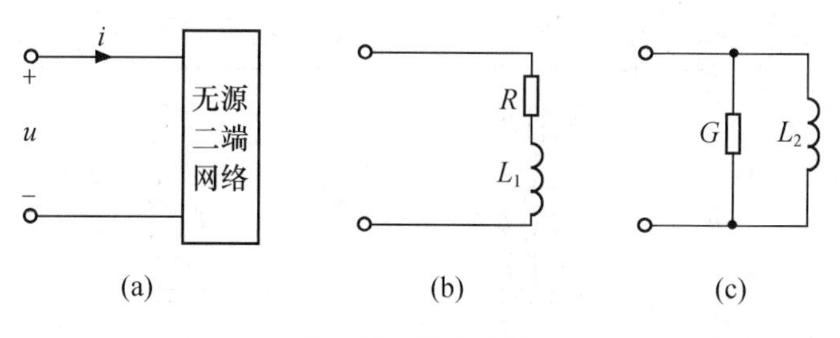

图 8-15　例 8-10 图

试求该二端网络的输入阻抗、导纳及其等效电路。

解　由题可得电压和电流相量为

$$\dot{U} = 10\angle 36.9°\text{V}, \quad \dot{I} = 2\angle 0°\text{A}$$

由阻抗的定义

$$Z = \frac{\dot{U}}{\dot{I}} = R + \text{j}X = \frac{10\angle 36.9°}{2\angle 0°} = 5\angle 36.9° = 4 + \text{j}3\Omega$$

$X = 3\Omega > 0$，电路呈感性，故等效电路为一个 $R = 4\Omega$ 的电阻与一个感抗 $X_L = 3\Omega$ 的电感元件的串联，其中等效电感为

$$L_1 = \frac{X_L}{\omega} = \frac{3}{100} = 0.03\text{H}$$

由于 $Y = G + \text{j}B = \frac{1}{Z} = \frac{1}{5\angle 36.9°} = 0.2\angle -36.9° = 0.16 - \text{j}0.12\text{S}$，$B = -0.12\text{S} < 0$，电路呈感性，故电路可等效为一个 $G = 0.16\text{S}$ 的电导与一个感纳 $B_L = 0.12\text{S}$ 的电感元件的并联，其中等效电感为

$$L_2 = \frac{1}{\omega B_L} = \frac{1}{100 \times 0.12} = \frac{1}{12}\text{H}$$

上述两种等效电路分别如图 8-15（b）和图 8-15（c）所示。

作为典型电路，下面讨论如图 8-16（a）所示的 RLC 串联电路的阻抗。根据元件伏安关系的相量形式可得该电路的相量模型如图 8-16（b）所示。

由电路的相量模型及 KVL 的相量形式可得

$$\dot{U} = \dot{U}_R + \dot{U}_L + \dot{U}_C = [R + \text{j}(X_L - X_C)]\dot{I} \tag{8-56}$$

根据阻抗的定义，等效阻抗

$$Z(\text{j}\omega) = \frac{\dot{U}}{\dot{I}} = R + \text{j}X = R + \text{j}(X_L - X_C) = R + \text{j}\left(\omega L - \frac{1}{\omega C}\right) \tag{8-57}$$

因此 RLC 串联电路的阻抗 Z 等于 R、L 和 C 3 个元件阻抗之和，其中阻抗的电阻分量 R 就是串联电阻，电抗分量 X 等于电路的感抗与容抗之差。利用式（8-51）可得阻抗的模和阻抗角分别为

$$|Z| = \sqrt{R^2 + X^2} = \sqrt{R^2 + (X_L - X_C)^2}$$

$$\theta_Z = \arctan\frac{X}{R} = \arctan\frac{X_L - X_C}{R}$$

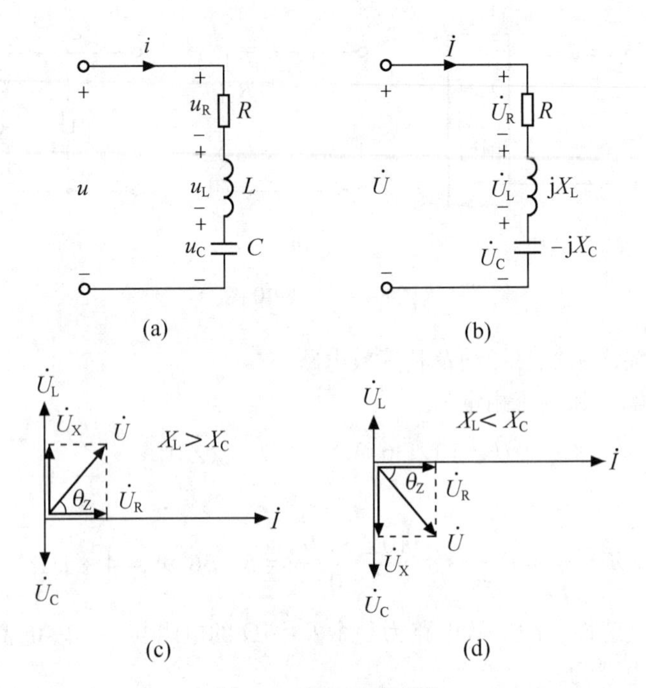

图 8-16　RLC 串联电路

因此当 $X=X_L-X_C>0$ 时，$\theta_Z>0$，电压超前于电流，电路呈感性，RLC 串联电路与一个电阻和电感串联的电路等效，且等效电感的感抗 $X_{Leq}=X_L-X_C$；当 $X=X_L-X_C<0$ 时，$\theta_Z<0$，电流超前于电压，电路呈容性，RLC 串联电路与一个电阻和电容串联的电路等效，且等效电容的容抗 $X_{Ceq}=X_C-X_L$；当 $X=0$ 时，$\theta_Z=0$，电流与电压同相，电路呈电阻性，RLC 串联电路与一个电阻等效。

由式（8-56）可得

$$\dot{U}=R\dot{I}+j(X_L-X_C)\dot{I}=R\dot{I}+jX\dot{I}=\dot{U}_R+\dot{U}_X \tag{8-58}$$

因此端口电压相量等于等效阻抗中电阻和电抗电压相量的和，图 8-16（c）和图 8-16（d）分别给出了以电流相量为参考相量电路呈感性和容性时的相量图。从图 8-16 可看出，$\dot{U}$、$\dot{U}_R$ 和 $\dot{U}_X$组成一个直角三角形，通常称它为电压三角形，即它们的有效值之间的关系为

$$\left.\begin{aligned}U&=\sqrt{U_R^2+U_X^2}\\U_R&=U\cos\theta_Z\\U_X&=U|\sin\theta_Z|\end{aligned}\right\} \tag{8-59}$$

下面再来讨论如图 8-17（a）所示的 GCL 并联电路的导纳。根据元件伏安关系的相量形式可得该电路的相量模型如图 8-17（b）所示。

由电路的相量模型及 KCL 的相量形式可得

$$\dot{I}=\dot{I}_G+\dot{I}_C+\dot{I}_L=[G+(j(B_C-B_L)]\dot{U} \tag{8-60}$$

根据导纳的定义，等效导纳为

$$Y(j\omega)=\frac{\dot{I}}{\dot{U}}=G+jB=G+j(B_C-B_L)=G+j\left(\omega C-\frac{1}{\omega L}\right) \tag{8-61}$$

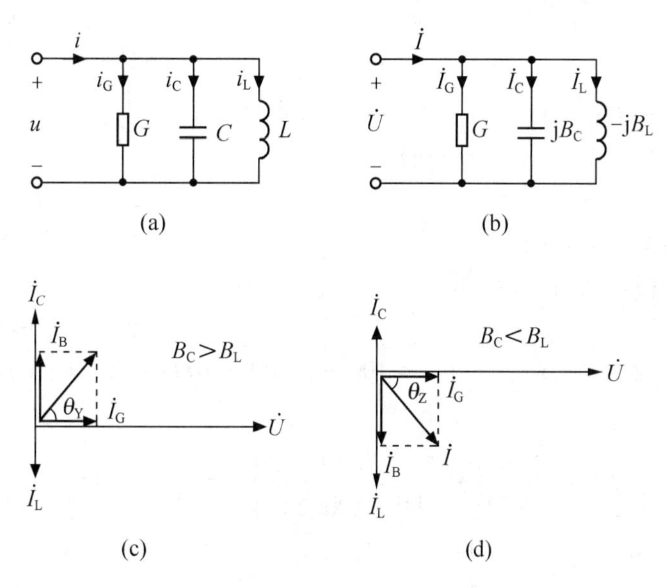

图 8-17　GCL 并联电路

因此 GCL 并联电路的导纳 Y 等于 G、C 和 L3 个元件的导纳之和，其中导纳的电导分量 G 就是并联电导，电纳分量 B 等于电路的容纳与感纳之差。利用式（8-54）可得导纳的模和导纳角分别为

$$|Y| = \sqrt{G^2 + B^2} = \sqrt{G^2 + (B_C - B_L)^2}$$

$$\theta_Y = \arctan\frac{B}{G} = \arctan\frac{B_C - B_L}{G}$$

因此当 $B=B_C-B_L>0$ 时，$\theta_Y>0$，电流超前于电压，电路呈容性，GCL 并联电路与一个电导和电容并联的电路等效，且等效电容的容纳 $B_{Ceq}=B_C-B_L$；当 $B=B_C-B_L<0$ 时，$\theta_Y<0$，电压超前于电流，电路呈感性，GCL 并联电路与一个电导和电感并联的电路等效，且等效电感的感纳 $B_{Leq}=B_L-B_C$；当 $B=0$ 时，$\theta_Y=0$，电流与电压同相，电路呈电阻性，GCL 并联电路与一个电导等效。

由式（8-60）可得

$$\dot{I} = G\dot{U} + j(B_C - B_L)\dot{U} = \dot{I}_C + \dot{I}_B \tag{8-62}$$

因此端口电流相量等于等效导纳中流过电导和电纳的电流相量的和，图 8-17（c）和图 8-17（d）分别给出了以电压相量为参考相量电路呈容性和感性时的相量图，从图 8-17 可看出，$\dot{I}$、$\dot{I}_G$ 和 $\dot{I}_B$ 组成一个直角三角形，通常称它为电流三角形。即它们的有效值之间的关系为

$$\left.\begin{aligned} I &= \sqrt{I_G^2 + I_B^2} \\ I_G &= I\cos\theta_Y \\ I_B &= I|\sin\theta_Y| \end{aligned}\right\} \tag{8-63}$$

【例 8-11】　在图 8-18（a）所示 RLC 串联电路中，已知 $R=100\Omega$，$L=20\text{mH}$，$C=1\mu\text{F}$，

端电压 $u(t)=100\sqrt{2}\cos(10^4t+30°)$V，试求电路中的电流和各元件上的电压。

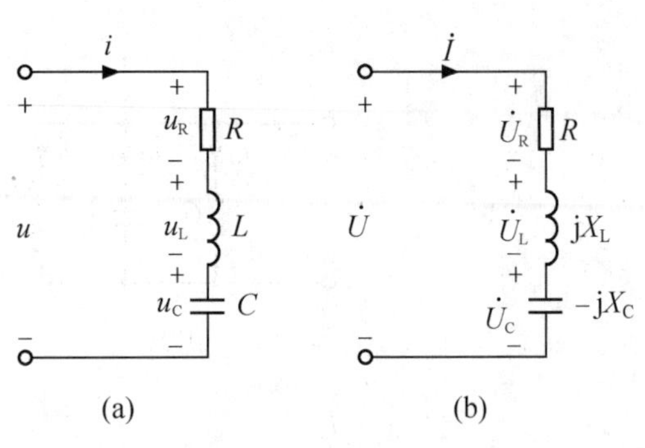

图 8-18 例 8-11 图

解 由题可得

$$\dot{U}=100\angle 30°\text{V}$$

$$X_L=\omega L=10^4\times 20\times 10^{-3}=200\Omega$$

$$X_C=\frac{1}{\omega C}=\frac{1}{10^4\times 1\times 10^{-6}}=100\Omega$$

可作出电路的相量模型如图 8-18（b）所示。其输入阻抗为

$$Z=R+\text{j}(X_L-X_C)=100+\text{j}(200-100)=100+\text{j}100\Omega$$

因此

$$\dot{I}=\frac{\dot{U}}{Z}=\frac{100\angle 30°}{100+\text{j}100}=\frac{100\angle 30°}{100\sqrt{2}\angle 45°}=\frac{1}{\sqrt{2}}\angle -15°\text{A}$$

$$\dot{U}_R=R\dot{I}=\frac{100}{\sqrt{2}}\angle -15°\text{V}$$

$$\dot{U}_L=\text{j}X_L\dot{I}=\text{j}200\times\frac{1}{\sqrt{2}}\angle -15°=\frac{200}{\sqrt{2}}\angle 75°\text{V}$$

$$\dot{U}_C=-\text{j}X_C\dot{I}=-\text{j}100\times\frac{1}{\sqrt{2}}\angle -15°=\frac{100}{\sqrt{2}}\angle -105°\text{V}$$

电流和电压的瞬时表达式为

$$i(t)=\cos(10^4t-15°)\text{A}$$

$$u_R(t)=100\cos(10^4t-15°)\text{V}$$

$$u_L(t)=200\cos(10^4t+75°)\text{V}$$

$$u_C(t)=100\cos(10^4t-105°)\text{V}$$

【例 8-12】 GCL 并联电路中，已知端口电流及流过电感和电容上电流的有效值分别为 $I=5$A，$I_C=9$A，$I_L=6$A，试求电导上电流的有效值 I_G。

解 在 GCL 并联电路中，$\dot{I}$、$\dot{I}_G$ 和 $\dot{I}_B$ 构成电流直角三角形，它们的有效值 I、I_G 和 I_B 之间关系为

$$I=\sqrt{{I_G}^2+{I_B}^2}$$

由于 $\dot{I}_C$ 与 $\dot{I}_L$ 的相位相差 180°，故 $I_B=|I_C-I_L|=|9-6|=3$A，因此

$$I_G=\sqrt{I^2-{I_B}^2}=\sqrt{5^2-3^2}=4\text{A}$$

类似于 RLC 串联电路和 GCL 并联电路，对于 n 个元件串联组成的电路，等效阻抗 Z 为

$$Z=\sum_{k=1}^{n}Z_k=\sum_{k=1}^{n}R_k+\text{j}\sum_{k=1}^{n}X_k \tag{8-64}$$

对于 n 个元件并联组成的电路，等效导纳 Y 为

$$Y=\sum_{k=1}^{n}Y_k=\sum_{k=1}^{n}G_k+\text{j}\sum_{k=1}^{n}B_k \tag{8-65}$$

当两个阻抗 Z_1 和 Z_2 并联时，其等效阻抗 Z 为

$$Z = \frac{Z_1 Z_2}{Z_1 + Z_2} \tag{8-66}$$

由此可见，当多个阻抗或导纳串联、并联或混联时，其等效阻抗或导纳的计算，与电阻电路中计算等效电阻或电导的方法在形式上完全相同。

【例 8-13】 在如图8-19 所示正弦稳态电路的相量模型中，已知 $R_1 = 8\Omega$，$X_{C1} = 6\Omega$，$R_2 = 3\Omega$，$X_{L2} = 4\Omega$；$R_3 = 5\Omega$，$X_{L3} = 10\Omega$。试求电路的输入阻抗 Z_{ab}。

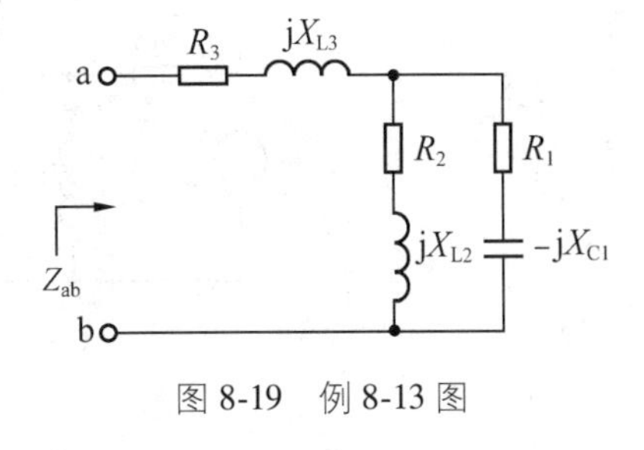

图 8-19　例 8-13 图

解　首先求出各支路的阻抗

$$Z_1 = R_1 - jX_{C1} = 8 - j6\Omega$$
$$Z_2 = R_2 + jX_{L2} = 3 + j4\Omega$$
$$Z_3 = R_3 + jX_{L3} = 5 + j10\Omega$$

利用阻抗的串、并联关系可得输入阻抗

$$\begin{aligned} Z_{ab} &= Z_3 + \frac{Z_1 Z_2}{Z_1 + Z_2} \\ &= 5 + j10 + \frac{(8 - j6)(3 + j4)}{(8 - j6) + (3 + j4)} \\ &= 5 + j10 + 4 + j2 = 9 + j12\Omega \end{aligned}$$

8.5　正弦稳态电路的相量分析法

电路分析的依据是 KVL、KCL 和元件的伏安关系，对于电阻电路它们的形式为

$$\sum_k u_k = 0,\quad \sum_k i_k = 0 \text{ 和 } u = Ri \text{ 或 } i = Gu$$

对于正弦稳态电路它们的相量形式为

$$\sum_k \dot{U}_k = 0,\quad \sum_k \dot{I}_k = 0 \text{ 和 } \dot{U} = Z\dot{I} \text{ 或 } \dot{I} = Y\dot{U}$$

两者在形式上完全相同。由于电阻电路中的各种分析法、等效变换和定理，都是从 KVL、KCL 和元件的伏安关系导出的，因此它们也都可推广到正弦稳态电路的分析，区别仅仅在于用电压和电流的相量 $\dot{U}$ 和 $\dot{I}$ 代替电阻电路中的电压 u 和电流 i，用阻抗 Z 和导纳 Y 代替电阻 R 和电导 G，用电路的相量模型代替电路的时域模型。

应用相量法对正弦稳态电路进行分析的主要步骤为：首先将时域电路变换为相量模型；其次利用 KVL、KCL 和元件伏安关系的相量形式以及由它们导出的各种分析法、等效变换和定理建立复代数方程，并解出所求响应的相量；最后将响应的相量变换为正弦量。

由于正弦量与其对应相量之间的相互变换很简单，复代数方程的求解比解微分方程容易，且可避免微分方程的建立过程，因此用相量法对正弦稳态电路进行分析将比较简便，这

就是相量法的优点。下面以几个例题来具体说明相量分析法。

【例8-14】 在图8-20（a）所示的电路中，已知 $U_S = 2\sqrt{2}\cos 2t\text{V}$，$i_S = \sqrt{2}\cos 2t\text{A}$，试求 $i_L(t)$ 和 $u_C(t)$ 。

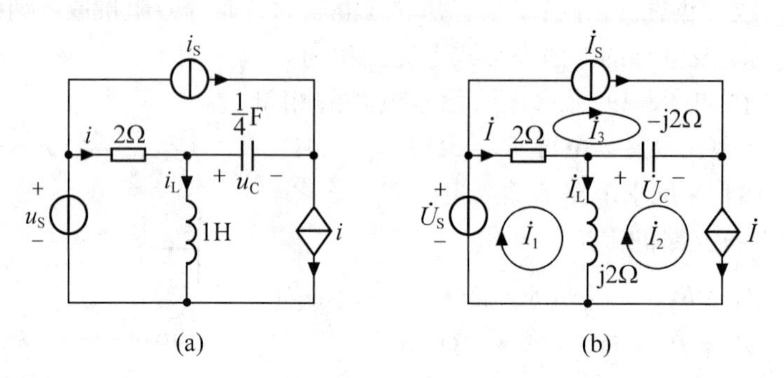

图8-20 例8-14图

解 由题可得电路的相量模型如图8-20（b）所示。对该相量模型可建立网孔方程

网孔1： $(2+\text{j}2)\dot{I}_1 - \text{j}2\dot{I}_2 - 2\dot{I}_3 = \dot{U}_S = 2\angle 0°$

网孔2： $\dot{I}_2 = \dot{I}$

网孔3： $\dot{I}_3 = \dot{I}_S = 1\angle 0°$

辅助方程： $\dot{I} = \dot{I}_1 - \dot{I}_3$

将后3个方程代入第一个方程可解得

$$\dot{I}_1 = 2 - \text{j}1\text{A}$$

将 $\dot{I}_1$ 和辅助方程代入网孔2的方程可得

$$\dot{I}_2 = 1 - \text{j}1\text{A}$$

因此

$$\dot{I}_L = \dot{I}_1 - \dot{I}_2 = 1\text{A}$$

$$\dot{U}_C = -\text{j}2(\dot{I}_2 - \dot{I}_3) = -\text{j}2 \times (1 - \text{j}1 - 1) = 2\angle 180°\text{V}$$

故

$$i_L(t) = \sqrt{2}\cos 2t\text{A}$$
$$u_C(t) = 2\sqrt{2}\cos(2t - 180°)\text{V}$$

【例8-15】 电路如图8-21所示，试求电压 $\dot{U}_o$。

解 取节点4为参考节点，则可列出节点方程组

节点1： $(1-\text{j}1)\dot{U}_{n1} - \dot{U}_{n2} = \dfrac{20\angle 120°}{\text{j}1} - 10\angle 30°$

节点2： $-\dot{U}_{n1} + (1+1+\text{j}1)\dot{U}_{n2} - \dot{U}_{n3} = 0$

节点3： $-\dot{U}_{n2} + (1+1)\dot{U}_{n3} = 10\angle 30°$

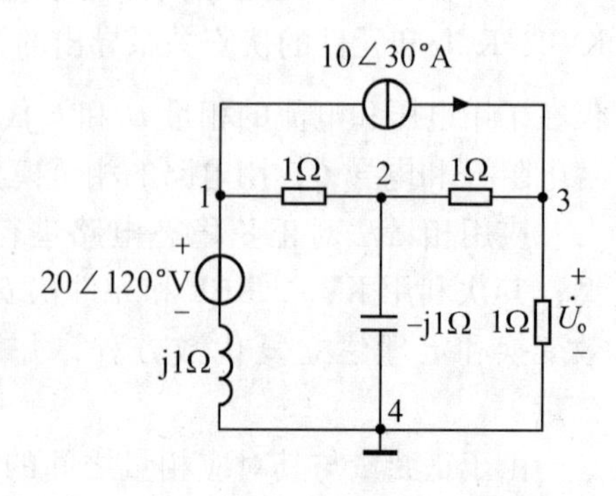

图8-21 例8-15图

由克莱姆法则可求得

$$D=\begin{vmatrix}1-j1 & -1 & 0\\ -1 & 2+j1 & -1\\ 0 & -1 & 2\end{vmatrix}=3-j1$$

$$D_3=\begin{vmatrix}1-j1 & -1 & 10\angle 30^\circ\\ -1 & 2+j1 & 0\\ 0 & -1 & 10\angle 30^\circ\end{vmatrix}$$

$$=(3-j1)\times 10\angle 30^\circ$$

故

$$\dot{U}_o=\dot{U}_{n3}=\frac{D_3}{D}$$

$$=\frac{(3-j1)\times 10\angle 30^\circ}{3-j1}=10\angle 30^\circ\text{V}$$

【例 8-16】　电路如图8-22（a）所示，试求电流相量 $\dot{I}_L$。

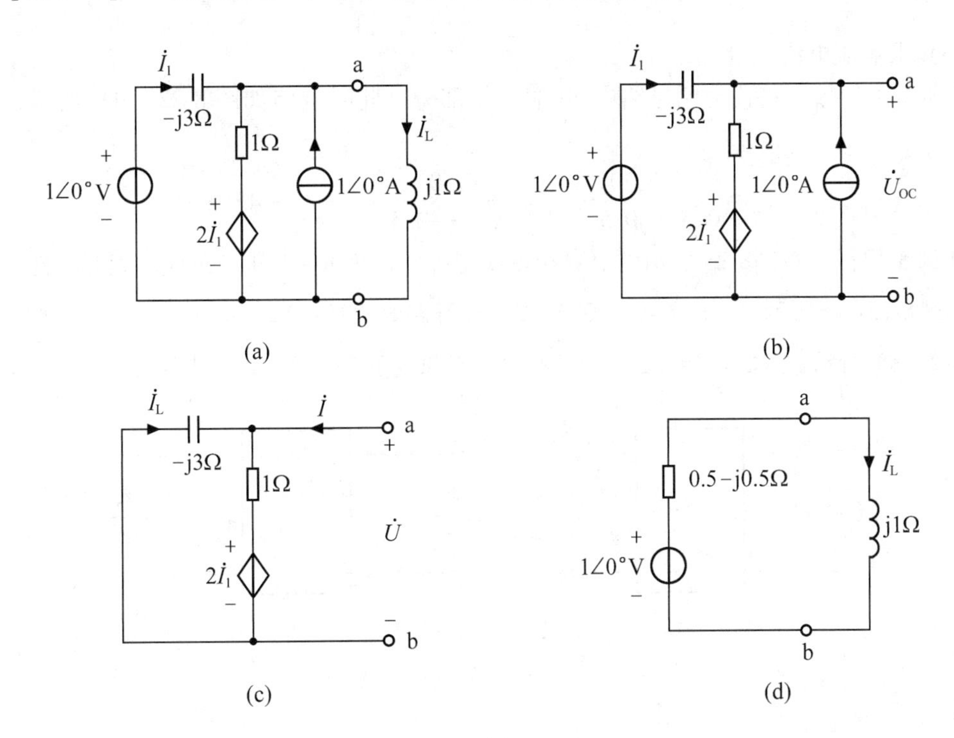

图 8-22　例 8-16 图

解　利用戴维南定理先求 a、b 端以左电路的戴维南等效电路。

（1）求开路电压相量 $\dot{U}_{OC}$

此时电路如图 8-22（b）所示，根据 KVL 可得

$$\dot{U}_{OC}=1-(-j3)\dot{I}_1=1+j3\dot{I}_1$$

$$\dot{U}_{OC}=(1+\dot{I}_1)+2\dot{I}_1=1+3\dot{I}_1$$

将上式乘以 j 与下式相加，可解得 $\dot{U}_{OC}=1\angle 0°V$。

（2）求等效阻抗 Z

将图 8-22（b）所示的电路中的独立源置零，所得电路如图 8-22（c）所示。为求该含受控源的二端网络的等效阻抗 Z_o，设端口电压和电流相量分别为 $\dot{U}$ 和 $\dot{I}$。根据 KVL 可得

$$\dot{U}=(\dot{I}+\dot{I}_1)+2\dot{I}_1=\dot{I}+3\dot{I}_1$$

其中

$$\dot{I}_1=-\frac{\dot{U}}{-j3}$$

因此

$$\dot{U}=\dot{I}-j1\dot{U}$$

$$\dot{U}=\frac{1}{1+j1}\dot{I}$$

故

$$Z_o=\frac{\dot{U}}{\dot{I}}=0.5-j0.5\Omega$$

（3）求响应电流相量 $\dot{I}_L$

用戴维南等效电路代替原电路中 ab 端以左部分，此时电路如图 8-22（d）所示，由此可得

$$\dot{I}_L=\frac{1\angle 0°}{0.5-j0.5+j1}=\frac{1\angle 0°}{0.5+j0.5}=\sqrt{2}\angle -45°A$$

【例 8-17】 在图8-23 所示的电路相量模型中，N_0 为 R、L 和 C 组成的无源线性网络。已知如图 8-23(a) 所示，当 $\dot{I}_{S1}=1\angle 0°A$，22′ 端开路时，$\dot{U}_1=20\angle 30°V$，$\dot{U}_2=30\angle 90°V$；现如图 8-23(b) 所示，又将 $\dot{I}_{S2}=2\angle -30°A$ 的电流源接于 22′ 端，试求电压相量 $\dot{U}_1$。

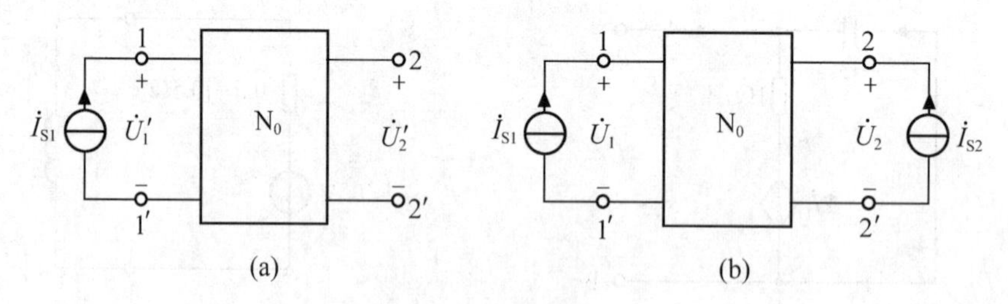

图 8-23 例 8-17 图

解 利用叠加定理和互易定理求解。由图 8-23（b）可知，响应电压相量 $\dot{U}_1$ 等于两个电流源单独作用时产生的响应的代数和，即

$$\dot{U}_1=\dot{U}_1'+\dot{U}_1''$$

由题可知，$\dot{I}_{S1}$单独作用时，响应 $\dot{U}_1=20\angle 30°V$，$\dot{I}_{S2}$ 单独作用时，根据互易定理可得

$$\frac{\dot{I}_{S2}}{\dot{I}_{S1}}=\frac{\dot{U}_1''}{\dot{U}_2'}$$

因此

$$\dot{U}_2'' = \frac{2\angle -30^\circ}{1\angle 0^\circ} \times 30\angle 90^\circ = 60\angle 60^\circ \text{V}$$

故

$$\dot{U}_1 = \dot{U}_1' + \dot{U}_1'' = 20\angle 30^\circ + 60\angle 60^\circ = 17.3 + \text{j}10 + 30 + \text{j}52 = 78\angle 52.7^\circ \text{V}$$

8.6 正弦稳态电路的功率

正弦稳态电路的重要用途之一就是传递能量，因此，有关正弦稳态电路功率的概念和计算是正弦稳态电路分析的重要内容。本节首先介绍正弦稳态电路中二端网络的功率及其计算，引入平均功率、视在功率、无功功率、复功率及功率因数等概念，然后讨论正弦稳态电路中的最大功率传输问题。

8.6.1 二端网络的功率

正弦稳态电路中，无源二端网络 N_0 如图 8-24（a）所示，设其端口电压和电流为关联参考方向

$$i(t) = \sqrt{2} I\cos(\omega t + \varphi_i)$$

$$u(t) = \sqrt{2} U\cos(\omega t + \varphi_u)$$

则网络 N_0 吸收的瞬时功率

$$\begin{aligned} p(t) &= u(t) \cdot i(t) = \sqrt{2} U\cos(\omega t + \varphi_u) \cdot \sqrt{2} I\cos(\omega t + \varphi_i) \\ &= UI\cos(\varphi_u - \varphi_i) + UI\cos(2\omega t + \varphi_u + \varphi_i) \\ &= UI\cos\theta_Z + UI\cos(2\omega t + 2\varphi_i + \theta_Z) \end{aligned} \tag{8-67}$$

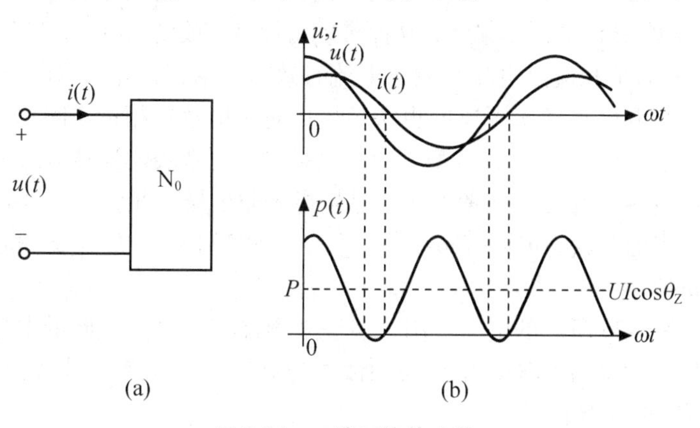

图 8-24　二端网络的功率

式（8-67）表明网络 N_0 的瞬时功率 $p(t)$ 由恒定分量 $UI\cos\theta_Z$ 和正弦分量 $UI\cos(2\omega t + 2\varphi_i + \theta_Z)$ 两部分组成。图 8-24（b）给出了当 $\varphi_u = 0$，$\varphi_i < 0$ 时，瞬时功率 $p(t)$ 随时间的变化曲线。由图可看出，由于电压和电流不同相，造成瞬时功率 $p(t)$ 时正时负，当 $p(t) > 0$ 时，网络 N_0 从外电路吸收能量；当 $p(t) < 0$ 时，网络 N_0 向外电路输出能量，因此网络 N_0 与外电路之间有能量的往返传递现象，这是由于网络 N_0 中存在储能元件的缘故。同时，虽

然瞬时功率时正时负，但一个周期中 $p(t)>0$ 的部分大于 $p(t)<0$ 的部分，这是由于网络 N_0 中还存在电阻元件，网络 N_0 总体上是耗能的结果。

瞬时功率随时间不断变化，因而实用价值不大。通常用瞬时功率在一个周期中的平均值，即平均功率来度量正弦稳态电路的功率。平均功率又称为有功功率，或简称功率，记为 P，即

$$P=\frac{1}{T}\int_0^T p(t)\,\mathrm{d}t=UI\cos\theta_Z \tag{8-68}$$

可见平均功率不仅取决于电压和电流的有效值，还与阻抗角有关。

下面介绍正弦电路有功功率的测量。

在测量负载的有功功率时，既要测出它的电压和电流的有效值，又要测出两者之间的相位差。在工程上通常用瓦特表来测量电路的平均功率，瓦特表也称（单相）功率表。电动式瓦特表的基本结构、符号和测量时的接线图分别如图 8-25（a）、图 8-25（b）和图 8-25（c）所示。瓦特表有两个线圈：固定的电流线圈和可转动的电压线圈。图中电流线圈端 1 和电压线圈端 2 标有星号“ * ”，称为两个线圈的同名端（有关“同名端”的内容详见第 9 章），标志两线圈的绕线特性。

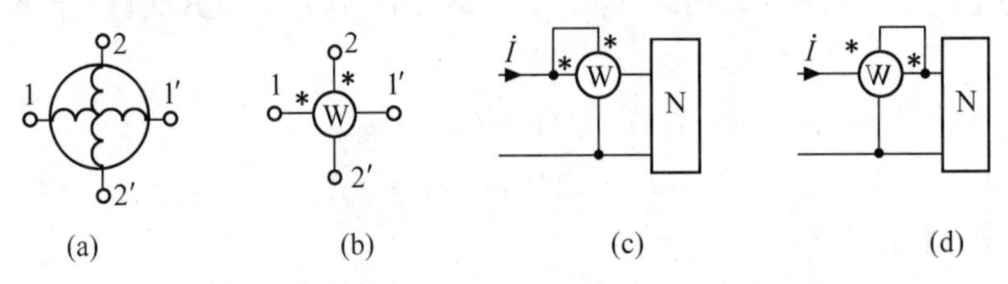

图 8-25　瓦特表的基本结构、 符号和接线图

测量负载的功率时，电路连接如图 8-25（c）所示。将电流线圈串入被测量的电路，电压线圈跨接在负载两端，并注意同名端的位置。两组线圈中分别流过电流，并产生磁场。在磁场的作用下使可转动的线圈 2 产生偏转，从而带动指针显示被测量值。瓦特表的读数等于加在电压线圈上的电压有效值和流过电流线圈的电流有效值的乘积，并乘以电压（参考方向从星号指向非星号）相量和电流（参考方向也从星号指向非星号）相量之间相位差的余弦。即 $P=UI\cos(\varphi_u-\varphi_i)=UI\cos\theta_Z$。若测量同一负载时，瓦特表的连接方式如图 8-25（d）所示，此时流过电流线圈的电流（参考方向从星号指向非星号）相量与图 8-25（c）接法相差 180°，因此，瓦特表的读数为 $P=UI\cos[\varphi_u-(\varphi_i\pm180°)]=-UI\cos(\varphi_u-\varphi_i)=-UI\cos\theta_Z$，即瓦特表读数为负值。

【例 8-18】　图 8-26 所示的电路可用三表法来测量实际电感线圈的电感与电阻参数值。已知外加正弦电压的频率为 50Hz，电压表的读数为 100V，电流表的读数为 1A，瓦特表的读数为 80W，试求 R 和 L 的值。

解　电感线圈可表示为电感和电阻的串联电路，由已知的测量数据可得电阻为

$R=\frac{P}{I^2}=\frac{80}{1^2}=80\Omega$，　阻抗的模 $|Z|=\frac{U}{I}=\frac{100}{1}=100\Omega$ 由阻抗三角形，可得感抗为

$$X_L=\sqrt{|Z|^2-R^2}=\sqrt{100^2-80^2}=60\Omega$$

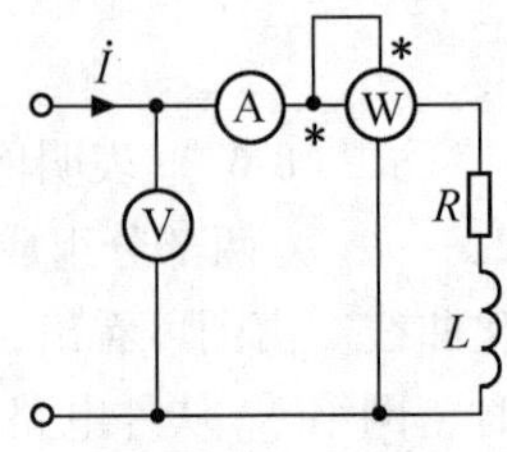

图 8-26　例 8-18 图

最后得电感为

$$L=\frac{X_L}{\omega}=\frac{60}{314}=0.19\text{H}$$

在电工技术中，将二端网络端口电压和电流有效值的乘积称为视在功率，记为 S，即

$$S=UI \tag{8-69}$$

它具有功率的量纲，但一般不等于平均功率。为区别于平均功率，视在功率的单位用伏安（VA），并将网络平均功率与视在功率之比值称为功率因数，记为 pf，即

$$pf=\frac{P}{S}=\cos\theta_Z \tag{8-70}$$

因此阻抗角也称为功率因数角。由于 R、L 和 C 组成的无源二端网络等效阻抗的电阻分量 $R\geqslant 0$，因此阻抗角 $|\theta_Z|\leqslant\frac{\pi}{2}$，功率因数 pf 恒为非负值。为了体现网络的性质，通常当电流导前于电压，$\theta_Z<0$ 时，在功率因数 pf 后注明“导前”；反之当电流滞后于电压，$\theta_Z>0$ 时，在功率因数 pf 后注明“滞后”。

当二端网络等效为纯电阻 R 时，$\theta_Z=0$，瞬时功率 $p(t)=UI[1+\cos(2\omega t+2\varphi_i)]\geqslant 0$，平均功率 $P=UI$，功率因数 $pf=\cos\theta_Z=1$，因此网络只从外电路吸收能量而没有能量的往返交换。

当二端网络等效为纯电抗 X 时，$|\theta_Z|=\frac{\pi}{2}$，瞬时功率 $p(t)=UI\cos\left(2\omega t+2\varphi_i\pm\frac{\pi}{2}\right)$ 是角频率为 2ω 的正弦量，平均功率 $P=0$，功率因数 $pf=\cos\theta_Z=0$，因此网络只与外电路不断进行能量的往返交换而不消耗能量，这是电抗元件只储能而不耗能的结果。

如果二端网络除无源元件外尚有受控源，$|\theta_Z|$ 可能大于 $\frac{\pi}{2}$，在这种情况下，式（8-68）计算出来的平均功率 P 为负值，说明二端网络对外提供能量。

如果二端网络内含有独立电源，式（8-68）仍然成立，只是式中的 θ_Z 为端口电压与电流的相位差。

对于一般的二端网络，可等效为一个电阻 R 和一个电抗 X 的串联，故二端网络吸收的瞬时功率（平均功率）应等于等效阻抗中电阻和电抗吸收的瞬时功率（平均功率）的和。由前可知，$\dot{U}$ 与 $\dot{U}_R$ 和 $\dot{U}_X$ 构成一个直角三角形，$U_R=U\cos\theta_Z$，$U_X=U|\sin\theta_Z|$。因此等效阻抗中电阻 R 吸收的瞬时功率为

$$\begin{aligned}p_R(t)&=u_R(t)\cdot i(t)=\sqrt{2}U_R\cos(\omega t+\varphi_i)\cdot\sqrt{2}I\cos(\omega t+\varphi_i)\\&=2UI\cos\theta_Z\cos^2(\omega t+\varphi_i)\\&=UI\cos\theta_Z[1+\cos(2\omega t+2\varphi_i)]\end{aligned} \tag{8-71}$$

电阻 R 吸收的平均功率

$$P_R=\frac{1}{T}\int_0^T p_R(t)\,\mathrm{d}t=UI\cos\theta_Z \tag{8-72}$$

可见，二端网络吸收的平均功率等于其等效阻抗中电阻吸收的平均功率。同样可求出，等效阻抗中电抗 X 吸收的瞬时功率为

$$\begin{aligned}p_X(t)&=u_X(t)\cdot i(t)\\&=-UI\sin\theta_Z\sin(2\omega t+2\varphi_i)\end{aligned} \tag{8-73}$$

电抗 X 吸收的平均功率

$$P_X=\frac{1}{T}\int_0^T p_X(t)\,\mathrm{d}t=0 \tag{8-74}$$

由于等效阻抗中电抗吸收的瞬时功率是角频率为 2ω 的正弦量，其平均功率为0，因此电抗不消耗能量，只与外电路进行能量交换。在电路分析中将能量交换的最大值 $UI\sin\theta_Z$ 称为网络的无功功率，记为 Q，即

$$Q=UI\sin\theta_Z \tag{8-75}$$

为区别于平均功率和视在功率，无功功率的单位定为无功伏安，简称乏（Var）。

根据阻抗角 θ_Z 的定义，当 $\theta_Z<0$ 时，电流超前于电压，网络呈容性，$Q<0$；当 $\theta_Z>0$ 时，电压超前于电流，网络呈感性，$Q>0$；当 $\theta_Z=0$ 时，无源二端网络等效为纯电阻，$Q=0$，此时网络与外电路无能量的往返交换，但其内部的电容和电感之间仍可存在能量的交换。

由式（8-68）、式（8-69）和式（8-75）可得，P、Q 和 S 构成一个如图8-27所示的直角三角形，该三角形称为功率三角形。

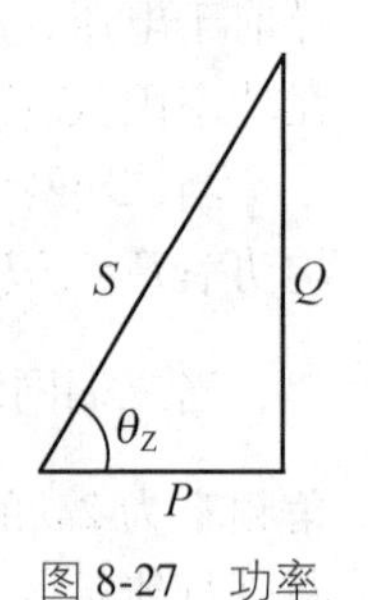

图8-27 功率三角形

为了利用相量法分析正弦稳态电路的各种功率之间的关系，下面引入复功率的概念。

设无源二端网络的端口电压和电流采用关联参考方向，其电压和电流相量分别为

$$\dot{U}=U\angle\varphi_u,\ \dot{I}=I\angle\varphi_i$$

则复功率定义为

$$\tilde{S}=\dot{U}\cdot\overset{*}{I} \tag{8-76}$$

式中，$\overset{*}{I}$ 表示 $\dot{I}$ 的共轭复数。将 $\dot{U}$ 和 $\overset{*}{I}$ 代入式（8-76），有

$$\begin{aligned}\tilde{S}&=U\angle\varphi_u\cdot I\angle-\varphi_i=UI\angle(\varphi_u-\varphi_i)=UI\angle\theta_Z\\&=UI\cos\theta_Z+\mathrm{j}UI\sin\theta_Z=P+\mathrm{j}Q\end{aligned} \tag{8-77}$$

由式（8-77）可见，复功率 $\tilde{S}$ 是以平均功率 P 为实部，无功功率 Q 为虚部，视在功率 S 为模，阻抗角 θ_Z 为幅角的复数，其单位与视在功率相同为伏安（VA）。因此，在相量分析法中，如果已知二端网络的端口电压和电流相量，利用式（8-77）可很方便地求出网络的 P、Q 和 S。必须注意的是，复功率的引入只是为了方便计算，其本身无实际物理意义。

式（8-76）复功率公式的另两种表示为

$$\tilde{S}=(\dot{I}Z)\cdot\overset{*}{I}=I^2Z$$

或
$$\tilde{S}=\dot{U}(\dot{U}Y)^*=\dot{U}\overset{*}{U}\overset{*}{Y}=U^2\overset{*}{Y}$$

【例8-19】 电路相量模型如图8-28所示，已知端口电压的有效值 $U=100\text{V}$。试求该二端网络的 P、Q、S、$\tilde{S}$ 和 pf。

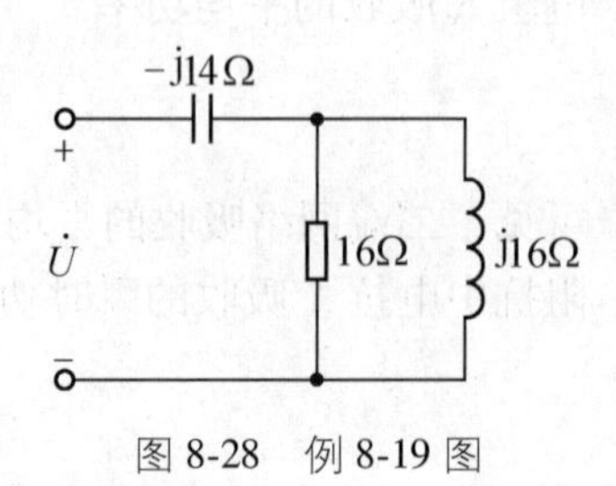

图8-28 例8-19图

解 设端口电压相量为

$$\dot{U}=100\angle0°\text{V}$$

二端网络的等效阻抗为

$$Z=-\mathrm{j}14+\frac{16\times(\mathrm{j}16)}{16+\mathrm{j}16}=-\mathrm{j}14+8+\mathrm{j}8$$
$$=8-\mathrm{j}6=10\angle-36.9^\circ\Omega$$

因此

$$\dot{I}=\frac{\dot{U}}{Z}=\frac{100\angle0^\circ}{10\angle-36.9^\circ}=10\angle36.9^\circ\mathrm{A}$$

故
$$\tilde{S}=\dot{U}\cdot\overset{*}{I}=100\angle0^\circ\times10\angle-36.9^\circ$$
$$=1\,000\angle-36.9^\circ=800-\mathrm{j}600\mathrm{VA}$$

$$S=|\tilde{S}|=1\,000\mathrm{VA},\quad P=\mathrm{Re}[\tilde{S}]=800\mathrm{W},\quad Q=\mathrm{Im}[\tilde{S}]=-600\mathrm{Var}$$

由于　$\theta_Z=-36.9^\circ$

故　$pf=\cos\theta_Z=\cos(-36.9^\circ)=0.8$(导前)

【例 8-20】　如图8-29 所示，已知一感性负载接在电压 $U=220\mathrm{V}$、频率 $f=50\mathrm{Hz}$ 的交流电源上，其平均功率 $P=1.1\mathrm{kW}$，功率因数 $pf=0.5$。现欲并联电容使功率因数提高到 0.8（滞后），求需接多大的电容 C？

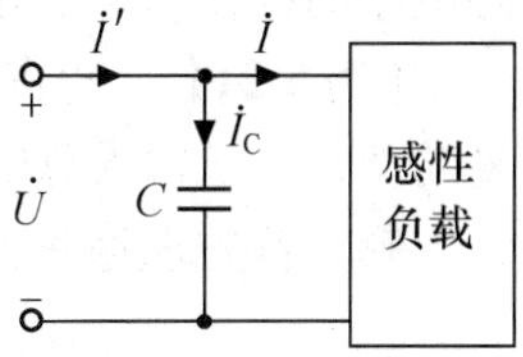

图 8-29　例 8-20 图

解　由题可得，负载电流的有效值为

$$I=\frac{P}{U\cdot pf}=\frac{1.1\times10^3}{220\times0.5}=10\mathrm{A}$$

感性负载的阻抗角为

$$\theta_Z=\arccos0.5=60^\circ$$

若设电压源的电压相量为

$$\dot{U}=220\angle0^\circ\mathrm{V}$$

则负载电流相量为

$$\dot{I}=10\angle-60^\circ\mathrm{A}$$

并联电容后，电源输出总电流的有效值为

$$I'=\frac{P}{U\cdot pf'}=\frac{1.1\cdot10^3}{220\cdot0.8}=6.25\mathrm{A}$$

由于 $pf'=0.8$（滞后），因此功率因数角为

$$\theta_Z{}'=\arccos0.8=36.9^\circ$$

$$\dot{I}'=6.25\angle-36.9^\circ\mathrm{A}$$

可得流过电容的电流相量为

$$\dot{I}_\mathrm{C}=\dot{I}'-\dot{I}=6.25\angle-35.9^\circ-10\angle-60^\circ$$
$$=5-\mathrm{j}3.75-(5-\mathrm{j}8.66)$$
$$=\mathrm{j}4.91=4.91\angle90^\circ\mathrm{A}$$

由于

$$I_\mathrm{C}=\omega CU$$

故

$$C=\frac{I_\mathrm{C}}{\omega U}=\frac{4.91}{314\times220}=71\mu\mathrm{F}$$

例 8-20 表明，对于感性负载可通过并联电容，利用电容元件的无功功率去补偿感性负载的无功功率，从而减少网络与电源间的能量交换，提高电路的功率因数，相应地减小网络的视在功率和电源的输出电流。

最后，应该指出，电阻电路中式（2-3）或式（4-9）表示的功率守恒，同样可以推广到正弦稳态电路中来。如仍然设电路有 b 条支路，且各支路电压、电流参考方向关联，则有

$$\sum_{j=1}^{b} \tilde{S}_j = \sum_{j=1}^{b} \dot{U}_j \overset{*}{I}_j = 0$$

称为正弦稳态电路复功率守恒。

显然，上式的实部和虚部表示的有功功率和无功功率 $\sum_{j=1}^{b} P_j = 0$ 和 $\sum_{j=1}^{b} Q_j = 0$，称为有功功率守恒和无功功率守恒。

由于 $U \geqslant 0$，$I \geqslant 0$，显然 $\sum_{j=1}^{b} S_j = \sum_{j=1}^{b} U_j I_j \neq 0$，即正弦稳态电路的视在功率不守恒。

图 8-30 例 8-21 图

【例 8-21】 电路如图 8-30 所示，试求两负载吸收的总复功率，并求输入总电流和总功率因数。

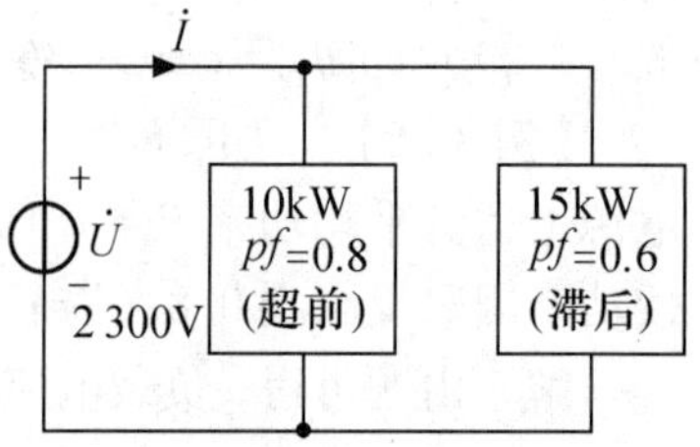

解 首先求每一负载的复功率。

$$S_1 = \frac{P_1}{pf_1} = \frac{10 \times 10^3}{0.8} = 12\,500\ \text{VA}$$

$$Q_1 = S_1 \sin\theta_1 = S_1 \sin(-\arccos 0.8) = -7\,500\ \text{Var}$$

故得 $\tilde{S}_1 = 10\,000 - \text{j}7\,500\ \text{VA}$

同理 $S_2 = \frac{P_2}{pf_2} = \frac{15 \times 10^3}{0.6} = 25\,000\ \text{VA}$

$$Q_2 = S_2 \sin\theta_2 = S_2 \sin(\arccos 0.6) = 20\,000\ \text{Var}$$

故得 $\tilde{S}_2 = 15\,000 + \text{j}20\,000\ \text{VA}$

所以两负载总吸收复功率为

$$\tilde{S} = \tilde{S}_1 + \tilde{S}_2 = 25\,000 + \text{j}12\,500 = 27\,951\angle 26.6^\circ\ \text{VA}$$

总视在功率 $S = 27\,951\ \text{VA}$

输入总电流 $I = \frac{27\,951}{2\,300} = 12.2\ \text{A}$

总功率因数为 $pf = \frac{25\,000}{27\,951} = 0.894$（滞后）

或 $pf = \cos 26.6^\circ = 0.894$（滞后）

8.6.2 最大功率传输

在第 4 章中已介绍了电阻电路中的最大功率传输问题，下面讨论正弦稳态电路中的最大功率传输问题。

如图 8-31 所示的相量模型，设信号源的戴维南等效电路中的电压源和阻抗分别为 $\dot{U}_{\text{OC}}$ 和

Z_o，它们都是给定的不变量，可变负载阻抗 $Z_L = R_L + jX_L$。由图可得负载电流为

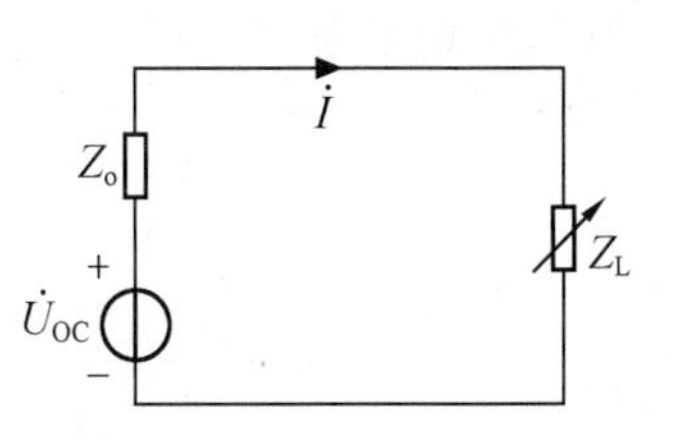

图 8-31　最大功率传输的相量模型

$$\dot{I} = \frac{\dot{U}_{OC}}{Z_o + Z_L} = \frac{\dot{U}_{OC}}{R_o + jX_o + R_L + jX_L} \tag{8-78}$$

因此

$$I = \frac{U_{OC}}{\sqrt{(R_o + R_L)^2 + (X_o + X_L)^2}} \tag{8-79}$$

负载吸收的平均功率为

$$P = I^2 R_L = \frac{{U_{OC}}^2 R_L}{(R_o + R_L)^2 + (X_o + X_L)^2}$$

由于变量 X_L 只出现在分母中，因此对任意的 R_L，当

$$X_L = -X_o \tag{8-80}$$

时分母最小，此时

$$P = \frac{{U_{OC}}^2 R_L}{(R_o + R_L)^2} \tag{8-81}$$

式（8-81）中 R_L 为变量，令

$$\frac{dP}{dR_L} = \frac{(R_o + R_L)^2 - 2(R_o + R_L)R_L}{(R_o + R_L)^4}{U_{OC}}^2 = 0$$

得

$$R_L = R_o \tag{8-82}$$

可获得最大功率。

综上可得，负载获得最大功率的条件为

$$Z_L = \overset{*}{Z}_o = R_o - jX_o \tag{8-83}$$

即负载阻抗与信号源等效阻抗共轭时，负载可从信号源获得最大功率，此时称负载与信号源达到最大功率匹配，共轭匹配时负载获得的最大功率为

$$P_{max} = \frac{{U_{OC}}^2}{4R_o} \tag{8-84}$$

【例 8-22】　在图8-32（a）所示的电路中，已知 Z_L 为可变负载，试求 Z_L 为何值时可获得最大功率？最大功率为多少？

解　首先将负载以左电路用其戴维南等效电路代替，得图 8-32（b）所示的电路，其中

$$\dot{U}_{OC} = \frac{j2}{2 + j2} \times 10\angle 0^\circ = 5\sqrt{2}\angle 45^\circ \text{V}$$

$$Z_o = \frac{2 \times j2}{2 + j2} = 1 + j1\Omega$$

由于负载阻抗 Z_L 与 Z_o 共轭时可获得最大功率，故

$$Z_L = \overset{*}{Z}_o = 1 - j1\Omega$$

其最大功率为

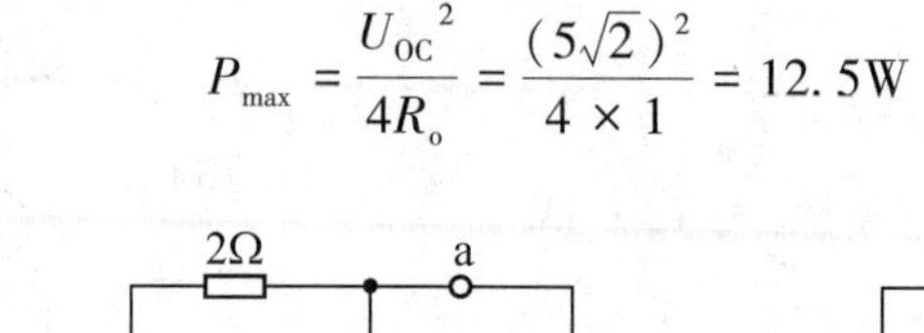

$$P_{\max} = \frac{U_{OC}^{2}}{4R_o} = \frac{(5\sqrt{2})^2}{4 \times 1} = 12.5\text{W}$$

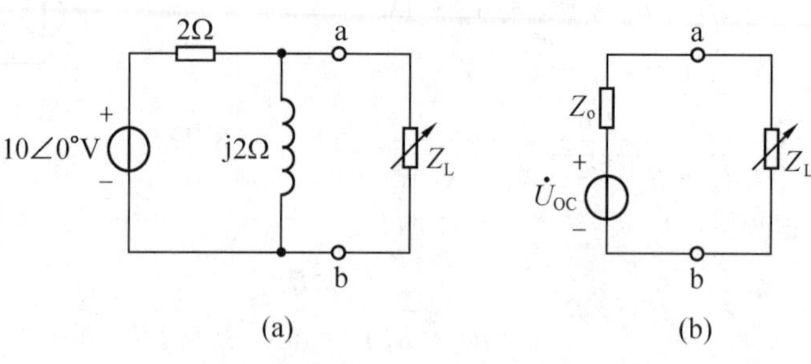

图 8-32　例 8-22 图

8.7　三相电路

三相电路是一种特殊形式的复杂正弦电路，由于在发电、输电和用电等方面三相电路与单相电路相比有很多优点，因此从 19 世纪末出现以来，一直被世界各国的电力供电系统广泛采用。

8.7.1　三相电路的基本概念

三相电路是由三相电源和三相负载所组成的电路整体的总称。

所谓三相电源，是指能同时产生 3 个频率相同，但相位不同的正弦电压的电源总体。三相交流发电机就是一种应用最普遍的三相电源。如果三相电源产生的 3 个同频正弦电压的振幅相等、相位彼此互差 120°，则称为对称三相电源。在电路分析中，三相电源的电路模型由 3 个独立正弦电压源按一定方式连接而成，其中的每一个电压源称为三相电源的一相。习惯上，如图 8-33 所示，3 个独立正弦电压源的正极性端分别标记为 A、B 和 C，负极性端分别标记为 X、Y 和 Z，其瞬时值分别用 $u_A(t)$、$u_B(t)$ 和 $u_C(t)$ 表示。对于对称三相电源，若取 A 相电源电压为参考正弦量，则其各相电源电压的瞬时值可表达为

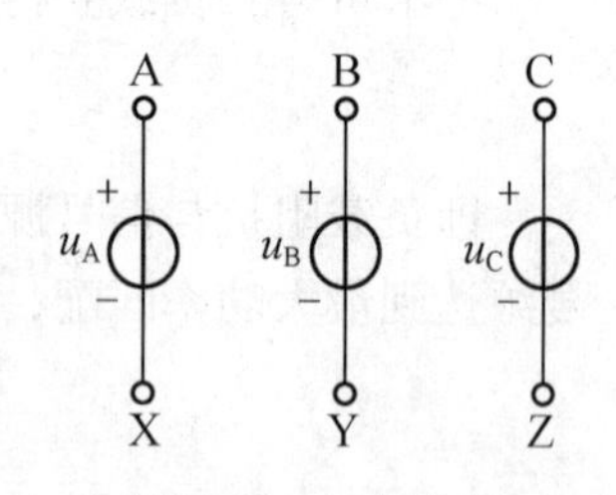

图 8-33　三相电源

$$\left.\begin{aligned} u_A(t) &= \sqrt{2}U_p\cos\omega t \\ u_B(t) &= \sqrt{2}U_p(\cos\omega t - 120°) \\ u_C(t) &= \sqrt{2}U_p(\cos\omega t + 120°) \end{aligned}\right\} \qquad (8\text{-}85)$$

它们对应的相量为

$$\dot{U}_A = U_p\angle 0°, \quad \dot{U}_B = U_p\angle -120°, \quad \dot{U}_C = U_p\angle 120°$$

其波形图和相量图分别如图 8-34 所示。从图 8-34 可以看出，任何瞬间对称三相电源电压的代数和为 0，即

$$u_A(t) + u_B(t) + u_C(t) = 0 \qquad (8\text{-}86)$$

用相量表示即为

$$\dot{U}_A + \dot{U}_B + \dot{U}_C = 0 \tag{8-87}$$

三相电源中，通常把各相电压经过同一值（如最大值）的先后次序称为相序。如果相序为 A–B–C（或 B–C–A 和 C–A–B），则称为正序或顺序；相反，如果相序为 A–C–B（或 C–B–A 和 B–A–C），则称为反序或逆序。显然，式（8-85）和图 8-34 表示的均为正序的情况。今后如无特殊说明均为正序。

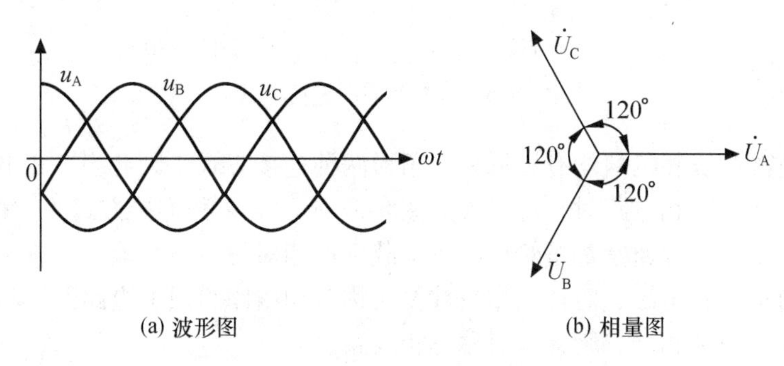

(a) 波形图　　(b) 相量图

图 8-34　对称三相电源的波形图和相量图

在三相电路中，三相电源有星形（Y）和三角形（△）两种连接方式。星形连接如图 8-35（a）所示，是将三相电源的 3 个负极性端 X、Y 和 Z 连接起来形成一个公共点 O，O 点称为三相电源的中点，从三相电源的 3 个正极性端 A、B 和 C 引出供电线，引出的供电线称为端线，俗称火线。三角形连接如图 8-35（b）所示，是将三相电源的正极性端和负极性端顺次相接构成一个回路，从连接点 A(Z)、B(Y) 和 C(X) 引出供电线。必须注意，三相电源作三角形连接时，各相电源的极性不能接错。如果连接不正确，例如，将 C 相电压源极性接反，则 $\dot{U}_A + \dot{U}_B - \dot{U}_C \neq 0$，在电源闭合回路中产生很大的电流，导致电机烧毁，造成事故。

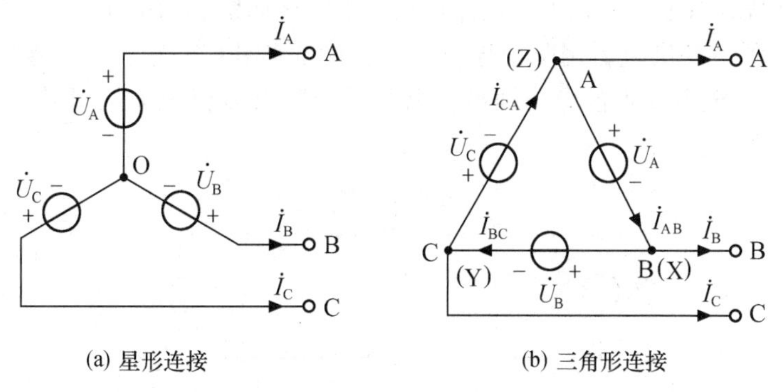

(a) 星形连接　　(b) 三角形连接

图 8-35　三相电源的连接方式

三相电路中，负载一般也是三相的，即由 3 个负载阻抗组成，每一个负载称为三相负载的一相。如果三相负载的 3 个负载阻抗相同，则称为对称负载；否则称为不对称负载。三相电动机就是一种常见的对称负载。三相负载也有星形（Y）和三角形（△）两种连接方式，如图8-36所示。星形连接时，3 个负载的公共点 O′，称为三相负载的中点。

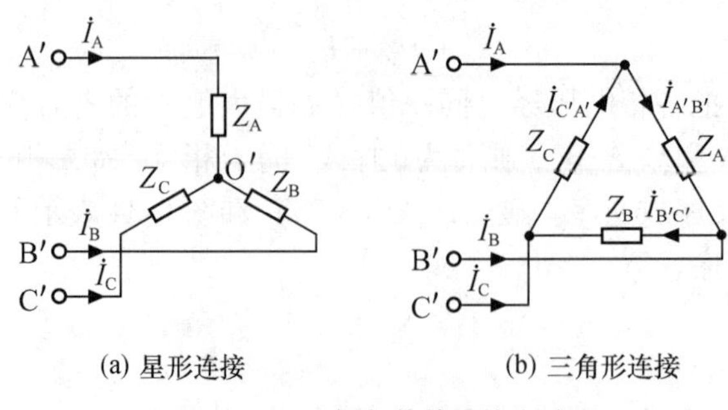

(a) 星形连接 (b) 三角形连接

图 8-36 三相负载的连接方式

由于三相电源和三相负载均有星形和三角形两种连接方式，因此当三相电源和三相负载通过供电线连接构成三相电路时，可形成如图 8-37 所示的 4 种连接方式的三相电路。

在三相电路中，电源通常都是对称的，负载则可能对称，也可能不对称。所谓对称三相电路，就是由对称三相电源、对称三相负载及对称三相线路组成的电路。三相线路是指三相端线，如各端线的阻抗相等，则称为对称三相线路。

在图 8-37 所示的 4 种连接方式的三相电路中，以图 8-37（a）所示的三相四线制电路在供电系统中最为常见，该电路中电源的中点 O 与负载的中点 O′间的连接线称为中线或地线，因此三相四线制电路中的三相电源与负载间通过三根火线及一根地线连接。对于对称三相电路，$Z_A = Z_B = Z_C = Z$，$Z_{1A} = Z_{1B} = Z_{1C} = Z_1$，若取 O′点为参考点，由节点分析法可得

$$\dot{U}_{OO'} = -\frac{\frac{1}{Z + Z_1}(\dot{U}_A + \dot{U}_B + \dot{U}_C)}{\frac{3}{Z + Z_1} + \frac{1}{Z_0}} = 0 \tag{8-88}$$

因此两中点间的电位差为 0，中线上无电流，中线可省略不用，构成三相三线制电路。但是考虑到完全对称很难保证，所以中线往往存在因不对称而引起的电流。

通常一个电源对外供电需用两根导线，3 个电源需用 6 根导线，但在三相电路中，如图 8-37 所示，只需 3 根或 4 根导线即可，因此采用三相制供电方式可节省大量架线器材，这是三相制的一大优点。

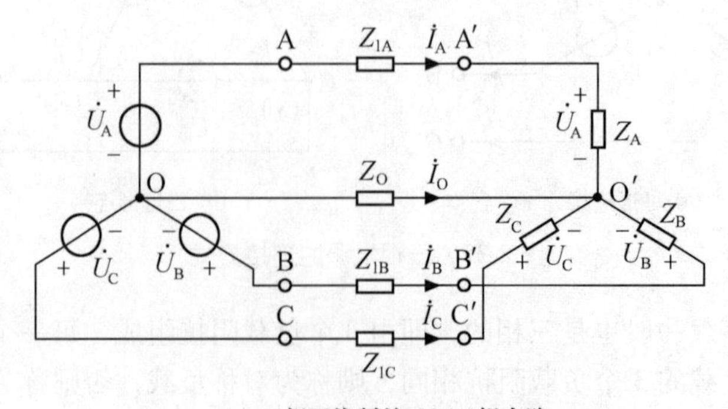

(a) 三相四线制的Y-Y三相电路

图 8-37 各种连接方式的三相电路

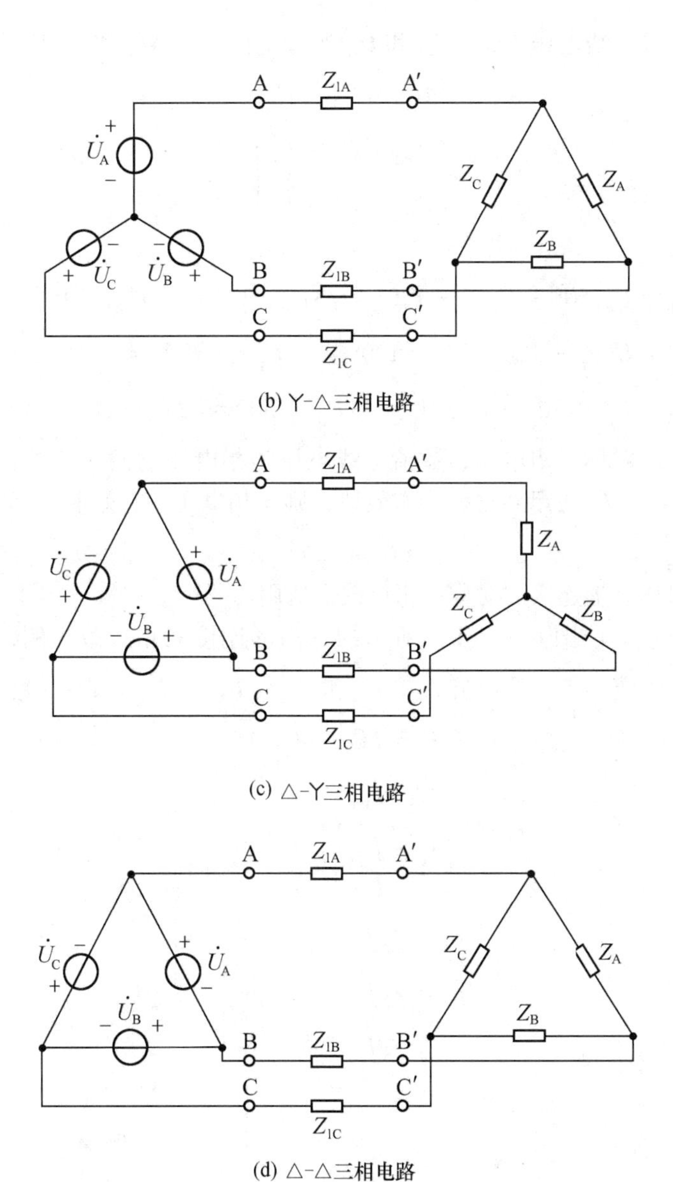

(b) Y-△三相电路

(c) △-Y三相电路

(d) △-△三相电路

图 8-37　各种连接方式的三相电路（续）

8.7.2　对称三相电路的分析

从电路分析的角度看，稳定工作中的三相电路实质上是一个正弦稳态电路，可按一般正弦稳态电路进行分析。但由于对称三相电路有一些特殊的对称性质，利用这些性质可大大简化计算。下面对称三相电路进行分析。

在三相电路中，将每相电源或负载上的电压称为电源或负载的相电压，流过每相电源或负载的电流称为电源或负载的相电流，火线间的电压称为线电压，火线上的电流称为线电流。

对于星形连接，以图 8-35（a）所示的星形连接三相电源为例，线电流就是相电流，而线电压与相电压不等，线电压 $\dot{U}_{AB}$、$\dot{U}_{BC}$ 和 $\dot{U}_{CA}$ 与相电压 $\dot{U}_{A}$、$\dot{U}_{B}$ 和 $\dot{U}_{C}$ 间的关系为

$$\left.\begin{aligned}\dot{U}_{AB}&=\dot{U}_{A}-\dot{U}_{B}\\\dot{U}_{BC}&=\dot{U}_{B}-\dot{U}_{C}\\\dot{U}_{CA}&=\dot{U}_{C}-\dot{U}_{A}\end{aligned}\right\}\tag{8-89}$$

由图 8-38 可得

$$\left.\begin{aligned}\dot{U}_{AB}&=U_{p}\angle0^{\circ}-U_{p}\angle-120^{\circ}=\sqrt{3}U_{p}\angle30^{\circ}=\sqrt{3}\dot{U}_{A}\angle30^{\circ}\\\dot{U}_{BC}&=U_{p}\angle-120^{\circ}-U_{p}\angle120^{\circ}=\sqrt{3}U_{p}\angle-90^{\circ}=\sqrt{3}\dot{U}_{B}\angle30^{\circ}\\\dot{U}_{CA}&=U_{p}\angle120^{\circ}-U_{p}\angle0^{\circ}=\sqrt{3}U_{p}\angle150^{\circ}=\sqrt{3}\dot{U}_{C}\angle30^{\circ}\end{aligned}\right\}\tag{8-90}$$

因此，作星形连接的对称三相电源，数值上线电压为相电压的$\sqrt{3}$倍，相位上线电压超前相应的相电压 30°。若以 U_l 表示线电压的有效值，则与相电压的有效值 U_p 的关系可表示为

$$U_{l}=\sqrt{3}U_{p}\tag{8-91}$$

上述结论，对作星形连接的对称三相负载也适用。

对于三角形连接，以图 8-36（b）所示的三角形连接三相负载为例，线电压就是相电压，而线电流与相电流不等，线电流 $\dot{I}_{A}$、$\dot{I}_{B}$ 和 $\dot{I}_{C}$ 与 $\dot{I}_{A'B'}$、$\dot{I}_{B'C'}$ 和 $\dot{I}_{C'A'}$ 相电流间的关系为

$$\left.\begin{aligned}\dot{I}_{A}&=\dot{I}_{A'B'}-\dot{I}_{C'A'}\\\dot{I}_{B}&=\dot{I}_{B'C'}-\dot{I}_{A'B'}\\\dot{I}_{C}&=\dot{I}_{C'A'}-\dot{I}_{B'C'}\end{aligned}\right\}\tag{8-92}$$

由图 8-39 可得

$$\left.\begin{aligned}\dot{I}_{A}&=\sqrt{3}\dot{I}_{A'B'}\angle-30^{\circ}\\\dot{I}_{B}&=\sqrt{3}\dot{I}_{B'C'}\angle-30^{\circ}\\\dot{I}_{C}&=\sqrt{3}\dot{I}_{C'A'}\angle-30^{\circ}\end{aligned}\right\}\tag{8-93}$$

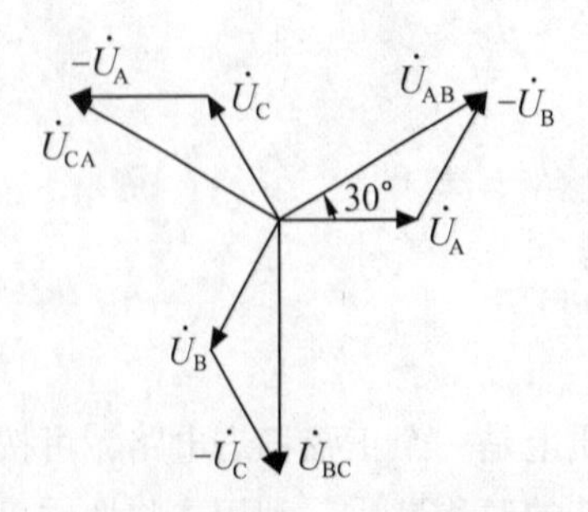

图 8-38　对称三相电源星形连接时，相电压、线电压关系

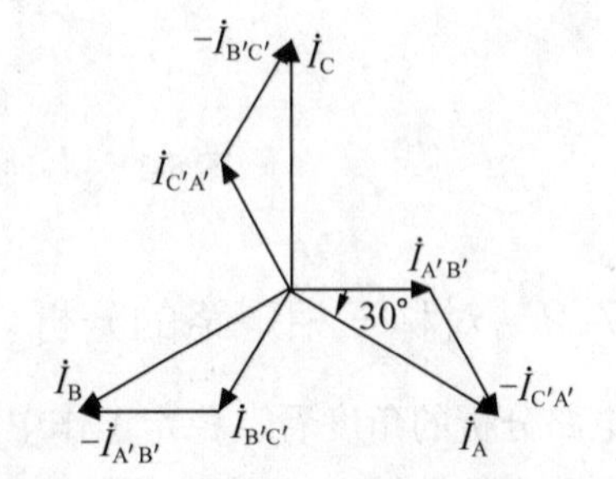

图 8-39　对称三相负载三角形连接时，相电流、线电流关系

因此，作三角形连接的对称三相负载，数值上线电流为相电流的$\sqrt{3}$倍，相位上线电流落后相应的相电流 30°。若以 I_l 表示线电流的有效值，则与相电流的有效值 I_p 的关系可表示为

$$I_{l}=\sqrt{3}I_{p}\tag{8-94}$$

上述结论，对作三角形连接的对称三相电源也适用。

三相电路中三相负载吸收的平均功率等于各相负载吸收的平均功率之和，即

$$\begin{aligned} P &= P_A + P_B + P_C \\ &= U_{pA}I_{pA}\cos\theta_A + U_{pB}I_{pB}\cos\theta_B + U_{pC}I_{pC}\cos\theta_C \end{aligned} \tag{8-95}$$

式中，U_{pA}、U_{pB}、U_{pC}与 I_{pA}、I_{pB}、I_{pC}及 θ_A、θ_B、θ_C 分别是 A 相、B 相和 C 相负载的相电压与相电流及阻抗角。对于对称三相电路，有

$$U_{pA} = U_{pB} = U_{pC} = U_p$$

$$I_{pA} = I_{pB} = I_{pC} = I_p$$

$$\theta_A = \theta_B = \theta_C = \theta_Z$$

因此，对称三相电路有

$$P = 3U_pI_p\cos\theta_Z \tag{8-96}$$

当负载作星形连接时，$U_l=\sqrt{3}U_p$，$I_l=I_p$；当负载作三角形连接时，$U_l=U_p$，$I_l=\sqrt{3}I_p$。因此，对称三相电路的平均功率也可表示为

$$P = \sqrt{3}U_lI_l\cos\theta_Z \tag{8-97}$$

值得一提的是，对称三相电路中各相的瞬时功率分别为

$$\begin{aligned} p_A &= u_{pA}\cdot i_{pA} = \sqrt{2}U_p\cos\omega t\cdot\sqrt{2}I_p\cos(\omega t-\theta_Z) \\ &= U_pI_p[\cos\theta_Z + \cos(2\omega t-\theta_Z)] \end{aligned}$$

$$\begin{aligned} p_B &= u_{pB}\cdot i_{pB} = \sqrt{2}U_p\cos(\omega t-120°)\cdot\sqrt{2}I_p\cos(\omega t-120°-\theta_Z) \\ &= U_pI_p[\cos\theta_Z + \cos(2\omega t-240°-\theta_Z)] \end{aligned}$$

$$\begin{aligned} p_C &= u_{pC}\cdot i_{pC} = \sqrt{2}U_p\cos(\omega t+120°)\cdot\sqrt{2}I_p\cos(\omega t+120°-\theta_Z) \\ &= U_pI_p[\cos\theta_Z + \cos(2\omega t+240°-\theta_Z)] \end{aligned}$$

由于 p_A、p_B、p_C 中所含正弦分量的频率与振幅相同、相位彼此互差 120°，因此它们的和为 0，故对称三相电路的瞬时功率

$$p(t) = p_A + p_B + p_C = 3U_pI_p\cos\theta_Z \tag{8-98}$$

等于三相负载吸收的平均功率，为与时间无关的常数，因此对称三相电路具有能量的均衡传递性能，这是三相制供电的一个优点。

【例 8-23】 在如图8-37（a）所示的对称三相电路中，已知 $\dot{U}_A = 220\angle 0°\text{V}$，负载阻抗 $Z = 8 + \text{j}7\Omega$，线路阻抗 $Z_l = 1 + \text{j}2\Omega$。试求各相负载的线电压、线电流、相电压、相电流及三相负载吸收的总功率。

解 由于该三相电路为三相四线制电路，可得线电流

$$\begin{aligned} \dot{I}_A &= \frac{\dot{U}_A}{Z_l + Z} = \frac{220\angle 0°}{1+\text{j}2+8+\text{j}7} \\ &= \frac{220\angle 0°}{9+\text{j}9} = 17.3\angle -45°\text{A} \end{aligned}$$

根据对称三相电路的对称性，可得

$$\dot{I}_B = 17.3\angle -165°\text{A}$$

$$\dot{I}_C = 17.3\angle 75°\text{A}$$

因为负载为星形连接，所以相电流等于线电流。

A 相负载电压

$$\dot{U}_{A'} = Z\dot{I}_{A} = (8 + j7) \times 17.3\angle -45^\circ$$
$$= 10.6\angle 41^\circ \times 17.3\angle -45^\circ = 183.4\angle -4^\circ \text{V}$$

根据对称性可得

$$\dot{U}_{B'} = 183.4\angle -124^\circ \text{V}$$

$$\dot{U}_{C'} = 183.4\angle 116^\circ \text{V}$$

由星形连接线电压与相电压的关系，可得

$$\dot{U}_{A'B'} = \sqrt{3}\,\dot{U}_{A'}\angle 30^\circ = 318\angle 26^\circ \text{V}$$

$$\dot{U}_{B'C'} = \sqrt{3}\,\dot{U}_{B'}\angle 30^\circ = 318\angle -94^\circ \text{V}$$

$$\dot{U}_{C'A'} = \sqrt{3}\,\dot{U}_{C'}\angle 30^\circ = 318\angle 146^\circ \text{V}$$

课堂内外　特高压直流输电

由于各相负载阻抗

$$Z = 8 + j7 = 10.6\angle 41^\circ \Omega$$

因此，负载阻抗的阻抗角 $\theta_Z = 41^\circ$，故三相负载吸收的总功率

$$P = 3U_p I_p \cos\theta_Z = 3 \times 183.4 \times 17.3 \times \cos 41^\circ = 7\,183.6 \text{W}$$

8.7.3　不对称三相电路概念

通常，在不对称三相电路中，主要负载是不对称的，而三相电源和三相线路一般是对称的。不对称三相电路没有上节所述的特点，不能采用单相电路来进行计算。一般情况下，不对称三相电路可以看成复杂正弦稳态电路，可用一般复杂正弦稳态电路的方法来分析计算。本小节主要介绍具有静止负载Y-Y连接的不对称三相电路。电路如图 8-40（a）所示，由节点法，负载中点电压为

$$\dot{U}_{O'O} = \frac{\dfrac{1}{Z_A}\dot{U}_A + \dfrac{1}{Z_B}\dot{U}_B + \dfrac{1}{Z_C}\dot{U}_C}{\dfrac{1}{Z_A} + \dfrac{1}{Z_B} + \dfrac{1}{Z_C} + \dfrac{1}{Z_O}} \tag{8-99}$$

当负载阻抗 Z_A，Z_B，Z_C 互不相等时，除中线阻抗 $Z_0 = 0$ 外，$\dot{U}_{O'O} \neq 0$。说明电源中点与负载中点电位不相同，各相负载的相电压为

$$\left.\begin{aligned} \dot{U}_{AO'} &= \dot{U}_A - \dot{U}_{O'O} \\ \dot{U}_{BO'} &= \dot{U}_B - \dot{U}_{O'O} \\ \dot{U}_{CO'} &= \dot{U}_C - \dot{U}_{O'O} \end{aligned}\right\} \tag{8-100}$$

相应的相量图如图 8-40（b）所示。图中电压 $\dot{U}_{O'O}$ 称为负载中点对电源中点的位移。由式(8-99)，当负载不变的情况下，最大位移出现在 $Z_O = \infty$，即中线开路时。当中点位移较大时，由图 8-40（b）相量图可以看出，可能使某相负载由于过电压而损坏，而另一相负载则由于欠电压而不能正常工作。最小位移出现在 $Z_O = 0$ 的情况，这时 $\dot{U}_{O'O} = 0$，没有中点位移。当中线不长且较粗时，就接近这种情况。这时，尽管负载不对称，由于中线阻抗非常小，强

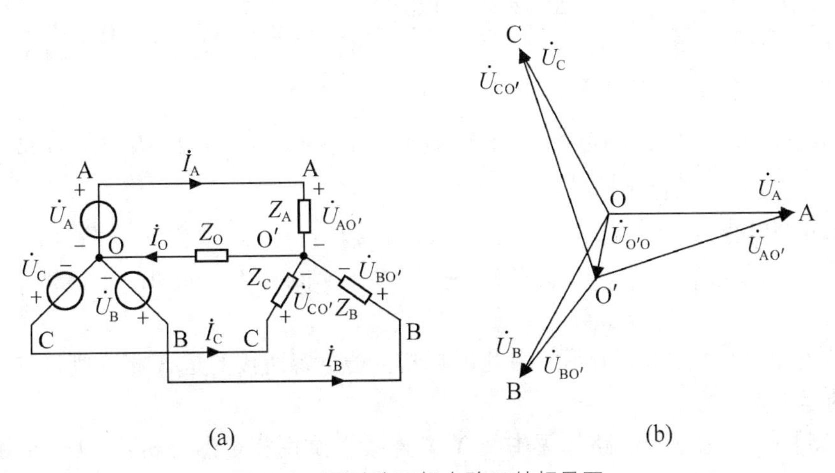

图 8-40　不对称三相电路及其相量图

迫负载中点电位接近于电源中点电位，使各相电压接近对称。在民用线路中必须采用三相四线制，同时规定中线上不准安装开关或保险丝。在这种情况下，负载各相相电压虽然近似对称，但由于负载不对称，各相相电流并不对称，其中线电流不再为 0。

【例 8-24】　图 8-41（a）为一个相序测试仪，它是一个星形不对称电路。其中 A 相接入电容，B、C 相接入瓦数相同的灯泡（其电阻为 R）。设 $\frac{1}{\omega C}=R$，三相电源是对称的，如何根据两个灯泡承受的电压确定相序。

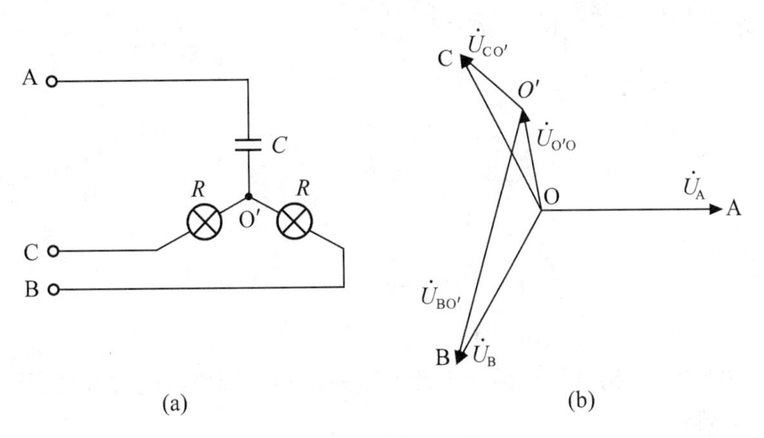

图 8-41　例 8-24 图

解　由式（8-99），可得

$$\dot{U}_{O'O}=\frac{\mathrm{j}\omega C\dot{U}_A+\frac{1}{R}\dot{U}_B+\frac{1}{R}\dot{U}_C}{\mathrm{j}\omega C+\frac{1}{R}+\frac{1}{R}}$$

设 $\dot{U}_A=U_p\angle 0°\mathrm{V}$，代入已知参数，得

$$\dot{U}_{O'O}=\frac{jU_p\angle 0^\circ+U_p\angle-120^\circ+U_p\angle 120^\circ}{j+2}=(-0.1+j0.6)U_p=0.63U_p\angle 108^\circ$$

由式（8-100），可得B相灯泡承受的电压为

$$\dot{U}_{BO'}=\dot{U}_B-\dot{U}_{O'O}=U_p\angle-120^\circ-(-0.1+j0.6)U_p=1.5U_p\angle-102^\circ$$

得 $U_{BO'}=1.5U_p$

C相灯泡承受的电压为

$$\dot{U}_{CO'}=\dot{U}_C-\dot{U}_{O'O}=U_p\angle 120^\circ-(-0.1+j0.6)U_p=0.4U_p\angle 138^\circ$$

得 $U_{CO'}=0.4U_p$

其相量图如图8-41（b）所示。由此可判断：若电容所接的是A相，则灯泡较亮的是B相，较暗的是C相。

【例8-25】 对称三相电路作无中线Y-Y连接。试用相量图分析：（1）A相负载短路时；（2）A相负载开路时，各相电压的变化情况。

解 设对称三相电源中，$\dot{U}_A=U_p\angle 0^\circ V$。

（1） A相负载短路

从图8-42（a）所示的电路可以看出，由于A相短路，负载中点O′直接连接到A，故O′点和A点电位相同。相量图如图8-42（b）所示，分别得

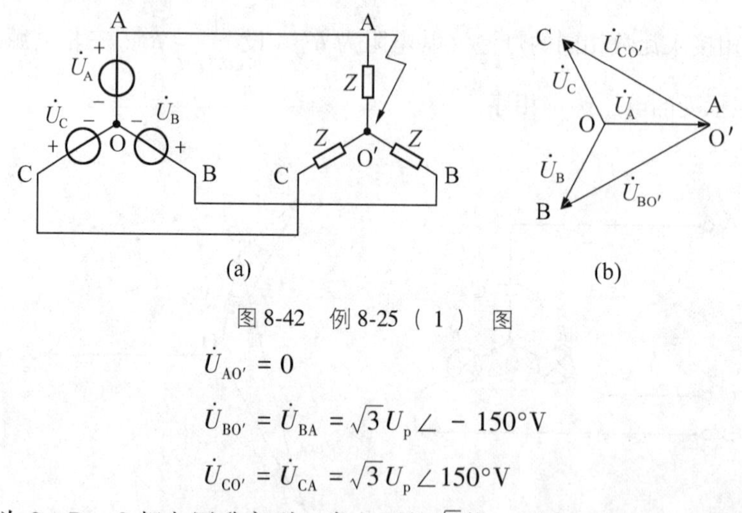

图8-42 例8-25（1）图

$$\dot{U}_{AO'}=0$$

$$\dot{U}_{BO'}=\dot{U}_{BA}=\sqrt{3}U_p\angle-150^\circ V$$

$$\dot{U}_{CO'}=\dot{U}_{CA}=\sqrt{3}U_p\angle 150^\circ V$$

A相负载电压为0，B、C相电压升高到正常电压的$\sqrt{3}$倍，即由相电压升高到线电压。

（2） A相负载开路

从图8-43（a）所示的电路可以看出，A相开路后，B相和C相负载阻抗串联，由于是对称负载，因此O′在图8-43（b）所示的相量图BC连线的中点处。由相量图可得

$$\dot{U}_{AO'}=\frac{3}{2}U_p\angle 0^\circ V$$

$$\dot{U}_{BO'}=\frac{\sqrt{3}}{2}U_p\angle-90^\circ V$$

$$\dot{U}_{CO'}=\frac{\sqrt{3}}{2}U_p\angle 90^\circ V$$

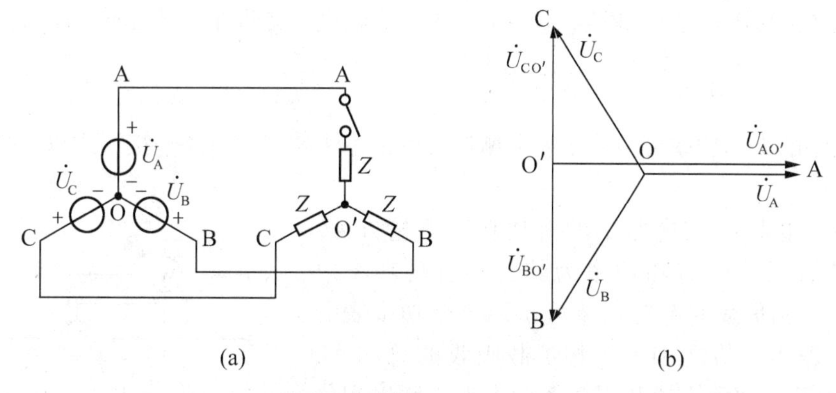

(a)　　(b)

图 8-43　例 8-25（2）图

【例 8-26】　三角形连接不对称阻抗为 $Z_1=10\angle 25°\Omega$，$Z_2=20\angle 60°\Omega$，$Z_3=15\angle 0°\Omega$。三相电源为正序连接，如图 8-44（a）所示。试求图中 3 个电流表的读数；若交换相序为如图 8-44（b）所示的负序连接，试重新求 3 个电流表的读数。

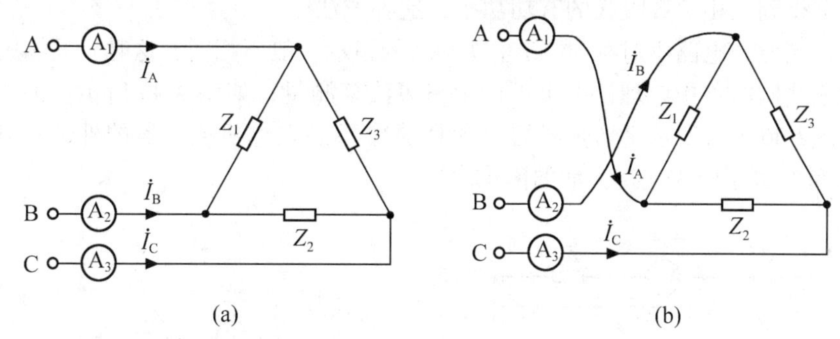

(a)　　(b)

图 8-44　例 8-26 图

解　（1）电源正序连接

$$\dot{I}_A=\frac{\dot{U}_{AB}}{Z_1}-\frac{\dot{U}_{CA}}{Z_3}=\frac{300\angle 0°}{10\angle 25°}-\frac{300\angle 120°}{15\angle 0°}=47.78\angle -38.89°\text{A}$$

$$\dot{I}_B=-\frac{\dot{U}_{AB}}{Z_1}+\frac{\dot{U}_{BC}}{Z_2}=-\frac{300\angle 0°}{10\angle 25°}+\frac{300\angle -120°}{20\angle 60°}=44.05\angle 163.27°\text{A}$$

$$\dot{I}_C=\frac{\dot{U}_{CA}}{Z_3}-\frac{\dot{U}_{BC}}{Z_2}=\frac{300\angle 120°}{15\angle 0°}-\frac{300\angle -120°}{20\angle 60°}=18.03\angle 73.90°\text{A}$$

3 个电流表的读数分别为 47.78A，44.05A，18.03A。

（2）电源负序连接

$$\dot{I}_A=\frac{\dot{U}_{AB}}{Z_1}-\frac{\dot{U}_{CA}}{Z_2}=\frac{300\angle 0°}{10\angle 25°}-\frac{300\angle 120°}{20\angle 60°}=32.35\angle -52.51°\text{A}$$

$$\dot{I}_B=-\frac{\dot{U}_{AB}}{Z_1}+\frac{\dot{U}_{BC}}{Z_3}=-\frac{300\angle 0°}{10\angle 25°}+\frac{300\angle -120°}{15\angle 0°}=37.48\angle -172.89°\text{A}$$

$$\dot{I}_C=-\frac{\dot{U}_{BC}}{Z_3}+\frac{\dot{U}_{CA}}{Z_2}=-\frac{300\angle -120°}{15\angle 0°}+\frac{300\angle 120°}{20\angle 60°}=35.00\angle 60°\text{A}$$

3个电流表的读数分别为32.35A、37.48A、35A。显然，这两种情况是不一样的。

8.7.4 三相电路的功率测量

三相电路的有功功率可用功率表来测量，测量方法随三相电路连接形式以及是否对称而有所不同。

先讨论三相四线制电路中的有功功率测量方法。由于三相负载吸收的有功功率为其各相有功功率之和，所以，三相负载的有功功率可以用3个功率表分别测量。三表指示值之和为三相负载吸收的总功率，如图8-45所示。这种方法共用3个功率表，所以叫作三表法。

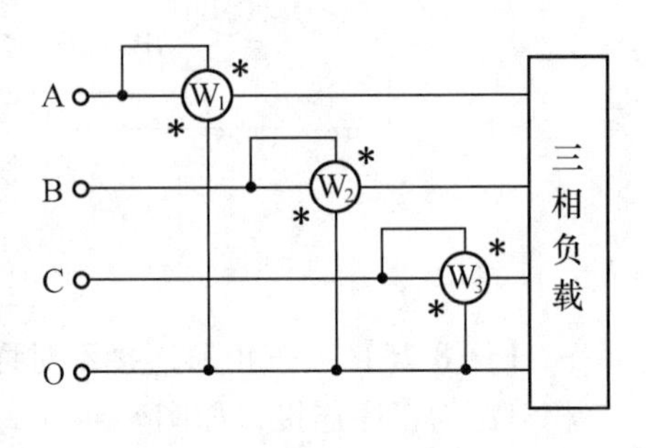

图8-45 三相四线制功率测量

当三相电路对称时，上述3个功率表指示值是相同的。故此时可以用1个功率表测量任一相的功率，然后再乘以3即可得到三相负载吸收的有功功率，这种方法称为一表法。当然，电路不对称时，3个功率表的指示一般不相同，这时，只能用三表法。

在三相三线制电路中，理论上也可以用三表法来测量，如图8-46所示。但实际上很少应用。观察图7-46（a）所示星形负载的中点O′常常不易在电机或电器的外部找到；图8-46（b）三角形负载也会带来连接方面的困难。

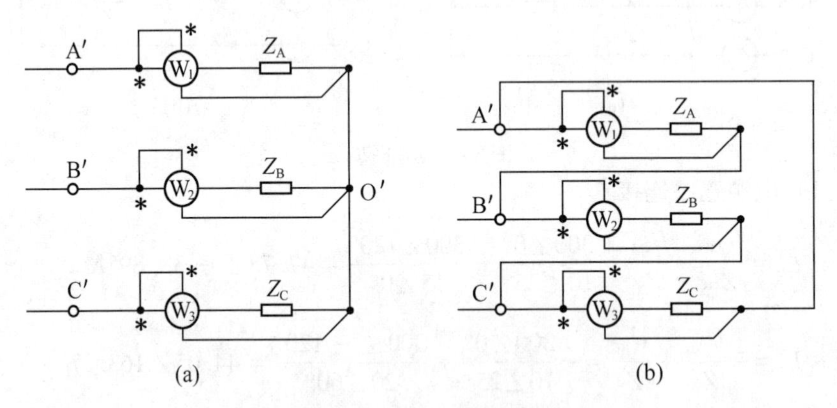

图8-46 三表法测量三相三线制功率

在工程实际中，三相三线制电路无论负载对称与否，其三相负载吸收的总有功功率一般都使用两个单相功率表来测量，这种方法称为两表法。如图8-47所示，两个功率表的电流线圈分别串入任意两条端线中，它们的电压线圈的非星号端共同接到第三条端线上。显然，这种测量方法中功率表的接线只触及端线而不触及负载或电源的内部，且与负载或电源的连接方式无关。这时，两只功率表读数的代数和等于被测三相电路的总功率。

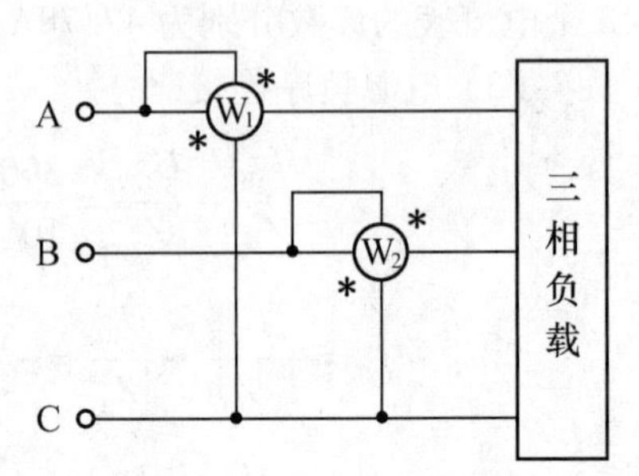

图8-47 两表法测量三相三线制功率

设两个功率表W_1和W_2的读数分别为P_1和P_2，则

$$P_1 = \mathrm{Re}[\dot{U}_{AC}\overset{*}{I}_A] \text{ 和 } P_2 = \mathrm{Re}[\dot{U}_{BC}\overset{*}{I}_B]$$

两个功率表的总功率为

$$P_1 + P_2 = \mathrm{Re}[\dot{U}_{AC}\overset{*}{I}_A + \dot{U}_{BC}\overset{*}{I}_B] \tag{8-101}$$

由于三相电路无论负载如何连接，也无论负载是否对称，都可以等效变换为星形连接。由 KCL，必然满足

$$\dot{I}_A + \dot{I}_B + \dot{I}_C = 0 \tag{8-102}$$

则有

$$\overset{*}{I}_A + \overset{*}{I}_B + \overset{*}{I}_C = 0$$

且

$$\dot{U}_{AC} = \dot{U}_A - \dot{U}_C$$

$$\dot{U}_{BC} = \dot{U}_B - \dot{U}_C$$

将上述三式代入式（8-101），得

$$P_1 + P_2 = \mathrm{Re}[\dot{U}_A\overset{*}{I}_A + \dot{U}_B\overset{*}{I}_B + \dot{U}_C\overset{*}{I}_C] = \mathrm{Re}[\tilde{S}_1 + \tilde{S}_2 + \tilde{S}_3] = \mathrm{Re}[\tilde{S}]$$

即

$$P = P_A + P_B + P_C = P_1 + P_2 \tag{8-103}$$

由式（8-103）可知，任意三相三线制负载的有功功率 P 可以表示为功率 P_1 与 P_2 的代数和。

应该指出：

（1）两表法不能用来测量三相四线制负载的有功功率。其原因是一般情况下，这时三相电路不满足式（8-102）。

（2）用两表法测量三相三线制负载功率时，一般来说，每个功率表的读数没有什么意义，两表的读数一般不相同，其中 1 个读数还可能为零或负值。

（3）当然，对于对称三相三线制电路也可以用一个功率表来测量三相负载的总功率。但这时需要建立中点，以便使功率表电压线圈得到规定的相电压，即需在另两条端线上分别接两个高阻值电阻，其阻值与功率表电压线圈电阻值相同，且接成星形连接。如图 8-48 所示。

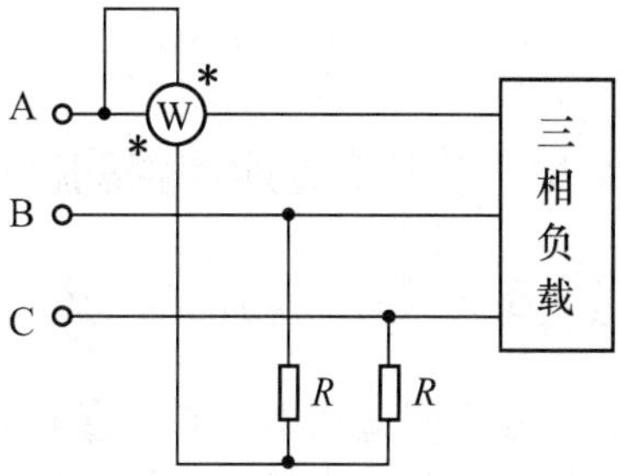

图 8-48　对称三相三线制负载功率测量

下面进一步讨论如果是对称三相电路时的情况。

图 8-47 中功率表 W_1 的读数 P_1 可写成

$$P_1 = \mathrm{Re}[\dot{U}_{AC}\overset{*}{I}_A] = U_{AC}I_A\cos\angle(\dot{U}_{AC}, \dot{I}_A)$$

和功率表 W_2 的读数 P_2 可写成

$$P_2 = \mathrm{Re}[\dot{U}_{BC}\overset{*}{I}_B] = U_{BC}I_B\cos\angle(\dot{U}_{BC}, \dot{I}_B)$$

上两式中角度 $\angle(\dot{U}_{AC}, \dot{I}_A)$ 和 $\angle(\dot{U}_{BC}, \dot{I}_B)$ 为线电压与线电流（在星形接法中为线电压与相电流）之间的夹角。为了叙述方便，假设对称三相负载为星形连接，负载阻抗角为 θ_Z，且 $\dot{U}_A = U_p\angle 0°$，则由图 8-38 可知，线电压 $\dot{U}_{AC}$ 的初相为 $-30°$，相电流 $\dot{I}_A$ 的初相为 $-\theta_Z$；线电压 $\dot{U}_{BC}$ 的初相为 $-90°$，相电流 $\dot{I}_B$ 的初相为 $-120°-\theta_Z$。故有

$$\angle(\dot{U}_{AC}, \dot{I}_A) = 30° - \theta_Z \text{ 和 } \angle(\dot{U}_{BC}, \dot{I}_B) = 30° + \theta_Z$$

可见，在对称三相电路中，当 $|\theta_Z| > 60°$ 时，两表法中一只表的读数为负值。

两表法还能测得对称三相电路的功率因数。由

$$P_1+P_2=U_1I_1\cos(30°-\theta_Z)+U_1I_1\cos(30°+\theta_Z)=\sqrt{3}U_1I_1\cos\theta_Z$$
$$P_1-P_2=U_1I_1\cos(30°-\theta_Z)-U_1I_1\cos(30°+\theta_Z)=U_1I_1\sin\theta_Z$$

得
$$\frac{P_1-P_2}{P_1+P_2}=\frac{1}{\sqrt{3}}\tan\theta_Z$$

对应直角三角形的斜边为

$$\sqrt{(P_1+P_2)^2+[\sqrt{3}(P_1-P_2)]^2}=2\sqrt{P_1^{\ 2}+P_2^{\ 2}-P_1P_2}$$

最后得对称三相电路的功率因数为

$$pf=\cos\theta_Z=\frac{P_1+P_2}{2\sqrt{P_1^{\ 2}+P_2^{\ 2}-P_1P_2}} \tag{8-104}$$

在对称三相电路中还可以用一个功率表来测量三相电路的无功功率。其接线如图8-49所示，此时功率表读数为

$$P_X=U_{BC}I_A\cos\angle(\dot{U}_{BC},\ \dot{I}_A) \tag{8-105}$$

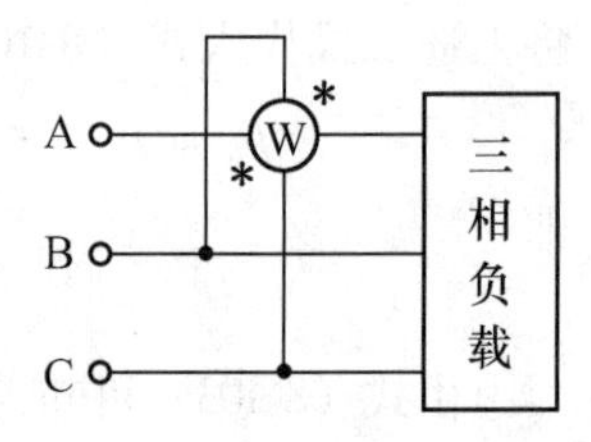

图8-49　对称三相电路无功功率的测量方法

仍按上述假设，线电压 $\dot{U}_{BC}$ 的初相为$-90°$，相电流 $\dot{I}_A$ 的初相为$-\theta_Z$。故有

$$\angle(\dot{U}_{BC},\ \dot{I}_A)=90°-\theta_Z$$

式（8-105）可写成

$$P_X=U_{BC}I_A\cos(90°-\theta_Z)=U_{BC}I_A\sin\theta_Z=U_1I_1\sin\theta_Z$$

故对称三相电路总的无功功率为

$$Q=\sqrt{3}U_1I_1\sin\theta_Z=\sqrt{3}P_X \tag{8-106}$$

8.8 非正弦周期电路的稳态分析

8.8.1 周期信号的分解与非正弦周期电路的稳态分析

在实际应用中，除了直流电路和正弦稳态电路外，还经常遇到激励为周期方波信号、三角波信号和锯齿波信号等非正弦周期信号激励下的稳态响应问题，即所谓非正弦周期电路的稳态分析问题。由于这些信号不是正弦信号，因此非正弦周期电路的稳态分析不可直接运用相量法。

由高等数学中的傅里叶级数的理论可知，若周期为 T 的周期信号 $f(t)$ 满足狄利克雷条件，即 $f(t)$ 在一个周期内只有有限个间断点，只有有限个极大点和极小点，并且 $f(t)$ 在一个周期内绝对可积，即

$$\int_0^T |f(t)|\,\mathrm{d}t<\infty$$

则 $f(t)$ 可展开为如下三角形式的傅里叶级数。

$$f(t)=a_0+\sum_{n=1}^{\infty}(a_n\cos n\omega_0 t+b_n\sin n\omega_0 t) \tag{8-107}$$

其中

$$\left.\begin{aligned} a_0 &= \frac{1}{T}\int_0^T f(t)\,\mathrm{d}t \\ a_n &= \frac{2}{T}\int_0^T f(t)\cos n\omega_0 t\mathrm{d}t \quad (n=1,\ 2,\ 3,\ \cdots) \\ b_n &= \frac{2}{T}\int_0^T f(t)\sin n\omega_0 t\mathrm{d}t \quad (n=1,\ 2,\ 3,\ \cdots) \end{aligned}\right\} \tag{8-108}$$

式中，$\omega_0 = \dfrac{2\pi}{T}$ 称为$f(t)$ 的基本角频率或基波角频率，a_0、a_n 和 b_n 称为傅里叶系数。

若将式（8-107）中的同频率项合并，则可得

$$f(t) = A_0 + \sum_{n=1}^{\infty} A_n \cos(n\omega_0 t + \varphi_n) \tag{8-109}$$

式（8-109）中

$$\left.\begin{aligned} A_0 &= a_0 \\ A_n &= \sqrt{a_n^2 + b_n^2} \\ \varphi_n &= \arctan\left(-\frac{b_n}{a_n}\right) \quad (n=1,\ 2,\ 3,\ \cdots) \end{aligned}\right\} \tag{8-110}$$

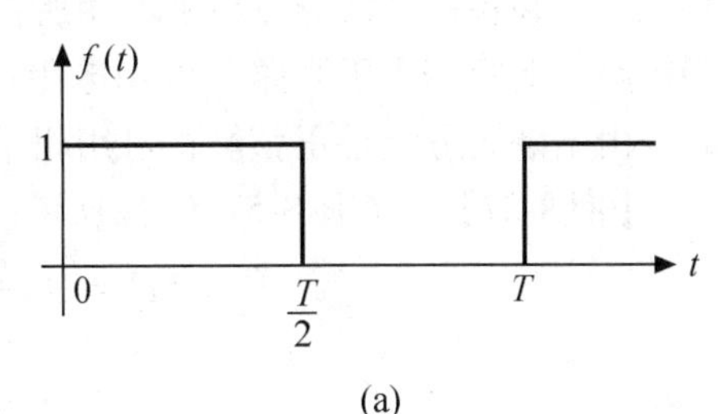

(a)

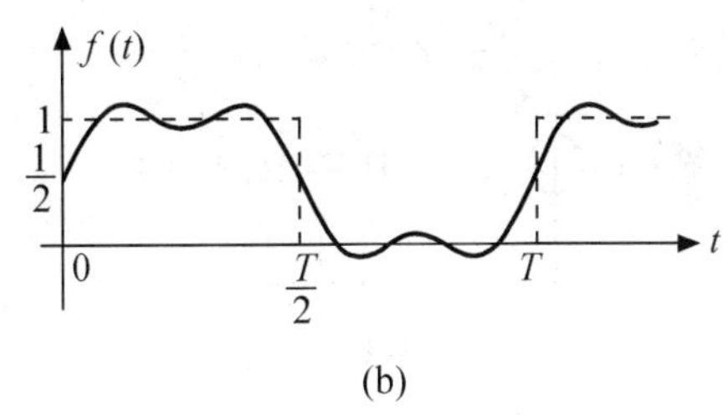

(b)

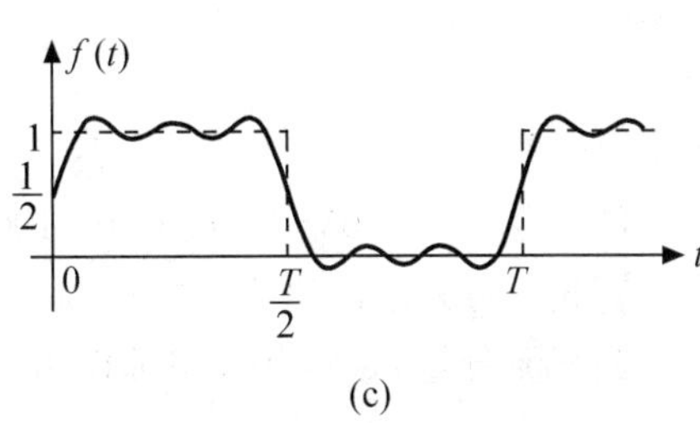

(c)

图 8-50　周期矩形信号及其傅里叶级数

其中 A_0 是周期信号$f(t)$ 在一个周期中的平均值，称为信号的直流分量；$A_n\cos(n\omega_0 t + \varphi_n)$ 称为信号的 n 次谐波分量，特别当 $n=1$ 时，$A_1\cos(\omega_0 t + \varphi_1)$ 又可称为信号的基波分量。式（8-109）表明，任何周期信号只要满足狄利克雷条件就可分解为直流分量和一系列谐波分量的和，而实际应用中的周期信号几乎都满足狄利克雷条件。

下面以图 8-50（a）所示的周期矩形信号为例说明傅里叶级数的展开过程。

图 8-50（a）所示的周期矩形信号在 0～T 一个周期中，表达式为

$$f(t) = \begin{cases} 1 & 0 < t < \dfrac{T}{2} \\ 0 & \dfrac{T}{2} < t < T \end{cases}$$

由式（8-108）可得

$$a_0 = \frac{1}{T}\int_0^T f(t)\,\mathrm{d}t = \frac{1}{T}\int_0^{\frac{T}{2}} 1\mathrm{d}t = \frac{1}{2}$$

$$a_n = \frac{2}{T}\int_0^T f(t)\cos n\omega_0 t\mathrm{d}t = \frac{2}{T}\int_0^{\frac{T}{2}} \cos n\omega_0 t\mathrm{d}t = 0$$

$$b_n = \frac{2}{T}\int_0^T f(t)\sin n\omega_0 t\mathrm{d}t = \frac{2}{T}\int_0^{\frac{T}{2}} \sin n\omega_0 t\mathrm{d}t = \frac{1}{n\pi}(1 - \cos n\pi)$$

故 $f(t)$ 可表示为

$$f(t)=\frac{1}{2}+\frac{2}{\pi}\left(\sin\omega_0 t+\frac{1}{3}\sin3\omega_0 t+\frac{1}{5}\sin5\omega_0 t+\cdots\right)$$

理论上周期信号表示为傅里叶级数时，需要直流分量和无穷多次谐波分量叠加才能完全逼近原信号，但在实际应用中不可能计算无穷多次谐波分量。根据傅里叶级数的收敛性，随着谐波次数的增高，谐波分量的幅度呈减小趋势，因此，在工程上通常只要计算傅里叶级数的前几项就可达到精度要求。至于究竟要取到第几项，则要根据具体周期信号和所要求的精度而定。图 8-50（b）、图 8-50（c）分别给出了用直流、基波及三次谐波分量之和和用直流、基波、三次谐波及五次谐波分量之和去近似周期矩形信号的情况。

根据上述结果，应用叠加定理，非正弦周期信号 $f(t)$ 激励下的稳态响应应等于 $f(t)$ 的直流分量和各次谐波分量单独作用所得稳态响应的叠加。其直流分量单独作用时，电感相当于短路，电容相当于开路，可用电阻电路的分析方法求其稳态响应；其谐波分量单独作用时，由于谐波分量是正弦量，可用相量法求其稳态响应。

【例 8-27】 在图8-51（a）所示的电路中，已知某周期电压信号为

$$u_S(t)=10+100\sqrt{2}\cos t+10\sqrt{2}\cos 2t\ \text{V}$$

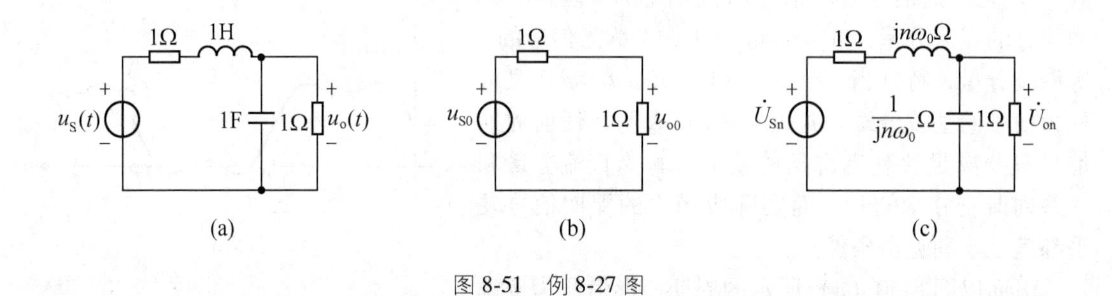

图 8-51 例 8-27 图

试求电压 $u_o(t)$。

解 令 $u_{S0}=10\text{V}$，$u_{S1}(t)=100\sqrt{2}\cos t\ \text{V}$，$u_{S2}(t)=10\sqrt{2}\cos 2t\ \text{V}$

首先，分别求出这 3 个电压源单独作用时的响应 u_{o0}、$u_{o1}(t)$ 和 $u_{o2}(t)$。

当直流分量 $u_{S0}=10\text{V}$ 单独作用时，此时等效电路如图 8-51（b）所示，由图可得

$$u_{o0}=\frac{u_{S0}}{2}=5\text{V}$$

当 n 次谐波分量单独作用时，此时电路的相量模型如图 8-51（c）所示，由该模型可得

$$\dot{U}_{on}=\frac{\dfrac{1}{1+jn\omega_0}}{1+jn\omega_0+\dfrac{1}{1+jn\omega_0}}\dot{U}_{Sn}=\frac{1}{2-(n\omega_0)^2+j2n\omega_0}\dot{U}_{Sn}$$

对于基波分量，$n\omega_0 = 1\text{rad/s}$

$$\dot{U}_{o1} = \frac{1}{1+j2}\dot{U}_{S1} = \frac{100\angle 0^\circ}{\sqrt{5}\angle 63.4^\circ} = 20\sqrt{5}\angle -63.4^\circ\text{V}$$

$$u_{o1}(t) = 20\sqrt{10}\cos(t - 63.4^\circ)\text{V}$$

对于二次谐波分量，$n\omega_0 = 2\text{rad/s}$

$$\dot{U}_{o2} = \frac{1}{-2+j4}\dot{U}_{S2} = \frac{10\angle 0^\circ}{2\sqrt{5}\angle 116.6^\circ} = \sqrt{5}\angle -116.6^\circ\ \text{V}$$

$$u_{o2}(t) = \sqrt{10}\cos(2t - 116.6^\circ)\text{V}$$

根据叠加定理，因此响应为

$$u_o(t) = 5\text{V} + 20\sqrt{10}\cos(t - 63.4^\circ)\text{V} + \sqrt{10}\cos(2t - 116.6^\circ)\text{V}$$

8.8.2 周期信号的有效值和功率

在 8.1.3 小节中已给出周期电压或电流信号 $f(t)$ 的有效值 F 等于它的方均根值，即

$$F = \sqrt{\frac{1}{T}\int_0^T f^2(t)\mathrm{d}t}$$

由于 $f(t)$ 可展开为

$$f(t) = A_0 + \sum_{n=1}^{\infty} A_n\cos(n\omega_0 t + \varphi_n)$$

故

$$f^2(t) = A_0^2 + \sum_{n=1}^{\infty} 2A_0A_n\cos(n\omega_0 t + \varphi_n) + \sum_{n=1}^{\infty}\sum_{k=1}^{\infty} A_nA_k\cos(n\omega_0 t + \varphi_n)\cos(k\omega_0 t + \varphi_k)$$

利用三角函数的正交性，即

$$\int_0^T \cos n\omega_0 t\mathrm{d}t = 0 \tag{8-111}$$

$$\int_0^T \cos n\omega_0 t\cos k\omega_0 t\mathrm{d}t = \begin{cases} \dfrac{T}{2} & n = k \\ 0 & n \neq k \end{cases} \tag{8-112}$$

可得

$$F = \sqrt{\frac{1}{T}\int_0^T f^2(t)\mathrm{d}t} = \sqrt{A_0^2 + \frac{1}{2}\sum_{n=1}^{\infty} A_n^2} \tag{8-113}$$

对于周期电流信号

$$i(t) = I_0 + \sum_{n=1}^{\infty} I_{nm}\cos(n\omega_0 t + \varphi_n) = I_0 + \sum_{n=1}^{\infty}\sqrt{2}I_n\cos(n\omega_0 t + \varphi_n)$$

故非正弦周期电流信号 $i(t)$ 的有效值为

$$I = \sqrt{I_0^2 + \frac{1}{2}\sum_{n=1}^{\infty} I_{nm}^2} = \sqrt{I_0^2 + \sum_{n=1}^{\infty} I_n^2} = \sqrt{I_0^2 + I_1^2 + I_2^2 + \cdots} \tag{8-114}$$

同理，非正弦周期电压信号 $u(t)$ 的有效值为

$$U = \sqrt{U_0^2 + \sum_{n=1}^{\infty} U_n^2} = \sqrt{U_0^2 + U_1^2 + U_2^2 + \cdots} \tag{8-115}$$

因此，非正弦周期电流或电压信号的有效值等于它的直流分量和各次谐波分量有效值的平方和的平方根。

下面再来讨论非正弦周期信号的功率。

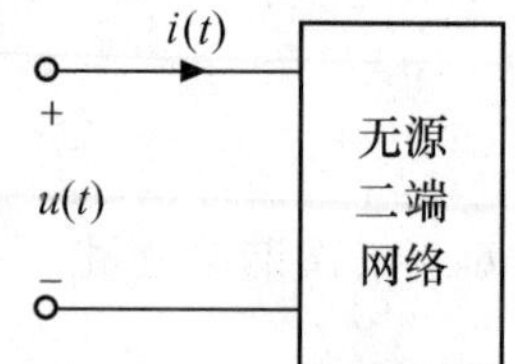

图 8-52 周期信号的功率

在如图 8-52 所示的无源二端网络中，设端口电压 $u(t)$ 和电流 $i(t)$ 均为周期为 T 的非正弦周期信号，它们的傅里叶级数展开式为

$$u(t) = U_0 + \sum_{n=1}^{\infty} U_{nm}\cos(n\omega_0 t + \varphi_{\text{un}})$$

$$= U_0 + \sum_{n=1}^{\infty} \sqrt{2}U_n\cos(n\omega_0 t + \varphi_{\text{un}})$$

$$i(t) = I_0 + \sum_{n=1}^{\infty} I_{nm}\cos(n\omega_0 t + \varphi_{\text{in}})$$

$$= I_0 + \sum_{n=1}^{\infty} \sqrt{2}I_n\cos(n\omega_0 t + \varphi_{\text{in}})$$

则二端网络吸收的瞬时功率

$$p(t) = u(t)\cdot i(t) = U_0I_0 + U_0\sum_{n=1}^{\infty}\sqrt{2}I_n\cos(n\omega_0 t + \varphi_{\text{in}}) + I_0\sum_{n=1}^{\infty}\sqrt{2}U_n\cos(n\omega_0 t + \varphi_{\text{un}}) +$$

$$\sum_{n=1}^{\infty}\sum_{k=1}^{\infty} 2U_nI_k\cos(n\omega_0 t + \varphi_{\text{un}})\cos(k\omega_0 t + \varphi_{ik})$$

利用三角函数的正交性，可得其平均功率为

$$P = \frac{1}{T}\int_0^T p(t)\,\mathrm{d}t = \frac{1}{T}\int_0^T U_0I_0\,\mathrm{d}t + \frac{1}{T}\int_0^T \sum_{n=1}^{\infty} U_nI_n\cos(n\omega_0 t + \varphi_{\text{un}})\cos(n\omega_0 t + \varphi_{\text{in}})\,\mathrm{d}t$$

$$= \frac{1}{T}\int_0^T U_0I_0\,\mathrm{d}t + \frac{1}{T}\int_0^T \sum_{n=1}^{\infty} U_nI_n[\cos(2n\omega_0 t + \varphi_{\text{un}} + \varphi_{\text{in}}) + \cos(\varphi_{\text{un}} - \varphi_{\text{in}})]\,\mathrm{d}t$$

$$= \frac{1}{T}\int_0^T U_0I_0\,\mathrm{d}t + \frac{1}{T}\int_0^T \sum_{n=1}^{\infty} U_nI_n\cos(\varphi_{\text{un}} - \varphi_{\text{in}})\,\mathrm{d}t$$

$$= U_0I_0 + \sum_{n=1}^{\infty} U_nI_n\cos\theta_n = P_0 + \sum_{n=1}^{\infty} P_n$$

其中，$\theta_n=\varphi_{\text{un}}-\varphi_{\text{in}}$ 为 n 次谐波电压与电流之间的相位差；$P_n = U_nI_n\cos\theta_n$ 为 n 次谐波分量的平均功率。

由此可见，非正弦周期信号的平均功率等于直流分量和各次谐波分量各自产生的平均功率之和。

显然，如果二端网络等效为纯电阻 R 时，则其平均功率为

$$P = I^2R = \frac{U^2}{R}$$

【例 8-28】 设流过5 Ω 电阻的电流为 $i(t) = 4 + 6\cos(\omega_0 t - 90°) + 2\cos(2\omega_0 t - 135°)\text{A}$，试求电流的有效值及电阻吸收的平均功率。

解 由题可得直流分量和各次谐波分量的有效值为

$$I_0 = 4\text{A},\quad I_1 = 3\sqrt{2}\,\text{A},\quad I_2 = \sqrt{2}\,\text{A}$$

因此，电流的有效值为

$$I=\sqrt{I_0^{\ 2}+I_1^{\ 2}+I_2^{\ 2}}=\sqrt{4^2+(3\sqrt{2})^2+(\sqrt{2})^2}=\sqrt{36}=6\text{A}$$

电阻吸收的平均功率为

$$P=I^2R=6^2\times 5=180\text{W}$$

思维导图

习题精讲　正弦激励下电路的稳态分析

正弦稳态电路分析的仿真实例

习　题　8

8-1　已知正弦电压 $u=-40\sin\left(314t+\dfrac{\pi}{4}\right)\text{V}$。

(1) 试求振幅、有效值、周期、频率、角频率和初相；

(2) 画出其波形图。

8-2　正弦电流波形如题图 8-2 所示。

(1) 试求周期、频率、角频率；

(2) 写出电流 $i(t)$ 的余弦函数式。

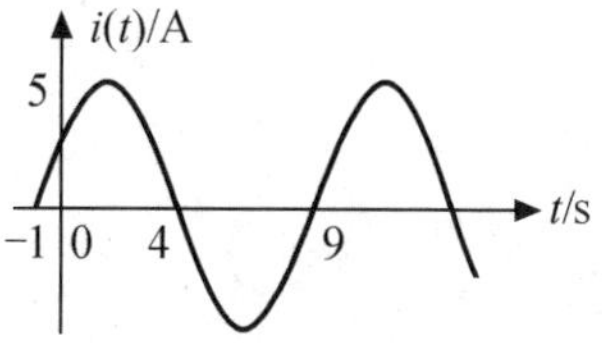

题图 8-2

8-3　已知两个正弦电压：

$$u_1=U_{1m}\cos(1\,000t-60°)\text{V}$$

$$u_2=U_{2m}\sin(1\,000t+150°)\text{V}$$

当 $t=0$ 时，$u_1(0)=5\text{V}$，$u_2(0)=8\text{V}$

试求这两个正弦电压的振幅 U_{1m} 和 U_{2m}，有效值 U_1 和 U_2，以及它们的相位差。

8-4　已知 3 个同频的正弦电流：

$i_1=10\sin(\omega t+120°)\text{A}$，　$i_2=20\cos(\omega t-150°)\text{A}$，　$i_3=-30\cos(\omega t-30°)\text{A}$

试比较它们的相位差。

8-5　试求下列正弦量的振幅相量和有效值相量。

(1) $i_1=5\cos\omega t\text{A}$　　(2) $i_2=-10\cos\left(\omega t+\dfrac{\pi}{2}\right)\text{A}$

(3) $u_1=15\sin(\omega t-135°)\text{V}$

8-6　已知 $\omega=314\text{rad/s}$，试写出下列相量所代表的正弦量。

(1) $\dot{I}_1=10\angle\dfrac{\pi}{2}\text{A}$　　(2) $\dot{I}_{2m}=2\angle\dfrac{3}{4}\pi\text{A}$

(3) $\dot{U}_1=3+\text{j}4\text{V}$　　(4) $\dot{U}_{2m}=5+\text{j}5\text{V}$

8-7　在题图 8-7 所示的部分电路中，已知

$i_{12}=\cos(\omega t-30°)\text{A}$，　$i_{23}=\cos(\omega t+90°)\text{A}$，　$i_{31}=\cos(\omega t-150°)\text{A}$

试求 i_1、i_2 和 i_3，并作出各电流的相量图。

8-8　在题图 8-8 所示的部分电路中，已知

$u_1 = 10\cos\omega t\text{V}$，　　$u_2 = 10\cos(\omega t - 120°)\text{V}$，　　$u_3 = 10\cos(\omega t + 120°)\text{V}$

试求 u_{12}、u_{23}和 u_{31}，并作出各电压的相量图。

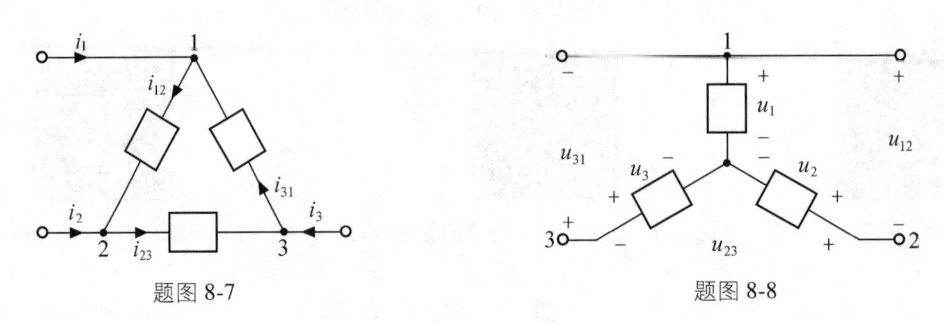

题图 8-7　　　　题图 8-8

8-9　已知在题图 8-9 所示的电路中，$i_S = 10\sqrt{2}\cos10^3t\text{A}$，$R = 0.5\Omega$，$L = 1\text{mH}$，$C = 2\times10^{-3}\text{F}$，试求电压 u。

8-10　电路如题图 8-10 所示，已知 $u = 100\cos(10t + 45°)\text{V}$，$i_1 = i = 10\cos(10t + 45°)\text{A}$，$i_2 = 20\cos(10t + 135°)\text{A}$。试判断元件 1、2 和 3 的性质及其数值。

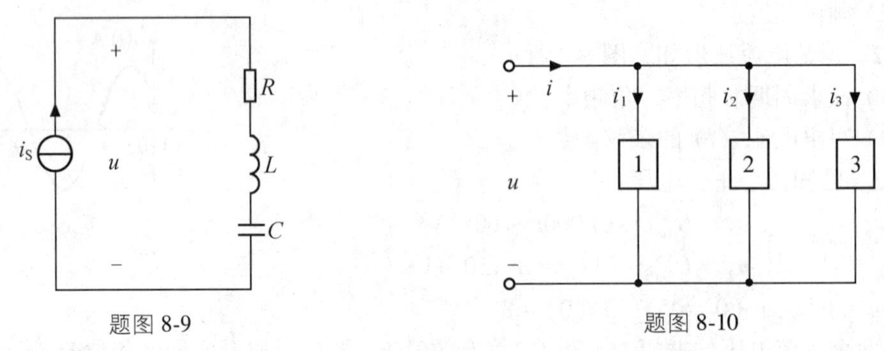

题图 8-9　　　　题图 8-10

8-11　在题图 8-11 所示的正弦稳态电路中，已知 $u_S = 12\cos(5\,000\text{t} - 30°)$，$R = 60\Omega$，$L = 12\text{mH}$，试求电流 i 以及电压 u_R、u_L，并画出各电压、电流的相量图。

8-12　在题图 8-12 所示的正弦稳态电路中，已知 $i_S = \cos t\text{A}$，$R = 10\Omega$，$C = 0.1\text{F}$，试求电压 u 以及电流 i_R 和 i_C，并画出各电流、电压的相量图。

题图 8-11　　　　题图 8-12

8-13　试求题图 8-13 所示电路的输入阻抗和导纳，以及该电路的最简串联等效电路和并联等效电路(ω=10rad/s)。

8-14　电路如题图 8-14 所示，试确定方框内最简串联等效电路的元件值。

8-15　试求题图 8-15 所示各二端网络的输入阻抗。

8-16　在题图 8-16 所示的电路中，已知 $U_C = 15\text{V}$，$U_L = 12\text{V}$，$U_R = 4\text{V}$，求电压 U 的值。

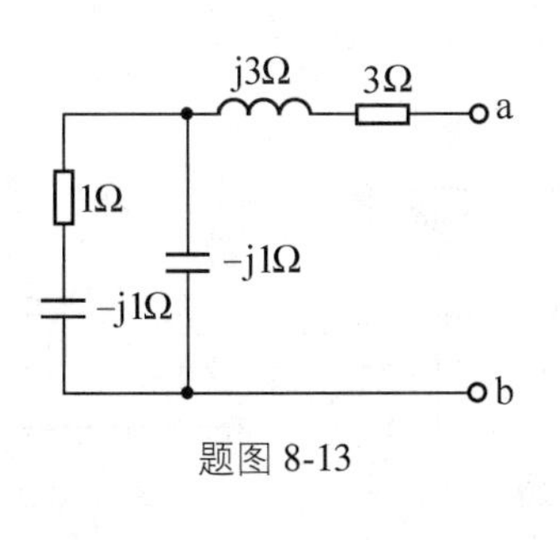

题图 8-13

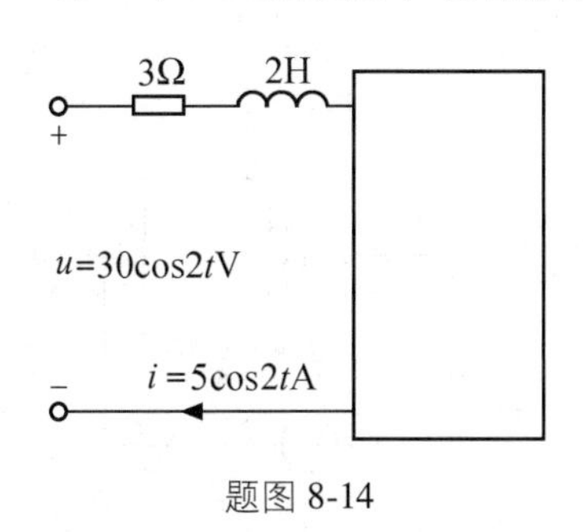

题图 8-14

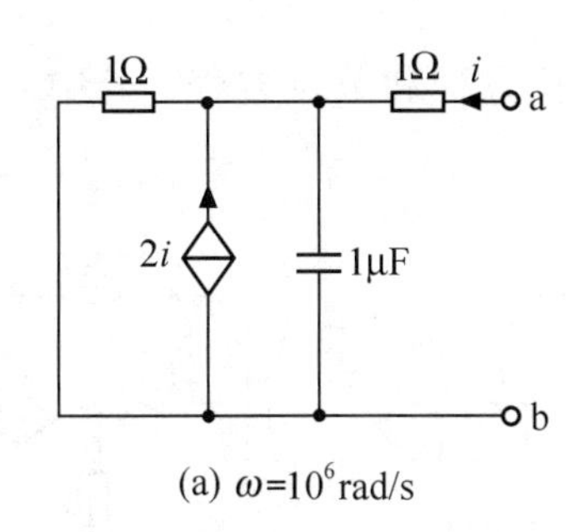

(a) $\omega=10^6$rad/s

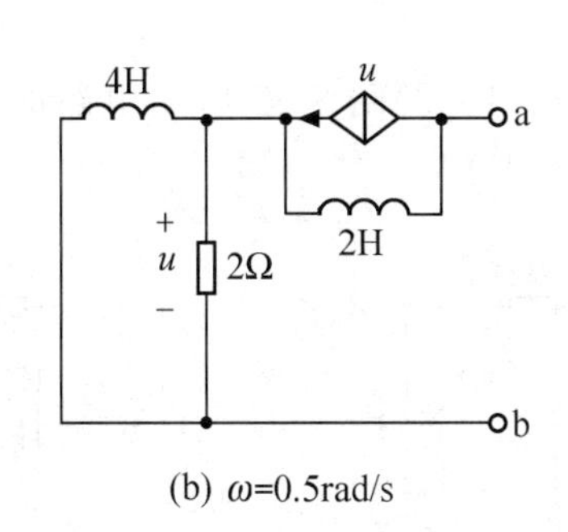

(b) $\omega=0.5$rad/s

题图 8-15

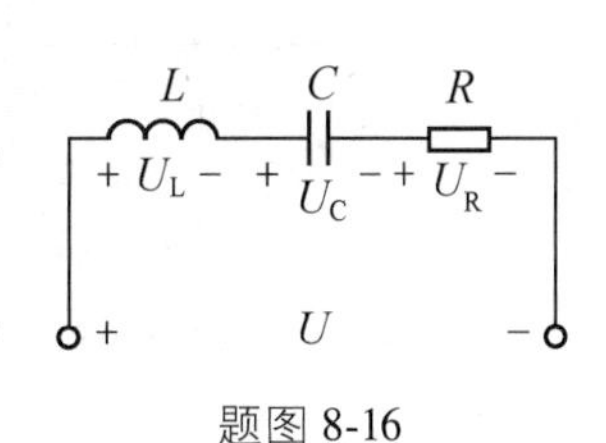

题图 8-16

8-17　在题图 8-17 所示的 RL 串联电路中，已知 $u=5+10\sqrt{2}\cos(1\,000t-45°)$ V，$i=0.5+I_{\mathrm{m}}\cos(1\,000t-90°)$ A，求 R、L 和 I_{m} 各值。

8-18　RL 串联电路，在题图 8-18（a）所示的直流情况下，电流表的读数为 50mA，电压表读数为 6V；在 $f=10^3$Hz 交流情况下，电压表 V_1 读数为 6V，V_2 读数为 10V，如图 8-18（b）所示。试求 R、L 的值。

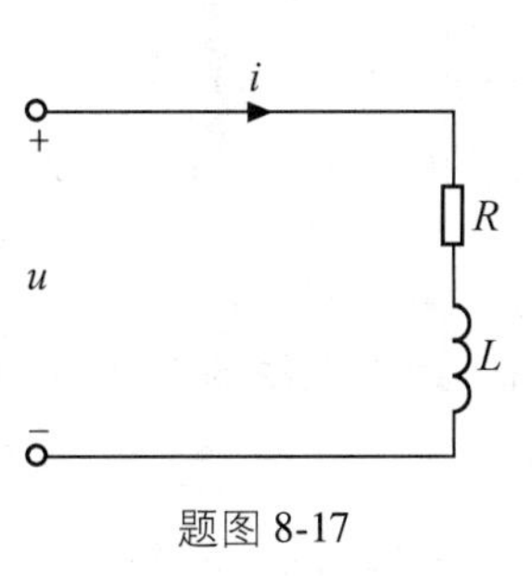

题图 8-17

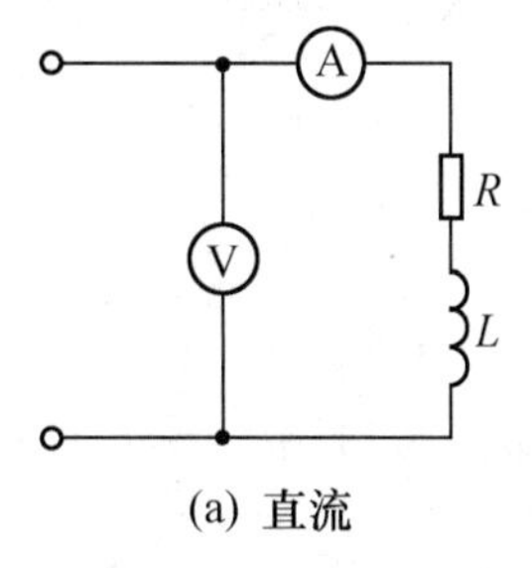

(a) 直流

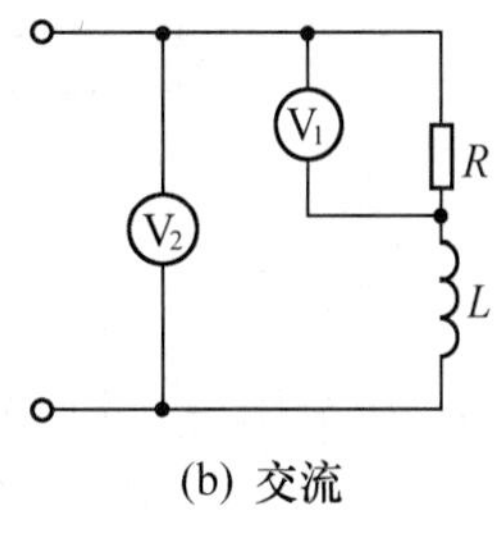

(b) 交流

题图 8-18

8-19　题图 8-19 所示的电路，已知电流表 A_1 读数为 10A，电压表 V_1 读数为 100V，试画相量图求电流表 A_2 和电压表 V_2 的读数。

8-20　电路如题图 8-20 所示，已知 $Z_1=(100+\mathrm{j}500)\Omega$，$Z_2=(400+\mathrm{j}1\,000)\Omega$，欲使电流 $\dot{I}_2$ 滞后于电压 $\dot{U}$90°，R_3 应为多大？

8-21　在题图 8-21 所示的电路中，已知电源电压 $U=220$V，$f=50$Hz，要求无论 Z_3 如何变化，$I_3=10$A 保持不变。试求 L_1 和 C_2 应为多大。

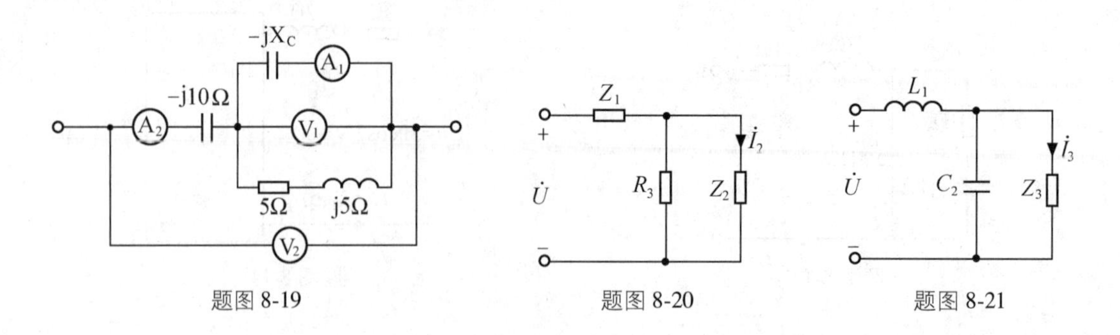

题图 8-19　　题图 8-20　　题图 8-21

8-22　试分别列写题图 8-22 所示电路的网孔方程和节点方程，其中 $u_S = 10\cos 2t\text{V}$，$i_S = 0.5\cos(2t - 30°)\text{A}$。

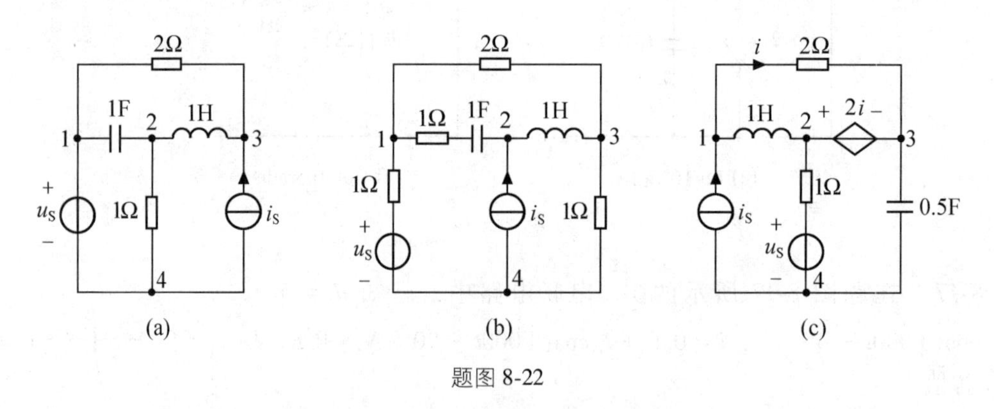

题图 8-22

8-23　试求题图 8-23 所示有源二端网络的戴维南等效电路。

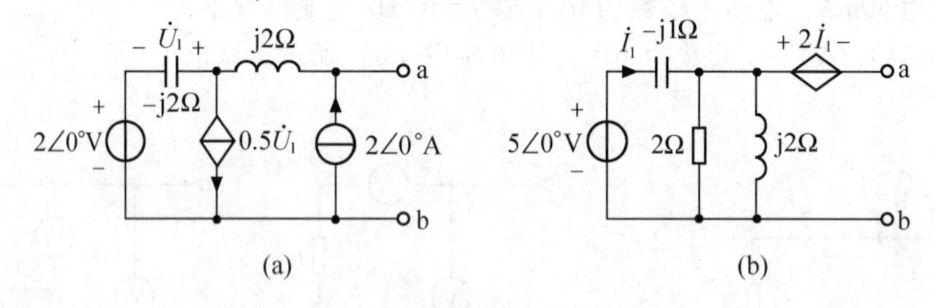

题图 8-23

8-24　试分别用（1）节点法；（2）戴维南定理；（3）叠加定理求题图 8-24 所示电路中的电流 $\dot{I}$。

8-25　已知关联参考方向下的无源二端网络的端口电压 $u(t)$，电流 $i(t)$ 分别为

（1）$u(t) = 20\cos 314t\text{V}$，　$i(t) = 0.3\cos 314t\text{A}$；

（2）$u(t) = 10\cos(100t + 70°)\text{V}$，　$i(t) = 2\cos(100t + 40°)\text{A}$。

（3）$u(t) = 10\cos(100t + 20°)\text{V}$，　$i(t) = 2\cos(100t + 50°)\text{A}$。

试求各种情况下的 P、Q 和 S。

8-26　试求题图 8-26 所示电路中，元件 R、L、C 吸收的有功功率、无功功率及电源提供的功率。

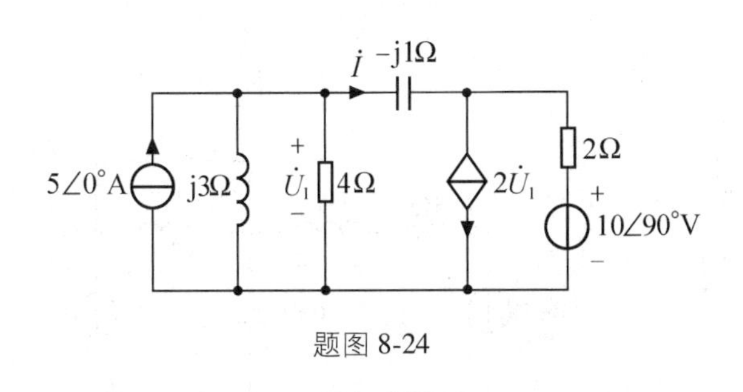

题图 8-24

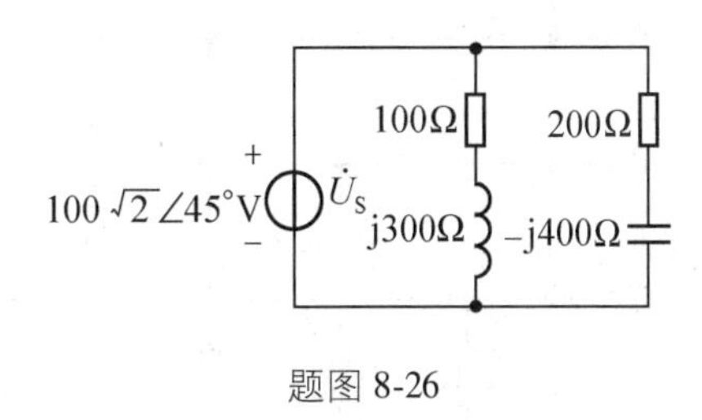

题图 8-26

8-27　二端网络如题图 8-27 所示，已知 $\dot{U}_S = 50\angle 0°$V，电源提供的平均功率为 312.5W，试求 X_C 的数值。

8-28　如题图 8-28 所示，已知某感性负载接于电压 220V、频率 50Hz 的交流电源上，其吸收的平均功率为 40W，端口电流 $I = 0.66$A，试求该感性负载的功率因数；如欲使电路的功率因数提高到 0.9，问至少需并联多大的电容 C。

8-29　正弦稳态电路如题图 8-29 所示，若 Z_L 可变，试问 Z_L 为何值时可获最大功率，最大功率 P_{max} 为多少?

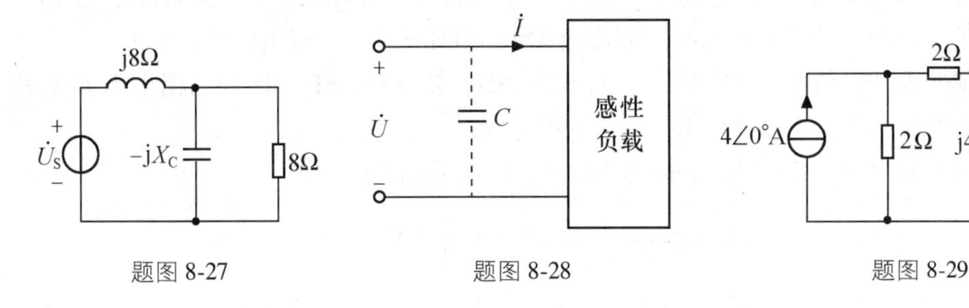

题图 8-27　　题图 8-28　　题图 8-29

8-30　电路如题图 8-30 所示，试求负载 Z_L 为何值时可获最大功率，最大功率 P_{max} 为多少?

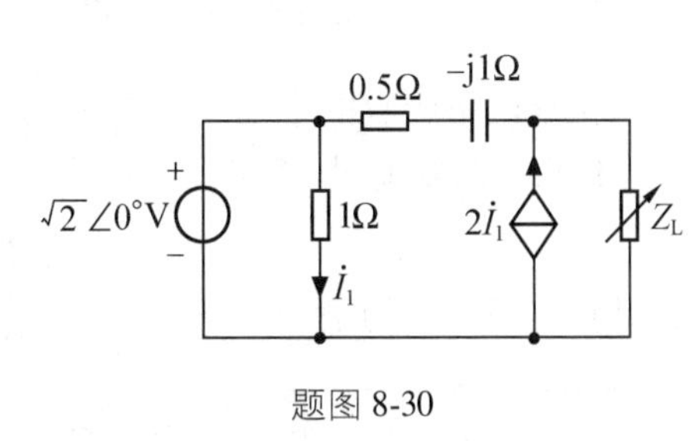

题图 8-30

8-31　已知三相电路中星形连接的三相负载每相阻抗 $Z = 12 + j16\Omega$，接至对称三相电源，其线电压为 380V，若端线阻抗忽略不计，试求线电流及负载吸收的功率。若将此三相负载改为三角形连接，线电流及负载吸收的功率将变成多少?

8-32　对称三相电路，三相负载作星形连接，各相负载阻抗 $Z = 3 + j4\Omega$，设对称三相电源的线电压 $u_{AB} = 380\sqrt{2}\cos(314t + 60°)$V，试求各相负载电流的瞬时值表达式。

8-33　已知三角形连接的对称负载接于对称星形连接的三相电源上，若每相电源相电压为 220V，各相负载阻抗 $Z = 30 + j40\Omega$，试求负载相电流和线电流的有效值。

8-34　对称三相电路如题图 8-34 所示，设电源线电压 $\dot{U}_{AB} = 380\angle 0°$V，图中负载 $Z_1 = 10 + j10\Omega$，$Z_2 = 30 + j30\Omega$，试求线电流 $\dot{I}_A$、$\dot{I}_B$ 和 $\dot{I}_C$。

8-35　稳态电路如题图 8-35 所示，已知 $U_S = 10$V，$u_S(t) = 10\cos(2t + 80°)$V，试求电流 $i(t)$。

8-36　若 $R_A = R_B = 5\Omega$，$R_C = 35\Omega$ 的 Y 形负载连接到线电压为 380V 的对称三相电源上，试求各相电流。

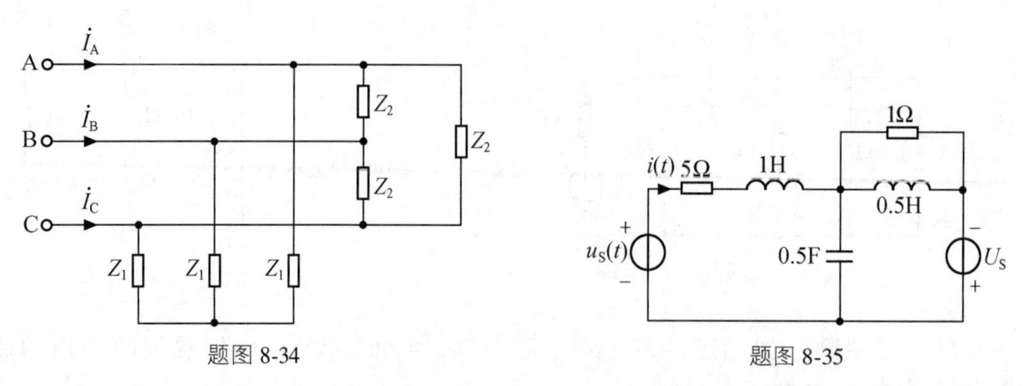

题图 8-34　　题图 8-35

8-37　每相阻抗 $Z=45+j20\Omega$ 的对称Y形负载连接到线电压为380V的对称三相电源上，试求：(1) 正常情况下负载的电压和电流；(2) A相负载短路后，B、C两相负载的电压和电流，以及A相的线电流；(3) A相负载开路后，B、C两相负载的电压和电流，以及A相的开路电压。

8-38　不对称△形连接负载的三相电路中，已知相电流 $\dot{I}_{AB}=10\angle-120°A$ 和线电流 $\dot{I}_B=15\angle30°A$，$\dot{I}_C=15\angle120°A$，试求其余的相电流和线电流。

8-39　题图8-39所示的三相电路中，$Z_1=10+j16\Omega$，$Z_2=2+j3\Omega$，$Z_3=3+j21\Omega$，已知三相电源是对称的，线电压为380V。试求电压表读数（电压表内阻为无限大）。

8-40　题图8-40所示的三相电路中，$Z_1=2+j6\Omega$，$Z_2=30+j6\Omega$，已知三相电源是对称的，线电压为380V。试求图8-40中X、Y两点的电压。

8-41　题图8-41所示二端网络N的端口电流、电压分别为

$$i(t)=5\cos t+2\cos\left(2t+\frac{\pi}{4}\right)\text{A}$$

$$u(t)=3+\cos\left(t+\frac{\pi}{2}\right)+\cos\left(2t-\frac{\pi}{4}\right)+\cos\left(3t-\frac{\pi}{3}\right)\text{V}$$

试求网络吸收的平均功率。

8-42　已知流过2Ω电阻的电流

$$i(t)=2+2\sqrt{2}\cos t+\sqrt{2}\cos(2t+30°)\ \text{A}$$

试计算电阻消耗的平均功率。

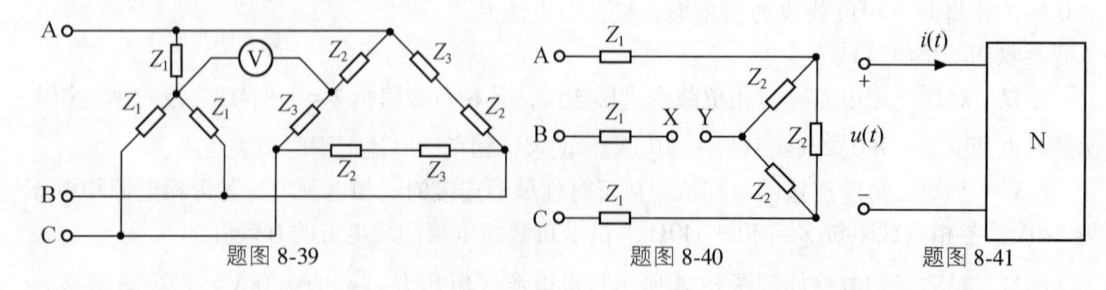

题图 8-39　　题图 8-40　　题图 8-41

第9章 耦合电感和变压器电路分析

前面已介绍过电阻、电容和电感这3种基本电路元件，它们都是二端元件。二端元件是用它两端的电压和流过的电流之间的关系来表征的。除二端元件外，电路中还有一类元件，它们有不止一条支路，其中一条支路的电压或电流与另一条支路的电压或电流相关联，这类元件称为耦合元件。前面已介绍过的受控源就是一种耦合元件。本章将介绍另两种耦合元件，即耦合电感和变压器，它们都是依靠线圈间的电磁感应现象而工作的。本章主要讨论这两种元件的伏安关系以及含有这两种元件的电路的分析方法。

9.1 耦合电感

如果两个线圈的磁场存在相互作用，就称这两个线圈具有磁耦合。具有磁耦合的两个或两个以上的线圈称为耦合线圈。如果假定各线圈的位置是固定的，并且忽略线圈本身具有的电阻和匝间分布电容，得到的耦合线圈的理想化模型就称为耦合电感。

9.1.1 耦合电感的伏安关系

考虑如图9-1（a）所示的具有磁耦合的两个线圈Ⅰ和Ⅱ，由于两个线圈之间存在磁耦合，因此每个线圈电流产生的磁通不仅与本线圈交链，还部分或全部地与另一线圈交链，所以每个线圈中的磁链将由本线圈的电流产生的磁链和另一线圈的电流产生的磁链两部分组成。若选定线圈中各部分磁链的参考方向与产生该磁链的线圈电流的参考方向符合右手螺旋法则，每个线圈的总磁链的参考方向与它所在线圈电流的参考方向也符合右手螺旋法则，则各线圈的总磁链在如图9-1（a）电流参考方向下可表示为

$$\psi_1 = \psi_{11} + \psi_{12}$$
$$\psi_2 = \psi_{22} + \psi_{21}$$

其中，$\psi_{nn}(n = 1 或 2)$ 表示线圈 n 的线圈电流在线圈 n 中产生的磁链，称为自感磁链，简称自磁链；$\psi_{nm}(n, m = 1 或 2 且 n \neq m)$ 表示线圈 m 的线圈电流在线圈 n 中产生的磁链，称为互感磁链，简称互磁链。必须指出，随着线圈电流的参考方向和线圈绕向及相对位置的不同，自磁链与互磁链的参考方向可能一致，也可能相反。如当线圈绕向和电流的参考方向如图9-1（a）所示时，每个线圈中的自磁链和互磁链的参考方向均一致；而当线圈绕向和电流的参考

方向如图9-1（b）所示时，每个线圈中的自磁链和互磁链的参考方向均不一致。因此，耦合线圈中的总磁链可表示为

$$\left.\begin{aligned}\psi_1 &= \psi_{11} \pm \psi_{12}\\ \psi_2 &= \psi_{22} \pm \psi_{21}\end{aligned}\right\} \tag{9-1}$$

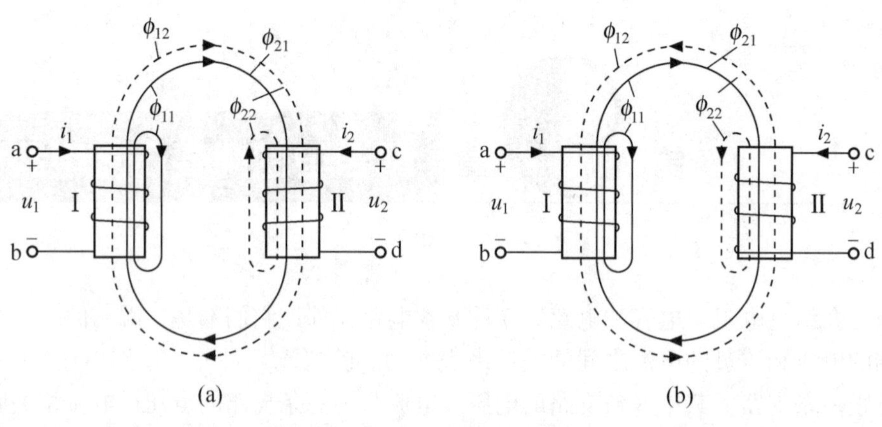

图9-1　耦合线圈

如果线圈周围无铁磁物质，则各磁链是产生该磁链电流的线性函数，故有

$$\left.\begin{aligned}\psi_1 &= L_1 i_1 \pm M_{12} i_2\\ \psi_2 &= L_2 i_2 \pm M_{21} i_1\end{aligned}\right\} \tag{9-2}$$

式中 $$L_1 = \frac{\psi_{11}}{i_1} \qquad L_2 = \frac{\psi_{22}}{i_2}$$

分别称为线圈Ⅰ和Ⅱ的自感系数，简称自感，单位为亨［利］（H）；

$$M_{12} = \frac{\psi_{12}}{i_2} \qquad M_{21} = \frac{\psi_{21}}{i_1}$$

称为互感系数，简称互感，单位也为亨［利］（H）。并且可以证明：

$$M_{12} = M_{21} = M$$

当耦合线圈的线圈电流变化时，线圈中的自磁链和互磁链将随之变化。由电磁感应定律可知，各线圈的两端将会产生感应电压。若设各线圈的电流与电压取关联参考方向，则有

$$\left.\begin{aligned}u_1 &= \frac{d\psi_1}{dt} = \frac{d\psi_{11}}{dt} \pm \frac{d\psi_{12}}{dt} = u_{L1} + u_{M1} = L_1\frac{di_1}{dt} \pm M\frac{di_2}{dt}\\ u_2 &= \frac{d\psi_2}{dt} = \frac{d\psi_{22}}{dt} \pm \frac{d\psi_{21}}{dt} = u_{L2} + u_{M2} = L_2\frac{di_2}{dt} \pm M\frac{di_1}{dt}\end{aligned}\right\} \tag{9-3}$$

式（9-3）即为耦合电感的伏安关系式。可见，耦合电感中每一线圈的感应电压由自磁链产生的自感电压（u_{L1}或u_{L2}）和互磁链产生的互感电压（u_{M1}或u_{M2}）两部分组成，自感电压和互感电压的本质是相同的，都是由于线圈中的磁链变化而产生的感应电压。根据电磁感应定律，若自感电压和互感电压的参考方向与产生感应电压的磁链的参考方向符合右手螺旋法则，当线圈的电流与电压取关联参考方向时，自感电压前的符号总为正；而互感电压前的符号可正可负，当互磁链与自磁链的参考方向一致时，取正号；反之，当互磁链与自磁链的参考方向不一致时，取负号。

从耦合电感的伏安关系式可知，由两个线圈组成的耦合电感是一个由 L_1、L_2 和 M 3 个参数表征的四端元件，并且由于它的自感电压和互感电压分别与两线圈中的电流的变化率成正比，因此是一种动态元件和记忆元件。

9.1.2　耦合线圈的同名端

由前可知，耦合电感线圈中的互磁链和自磁链的参考方向可能一致，也可能不一致，由线圈电流的参考方向和线圈的绕向及线圈间的相对位置决定。但实际的耦合电感都是密封的，一般不能从外观看到线圈的绕向；另外，要求在电路图中画出每个线圈的绕向及线圈间的相对位置也很不方便。为了解决这一问题，引入同名端的概念。所谓同名端，是指耦合线圈中的这样一对端钮：当线圈电流同时流入（或流出）该对端钮时，各线圈中的自磁链与互磁链的参考方向一致。从感应电压的角度，如果电流与其产生的磁链及磁链与其产生的感应电压的参考方向符合右手螺旋法则，同名端可定义为任一线圈电流在各线圈中产生的自感电压或互感电压的同极性端（正极性端或负极性端），也即互感电压的正极性端与产生该互感电压的线圈电流的流入端为同名端。同名端通常用标志“·”（或“*”等）表示。利用同名端的概念，图 9-1（a）和图 9-1（b）所示的耦合电感可分别用图 9-2（a）和图 9-2（b）所示的电路符号表示，图 9-2 中耦合电感标有“·”的两个端钮为同名端，余下的一对无标志符的端钮也是一对同名端。必须指出，耦合线圈的同名端只取决于线圈的绕向和线圈间的相对位置，而与线圈中电流的方向无关。

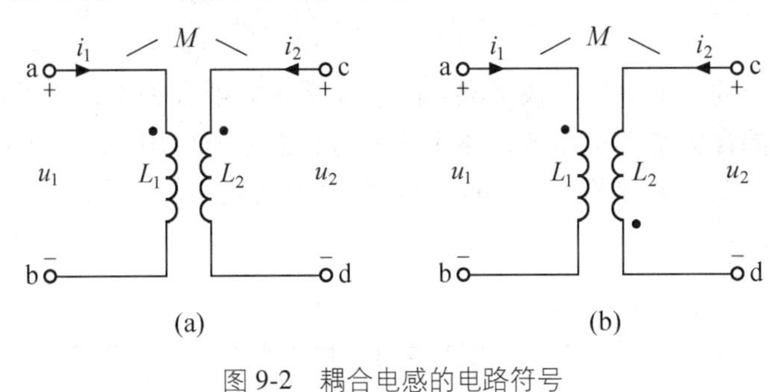

图 9-2　耦合电感的电路符号

对于未标出同名端的一对耦合线圈，可用图 9-3 所示的电路来确定其同名端。在该电路中，当开关 K 闭合时，i_1 将从线圈 Ⅰ 的 a 端流入，且 $\frac{di_1}{dt}>0$。如果电压表正向偏转，表示线圈 Ⅱ 中的互感电压 $u_{M2}=M\frac{di_1}{dt}>0$，则可判定电压表的正极所接端钮 c 与 i_1 的流入端钮 a 为同名端；反之，如果电压表反向偏转，表示线圈 Ⅱ 中的互感电压 $u_{M2}=-M\frac{di_1}{dt}<0$，可判定电压表端钮 c 与 a 为异名端，而端钮 d 与 a 为同名端。

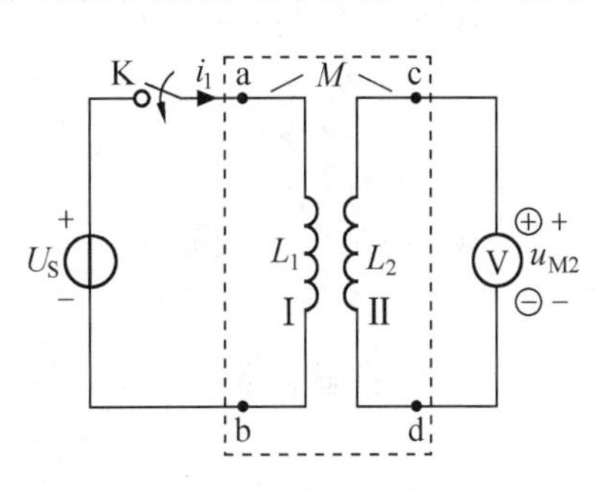

图 9-3　同名端的测定

有了同名端的标志，根据各线圈电压和电流的参考方向，就能从耦合电感直接写出其伏安关系式。具体规则是：当耦合电感的线圈电压与电流的参考方向为关联参考方向时，该线圈的自感电压前取正号，否则取负号；当耦合电感线圈的线圈电压的正极性端与在该线圈中产生互感电压的另一线圈的电流的流入端为同名端时，该线圈的互感电压前取正号，否则取负号。

【例 9-1】 试写出图 9-4 所示耦合电感的伏安关系。

解 耦合电感各线圈的电压可表示为

$$u_1 = u_{L1} + u_{M1}$$
$$u_2 = u_{L2} + u_{M2}$$

对于图 9-4 所示的耦合电路，由于线圈Ⅰ的电流 i_1 与电压 u_1 为非关联参考方向，故 $u_{L1} = -L_1 \dfrac{di_1}{dt}$；线圈Ⅰ电压 u_1 的正极性端和线圈Ⅱ电流 i_2 的流入端为非同名端，故 $u_{M1} = -M\dfrac{di_2}{dt}$。线圈Ⅱ的电流 i_2 与电压 u_2 为关联参考方向，故 $u_{L2} = L_2\dfrac{di_2}{dt}$；线圈Ⅱ电压 u_2 的正极性端和线圈Ⅰ电流 i_1 的流入端为同名端，故 $u_{M2} = M\dfrac{di_1}{dt}$。

因此，可得该耦合电感的伏安关系为

$$u_1 = u_{L1} + u_{M1} = -L_1\frac{di_1}{dt} - M\frac{di_2}{dt}$$

$$u_2 = u_{L2} + u_{M2} = +L_2\frac{di_2}{dt} + M\frac{di_1}{dt}$$

由于耦合电感中的互感电压反映了耦合电感线圈间的耦合关系，为了在电路模型中以较明显的方式将这种耦合关系表示出来，各线圈中的互感电压可用 CCVS 表示。若用受控源表示互感电压，则图 9-2（a）和图 9-2（b）所示耦合电感可分别用图 9-5（a）和图 9-5（b）所示的电路模型表示。

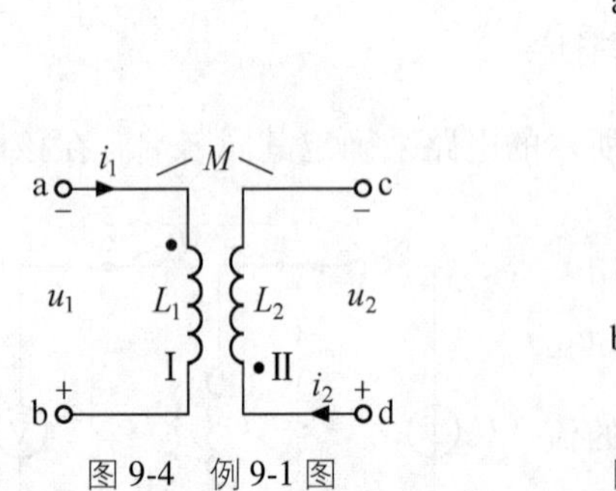

图 9-4 例 9-1 图

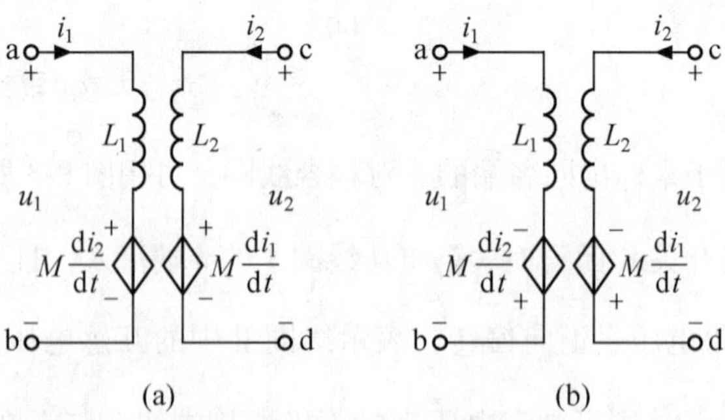

图 9-5 用受控源表示互感电压时耦合电感的电路模型

在正弦稳态电路中，式（9-3）所示的耦合电感伏安关系的相量形式为

$$\left.\begin{aligned}\dot{U}_1 &= j\omega L_1\dot{I}_1 \pm j\omega M\dot{I}_2\\ \dot{U}_2 &= j\omega L_2\dot{I}_2 \pm j\omega M\dot{I}_1\end{aligned}\right\} \tag{9-4}$$

式中，$j\omega L_1$、$j\omega L_2$ 称为自感阻抗，$j\omega M$ 称为互感阻抗。其相量模型如图 9-6（a）和图 9-6（b）所示。若用受控源表示互感电压，则可如图 9-7（a）和图 9-6（b）表示。

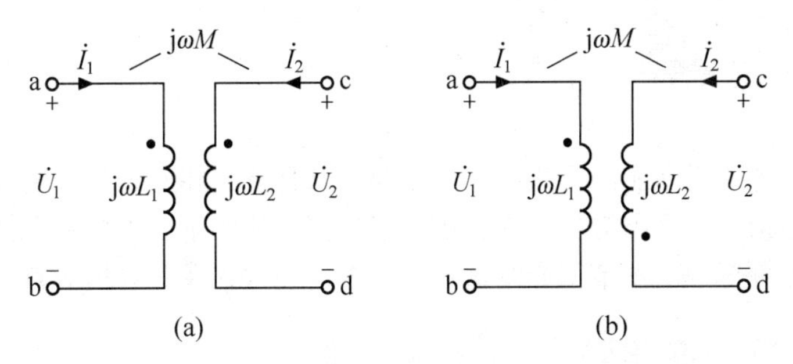

图 9-6　耦合电感的相量模型

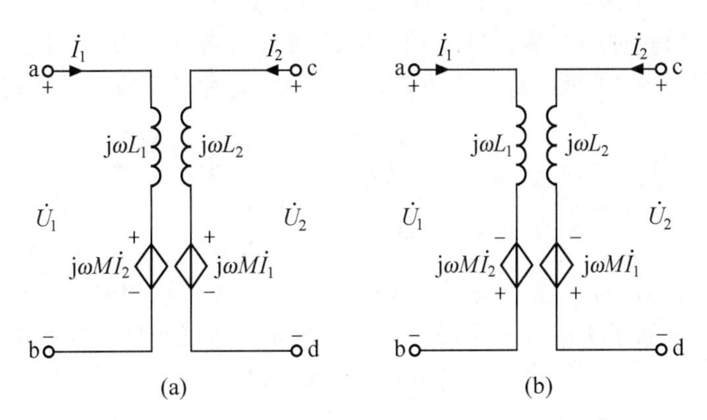

图 9-7　受控源表示互感电压的耦合电感相量模型

9.1.3　耦合电感的储能

对于图 9-2 所示的耦合电感，首先，将线圈Ⅰ接电流为 i_1 的直流电流源，线圈Ⅱ接负载，调节负载使其电流由 0 增加到 i_2，此时，耦合电感储存的磁场能量为

$$W_1 = \int_{-\infty}^{t} u_1 i_1 \mathrm{d}t + \int_{-\infty}^{t} u_2 i_2 \mathrm{d}t = \int_{-\infty}^{t}\left(L_1 \frac{\mathrm{d}i_1}{\mathrm{d}t} \pm M_{12} \frac{\mathrm{d}i_2}{\mathrm{d}t}\right) i_1 \mathrm{d}t + \int_{-\infty}^{t}\left(L_2 \frac{\mathrm{d}i_2}{\mathrm{d}t} \pm M_{21} \frac{\mathrm{d}i_1}{\mathrm{d}t}\right) i_2 \mathrm{d}t$$

$$= \frac{1}{2}L_1 i_1^2 + \frac{1}{2}L_2 i_2^2 \pm M_{12} i_1 i_2$$

然后，将线圈Ⅱ接电流为 i_2 的直流电流源，线圈Ⅰ接负载，调节负载使其电流由 0 增加到 i_1，则可证明，此时，耦合电感储存的磁场能量为

$$W_2 = \frac{1}{2}L_1 i_1^2 + \frac{1}{2}L_2 i_2^2 \pm M_{21} i_1 i_2$$

上述两式中，若两线圈电流的流入端为同名端，互感系数前取正号；反之，取负号。由于耦合电感储存的磁场能量与线圈电流的建立次序和过程无关，因此，$W_1 = W_2$，$M_{12} = M_{21} = M$，耦合电感的储能

$$W = W_1 = W_2 = \frac{1}{2}L_1 i_1^2 + \frac{1}{2}L_2 i_2^2 \pm M i_1 i_2 \tag{9-5}$$

由于耦合电感是无源元件，因此它任意时刻的储能不可能为负值。

9.2 耦合电感的去耦等效

耦合电感的两个线圈在实际电路中，一般要以某种方式相互连接，基本的连接方式有串联、并联和三端连接。在电路分析中，将按上述连接方式的耦合电感用无耦合的等效电路代替的过程，称为去耦等效。本节就介绍这3种基本连接方式及其去耦等效。

9.2.1 耦合电感的串联

耦合电感的两线圈串联时可以有两种接法：一种如图9-8（a）所示，两线圈的异名端相接，称为顺串；另一种如图9-8（b）所示，两线圈的同名端相接，称为反串。设各线圈上的电压和电流取如图9-8所示的参考方向，则由耦合电感的伏安关系可得

$$u = u_1 + u_2 = L_1\frac{\mathrm{d}i}{\mathrm{d}t} \pm M\frac{\mathrm{d}i}{\mathrm{d}t} + L_2\frac{\mathrm{d}i}{\mathrm{d}t} \pm M\frac{\mathrm{d}i}{\mathrm{d}t}$$

$$= (L_1 + L_2 \pm 2M)\frac{\mathrm{d}i}{\mathrm{d}t} = L_{eq}\frac{\mathrm{d}i}{\mathrm{d}t} \tag{9-6}$$

式（9-6）中，M前的正号对应于顺串，负号对应于反串。式（9-6）表明，耦合电感作串联时，可等效为一个如图9-8（c）和图9-8（d）所示的电感元件，其等效电感为

$$L_{eq} = L_1 + L_2 \pm 2M$$

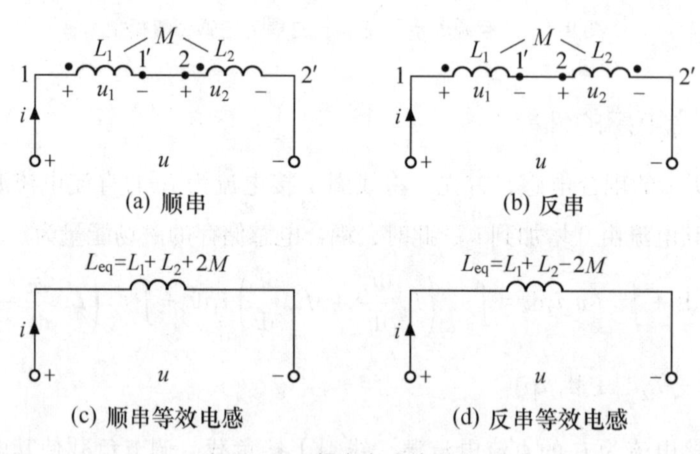

图9-8 耦合电感的串联

耦合电感为储能元件，耦合电感作串联时，由于任一时刻它的储能

$$W = \frac{1}{2}L_{eq}i^2 \geqslant 0$$

因此有

$$L_1 + L_2 \pm 2M \geqslant 0$$

故

$$M \leqslant \frac{1}{2}(L_1 + L_2) \tag{9-7}$$

式（9-7）表明，耦合电感的互感M不能大于两自感的算术平均值。

9.2.2　耦合电感的并联

耦合电感的两线圈并联时也可能有两种接法：一种如图 9-9（a）所示，两线圈的同名端两两相接，称为同侧并联（顺并）；另一种如图 9-9（b）所示，两线圈的异名端两两相接，称为异侧并联（反并），设各线圈上的电压和电流及其参考方向如图 9-9 所示，则由耦合电感的伏安关系可得

$$\left.\begin{aligned} u &= L_1 \frac{\mathrm{d}i_1}{\mathrm{d}t} \pm M \frac{\mathrm{d}i_2}{\mathrm{d}t} \\ u &= \pm M \frac{\mathrm{d}i_1}{\mathrm{d}t} + L_2 \frac{\mathrm{d}i_2}{\mathrm{d}t} \end{aligned}\right\} \tag{9-8}$$

式（9-8）中，M 前的正号对应于同侧并联，负号对应于异侧并联。由式（9-8）可解得

$$\left.\begin{aligned} \frac{\mathrm{d}i_1}{\mathrm{d}t} &= \frac{L_2 \mp M}{L_1 L_2 - M^2} u \\ \frac{\mathrm{d}i_2}{\mathrm{d}t} &= \frac{L_1 \mp M}{L_1 L_2 - M^2} u \end{aligned}\right\} \tag{9-9}$$

因此有

$$\frac{\mathrm{d}i}{\mathrm{d}t} = \frac{\mathrm{d}(i_1 + i_2)}{\mathrm{d}t} = \frac{L_1 + L_2 \mp 2M}{L_1 L_2 - M^2} u \tag{9-10}$$

即

$$u = \frac{L_1 L_2 - M^2}{L_1 + L_2 \mp 2M} \frac{\mathrm{d}i}{\mathrm{d}t} = L_{\mathrm{eq}} \frac{\mathrm{d}i}{\mathrm{d}t} \tag{9-11}$$

其中

$$L_{\mathrm{eq}} = \frac{L_1 L_2 - M^2}{L_1 + L_2 \mp 2M} \tag{9-12}$$

在式（9-12）中，分母 $2M$ 前的负号对应于同侧并联，正号对应于异侧并联。式（9-12）表明，耦合电感作并联时，可等效为一个如图 9-9（c）和图 9-9（d）所示的电感元件。

由于耦合电感作并联时，任一时刻它的储能

$$W = \frac{1}{2} L_{\mathrm{eq}} i^2 \geqslant 0$$

$$L_{\mathrm{eq}} = \frac{L_1 L_2 - M^2}{L_1 + L_2 \mp 2M} \geqslant 0$$

由于

$$L_1 + L_2 \pm 2M \geqslant 0$$

故

$$L_1 L_2 - M^2 \geqslant 0 \tag{9-13}$$

$$M \leqslant \sqrt{L_1 L_2}$$

式（9-13）表明，耦合电感的互感 M 不能大于两自感的几何平均值。由于 L_1 和 L_2 的几何平均值总小于等于它们的算术平均值，因此互感 M 可能达到的最大值为 $\sqrt{L_1 L_2}$。通常将 M 与

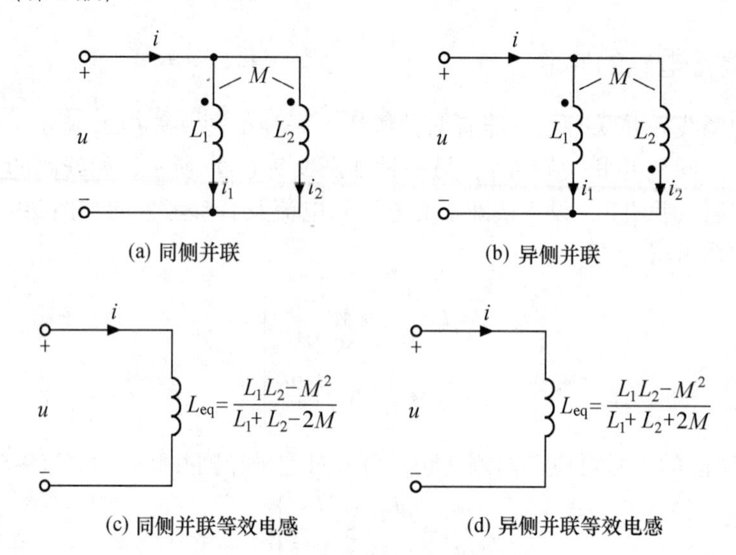

(a) 同侧并联　　(b) 异侧并联

(c) 同侧并联等效电感　　(d) 异侧并联等效电感

图 9-9　耦合电感的并联

它可能达到的最大值$\sqrt{L_1L_2}$之比，称为耦合电感的耦合系数，记作 k，即

$$k=\frac{M}{\sqrt{L_1L_2}} \tag{9-14}$$

显然 $0\leqslant k\leqslant 1$，它反映了耦合电感两个线圈的耦合程度。当 $k=1$ 时，称为全耦合，此时一个线圈中电流产生的磁通，全部与另一线圈交链，互感达到最大值，即 $M=\sqrt{L_1L_2}$。$k\approx 1$ 时，称为紧耦合；k 较小时，称为松耦合；当 $k=0$ 时，称为无耦合，此时耦合电感两个线圈的磁通互不交链，互感 $M=0$。

9.2.3　耦合电感的三端连接

将耦合电感的两个线圈各取一端连接起来就成了耦合电感的三端连接电路。三端连接也有两种接法：一种是将同名端相连，构成如图 9-10（a）所示的三端连接电路；另一种是将异名端相连，构成如图 9-10（b）所示的三端连接电路。设各线圈上的电压和电流及其参考方向如图9-10所示，则由耦合电感的伏安关系可得

$$\left.\begin{aligned}u_1&=L_1\frac{\mathrm{d}i_1}{\mathrm{d}t}\pm M\frac{\mathrm{d}i_2}{\mathrm{d}t}\\u_2&=L_2\frac{\mathrm{d}i_2}{\mathrm{d}t}\pm M\frac{\mathrm{d}i_1}{\mathrm{d}t}\end{aligned}\right\} \tag{9-15}$$

经变换可得

$$\left.\begin{aligned}u_1&=(L_1\mp M)\frac{\mathrm{d}i_1}{\mathrm{d}t}\pm M\frac{\mathrm{d}(i_1+i_2)}{\mathrm{d}t}\\u_2&=(L_2\mp M)\frac{\mathrm{d}i_2}{\mathrm{d}t}\pm M\frac{\mathrm{d}(i_1+i_2)}{\mathrm{d}t}\end{aligned}\right\} \tag{9-16}$$

式（9-16）中 M 前上面的符号对应于同名端相连构成的三端连接，下面的符号对应于异名端相连构成的三端连接。该式可分别用图 9-10（c）和图 9-10（d）所示的去耦等效电路模型表示。

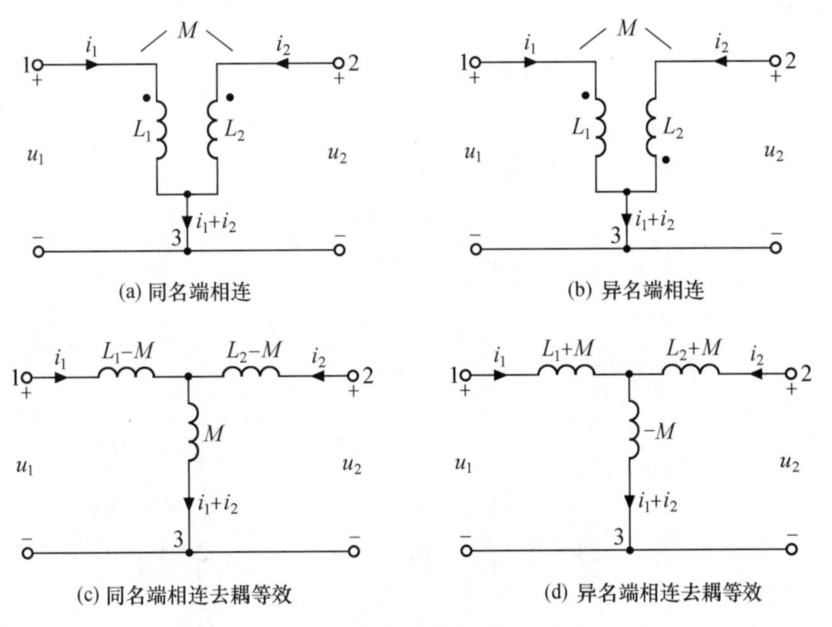

图 9-10　耦合电感的三端连接

在正弦稳态电路中，对应于图 9-10 所示的耦合电感的三端连接及其去耦电路的相量模型可如图 9-11 所示。

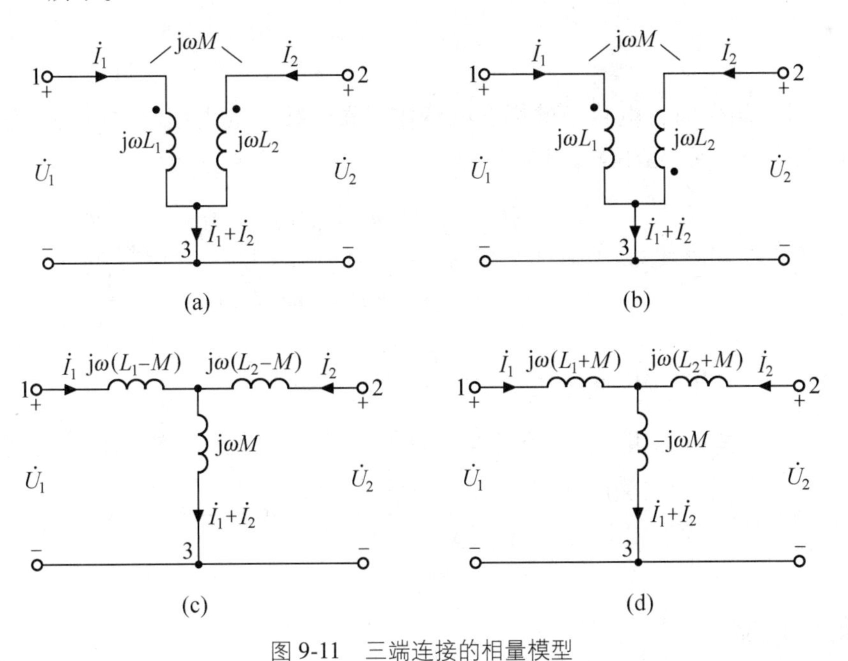

图 9-11　三端连接的相量模型

【例 9-2】　在如图 9-12（a）所示的电路中，已知 $R_1=6\Omega$，$R_2=6\Omega$，$\dfrac{1}{\omega C}=12\Omega$，$\omega L_1=4\Omega$，$\omega L_2=12\Omega$，$\omega M=6\Omega$，$\dot{U}=80\angle 0°\text{V}$，试求当开关打开和闭合时的电流 $\dot{I}$。

解　（1）当开关打开时，电路中的耦合电感作顺串连接，此时从 a、b 端看入的等效阻

抗 Z 为

$$Z = R_1 + R_2 + j\omega(L_1 + L_2 + 2M) + \frac{1}{j\omega C}$$
$$= 6 + 6 + j(4 + 12 + 12) - j12$$
$$= 12 + j16\Omega$$

故
$$\dot{I} = \frac{\dot{U}}{Z} = \frac{80\angle 0°}{12 + j16} = \frac{80\angle 0°}{20\angle 53.1°} = 4\angle -53.1°\text{A}$$

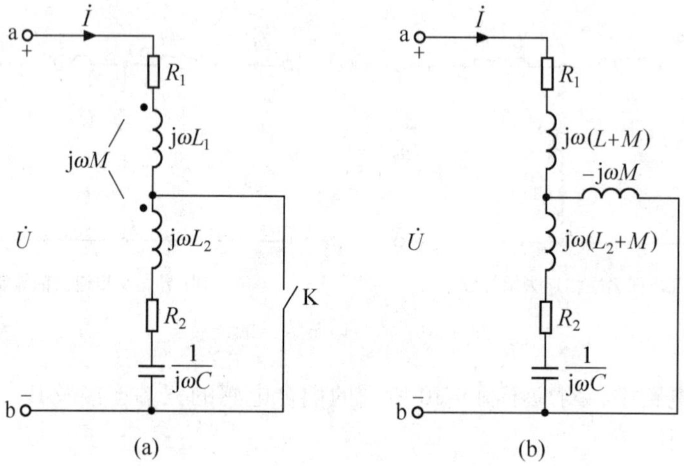

图 9-12　例 9-2 图

（2）当开关闭合时，电路中的耦合电感作三端连接，其去耦等效电路如图 9-12（b）所示，此时从 a、b 端看入的等效阻抗 Z' 为

$$Z' = R_1 + j\omega(L_1 + M) + \frac{-j\omega M\left[R_2 + j\omega(L_2 + M) + \frac{1}{j\omega C}\right]}{-j\omega M + R_2 + j\omega(L_2 + M) + \frac{1}{j\omega C}}$$
$$= 6 + j10 + \frac{-j6 \times (6 + j6)}{-j6 + 6 + j6} = 6 + j10 + \frac{-j6 \times (6 + j6)}{6}$$
$$= 6 + j10 - j6 + 6 = 12 + j4\Omega$$

故
$$\dot{I} = \frac{\dot{U}}{Z'} = \frac{80\angle 0°}{12 + j4} = \frac{80\angle 0°}{4\sqrt{10}\angle 18.4°} = 2\sqrt{10}\angle -18.4°\text{A}$$

9.3 空芯变压器

变压器是利用耦合线圈间的磁耦合来实现传递能量或信号的器件。它通常由两个具有磁耦合的线圈组成，一个线圈与电源相接，称为初级线圈或原边线圈；另一个线圈与负载相接，称为次级线圈或副边线圈。变压器的线圈可绕在铁芯上，构成铁芯变压器；也可绕在非铁磁材料的芯子上，构成空芯变压器。前者线圈间的耦合系数接近于 1，属于紧耦合；后者

线圈间的耦合系数较小，属于松耦合。本节只讨论含空芯变压器电路的正弦稳态分析。

图 9-13（a）是一个最简单的工作于正弦稳态下的空芯变压器电路的相量模型，图中虚框内部分就是空芯变压器的相量模型，它由自感为 L_1 和 L_2、互感为 M 的耦合电感及电阻 R_1 和 R_2 组成，其中 R_1 和 R_2 分别为变压器初、次级线圈的电阻。设初、次级回路电流相量分别为 $\dot{I}_1$ 和 $\dot{I}_2$，如图 9-13（b）所示，将各互感电压用受控源表示，可列出两回路的 KVL 方程为

$$\left.\begin{aligned}(R_1+\mathrm{j}\omega L_1)\dot{I}_1-\mathrm{j}\omega M\dot{I}_2&=\dot{U}_\mathrm{S}\\-\mathrm{j}\omega M\dot{I}_1+(R_2+\mathrm{j}\omega L_2+Z_\mathrm{L})\dot{I}_2&=0\end{aligned}\right\}$$

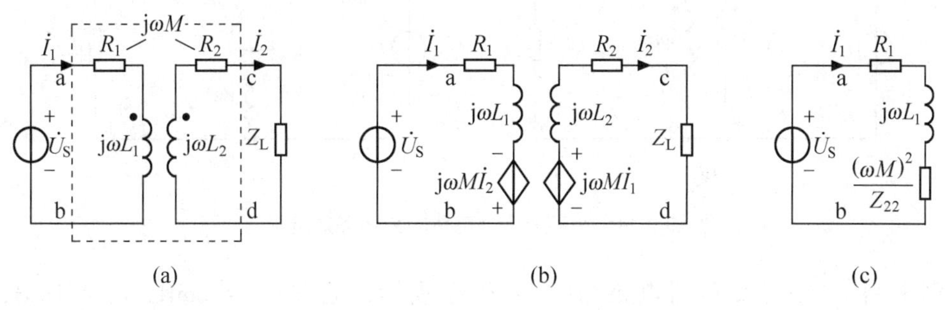

图 9-13　空芯变压器

或简写为

$$\left.\begin{aligned}Z_{11}\dot{I}_1-\mathrm{j}\omega M\dot{I}_2&=\dot{U}_\mathrm{S}\\-\mathrm{j}\omega M\dot{I}_1+Z_{22}\dot{I}_2&=0\end{aligned}\right\}$$

式中，$Z_{11}=R_1+\mathrm{j}\omega L_1$，$Z_{22}=R_2+\mathrm{j}\omega L_2+Z_\mathrm{L}$ 分别表示初、次级回路的自阻抗，由此可解得

$$\dot{I}_1=\frac{\dot{U}_\mathrm{S}}{Z_{11}+\dfrac{(\omega M)^2}{Z_{22}}}\tag{9-17}$$

由式（9-17）可得，空芯变压器从初级线圈 a、b 两端看入的等效阻抗

$$Z_\mathrm{i}=Z_{11}+\frac{(\omega M)^2}{Z_{22}}\tag{9-18}$$

式（9-18）中，$\dfrac{(\omega M)^2}{Z_{22}}$称为次级回路对初级回路的反映阻抗或引入阻抗，反映阻抗改变了次级回路阻抗的性质，反映了次级回路通过磁耦合对初级回路的影响。利用反映阻抗的概念，空芯变压器从电源看进去的等效电路如图 9-13（c）所示，该电路称为初级等效电路。由该等效电路可很方便地计算出初级回路电流。

求得初级回路电流 $\dot{I}_1$ 后，由图 9-13（b）所示的次级回路可得次级回路电流 $\dot{I}_2$ 为

$$\dot{I}_2=\frac{\mathrm{j}\omega M\dot{I}_1}{Z_{22}}\tag{9-19}$$

应该指出，由式（9-17）或图 9-13（c）所示的等效电路可以看出，初级回路电流 $\dot{I}_1$ 与同名端无关；而由图 9-13（b）所示的次级受控源的参考方向可以得到次级回路电流 $\dot{I}_2$

与同名端有关。

另外，对于空芯变压器电路也可用上节介绍的去耦等效的方法进行分析。因为在图9-14（a）所示的空芯变压器电路中，如果将 b 和 d 两点相连，该连线上无电流流过，故对原电路并无影响，但此时空芯变压器中的耦合电感作三端连接，通过去耦等效得到如图 9-14（b）所示的等效电路，对该电路用正弦稳态的分析方法即可求解。

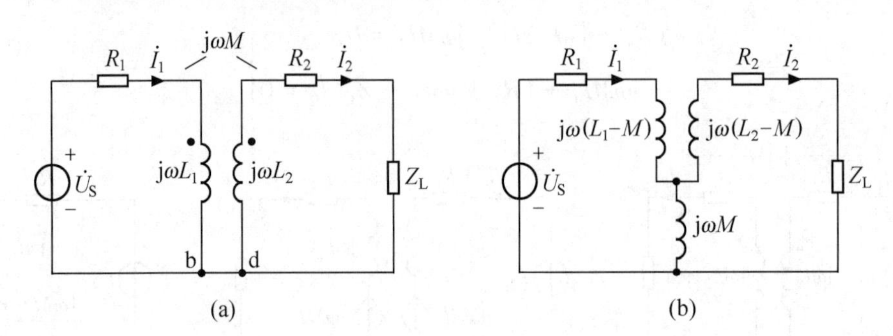

图 9-14　空芯变压器电路的去耦等效电路

【例 9-3】　空芯变压器电路如图 9-15(a) 所示，已知 $L_1 = 2\text{mH}$，$L_2 = 1\text{mH}$，$M = 0.2\text{mH}$，$R_1 = 9.9\Omega$，$R_2 = 40\Omega$，$C_1 = C_2 = 10\mu\text{F}$，$u_S(t) = 10\sqrt{2}\cos 10^4 t\text{V}$。试求次级回路电流 $i_2(t)$。

解法一　用反映阻抗概念求解

图 9-15（a）所示电路的相量模型如图 9-15（b）所示，其中

$$\dot{U}_S = 10\angle 0°\text{V}$$

根据已知条件得

$$Z_{11} = R_1 + \text{j}\left(\omega L_1 - \frac{1}{\omega C_1}\right) = 9.9 + \text{j}\left(10^4 \times 2 \times 10^{-3} - \frac{1}{10^4 \times 10 \times 10^{-6}}\right)$$

$$= 9.9 + \text{j}10\Omega$$

$$Z_{22} = R_2 + \text{j}\left(\omega L_2 - \frac{1}{\omega C_2}\right) = 40 + \text{j}\left(10^4 \times 1 \times 10^{-3} - \frac{1}{10^4 \times 10 \times 10^{-6}}\right)$$

$$= 40\Omega$$

$$\text{j}\omega M = \text{j}10^4 \times 0.2 \times 10^{-3} = \text{j}2\Omega$$

则

$$\dot{I}_1 = \frac{\dot{U}_S}{Z_{11} + \dfrac{(\omega M)^2}{Z_{22}}} = \frac{10\angle 0°}{9.9 + \text{j}10 + \dfrac{2^2}{40}} = \frac{10\angle 0°}{10 + \text{j}10} = \frac{1}{\sqrt{2}}\angle -45°\text{A}$$

$$\dot{I}_2 = \frac{\text{j}\omega M\dot{I}_1}{Z_{22}} = \frac{\text{j}2 \times \dfrac{1}{\sqrt{2}}\angle -45°}{40} = \frac{1}{20\sqrt{2}}\angle 45°\text{A}$$

故

$$i_2(t) = 0.05\cos(10^4 t + 45°)\text{A}$$

解法二　用去耦等效电路求解

图 9-15（b）所示电路的去耦等效电路如图 9-15（c）所示，由该图可得

$$\left(R_1+\mathrm{j}\omega L_1+\frac{1}{\mathrm{j}\omega C_1}\right)\dot{I}_1-\mathrm{j}\omega M\dot{I}_2=\dot{U}_S$$

$$-\mathrm{j}\omega M\dot{I}_1+\left(R_2+\mathrm{j}\omega L_2+\frac{1}{\mathrm{j}\omega C_2}\right)\dot{I}_2=0$$

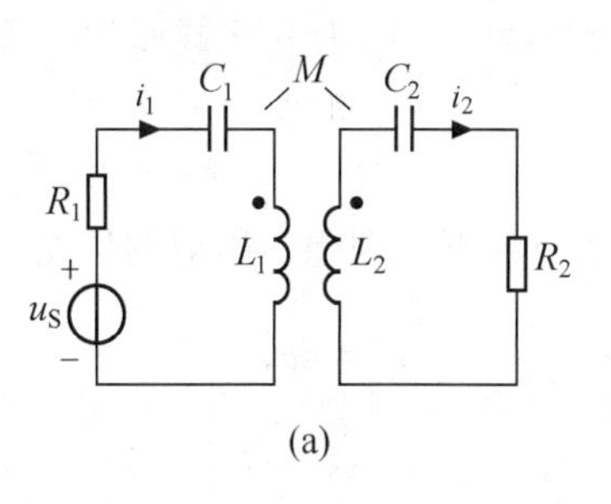

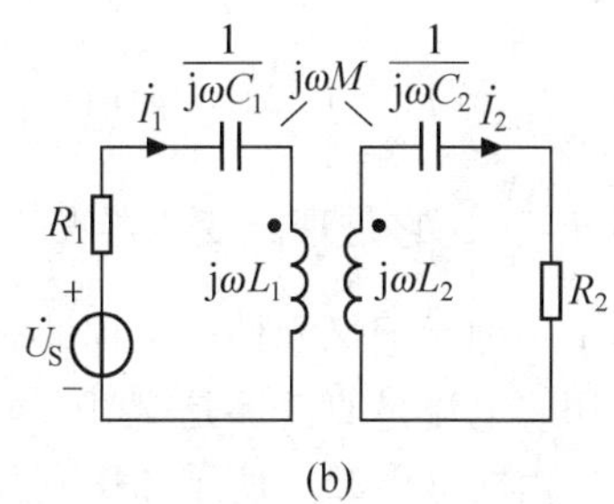

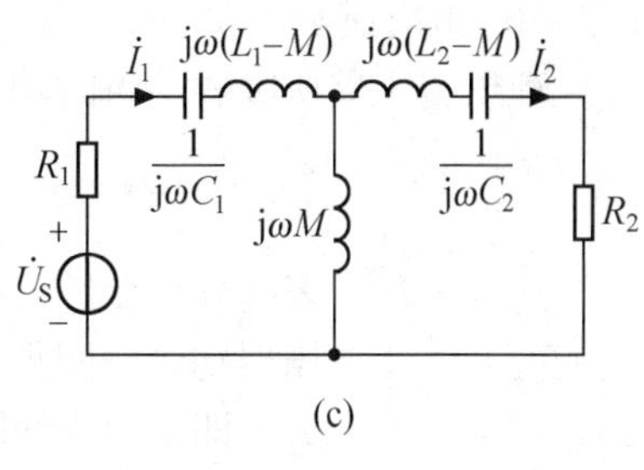

图 9-15　例 9-3 图

代入数据可得

$$(9.9+\mathrm{j}10)\dot{I}_1-\mathrm{j}2\dot{I}_2=10\angle 0°$$

$$-\mathrm{j}2\dot{I}_1+40\dot{I}_2=0$$

由克莱姆法则

$$D=\begin{vmatrix}9.9+\mathrm{j}10 & -\mathrm{j}2\\ -\mathrm{j}2 & 40\end{vmatrix}=400+\mathrm{j}400$$

$$D_2=\begin{vmatrix}9.9+\mathrm{j}10 & 10\\ -\mathrm{j}2 & 0\end{vmatrix}=\mathrm{j}20$$

$$\dot{I}_2=\frac{\mathrm{j}20}{400+\mathrm{j}400}=\frac{1}{20\sqrt{2}}\angle 45°\,\mathrm{A}$$

故

$$i_2(t)=0.05\cos(10^4t+45°)\,\mathrm{A}$$

此外，空芯变压器电路还可以用戴维南定理求解。以图 9-13（a）所示的电路为例，c、d 端开路时，有

$$\dot{U}_{OC}=\mathrm{j}\omega M\dot{I}_o \tag{9-20}$$

式（9-20）中，$\dot{I}_o$ 为次级开路时的初级电流，为

$$\dot{I}_o=\frac{\dot{U}_S}{Z_{11}}=\frac{\dot{U}_S}{R_1+\mathrm{j}\omega L_1}$$

用类似式（9-18）的方法可得 c、d 端的等效阻抗

$$Z_o=Z_{22}'+\frac{(\omega M)^2}{Z_{11}}=R_2+\mathrm{j}\omega L_2+\frac{(\omega M)^2}{R_1+\mathrm{j}\omega L_1} \tag{9-21}$$

式（9-21）中，$\frac{(\omega M)^2}{Z_{11}}$称为初级回路对次级回路的反映阻抗。

当需要求 Z_L = ? 时，负载 Z_L 获得最大功率，应用戴维南等效电路求解尤为方便。

9.4　理想变压器

从液压机的角度谈变压器

理想变压器也是一种耦合元件，它是实际变压器在理想化条件下的电路模型。

9.4.1　理想变压器的伏安关系

理想变压器的电路符号如图 9-16（a）所示，与耦合电感元件的符号相同，但它仅有一

个参数 n，称为变比或匝比，而耦合电感有三个参数 L_1、L_2 和 M。

在图 9-16（a）所示的同名端及电压、电流参考方向下，理想变压器的伏安关系为

$$\left.\begin{aligned} u_1 &= nu_2 \\ i_1 &= -\frac{1}{n}i_2 \end{aligned}\right\} \quad 或 \quad \left.\begin{aligned} \frac{u_1}{u_2} &= n \\ \frac{i_1}{i_2} &= -\frac{1}{n} \end{aligned}\right\} \tag{9-22}$$

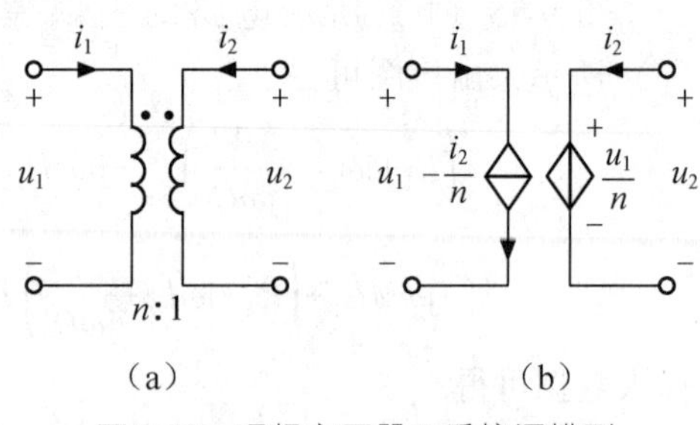

图 9-16　理想变压器及受控源模型

在式（9-22）中，理想变压器的变比 n 是常数，等于理想变压器初、次线圈的匝数比，即 $n=\frac{N_1}{N_2}$，它是理想变压器唯一的参数。式中两个等式均为代数关系式，这表明了理想变压器是一种无记忆元件，也称即时元件。它只具有按式（9-22）变换电压、电流的能力，不论电压、电流是直流还是交流，电路是暂态还是稳态，都没有电感或耦合电感元件的作用。

由式（9-22）所示的伏安关系，可以得出图 9-16（a）所示理想变压器的受控源模型如图 9-16（b）所示。

理想变压器所吸收的瞬时功率为

$$p = u_1 i_1 + u_2 i_2 = u_1 i_1 + \frac{1}{n}u_1 \times (-ni_1) = 0 \tag{9-23}$$

式（9-23）表明理想变压器吸收的瞬时功率为 0，因而理想变压器是一个既不耗能也不储能的元件。变压器初级线圈得到的瞬时功率为 $u_1 i_1$，次级输出瞬时功率为 $-u_2 i_2$，由式（9-23）得 $u_1 i_1 = -u_2 i_2$，即从初级线圈输入的瞬时功率全部从次级线圈输出到负载。可见，理想变压器在电路中只起着传递能量的“桥梁”作用。

对于正弦稳态电路，式（9-22）的相量形式为

$$\left.\begin{aligned} \dot{U}_1 &= n\dot{U}_2 \\ \dot{I}_1 &= -\frac{1}{n}\dot{I}_2 \end{aligned}\right\} \tag{9-24}$$

应该指出，式（9-22）或式（9-24）的理想变压器的伏安关系是在图 9-16（a）所示的电压、电流参考方向及同名端的情况下得出的。当电压、电流参考方向及同名端改变时，理想变压器的伏安关系中的正负号也会随之而变。例如，对于图 9-17 所示的同名端及电压、电流参考方向下，理想变压器的伏安关系为

$$\left.\begin{aligned} u_1 &= -nu_2 \\ i_1 &= \frac{1}{n}i_2 \end{aligned}\right\} \quad 或 \quad \left.\begin{aligned} \frac{u_1}{u_2} &= -n \\ \frac{i_1}{i_2} &= \frac{1}{n} \end{aligned}\right\} \tag{9-25}$$

理想变压器伏安关系的正负号与电压、电流参考方向及同名端的关系为：当理想变压器初、次级电压参考极性的正极分别在同名端上时，初、次级电压比等于变比，符号为正，否则为负；当初、次级电流参考方向分别从异名端流入时，初、次级电流比等于变比的倒数，符号取正，否则取负。

在图 9-17 所示的变压器中，初级电压 u_1 和次级电压 u_2 的参考正极分别在异名端上，因

而式（9-25）的第一个等式的电压比的符号为负号；电流 i_1 从同名端流入，i_2 从同名端流出，或者说 i_2 从异名端流入，即电流 i_1 与 i_2 分别从异名端流入，因而式（9-25）的第二个等式的电流比的符号为正号。

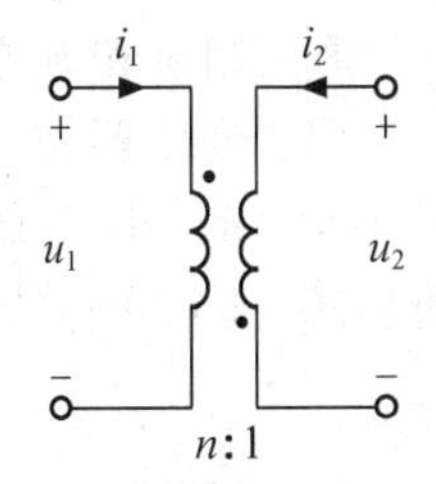

图 9-17　理想变压器

9. 4. 2　理想变压器的阻抗变换

式（9-22）和式（9-25）表明，理想变压器以 n 倍的关系变换电压和电流，此外，它还能以 n^2 倍的关系变换阻抗。以图 9-18（a）所示的电路为例，说明理想变压器的阻抗变换作用。

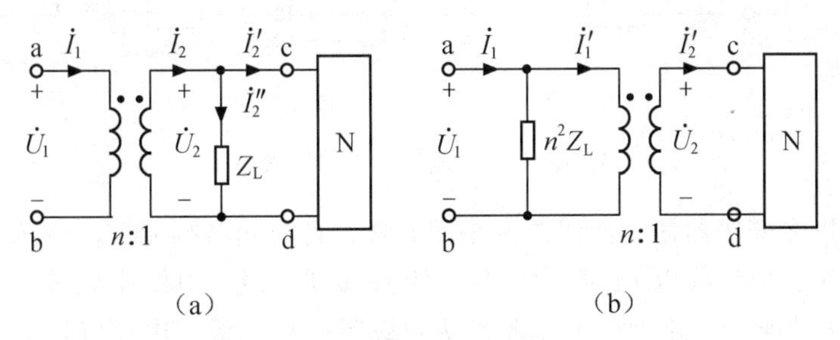

图 9-18　并接阻抗从次级搬移至初级

在图 9-18（a）所示的电路中，变压器伏安关系为

$$\dot{U}_1 = n\dot{U}_2$$

$$\dot{I}_2 = n\dot{I}_1$$

根据 KCL 及阻抗 Z_L 的 VCR，有

$$\dot{U}_2 = Z_L(\dot{I}_2 - \dot{I}'_2)$$

联立以上三式，得

$$\dot{I}_1 = \frac{1}{n}\dot{I}_2 = \frac{1}{n}(\frac{\dot{U}_2}{Z_L} + \dot{I}_2') = \frac{\dot{U}_1}{n^2 Z_L} + \frac{1}{n}\dot{I}'_2 \tag{9-26}$$

由式（9-26）可得图 9-18（b）所示的等效电路，图中 $\dot{I}_1' = \frac{1}{n}\dot{I}'_2$。由图可知，原来跨接在理想变压器次级两端的阻抗 Z_L 可等效地搬移至初级，阻抗将扩大 n^2 倍且仍跨接在理想变压器两端。

类似地可得，串接在理想变压器初级回路中的阻抗 Z_L 可等效地搬移至理想变压器的次级回路中，阻抗将缩小为原来的 $1/n^2$，如图 9-19 所示。

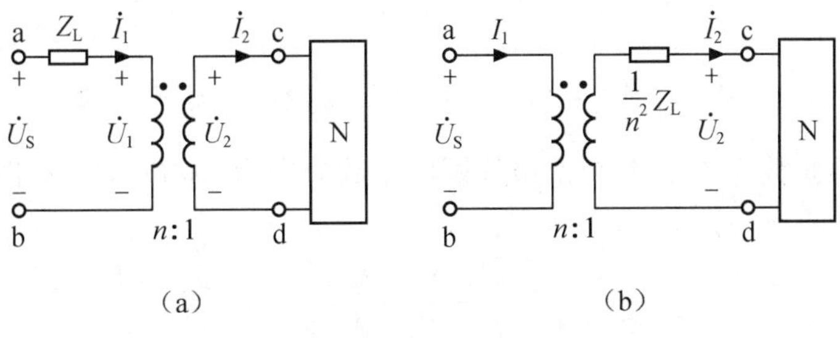

图 9-19　串接阻抗从初级搬移至次级

利用阻抗和电源的搬移可以简化电路，做几点说明。

（1）变压器初、次级之间的阻抗“搬移”，可以进一步推广到阻抗网络的搬移。如图9-20（a）中虚线框所示阻抗网络可以整体搬移，从初级搬移至次级，各阻抗除以n^2，如图9-20（b）中虚线框所示。反之，从次级搬移到初级，各阻抗乘n^2。

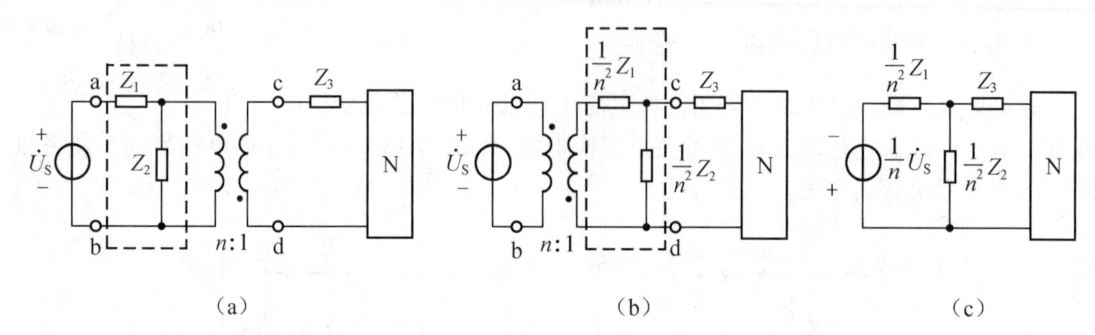

图9-20 阻抗网络与电源的搬移

（2）阻抗可以在变压器初、次级之间来回搬移，且与同名端无关。电源也可以搬移，但从初级搬移至次级，电源除以n；反之，从次级搬移到初级，电源乘以n，且极性与同名端有关。图9-20（b）所示电路中的电压源，从初级搬移至次级，电压除以n，电压源的正极在初级的同名端上，搬移后的正极也要对应次级的同名端，电路如图9-20（c）所示。

（3）次级负载阻抗为0时，搬移到初级的阻抗也为0。可见，理想变压器次级短路等同于初级短路；同理，理想变压器次级开路等同于初级开路。反之亦然。图9-20（b）所示电路中的电压源搬走后，初级成了开路，搬移后从次级往左看，变压器相当于开路，因而图9-20（c）所示的电路中略去了变压器部分。

（4）当一个初级线圈与多个次级线圈构成理想变压器时，可将每个次级阻抗先后搬移至初级，这些阻抗在初级为并联关系。例如，图9-21（a）所示的理想变压器就是由一个初级线圈和两个次级线圈组成的。

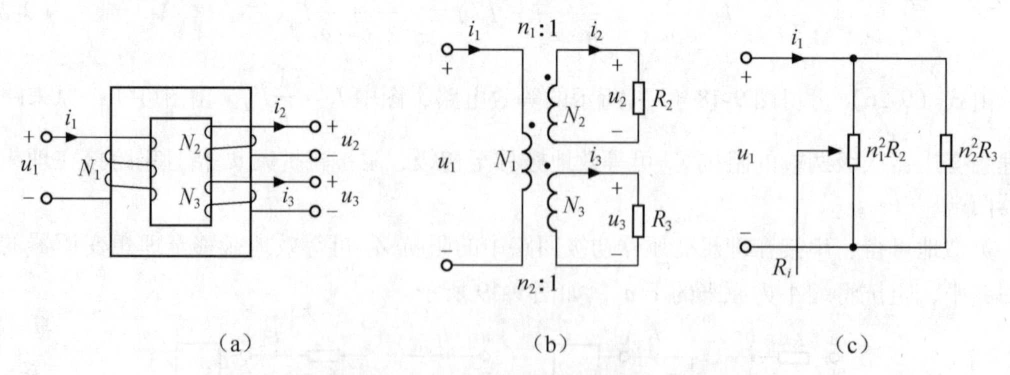

图9-21 一个初级线圈与两个次级线圈构成的理想变压器

假设初级线圈匝数为N_1，两个次级线圈的匝数分别为N_2和N_3。在图9-21所示电压、电流参考方向下，有

$$\frac{u_1}{N_1}=\frac{u_2}{N_2}=\frac{u_3}{N_3}$$

又由全电流定理得　$N_1 i_1 - N_2 i_2 - N_3 i_3 = 0$ 即　$i_1 = \frac{1}{n_1} i_2 + \frac{1}{n_2} i_3$

式中 $n_1 = \frac{N_1}{N_2}$，$n_2 = \frac{N_1}{N_3}$。

若在两个次级线圈分别接负载电阻 R_2 和 R_3，如图 9-21（b）所示，则从初级线圈看入的等效电导为

$$G_i = \frac{i_1}{u_1} = \frac{\frac{1}{n_1} i_2 + \frac{1}{n_2} i_3}{u_1} = \frac{\frac{1}{n_1} i_2}{n_1 u_2} + \frac{\frac{1}{n_2} i_3}{n_2 u_3} = \frac{1}{n_1^2 R_2} + \frac{1}{n_2^2 R_3}$$

故等效电阻为

$$R_i = \frac{1}{G_i} = \frac{(n_1^2 R_2)(n_2^2 R_3)}{n_1^2 R_2 + n_2^2 R_3}$$

由上式可得其等效电路如图 9-21（c）所示。

9.4.3　含理想变压器电路的分析

含理想变压器电路的分析有多种方法。可以利用理想变压器的电压变换、电流变换及阻抗变换特性求解；也可以利用基本的 KCL、KVL 和元件 VCR 列方程并求解；还可以利用等效电源定理等方法求解。下面举例介绍。

【例 9-4】　含理想变压器电路如图 9-22（a）所示，试求电流相量 $\dot{I}$ 和电压相量 $\dot{U}$。

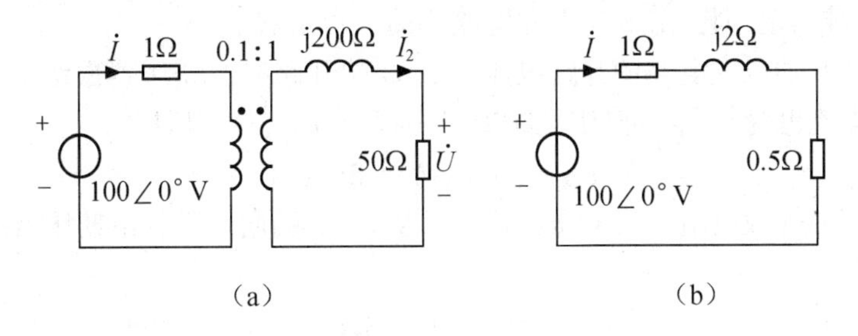

图 9-22　例 9-4 图

解　利用理想变压器的阻抗变换，将次级阻抗搬移到初级，得图 9-22（b）所示的等效电路。由该电路可得电流相量

$$\dot{I} = \frac{100\angle 0^\circ}{1 + \mathrm{j}2 + 0.5} = 40\angle -53.1^\circ \mathrm{A}$$

由理想变压器的电流变换特性，可得

$$\dot{I}_2 = n\dot{I} = 4\angle -53.1^\circ \mathrm{A}$$

由负载电阻的伏安关系，得电压相量 $\dot{U} = 50\,\dot{I}_2 = 200\angle -53.1^\circ \mathrm{V}$

【例 9-5】　含理想变压器电路如图 9-23 所示，试求电流相量 $\dot{I}_2$ 和电压相量 $\dot{U}_2$。

解　本题利用两类约束直接列写方程。设各支路电流相量及理想变压器初次级电压相量的参考方向如图图 9-23 所示，则由 KVL 可列回路方程

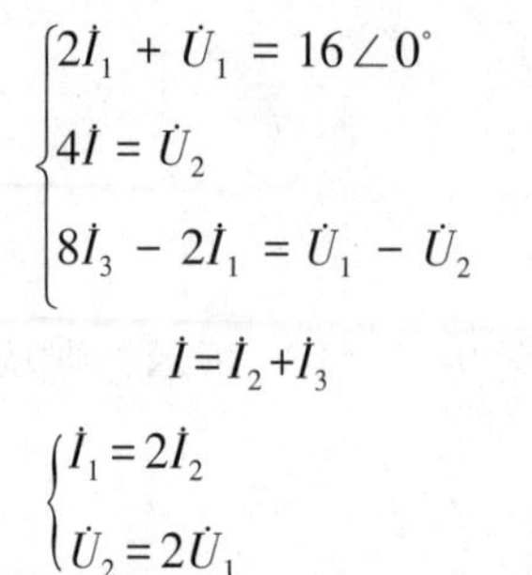

$$\begin{cases} 2\dot{I}_1 + \dot{U}_1 = 16\angle 0^\circ \\ 4\dot{I} = \dot{U}_2 \\ 8\dot{I}_3 - 2\dot{I}_1 = \dot{U}_1 - \dot{U}_2 \end{cases}$$

KCL $\qquad \dot{I} = \dot{I}_2 + \dot{I}_3$

变压器 VCR $\qquad \begin{cases} \dot{I}_1 = 2\dot{I}_2 \\ \dot{U}_2 = 2\dot{U}_1 \end{cases}$

图 9-23　例 9-5 图

联立方程可求得　$\dot{I}_2 = 2.5\angle 0^\circ\text{A}$，$\dot{U}_2 = 6\angle 0^\circ\ \text{V}$

【例 9-6】　含理想变压器的电路如图 9-24（a）所示，已知 $R_1 = 2\Omega$，$R_2 = 12\Omega$，$L = 0.1\text{H}$，输入为单位阶跃函数，即 $u_S(t) = \varepsilon(t)$。试求电压 $u_{ab}(t)$。

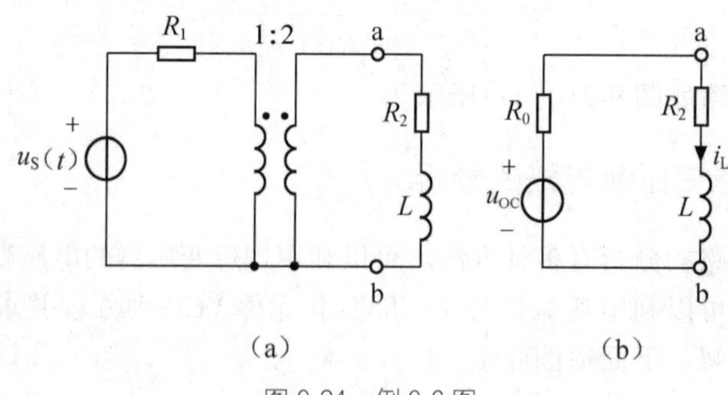

图 9-24　例 9-6 图

解　利用戴维南定理将 a、b 端以左电路化简，再求解。

首先求解 a、b 端以左电路的开路电压。a、b 端开路时，变压器次级电流为 0，由变压器 VCR 得初级电流也为 0，因而变压器初级电压等于 $u_S(t)$，所以

$$u_{OC} = 2u_S(t) = 2\varepsilon(t)$$

再求 a、b 端的等效电阻。将电压源置零，从 a、b 端向左看，由变压器的阻抗变换特性可得

$$R_0 = 4R_1 = 8\Omega$$

得到如图 9-24（b）所示的等效电路，为一阶电路，由于输入为 $2\varepsilon(t)$，即 $t<0$ 时输入为 0，所以电路为零状态 $i_L(0^-) = 0$。由换路定则得 $i_L(0^+) = i_L(0^-) = 0$，继而求得 $u_{ab}(0^+) = 2\text{V}$。

$t > 0$ 时输入为 2V。

$$u_{ab}(\infty) = \frac{R_2}{R_2 + R_0} \times 2 = 1.2\text{V}$$

$$\tau = \frac{L}{R_2 + R_0} = \frac{0.1}{12 + 8} = \frac{1}{200}\ \text{s}$$

代入直流激励下的三要素公式，得

$$u_{ab}(t) = (1.2 + 0.8\text{e}^{-200t})\,\varepsilon(t)\ \text{V}$$

【例 9-7】　如图 9-25（a）所示的理想变压器电路。试求：（1）初级线圈上电压 $\dot{U}_1$；（2）1.5Ω 电阻的功率。

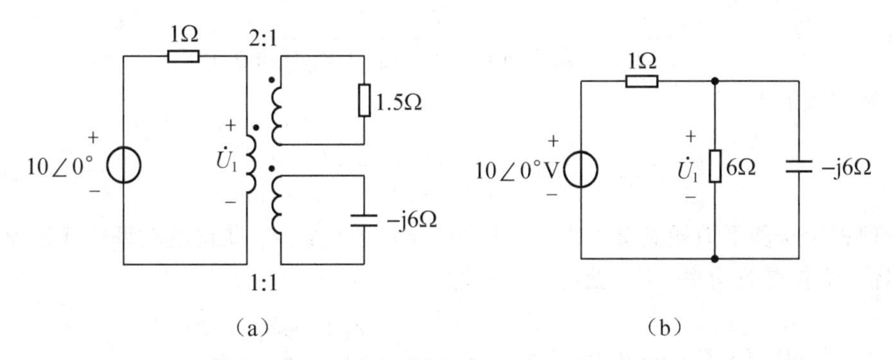

图 9-25 例 9-7 图

解 将图 9-25（a）所示的两个次级线圈所接负载折合至初级，得等效电路如图 9-25（b）所示。并联部分的阻抗 $Z=6//(-\mathrm{j}6)=3-\mathrm{j}3\Omega$。

（1）$\dot{U}_1=10\angle 0°\times\dfrac{Z}{1+Z}=10\angle 0°\times\dfrac{3\sqrt{2}\angle -45°}{5\angle -36.9°}=6\sqrt{2}\angle -8.1°\mathrm{V}$

（2）1.5Ω 电阻的功率等效于图 9-25（b）中 6Ω 电阻的功率。得

$$P=\frac{U_1^2}{6}=\frac{(6\sqrt{2})^2}{6}=12\mathrm{W}$$

9.4.4 功率传输中的模匹配

在第 8 章的正弦稳态电路分析中得知，当电源给定时，为使负载获得最大功率，必须调节负载阻抗，使之与电源内阻达到共轭匹配。但实际电路中的负载往往和电源一样是给定的，并非任意可调。在这种情况下，为使负载获得尽可能大的功率，可在电源与负载之间插入变压器来实现匹配。如图 9-26（a）所示电路中的理想变压器的变比是可调的。利用理想变压器的变换阻抗，将负载阻抗折合到初级，得到图 9-26（b）所示的电路。设负载阻抗 $Z_L=|Z_L|\angle\theta_L$，则 $Z'_L=n^2Z_L=n^2|Z_L|\angle\theta_L$。可见，由于理想变压器的变比 n 为正实数，改变 n 只能改变负载阻抗的模 $|Z'_L|=n^2|Z_L|$，而不能改变其阻抗角 θ_L。或者说，阻抗的实部和虚部都以相同的比例变化，故一般无法达到共轭匹配。

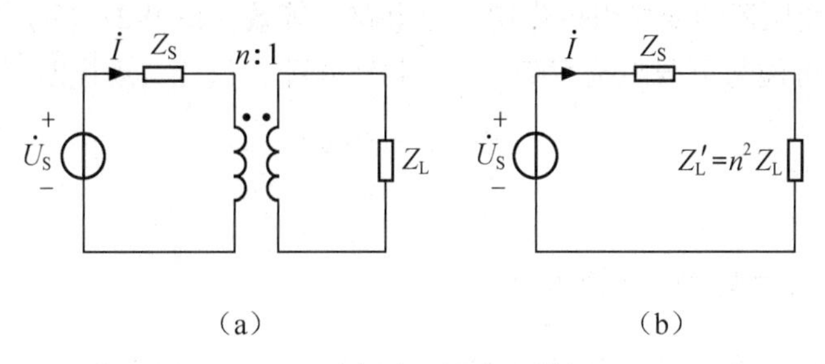

图 9-26 理想变压器实现模匹配

对于图 9-26（b）所示的电路，变换后的阻抗

$$Z'_L=|Z'_L|\cos\theta_L+\mathrm{j}|Z'_L|\sin\theta_L$$

设电源内阻 $Z_S=R_S+\mathrm{j}X_S$

则有
$$\dot{I}=\frac{\dot{U}_S}{(R_S+|Z'_L|\cos\theta_L)+j(X_S+|Z'_L|\sin\theta_L)} \tag{9-27}$$

其电流有效值为
$$I=\frac{U_S}{\sqrt{(R_S+|Z'_L|\cos\theta_L)^2+(X_S+|Z'_L|\sin\theta_L)^2}} \tag{9-28}$$

由于理想变压器不消耗能量，所以图9-26（a）中负载 Z_L 获得的功率等于图9-26（b）中等效阻抗 Z'_L 获得的功率，Z'_L 获得的功率为
$$P=I^2(Z'_L|\cos\theta_L)=\frac{U_S^2|Z'_L|\cos\theta_L}{(R_S+|Z'_L|\cos\theta_L)^2+(X_S+|Z'_L|\sin\theta_L)^2} \tag{9-29}$$

要使 P 达到最大，必须有
$$\frac{dP}{d|Z_L'|}=\frac{U_S^2\cos\theta_L(|Z_S|^2-|Z'_L|^2)}{[(R_S+|Z'_L|\cos\theta_L)^2+(X_S+|Z'_L|\sin\theta_L)^2]^2}=0$$

可得
$$|Z_S|=|Z'_L| \tag{9-30}$$

因此，当 $|Z_S|=|Z'_L|$ 时，负载可获得最大功率。由于负载阻抗的模与电源内阻抗的模相等，因此这种匹配称为模匹配。此时不是共轭匹配，负载中电阻获得的功率一般要比共轭匹配时的功率小。

【例9-8】 电路如图9-27（a）所示，为了使负载电阻 R_L 获得最大功率，试求理想变压器的匝比 n 应为多少？负载电阻 R_L 获得的最大功率为多少？

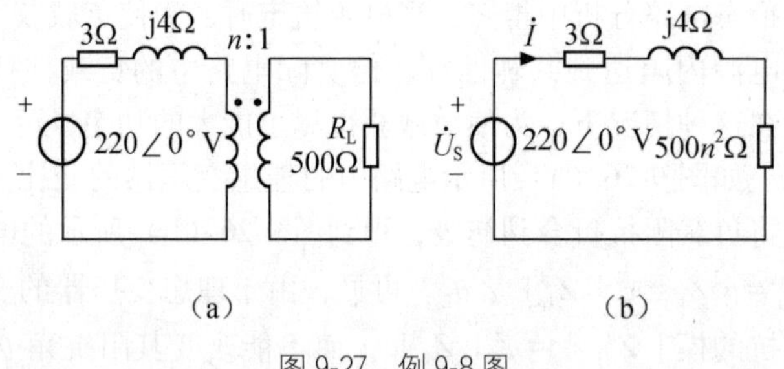

图9-27 例9-8图

解 利用理想变压器的变换阻抗作用，原电路可等效为图9-27（b）所示的电路。由于电源内阻3+j4Ω不可能与负载阻抗 $500n^2$ 达到共轭匹配，只能实现模匹配。由式（9-30）得
$$\sqrt{3^2+4^2}=500n^2$$

因此 $n=0.1$

此时 $\dot{I}=\dfrac{220\angle 0^\circ}{3+j4+5}=11\sqrt{5}\angle -26.6^\circ\text{A}$

故负载获得的最大功率为 $P=I^2(500n^2)=(11\sqrt{5})^2\times 5=3\ 025\text{W}$

如果负载直接与电源相接，可以算出负载获得的功率为
$$P'=\frac{220^2}{(3+500)^2+4^2}\times 500=95.6\text{W}$$

可见，利用理想变压器实现模匹配能使负载获得最大功率。

9.5　全耦合变压器

铁芯变压器是常用的器件，如果其线圈无损耗，且耦合系数 $k=1$，自感系数又为无限值，或分析精度要求不高时，可以用理想变压器作为模型。如果变压器的线圈无损耗，且耦合系数 $k=1$，而自感系数为有限值，则这样的变压器称为全耦合变压器。

9.5.1　全耦合变压器模型

全耦合变压器如图 9-28（a）所示，可以用如图 9-28（b）所示的耦合电感来表征其特性，还可以用含理想变压器的电路模型来等效，下面推导该模型。

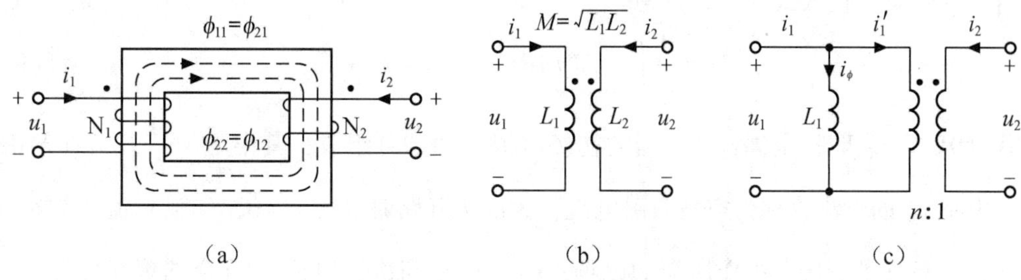

图 9-28　全耦合变压器

对于图 9-28（a）所示的全耦合变压器，假设初、次级线圈的匝数分别为 N_1、N_2，Φ_{11} 表示初级线圈电流 i_1 产生的全部磁通，Φ_{21} 表示 i_1 产生并与次级线圈相交链的磁通；Φ_{22} 表示次级线圈电流 i_2 产生的全部磁通，Φ_{12} 表示 i_2 产生并与初级线圈相交链的磁通。由于全耦合，即 $k=1$，故其中一个线圈电流产生的磁通将全部与另一个线圈相铰链，而不存在漏磁通，即 $\Phi_{11}=\Phi_{21}$，$\Phi_{22}=\Phi_{12}$。故两线圈中总磁链分别为

$$\left.\begin{aligned}\Psi_1=\Psi_{11}+\Psi_{12}=N_1\Phi_{11}+N_1\Phi_{12}=N_1(\Phi_{11}+\Phi_{22})=N_1\Phi\\ \Psi_2=\Psi_{22}+\Psi_{21}=N_2\Phi_{22}+N_2\Phi_{21}=N_2(\Phi_{11}+\Phi_{22})=N_2\Phi\end{aligned}\right\}$$

式中 $\Phi=\Phi_{11}+\Phi_{22}$ 称为主磁通，它的变化将在初、次级线圈分别产生感应电压 u_1 和 u_2，在图 9-28 所示参考方向下，有

$$u_1=\frac{\mathrm{d}\Psi_1}{\mathrm{d}t}=N_1\frac{\mathrm{d}\Phi}{\mathrm{d}t}$$

$$u_2=\frac{\mathrm{d}\Psi_2}{\mathrm{d}t}=N_2\frac{\mathrm{d}\Phi}{\mathrm{d}t}$$

所示

$$\frac{u_1}{u_2}=\frac{N_1}{N_2}=n \tag{9-31}$$

式（9-31）表明，全耦合变压器的初、次级电压比等于初、次级线圈的匝数比。它与理想变压器伏安关系式（9-22）的第一式相同。

由图 9-28（b）可得伏安关系为

$$\left.\begin{aligned}u_1=L_1\frac{\mathrm{d}i_1}{\mathrm{d}t}+M\frac{\mathrm{d}i_2}{\mathrm{d}t}\\ u_2=L_2\frac{\mathrm{d}i_2}{\mathrm{d}t}+M\frac{\mathrm{d}i_1}{\mathrm{d}t}\end{aligned}\right\} \tag{9-32}$$

式中 $M=\sqrt{L_1L_2}$，对式（9-32）中的第一式从$-\infty$到 t 积分，则有

$$\int_{-\infty}^{t} u_1(\tau)\,\mathrm{d}\tau = L_1 i_1 + \sqrt{L_1L_2}\,i_2$$

$$i_1 = \frac{1}{L_1}\int_{-\infty}^{t} u_1(\tau)\,\mathrm{d}\tau - \sqrt{\frac{L_2}{L_1}}\,i_2 \tag{9-33}$$

由于 $N_1\Phi_{11}=L_1i_1$，$N_2\Phi_{21}=Mi_1$，$N_1\Phi_{12}=Mi_2$，$N_2\Phi_{22}=L_2i_2$，且 $\Phi_{11}=\Phi_{21}$，$\Phi_{22}=\Phi_{12}$。可以得到

$$\frac{L_1}{M}=\frac{M}{L_2}=\sqrt{\frac{L_1}{L_2}}=\frac{N_1}{N_2}=n \tag{9-34}$$

将式（9-34）代入式（9-33）得

$$i_1 = \frac{1}{L_1}\int_{-\infty}^{t} u_1(\tau)\,\mathrm{d}\tau - \frac{1}{n}i_2 = i_\phi + i_1' \tag{9-35}$$

式（9-35）表明，全耦合变压器的初级电流由两部分组成，其中 $i_\phi = \frac{1}{L_1}\int_{-\infty}^{t} u_1(\tau)\,\mathrm{d}\tau$ 可等效为电感 L_1 的电流，称为空载激磁电流，为次级开路时（即 $i_2=0$，空载）流经初级线圈的电流，它建立了变压器工作所需的磁场；$i_1'=-\frac{1}{n}i_2$ 与次级电流 i_2 符合理想变压器初、次级电流关系。由此可得全耦合变压器的电路模型如图 9-28（c）所示。它由理想变压器模型在其初级线圈并一个电感 L_1 而构成。

进一步地，当自感系数 $L_1\to\infty$时，式（9-35）变为

$$i_1=-\frac{1}{n}i_2 \tag{9-36}$$

这就是理想变压器伏安关系式（9-22）中的第二式。这表明，理想变压器可以看成是全耦合变压器的极限情况。即理想变压器是耦合系数为 1，电感（或线圈匝数）为无穷大的耦合电感元件。但是，全耦合变压器与理想变压器有本质的不同。全耦合变压器要靠电磁效应工作，其电感系数取极限后变成理想变压器，而理想变压器的伏安关系已经是一组代数方程，从伏安关系来看，理想变压器已经不是一种靠电磁感应工作的元件。可见，电感系数的量变引起了元件性质的质变。

9.5.2 全耦合变压器电路的分析

全耦合变压器可以用如图 9-28（b）所示的耦合电感模型表示，也可以用如图 9-28（c）所示的含理想变压器的模型表示。因此，全耦合变压器的分析可以用空心变压器的分析方法，但是由于理想变压器的伏安关系比耦合电感的伏安关系简单，故对全耦合变压器的分析常采用图 9-28（c）所示的全耦合变压器模型来分析。

【例 9-9】 变压器电路如图 9-29（a）所示。已知：$R_1=6\Omega$，$R_2=8\Omega$，$\omega L_1=2\Omega$，$\omega L_2=8\Omega$，$\omega M=4\Omega$，$\dot{U}_S=10\angle 0°\mathrm{V}$。试求电流 $\dot{I}_2$。

解 变压器的耦合系数 $k=\frac{M}{\sqrt{L_1L_2}}=\frac{\omega M}{\sqrt{\omega L_1\omega L_2}}=\frac{4}{\sqrt{2\times 8}}=1$

因此该变压器为全耦合变压器，其等效模型如图 9-29（b）所示，其中

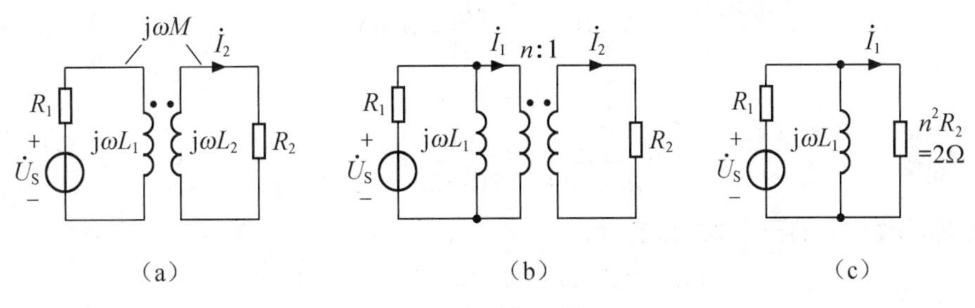

图 9-29　例 9-9 图

$$n=\sqrt{\frac{L_1}{L_2}}=\sqrt{\frac{\omega L_1}{\omega L_2}}=\sqrt{\frac{2}{8}}=0.5$$

利用理想变压器的阻抗变换特性，将图 9-29（b）所示电路的次级电阻折合到初级，得图 9-29（c）所示的等效电路，则

$$\dot{I}_1=\frac{10\angle 0°}{6+\dfrac{j2\times 2}{j2+2}}\times\frac{j2}{j2+2}=1\angle 36.9°$$

由理想变压器的伏安关系，可得

$$\dot{I}_2=n\dot{I}_1=0.5\times 1\angle 36.9°=0.5\angle 36.9°\text{A}$$

【例 9-10】　如图 9-30（a）所示电路中的变压器为在无线电工程中常用到的全耦合自感变压器，这是一种带抽头的电感线圈，其绕组密集地绕在高频磁芯上。已知总电感 $L=10\text{mH}$，抽头处在线圈的中间位置，$R_1=30\Omega$，负载电阻 $R_L=5\Omega$，且电路原已处于稳态，当 $t=0$ 时，开关 S 闭合。试求 $t>0$ 时的电流 $i(t)$。

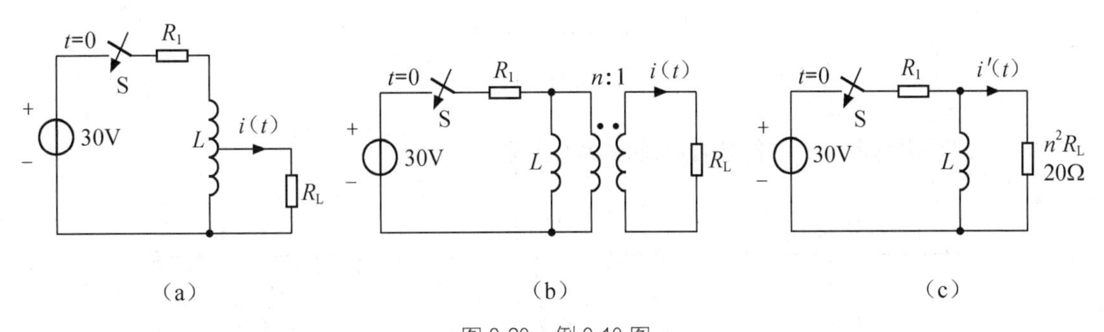

图 9-30　例 9-10 图

解　由于是全耦合自耦变压器，且抽头在中间，故初级线圈匝数为次级匝数的 2 倍，即

$$n=\frac{N_1}{N_2}=2$$

得到其等效模型如图 9-30（b）所示。利用理想变压器的变换特性，将图 9-30（b）所示电路的次级电阻及电流变量搬移到初级，得图 9-30（c）所示的等效电路。其中，折合电阻 $n^2R_L=20\Omega$，电流折合到初级变为 $i'(t)=i(t)/n=0.5\,i(t)$。

由于开关合上前电路已经稳定，所以电路为零状态 $i_L(0^-)=0$。由换路定则得 $i_L(0^+)=i_L(0^-)=0$，继而得

$$i'(0^+)=\frac{30}{30+20}=0.6\text{A}$$

$$i'(\infty)=0\text{A}$$

$$\tau=\frac{L}{R_1//n^2R_L}=\frac{0.01}{30//20}=\frac{1}{1\ 200}\text{ s}$$

代入直流激励下的三要素公式，得

$$i(t)=2i'(t)=1.2\text{e}^{-1200t}\text{ A},\quad t>0$$

思维导图

习题精讲　耦合电感和变压器电路分析

含耦合电感电路分析的仿真实例

习　题　9

9-1　试标出题图9-1所示耦合线圈的同名端。

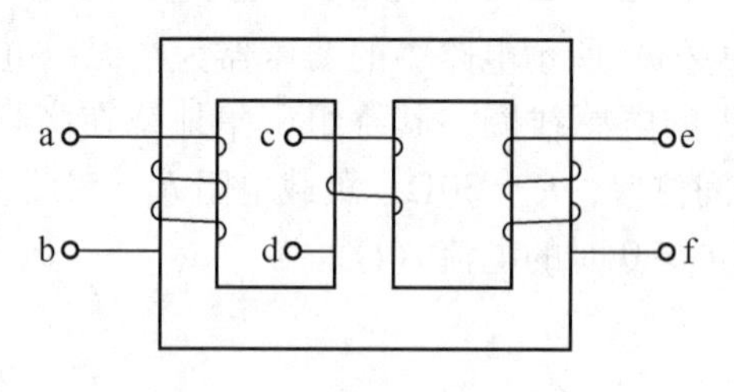

题图9-1

9-2　试写出题图9-2中各耦合电感的伏安关系。

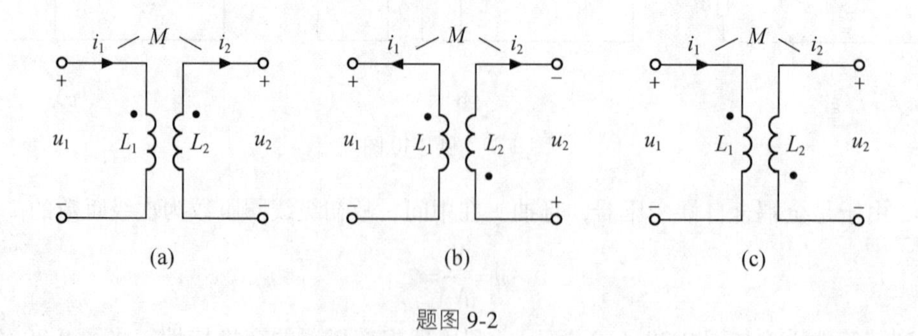

题图9-2

9-3　试求题图9-3中的电压 u_2。

9-4　耦合电感 $L_1=6\text{H}$，$L_2=4\text{H}$，$M=2\text{H}$，试求题图9-4中3种连接时的等效电感 L_{eq}。

9-5　已知耦合电感作题图9-5所示两种连接时，其ab端的等效电感分别为150mH和30mH，试求该耦合电感的耦合系数 k。

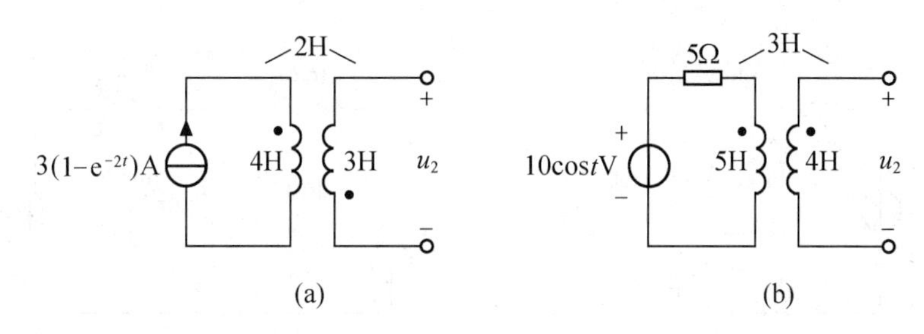

题图 9-3

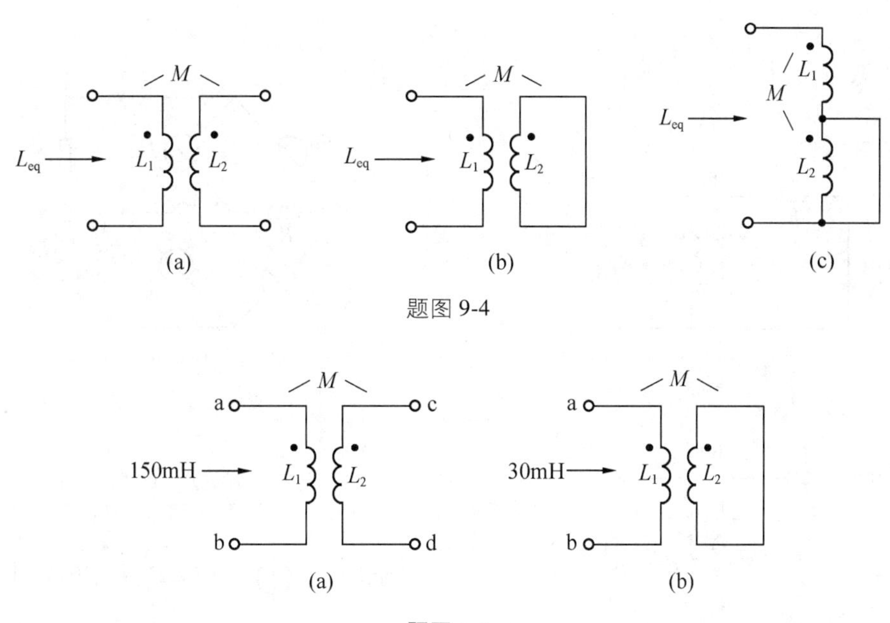

题图 9-4

题图 9-5

9-6　电路如题图 9-6 所示，$\omega=10^3$rad/s，$L_1=L_2=1$H，$M=0.5$H，$C_1=C_2=1\mu$F，试求 Z_{ab} 和 Z_{ad}。

9-7　试列写题图 9-7 所示正弦稳态电路的网孔方程。

9-8　在题图 9-8 所示电路中，已知 $R_1=R_2=10\Omega$，$\omega L_1=30\Omega$，$\omega L_2=20\Omega$，$\omega M=20\Omega$，$\dot{U}_S=100\angle 0°$V。试求电压相量 $\dot{U}_2$。

9-9　在题图 9-9 所示电路中，已知：$R_1=R_2=20\Omega$，$L_1=30$mH，$L_2=20$mH，$M=10$mH，$u_{S1}=2\cos 10^3 t$V，$u_{S2}=\cos 10^3 t$V，$i_{S1}=80\cos$（$10^3 t-45°$）mA，$i_{S2}=44.5\cos$（$10^3 t-45°$）mA，试求电流 i。

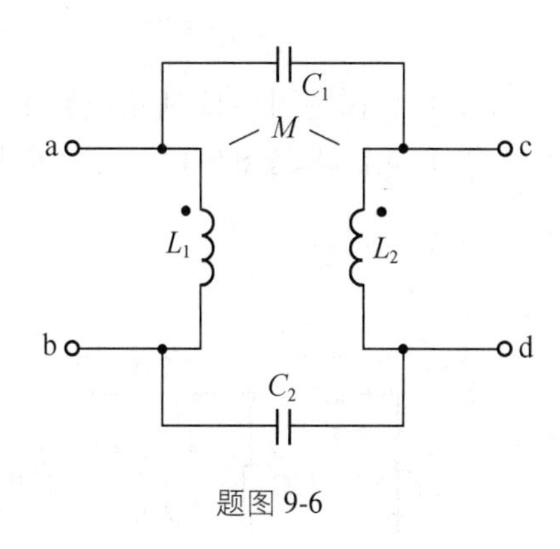

题图 9-6

9-10　耦合电感电路如图 9-10 所示，已知 $R_1=7.5\Omega$，$\omega L_1=30\Omega$，$\omega L_2=60\Omega$，$\omega M=30\Omega$，输入电压 $\dot{U}_1$ 的频率为 10kHz，假若电阻 R_2 及电容 C_1 可调，试求当 R_2 及 C_1 为何值时，R_2 可获得最大功率？

9-11　在题图 9-11 所示电路中，试求 Z_L 为多大时可获得最大功率，它获得的最大功率又为多少？

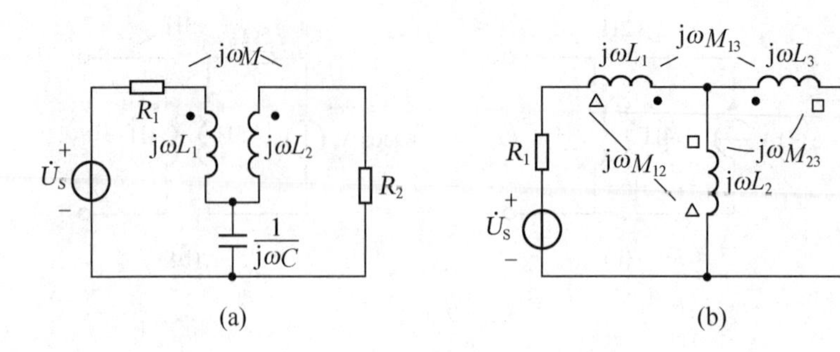

题图 9-7

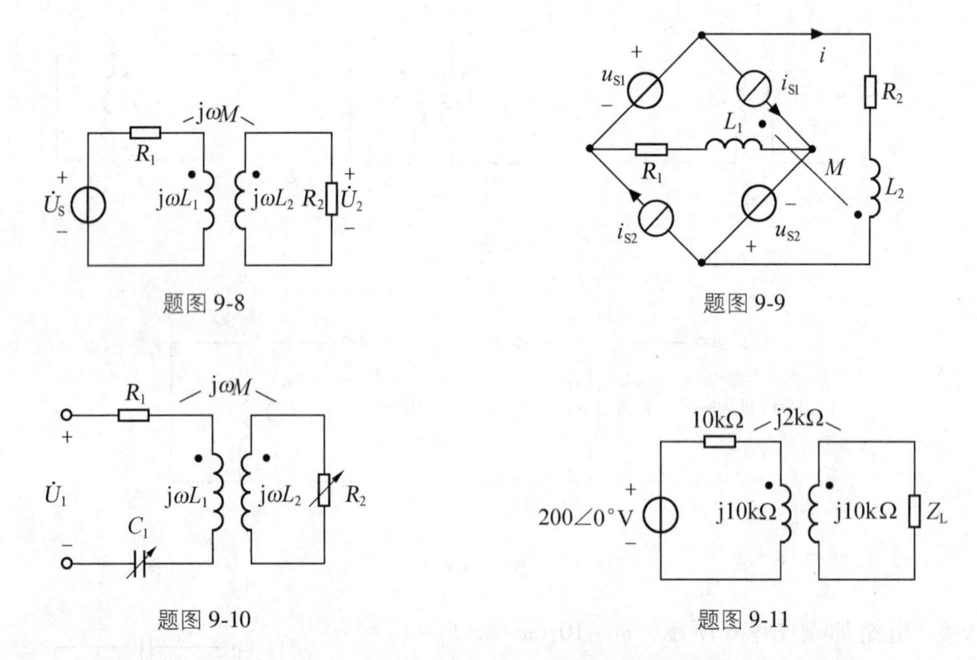

题图 9-8

题图 9-9

题图 9-10

题图 9-11

9-12　在题图 9-12 所示电路中，已知 $\dot{U}_S=20\angle 0°\text{V}$，试求电流相量 $\dot{I}$。

9-13　试求题图 9-13 所示正弦稳态电路中的 $u(t)$ 和 $i(t)$。

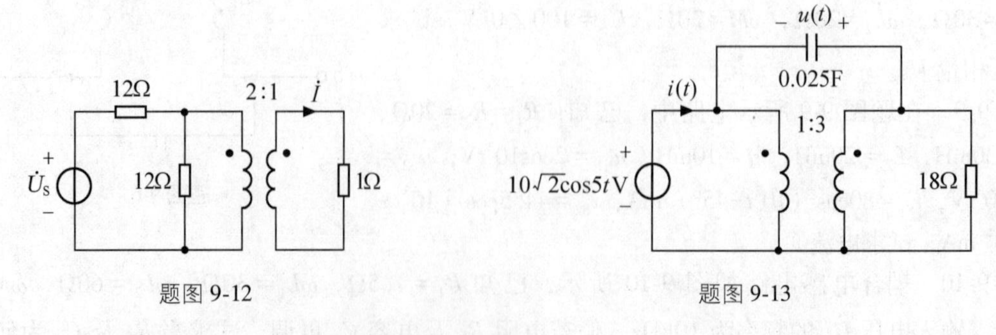

题图 9-12

题图 9-13

9-14　试求题图 9-14 所示电路中的电流相量 $\dot{I}_x$。

9-15　试求题图 9-15 所示电路中的电压相量 $\dot{U}_2$ 和 $\dot{U}_3$。

9-16　电路如题图 9-16 所示，试确定理想变压器的匝比，使 20Ω 电阻获得的功率最大。

9-17 电路如题图9-17所示，为使负载R_L获得最大功率，试问理想变压器的匝比n应为多少，最大功率P_{max}为多少？

9-18 电路如题图9-18所示，已知$R_1=R_2=5\Omega$，$R_L=1\text{k}\Omega$，$C=0.25\mu\text{F}$，$L_1=1\text{H}$，$L_2=4\text{H}$，$M=2\text{H}$，$u_S=120\cos1000t\text{V}$。试求电流i。

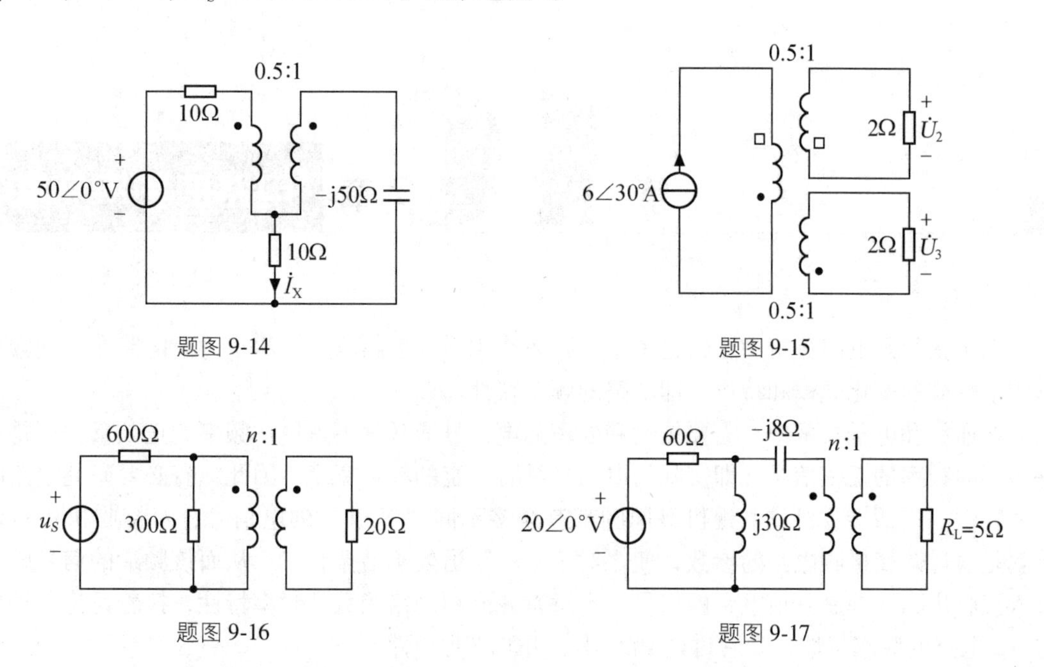

题图9-14

题图9-15

题图9-16

题图9-17

9-19 电路如题图9-19所示，试求电流相量$\dot{I}_1$和电压相量$\dot{U}_2$。

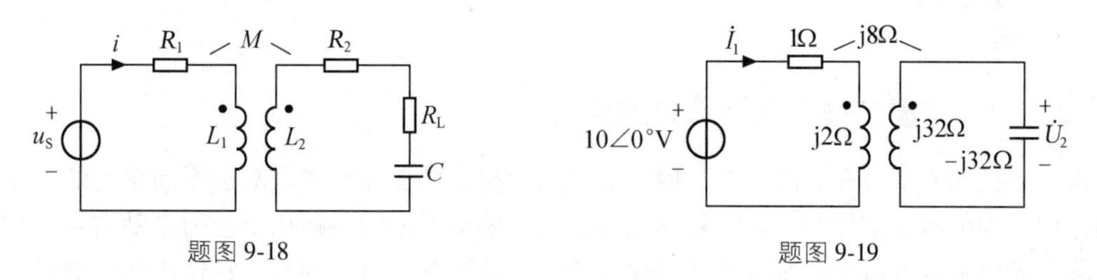

题图9-18

题图9-19

9-20 题图9-20所示电路原已稳定，$t=0$时开关S闭合，求$t>0$时的电流$i_1(t)$和电压$u_2(t)$。

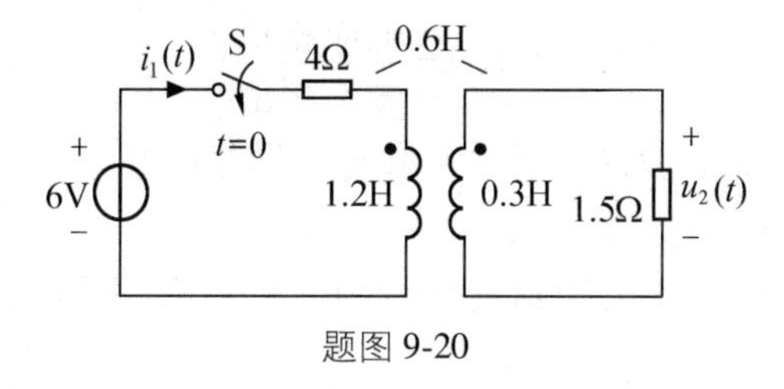

题图9-20

第10章 电路的频率特性

在正弦稳态电路分析中，讨论了单一频率作用下的电路响应。本章讨论电路在不同频率作用下响应的变化规律和特点，即电路的频率特性。

在通信和电子技术中，需要传输和处理的电信号通常都不是单一频率的正弦量，而是有许多不同频率的正弦信号，即实际的电信号具有一定的频带宽度。因此，有必要研究电路的频率特性。广播接收机或电视机等周围都有众多不同"频道"的电信号，对接收机进行调谐就是通过改变接收电路的参数，使之对于某一频道处于谐振状态，从而该频道的信号顺利进入接收机，而抑制其他电台的信号。本章首先介绍网络函数及频率特性，接着讨论几种典型 RC 电路的频率特性，最后讨论 RLC 串、并联谐振电路。

10.1 网络函数和频率特性

10.1.1 频率特性与网络函数的定义

由于感抗和容抗是频率的函数，因此当电路中包含储能元件时，对于不同频率的正弦信号的作用，即使激励信号的振幅和初相相同，电路响应的振幅与初相也会随激励信号的频率而变化。这种电路响应随激励频率的变化而变化的特性称为电路的频率特性或频率响应。

在电路分析中，电路的频率特性用正弦稳态电路的网络函数来描述，定义为正弦稳态电路的响应相量与激励相量之比，即

$$H(\mathrm{j}\omega)=\frac{\text{响应相量}}{\text{激励相量}} \tag{10-1}$$

$H(\mathrm{j}\omega)$ 是频率 ω 的函数，故网络函数又被称为网络的频率响应函数，描述了激励相量为 $1\angle 0°$ 时，响应相量随频率变化的情况。

设频率为 ω 时的响应相量和激励相量分别为 $\dot{Y}=Y\angle\theta_{\mathrm{Y}}$ 和 $\dot{X}=X\angle\theta_{\mathrm{X}}$，代入式（10-1），得

$$H(\mathrm{j}\omega)=\frac{Y\angle\theta_{\mathrm{Y}}}{X\angle\theta_{\mathrm{X}}}=\frac{Y}{X}\angle\theta_{\mathrm{Y}}-\theta_{\mathrm{X}} \tag{10-2}$$

$H(\mathrm{j}\omega)$ 是 ω 的复函数，可写成极坐标形式

$$H(\mathrm{j}\omega)=|H(\mathrm{j}\omega)|\angle\theta(\omega) \tag{10-3}$$

由式（10-2）和式（10-3）可知

$$|H(\mathrm{j}\omega)|=\frac{Y}{X} \tag{10-4}$$

$$\theta(\omega)=\theta_{\mathrm{Y}}-\theta_{\mathrm{X}} \tag{10-5}$$

式（10-4）和式（10-5）表明，网络函数的模 $|H(\mathrm{j}\omega)|$ 是 ω 的实函数，反映了电路响应与激励的有效值的比值（或振幅的比值）随 ω 变化的关系，称为电路的幅频特性；网络函数的幅角 $\theta(\omega)$ 也是 ω 的实函数，反映了电路响应与激励的相位差随 ω 变化的关系，称为电路的相频特性。幅频特性和相频特性统称为电路的频率特性。习惯上常把 $|H(\mathrm{j}\omega)|$ 和 $\theta(\omega)$ 随 ω 变化的情况用曲线来表示，分别称为幅频特性曲线和相频特性曲线。

10.1.2　网络函数的分类

网络函数有多种具体的含义。根据响应与激励是否在电路的同一个端口，网路函数可分为策动点函数和转移函数（或传输函数）。当响应与激励位于电路的同一端口时，网络函数称为策动点函数；当响应与激励位于电路的不同端口时，网络函数称为转移函数或传输函数。根据响应、激励是电压还是电流，策动点函数又可分为策动点阻抗和策动点导纳；转移函数又分为转移阻抗、转移导纳、转移电压比及转移电流比。

在图 10-1（a）所示的电路中，激励是电流，响应为电压，此电路的网络函数称为策动点阻抗。

$$Z(\mathrm{j}\omega)=\frac{\dot{U}_1}{\dot{I}_1}$$

在图 10-1（b）所示的电路中，激励是电压，响应为电流，网络函数为策动点导纳。

$$Y(\mathrm{j}\omega)=\frac{\dot{I}_1}{\dot{U}_1}$$

显然，策动点阻抗与策动点导纳即电路的输入阻抗和输入导纳，它们互为倒数。

转移阻抗、转移导纳、转移电压比（或电压传输系数）及转移电流比（或电流传输系数）分别如图 10-1（c）~图 10-1（f）所示。

转移阻抗如图 10-1（c）所示

$$Z_{\mathrm{T}}(\mathrm{j}\omega)=\frac{\dot{U}_2}{\dot{I}_1}$$

转移导纳如图 10-1（d）所示

$$Y_{\mathrm{T}}(\mathrm{j}\omega)=\frac{\dot{I}_2}{\dot{U}_1}$$

转移电压比如图 10-1（e）所示

$$K_{\mathrm{U}}(\mathrm{j}\omega)=\frac{\dot{U}_2}{\dot{U}_1}$$

转移电流比如图 10-1（f）所示

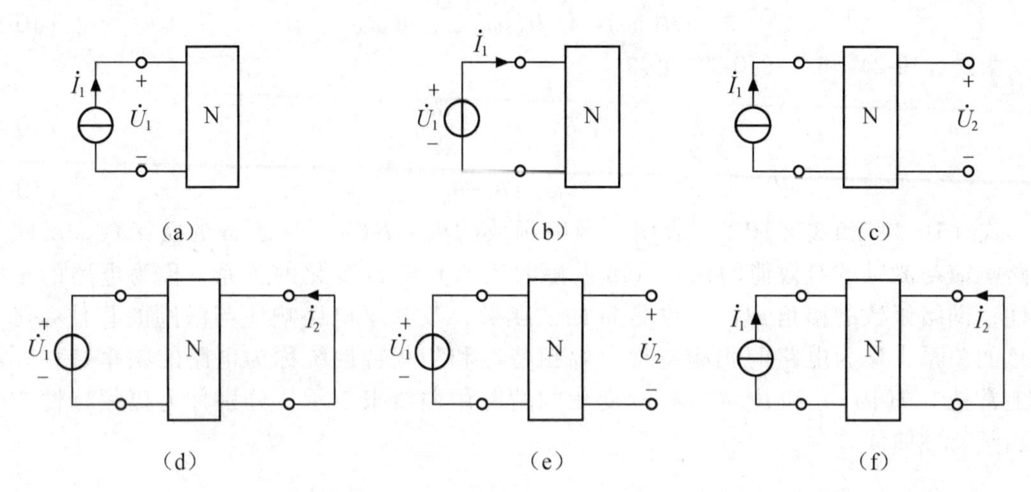

图 10-1　网络函数的 6 种不同形式

$$K_1(j\omega)=\frac{\dot{I}_2}{\dot{I}_1}$$

这 4 类转移函数中，响应电压指开路电压，而响应电流指短路电流。

10.1.3　网络函数的计算

已知网络相量模型，计算网络函数的方法是外加电源法：在输入端加一个电压源或电流源，用正弦稳态分析的任意一种方法求输出相量的表达式，然后根据网络函数的定义将输出相量与输入相量相比，得相应的网络函数。

【例 10-1】　试求图 10-2 所示电路的网络函数 $H(j\omega)=\dfrac{\dot{I}_2}{\dot{U}_1}$。

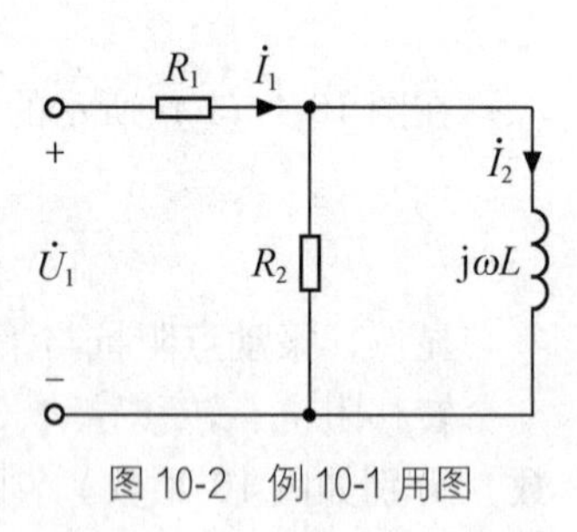

图 10-2　例 10-1 用图

解： 以 $\dot{U}_1$ 为激励，$\dot{I}_2$ 为响应，列写网孔方程

$$(R_1+R_2)\dot{I}_1-R_2\dot{I}_2=\dot{U}_1$$

$$-R_2\dot{I}_1+(R_2+j\omega L)\dot{I}_2=0$$

由第二个网孔方程，可得

$$\dot{I}_1=\frac{R_2+j\omega L}{R_2}\dot{I}_2$$

代入第一个网孔方程中，得

$$(R_1+R_2)\frac{R_2+j\omega L}{R_2}\dot{I}_2-R_2\dot{I}_2=\dot{U}_1$$

即　$(R_1+R_2)(R_2+j\omega L)\dot{I}_2-R_2{}^2\dot{I}_2=R_2\dot{U}_1$

于是，网络函数（转移导纳）$H(j\omega)=\dfrac{\dot{I}_2}{\dot{U}_1}=\dfrac{R_2}{R_1R_2+j\omega L(R_1+R_2)}$

可见，网络函数 $H(j\omega)$ 仅由电路的结构和参数决定，与外加激励无关，反映了电路自身的特性。

10.2　RC 电路的频率特性

由 RC 元件按一定方式组成的电路能起到选频和滤波的作用，在通信与无线电技术中得到广泛的应用。下面介绍几种典型的 RC 低通、高通、带通、带阻及全通网络的频率特性。

10.2.1　RC 低通网络

图 10-3（a）所示的一阶 RC 串联电路，假设电压相量 $\dot{U}_1$ 为激励，电压相量 $\dot{U}_2$ 为响应，则电路的转移电压比

$$K_U(j\omega)=\frac{\dot{U}_2}{\dot{U}_1}=\frac{\frac{1}{j\omega C}}{R+\frac{1}{j\omega C}}=\frac{1}{1+j\omega CR}$$

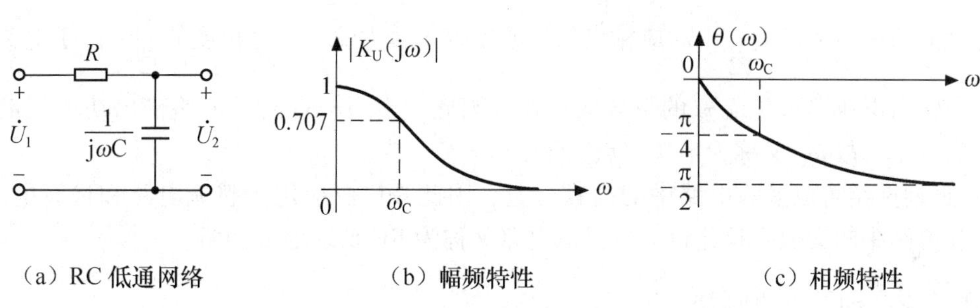

（a）RC 低通网络　（b）幅频特性　（c）相频特性

图 10-3　RC 低通网络及其频率特性

若令 $\omega_C=\frac{1}{RC}$，则

$$K_U(j\omega)=\frac{1}{1+\frac{j\omega}{\omega_C}} \tag{10-6}$$

由此可得其幅频特性和相频特性分别为

$$|K_U(j\omega)|=\frac{1}{\sqrt{1+\left(\frac{\omega}{\omega_C}\right)^2}} \tag{10-7}$$

$$\theta(\omega)=-\arctan\left(\frac{\omega}{\omega_C}\right) \tag{10-8}$$

由式（10-7）和式（10-8）可得：

当 $\omega=0$（直流）时，$|K_U(j\omega)|=1$，$\theta(\omega)=0$

当 $\omega=\omega_C=\frac{1}{RC}$时，$|K_U(j\omega)|=\frac{1}{\sqrt{2}}$，$\theta(\omega)=-\frac{\pi}{4}$

当 $\omega\to\infty$时，$|K_U(j\omega)|\to 0$，$\theta(\omega)\to-\frac{\pi}{2}$。由此可绘出其幅频特性曲线和相频特性曲

线如图10-3（b）和图10-3（c）所示。

由图10-3（b）所示的幅频特性曲线可知，该RC电路对输入频率较低的信号有较大的输出，而对输入频率较高的信号有衰减，且信号频率越高，输出衰减越大。即电路具有阻止高频信号通过而保证低频信号通过的性能。这种直流和低频信号容易通过的电路被称为低通网络。上述RC电路的网络函数$K_U(j\omega)$表达式中$j\omega$的最高阶数为1，故又称为一阶低通电路。

在工程技术中，通常将$\frac{|H(j\omega)|}{|H(j\omega)|_{max}}>\frac{1}{\sqrt{2}}$的频率范围定义为电路的通频带；而将$\frac{|H(j\omega)|}{|H(j\omega)|_{max}}<\frac{1}{\sqrt{2}}$的频率范围定义为电路的阻带，二者的分界点称为截止频率，截止角频率用ω_C表示。

一阶RC低通电路的通频带为$0\sim\omega_C$，阻带为$\omega>\omega_C$，截止角频率$\omega_C=\frac{1}{RC}$。在$\omega=\omega_C$时，幅频特性的值为最大值的$\frac{1}{\sqrt{2}}$，对应输出信号幅度等于最大输出信号幅度的$\frac{1}{\sqrt{2}}$。由于电路的输出功率与输出电压（或电流）的平方成正比，因此，当$\omega=\omega_C$时，电路输出功率是最大输出功率的一半，故ω_C又称为半功率点频率。

RC低通网络可以滤除电路中的高频分量，因此被广泛应用于整流电路和检波电路中，用以滤除电路中的交流高频分量，所以该电路又称为RC低通滤波网络。

10.2.2 RC高通网络

若将图10-3（a）所示RC串联电路的电阻电压作为输出电压，如图10-4（a）所示，则电路的转移电压比

$$K_U(j\omega)=\frac{\dot{U}_2}{\dot{U}_1}=\frac{R}{R+\frac{1}{j\omega C}}=\frac{1}{1+\frac{1}{j\omega CR}}$$

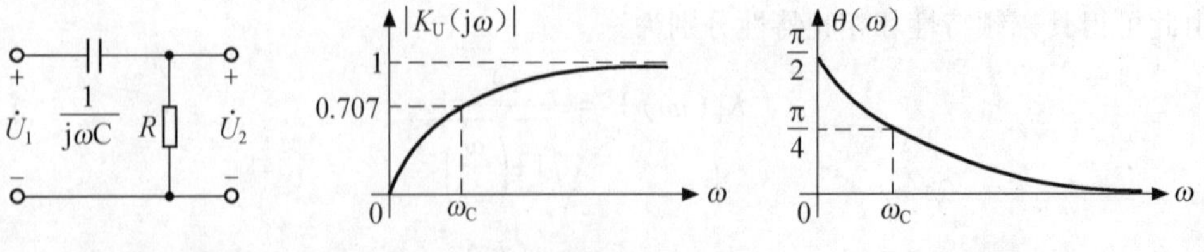

（a）RC高通网络　　（b）幅频特性　　（c）相频特性

图10-4　RC高通网络及其频率特性

若令$\omega_C=\frac{1}{RC}$，则

$$K_U(j\omega)=\frac{\dot{U}_2}{\dot{U}_1}=\frac{1}{1+\frac{\omega_C}{j\omega}} \tag{10-9}$$

其幅频特性和相频特性分别为

$$|K_U(j\omega)| = \frac{1}{\sqrt{1+\left(\frac{\omega_C}{\omega}\right)^2}} \tag{10-10}$$

$$\theta(\omega) = \arctan\left(\frac{\omega_C}{\omega}\right) \tag{10-11}$$

由式（10-10）和式（10-11）可得

当 $\omega=0$ 时，$|K_U(j\omega)|=0$，$\theta(\omega)=\frac{\pi}{2}$；

当 $\omega=\omega_C=\frac{1}{RC}$ 时，$|K_U(j\omega)|=\frac{1}{\sqrt{2}}$，$\theta(\omega)=\frac{\pi}{4}$；

当 $\omega\to\infty$ 时，$|K_U(j\omega)|\to1$，$\theta(\omega)\to0$。由此可作出其幅频特性曲线和相频特性曲线如图 10-4（b）和图 10-4（c）所示。

显然，此 RC 电路为一阶高通网络。$\omega_C=\frac{1}{RC}$ 为截止角频率或半功率点频率；$\omega>\omega_C$ 的频率范围为通频带；$0\sim\omega_C$ 的频率范围为阻带。这一电路常用作电子电路放大器级间的 RC 耦合电路。

10.2.3　RC 带通网络

图 10-5（a）所示的网络为 RC 带通网络，由分压公式可得其转移电压比为

$$K_U(j\omega)=\frac{\dot{U}_2}{\dot{U}_1}=\frac{\frac{1}{j\omega C}//R}{R+\frac{1}{j\omega C}+\left(R//\frac{1}{j\omega C}\right)}$$

$$=\frac{1}{3+j\left(\omega CR-\frac{1}{\omega CR}\right)} \tag{10-12}$$

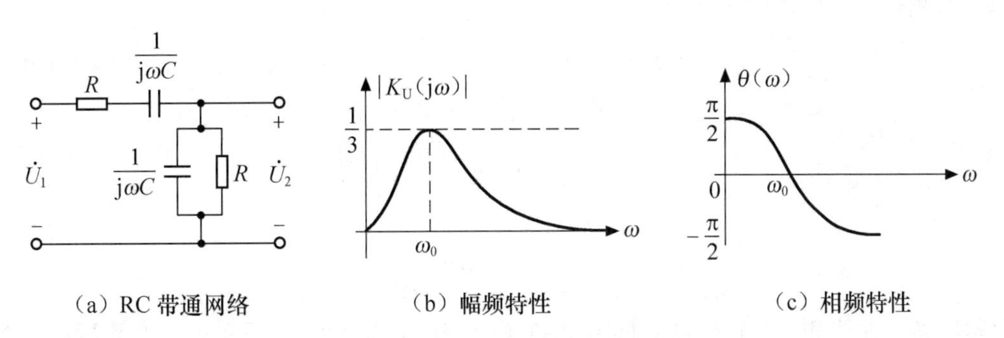

（a）RC 带通网络　（b）幅频特性　（c）相频特性

图 10-5　RC 带通网络及其频率特性

其幅频特性和相频特性分别为

$$|K_U(j\omega)|=\frac{1}{\sqrt{9+\left(\omega CR-\frac{1}{\omega CR}\right)^2}} \tag{10-13}$$

$$\theta(\omega)=-\arctan\frac{1}{3}\left(\omega CR-\frac{1}{\omega CR}\right) \tag{10-14}$$

其幅频特性曲线和相频特性曲线如图 10-5（b）和图 10-5（c）所示。由幅频特性曲线可知，当 $\omega=\omega_0=\frac{1}{RC}$时，$|K_U(j\omega)|=\frac{1}{3}$为最大，且电路对频率在 ω_0 附近的信号有较大的输出，因而该网络具有带通滤波的作用，ω_0 称为带通网络的中心频率。带通网络有两个截止角频率，由式（10-13）可求得其下截止角频率 $\omega_{C1}=0.3\frac{1}{RC}$和上截止角频率 $\omega_{C2}=3.3\frac{1}{RC}$。

10.2.4 RC 带阻网络

图 10-6（a）为由 RC 构成的双 T 网络，是带阻网络，其转移电压比为

$$K_U(j\omega)=\frac{\dot{U}_2}{\dot{U}_1}=\frac{1}{1+\frac{4}{j\left(\omega CR-\frac{1}{\omega CR}\right)}} \tag{10-15}$$

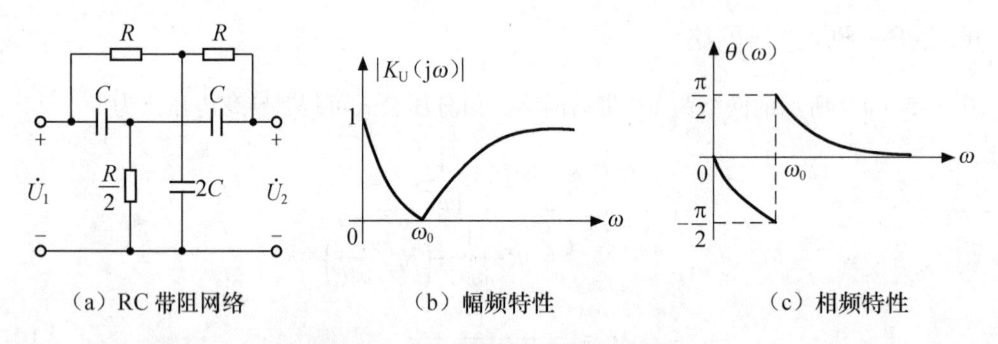

（a）RC 带阻网络　（b）幅频特性　（c）相频特性

图 10-6　RC 带阻网络及其频率特性

其幅频特性和相频特性分别为

$$|K_U(j\omega)|=\frac{1}{\sqrt{1+\frac{16}{\left(\omega CR-\frac{1}{\omega CR}\right)^2}}} \tag{10-16}$$

$$\theta(\omega)=\arctan\frac{4}{\omega CR-\frac{1}{\omega CR}} \tag{10-17}$$

幅频特性曲线和相频特性曲线如图 10-6（b）和图 10-6（c）所示。由幅频特性曲线可知，电路对频率在 $\omega=\omega_0=\frac{1}{RC}$附近的信号有较大的衰减，因而网络具有带阻滤波的作用。

10.2.5　RC 全通网络

图 10-7（a）为 RC 全通网络，其转移电压比为

$$K_{\mathrm{U}}(\mathrm{j}\omega)=\frac{\dot{U}_2}{\dot{U}_1}=\frac{\dfrac{1}{\mathrm{j}\omega C}}{R+\dfrac{1}{\mathrm{j}\omega C}}-\frac{R}{R+\dfrac{1}{\mathrm{j}\omega C}}$$

$$=\frac{1-\mathrm{j}\omega CR}{1+\mathrm{j}\omega CR} \tag{10-18}$$

（a）RC 全通网络　　（b）幅频特性　　（c）相频特性

图 10-7　RC 全通网络及其频率特性

其幅频特性和相频特性分别为

$$|K_{\mathrm{U}}(\mathrm{j}\omega)|=1 \tag{10-19}$$

$$\theta(\omega)=-2\arctan(\omega CR) \tag{10-20}$$

其幅频特性曲线和相频特性曲线如图 10-7（b）和图 10-7（c）所示。可见，该网络的输出信号幅度等于输入信号的幅度，且不随频率变化，而相移随频率从 0°～−180°变化。故该电路称 RC 全通网络又称为移相网络。

10.3　RLC 串联谐振

共振与谐振

含有电感和电容这两种不同储能元件的电路，在特定频率的正弦激励下，可以产生一种重要的现象——谐振。当输入阻抗为纯电阻，也就是端口电压与电流同相时，称此电路发生了谐振。在通信和无线电技术中，经常利用谐振电路的选频特性，选取所需频率的信号。下面分别讨论 RLC 串联谐振和 GCL 并联谐振。

10.3.1　RLC 串联电路的谐振条件

在图 10-8 所示的 RLC 串联电路中，激励 $\dot{U}_{\mathrm{S}}$ 为振幅和初相不变而频率可变的正弦电压，其策动点阻抗为

$$Z(\mathrm{j}\omega)=R+\mathrm{j}\left(\omega L-\frac{1}{\omega C}\right)=R+\mathrm{j}X$$

$$=\sqrt{R^2+X^2}\angle\arctan\frac{X}{R}=|Z|\angle\theta_{\mathrm{Z}} \tag{10-21}$$

在式（10-21）中，电抗 $X=\omega L-\dfrac{1}{\omega C}$。

由于电抗 X 为频率的函数，因此，阻抗模 $|Z|$ 和阻抗角 θ_Z 均为 ω 的函数。

图10-9为阻抗的模 $|Z|$ 随 ω 变化的曲线，电抗 X 一并用虚线绘出。

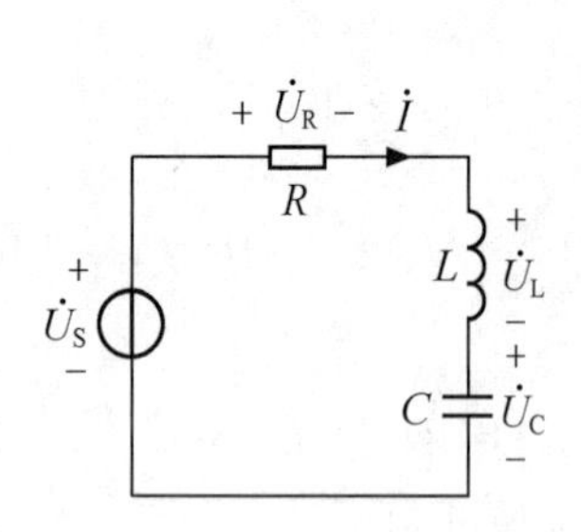

图10-8　RLC串联谐振电路

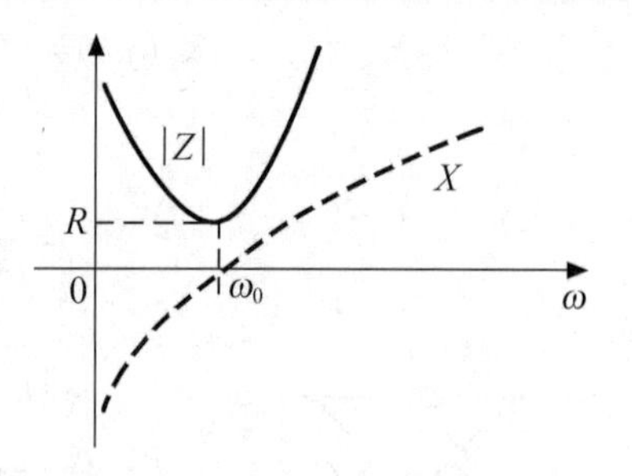

图10-9　RLC串联电路的 $|Z|\sim\omega$ 和 $X\sim\omega$ 曲线

由图10-9可见，当 $\omega<\omega_0$ 时，由于 $\omega L<\dfrac{1}{\omega C}$，因此，电抗 $X<0$，电路呈容性；当 $\omega>\omega_0$ 时，$\omega L>\dfrac{1}{\omega C}$，电抗 $X>0$，电路呈感性；当 $\omega=\omega_0$ 时，$X=0$，$|Z|=R$ 达到最小，电路呈纯电阻性，发生谐振。此时有

$$X=\omega_0 L-\frac{1}{\omega_0 C}=0 \tag{10-22}$$

式（10-22）称为RLC串联电路发生串联谐振的条件。

使电路发生串联谐振的频率称为串联谐振频率。由式（10-22）可得谐振角频率为

$$\omega_0=\frac{1}{\sqrt{LC}}\ (\text{rad/s}) \tag{10-23}$$

谐振频率为

$$f_0=\frac{1}{2\pi\sqrt{LC}}\ (\text{Hz}) \tag{10-24}$$

式（10-23）或（10-24）表明，电路的谐振频率仅由电路本身的元件参数 L、C 确定，故 ω_0（或 f_0）称为电路的固有频率，它与电阻 R 无关。

当激励信号的频率与电路的固有频率一致时，电路才发生谐振。可以通过以下两种方法使电路发生谐振。

（1）当谐振电路元件参数 L 和 C 一定，也就是电路的固有频率固定时，可通过改变激励信号的频率，使之等于电路的固有频率。

（2）若激励信号频率一定，则可通过调整 L 或 C（常改变 C）的值，即改变电路的固有频率，使电路固有频率与激励频率相同。这种操作方法称为调谐。例如，收音机选电台就是一种常见的调谐操作。

10.3.2　RLC串联电路的谐振特性

将有关变量附加“0”下标，表示其为谐振时的特性量。

1. 谐振电路的特性阻抗和品质因数

RLC 串联谐振时的感抗等于容抗，称为串联谐振电路的特性阻抗，并用字母 ρ 表示。

$$\rho=\omega_0 L=\frac{1}{\omega_0 C}=\sqrt{\frac{L}{C}} \tag{10-25}$$

式（10-25）表明，特性阻抗 ρ 仅由电路的元件参数 L 和 C 决定，其单位为 Ω。

在工程中，通常用电路的特性阻抗与电路的电阻值之比来表征谐振电路的性质，此比值称为串联谐振电路的品质因数，记作 Q。

$$Q=\frac{\omega_0 L}{R}=\frac{1}{\omega_0 CR}=\frac{\rho}{R}=\frac{1}{R}\sqrt{\frac{L}{C}} \tag{10-26}$$

可以看出，品质因数 Q 是仅由元件参数 R、L 和 C 决定的无量纲的常数.

电路的元件值常称为一次参数，由元件值约束的参数习惯上称为二次参数。谐振角频率 ω_0、特性阻抗 ρ、品质因数 Q 是电路重要的二次参数。

RLC 电路发生串联谐振时，阻抗的电抗分量 $X=\omega_0 L-\frac{1}{\omega_0 C}=0$，故

$$Z_0=R+\mathrm{j}X=R=|Z|_{\min} \tag{10-27}$$

$$Y_0=\frac{1}{Z_0}=|Y|_{\max} \tag{10-28}$$

式（10-27）和式（10-28）表明，谐振时的阻抗和导纳为纯电阻性，且为阻抗模的最小值，导纳模的最大值。

2. 谐振时的电流和电压

RLC 串联谐振时的电流为

$$\dot{I}_0=\frac{\dot{U}_S}{Z_0}=\frac{\dot{U}_S}{R} \tag{10-29}$$

不仅电流与激励电压同相，而且电流达到最大值 I_0。

串联谐振时各元件上的电压分别为

$$\dot{U}_{R0}=R\dot{I}_0=R\frac{\dot{U}_S}{R}=\dot{U}_S \tag{10-30}$$

$$\dot{U}_{L0}=\mathrm{j}\omega_0 L\dot{I}_0=\mathrm{j}\frac{\omega_0 L}{R}\dot{U}_S=\mathrm{j}Q\dot{U}_S \tag{10-31}$$

$$\dot{U}_{C0}=\frac{1}{\mathrm{j}\omega_0 C}\dot{I}_0=\frac{1}{\mathrm{j}\omega_0 CR}\dot{U}_S=-\mathrm{j}Q\dot{U}_S \tag{10-32}$$

式（10-30）表明，谐振时，激励电压全部加在电阻两端。式（10-31）和式（10-32）表明，谐振时，电感和电容电压的相位相反、大小相同，均为激励的 Q 倍，即 $U_{L0}=U_{C0}=QU_S$。通信与无线技术中的串联谐振电路，一般 $R\ll\rho$，Q 值可达几十到几百。因此谐振时电感或电容上的电压可达激励电压的几十到几百倍，所以串联谐振有称电压谐振。

电抗（电容与电感）两端的电压相量为

$$\dot{U}_{X0}=\dot{U}_{L0}+\dot{U}_{C0}=\mathrm{j}Q\dot{U}_S-\mathrm{j}Q\dot{U}_S=0 \tag{10-33}$$

式（10-33）表明，谐振时 L、C 串联部分对外相当于短路，与激励之间没有能量的交

换，如图 10-10（a）所示。RLC 串联谐振时，电压、电流相量图如图 10-10（b）所示。

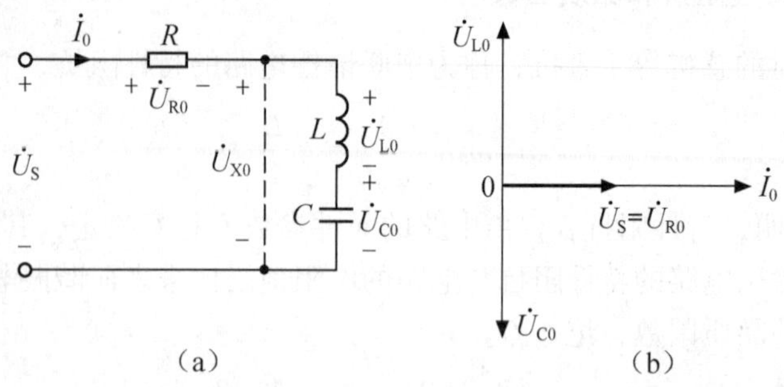

图 10-10　RLC 串联谐振时的电路相量模型及电压、电流相量

3. 谐振时电路的功率与能量

设 RLC 串联电路谐振时的瞬时电流为

$$i_0=\sqrt{2}I_0\cos\omega_0 t$$

则电感的瞬时储能为

$$w_{L0}=\frac{1}{2}Li_0^2=LI_0^2\cos^2\omega_0 t \tag{10-34}$$

电容电压瞬时值为

$$u_{C0}=\frac{\sqrt{2}I_0}{\omega_0 C}\cos(\omega_0 t-90°)=\sqrt{2}U_{C0}\cos(\omega_0 t-90°)$$

电容的瞬时储能为

$$w_{C0}=\frac{1}{2}Cu_{C0}^2=C\left(\frac{I_0}{\omega_0 C}\right)^2\sin^2\omega_0 t=LI_0^2\sin^2\omega_0 t \tag{10-35}$$

两电抗元件的瞬时储能之和为

$$w_{X0}=w_{L0}+w_{C0}=LI_0^2\cos^2\omega_0 t+LI_0^2\sin^2\omega_0 t=LI_0^2 \tag{10-36}$$

式（10-36）表明，谐振时，电抗元件的总储能在任何瞬间恒为常数，储能元件与激励源间无能量交换，电容只与电感相互转换电磁能量，激励源只提供电阻消耗能量。

电阻消耗的平均功率为 $P_{R0}=RI_0{}^2$。在一个周期 T 内，电阻消耗的能量为 $W_{R0}=RI_0{}^2T$，电路中储存的能量与其消耗的能量之比为

$$\frac{w_{X0}}{w_{R0}}=\frac{w_{L0}+w_{C0}}{w_{R0}}=\frac{LI_0^2}{RI_0^2T}=\frac{1}{2\pi}\frac{\omega_0 L}{R}=\frac{1}{2\pi}Q \tag{10-37}$$

则

$$Q=2\pi\frac{w_{X0}}{w_{R0}} \tag{10-38}$$

式（10-38）从能量角度定义了电路的 Q，它正比于谐振时电路的储能与耗能之比。

【例 10-2】　RLC 串联谐振电路常应用于接收机中，作为输入回路。某收音机调谐电路如图 10-11（a）所示，它将微弱而不同频率的电台信号，从天线经过耦合在电感线圈上感应出电压信号，等效的电路模型如图 10-11（b）所示。调节 C，使回路与所收听的电台中心频率谐振，从而在电容上产生比输入感应电压 U_S 高得多（QU_S）的电压信号，取出该电压给收音机的下一级电路。设电感线圈的电感量 $L=0.3\text{mH}$，损耗电阻 $R=10\Omega$，欲收听中央电台 560kHz 信号。试求：（1）电容 C 应调到何值；（2）品质因数 Q；（3）若收听电台信号

的电压有 $U_S=2\text{mV}$，此时输出电压 U_{C0}。

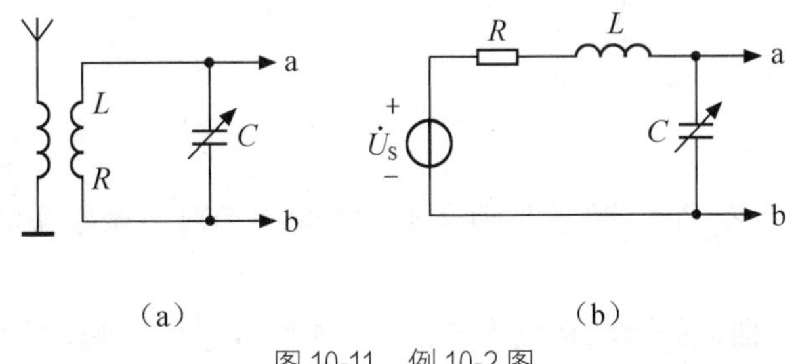

图 10-11　例 10-2 图

解：(1) $C=\dfrac{1}{\omega_0^2 L}=\dfrac{1}{(2\pi\times560\times10^3)^2\times0.3\times10^{-3}}=269\text{pF}$

(2) $Q=\dfrac{\omega_0 L}{R}=\dfrac{2\pi\times560\times10^3\times0.3\times10^{-3}}{10}=105.5$

(3) $U_{C0}=QU_S=105.5\times2\times10^{-3}=0.201\text{V}$

在无线电技术中，利用串联谐振，使相应频率的输出电压得到增益；在电力系统中，由于电压较高，故需避免因串联谐振而引起的过高电压损坏电气设备。

10.3.3　RLC 串联谐振电路的频率特性

RLC 串联谐振电路的谐振特性表明，当输入信号的频率与电路固有频率相同时，电路谐振，该信号可以有效通过并输出较大的电压（$U_{L0}=U_{C0}=QU_S$）。对于其他频率的信号，电路的表现又将如何？为此，讨论 RLC 串联谐振电路的频率特性。

1. RLC 串联谐振电路的电流频率特性

在图 10-8 所示的电路中，假设电压源 $\dot{U}_S$ 为激励相量，则电路电流相量为

$$\dot{I}=\frac{\dot{U}_S}{R+\mathrm{j}\left(\omega L-\dfrac{1}{\omega C}\right)}=\frac{\dfrac{\dot{U}_S}{R}}{1+\mathrm{j}\dfrac{\omega_0 L}{R}\left(\dfrac{\omega}{\omega_0}-\dfrac{1}{\omega_0\omega LC}\right)}$$

$$=\frac{\dot{I}_0}{1+\mathrm{j}Q\left(\dfrac{\omega}{\omega_0}-\dfrac{\omega_0}{\omega}\right)} \tag{10-39}$$

策动点导纳为

$$Y(\mathrm{j}\omega)=\frac{\dot{I}}{\dot{U}_S}=\frac{1}{R+\mathrm{j}\left(\omega L-\dfrac{1}{\omega C}\right)}=\frac{\dfrac{1}{R}}{1+\mathrm{j}Q\left(\dfrac{\omega}{\omega_0}-\dfrac{\omega_0}{\omega}\right)}$$

$$=\frac{Y_0}{1+\mathrm{j}Q\left(\dfrac{\omega}{\omega_0}-\dfrac{\omega_0}{\omega}\right)} \tag{10-40}$$

由于$\dot{I}_0$、Y_0均为常量，式（10-39）和式（10-40）可以统一表示为

$$\frac{\dot{I}}{\dot{I}_0}=\frac{Y}{Y_0}=\frac{1}{1+\mathrm{j}Q\left(\frac{\omega}{\omega_0}-\frac{\omega_0}{\omega}\right)}=H(\mathrm{j}\omega) \tag{10-41}$$

式中$\frac{\omega}{\omega_0}$为相对角频率，它反映了激励电压的角频率偏离谐振频率的程度。若取$\frac{\omega}{\omega_0}$为自变量，则$\frac{\dot{I}}{\dot{I}_0}$的频率特性曲线的形状将仅受电路的品质因数$Q$的影响，且与$\frac{Y}{Y_0}$通用。

其归一化的幅频和相频特性分别为

$$|H(\mathrm{j}\omega)|=\frac{I}{I_0}=\frac{1}{\sqrt{1+Q^2\left(\frac{\omega}{\omega_0}-\frac{\omega_0}{\omega}\right)^2}} \tag{10-42a}$$

$$\theta(\omega)=-\arctan Q\left(\frac{\omega}{\omega_0}-\frac{\omega_0}{\omega}\right) \tag{10-42b}$$

幅频和相频特性曲线如图10-12所示。

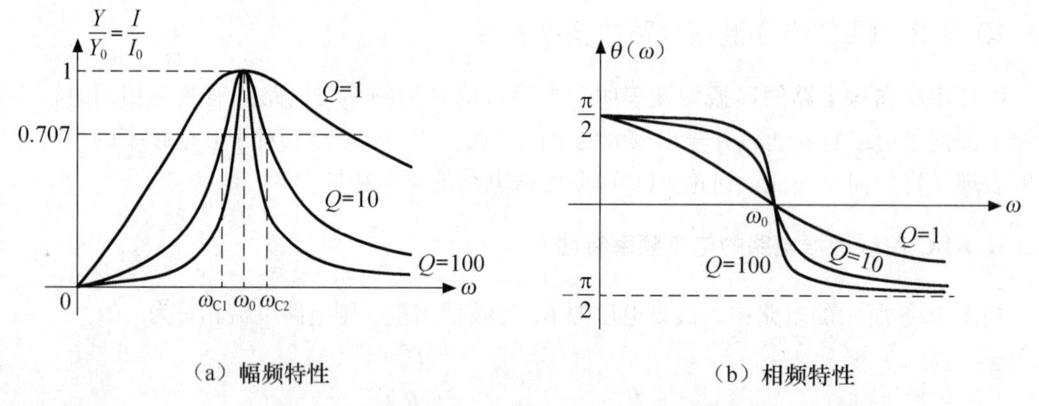

（a）幅频特性　　（b）相频特性

图10-12　不同Q值下RLC串联谐振电路的电流特性

由图10-12可知，当$\omega=\omega_0$，即电路谐振时，无论品质因数Q取何值，$|H(\mathrm{j}\omega)|$最大，相移为0，也就是电路的响应电流有效值达到最大；当ω逐渐偏离ω_0即失谐时，$|H(\mathrm{j}\omega)|$逐渐减小而趋于0，相移绝对值增大而趋于$\frac{\pi}{2}$，也就是电路中的电流越来越小。当$\omega<\omega_0$时，相移为正，电路呈容性；$\omega>\omega_0$时，相移为负，电路呈感性。Q值越大，谐振曲线的峰越尖锐，相频特性在$\omega=\omega_0$处斜率越大。

从图10-12（a）所示的幅频特性曲线可以看出，串联谐振电路具有带通滤波器的特性。谐振电路能够选出所需信号，而抑制不需要信号的能力称为电路的选择性。电路的Q值越大，谐振曲线越尖锐，电路对偏离谐振频率的信号的抑制能力就越强，电路的频率选择性就越好。反之，电阻R越大，则Q值越低，选择性越差。

工程上通常将幅频特性$|H(\mathrm{j}\omega)|\geqslant\frac{1}{\sqrt{2}}$对应的频率范围定义为电路的通频带。图10-12

(a) 所示的频率范围 $\omega_{C1}\sim\omega_{C2}$ 即为 $Q=10$ 时，串联谐振电路的通频带，其中 ω_{C1} 为下截止角频率，ω_{C2} 为上截止角频率。由式（10-42）可得截止频率（也称半功率点频率）。令

$$|H(j\omega)|=\frac{1}{\sqrt{1+Q^2\left(\frac{\omega}{\omega_0}-\frac{\omega_0}{\omega}\right)^2}}=\frac{1}{\sqrt{2}}$$

即
$$Q^2\left(\frac{\omega}{\omega_0}-\frac{\omega_0}{\omega}\right)^2=1$$

可得
$$\frac{\omega}{\omega_0}=\sqrt{1+\frac{1}{4Q^2}}\pm\frac{1}{2Q}$$

即下截止频率为
$$\omega_{C1}=\left(\sqrt{1+\frac{1}{4Q^2}}-\frac{1}{2Q}\right)\omega_0$$

上截止频率为
$$\omega_{C2}=\left(\sqrt{1+\frac{1}{4Q^2}}+\frac{1}{2Q}\right)\omega_0$$

由此得到串联谐振电路的通频带宽度，即带宽为

$$BW=\omega_{C2}-\omega_{C1}=\frac{\omega_0}{Q}(\mathrm{rad/s}) \tag{10-43a}$$

或
$$BW=f_{C2}-f_{C1}=\frac{f_0}{Q}(\mathrm{Hz}) \tag{10-43b}$$

带宽 BW 与品质因数 Q 成反比关系，Q 值越高，通频带宽度越窄。

工程实际应用的信号往往不是单一频率的正弦信号，如广播接收机遇到的是各个频道的信号，每个频道的信号又占有一定的频带宽度。为了使谐振电路能够有效选出所需频道而抑制其他频道的信号，希望电路的选择性好，即提高品质因素 Q；另一方面，要让所接收频道的信号无失真通过，使该频道的各频率分量都能有效输出，又要求电路的通频带带宽尽量宽些，即要求减小因素 Q。因此，电路的选择性与通频带之间存在矛盾。在选择和设计谐振电路时，需在选择性和通频带之间折中，兼顾这两个方面的要求。

若将 $Q=\frac{\omega_0 L}{R}$ 分别代入式（10-43a）和式（10-43b），可以得到通频带带宽的另一种表示。

$$BW=\frac{\omega_0}{Q}=\frac{R}{L}(\mathrm{rad/s}) \tag{10-44a}$$

$$BW=\frac{f_0}{Q}=\frac{R}{2\pi L}(1/\mathrm{s}) \tag{10-44b}$$

式（10-43）、式（10-44）又称为谐振回路的绝对带宽，表示谐振回路通频带的绝对宽度。绝对带宽与谐振频率之比定义为相对通频带带宽，其值为品质因数 Q 的倒数，即

$$\frac{BW}{\omega_0}=\frac{1}{Q} \tag{10-45}$$

2. RLC 串联谐振电路的电压传输特性

RLC 串联谐振电路的电阻电压的频率特性为

$$K_{\mathrm{R}}(\mathrm{j}\omega)=\frac{\dot{U}_{\mathrm{R}}}{\dot{U}_{\mathrm{S}}}=\frac{1}{1+\mathrm{j}Q\left(\dfrac{\omega}{\omega_0}-\dfrac{\omega_0}{\omega}\right)} \tag{10-46}$$

与式（10-41）表示的电流频率特性相同。

电容电压的频率特性为

$$K_{\mathrm{C}}(\mathrm{j}\omega)=\frac{\dot{U}_{\mathrm{C}}}{\dot{U}_{\mathrm{S}}}=\frac{\dfrac{1}{\mathrm{j}\omega C}}{R+\mathrm{j}\left(\omega L-\dfrac{1}{\omega C}\right)}=\frac{-\mathrm{j}Q\dfrac{\omega_0}{\omega}}{1+\mathrm{j}Q\left(\dfrac{\omega}{\omega_0}-\dfrac{\omega_0}{\omega}\right)} \tag{10-47}$$

幅频、相频特性分别为

$$|K_{\mathrm{C}}(\mathrm{j}\omega)|=\frac{Q}{\sqrt{1+Q\left(\dfrac{\omega}{\omega_0}-\dfrac{\omega_0}{\omega}\right)^2}}\cdot\frac{\omega_0}{\omega} \tag{10-48a}$$

$$\theta_{\mathrm{C}}(\omega)=-\frac{\pi}{2}-\arctan Q\left(\frac{\omega}{\omega_0}-\frac{\omega_0}{\omega}\right) \tag{10-48b}$$

电感电压的频率特性为

$$K_{\mathrm{L}}(\mathrm{j}\omega)=\frac{\dot{U}_{\mathrm{L}}}{\dot{U}_{\mathrm{S}}}=\frac{\mathrm{j}\omega L}{R+\mathrm{j}\left(\omega L-\dfrac{1}{\omega C}\right)}=\frac{\mathrm{j}Q\dfrac{\omega}{\omega_0}}{1+\mathrm{j}Q\left(\dfrac{\omega}{\omega_0}-\dfrac{\omega_0}{\omega}\right)} \tag{10-49}$$

幅频、相频特性分别为

$$|K_{\mathrm{L}}(\mathrm{j}\omega)|=\frac{Q}{\sqrt{1+Q\left(\dfrac{\omega}{\omega_0}-\dfrac{\omega_0}{\omega}\right)^2}}\cdot\frac{\omega}{\omega_0} \tag{10-50a}$$

$$\theta_{\mathrm{L}}(\omega)=\frac{\pi}{2}-\arctan Q\left(\frac{\omega}{\omega_0}-\frac{\omega_0}{\omega}\right) \tag{10-50b}$$

由式（10-48）和式（10-50）可得，当 $\omega=\omega_0$ 时，$|K_{\mathrm{C}}(\mathrm{j}\omega_0)|=|K_{\mathrm{L}}(\mathrm{j}\omega_0)|=Q$，即电容电压和电感电压都是激励电压的 Q 倍，但并非最大值。用求极值的方法可求得 $|K_{\mathrm{C}}(\mathrm{j}\omega)|$ 和 $|K_{\mathrm{L}}(\mathrm{j}\omega)|$ 最大值对应的频率分别为

$$\omega_{\mathrm{Cmax}}=\omega_0\sqrt{1-\frac{1}{2Q^2}} \tag{10-51a}$$

$$\omega_{\mathrm{Lmax}}=\frac{\omega_0}{\sqrt{1-\dfrac{1}{2Q^2}}} \tag{10-51b}$$

由式（10-51）可知，当 $Q\leqslant\frac{1}{\sqrt{2}}$ 时，U_{C} 和 U_{L} 均无峰值。$Q>\frac{1}{\sqrt{2}}$ 时，电容电压和电感电压出现峰值，但不在谐振点上，且 $\omega_{\mathrm{Cmax}}<\omega_0<\omega_{\mathrm{Lmax}}$。在谐振频率点电流达到最大，频率增大时电流虽有下降，但感抗 ωL 却增大了，因而电感电压 U_{L} 的最大值发生在谐振频率之后。类

似地，电容电压 U_C 的最大值发生在谐振频率之前。图 10-13 为 $Q=1.25$ 时的电容和电感传输特性曲线。

实际使用的串联谐振电路的品质因数 Q 都较大，在 $Q\geqslant 10$ 时，可以认为 $\omega_{Cmax}\approx\omega_0\approx\omega_{Lmax}$。所以通常认为电流、电压均在谐振频率 ω_0 处达到最大值。

故式（10-41）表示的电流的频率特性完全能够代表串联谐振电路的频率特性。

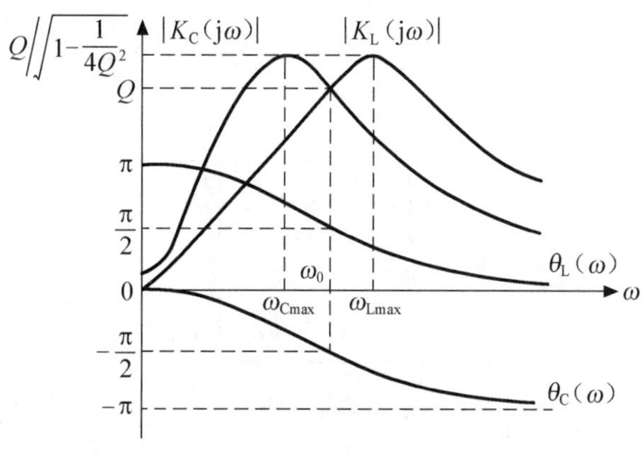

图 10-13　电容电压和电感电压的频率特点

【例 10-3】　在 RLC 串联谐振电路中，电源电压 $u_S(t)=\cos(2\pi ft)\,\mathrm{mV}$，频率 $f=1\mathrm{MHz}$。调节电容 C，使电路发生谐振，谐振电流 $I_0=100\mu\mathrm{A}$，电容电压 $U_{C0}=100\mathrm{mV}$。试求电路 R、L、C 以及 Q 和 BW。

解：　电源电压有效值　$U_S=0.707\mathrm{mV}$

$$R=\frac{U_S}{I_0}=\frac{0.707\times10^{-3}}{100\times10^{-6}}=7.07\Omega$$

$$Q=\frac{U_{C0}}{U_S}=\frac{100\times10^{-3}}{0.707\times10^{-3}}=141$$

$$BW=\frac{f_0}{Q}=\frac{10^6}{141}=7.09\mathrm{kHz}$$

$$L=\frac{R}{2\pi BW}=\frac{7.07}{6.28\times7.09\times10^3}=0.159\mathrm{mH}$$

$$C=\frac{1}{\omega_0^2L}=\frac{1}{(6.28\times10^6)^2\times0.159\times10^{-3}}=159\mathrm{pH}$$

10.4　GCL 并联谐振

串联谐振电路适用于信号源内阻较小的情况。当信号源内阻很大时，串联谐振电路的品质因数将很低，电路的谐振特性将变坏，这时宜采用并联谐振电路。

10.4.1　GCL 并联谐振电路

图 10-14 为 GCL 并联谐振电路，它与图 10-8 所示的 RLC 串联谐振电路相对偶。因而，GCL 并联谐振电路的全部特性与 RLC 串联谐振电路的特性完全对偶。

设 GCL 并联谐振电路的激励 $\dot{I}_S$ 为振幅和初相不变而频率可变的正弦电流，则电路的策动点导纳可表示为

$$Y(j\omega)=G+j\left(\omega C-\frac{1}{\omega L}\right)$$
$$=G+jB=|Y|\angle\theta_Y \qquad (10\text{-}52)$$

图 10-15 中的实线给出了导纳模 $|Y|$ 随 ω 变化的特性曲线，虚线为电纳 B 的频率特性曲线。

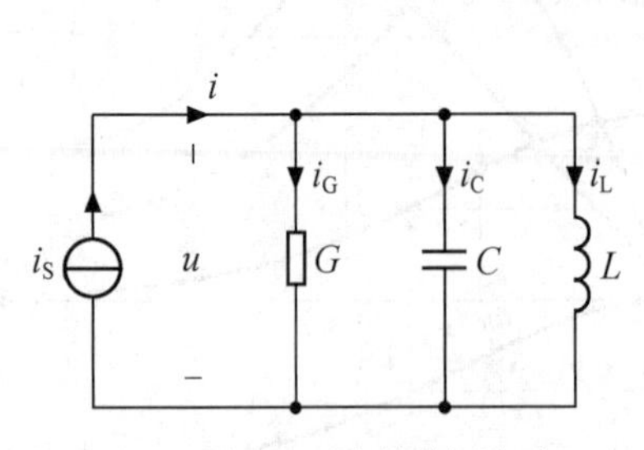

图 10-14　GCL 并联谐振电路

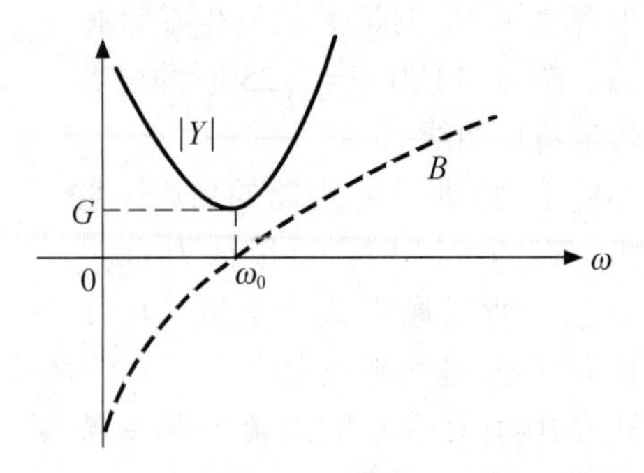

图 10-15　GCL 并联电路的 $|Y|\sim\omega$ 和 $B\sim\omega$ 曲线

由图 10-15 可见，当 $\omega<\omega_0$ 时，由于 $\omega C<\dfrac{1}{\omega L}$，因此，电纳 $B<0$，电路呈感性；当 $\omega>\omega_0$ 时，电纳 $B>0$，电路呈容性；当 $\omega=\omega_0$ 时，$B=0$，$|Y|=G$ 达到最小，电路呈纯电阻性，发生谐振。此时有

$$B=\omega_0 C-\frac{1}{\omega_0 L}=0 \tag{10-53}$$

式（10-53）称为 GCL 电路发生并联谐振的条件。

由式（10-53）可得并联谐振角频率为

$$\omega_0=\frac{1}{\sqrt{LC}}(\mathrm{rad/s}) \tag{10-54}$$

谐振频率为

$$f_0=\frac{1}{2\pi\sqrt{LC}}(\mathrm{Hz}) \tag{10-55}$$

并联谐振时，电路的感纳 B_L 和容纳 B_C 分别为

$$B_{L0}=\frac{1}{\omega_0 L}=\omega_0 C=B_{C0}=\sqrt{\frac{C}{L}} \tag{10-56}$$

谐振时感纳 B_{L0} 等于容纳 B_{C0}，因而电纳 $B_0=0$。导纳与阻抗分别为

$$Y_0=G+\mathrm{j}B_0=G=|Y|_{\min} \tag{10-57}$$

$$Z_0=\frac{1}{Y_0}=\frac{1}{G}=|Z|_{\max} \tag{10-58}$$

品质因数 Q 为

$$Q=\frac{\omega_0 C}{G}=\frac{1}{\omega_0 LG}=\frac{1}{G}\sqrt{\frac{C}{L}} \tag{10-59}$$

并联谐振时电路的电压达到最大，且与激励电流同相，为

$$\dot{U}_0=\frac{\dot{I}_S}{Y_0}=\frac{\dot{I}_S}{G} \tag{10-60}$$

谐振时各元件的电流分别为

$$\dot{I}_{G0}=G\dot{U}_0=\dot{I}_S \tag{10-61}$$

$$\dot{I}_{C0}=\mathrm{j}\omega_0 C\dot{U}_0=\mathrm{j}\,\frac{\omega_0 C}{G}\dot{I}_S=\mathrm{j}Q\dot{I}_S \tag{10-62}$$

$$\dot{I}_{L0}=\frac{1}{j\omega_0 L}\dot{U}_0=-j\frac{1}{\omega_0 LG}\dot{I}_S=-jQ\dot{I}_S \tag{10-63}$$

电容与电感上的电流相量之和为

$$\dot{I}_{B0}=\dot{I}_{C0}+\dot{I}_{L0}=jQ\dot{I}_S-jQ\dot{I}_S=0 \tag{10-64}$$

式（10-61）~式（10-63）表明，激励电流全部施加在电导上；电感电流和电容电流大小相等均为激励的 Q 倍，且相位相反，而相互抵消。故谐振时，L、C 并联部分对外相当于开路，与激励之间没有能量的交换，如图 10-16（a）所示。电压、电流相量图如图 10-16（b）所示。

由于 $I_{C0}=I_{L0}=QI_S$，故并联谐振又称电流谐振。

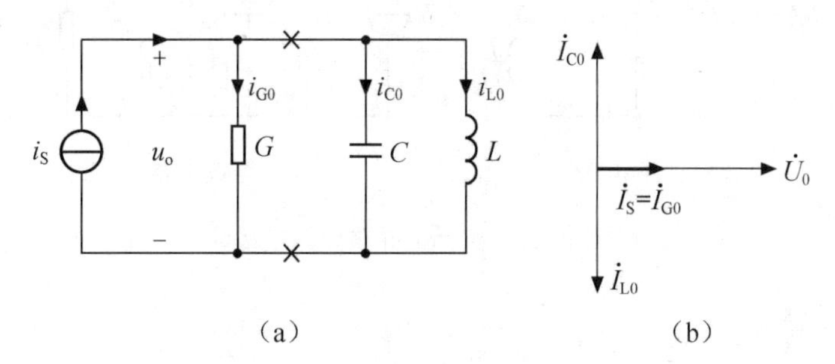

图 10-16　GCL 并联电路谐振时的相量模型图及电压、电流相量

GCL 并联电路的策动点阻抗函数为

$$Z=\frac{\dot{U}}{\dot{I}_S}=\frac{1}{G+j\left(\omega C-\dfrac{1}{\omega L}\right)}=\frac{Z_0}{1+jQ\left(\dfrac{\omega}{\omega_0}-\dfrac{\omega_0}{\omega}\right)} \tag{10-65}$$

式（10-65）中，$Z_0=1/G$ 为谐振时的阻抗，是常数，谐振时的电压 $\dot{U}_0=Z_0\dot{I}_S$ 也是常数，故有

$$\frac{\dot{U}}{\dot{U}_0}=\frac{Z}{Z_0}=\frac{1}{1+jQ\left(\dfrac{\omega}{\omega_0}-\dfrac{\omega_0}{\omega}\right)}=H(j\omega) \tag{10-66}$$

式（10-66）为 GCL 并联电路的频率特性。与 RLC 串联电路的频率特性函数式（10-41）一致，故 RLC 串联谐振曲线同样可用于 GCL 并联谐振，区别仅是纵轴表示的物理量不同，而且并联谐振电路同样具有带通滤波的特性，其通频带为

$$BW=\omega_{C2}-\omega_{C1}=\frac{\omega_0}{Q}=\frac{G}{C}(\text{rad/s}) \tag{10-67}$$

【例 10-4】　GCL 并联电路也常用于接收机。设接收机调谐在 FM 波段 98MHz，已知 $L=0.1\mu H$，$G=135\times10^{-6}S$。试求：（1）电容 C；（2）品质因数 Q；带宽 BW。

解：（1）$C=\dfrac{1}{\omega_0^2 L}=\dfrac{1}{(6.28\times98\times10^6)^2\times(0.1\times10^{-6})}F=26.4pF$

（2）$Q=\dfrac{1}{\omega_0 LG}=\dfrac{1}{(6.28\times98\times10^6)\times10^{-7}\times(135\times10^{-6})}=120$

（3）$BW=\dfrac{f_0}{Q}=\dfrac{98\times10^6}{120}=817kHz$

10.4.2 实际并联谐振电路

工程技术中的实际并联谐振电路由电感线圈和电容器并联组成。电容器的损耗极小，可以忽略其电阻，用理想电容元件 C 表示；电感线圈用电感 L 与表征其损耗的电阻 r 表示。因而，实际并联谐振电路的电路模型如图 10-17（a）所示。

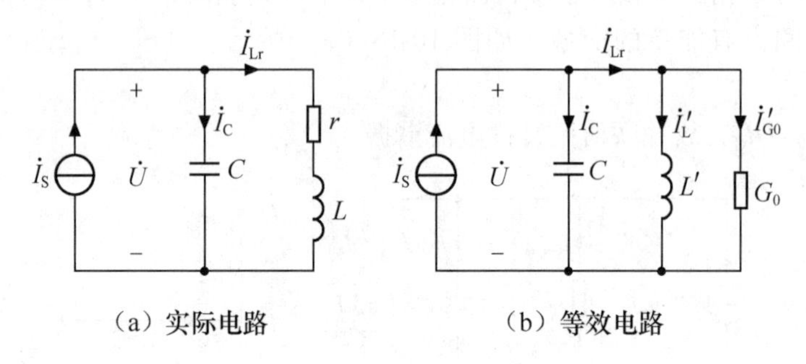

图 10-17　实际的并联谐振电路

电路的策动点导纳为

$$Y(\mathrm{j}\omega)=\mathrm{j}\omega C+\frac{1}{r+\mathrm{j}\omega L}$$

$$=\frac{r}{r^2+\omega^2L^2}+\mathrm{j}\left(\omega C-\frac{\omega L}{r^2+\omega^2L^2}\right) \tag{10-68}$$

在通信与无线技术中，线圈损耗电阻 r 一般很小，在谐振频率附近远远小于感抗，因此，式（10-68）的分母 $r^2+\omega^2L^2\approx\omega^2L^2$。于是，式（10-68）为

$$Y(\mathrm{j}\omega)\approx\frac{r}{\omega^2L^2}+\mathrm{j}\left(\omega C-\frac{1}{\omega L}\right)=G+\mathrm{j}B \tag{10-69}$$

当 $B=0$，即 $\left(\omega C-\frac{1}{\omega L}\right)=0$ 时，电路发生并联谐振，从而谐振频率为

$$\omega_0=\frac{1}{\sqrt{LC}} \tag{10-70}$$

由式（10-69）得谐振时的导纳

$$Y_0(\mathrm{j}\omega)=\frac{Cr}{L}=G_0 \tag{10-71}$$

于是，实际并联谐振电路的等效电路如图 10-17（b）所示。其中 $L'=L$。

谐振电路的品质因数

$$Q=\frac{\omega_0C}{G_0}=\frac{\omega_0C}{\frac{Cr}{L}}=\frac{\omega_0L}{r}=\frac{\sqrt{\frac{L}{C}}}{r}=\frac{\rho}{r} \tag{10-72}$$

10.4.3 电源内阻及负载对谐振电路性能的影响

实际并联谐振电路可以等效为 GCL 并联电路，如果考虑到实际电源存在内阻 R_S，输出

端接负载电阻 R_L，则加载后的实际并联谐振电路如图 10-18（a）所示，$R_0=\frac{1}{G_0}=\frac{L}{Cr}$。

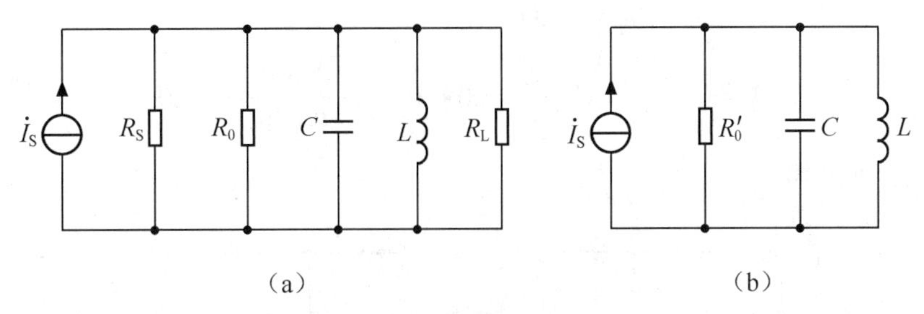

图 10-18　加载并联谐振电路

将电阻 R_S、R_L、R_0 等效成一个电阻 R_0'，则图 10-18（a）所示的加载实际并联谐振电路可等效成如图 10-18（b）所示的电路。

加载后电路的总电导

$$G_0'=\frac{1}{R_0}+\frac{1}{R_S}+\frac{1}{R_L}=G_0+G_S+G_L \tag{10-73}$$

电路的等效电阻

$$R_0'=\frac{1}{G_0'} \tag{10-74}$$

式（10-73）和式（10-74）表明，电源内阻和负载电阻使加载电路的电导变大，由空载时的 G_0 变为 G_0'，等效电阻变小。由图 10-18（b）可得加载后的谐振频率为

$$\omega_0=\frac{1}{\sqrt{LC}} \tag{10-75}$$

可见，电源内阻和负载电阻并不影响电路的谐振频率。加载后的谐振阻抗

$$Z_0'=R_0'=\frac{1}{G_0'} \tag{10-76}$$

加载后的品质因数为

$$Q'=\frac{\omega_0 C}{G_0'}=\frac{1}{G_0'}\sqrt{\frac{C}{L}} \tag{10-77}$$

由于加载后的电导 G_0' 变大，品质因数 Q' 将下降，电路的选择性变差，通频带变宽。

必须指出，如果电源内阻和负载中含有电抗分量，则这些电抗分量应该并入电容 C 或电感 L 中，此时谐振频率也会变化。

【例 10-5】　实际 GCL 并联电路如图 10-19（a）所示。已知电流源内阻 $R_S=25\text{k}\Omega$，电容 $C=100\text{pF}$，电感线圈 $L=100\mu\text{H}$，$r=10\Omega$。试求电路的：（1）谐振频率 ω_0；（2）品质因数 Q；带宽 BW。

解：因 r 远远小于谐振时的感抗，即 $r\ll\omega_0 L=\sqrt{\frac{L}{C}}=1\text{k}\Omega$，所以图 10-19（a）所示电路可等效为如图 10-19（b）所示的电路。

（1）$\omega_0=\frac{1}{\sqrt{LC}}=\frac{1}{\sqrt{100\times10^{-6}\times100\times10^{-12}}}=10^7\text{rad/s}$

（2）等效电阻 $R_0=\dfrac{L}{Cr}=\dfrac{100\times10^{-6}}{100\times10^{-12}\times10}=100\text{k}\Omega$

总电阻　$R_0'=R_0//R_S=25//100=20\text{k}\Omega$

$$Q'=\frac{1}{G_0'}\sqrt{\frac{C}{L}}=R_0'\sqrt{\frac{C}{L}}=20\times10^3\times\sqrt{\frac{100\times10^{-12}}{100\times10^{-6}}}=20$$

（3）$BW'=\dfrac{\omega_0}{Q'}=\dfrac{10^7}{20}=5\times10^5\text{rad/s}$

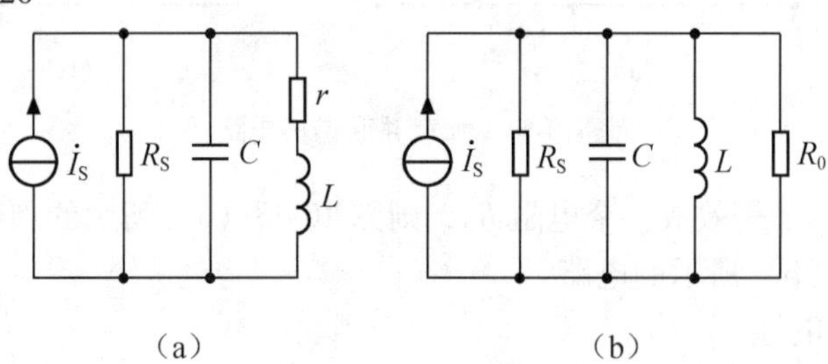

图 10-19　例 10-5 图

10.5　一般谐振电路

前面主要介绍了 RLC 串联谐振和并联谐振，若将串联谐振和并联谐振的概念推广，那么对于由多个电抗元件组成的谐振电路，一般来讲，当电路的策动点阻抗虚部为 0 时，电路发生串联谐振；当电路的策动点导纳虚部为 0 时，电路发生并联谐振。相应的谐振频率分别称为串联谐振频率和并联谐振频率。其中的特殊情况是当电路中的全部电抗元件组成纯电抗局部电路（支路），且局部电路的阻抗为 0，该局部电路发生串联谐振；局部电路的导纳为 0，该局部电路发生并联谐振。

【例 10-6】　在如图 10-20（a）所示的电路中，已知 $R_1=50\Omega$，$R_2=100\Omega$，$C=10\mu\text{F}$，电路在 $u_S(t)=\cos(1000t)\text{V}$ 激励下发生谐振。试求电感 L 和电流 $i(t)$。

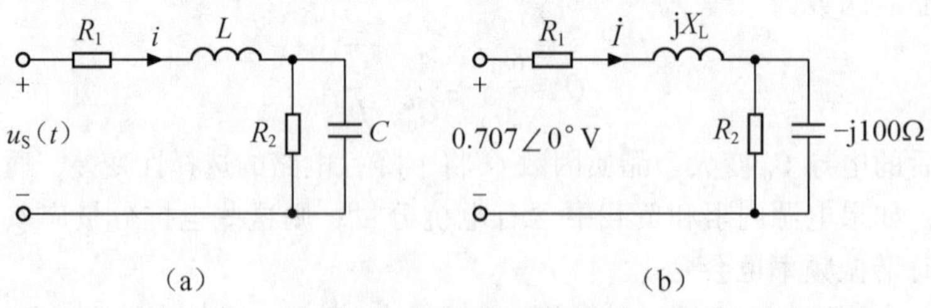

图 10-20　例 10-6 图

解：电路谐振频率 $\omega_0=1\ 000\text{rad/s}$，作谐振时的电路相量模型如图 10-20（b）所示。

并联部分的阻抗 $Z_2=R_2//(-jX_C)=100//(-j100)=50-j50\Omega$

电路总阻抗　$Z=R_1+jX_L+Z_2=50+jX_L+50-j50=100+j(X_L-50)$

谐振时，阻抗的虚部为 0，即 $X_L-50=0$

得　$X_L=50$

则　$L=\dfrac{X_L}{\omega_0}=\dfrac{50}{1000}=50\text{mH}$

谐振时电流相量

$$\dot{I}=\frac{\dot{U}_S}{Z_0}=\frac{0.707\angle 0^\circ}{100}=7.07\angle 0^\circ \text{mA}$$

电流的时间表达式为 $i(t)=10\cos(1000t)$ mA。

【例 10-7】 在图 10-21 所示的电路中，$L=10$mH，试求 C_1 和 C_2 为何值时，才能使电源频率为 100kHz 时，流经 R_L 的电流为 0，而电源频率为 50kHz 时，流经 R_L 的电流最大。

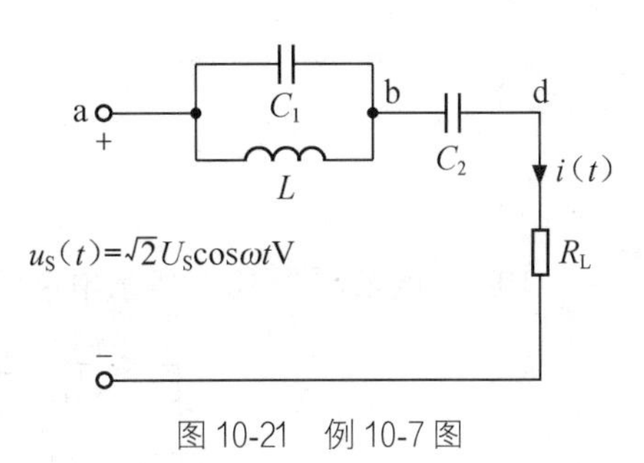

图 10-21 例 10-7 图

解： a、d 间为纯电抗支路，当 $Y_{ad}=0$，即 $Y_{ab}=0$，C_1 与 L 发生并联谐振时，a、b 端相当于开路，流经 R_L 的电流为 0，由 $\omega_{0并}=\frac{1}{\sqrt{LC_1}}$可求得

$$C_1=\frac{1}{\omega_{0并}^2 L}=\frac{1}{(2\pi\times 100\times 10^3)^2\times 10\times 10^{-3}}=253\text{pF}$$

当 $Z_{ad}=0$ 时，流经 R_L 的电流最大，此时 C_1、C_2、L 发生串联谐振，即

$$Z_{ad}=\left(j\omega_{0串}L//\frac{1}{j\omega_{0串}C_1}\right)+\frac{1}{j\omega_{0串}C_2}=0$$

可得

$$\omega_{0串}=\frac{1}{\sqrt{L(C_1+C_2)}}$$

将 $f_{0串}=50$kHz，以及 C_1 和 L 的值代入上式，得

$$C_2=\frac{1}{\omega_{0串}^2 L}-C_1=\frac{1}{(2\pi\times 50\times 10^3)^2\times 10\times 10^{-3}}-253\times 10^{-12}=746\text{pF}$$

思维导图

习题精讲 电路的频率特性

电路频率特性分析的仿真实例

习 题 10

10-1 试求题图 10-1 所示电路的转移电压比。

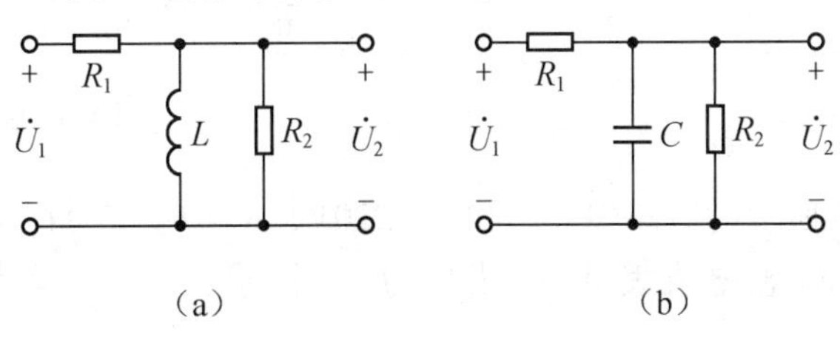

题图 10-1

10-2　试求题图10-2所示电路的转移电压比，并画出幅频特性曲线和相频特性曲线。

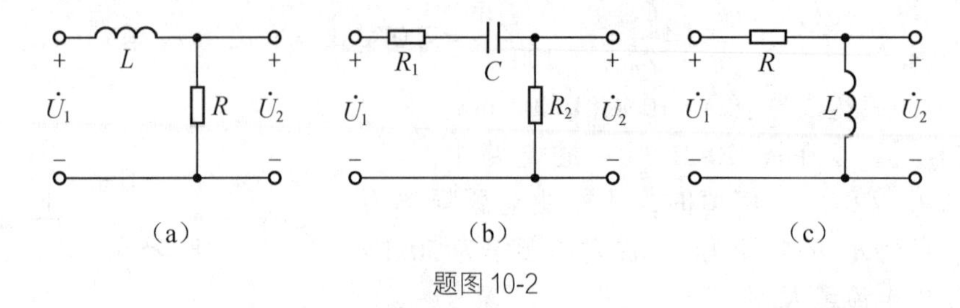

题图10-2

10-3　试求题图10-3所示电路的电流传输函数、截止角频率和通频带。

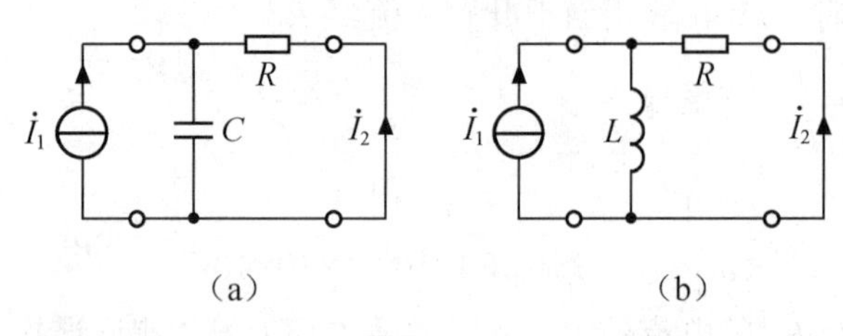

题图10-3

10-4　RLC串联谐振电路，已知$L=160\mu\text{H}$，$C=250\text{pF}$，$R=10\Omega$，电源电压$U_S=1\text{mV}$。试求f_0、Q、BW、I_0、U_{L0}、U_{C0}。

10-5　RLC串联电路，电源电压$u_S(t)=10\sqrt{2}\cos(2\,500t+50°)\,\text{V}$，当$C=8\mu\text{F}$时，电路吸收的功率最大，$P_{max}=100\text{W}$。求电感$L$和品质因数$Q$。

10-6　已知RLC串联电路的谐振频率为3.5MHz，特性阻抗为1kΩ。（1）试求电感L和电容C；（2）若电路的品质因数为50，输入电压的有效值为10mV，试求电容输出电压U_C，及回路的带宽BW。

10-7　题图10-7是应用串联谐振原理测量线圈电阻r和电感L的电路。已知$R=10\Omega$，$C=0.1\mu\text{F}$，保持外加电压U的有效值为1V不变，而改变频率f，同时用电压表测量电阻R的电压U_R，当$f=800\text{Hz}$时，$U_{Rmax}=0.8\text{V}$，试求电阻r和电感L。

10-8　RLC并联谐振电路的$|Z|\sim\omega$的特性曲线如图10-8所示，试求：（1）带宽BW和品质因数Q；（2）R、L、C。

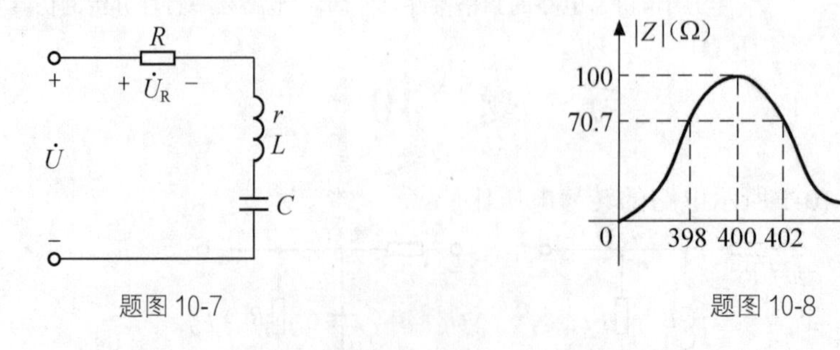

题图10-7　　题图10-8

10-9　在题图10-9所示的电路中，已知$U=220\text{V}$，$R_1=R_2=50\Omega$，$L_1=0.2\text{H}$，$L_2=0.1\text{H}$，$C_1=5\mu\text{F}$，$C_2=10\mu\text{F}$，理想电流表A_1的读数为0。试求：（1）理想电流表A_2的读数；（2）电路消耗功率。

10-10　题图 10-10 所示的电路，已知 $r=8\Omega$，$L=40\text{mH}$，$C=2\,500\text{pF}$。试求（1）该电路的 f_0、Z_0、ρ 及 Q；（2）若输入电流 i 的有效值为 $10\mu\text{A}$，求电压 u 的有效值。

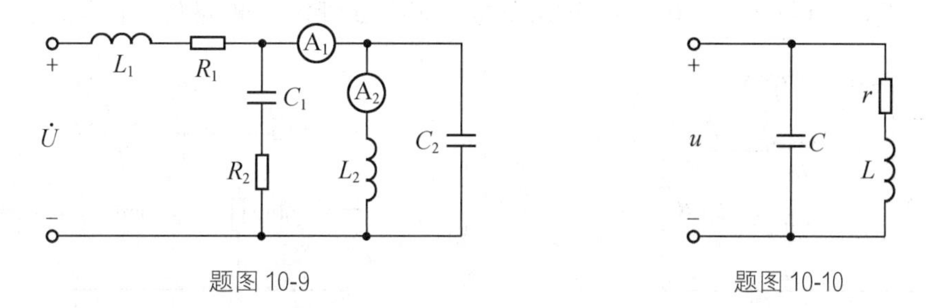

题图 10-9　　　　题图 10-10

10-11　题图 10-11 所示的并联谐振电路，已知 $L=0.1\text{mH}$，$C=100\text{pF}$，$r=10\Omega$，$R_S=100\text{k}\Omega$，$\dot{U}_S=2\angle 0°\text{V}$。试求：（1）谐振角频率 ω_0；（2）端电压 $\dot{U}$；（3）整个电路的品质因数 Q；（4）谐振时电容支路电流 $\dot{I}_{C0}$ 及电感支路电流 $\dot{I}_{Lr0}$。

10-12　并联谐振电路如题图 10-12 所示。

（1）试求电路无载时的谐振频率 f_0、品质因数 Q 及通频带宽度 BW；

（2）若接入负载 20kΩ，整个电路的谐振频率 f_0、品质因数 Q 及通频带宽度 BW；

（3）接入负载 20kΩ 后，要求电路品质因数为 25，在保持谐振频率不变的情况下，应如何选择 L 和 C？

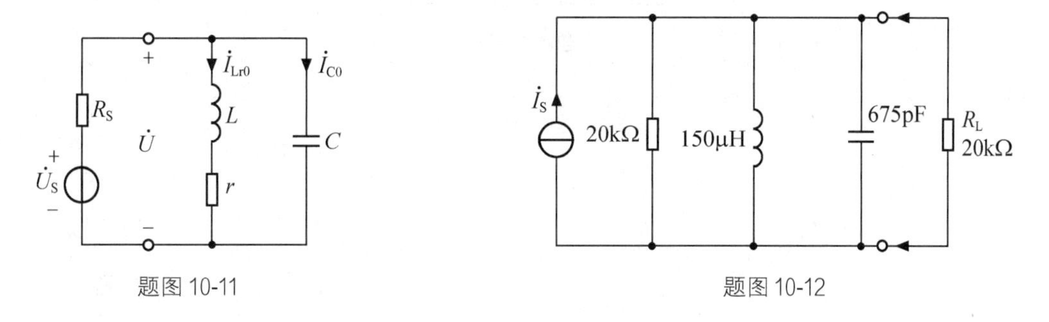

题图 10-11　　　　题图 10-12

10-13　RLC 电路如题图 10-13 所示。已知电路发生并联谐振时，电流表 A1 的读数为 12mA，电流表 A2 的读数为 15mA。试求电流表 A 的读数。

10-14　题图 10-14 所示的电路，已知电流源角频率为 ω，欲调节输出电压 u 时，发现无论怎样调节阻抗 Z_L，电压表测得的输出电压不变。试问 ω 与电路元件参数间满足什么关系？

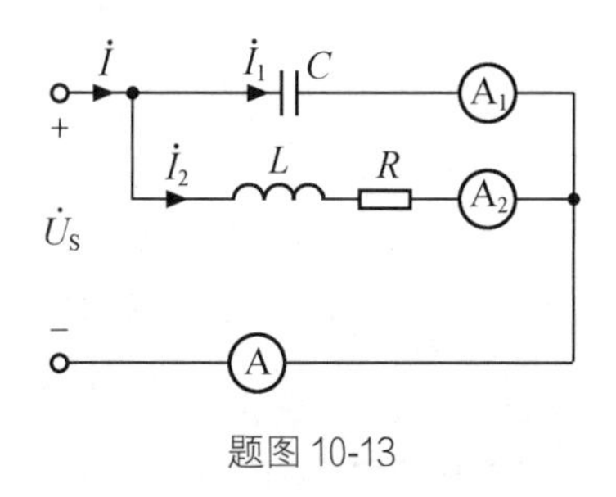

题图 10-13

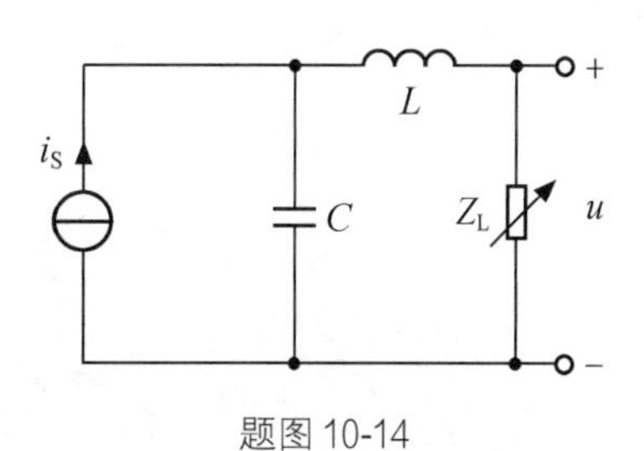

题图 10-14

10-15　在题图 10-15 所示的电路中，已知 $u_S(t)=10\cos314t+2\cos3\times314t\text{V}$，$u_0(t)=2\cos3\times314t\text{V}$，$C=9.4\mu\text{F}$，试求 L_1 和 L_2 的值。

10-16　题图 10-16 所示的电路，试求谐振角频率 ω_0 和谐振时的输入阻抗 Z。

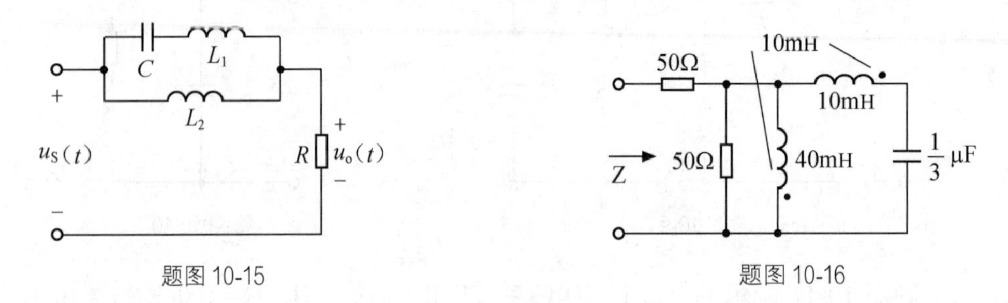

题图 10-15　　　　题图 10-16

10-17　题图 10-17 所示的电路，已知 $\dot{U}_S=5\angle0°\text{V}$，$\omega=10^4\text{rad/s}$，$R_S=100\Omega$，$L=5\text{mH}$，调节电容 C 使电流表 A 读数为 0。试求此时的电容 C 和电流 I_2。

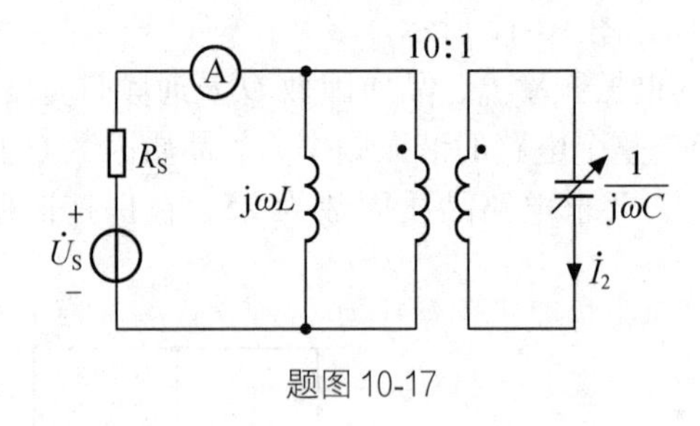

题图 10-17

第 11 章 二端口网络

第 10 章已研究了单端口网络的网络函数，本章将单端口网络的概念推广到二端口网络，着重讨论二端口网络的方程及其 Z、Y、H 和 A 参数，二端口网络的等效电路，二端口网络的特性阻抗，二端口网络的连接；最后简单介绍阻抗变换器。

11.1 二端口网络

网络分析中常常遇到的问题是要求网络中某一条支路的电压或电流，这时可将该支路从网络中抽出，而将网络的其余部分视为一个二端网络，应用戴维南定理或诺顿定理可将该二端网络用它的戴维南等效电路或诺顿等效电路等效，从而把原电路简化为一个单回路电路或单节偶电路，从中可很方便地求出要求的支路电压或电流。根据基尔霍夫电流定律，上述二端网络中，从一个端子流入的电流一定等于从另一个端子流出的电流，故称这两个端子构成了一个端口。因此，二端网络又可称为单端口网络。

变压器、滤波器、放大器等电路是网络分析中经常遇到的一些电路，它们均可用图11-1所示的具有 4 个端子的网络表示。一般情况下，这些电路在网络中用于完成信号或能量传输的功能，通常，1-1′一对端子为输入端对，2-2′一对端子为输出端对。由于外电路从这两对端子处接入，从任意端对的一个端子流入的电流一定与该端对的另一个端子流出的电流相等，这样的一对端子构成一个端口，因此这类网络可称为二端口网络。

二端口网络的内部结构可能比较简单，也可能十分复杂，但在网络分析时，通常关心的不是它的内部结构，而是端口上的电压、电流关系。这种关系可用一些参数来表示。这些参数只取决于网络内部的元件及其连接方式。这些参数确定后，二端口网络端口的电压、电流关系也就知道了，利用这些电压、电流关系就可进行网络分析计算。

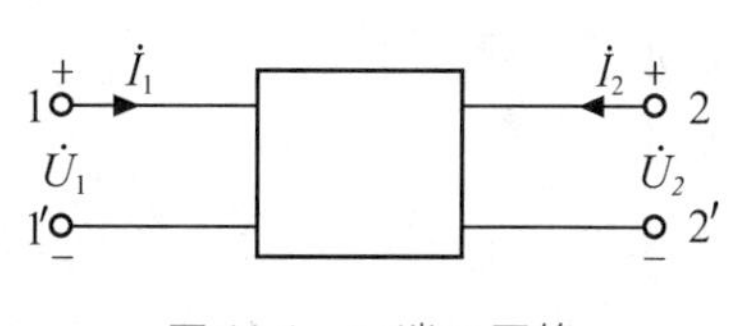

图 11-1 二端口网络

二端口网络有两个端口电压变量 $\dot{U}_1$、$\dot{U}_2$ 和两个端口电流变量 $\dot{I}_1$、$\dot{I}_2$，对于线性无源二端口网络，4 个变量中的任意两个变量可用另外两个变量线性表示，线性表示的系数就给出了表征该二端口网络的一组参数。从 4 个变量中任选两个为自变量，另外两个为应变量，共有 6 种可能。因此，二端口网络的端口电压、电流关系可用 6 种不同形式或 6 种不同的参数表征。在本章仅介绍实际应用较多的Z参数、Y参数、H参数和A参数及其方程。

11.2 二端口网络的方程与参数

11.2.1 Z参数

若将二端口网络的端口电流$\dot{I}_1$、$\dot{I}_2$作为自变量，端口电压$\dot{U}_1$、$\dot{U}_2$作为应变量，则可建立如下方程。

$$\begin{aligned}\dot{U}_1 &= Z_{11}\dot{I}_1 + Z_{12}\dot{I}_2\\ \dot{U}_2 &= Z_{21}\dot{I}_1 + Z_{22}\dot{I}_2\end{aligned} \tag{11-1}$$

其中，Z_{11}、Z_{12}、Z_{21}和Z_{22}称为二端口网络的Z参数。它们均具有阻抗的量纲，其物理意义为

$$Z_{11} = \left.\frac{\dot{U}_1}{\dot{I}_1}\right|_{\dot{I}_2=0} \tag{11-2a}$$

为输出端口开路时的输入阻抗。

$$Z_{12} = \left.\frac{\dot{U}_1}{\dot{I}_2}\right|_{\dot{I}_1=0} \tag{11-2b}$$

为输入端口开路时的转移阻抗。

$$Z_{21} = \left.\frac{\dot{U}_2}{\dot{I}_1}\right|_{\dot{I}_2=0} \tag{11-2c}$$

为输出端口开路时的转移阻抗。

$$Z_{22} = \left.\frac{\dot{U}_2}{\dot{I}_2}\right|_{\dot{I}_1=0} \tag{11-2d}$$

为输入端口开路时的输出阻抗。

由于Z参数可在输入或输出端口开路时确定，因此，Z参数也称为开路阻抗参数。

11.2.2 Y参数

若将二端口网络的端口电压$\dot{U}_1$、$\dot{U}_2$作为自变量，端口电流$\dot{I}_1$、$\dot{I}_2$作为应变量，则可建立如下方程。

$$\begin{aligned}\dot{I}_1 &= Y_{11}\dot{U}_1 + Y_{12}\dot{U}_2\\ \dot{I}_2 &= Y_{21}\dot{U}_1 + Y_{22}\dot{U}_2\end{aligned} \tag{11-3}$$

其中，Y_{11}、Y_{12}、Y_{21}和Y_{22}称为二端口网络的Y参数。它们均具有导纳的量纲，其物理意义为

$$Y_{11} = \left.\frac{\dot{I}_1}{\dot{U}_1}\right|_{\dot{U}_2=0} \tag{11-4a}$$

为输出端口短路时的输入导纳。

$$Y_{12} = \left.\frac{\dot{I}_1}{\dot{U}_2}\right|_{\dot{U}_1=0} \tag{11-4b}$$

为输入端口短路时的转移导纳。

$$Y_{21}=\left.\frac{\dot{I}_2}{\dot{U}_1}\right|_{\dot{U}_2=0} \tag{11-4c}$$

为输出端口短路时的转移导纳。

$$Y_{22}=\left.\frac{\dot{I}_2}{\dot{U}_2}\right|_{\dot{U}_1=0} \tag{11-4d}$$

为输入端口短路时的输出导纳。

由于 Y 参数可在输入或输出端口短路时确定，因此 Y 参数也称为短路导纳参数。

根据互易定理，如果二端口网络由线性电阻、电容、电感和互感组成，则有 $Z_{12}=Z_{21}$、$Y_{12}=Y_{21}$ 成立，此时，Z 参数和 Y 参数的 4 个参数中只有 3 个是独立的。而对于含有受控源的二端口网络，由于互易定理不再成立。因此，一般情况下，$Z_{12}\neq Z_{21}$、$Y_{12}\neq Y_{21}$。

11.2.3　H 参数

若将二端口网络的 $\dot{I}_1$、$\dot{U}_2$ 作为自变量，$\dot{U}_1$、$\dot{I}_2$ 作为应变量，则可建立如下方程。

$$\begin{aligned}\dot{U}_1&=H_{11}\dot{I}_1+H_{12}\dot{U}_2\\ \dot{I}_2&=H_{21}\dot{I}_1+H_{22}\dot{U}_2\end{aligned} \tag{11-5}$$

其中，H_{11}、H_{12}、H_{21} 和 H_{22} 称为二端口网络的 H 参数。其物理意义为

$$H_{11}=\left.\frac{\dot{U}_1}{\dot{I}_1}\right|_{\dot{U}_2=0} \tag{11-6a}$$

为输出端口短路时的输入阻抗，它具有阻抗的量纲。

$$H_{12}=\left.\frac{\dot{U}_1}{\dot{U}_2}\right|_{\dot{I}_1=0} \tag{11-6b}$$

为输入端口开路时的反向转移电压比，无量纲。

$$H_{21}=\left.\frac{\dot{I}_2}{\dot{I}_1}\right|_{\dot{U}_2=0} \tag{11-6c}$$

为输出端口短路时的正向转移电流比，无量纲。

$$H_{22}=\left.\frac{\dot{I}_2}{\dot{U}_2}\right|_{\dot{I}_1=0} \tag{11-6d}$$

为输入端口开路时的输出导纳，具有导纳的量纲。

在 H 参数中，由于有的参数的量纲为阻抗，有的为导纳，还有的无量纲，因此，H 参数是一种混合参数。

11.2.4　A 参数

若将二端口网络的 $\dot{U}_2$、$-\dot{I}_2$ 作为自变量，$\dot{U}_1$、$\dot{I}_1$ 作为应变量，则可建立如下方程。

$$\begin{aligned}\dot{U}_1&=A\dot{U}_2-B\dot{I}_2\\ \dot{I}_1&=C\dot{U}_2-D\dot{I}_2\end{aligned} \tag{11-7}$$

其中，A、B、C 和 D 称为二端口网络的 A 参数。其物理意义为

$$A = \left.\frac{\dot{U}_1}{\dot{U}_2}\right|_{\dot{I}_2=0} \tag{11-8a}$$

为输出端口开路时的转移电压比，无量纲。

$$B = \left.\frac{\dot{U}_1}{-\dot{I}_2}\right|_{\dot{U}_2=0} \tag{11-8b}$$

为输出端口短路时的转移阻抗，具有阻抗的量纲。

$$C = \left.\frac{\dot{I}_1}{\dot{U}_2}\right|_{\dot{I}_2=0} \tag{11-8c}$$

为输出端口开路时的转移导纳，具有导纳的量纲。

$$D = \left.\frac{\dot{I}_1}{-\dot{I}_2}\right|_{\dot{U}_2=0} \tag{11-8d}$$

为输出端口短路时的转移电流比，无量纲。

A 参数也属于混合参数，但工程上常称 A 参数为（正向）传输参数。

11.2.5 各种参数间的相互转换

二端口网络的各种参数是从不同的角度，对同一二端口网络外部特性的描述。因此，各种网络参数之间必然存在内在的联系，可从一种参数推算出其他各种参数（只要参数是存在的），这种推算不难从参数的基本方程得出。表 11-1 列出了 Z 参数、Y 参数、H 参数和 A 参数之间的换算关系。

表 11-1　　二端口网络各种参数间的换算关系

	Z 参数	Y 参数	H 参数	A 参数
Z 参数	$Z_{11}\quad Z_{12}$ $Z_{21}\quad Z_{22}$	$\frac{Y_{22}}{\Delta_Y}\quad -\frac{Y_{12}}{\Delta_Y}$ $-\frac{Y_{21}}{\Delta_Y}\quad \frac{Y_{11}}{\Delta_Y}$	$\frac{\Delta_H}{H_{22}}\quad \frac{H_{12}}{H_{22}}$ $-\frac{H_{21}}{H_{22}}\quad \frac{1}{H_{22}}$	$\frac{A}{C}\quad \frac{\Delta_A}{C}$ $\frac{1}{C}\quad \frac{D}{C}$
Y 参数	$\frac{Z_{22}}{\Delta_Z}\quad -\frac{Z_{12}}{\Delta_Z}$ $-\frac{Z_{21}}{\Delta_Z}\quad \frac{Z_{11}}{\Delta_Z}$	$Y_{11}\quad Y_{12}$ $Y_{21}\quad Y_{22}$	$\frac{1}{H_{11}}\quad -\frac{H_{12}}{H_{11}}$ $\frac{H_{21}}{H_{11}}\quad \frac{\Delta_H}{H_{11}}$	$\frac{D}{B}\quad -\frac{\Delta_A}{B}$ $-\frac{1}{B}\quad \frac{A}{B}$
H 参数	$\frac{\Delta_Z}{Z_{22}}\quad \frac{Z_{12}}{Z_{22}}$ $-\frac{Z_{21}}{Z_{22}}\quad \frac{1}{Z_{22}}$	$\frac{1}{Y_{11}}\quad -\frac{Y_{12}}{Y_{11}}$ $\frac{Y_{21}}{Y_{11}}\quad \frac{\Delta_Y}{Y_{11}}$	$H_{11}\quad H_{12}$ $H_{21}\quad H_{22}$	$\frac{B}{D}\quad \frac{\Delta_A}{D}$ $-\frac{1}{D}\quad \frac{C}{D}$
A 参数	$\frac{Z_{11}}{Z_{21}}\quad \frac{\Delta_Z}{Z_{21}}$ $\frac{1}{Z_{21}}\quad \frac{Z_{22}}{Z_{21}}$	$-\frac{Y_{22}}{Y_{21}}\quad -\frac{1}{Y_{21}}$ $-\frac{\Delta_Y}{Y_{21}}\quad -\frac{Y_{11}}{Y_{21}}$	$-\frac{\Delta_H}{H_{21}}\quad -\frac{H_{11}}{H_{21}}$ $-\frac{H_{22}}{H_{21}}\quad -\frac{1}{H_{21}}$	$A\quad B$ $C\quad D$

表中

$$\Delta_Z = \begin{vmatrix} Z_{11} & Z_{12} \\ Z_{21} & Z_{22} \end{vmatrix} \qquad \Delta_Y = \begin{vmatrix} Y_{11} & Y_{12} \\ Y_{21} & Y_{22} \end{vmatrix}$$

$$\Delta_H = \begin{vmatrix} H_{11} & H_{12} \\ H_{21} & H_{22} \end{vmatrix} \qquad \Delta_A = \begin{vmatrix} A & B \\ C & D \end{vmatrix}$$

对于线性无源二端口网络，由互易定理有 $Y_{12}=Y_{21}$。从表 11-1 可得：

$$H_{12} = -H_{21} = -\frac{Y_{12}}{Y_{11}} \tag{11-9}$$

$$AD - BC = \frac{Y_{11}Y_{22} - \Delta_Y}{Y_{21}^2} = 1 \tag{11-10}$$

因此，对于线性无源二端口网络，H 参数和 A 参数的 4 个参数中也只有 3 个是独立的。

确定网络参数的常用方法有如下 3 种。

（1）利用二端口网络参数的物理含义直接求解。

（2）利用网络的网孔方程、回路方程或节点方程，消去方程中的非端口变量得到二端口网络的参数方程，参数方程的系数即为网络参数。

（3）先求出一种易于求取的二端口网络参数，利用二端口网络参数之间的变换关系，通过变换求得要求的参数。

【例 11-1】　试求图11-2所示二端口网络的 Z 参数、Y 参数和 A 参数。

解　根据二端口网络 Z 参数的物理含义，可得

$$Z_{11} = \left.\frac{\dot{U}_1}{\dot{I}_1}\right|_{\dot{I}_2=0} = R + \frac{1}{\mathrm{j}\omega C}$$

$$Z_{12} = \left.\frac{\dot{U}_1}{\dot{I}_2}\right|_{\dot{I}_1=0} = R$$

由于该网络为线性无源二端口网络，因此

$$Z_{21} = Z_{12} = R$$

$$Z_{22} = \left.\frac{\dot{U}_2}{\dot{I}_2}\right|_{\dot{I}_1=0} = R + \frac{1}{\mathrm{j}\omega C}$$

所以，Z 参数为：

$$\boldsymbol{Z} = \begin{bmatrix} R + \frac{1}{\mathrm{j}\omega C} & R \\ R & R + \frac{1}{\mathrm{j}\omega C} \end{bmatrix}$$

由已求出的 Z 参数，利用二端口网络参数间的变换关系，可得

$$\boldsymbol{Y} = \begin{bmatrix} \frac{Z_{22}}{\Delta_Z} & -\frac{Z_{12}}{\Delta_Z} \\ -\frac{Z_{21}}{\Delta_Z} & \frac{Z_{11}}{\Delta_Z} \end{bmatrix} = \frac{-\omega^2 C^2}{1 + \mathrm{j}2\omega RC}\begin{bmatrix} R + \frac{1}{\mathrm{j}\omega C} & -R \\ -R & R + \frac{1}{\mathrm{j}\omega C} \end{bmatrix}$$

$$\boldsymbol{A} = \begin{bmatrix} \frac{Z_{11}}{Z_{21}} & \frac{\Delta_Z}{Z_{21}} \\ \frac{1}{Z_{21}} & \frac{Z_{11}}{Z_{21}} \end{bmatrix} = \begin{bmatrix} 1 + \frac{1}{\mathrm{j}\omega RC} & \frac{2}{\mathrm{j}\omega C} - \frac{1}{\omega^2 RC^2} \\ \frac{1}{R} & 1 + \frac{1}{\mathrm{j}\omega RC} \end{bmatrix}$$

【例11-2】 试求图11-3所示二端口网络的Y参数。

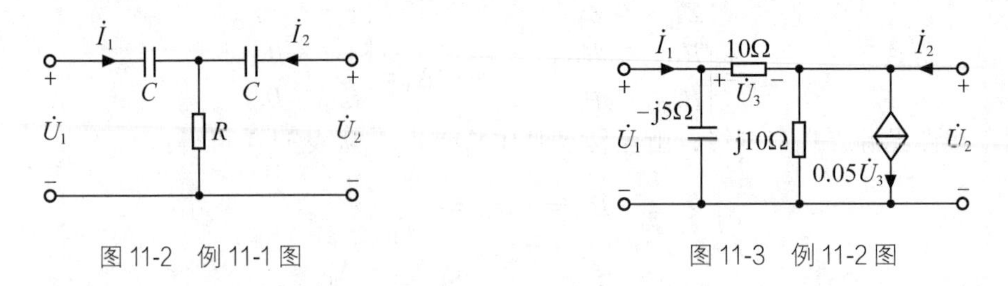

图11-2 例11-1图　　　　图11-3 例11-2图

解 由该网络可列写节点方程

$$\left(\frac{1}{10}+\frac{1}{-j5}\right)\dot{U}_1-\frac{1}{10}\dot{U}_2=\dot{I}_1$$

$$-\frac{1}{10}\dot{U}_1+\left(\frac{1}{10}+\frac{1}{j10}\right)\dot{U}_2=\dot{I}_2-0.05\dot{U}_3$$

$$\dot{U}_3=\dot{U}_1-\dot{U}_2$$

将以上方程中的非端口变量 $\dot{U}_3$ 消去，可得Y参数方程

$$\dot{I}_1=(0.1+j0.2)\dot{U}_1-0.1\dot{U}_2$$

$$\dot{I}_2=-0.05\dot{U}_1+(0.05-j0.1)\dot{U}_2$$

故 $\boldsymbol{Y}=\begin{bmatrix}0.1+j0.2 & -0.1\\ -0.05 & 0.05-j0.1\end{bmatrix}\text{S}$

11.3 二端口网络的等效电路

等效变换是网络分析中最主要的方法之一。从第8章可知：任何复杂的线性无源单口网络的外部特性都可用一个等效阻抗或导纳来表征；同样地，任何线性无源二端口网络的外部特性既然可以用3个参数确定，那么只要找到一个由3个阻抗或导纳组成的简单二端口网络，如果这个二端口网络与原二端口网络的参数相同，这两个二端口网络的外部特性也就完全相同，即它们是等效的。由3个阻抗或导纳组成的二端口网络可能有T形网络和Π形网络两种形式。

本节介绍实际中应用较多的Z参数、Y参数和H参数的等效电路。

如果已知一个二端口网络的Z参数，根据该网络的Z参数方程：

$$\begin{aligned}\dot{U}_1&=Z_{11}\dot{I}_1+Z_{12}\dot{I}_2\\ \dot{U}_2&=Z_{21}\dot{I}_1+Z_{22}\dot{I}_2\end{aligned}\tag{11-11}$$

可构造如图11-4（a）所示的等效电路。若将上述方程改写为

$$\begin{aligned}\dot{U}_1&=(Z_{11}-Z_{12})\dot{I}_1+Z_{12}(\dot{I}_1+\dot{I}_2)\\ \dot{U}_2&=(Z_{21}-Z_{12})\dot{I}_1+(Z_{22}-Z_{12})\dot{I}_2+Z_{12}(\dot{I}_1+\dot{I}_2)\end{aligned}\tag{11-12}$$

则由该方程又可得图11-4（b）所示的等效电路。若该网络为线性无源网络，则有：$Z_{12}=Z_{21}$，该网络可进一步简化为图11-4（c）所示的T形网络。

同样地，如果已知一个二端口网络的 Y 参数，根据该网络的 Y 参数方程：

$$
\begin{aligned}
\dot{I}_1 &= Y_{11}\dot{U}_1 + Y_{12}\dot{U}_2 \\
\dot{I}_2 &= Y_{21}\dot{U}_1 + Y_{22}\dot{U}_2
\end{aligned}
\tag{11-13}
$$

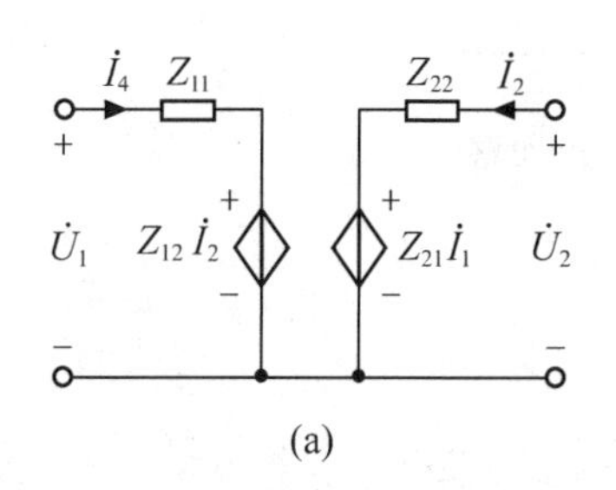

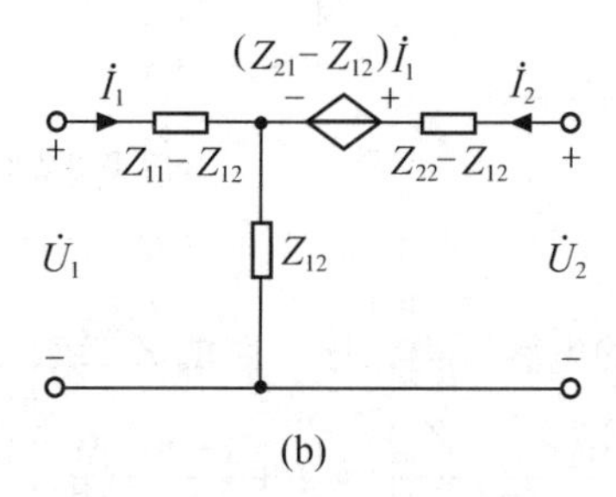

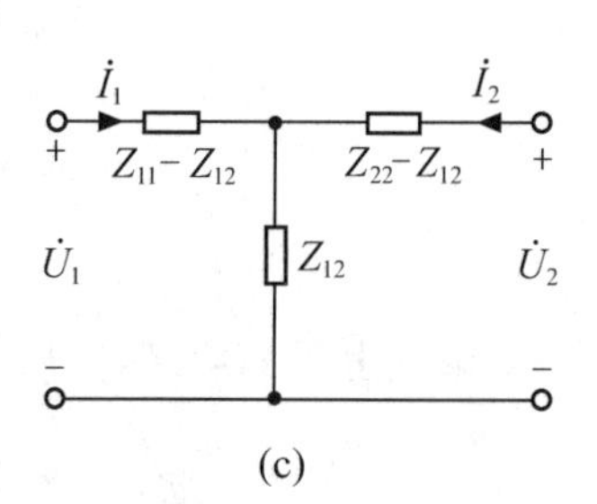

图 11-4　Z 参数等效电路

可得图 11-5（a）所示的等效电路。若将该方程改写为

$$
\begin{aligned}
\dot{I}_1 &= (Y_{11} + Y_{12})\dot{U}_1 - Y_{12}(\dot{U}_1 - \dot{U}_2) \\
\dot{I}_2 &= (Y_{21} - Y_{12})\dot{U}_1 + (Y_{22} + Y_{12})\dot{U}_2 - Y_{12}(\dot{U}_2 - \dot{U}_1)
\end{aligned}
\tag{11-14}
$$

又可得图 11-5（b）所示的等效电路。若该网络为线性无源网络，则有：$Y_{12} = Y_{21}$，此时，可得如图 11-5（c）所示的 Π 形等效网络。

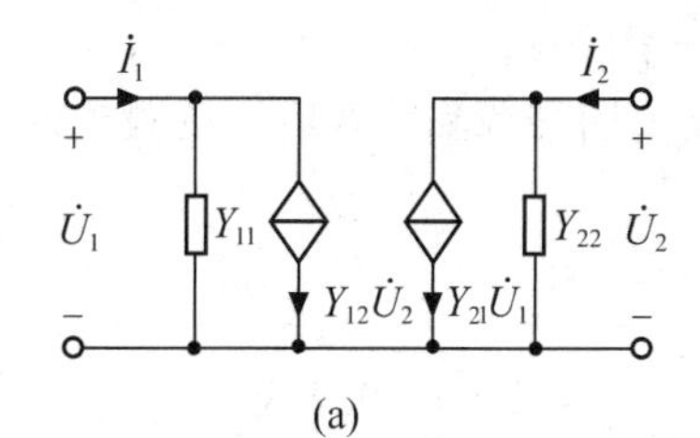

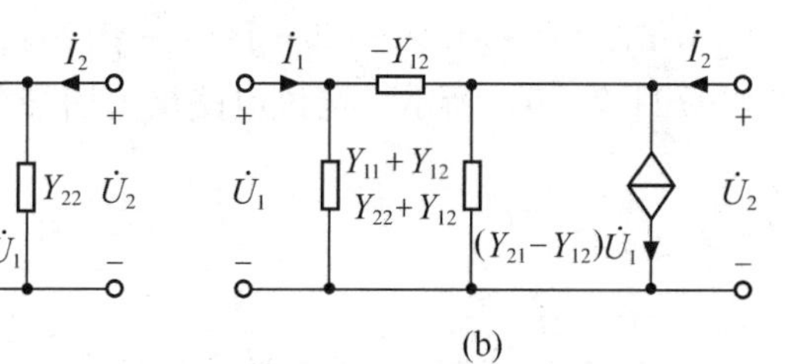

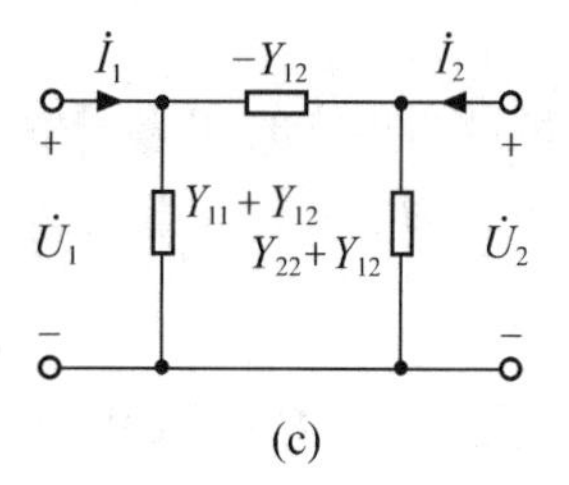

图 11-5　Y 参数等效电路

如果已知二端口网络的 H 参数，则由该网络的 H 参数方程：

$$
\begin{aligned}
\dot{U}_1 &= H_{11}\dot{I}_1 + H_{12}\dot{U}_2 \\
\dot{I}_2 &= H_{21}\dot{I}_1 + H_{22}\dot{U}_2
\end{aligned}
\tag{11-15}
$$

可得如图 11-6 所示的等效电路。该电路是半导体三极管分析中的常用等效电路，该电路的优点是等效电路的参数便于测量。对于半导体三极管等效电路，H_{11}是半导体三极管的输入电阻；H_{12}是半导体三极管的反向电压传输系数；H_{21}是半导体三极管的电流放大系数；H_{22}是半导体三极管的输出电导。

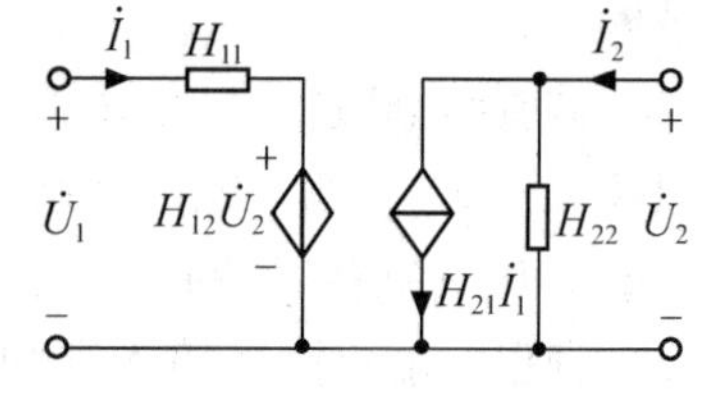

图 11-6　H 参数等效电路

【例 11-3】　在图 11-7（a）所示的电路中，已知 $Z_1 = \mathrm{j}4\Omega$，$Z_2 = \mathrm{j}6\Omega$，$Z_3 = 2\Omega$，$Z_4 = -\mathrm{j}2\Omega$。

（1）试求该电路的 T 形等效电路；

（2）在输入端口接 $\dot{U}_S = 3\angle 0°\mathrm{V}$、内阻为 $Z_S = 1 + \mathrm{j}\,2.5\Omega$的信号源，输出端口接 $Z_L = 2+\mathrm{j}4.5\Omega$ 的负载，求负载上的电压 $\dot{U}$。

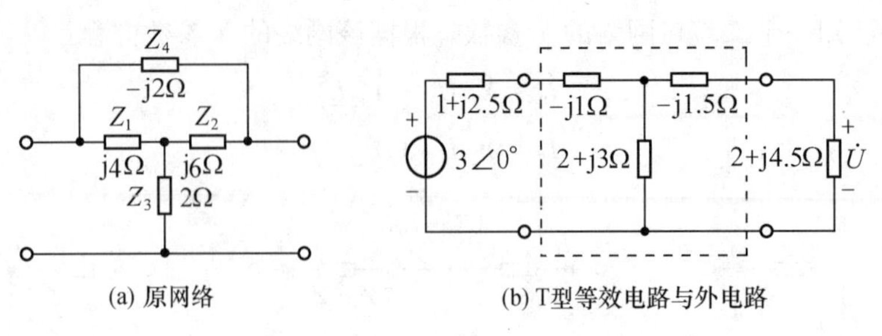

(a) 原网络　　(b) T型等效电路与外电路

图 11-7　例 11-3 图

解　由图 11-7（a）所示的电路可得，该电路的 Z 参数为

$$Z_{11}=Z_3+\frac{Z_1(Z_2+Z_4)}{Z_1+Z_2+Z_4}=2+\frac{\mathrm{j}4\times(\mathrm{j}6-\mathrm{j}2)}{\mathrm{j}4+\mathrm{j}6-\mathrm{j}2}=2+\mathrm{j}2\Omega$$

$$Z_{22}=Z_3+\frac{Z_2(Z_2+Z_4)}{Z_1+Z_2+Z_4}=2+\frac{\mathrm{j}6\times(\mathrm{j}4-\mathrm{j}2)}{\mathrm{j}4+\mathrm{j}6-\mathrm{j}2}=2+\mathrm{j}1.5\Omega$$

$$Z_{12}=Z_{21}=Z_3+\frac{Z_1Z_2}{Z_1+Z_2+Z_4}=2+\frac{\mathrm{j}4\times\mathrm{j}6}{\mathrm{j}4+\mathrm{j}6-\mathrm{j}2}=2+\mathrm{j}3\Omega$$

可得 T 形等效电路中间支路的阻抗为 $Z_{12}=2+\mathrm{j}3\Omega$，两臂上的阻抗分别为

$$Z_{11}-Z_{12}=2+\mathrm{j}2-(2-\mathrm{j}3)=-\mathrm{j}1\Omega$$

$$Z_{22}-Z_{12}=2+\mathrm{j}1.5-(2-\mathrm{j}3)=-\mathrm{j}1.5\Omega$$

因此可得它的 T 形等效电路如图 11-7（b）所示。当该电路接上信号源和负载后，负载上的电压为

$$\dot{U}=3\angle 0^\circ\times\frac{\frac{2+\mathrm{j}3}{2}}{(1+\mathrm{j}2.5)-\mathrm{j}1+\frac{2+\mathrm{j}3}{2}}\times\frac{2+\mathrm{j}4.5}{2+\mathrm{j}4.5-\mathrm{j}1.5}=2.05\angle 9.7^\circ\mathrm{V}$$

11.4　二端口网络的特性阻抗

二端口网络常用于信号或能量的传输，为了使负载阻抗能获得尽可能大的有功功率，要求二端口网络接电源和负载后，输入端口和输出端口的等效阻抗分别与电源内阻抗和负载阻抗匹配。

若有两个阻抗 Z_{c1} 和 Z_{c2}，当二端口网络的输出端口接负载 $Z_L=Z_{c2}$ 时，输入端口的等效阻抗 $Z_{in}=Z_{c1}$；当二端口网络的输入端口接内阻 $Z_S=Z_{c1}$ 的电源时，输出端口的等效阻抗 $Z_{out}=Z_{c2}$，则分别称 Z_{c1} 和 Z_{c2} 为二端口网络的输入特性阻抗和输出特性阻抗。

根据二端口网络的 A 参数，可得

$$Z_{in}=Z_{c1}=\frac{A\dot{U}_2-B\dot{I}_2}{C\dot{U}_2-D\dot{I}_2}\tag{11-16}$$

由于 $\dot{U}_2=-Z_{c2}\dot{I}_2$，可得

$$Z_{in}=Z_{c1}=\frac{A\dot{U}_2-B\dot{I}_2}{C\dot{U}_2-D\dot{I}_2}=\frac{AZ_{c2}+B}{CZ_{c2}+D} \tag{11-17}$$

同理，由二端口网络的 A 参数方程，可得

$$\dot{U}_2=-\frac{D\dot{U}_1+B\dot{I}_1}{\Delta_A} \tag{11-18}$$

$$\dot{I}_2=-\frac{C\dot{U}_1+A\dot{I}_1}{\Delta_A} \tag{11-19}$$

由 $\dot{U}_1=-Z_{c1}\dot{I}_1$，可得

$$Z_{out}=Z_{c2}=\frac{D\dot{U}_1+B\dot{I}_1}{C\dot{U}_1+A\dot{I}_1}=\frac{DZ_{c1}+B}{CZ_{c1}+A} \tag{11-20}$$

由式（11-17）和式（11-20），可得

$$Z_{c1}=\sqrt{\frac{AB}{CD}}\qquad Z_{c2}=\sqrt{\frac{BD}{AC}}$$

由 A 参数的物理含义可得

$$Z_{c1}=\sqrt{Z_{in0}Z_{in\infty}}\qquad Z_{c2}=\sqrt{Z_{out0}Z_{out\infty}}$$

式中，Z_{in0}、$Z_{in\infty}$分别表示二端口网络输出端口短路和开路时的输入阻抗；而 Z_{out0}、$Z_{out\infty}$分别表示二端口网络输入端口短路和开路时的输出阻抗。显然，二端口网络的特性阻抗表征了二端口网络自身的特性，而与输入和输出端所接的外电路无关。

一个二端口网络，若 $Z_L=Z_{c2}$，称为输出端口匹配；若 $Z_S=Z_{c1}$，称为输入端口匹配；当输入、输出端口均匹配时，则称为全匹配。如果二端口网络对称，则 $A=D$，此时，$Z_0=Z_{in0}=Z_{out0}$，$Z_\infty=Z_{in\infty}=Z_{out\infty}$，有

$$Z_{c1}=Z_{c2}=Z_c=\sqrt{\frac{B}{C}}=\sqrt{Z_0Z_\infty}$$

【例 11-4】 在图11-8所示的电路中，已知 $U=240\text{V}$。试求：

（1）二端口网络 N 的特性阻抗；

（2）负载 R_L吸收的功率。

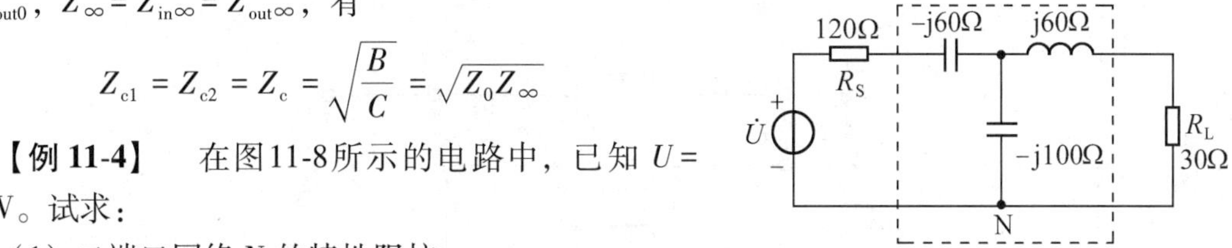

图 11-8　例 11-4 图

解　对于二端口网络 N，由于输入端口的开路、短路阻抗为

$$Z_{in\infty}=-\text{j}60-\text{j}100=-\text{j}160\Omega$$

$$Z_{in0}=-\text{j}60+\frac{\text{j}60\times(-\text{j}100)}{\text{j}60-\text{j}100}=\text{j}90\Omega$$

故输入端口特性阻抗

$$Z_{c1}=\sqrt{Z_{in0}Z_{in\infty}}=\sqrt{\text{j}90\times(-\text{j}160)}=120\Omega$$

同理，对于输出端口，有

$$Z_{out\infty}=\text{j}60-\text{j}100=-\text{j}40\Omega\qquad Z_{out0}=\frac{(-\text{j}60)\times(-\text{j}100)}{-\text{j}60-\text{j}100}+\text{j}60=-\text{j}\frac{90}{4}\Omega$$

输出端口特性阻抗

$$Z_{c2}=\sqrt{Z_{out0}Z_{out\infty}}=\sqrt{j\frac{90}{4}\times(-j40)}=30\Omega$$

由于 $R_S=Z_{c1}$，$R_L=Z_{c2}$，电路工作于全匹配状态。二端口网络 N 从输入端口看入的阻抗 $Z_i=120\Omega$；同时，考虑到该二端口网络为电抗性网络，故负载吸收的功率

$$P_L=\frac{U^2}{4R_S}=\frac{240^2}{4\times120}=120\text{W}$$

11.5　二端口网络的连接

在网络分析中，常常将一个复杂的二端口网络看成若干相对简单的二端口网络按某种方式连接而成。二端口网络可按多种不同方式相互连接，主要的连接方式有：级联、串联和并联 3 种。

两个二端口网络 N_1 和 N_2，按如图 11-9（a）所示的级联方式连接，构成二端口网络 N。对于二端口网络的级联采用 A 参数较为方便。设网络 N_1 和 N_2 的 A 参数分别为

$$\boldsymbol{A}'=\begin{bmatrix}A' & B'\\ C' & D'\end{bmatrix}\qquad\qquad \boldsymbol{A}''=\begin{bmatrix}A'' & B''\\ C'' & D''\end{bmatrix}$$

(a) 级联

(b) 并联

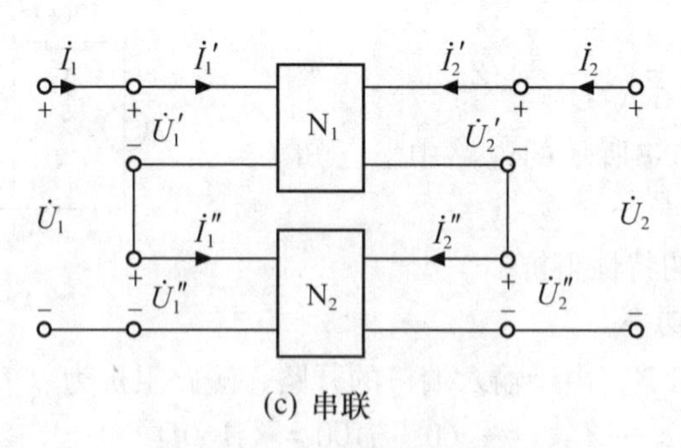

(c) 串联

图 11-9　二端口网络的连接

根据 A 参数方程，可得

$$\begin{bmatrix}\dot{U}_1'\\ \dot{I}_1'\end{bmatrix}=\boldsymbol{A}'\begin{bmatrix}\dot{U}_2'\\ -\dot{I}_2'\end{bmatrix}\qquad\qquad \begin{bmatrix}\dot{U}_1''\\ \dot{I}_1''\end{bmatrix}=\boldsymbol{A}''\begin{bmatrix}\dot{U}_2''\\ -\dot{I}_2''\end{bmatrix}$$

由于 $\dot{U}_1=\dot{U}_1'$，$\dot{U}_2'=\dot{U}_1''$，$\dot{U}_2''=\dot{U}_2$ 及 $\dot{I}_1=\dot{I}_1'$，$\dot{I}_2'=-\dot{I}_1''$，$\dot{I}_2''=\dot{I}_2$，有

$$\begin{bmatrix}\dot{U}_1\\ \dot{I}_1\end{bmatrix}=\begin{bmatrix}\dot{U}_1'\\ \dot{I}_1'\end{bmatrix}=\boldsymbol{A}'\begin{bmatrix}\dot{U}_2'\\ -\dot{I}_2'\end{bmatrix}=\boldsymbol{A}'\begin{bmatrix}\dot{U}_1''\\ \dot{I}_1''\end{bmatrix}=\boldsymbol{A}'\boldsymbol{A}''\begin{bmatrix}\dot{U}_2''\\ -\dot{I}_2''\end{bmatrix}=\boldsymbol{A}'\boldsymbol{A}''\begin{bmatrix}\dot{U}_2\\ -\dot{I}_2\end{bmatrix}=\boldsymbol{A}\begin{bmatrix}\dot{U}_2\\ -\dot{I}_2\end{bmatrix}\quad(11\text{-}21)$$

因此，可得二端口网络 N 与二端口网络 N_1 和 N_2 之间的 A 参数关系为

$$\boldsymbol{A} = \boldsymbol{A}'\boldsymbol{A}'' \tag{11-22}$$

两个二端口网络 N_1和 N_2，按如图 11-9（b）所示的并联方式连接，构成二端口网络 N。若设二端口网络 N_1和 N_2的 Y 参数分别为

$$\boldsymbol{Y}' = \begin{bmatrix} Y'_{11} & Y'_{12} \\ Y'_{21} & Y'_{22} \end{bmatrix} \qquad \boldsymbol{Y}'' = \begin{bmatrix} Y''_{11} & Y''_{12} \\ Y''_{21} & Y''_{22} \end{bmatrix}$$

由于两个二端口网络并联，有 $\dot{U}_1 = \dot{U}'_1 = \dot{U}''_1$，$\dot{U}_2 = \dot{U}'_2 = \dot{U}''_2$及 $\dot{I}_1 = \dot{I}'_1 + \dot{I}''_1$，$\dot{I}_2 = \dot{I}'_2 + \dot{I}''_2$，因此

$$\begin{bmatrix} \dot{I}_1 \\ \dot{I}_2 \end{bmatrix} = \begin{bmatrix} \dot{I}'_1 \\ \dot{I}'_2 \end{bmatrix} + \begin{bmatrix} \dot{I}''_1 \\ \dot{I}''_2 \end{bmatrix} = \boldsymbol{Y}'\begin{bmatrix} \dot{U}'_1 \\ \dot{U}'_2 \end{bmatrix} + \boldsymbol{Y}''\begin{bmatrix} \dot{U}''_1 \\ \dot{U}''_2 \end{bmatrix} = (\boldsymbol{Y}' + \boldsymbol{Y}'')\begin{bmatrix} \dot{U}_1 \\ \dot{U}_2 \end{bmatrix} = \boldsymbol{Y}\begin{bmatrix} \dot{U}_1 \\ \dot{U}_2 \end{bmatrix} \tag{11-23}$$

因此，可得二端口网络 N 与二端口网络 N_1和 N_2之间的 Y 参数关系为

$$\boldsymbol{Y} = \boldsymbol{Y}' + \boldsymbol{Y}'' \tag{11-24}$$

同理，两个二端口网络 N_1和 N_2，按如图 11-9（c）所示的串联方式连接，构成二端口网络 N。采用类似的方法，可得二端口网络 N 与二端口网络 N_1和 N_2之间的 Z 参数关系为

$$\boldsymbol{Z} = \boldsymbol{Z}' + \boldsymbol{Z}'' \tag{11-25}$$

【例 11-5】 试求图11-10所示二端口网络的 A 参数。

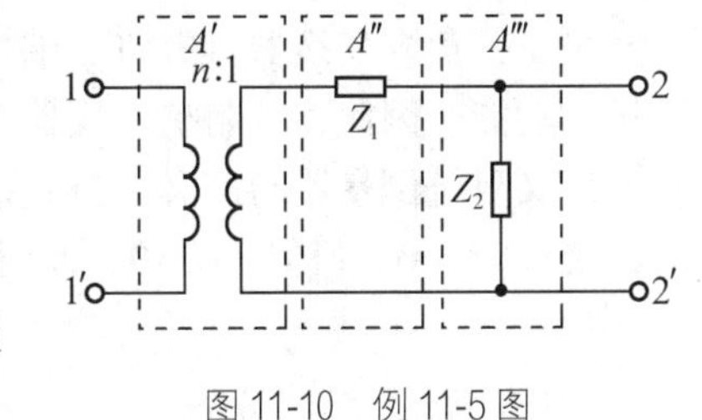

图 11-10　例 11-5 图

解　图 11-10 所示的二端口网络可视为 3 个二端口网络级联。最左边的二端口网络为一个理想变压器，根据理想变压器的特性，可得

$$\boldsymbol{A}' = \begin{bmatrix} n & 0 \\ 0 & \dfrac{1}{n} \end{bmatrix}$$

另外两个二端口网络只由一个阻抗构成，可方便地求出。

$$\boldsymbol{A}'' = \begin{bmatrix} 1 & Z_1 \\ 0 & 1 \end{bmatrix} \qquad \boldsymbol{A}''' = \begin{bmatrix} 1 & 0 \\ \dfrac{1}{Z_2} & 1 \end{bmatrix}$$

由　$\boldsymbol{A} = \boldsymbol{A}'\boldsymbol{A}''\boldsymbol{A}'''$

可得

$$\boldsymbol{A} = \begin{bmatrix} n & 0 \\ 0 & \dfrac{1}{n} \end{bmatrix}\begin{bmatrix} 1 & Z_1 \\ 0 & 1 \end{bmatrix}\begin{bmatrix} 1 & 0 \\ \dfrac{1}{Z_2} & 1 \end{bmatrix} = \begin{bmatrix} n + \dfrac{nZ_1}{Z_2} & nZ_1 \\ \dfrac{1}{nZ_2} & \dfrac{1}{n} \end{bmatrix}$$

最后必须指出，二端口网络的连接必须以连接后不影响各自二端口的端口特性为条件。

11.6　阻抗变换器

阻抗变换器可看作是一种二端口网络，其输入端的输入阻抗与输出端口所接负载阻抗形成一定的比例关系，阻抗变换器可分为广义阻抗变换器（GIC）和广义阻抗倒量器（GII）两种。

对于图 11-1 所示的二端口网络，根据它的 A 参数，可建立方程：

$$\dot{U}_1 = A\dot{U}_2 - B\dot{I}_2$$

$$\dot{I}_1 = C\dot{U}_2 - D\dot{I}_2 \tag{11-26}$$

在广义阻抗变换器中，通过确定二端口网络的内部结构和元件参数，使 $B=C=0$，但 A、$D\neq 0$，此时二端口网络的输入阻抗为

$$Z_i = \frac{A}{D}Z_L \tag{11-27}$$

因此，二端口网络的输入阻抗 Z_i 与负载阻抗 Z_L 之间有一定的比例变换关系。称 A/D 为变换因子。

负阻变换器（NIC）是一种常用的广义阻抗变换器，它的变换因子是负实数。因此，负阻变换器的 A 参数可表示为

$$\boldsymbol{A} = \begin{bmatrix} 1 & 0 \\ 0 & -k \end{bmatrix} \quad 或 \quad \boldsymbol{A} = \begin{bmatrix} -k & 0 \\ 0 & 1 \end{bmatrix}$$

式中 k 为正实数。

可见，负阻变换器具有将二端口网络输出端口接的正阻抗负载变换为输入端口的一个负阻抗的功能。因此，负阻抗变换器为实现负电阻、负电容和负电感提供了可能性。

广义阻抗倒量器与广义阻抗变换器正好相反，在确定二端口网络的内部结构和元件参数时，使 $A=D=0$，但 B、$C\neq 0$，此时二端口网络的输入阻抗为

$$Z_i = \frac{B}{C}\frac{1}{Z_L} \tag{11-28}$$

因此，二端口网络的输入阻抗 Z_i 与负载阻抗 Z_L 之间成倒数关系。称 B/C 为倒量变换因子。

回转器是一种最常用的广义阻抗倒量器，回转器的电路符号如图 11-11 所示，它的 A 参数为 $A=D=0$，$B=r$，$C=1/r$，其中 r 为正实数，称为回转电阻。回转器的倒量变换因子为 $B/C=r^2$。回转器的输出端口接一个电容 C 时，回转器输入端口阻抗为

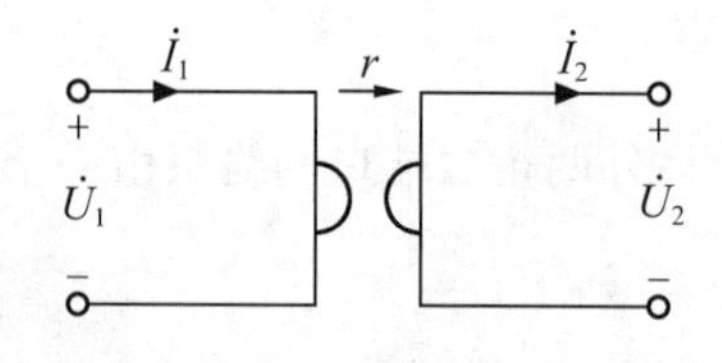

图 11-11　回转器的电路符号

$$Z_i = \frac{B}{C}\frac{1}{Z_L} = jr^2\omega C \tag{11-29}$$

等效为一个电感值为 r_2C 的电感。类似地，当回转器的输出端口接一个电感时，在回转器的输入端口可等效为一个电容。正是利用回转器具有的将一个电容变换为一个电感的功能，在集成电路制造中为用易于集成的电容来实现难于集成的电感提供了可能性。

阻抗变换器可用运算放大器来实现，随着集成电路技术的发展，使用集成运算放大器构成的阻抗变换器，已成为有源滤波器设计的基本方法。

思维导图

习题精讲　二端口网络

二端口网络分析的仿真实例

习　题　11

11-1　求题图 11-1 所示二端口网络的 Z 参数。

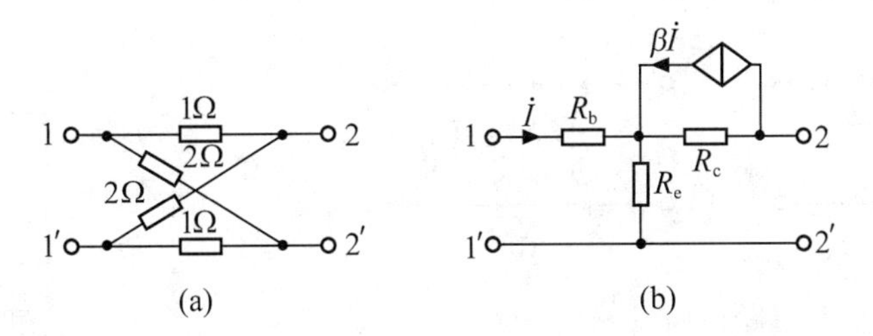

题图 11-1

11-2　求题图 11-2 所示二端口网络的 Y 参数。

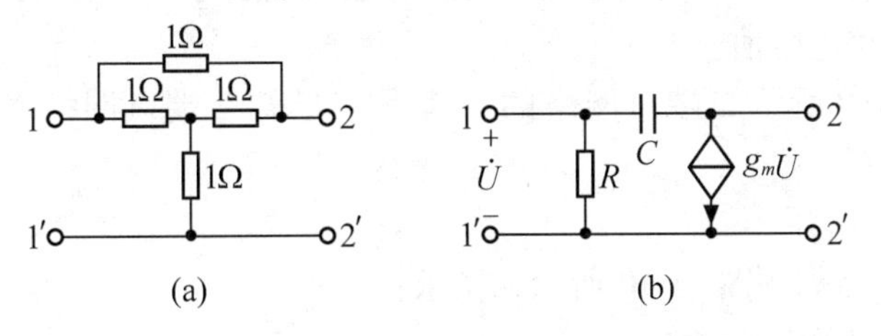

题图 11-2

11-3　求题图 11-3 所示二端口网络的 A 参数和 H 参数。

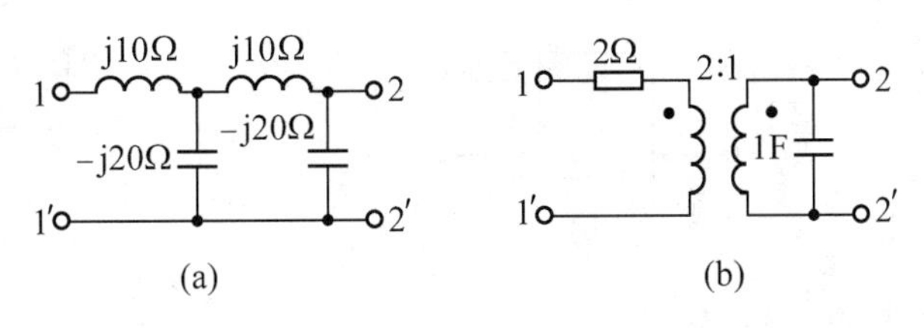

题图 11-3

11-4　在题图 11-4 所示的电路中，已知 N 为线性电阻网络，且当 $U_S = 8\text{V}$，$R = 3\Omega$ 时：$I = 0.5\text{A}$；$U_S = 18\text{V}$，$R = 4\Omega$ 时：$I = 1\text{A}$。试求当 $U_S = 25\text{V}$，$R = 6\Omega$ 时，$I = ?$

11-5　已知题图 11-5 所示二端口网络 N 的 A 参数为 $A = 2.5$，$B = 6\Omega$，$C = 0.5\text{s}$，$D = 1.6$。试求

题图 11-4　　题图 11-5

（1）R_L = ？时，R_L吸收功率最大。

（2）若 $U_S = 9V$，求 R_L吸收的最大功率 P_{Lmax} 以及此时 U_S的输出功率 P_{U_S}

11-6　试求题图 11-6 所示二端口网络的特性阻抗。

11-7　已知题图 11-7 所示的电路中，二端口网络的 A 参数为：$A = 5\times10^{-4}$，$B = -10\Omega$，$C = -10^{-6}S$，$D = -10^{-2}$。试求当 $R_L = 40k\Omega$ 时，Z_i = ？

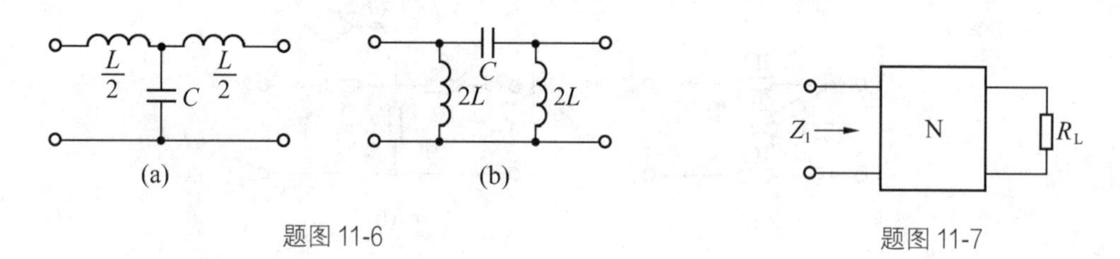

题图 11-6　　　　　　　　题图 11-7

11-8　已知一个二端口网络的 Y 参数为：$Y_{11} = \frac{1}{15}S$，$Y_{21} = -\frac{1}{30}S$，$Y_{12} = -\frac{1}{30}S$，$Y_{22} = \frac{1}{15}S$。有一个电阻 R，当其并联在二端口网络输出端时，其输入电阻等于该电阻并联在其输入端时输入电阻的 6 倍，试求该电阻值。

11-9　求题图 11-9 所示二端口网络的 A 参数，已知二端口网络 N 的 A 参数矩阵为：

$$\boldsymbol{A} = \begin{bmatrix} A & B \\ C & D \end{bmatrix}$$

11-10　三端口网络如题图 11-10 所示，试求：

（1）此二端口网络的 Y 参数；

（2）使 $\dot{U}_2 = 0$ 的条件（指 R、L、C、r 之间的关系，以及 ω 与这些参数的关系）。

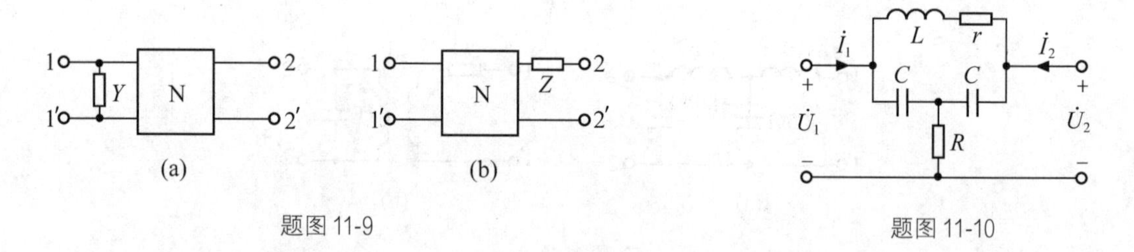

题图 11-9　　　　　　　　题图 11-10

11-11　电路如题图 11-11 所示，试求 AA′端口的等效元件参数。

11-12　试求题图 11-12 中的 $\dot{U}_2/\dot{U}_1$ = ？

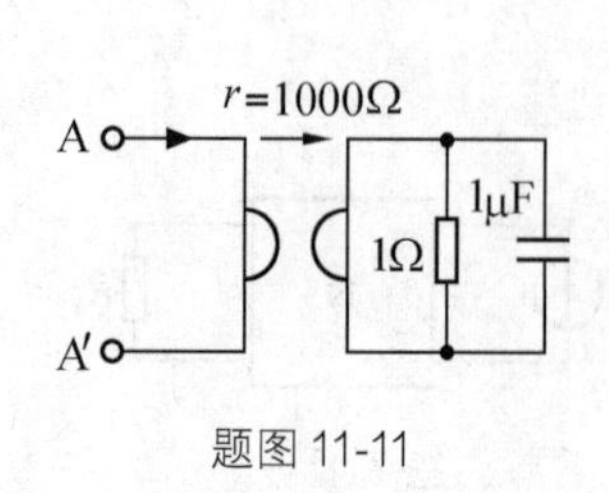

题图 11-11

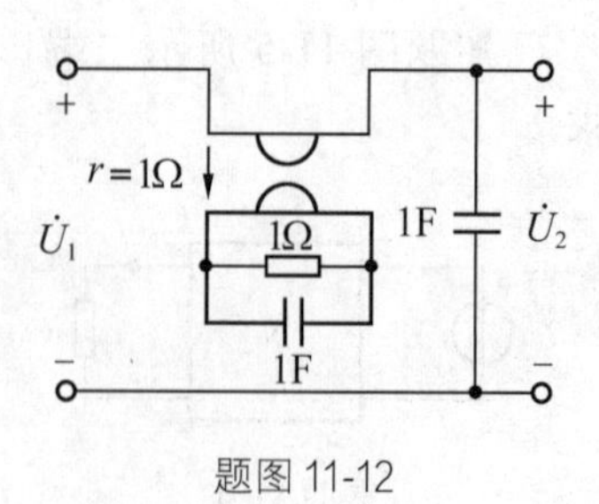

题图 11-12

第12章 电路的复频域分析

第6章和第7章讨论了动态电路的时域分析方法，它们都是在时间域中求解微分方程，从而得到零输入响应、零状态响应以及全响应。该方法概念清楚，层次分明，对于电路如何从原来的稳定状态过渡到新的稳定状态的分析比较直观形象。但当时着重分析的是一阶电路及RLC串联和并联二阶电路。对于更加复杂的高阶电路和不同激励，由于列写和求解微分方程的困难性，时域法将显得十分艰难。拉普拉斯变换是一种重要的积分变换，可以将时域的线性常微分方程转化为复频域的代数方程，从而简化数学演算，克服时域分析法面临的困难。拉普拉斯变换分析电路是将时域问题转换到复频域中解决的，因此，拉普拉斯变换分析法也称为复频域分析法。

本章重点讨论拉普拉斯变换的定义以及基本性质、拉普拉斯反变换的部分分式展开法、电路的复频域模型和基尔霍夫定律的复频域形式、线性非时变动态电路的暂态响应的复频域分析法。

12.1 拉普拉斯变换

拉普拉斯变换分析法以及前几章介绍的相量分析法同属于变换（域）分析方法。

12.1.1 拉普拉斯变换的定义

时间函数$f(t)$的拉普拉斯变换定义为

$$F(s)=\int_{-\infty}^{\infty}f(t)\mathrm{e}^{-st}\mathrm{d}t \tag{12-1}$$

式（12-1）中，$s=\sigma+\mathrm{j}\omega$，为一个复变量，$\sigma$是实数，$\mathrm{j}=\sqrt{-1}$为虚数单位，$\omega$为角频率，故称$s$为复频率。$F(s)$也称为$f(t)$的象函数，$f(t)$称为$F(s)$的原函数。式（12-1）称为双边拉普拉斯变换。

实际中遇到的函数都是有始的，即$t<0$时，$f(t)=0$，有些函数虽然不起始于0，但问题的讨论只需考虑$t\geqslant 0$的部分。此时，在$[0,\infty)$上的时间函数$f(t)$的拉普拉斯变换式可写为

$$F(s)=\int_{0^-}^{\infty}f(t)\mathrm{e}^{-st}\mathrm{d}t \tag{12-2}$$

式（12-2）称为$f(t)$的单边拉普拉斯变换，将原函数变换为象函数，记作$F(s)=\mathscr{L}[f(t)]$。积分下限用0^-而不用0^+，目的是可把$t=0$时出现的冲激考虑到变换中。当利用拉普拉斯变换求解电路或微分方程时，可以直接引用已知的初始状态$f(0^-)$而求得全部结果，无需像第6章介绍的时域法那样，必须先由初始状态，专门计算初始值$f(0^+)$。在分析具有非零初始条件的线性电路或线性常系数微分方程时，单边拉普拉斯变换具有重要价值。所以，在下文中讨论的拉普拉斯变换（简称拉氏变换）都是指单边拉普拉斯变换。

若已知$F(s)$，则可以求出相应的原函数$f(t)$，这种运算称为拉普拉斯反变换

$$f(t)=\frac{1}{2\pi\mathrm{j}}\int_{\sigma-\mathrm{j}\infty}^{\sigma+\mathrm{j}\infty}F(s)\mathrm{e}^{st}\mathrm{d}s,\quad t>0 \tag{12-3}$$

式（12-3）表示的反变换可记为$f(t)=\mathscr{L}^{-1}[F(s)]$。式（12-2）和式（12-3）称为拉普拉斯变换对，可以用双箭头表示$f(t)$与$F(s)$之间这种变换与反变换的关系

$$f(t)\longleftrightarrow F(s) \tag{12-4}$$

12.1.2 典型函数的拉普拉斯变换

下面利用拉氏变换的定义，求取一些典型函数的拉氏变换。

1. 指数函数$\mathrm{e}^{-\alpha t}\varepsilon(t)$

$$\mathscr{L}[\mathrm{e}^{-\alpha t}\varepsilon(t)]=\int_{0^-}^{\infty}\mathrm{e}^{-\alpha t}\mathrm{e}^{-st}\mathrm{d}t$$

$$=\int_{0^-}^{\infty}\mathrm{e}^{-(\alpha+s)t}\mathrm{d}t=\frac{1}{s+\alpha}$$

即
$$\mathrm{e}^{-\alpha t}\varepsilon(t)\longleftrightarrow\frac{1}{s+\alpha} \tag{12-5}$$

2. 单位阶跃函数$\varepsilon(t)$

令式（12-5）中的$\alpha=0$，即得

$$\varepsilon(t)\longleftrightarrow\frac{1}{s} \tag{12-6}$$

3. 正弦函数$\sin\omega_0 t\varepsilon(t)$

$$\mathscr{L}[\sin\omega_0 t\varepsilon(t)]=\mathscr{L}\left[\frac{1}{2\mathrm{j}}(\mathrm{e}^{\mathrm{j}\omega_0 t}-\mathrm{e}^{-\mathrm{j}\omega_0 t})\varepsilon(t)\right]$$

$$=\frac{1}{2\mathrm{j}}\left(\frac{1}{s-\mathrm{j}\omega_0}-\frac{1}{s+\mathrm{j}\omega_0}\right)$$

$$=\frac{\omega_0}{s^2+\omega_0^2}$$

即
$$\sin\omega_0 t\varepsilon(t)\longleftrightarrow\frac{\omega_0}{s^2+\omega_0^2} \tag{12-7}$$

4. 余弦函数 $\cos\omega_0 t\varepsilon(t)$

$$\mathscr{L}[\cos\omega_0 t\varepsilon(t)] = \mathscr{L}\left[\frac{1}{2}(e^{j\omega_0 t} + e^{-j\omega_0 t})\varepsilon(t)\right]$$

$$= \frac{1}{2}\left(\frac{1}{s - j\omega_0} + \frac{1}{s + j\omega_0}\right)$$

$$= \frac{s}{s^2 + \omega_0^2}$$

即

$$\cos\omega_0 t\varepsilon(t) \longleftrightarrow \frac{s}{s^2 + \omega_0^2} \tag{12-8}$$

5. 单位冲激函数 $\delta(t)$

$$\mathscr{L}[\delta(t)] = \int_{0^-}^{\infty} \delta(t) e^{-st} dt = e^{-st}\big|_{t=0} = 1$$

即

$$\delta(t) \longleftrightarrow 1 \tag{12-9}$$

典型函数的拉氏变换列于表 12-1 中，以备查用。

表 12-1　　典型函数的拉氏变换

序　　号	$f(t) = \mathscr{L}^{-1}[F(s)]$	$F(s) = \mathscr{L}[f(t)]$
1	$\delta(t)$	1
2	$\varepsilon(t)$	$\frac{1}{s}$
3	$t\varepsilon(t)$	$\frac{1}{s^2}$
4	$t^n\varepsilon(t)$，n 为正整数	$\frac{n!}{s^{n+1}}$
5	$e^{-\alpha t}\varepsilon(t)$	$\frac{1}{s+\alpha}$
6	$t^n e^{-\alpha t}\varepsilon(t)(\alpha > 0)$	$\frac{n!}{(s+\alpha)^{n+1}}$
7	$\sin\omega_0 t\varepsilon(t)$	$\frac{\omega_0}{s^2+\omega_0^2}$
8	$\cos\omega_0 t\varepsilon(t)$	$\frac{s}{s^2+\omega_0^2}$
9	$e^{-\alpha t}\sin\omega_0 t\varepsilon(t)$	$\frac{\omega_0}{(s+\alpha)^2+\omega_0^2}$
10	$e^{-\alpha t}\cos\omega_0 t\varepsilon(t)$	$\frac{s+\alpha}{(s+\alpha)^2+\omega_0^2}$

12.2　拉普拉斯变换的基本性质

在表 12-1 所列的典型函数的拉氏变换的基础上，利用拉氏变换的一些基本性质，就能求取较为复杂函数的拉氏变换。

1. 线性性质

若 $f_1(t) \longleftrightarrow F_1(s)$， $f_2(t) \longleftrightarrow F_2(s)$，则

$$\alpha_1 f_1(t) + \alpha_2 f_2(t) \longleftrightarrow \alpha_1 F_1(s) + \alpha_2 F_2(s) \tag{12-10}$$

式（12-10）中，α_1 和 α_2 为任意常数。

证明：

$$\begin{aligned}\alpha_1 f_1(t) + \alpha_2 f_2(t) &\longleftrightarrow \int_{0^-}^{\infty} [\alpha_1 f_1(t) + \alpha_2 f_2(t)] e^{-st} dt \\ &= \alpha_1 \int_{0^-}^{\infty} f_1(t) e^{-st} dt + \alpha_2 \int_{0^-}^{\infty} f_2(t) e^{-st} dt \\ &= \alpha_1 F_1(s) + \alpha_2 F_2(s)\end{aligned}$$

2. 时域微分性质

若 $f(t) \longleftrightarrow F(s)$，则

$$\frac{df(t)}{dt} \longleftrightarrow sF(s) - f(0^-) \tag{12-11}$$

证明： 根据拉氏变换的定义，并应用分部积分法，有

$$\begin{aligned}\mathscr{L}\left[\frac{df(t)}{dt}\right] &= \int_{0^-}^{\infty} \frac{df(t)}{dt} e^{-st} dt \\ &= [e^{-st} f(t)]_{0^-}^{\infty} - \int_{0^-}^{\infty} (-s) e^{-st} f(t) dt \\ &= -f(0^-) + s \cdot \int_{0^-}^{\infty} f(t) e^{-st} dt \\ &= sF(s) - f(0^-)\end{aligned}$$

同理可得

$$\begin{aligned}\mathscr{L}\left[\frac{d^2 f(t)}{dt^2}\right] &= \int_{0^-}^{\infty} \frac{d^2 f(t)}{dt^2} e^{-st} dt \\ &= \int_{0^-}^{\infty} \frac{d}{dt} \frac{df(t)}{dt} e^{-st} dt \\ &= s[sF(s) - f(0^-)] - \left.\frac{df(t)}{dt}\right|_{t=0^-} \\ &= s^2 F(s) - sf(0^-) - f'(0^-)\end{aligned}$$

以此类推到 $f(t)$ 的 n 阶导数，得

$$\frac{d^n f(t)}{dt^n} \longleftrightarrow s^n F(s) - s^{n-1} f(0^-) - s^{n-2} f'(0^-) - \cdots - f^{(n-1)}(0^-) \tag{12-12}$$

式（12-12）中的 $f(0^-)$ 及 $f^{(k)}(0^-)$ 分别表示在 $t=0^-$ 时，$f(t)$ 及其 k 阶导数 $\dfrac{d^k f(t)}{dt^k}$ [简记 $f^{(k)}(t)$] 的值，$k=1, 2, \cdots, n-1$。

时域微分性质及下面的积分性质可将描述电路的微分方程化为较简单的代数方程，而且自动引入初始状态，这一特点在电路分析中十分有用。

【例 12-1】　已知某一阶电路的微分方程为 $\frac{\mathrm{d}u(t)}{\mathrm{d}t}+50u(t)=u_{\mathrm{S}}(t)$，$u(0^-)=1\mathrm{V}$，$u_{\mathrm{S}}(t)=2\delta(t)$。试用拉普拉斯变换求响应 $u(t)$。

解　对电路方程两边求拉氏变换，运用线性性质得

$$\mathscr{L}\left[\frac{\mathrm{d}u(t)}{\mathrm{d}t}\right]+\mathscr{L}[50u(t)]=\mathscr{L}[u_{\mathrm{S}}(t)]$$

设 $\mathscr{L}[u(t)]=U(s)$，即 $u(t)\longleftrightarrow U(s)$，因为 $\mathscr{L}[u_{\mathrm{S}}(t)]=\mathscr{L}[2\delta(t)]=2$，由微分性质，得

$$sU(s)-u(0^-)+50U(s)=2$$

可见，拉氏变换已经将时域的微分方程变成了复频域（S 域）的代数方程。

求解复频域方程，可方便地得到复频域解

$$U(s)=\frac{3}{s+50}$$

将上述 S 域的解反变换成原函数，就得时域解了。

$$\mathscr{L}^{-1}[U(s)]=\mathscr{L}^{-1}\left[\frac{3}{s+50}\right]$$

等式左边为 $u(t)$，由表 12-1 查得，等式右边为 $3\mathrm{e}^{-50t}\varepsilon(t)$。即时域解为

$$u(t)=3\mathrm{e}^{-50t},\quad t>0$$

本例求解响应时运用了变换的方法，首先将时域变换到复频域，然后求出复频域解，最后反变换回到时域。变换的方法在科技领域经常使用，在求解某问题时，可归纳为三个步骤：（1）把原来的问题变换为一个较为容易处理的问题；（2）在变换域中求解问题；（3）把变换域中的解答反变换为原来问题的解答。相量法分析正弦稳态电路也遵循以上步骤，因此，相量法也是一种变换域的分析方法。

3.　时域积分性质

若 $f(t)\longleftrightarrow F(s)$，则

$$\int_{0^-}^{t}f(\lambda)\mathrm{d}\lambda\longleftrightarrow\frac{F(s)}{s}\tag{12-13}$$

证明：根据拉氏变换的定义

$$\mathscr{L}\left[\int_{0^-}^{t}f(\lambda)\mathrm{d}\lambda\right]=\int_{0^-}^{\infty}\left[\int_{0^-}^{t}f(\lambda)\mathrm{d}\lambda\right]\mathrm{e}^{-st}\mathrm{d}t$$

应用分部积分法，可得

$$\mathscr{L}\left[\int_{0^-}^{t}f(\lambda)\mathrm{d}\lambda\right]=\left[\frac{-\mathrm{e}^{-st}}{s}\int_{0^-}^{t}f(\lambda)\mathrm{d}\lambda\right]\Bigg|_{0^-}^{\infty}+\frac{1}{s}\int_{0^-}^{\infty}f(t)\mathrm{e}^{-st}\mathrm{d}t$$

当 $t\to\infty$ 和 $t\to0^-$ 时，上式右边第一项为 0，所以

$$\mathscr{L}\left[\int_{0^-}^{t}f(\lambda)\mathrm{d}\lambda\right]=\frac{F(s)}{s}$$

【例 12-2】　试利用 $\varepsilon(t)$ 的拉氏变换和时域积分性质求 $t\varepsilon(t)$ 和 $t^n\varepsilon(t)$ 的拉氏变换。

解　因为

$$F(s)=\mathscr{L}[\varepsilon(t)]=\frac{1}{s}$$

而 $$t\varepsilon(t)=\int_{0^-}^{t}\varepsilon(\lambda)\,\mathrm{d}\lambda$$

所以由时域积分性质得 $$\mathscr{L}[t\varepsilon(t)]=\frac{1}{s}\cdot\frac{1}{s}=\frac{1}{s^2}$$

重复应用这个性质，可得 $$\mathscr{L}[t^n\varepsilon(t)]=\frac{n!}{s^{n+1}}$$

4. 时移性质

若$f(t)\longleftrightarrow F(s)$，则

$$f(t-t_0)\varepsilon(t-t_0)\longleftrightarrow F(s)\mathrm{e}^{-st_0},\ t_0>0 \tag{12-14}$$

证明：根据拉氏变换的定义

$$\mathscr{L}[f(t-t_0)\varepsilon(t-t_0)]=\int_{0^-}^{\infty}f(t-t_0)\varepsilon(t-t_0)\,\mathrm{e}^{-st}\mathrm{d}t$$
$$=\int_{t_0}^{\infty}f(t-t_0)\,\mathrm{e}^{-st}\mathrm{d}t$$

令 $\tau=t-t_0$，在上式中做变量替换，得

$$\mathscr{L}[f(t-t_0)\varepsilon(t-t_0)]=\int_{0^-}^{\infty}f(\tau)\,\mathrm{e}^{-s(\tau+t_0)}\mathrm{d}\tau$$
$$=\mathrm{e}^{-st_0}\int_{0^-}^{\infty}f(\tau)\,\mathrm{e}^{-s\tau}\mathrm{d}\tau$$
$$=\mathrm{e}^{-st_0}F(s)$$

上式表明，函数在时域内延时 t_0，对应于复频域内乘以 e^{-st_0}。上式中 $t_0>0$ 的规定是十分必要的，因为若 $t_0<0$，函数的时移是做左移，其波形有可能越过原点，这将导致原点以左部分不能包含在从 0^- 到∞的积分中，因而用式（12-14）会造成错误。

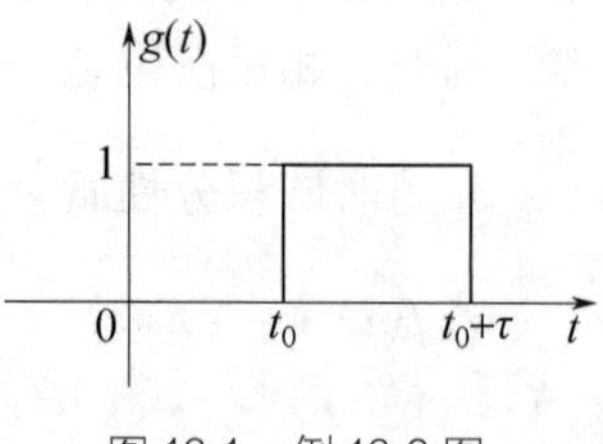

图 12-1 例 12-3 图

【例 12-3】 试求图 12-1 所示门函数的拉氏变换。

解 该门函数是一个从 t_0 开始，持续时间为 τ，幅度为 1 的矩形脉冲。其表达式为

$$g(t)=\varepsilon(t-t_0)-\varepsilon(t-t_0-\tau)。$$

因为 $\mathscr{L}[\varepsilon(t)]=\dfrac{1}{s}$，由线性和时移性质，可得

$$\mathscr{L}[g(t)]=\mathscr{L}[\varepsilon(t-t_0)-\varepsilon(t-t_0-\tau)]$$
$$=\frac{1}{s}\mathrm{e}^{-st_0}-\frac{1}{s}\mathrm{e}^{-s(t_0+\tau)}$$
$$=\frac{1}{s}\mathrm{e}^{-st_0}(1-\mathrm{e}^{-s\tau})$$

时移性的一种重要应用是求取周期信号的拉氏变换。若以 T 为周期的周期信号 $f(t)$ 的第一周、第二周、第三周……的波形分别用 $f_1(t)$，$f_2(t)$，$f_3(t)$……表示，则有

$$f(t)=f_1(t)+f_2(t)+f_3(t)+\cdots\cdots$$
$$=f_1(t)+f_1(t-T)\varepsilon(t-T)+f_1(t-2T)\varepsilon(t-2T)+\cdots$$

若 $F_1(s)=\mathscr{L}[f_1(t)]$，则根据时移性可得

$$\begin{aligned}F(s)&=\mathscr{L}[f(t)]\\&=(1+\mathrm{e}^{-sT}+\mathrm{e}^{-2sT}+\cdots)F_1(s)\\&=\frac{1}{1-\mathrm{e}^{-sT}}F_1(s)\end{aligned}\tag{12-15}$$

这就是说，周期信号的拉氏变换等于其第一周波形的拉氏变换乘以 $\dfrac{1}{1-\mathrm{e}^{-sT}}$。

【例 12-4】　周期方波函数如图 12-2 所示，试求该函数的拉氏变换。

解　先求单个方波脉冲的拉氏变换。

第一个方波脉冲记作 $f_1(t)$，其宽度为 1，高度为 1，可表示为

$$f_1(t)=\varepsilon(t)-\varepsilon(t-1)$$

拉氏变换

$$\begin{aligned}F_1(s)&=\frac{1}{s}-\frac{1}{s}\mathrm{e}^{-s}\\&=\frac{1}{s}(1-\mathrm{e}^{-s})\end{aligned}$$

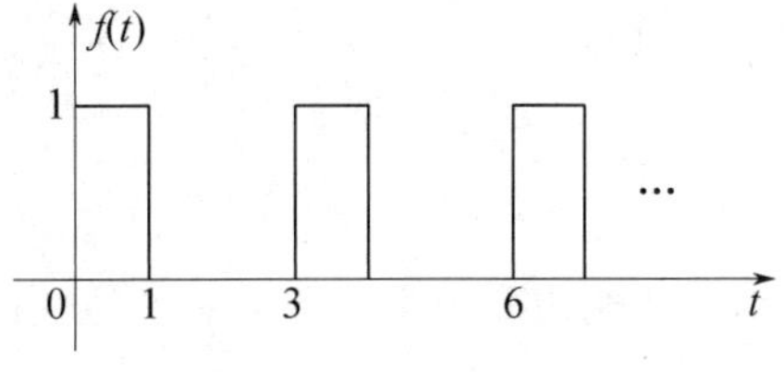

图 12-2　周期方波函数

然后利用式（12-15）可得周期函数（周期 $T=3$）的拉氏变换。

$$\begin{aligned}F(s)=\mathscr{L}[f(t)]&=\frac{F_1(s)}{1-\mathrm{e}^{-Ts}}\\&=\frac{1-\mathrm{e}^{-s}}{s}\cdot\frac{1}{1-\mathrm{e}^{-3s}}\\&=\frac{1}{s(\mathrm{e}^{-2s}+\mathrm{e}^{-s}+1)}\end{aligned}$$

5. 复频移性质

若 $f(t)\longleftrightarrow F(s)$，则

$$f(t)\mathrm{e}^{s_0t}\longleftrightarrow F(s-s_0)\tag{12-16}$$

此性质表明，时间函数乘以 e^{s_0t}，相当于其对应的象函数在 S 域内平移 s_0。利用拉氏变换的定义可证明式（12-16）。

【例 12-5】　求 $\mathrm{e}^{-t}\varepsilon(t-1)$ 的拉氏变换。

解　因为　$\varepsilon(t)\longleftrightarrow\dfrac{1}{s}$

由时移性质得　$\varepsilon(t-1)\longleftrightarrow\dfrac{1}{s}\mathrm{e}^{-s}$

再由复频移性质式（12-16）可得

$$\mathscr{L}[\mathrm{e}^{-t}\varepsilon(t-1)]=\frac{1}{s+1}\mathrm{e}^{-(s+1)}$$

6. 初值定理

若 $f(t)\longleftrightarrow F(s)$，且 $\lim\limits_{s\to\infty}sF(s)$ 存在，则 $f(t)$ 的初值

$$f(0^+)=\lim_{t\to0^+}f(t)=\lim_{s\to\infty}sF(s)\tag{12-17}$$

证明：利用时域微分性质

$$sF(s)-f(0^-)=\mathscr{L}\left[\frac{\mathrm{d}f(t)}{\mathrm{d}t}\right]$$

$$=\int_{0^-}^{\infty}\frac{\mathrm{d}f(t)}{\mathrm{d}t}\mathrm{e}^{-st}\mathrm{d}t$$

$$=\int_{0^-}^{0^+}\frac{\mathrm{d}f(t)}{\mathrm{d}t}\mathrm{e}^{-st}\mathrm{d}t+\int_{0^+}^{\infty}\frac{\mathrm{d}f(t)}{\mathrm{d}t}\mathrm{e}^{-st}\mathrm{d}t$$

上式中第一项积分限为0^-到0^+，在整个积分区间内$t=0$，因此$\mathrm{e}^{-st}|_{t=0}=1$，

于是可写为 $$sF(s)-f(0^-)=f(t)\Big|_{0^-}^{0^+}+\int_{0^+}^{\infty}\frac{\mathrm{d}f(t)}{\mathrm{d}t}\mathrm{e}^{-st}\mathrm{d}t$$

故 $$sF(s)=f(0^+)+\int_{0^+}^{\infty}\frac{\mathrm{d}f(t)}{\mathrm{d}t}\mathrm{e}^{-st}\mathrm{d}t$$

对上式两边取极限，令$s\to\infty$，则右边积分项将消失，故有

$$\lim_{s\to\infty}sF(s)=f(0^+)$$

初值定理表明，函数在时域$t=0^+$时的值可通过$F(s)$乘以s，取$s\to\infty$的极限，而不必求取$F(s)$的反变换，但其条件是$\lim\limits_{s\to\infty}sF(s)$必须存在。

【例 12-6】 已知$F(s)=\mathscr{L}[f(t)]=\dfrac{2s+2}{s^2+4s+3}$，试求初值$f(0^+)$。

解 由初值定理，得

$$f(0^+)=\lim_{s\to\infty}sF(s)=\lim_{s\to\infty}\frac{2s^2+2s}{s^2+4s+3}$$

$$=\lim_{s\to\infty}\frac{2+\dfrac{2}{s}}{1+\dfrac{4}{s}+\dfrac{3}{s^2}}=\frac{2}{1}=2$$

7. 终值定理

若$f(t)\longleftrightarrow F(s)$，且$\lim\limits_{t\to\infty}f(t)$存在，则$f(t)$的终值

$$f(\infty)=\lim_{t\to\infty}f(t)=\lim_{s\to 0}sF(s)\tag{12-18}$$

证明：仍利用时域微分性质

$$\mathscr{L}\left[\frac{\mathrm{d}f(t)}{\mathrm{d}t}\right]=\int_{0^-}^{\infty}\frac{\mathrm{d}f(t)}{\mathrm{d}t}\mathrm{e}^{-st}\mathrm{d}t$$

$$=sF(s)-f(0^-)$$

上式两边取$s\to 0$的极限，此时$\mathrm{e}^{-st}|_{s=0}=1$

$$\lim_{s\to 0}\int_{0^-}^{\infty}\frac{\mathrm{d}f(t)}{\mathrm{d}t}\mathrm{e}^{-st}\mathrm{d}t=\lim_{s\to 0}[sF(s)-f(0^-)]$$

因为 $$\lim_{s\to 0}\int_{0^-}^{\infty}\frac{\mathrm{d}f(t)}{\mathrm{d}t}\mathrm{e}^{-st}\mathrm{d}t=\lim_{s\to 0}\int_{0^-}^{\infty}\frac{\mathrm{d}f(t)}{\mathrm{d}t}\mathrm{d}t$$

$$=\lim_{t\to\infty}[f(t)-f(0^-)]$$

于是
$$\lim_{t\to\infty}[f(t)-f(0^-)]=\lim_{s\to 0}[sF(s)-f(0^-)]$$
即
$$f(\infty)=\lim_{t\to\infty}f(t)=\lim_{s\to 0}sF(s)$$

终值定理表明，可通过 $F(s)$ 乘以 s 取 $s\to 0$ 的极限直接求得 $f(t)$ 的终值，而不必求 $F(s)$ 的反变换。但条件是必须保证 $\lim_{t\to\infty}f(t)$ 存在。这个条件相当于在复频域中，$F(s)$ 的极点都位于 s 平面的左半部和 $F(s)$ 在原点仅有单极点。

【例 12-7】 已知 $F(s)=\dfrac{1}{s(s+1)}$，试计算原函数 $f(t)$ 的终值。

解 应用终值定理，得
$$f(\infty)=\lim_{s\to 0}sF(s)=\lim_{s\to 0}\frac{1}{s+1}=1$$

12.3 拉普拉斯反变换的部分分式展开

从象函数 $F(s)$ 求原函数 $f(t)$ 的过程称为拉普拉斯反变换。

简单象函数的拉普拉斯反变换只要应用表 12-1 以及 12.2 节讨论的拉氏变换的性质便可得到相应的时间函数。

求取复杂拉氏变换式的反变换通常有两种方法：部分分式展开法和围线积分法。应用拉氏反变换定义式（12-3）进行复变函数积分就是通常所说的围线积分法或留数法，复变函数的积分一般比较困难。部分分式展开法是将复杂变换式分解为许多简单变换式之和，然后分别查表 12-1 即可求得原信号，它适合于 $F(s)$ 为有理函数的情况。部分分式展开法因无需进行复变函数的积分而计算简便，且足以解决线性时不变动态电路分析中的反变换问题，因此下面仅讨论部分分式展开法。

常见的拉氏变换式是 s 的多项式之比（有理函数），一般形式如下。
$$F(s)=\frac{b_m s^m+b_{m-1}s^{m-1}+\cdots+b_1 s+b_0}{a_n s^n+a_{n-1}s^{n-1}+\cdots+a_1 s+a_0}=\frac{N(s)}{D(s)} \tag{12-19}$$

式（12-19）中，$N(s)$ 和 $D(s)$ 分别为 $F(s)$ 的分子多项式和分母多项式。a_i（$i=0, 1, \cdots, n$），b_j（$j=0, 1, \cdots, m$）均为实数。当 $m<n$，即 $F(s)$ 为真分式时，可直接分解为部分分式；当 $m\geqslant n$，即 $F(s)$ 为假分式时，则先用长除法将 $F(s)$ 化成多项式与真分式之和，例如
$$F(s)=\frac{N(s)}{D(s)}=\frac{2s^2+3s-6}{s^2+s-1}=2+\frac{s-4}{s^2+s-1}=2+\frac{N_1(s)}{D(s)}$$

然后归结为将真分式 $\dfrac{N_1(s)}{D(s)}$ 分解为部分分式。因此，下面着重讨论 $\dfrac{N(s)}{D(s)}$ 是真分式时的拉氏反变换。部分分式展开法在把一个有理真分式展开成多个部分分式之和时，需要对分母多项式分解，求出 $D(s)=0$ 的根，会出现以下 3 种情况。

1. $D(s)=0$ 的根都是相异实根

分母 $D(s)$ 是 s 的 n 次多项式，可以进行因式分解
$$D(s)=a_n(s-s_1)(s-s_2)\cdots(s-s_n)$$

这里 s_1，s_2，…，s_n 为 $D(s)=0$ 的根。当 s 等于任一根值时，$F(s)$ 等于无穷大，故这些根也称为 $F(s)$ 的极点。当 s_1，s_2，…，s_n 互不相等时，$F(s)$ 可表示为

$$\frac{N(s)}{D(s)}=\frac{N(s)}{a_n(s-s_1)(s-s_2)\cdots(s-s_n)}$$

$$=\frac{k_1}{s-s_1}+\frac{k_2}{s-s_2}+\cdots+\frac{k_n}{s-s_n} \tag{12-20}$$

式（12-20）中，k_1，k_2，…，k_n 为待定系数。在式（12-20）两边乘以因子（$s-s_i$），再令 $s=s_i$（$i=1$，2，…，n），于是等式右边仅留下 k_i 项，即

$$k_i=(s-s_i)\frac{N(s)}{D(s)}\bigg|_{s=s_i} \quad (i=1,\ 2,\ \cdots,\ n) \tag{12-21}$$

求得待定系数后，式（12-20）的反变换可由表12-1查得

$$\mathscr{L}^{-1}[F(s)]=\mathscr{L}^{-1}\left[\frac{k_1}{s-s_1}\right]+\mathscr{L}^{-1}\left[\frac{k_2}{s-s_2}\right]+\cdots+\mathscr{L}^{-1}\left[\frac{k_n}{s-s_n}\right]$$

$$=[k_1e^{s_1t}+k_2e^{s_2t}+\cdots+k_ne^{s_nt}]\varepsilon(t) \tag{12-22}$$

由此可见，当 $D(s)=0$ 具有相异实根时，$F(s)$ 的拉氏反变换是许多实指数函数项之和。

【例12-8】 求 $F(s)=\dfrac{s^2+6s+6}{s^2+3s+2}$ 的拉氏反变换。

解 由于 $F(s)$ 中分子多项式和分母多项式的最高次数均为2，因此应首先分解出真分式部分，得

$$F(s)=1+\frac{3s+4}{s^2+3s+2}$$

其中，真分式项又可展成以下部分分式。

$$\frac{N(s)}{D(s)}=\frac{3s+4}{s^2+3s+2}=\frac{3s+4}{(s+1)(s+2)}$$

$$=\frac{k_1}{s+1}+\frac{k_2}{s+2}$$

系数可由式（12-21）求得为

$$k_1=(s+1)\frac{N(s)}{D(s)}\bigg|_{s=-1}=(s+1)\frac{3s+4}{(s+1)(s+2)}\bigg|_{s=-1}=1$$

$$k_2=(s+2)\frac{N(s)}{D(s)}\bigg|_{s=-2}=(s+2)\frac{3s+4}{(s+1)(s+2)}\bigg|_{s=-2}=2$$

代入原式可得 $$F(s)=1+\frac{1}{s+1}+\frac{2}{s+2}$$

查表12-1即得

$$f(t)=\delta(t)+(e^{-t}+2e^{-2t})\varepsilon(t)$$

2. $D(s)=0$ 有复根且无重复根

若 $$D(s)=a_n(s-s_1)(s-s_2)\cdots(s-s_{n-2})(s^2+bs+c)$$

$$=D_1(s)(s^2+bs+c)$$

式中　$D_1(s)=a_n(s-s_1)(s-s_2)\cdots(s-s_{n-2})$，$s_1$，$s_2$，$\cdots s_{n-2}$ 为 $D(s)=0$ 的互不相等的实根。二次多项式 s^2+bs+c 中，若 $b^2<4c$，则构成一对共轭复根。

因为 $F(s)$ 可写成

$$F(s)=\frac{N(s)}{D(s)}=\frac{As+B}{s^2+bs+c}+\frac{N_1(s)}{D_1(s)} \tag{12-23}$$

式（12-23）右边第二项展开为部分分式的方法已如前述，对于右边第一项，一旦 $\frac{N_1(s)}{D_1(s)}$ 求得，就可应用对应系数相等的方法求得系数 A 和 B，而 $\frac{As+B}{s^2+bs+c}$ 的反变换则可用部分分式展开法或配方法。

【例 12-9】　求 $F(s)=\frac{s}{s^2+2s+5}$ 的拉氏反变换。

解　（1）配方法：

$$F(s)=\frac{s}{s^2+2s+5}=\frac{s}{(s+1)^2+2^2}$$
$$=\frac{s+1}{(s+1)^2+2^2}-\frac{1}{2}\frac{2}{(s+1)^2+2^2}$$

查表 12-1 得

$$\mathscr{L}^{-1}\left[\frac{s}{s^2+2s+5}\right]=\mathscr{L}^{-1}\left[\frac{s+1}{(s+1)^2+2^2}-\frac{1}{2}\frac{2}{(s+1)^2+2^2}\right]$$
$$=\mathrm{e}^{-t}\left(\cos 2t-\frac{1}{2}\sin 2t\right)\quad t\geqslant 0$$

（2）用部分分式展开法：

这里 $D(s)=s^2+2s+5=(s+1-\mathrm{j}2)(s+1+\mathrm{j}2)=0$ 有一对共轭复根，$s_1=-1+\mathrm{j}2$ 和 $s_2=-1-\mathrm{j}2$。$F(s)$ 可写成

$$F(s)=\frac{s}{s^2+2s+5}=\frac{k_1}{s+1-\mathrm{j}2}+\frac{k_2}{s+1+\mathrm{j}2}$$

式中

$$k_1=(s+1-\mathrm{j}2)\frac{s}{s^2+2s+5}\bigg|_{s=-1+\mathrm{j}2}=\frac{1}{4}(2+\mathrm{j})$$
$$k_2=(s+1+\mathrm{j}2)\frac{s}{s^2+2s+5}\bigg|_{s=-1-\mathrm{j}2}=\frac{1}{4}(2-\mathrm{j})$$

事实上，k_1 和 k_2 必然也是共轭的，即 $k_1=\overset{*}{k}_2$，所以求得 k_1 后，k_2 可以直接写出。

$$F(s)=\frac{1}{4}\left(\frac{2+\mathrm{j}}{s+1-\mathrm{j}2}+\frac{2-\mathrm{j}}{s+1+\mathrm{j}2}\right)$$
$$\mathscr{L}^{-1}[F(s)]=\frac{1}{4}\left[\mathscr{L}^{-1}\left(\frac{2+\mathrm{j}}{s+1-\mathrm{j}2}\right)+\mathscr{L}^{-1}\left(\frac{2-\mathrm{j}}{s+1+\mathrm{j}2}\right)\right]$$
$$=\frac{1}{4}[(2+\mathrm{j})\mathrm{e}^{(-1+\mathrm{j}2)t}+(2-\mathrm{j})\mathrm{e}^{(-1-\mathrm{j}2)t}]$$
$$=\mathrm{e}^{-t}\left(\cos 2t-\frac{1}{2}\sin 2t\right)\quad t\geqslant 0$$

可见，$D(s)=0$ 有共轭复根时，用配方法结合查表求拉氏反变换是比较方便的。

【例 12-10】 求 $F(s)=\dfrac{5s+10}{s^3+5s^2+12s+8}$ 的拉氏反变换。

解 $$D(s)=s^3+5s^2+12s+8=(s+1)(s^2+4s+8)$$

所以 $$F(s)=\frac{5s+10}{(s+1)(s^2+4s+8)}=\frac{A}{s+1}+\frac{Bs+C}{s^2+4s+8}$$

式中 $$A=(s+1)F(s)\big|_{s=-1}=\left.\frac{5s+10}{s^2+4s+8}\right|_{s=-1}=1$$

于是 $$F(s)=\frac{5s+10}{s^3+5s^2+12s+8}=\frac{1}{s+1}+\frac{Bs+C}{s^2+4s+8}$$

为求系数 B 和 C，可用对应项系数相等的方法，先令 $s=0$ 代入上式两边，得

$$\frac{10}{8}=1+\frac{C}{8},\quad 则\quad C=2$$

再将上式两边乘以 s，并令 $s\to\infty$，得

$$0=1+B,\quad 则\quad B=-1$$

即 $$F(s)=\frac{1}{s+1}+\frac{-s+2}{s^2+4s+8}$$

应用配方法，得

$$F(s)=\frac{1}{s+1}+\frac{-(s+2)}{(s+2)^2+2^2}+\frac{2\times 2}{(s+2)^2+2^2}$$

查表 12-1 即得 $\mathscr{L}^{-1}[F(s)]=\mathrm{e}^{-t}-\mathrm{e}^{-2t}\cos 2t+2\mathrm{e}^{-2t}\sin 2t,\quad t>0$

3. $D(s)=0$ 的根为重根

若 $D(s)=0$ 只有一个 p 重根 s_1，则 $D(s)$ 可写成

$$D(s)=a_n(s-s_1)^p(s-s_{p+1})\cdots(s-s_n)$$

$F(s)$ 展开的部分分式为

$$F(s)=\frac{N(s)}{D(s)}$$
$$=\frac{k_{1p}}{(s-s_1)^p}+\frac{k_{1(p-1)}}{(s-s_1)^{p-1}}+\cdots+\frac{k_{12}}{(s-s_1)^2}+\frac{k_{11}}{s-s_1}+\frac{k_{p+1}}{s-s_{p+1}}+\cdots+\frac{k_n}{s-s_n}\tag{12-24}$$

在式（12-24）中，$D(s)$ 的由非重根因子组成的部分分式的系数 k_{p+1}，…，k_n 的求法如前所述。对于由重根因子组成的部分分式的系数 k_{1p}，$k_{1(p-1)}$，…，k_{11}，可通过下列步骤求得。

将上式两边乘以 $(s-s_1)^p$，得

$$(s-s_1)^p\frac{N(s)}{D(s)}=k_{1p}+k_{1(p-1)}(s-s_1)+\cdots+k_{12}(s-s_1)^{p-2}+k_{11}(s-s_1)^{p-1}$$
$$+(s-s_1)^p\left[\frac{k_{p+1}}{s-s_{p+1}}+\cdots+\frac{k_n}{s-s_n}\right]\tag{12-25}$$

令 $s=s_1$，可得

$$k_{1p}=(s-s_1)^p\frac{N(s)}{D(s)}\bigg|_{s=s_1} \tag{12-26}$$

将式（12-25）两边对 s 求导后，令 $s=s_1$ 可得

$$k_{1(p-1)}=\frac{\mathrm{d}}{\mathrm{d}s}\left[(s-s_1)^p\frac{N(s)}{D(s)}\right]\bigg|_{s=s_1} \tag{12-27}$$

以此类推，可得求重根项的部分分式系数的一般公式为

$$k_{1i}=\frac{1}{(p-i)!}\left\{\frac{\mathrm{d}^{p-i}}{\mathrm{d}s^{p-i}}\left[(s-s_1)^p\frac{N(s)}{D(s)}\right]\right\}\bigg|_{s=s_1} \tag{12-28}$$

当全部系数确定后，由于 $\mathscr{L}^{-1}\left[\frac{k_{1i}}{(s-s_1)^i}\right]=\frac{k_{1i}}{(i-1)!}t^{i-1}\mathrm{e}^{s_1t}$

则得

$$\mathscr{L}^{-1}[F(s)]=\mathscr{L}^{-1}\left[\frac{N(s)}{D(s)}\right]$$

$$=\left[\frac{k_{1p}}{(p-1)!}t^{p-1}+\frac{k_{1(p-1)}}{(p-2)!}t^{p-2}+\cdots+\frac{k_{12}}{1!}t+k_{11}\right]\mathrm{e}^{s_1t}+\sum_{i=p+1}^{n}k_i\mathrm{e}^{s_it} \tag{12-29}$$

【例 12-11】 试求 $F(s)=\frac{-s^2+2}{(s+1)(s+2)^3}$ 的拉氏反变换。

解

$$F(s)=\frac{-s^2+2}{(s+1)(s+2)^3}=\frac{k_1}{s+1}+\frac{k_{23}}{(s+2)^3}+\frac{k_{22}}{(s+2)^2}+\frac{k_{21}}{s+2}$$

式中系数 k_1、k_{23} 可分别根据式（12-21）、式（12-26）求得，即

$$k_1=(s+1)F(s)|_{s=-1}=1$$

$$k_{23}=(s+2)^3F(s)|_{s=-2}=2$$

系数 k_{22}、k_{21} 可根据式（12-28）求得，即

$$K_{22}=\frac{\mathrm{d}}{\mathrm{d}s}[(s+2)^3F(s)]|_{s=-2}=\frac{\mathrm{d}}{\mathrm{d}s}\left[\frac{-s^2+2}{s+1}\right]\bigg|_{s=-2}$$

$$=\left[\frac{-2s}{s+1}-\frac{-s^2+2}{(s+1)^2}\right]\bigg|_{s=-2}=-2$$

$$K_{21}=\frac{1}{2!}\frac{\mathrm{d}^2}{\mathrm{d}s^2}[(s+2)^3F(s)]|_{s=-2}$$

$$=\frac{1}{2!}\frac{\mathrm{d}}{\mathrm{d}s}\left[\frac{-2s}{s+1}-\frac{-s^2+2}{(s+1)^2}\right]\bigg|_{s=-2}$$

$$=\frac{1}{2}\left[\frac{-2}{s+1}+\frac{2s}{(s+1)^2}+\frac{2s}{(s+1)^2}+\frac{2(-s^2+2)(s+1)}{(s+1)^4}\right]\bigg|_{s=-2}=-1$$

所以，

$$F(s)=\frac{1}{s+1}+\frac{2}{(s+2)^3}+\frac{-2}{(s+2)^2}+\frac{-1}{s+2}$$

查表 12-1，即得

$$\mathscr{L}^{-1}[F(s)]=\mathrm{e}^{-t}+t^2\mathrm{e}^{-2t}-2t\mathrm{e}^{-2t}-\mathrm{e}^{-2t},\ t>0$$

12.4 电路的复频域模型

拉普拉斯变换是分析线性时不变电路的有效工具，它将电路分析中的时域函数变换为复频域（S 域）的象函数，从而把线性时不变动态电路的响应问题归结为求解象函数的代数方程，便于运算和求解。同时它将初始状态自然地包括到象函数中，既可分别求零输入响应、零状态响应，又可一举求得全响应。以拉氏变换作为数学工具，分析任意信号作用下的线性电路响应，称为拉氏变换分析或复频域分析。

电路的复频域分析有两种方法。第一种方法是首先列出线性时不变电路的常系数微分方程，再对微分方程进行拉氏变换，从而把微分方程变换为复频域中的代数方程，求解此代数方程得到响应的复频域解，最后将此解进行拉氏反变换得到时域解。当电路含有较多的动态元件时，描述电路的微分方程阶数较高，列写微分方程本身就非常麻烦。为了避免列写微分方程，就产生了第二种更为简单的方法。该方法首先将动态电路的时域模型变换为复频域模型，然后根据复频域电路模型，直接列写求解复频域响应的代数方程，求解复频域响应并进行拉氏反变换。下面仅介绍第二种方法，为此，先介绍基尔霍夫定律的复频域形式和电路元件的复频域模型。

12.4.1 基尔霍夫定律的复频域形式

基尔霍夫电流、电压定律的时域形式分别如下。

$$\sum_{k=1}^{n_1} i_k(t) = 0 \tag{12-30}$$

$$\sum_{k=1}^{n_2} u_k(t) = 0 \tag{12-31}$$

对式（12-30）和式（12-31）分别进行拉氏变换，根据拉氏变换的线性性质，可得基尔霍夫电流定律和电压定律的复频域形式分别如下。

$$\sum_{k=1}^{n_1} I_k(s) = 0 \tag{12-32}$$

$$\sum_{k=1}^{n_2} U_k(s) = 0 \tag{12-33}$$

式中，$I_k(s)=\mathscr{L}[i_k(t)]$，$U_k(s)=\mathscr{L}[u_k(t)]$。对比式（12-30）和式（12-32）、式（12-31）和式（12-33）可以看出，基尔霍夫定律在时域和复频域具有相同的形式。

12.4.2 电路元件的复频域模型

1. 电阻元件的复频域模型

图 12-3（a）所示电阻元件的电压与电流的时域关系为

$$u_R(t) = Ri_R(t)$$

将上式两边取拉氏变换，得

$$U_R(s) = RI_R(s) \tag{12-34}$$

式中，$U_{\mathrm{R}}(s)=\mathscr{L}[u_{\mathrm{R}}(t)]$，$I_{\mathrm{R}}(s)=\mathscr{L}[i_{\mathrm{R}}(t)]$。

由式（12-34）可得到电阻元件的复频域模型如图 12-3（b）所示。显然，电阻元件的复频域模型与时域模型具有相同的形式。

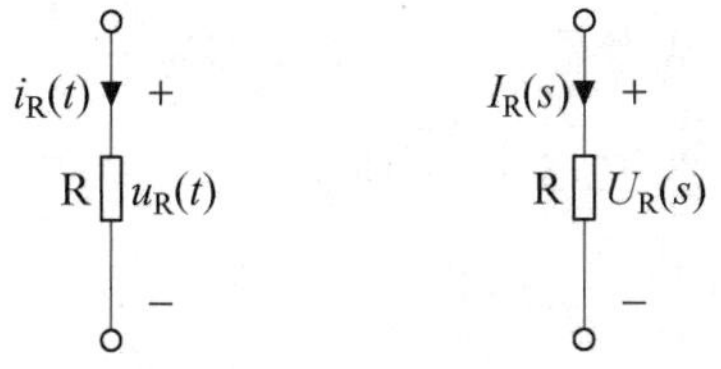

$i_{\mathrm{R}}(t)$ + R $u_{\mathrm{R}}(t)$ −　　$I_{\mathrm{R}}(s)$ + R $U_{\mathrm{R}}(s)$ −

(a) 时域　　(b) 复频域

图 12-3　电阻元件的模型

2. 电容元件的复频域模型

图 12-4（a）所示电容元件的电压与电流的时域关系为

$$u_{\mathrm{C}}(t)=\frac{1}{C}\int_{0^-}^{t} i_{\mathrm{C}}(\tau)\mathrm{d}\tau+u_{\mathrm{C}}(0^-)$$

将上式两边取拉氏变换，并应用拉氏变换的时域积分性质，得

$$U_{\mathrm{C}}(s)=\frac{1}{sC}I_{\mathrm{C}}(s)+\frac{1}{s}u_{\mathrm{C}}(0^-) \tag{12-35}$$

或

$$I_{\mathrm{C}}(s)=sCU_{\mathrm{C}}(s)-Cu_{\mathrm{C}}(0^-) \tag{12-36}$$

式中，$U_{\mathrm{C}}(s)=\mathscr{L}[u_{\mathrm{C}}(t)]$，$I_{\mathrm{C}}(s)=\mathscr{L}[i_{\mathrm{C}}(t)]$，$\dfrac{1}{sC}$ 称为电容的复频阻抗。

式（12-35）和式（12-36）表明，一个具有初始电压 $u_{\mathrm{C}}(0^-)$ 的电容元件，其复频域模型为一个电容的复频阻抗 $\dfrac{1}{sC}$ 与一个大小为 $\dfrac{u_{\mathrm{c}}(0^-)}{s}$ 的电压源相串联（复频域戴维南模型），或者是 $\dfrac{1}{sC}$ 与一个大小为 $Cu_{\mathrm{C}}(0^-)$ 的电流源并联（复频域诺顿模型），分别如图 12-4（b）和图 12-4（c）所示。

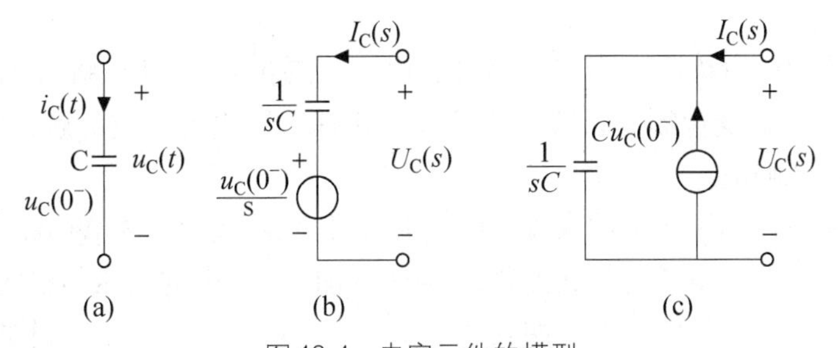

图 12-4　电容元件的模型

3. 电感元件的复频域模型

图 12-5（a）所示电感元件的电压与电流的时域关系为

$$u_{\mathrm{L}}(t)=L\frac{\mathrm{d}i_{\mathrm{L}}(t)}{\mathrm{d}t}$$

将上式两边取拉氏变换，并应用拉氏变换的时域微分性质，得

$$U_{\mathrm{L}}(s)=sLI_{\mathrm{L}}(s)-Li_{\mathrm{L}}(0^-) \tag{12-37}$$

或

$$I_{\mathrm{L}}(s)=\frac{1}{sL}U_{\mathrm{L}}(s)+\frac{i_{\mathrm{L}}(0^-)}{s} \tag{12-38}$$

式中，$U_{\mathrm{L}}(s)=\mathscr{L}[u_{\mathrm{L}}(t)]$，$I_{\mathrm{L}}(s)=\mathscr{L}[i_{\mathrm{L}}(t)]$，$sL$ 称为电感的复频阻抗。

式（12-37）和式（12-38）表明，一个具有初始电流 $i_L(0^-)$ 的电感元件，其复频域模型为一个电感的复频阻抗 sL 与一个大小为 $Li_L(0^-)$ 的电压源相串联（复频域戴维南模型），或者是 sL 与一个大小为 $\frac{i_L(0^-)}{s}$ 的电流源相并联（复频域诺顿模型），分别如图12-5（b）和图12-5（c）所示。

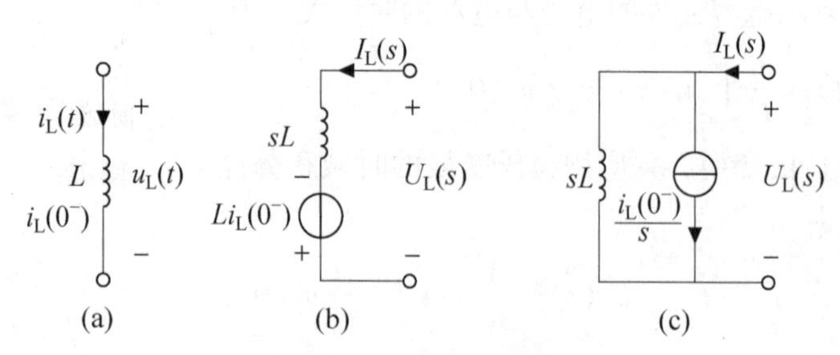

图12-5 电感元件的模型

电路分析的基本依据是拓扑约束和元件伏安关系的约束。拓扑约束是由基尔霍夫定律体现的，由于基尔霍夫定律的时域形式和复频域形式完全相同，所以，电路的时域模型和复频域模型的连接关系是相同的，即在将时域模型转换为复频域模型时，无需改变电路的连接结构。这样，把电路中每个元件都用它的复频域模型来代替，将激励及各分析变量用其拉氏变换式代替，就可由时域电路模型得到复频域电路模型。

12.5 电路的复频域分析

基于复频域模型的分析法在分析电路时有以下主要步骤：（1）将时域模型转换为复频域模型；（2）建立分析变量的复频域代数方程，并解出复频域响应的解；（3）将复频域响应的解反变换为时域响应。

在复频域电路中，利用两类约束即KCL、KVL和元件伏安关系VCR，对电路列出的电压 $U(s)$ 与电流 $I(s)$ 的关系式是代数方程，类似于电阻电路中的电压与电流的关系。电阻电路中的各种分析方法，如等效变换、网孔法、节点法、网络定理等，通过推广，都可以应用到复频域分析中，形成相应的复频域分析方法。下面通过几个例子具体展示这些复频域分析方法。

【例12-12】 如图12-6（a）所示的电路，元件参数 $L=0.5\text{H}$，$C=1\text{F}$，$R=1\Omega$，初始状态 $u_C(0^-)=1\text{V}$，$i_L(0^-)=1\text{A}$。试求零输入响应 $u_R(t)$。

解 画出复频域模型，如图12-6（b）所示。设网孔电流为 $I(s)$，采用网孔法列写方程

$$\left(R+sL+\frac{1}{sC}\right)I(s)=\frac{u_C(0^-)}{s}+Li_L(0^-)$$

得

$$I(s)=\frac{\dfrac{u_C(0^-)}{s}+Li_L(0^-)}{R+sL+\dfrac{1}{sC}}$$

$$U_{\mathrm{R}}(s)=RI(s)=R\frac{\frac{1}{s}+0.5}{1+0.5s+\frac{1}{s}}$$

$$=\frac{s+2}{s^2+2s+2}=\frac{s+1}{(s+1)^2+1}+\frac{1}{(s+1)^2+1}$$

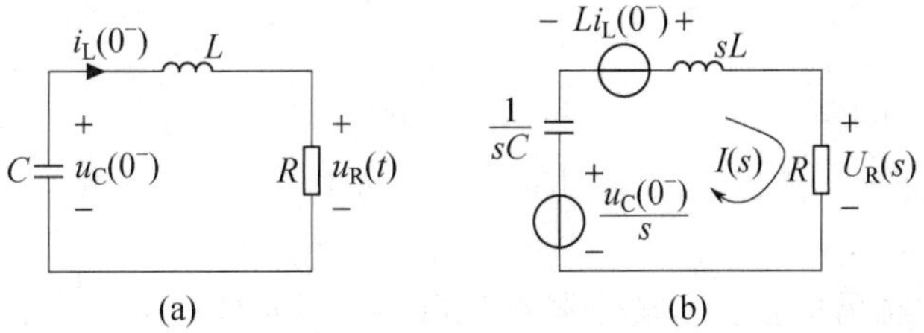

图 12-6　例 12-12 图

反变换得时域响应　　$u_{\mathrm{R}}(t)=\mathscr{L}^{-1}[U_{\mathrm{R}}(s)]=\mathrm{e}^{-t}\cos t+\mathrm{e}^{-t}\sin t\ \mathrm{V},\quad t>0$

【例 12-13】　如图 12-7（a）所示的电路，开关 S 闭合前已处于稳态，开关 S 在 $t=0$ 时闭合。试求开关 S 闭合后的电容电压 $u_{\mathrm{C}}(t)$。

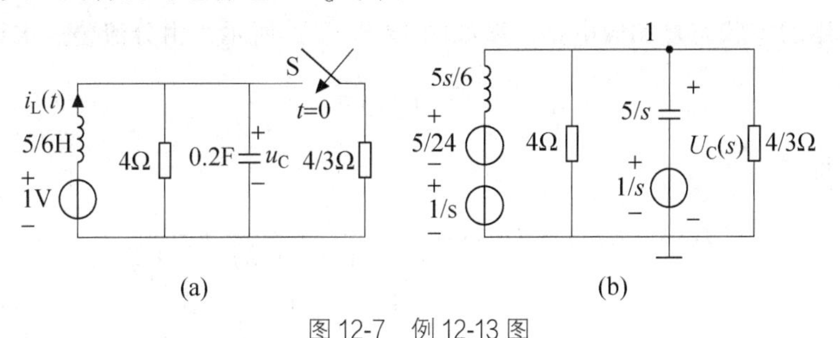

图 12-7　例 12-13 图

解　因为开关 S 闭合前已处于稳态，由 0^- 时刻的等效电路求得

$$u_{\mathrm{C}}(0^-)=1\mathrm{V},\ i_{\mathrm{L}}(0^-)=0.25\mathrm{A}$$

画出换路后的复频域模型，如图 12-7（b）所示。将下部的节点设为零电位，则上部节点 1 的节点电压为 $U_{\mathrm{C}}(s)$。采用节点法对节点 1 列写电路方程

$$\left(\frac{6}{5s}+\frac{1}{4}+\frac{s}{5}+\frac{3}{4}\right)U_{\mathrm{C}}(s)=\frac{\frac{5}{24}+\frac{1}{s}}{\frac{5s}{6}}+\frac{\frac{1}{s}}{\frac{5}{s}}$$

即

$$\frac{6+5s+s^2}{5s}U_{\mathrm{C}}(s)=\frac{24+5s+4s^2}{20s^2}$$

解得电容电压为

$$U_{\mathrm{C}}(s)=\frac{24+5s+4s^2}{4s(6+5s+s^2)}$$

$$=\frac{1}{s}-\frac{15/4}{s+2}+\frac{15/4}{s+3}$$

反变换得全响应　　$u_{\mathrm{C}}(t)=1-3.75\mathrm{e}^{-2t}+3.75\mathrm{e}^{-3t}\mathrm{V},\ t>0$

【例 12-14】 电路如图 12-8（a）所示，已知 $u_S(t)=e^{-t}\varepsilon(t)$V，$i_S(t)=3\varepsilon(t)$A。试用复频域叠加定理求电路的零状态响应 $i(t)$。

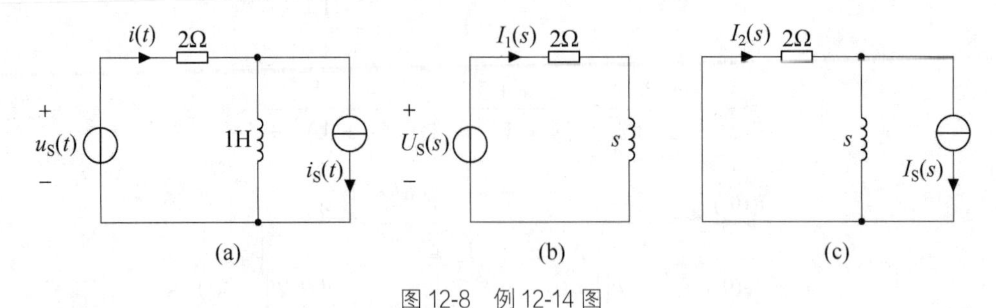

图 12-8　例 12-14 图

解　电压源和电流源的拉氏变换分别为 $U_S(s)=\mathscr{L}[u_S(t)]=\dfrac{1}{s+1}$，$I_S(s)=\mathscr{L}[i_S(t)]=\dfrac{3}{s}$。电压源单独作用的零状态复频域电路模型如图 12-8（b）所示，可求得

$$I_1(s)=\frac{U_S(s)}{s+2}=\frac{1}{(s+1)(s+2)}$$

电流源单独作用的零状态复频域电路模型如图 12-8（c）所示，由分流公式求得

$$I_2(s)=\frac{s}{s+2}I_S(s)=\frac{3}{s+2}$$

由叠加定理可得

$$I(s)=I_1(s)+I_2(s)=\frac{1}{(s+1)(s+2)}+\frac{3}{s+2}$$

$$=\frac{1}{s+1}-\frac{1}{s+2}+\frac{3}{s+2}$$

反变换得时域响应　$i(t)=(e^{-t}+2e^{-2t})\varepsilon(t)$A

【例 12-15】 如图 12-9（a）所示的电路，已知 $U_S=10$V，$R_1=10\Omega$，$R_2=15\Omega$，$L_1=0.3$H，$L_2=0.2$H。电路原来已经稳定，$t=0$ 时，开关 S 打开。试求开关 S 动作后电感电流 $i_{L2}(t)$ 和电感电压 $u_{L2}(t)$。

解　$t<0$ 时，电路已经稳定，得

$$i_{L1}(0^-)=\frac{U_S}{R_1}=1\text{A}\qquad i_{L2}(0^-)=0$$

画出换路后的复频域模型，如图 12-9（b）所示。从 a 点开始，按顺时针列写回路方程

$$0.2s\cdot I_{L2}(s)+15\cdot I_{L2}(s)-10/s+10\cdot I_{L2}(s)+0.3s\cdot I_{L2}(s)-0.3=0$$

解得
$$I_{L2}(s)=\frac{10/s+0.3}{0.2s+15+10+0.3s}$$

$$=\frac{0.6s+20}{s(s+50)}=\frac{0.4}{s}+\frac{0.2}{s+50}$$

反变换得时域响应
$$i_{L2}(t)=(0.4+0.2e^{-50t})\varepsilon(t)\text{ A}$$

$$U_{L2}(s)=0.2s\cdot I_{L2}(s)$$

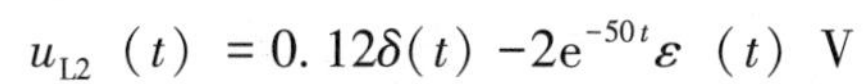

$$= \frac{0.12s + 4}{s + 50} = 0.12 + \frac{-2}{s + 50}$$

反变换得时域响应　　　　　$u_{L2}(t) = 0.12\delta(t) - 2e^{-50t}\varepsilon(t)$ V

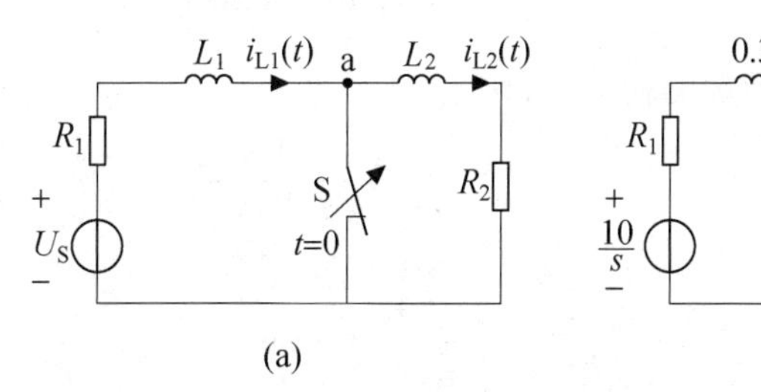

图 12-9　例 12-15 图

本例在换路时，电感电流出现了跳变，即 i_{L1} 由 $i_{L1}(0^-) = 1$A 跳变到 $i_{L1}(0^+) = 0.6$A，i_{L2} 由 $i_{L2}(0^-) = 0$ 跳变到 $i_{L2}(0^+) = 0.6$A。这是因为开关 S 打开后，电感 L_1 和 L_2 成了串联，所以它们的电流应该相等，这就要求 L_1 和 L_2 的电流立即调整，因而换路瞬间的电感电压出现了冲激。从电路结构上看，换路后电路 a 点的割集是全电感割集，因而换路定则失效。

运用 S 域分析，仅需 $t = 0^-$ 的初始值，无需求出 $t = 0^+$ 时的电容电压或电感电流，因而不必考虑电路是否有跳变。S 域分析本身就能自动显示是否出现冲激电压或电流，这是 S 域分析方法的一大优点。

思维导图

习　题　12

12-1　试用拉氏变换的定义式，求下列函数的拉氏变换。

(1) $\varepsilon(t) - \varepsilon(t-1)$　　　　(2) $te^{-t}\varepsilon(t)$

(3) $t\cos\omega_0 t\varepsilon(t)$　　　　(4) $e^{-2t}\varepsilon(t-1)$

(5) $(\cos 3t + 2\sin 3t)\varepsilon(t)$　　　　(6) $(1 - e^{-2t})\varepsilon(t)$

(7) $2\delta(t-1)$　　　　(8) $e^{-2t}\cos 5t\varepsilon(t)$

12-2　求题图 12-2 所示周期信号的拉氏变换。

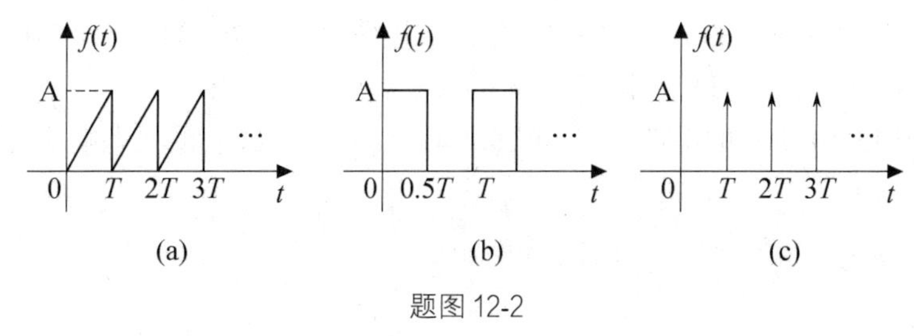

题图 12-2

12-3　求下列函数的拉氏变换。

(1) $\sin 3t\varepsilon(t)$　　(2) $e^{-t}\sin 3t\varepsilon(t)$

(3) $\frac{d}{dt}[e^{-t}\sin 3t\varepsilon(t)]$　　(4) $te^{-t}\sin 3t\varepsilon(t)$

12-4　求下列拉氏变换式的原函数的初值 $f(0^+)$。

(1) $\frac{1}{s+7}$　　(2) $\frac{1}{s^2(s+a)}$

(3) $\frac{s+1}{3s^2+2s+1}$　　(4) $\frac{s+2}{s^2+4}$

12-5　求下列拉氏变换式的原函数的终值 $f(\infty)$。

(1) $\frac{3s}{(s+3)(s+2)}$　　(2) 4

(3) $\frac{s}{s^2+5}$　　(4) $\frac{5s^2+1}{s(s^2+56s+6)}$

(5) $\frac{s+2}{s(s+1)}$　　(6) $\frac{1}{(s+2)^2}$

12-6　求下列拉氏变换式的原函数。

(1) $\frac{s+1}{s^2+5s+6}$　　(2) $\frac{s+1}{s^2+2s+2}$

(3) $\frac{s^2+6s+5}{s(s^2+4s+5)}$　　(4) $\frac{1}{(s+1)(s+2)^2}$

12-7　试用部分分式展开法求下列拉氏变换式的原函数。

(1) $\frac{4s+6}{(s+1)(s+2)(s+3)}$　　(2) $\frac{2s+3}{s^2+2s+10}$

(3) $\frac{s^2+10s+19}{s^2+5s+6}$　　(4) $\frac{5}{(s^2+1)(s+2)}$

(5) $\frac{3s^2+2s+1}{s^2(s+1)}$　　(6) $\frac{2s+4}{s(s^2+4)}$

12-8　试用拉氏变换分析法，求解下列微分方程。

(1) $y'(t)+2y(t)=2x(t)$　　$y(0^-)=2$，$x(t)=\varepsilon(t)$

(2) $y''(t)+3y'(t)+2y(t)=x'(t)$　　$y(0^-)=y'(0^-)=0$，$x(t)=\varepsilon(t)$

(3) $y''(t)+4y'(t)+4y(t)=x'(t)+x(t)$　　$y(0^-)=2$，$y'(0^-)=1$，$x(t)=e^{-t}\varepsilon(t)$

(4) $y''(t)+6y'(t)+25y(t)=x'(t)$　　$y(0^-)=y'(0^-)=0$，$x(t)=4\varepsilon(t)$

12-9　在题图12-9所示的R、L、C电路中，电路参数为$R=1\Omega$，$L=1\text{H}$，$C=1\text{F}$，初始状态$i_L(0^-)=1\text{A}$，$u_C(0^-)=1\text{V}$，试求零输入响应$u_C(t)$。

12-10　题图12-10所示的电路，已知$i_S(t)=e^{-2t}\varepsilon(t)$。试求零状态响应$i_L(t)$和$u_C(t)$。

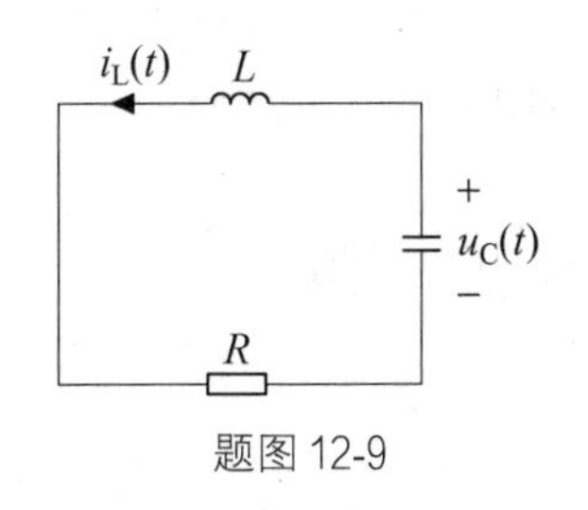

题图 12-9

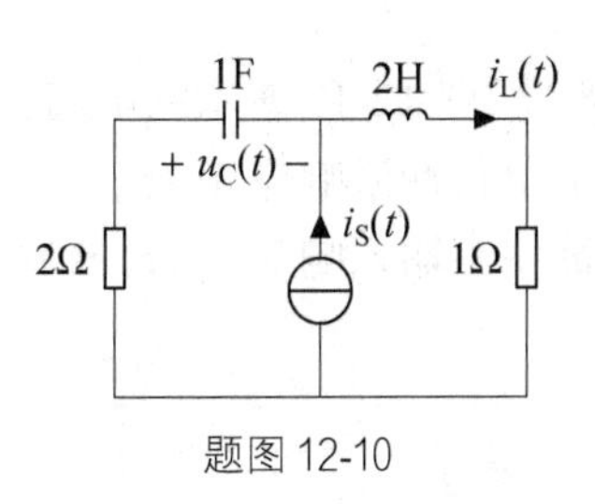

题图 12-10

12-11　题图 12-11 所示的二阶电路，设初始状态 $i_L(0^-)=0A$，$u_C(0^-)=0V$，试求电路中的响应 $u_C(t)$，$t \geqslant 0$。

12-12　题图 12-12 所示的电路，在 $t=0$ 时，将 $u_1(t)=5V$ 的电压源接入电路中，试求电路的零状态响应 $u_2(t)$。

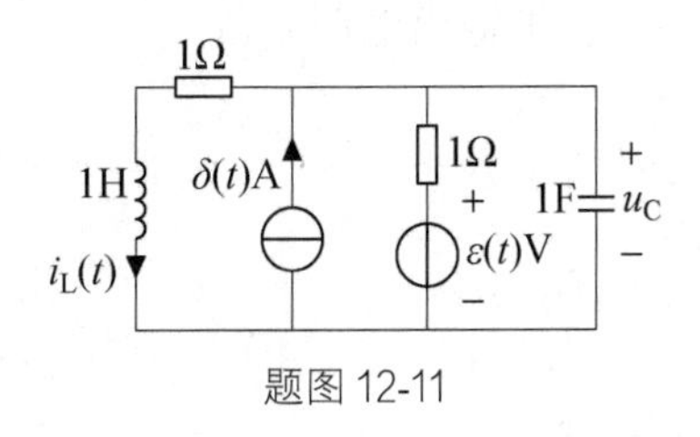

题图 12-11

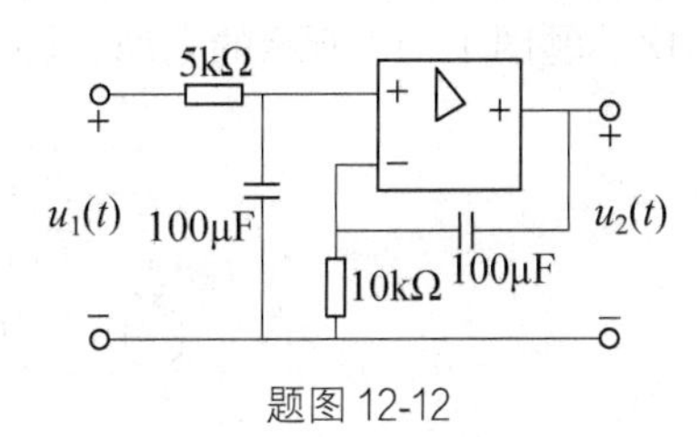

题图 12-12

12-13　题图 12-13 所示的二阶电路，$R_1=1\Omega$，$R_2=2\Omega$，$L=0.1H$，$C=0.5F$，$u_1(t)=0.1e^{-5t}\varepsilon(t)V$，$u_2(t)=\varepsilon(t)V$，电路处于零状态，试求响应电流 $i(t)$。

12-14　题图 12-14 所示的电路，试求电容电压的阶跃响应。

12-15　题图 12-15 所示的电路，开关闭合已很长时间，当 $t=0$ 时开关打开，试求响应电流 $i(t)$。

12-16　题图 12-16 所示的电路常称为补偿分压器。已知 $U_S=6V$，$R_1=R_2=10\Omega$，$C_1=2mF$，$C_2=3mF$，设开关 K 闭合前电路已处于稳定，$t=0$ 时开关 K 闭合，试求 $t>0$ 时响应 $u_{C2}(t)$ 和 $i_{C2}(t)$。

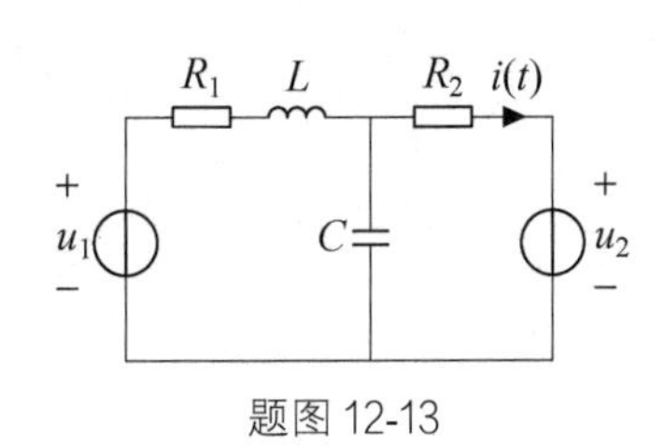

题图 12-13

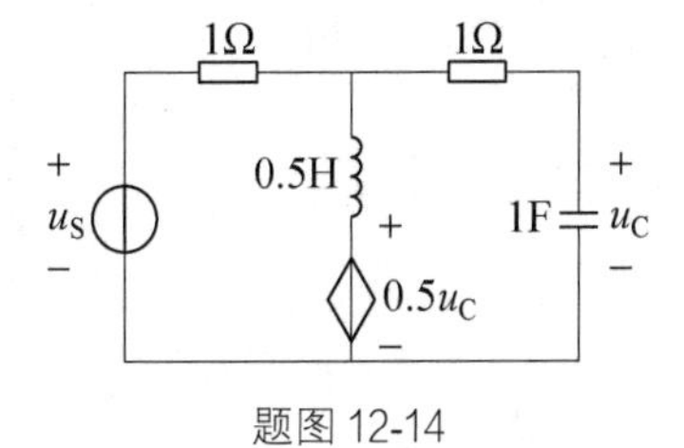

题图 12-14

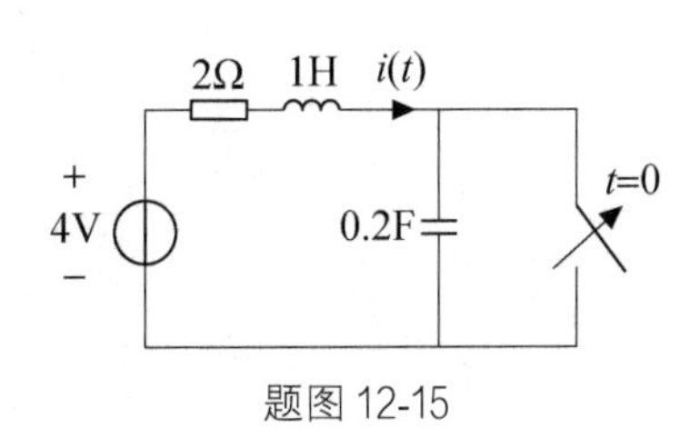

题图 12-15

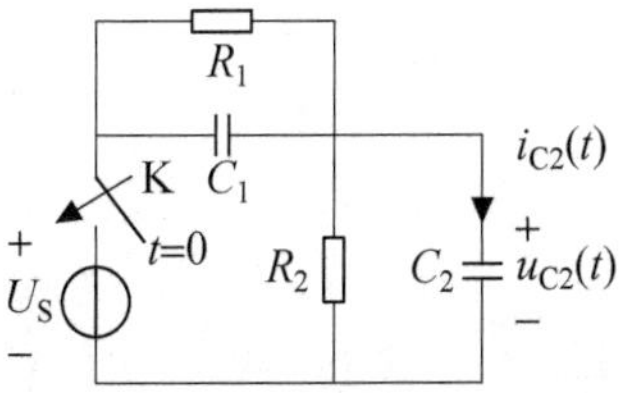

题图 12-16

12-17　题图 12-17 所示的电路，电容电压 $u(t)$ 作为输出。

（1）求单位冲激响应 $h(t)$；

（2）欲使零输入响应 $u_{zi}(t)=h(t)$，试求 $i_L(0^-)$ 和 $u_C(0^-)$ 的值。

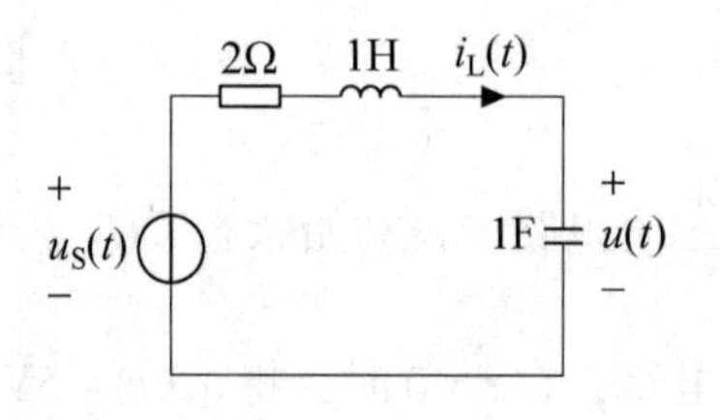

题图 12-17

12-18　题图 12-18 所示的电路，输入 $i_S(t)=3\varepsilon(t)\,\mathrm{A}$，求输出电压 $u_0(t)$。

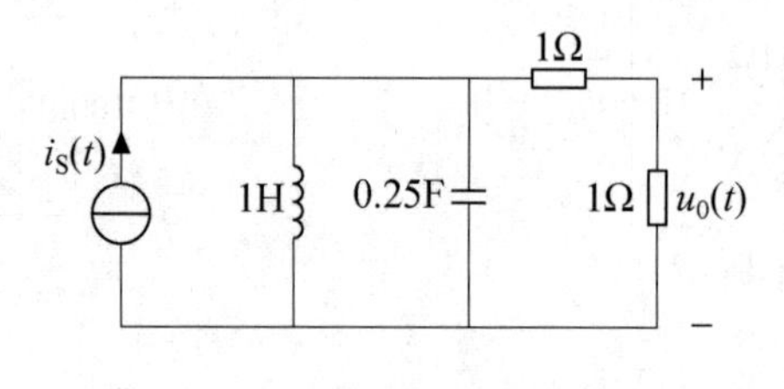

题图 12-18

第13章 大规模线性网络的分析

在第3章中，介绍了线性网络的网孔分析法、节点分析法、回路分析法和割集分析法。在介绍这些分析方法时，都是先从网络通过观察列出相应的独立方程组，再用手算或计算机解方程求得响应。这种做法对于元件数较少的网络是可行的；但是，随着电子技术的发展，现代电子电路（如集成电路）往往包含成千上万个元件，对于这些大规模网络，凭观察来列写独立方程是十分困难甚至是不可能的。问题是时代的声音，回答并指导解决问题是理论的根本任务。因此，有必要寻求一种系统化的步骤，使列写方程和方程求解都能用计算机去完成。为此，本章简略介绍大规模线性网络的分析方法。

13.1 关联矩阵

对于一个给定的网络，若指定了各支路电流的参考方向（通常支路电压与支路电流的参考方向一致），则可得到网络所对应的有向图。

设有向图具有 n 个节点、b 条支路，并将全部节点和支路分别编号，则节点与支路间的关联关系可用一个 $n \times b$ 阶的矩阵表示，记为 $\boldsymbol{A}_{\mathrm{a}}$，称为增广关联矩阵。

$$\boldsymbol{A}_{\mathrm{a}} = (a_{ij})$$

其中第（i，j）个元素 a_{ij} 的定义如下。

$$a_{ij} = \begin{cases} +1 & \text{如果支路 } j \text{ 与节点 } i \text{ 关联且它的方向背离该节点；} \\ -1 & \text{如果支路 } j \text{ 与节点 } i \text{ 关联且它的方向指向该节点；} \\ 0 & \text{如果支路 } j \text{ 与节点 } i \text{ 不关联。} \end{cases}$$

例如，图13-1所示的有向图，它的增广关联矩阵 $\boldsymbol{A}_{\mathrm{a}}$ 为

$$\boldsymbol{A}_{\mathrm{a}} = \begin{matrix} \\ 1 \\ 2 \\ 3 \\ 4 \end{matrix} \begin{matrix} \begin{matrix} 1 & \;\;2 & \;\;3 & \;\;4 & \;\;5 & \;\;6 \end{matrix} \\ \begin{bmatrix} -1 & -1 & 0 & 1 & 0 & 0 \\ 0 & 0 & -1 & -1 & 0 & 1 \\ 1 & 0 & 1 & 0 & 1 & 0 \\ 0 & 1 & 0 & 0 & -1 & -1 \end{bmatrix} \end{matrix} \tag{13-1}$$

$\boldsymbol{A}_{\mathrm{a}}$ 中的每一列对应于一条支路，而有向图的每一条支路关联两个节点，并且从一个节点离开而指向另一个节点，因此 $\boldsymbol{A}_{\mathrm{a}}$ 中的每一列只有两个非零元素，即+1和−1。如果将 $\boldsymbol{A}_{\mathrm{a}}$ 的所有行按列相加，则得到一行全为0的行向量，故 $\boldsymbol{A}_{\mathrm{a}}$ 的各行不是彼此独立的。

如果将 $\boldsymbol{A}_a$ 的任意一行划去，剩下的 $(n-1)\times b$ 阶矩阵称为降阶关联矩阵或简称为关联矩阵，记为 $\boldsymbol{A}$。由于 $\boldsymbol{A}_a$ 中的每一列只有两个非零元素，即一个+1 和一个−1，基于这一特征从矩阵 $\boldsymbol{A}$ 可推导出 $\boldsymbol{A}_a$。因此，关联矩阵 $\boldsymbol{A}$ 和 $\boldsymbol{A}_a$ 一样也完全表示了有向图中支路与节点间的关联关系。通常将被划去行对应的节点称为参考节点。例如，如果将式（13-1）中的第 4 行划去，则得

$$\boldsymbol{A}=\begin{bmatrix}-1 & -1 & 0 & 1 & 0 & 0\\ 0 & 0 & -1 & -1 & 0 & 1\\ 1 & 0 & 1 & 0 & 1 & 0\end{bmatrix} \tag{13-2}$$

如果将网络的 b 条支路电流用一个 b 阶列向量 $\boldsymbol{i}_b$ 来表示，称为支路电流向量。则若将关联矩阵 $\boldsymbol{A}$ 左乘支路电流向量 $\boldsymbol{i}_b$，得到一个（$n-1$）阶的列向量，根据关联矩阵 $\boldsymbol{A}$ 的定义和矩阵乘法规则，可得该列向量的每一个元素恰好等于流出相应节点的各支路电流的代数和。例如，对于图 13-1，有

$$\boldsymbol{i}_b=[i_1 \quad i_2 \quad i_3 \quad i_4 \quad i_5 \quad i_6]^{\mathrm{T}}$$

$$\boldsymbol{A}\boldsymbol{i}_b=\begin{bmatrix}-i_1-i_2+i_4\\ -i_3-i_4+i_6\\ +i_1+i_3+i_5\end{bmatrix}$$

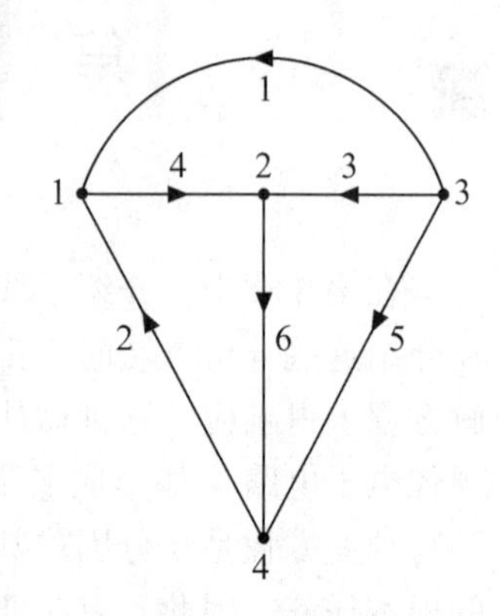

图 13-1　关联矩阵

可见，所得列向量的各元素分别为流出节点 1、节点 2 和节点 3 的各支路电流的代数和。故根据 KCL，有

$$\boldsymbol{A}\boldsymbol{i}_b=\boldsymbol{0} \tag{13-3}$$

该式即为 KCL 的矩阵形式。

13.2　基本回路矩阵

有向图的回路矩阵表示了图中支路和回路间的关联关系。设有向图具有 b 条支路，l_a 个回路，每一回路规定了回路方向后，则支路与回路间的关联关系可以用一个 $l_a\times b$ 阶的矩阵表示，记为 $\boldsymbol{B}_a$，称为增广回路矩阵。

$$\boldsymbol{B}_a=(b_{ij})$$

其中第（i，j）个元素 b_{ij} 的定义如下。

$$b_{ij}=\begin{cases}+1 & \text{如果支路}\,j\,\text{与回路}\,i\,\text{关联且它们的方向一致；}\\ -1 & \text{如果支路}\,j\,\text{与回路}\,i\,\text{关联且它们的方向相反；}\\ 0 & \text{如果支路}\,j\,\text{与回路}\,i\,\text{不关联。}\end{cases}$$

由第 3 章已知，对于 n 个节点、b 条支路的连通有向图，其独立回路数为 $b-(n-1)$，因此增广回路矩阵 $\boldsymbol{B}_a$ 的各行不是独立的，只有 $b-(n-1)$ 行是独立的。显然，如果取有向图的 $b-(n-1)$ 个独立回路列回路矩阵，则矩阵的各行是独立的，这时所列的矩阵就称为回路矩阵，记为 $\boldsymbol{B}$。若所取的独立回路为基本回路，则列出的回路矩阵称为基本回路矩阵，记为 $\boldsymbol{B}_f$。进一步，若令各支路按先连支后树支的顺序编号，并且取各基本回路的方向与其所包含的连支方向一致，则基本回路矩阵 $\boldsymbol{B}_f$ 可写为

$$\boldsymbol{B}_f=[\boldsymbol{I}_l \quad \boldsymbol{B}_t]$$

式中，下标 l 和 t 分别表示连支和树支，$\boldsymbol{I}_l$ 代表 l 阶的单位子矩阵。例如对于图 13-2 所示的有向图，选树如粗线所示，则基本回路矩阵为

$$\boldsymbol{B}_f = \begin{matrix} & \begin{matrix} 1 & 2 & 3 & 4 & 5 & 6 \end{matrix} \\ \begin{matrix} 1 \\ 2 \\ 3 \end{matrix} & \begin{bmatrix} 1 & 0 & 0 & 1 & -1 & 1 \\ 0 & 1 & 0 & 1 & 0 & 1 \\ 0 & 0 & 1 & 0 & -1 & 1 \end{bmatrix} \end{matrix} \tag{13-4}$$

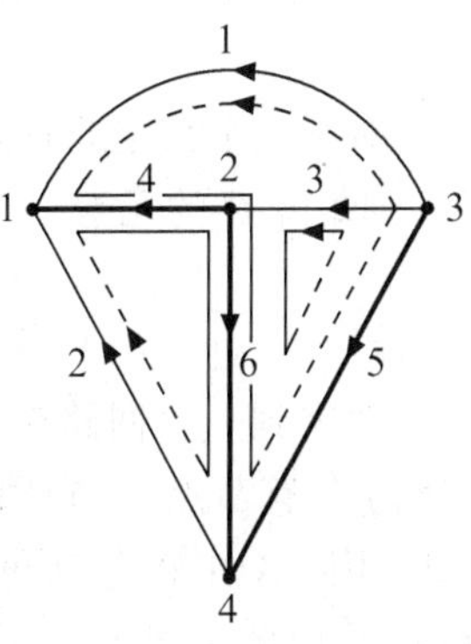

图 13-2　基本回路矩阵

如果将网络的 b 条支路电压用一个 b 阶列向量 $\boldsymbol{u}_b$ 来表示，称为支路电压向量。将基本回路矩阵 $\boldsymbol{B}_f$ 左边乘以支路电压向量 $\boldsymbol{u}_b$，根据基本回路矩阵 $\boldsymbol{B}_f$ 的定义和矩阵乘法规则，并且对各基本回路应用 KVL，则可得

$$\boldsymbol{B}_f \boldsymbol{u}_b = 0 \tag{13-5}$$

该式即为 KVL 的矩阵形式。

13.3　基本割集矩阵

有向图的基本割集矩阵表示了图中支路和基本割集间的关联关系。设连通有向图具有 n 个节点、b 条支路，则对应与有向图某一树的基本割集矩阵是一个 $(n-1)\times b$ 阶的矩阵，记为 $\boldsymbol{Q}_f$：

$$\boldsymbol{Q}_f = (q_{ij})$$

其中第 $(i,\ j)$ 个元素 q_{ij} 的定义如下。

$$q_{ij} = \begin{cases} +1 & \text{如果支路 } j \text{ 与基本割集 } i \text{ 关联且它们的方向一致；} \\ -1 & \text{如果支路 } j \text{ 与基本割集 } i \text{ 关联且它们的方向相反；} \\ 0 & \text{如果支路 } j \text{ 与基本割集 } i \text{ 不关联。} \end{cases}$$

如果各支路按先连支后树支的顺序编号，并且取各基本割集的方向与其包含的树支的方向一致，则基本割集矩阵 $\boldsymbol{Q}_f$ 可写为

$$\boldsymbol{Q}_f = [\boldsymbol{Q}_l \quad \boldsymbol{I}_t]$$

式中，下标 l 和 t 分别表示连支和树支，$\boldsymbol{I}_t$ 代表 t 阶的单位子矩阵。例如，对于图 13-3 所示的有向图，选树如粗线所示，则对应的基本割集矩阵为

$$\boldsymbol{Q}_f = \begin{matrix} & \begin{matrix} 1 & 2 & 3 & 4 & 5 & 6 \end{matrix} \\ \begin{matrix} 1 \\ 2 \\ 3 \end{matrix} & \begin{bmatrix} -1 & -1 & 0 & 1 & 0 & 0 \\ 1 & 0 & 1 & 0 & 1 & 0 \\ -1 & -1 & -1 & 0 & 0 & 1 \end{bmatrix} \end{matrix} \tag{13-6}$$

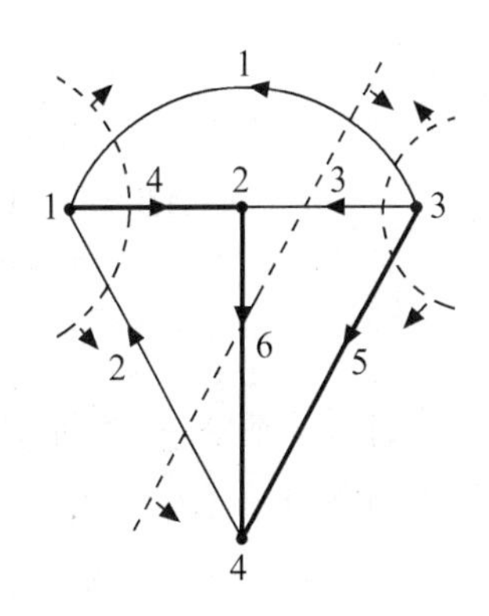

图 13-3　基本割集矩阵

如果将基本割集矩阵 $\boldsymbol{Q}_f$ 左边乘以支路电流向量 $\boldsymbol{i}_b$，根据基本割集矩阵 $\boldsymbol{Q}_f$ 的定义和矩阵乘法规则，同时考虑到对于任一基本割集 KCL 成立，则可得

$$\boldsymbol{Q}_f \boldsymbol{i}_b = 0 \tag{13-7}$$

该式是 KCL 的另一种矩阵形式。

13.4 矩阵 $\boldsymbol{A}$、$\boldsymbol{B}$ 和 $\boldsymbol{Q}_{\mathrm{f}}$ 之间的关系

对于一个给定的有向线图，按相同的支路次序列其关联矩阵 $\boldsymbol{A}$ 和回路矩阵 $\boldsymbol{B}$，设 $\boldsymbol{AB}^{\mathrm{T}}=\boldsymbol{C}$，则矩阵 $\boldsymbol{C}$ 的元素

$$c_{ij}=\sum_{k=1}^{b}a_{ik}b_{jk}$$

考虑到一个回路中的任一节点只与两条支路关联，而每条支路与两个节点关联。若回路 j 含有节点 i，则回路中必有两条支路（设为第 g 和第 h 支路）与之关联，对应地在关联矩阵 $\boldsymbol{A}$ 中将含有两个非零元素 a_{ig} 和 a_{ih}，在回路矩阵 B 中也将含有两个非零元素 b_{jg} 和 b_{jh}。由此可得

$$c_{ij}=a_{ig}b_{jg}+a_{ih}b_{jh}$$

如果支路 g 和支路 h 都背离或都指向节点 i，则 $a_{ig}=a_{ih}$，此时支路 g 和支路 h 的方向与回路 j 的方向一个一致而另一个相反，$b_{jg}=-b_{jh}$，因此，$c_{ij}=a_{ig}b_{jg}+a_{ih}b_{jh}=0$；如果支路 g 和支路 h 一个背离节点 i，另一个指向节点 i，则 $a_{ig}=-a_{ih}$，此时支路 g 和支路 h 的方向与回路 j 的方向要么都一致，要么都相反，$b_{jg}=b_{jh}$，因此，$c_{ij}=a_{ig}b_{jg}+a_{ih}b_{jh}=0$；若回路 j 不含节点 i，则回路 j 中的任一支路 k 不与节点 i 关联，因此，$a_{ik}=0$，$c_{ij}=\sum_{k=1}^{b}a_{ik}b_{jk}=0$。

综合上述，可得 $\boldsymbol{AB}^{\mathrm{T}}=\boldsymbol{0}$。由于 $(\boldsymbol{AB}^{\mathrm{T}})^{\mathrm{T}}=(\boldsymbol{B}^{\mathrm{T}})^{\mathrm{T}}\boldsymbol{A}^{\mathrm{T}}=\boldsymbol{BA}^{\mathrm{T}}$，故 $\boldsymbol{BA}^{\mathrm{T}}=\boldsymbol{0}$。特别地，如果回路矩阵为基本回路矩阵 $\boldsymbol{B}_{\mathrm{f}}$，则有

$$\boldsymbol{AB}_{\mathrm{f}}^{\mathrm{T}}=\boldsymbol{0} \quad 和 \quad \boldsymbol{B}_{\mathrm{f}}\boldsymbol{A}^{\mathrm{T}}=\boldsymbol{0}$$

例如，式（13-2）和式（13-4）分别为同一有向图且支路编号次序相同的关联矩阵和基本回路矩阵，因此

$$\boldsymbol{AB}_{\mathrm{f}}^{\mathrm{T}}=\begin{bmatrix}-1 & -1 & 0 & +1 & 0 & 0\\ 0 & 0 & -1 & -1 & 0 & +1\\ +1 & 0 & +1 & 0 & +1 & 0\end{bmatrix}\begin{bmatrix}1 & 0 & 0\\ 0 & 1 & 0\\ 0 & 0 & 1\\ +1 & +1 & 0\\ -1 & 0 & -1\\ +1 & +1 & +1\end{bmatrix}=\boldsymbol{0}$$

对于一个给定的有向线图，同理可证，按相同支路次序列出的基本回路矩阵 $\boldsymbol{B}_{\mathrm{f}}$ 和基本割集矩阵 $\boldsymbol{Q}_{\mathrm{f}}$，有

$$\boldsymbol{Q}_{\mathrm{f}}\boldsymbol{B}_{\mathrm{f}}^{\mathrm{T}}=\boldsymbol{0} \quad 和 \quad \boldsymbol{B}_{\mathrm{f}}\boldsymbol{Q}_{\mathrm{f}}^{\mathrm{T}}=\boldsymbol{0}$$

该关系可用式（13-4）和式（13-6）验证。

对于给定有向图，选定一个树，并且各支路按先连支后树支的次序编号，由 $\boldsymbol{AB}_{\mathrm{f}}^{\mathrm{T}}=0$，可得

$$[\boldsymbol{A}_{\mathrm{l}} \quad \boldsymbol{A}_{\mathrm{t}}]\begin{bmatrix}\boldsymbol{I}_{\mathrm{l}}\\ \boldsymbol{B}_{\mathrm{t}}^{\mathrm{T}}\end{bmatrix}=\boldsymbol{0}$$

$$\boldsymbol{A}_{\mathrm{l}}+\boldsymbol{A}_{\mathrm{t}}\boldsymbol{B}_{\mathrm{t}}^{\mathrm{T}}=\boldsymbol{0}$$

因此
$$\boldsymbol{B}_{\mathrm{t}}^{\mathrm{T}}=-\boldsymbol{A}_{\mathrm{t}}^{-1}\boldsymbol{A}_{\mathrm{l}}$$

由 $\boldsymbol{Q}_{\mathrm{f}}\boldsymbol{B}_{\mathrm{f}}^{\mathrm{T}}=\boldsymbol{0}$，可得

$$[\boldsymbol{Q}_1 \quad \boldsymbol{I}_{\mathrm{t}}]\begin{bmatrix}\boldsymbol{I}_1\\ \boldsymbol{B}_{\mathrm{t}}^{\mathrm{T}}\end{bmatrix}=0$$

$$\boldsymbol{Q}_1+\boldsymbol{B}_{\mathrm{t}}^{\mathrm{T}}=0$$

$$\boldsymbol{Q}_1=-\boldsymbol{B}_{\mathrm{t}}^{\mathrm{T}}=\boldsymbol{A}_{\mathrm{t}}^{-1}\boldsymbol{A}_1$$

因此，若 $\boldsymbol{A}=[\boldsymbol{A}_1 \quad \boldsymbol{A}_{\mathrm{t}}]$，则矩阵 $\boldsymbol{A}$、$\boldsymbol{B}_{\mathrm{f}}$ 和 $\boldsymbol{Q}_{\mathrm{f}}$ 之间的关系为

$$\boldsymbol{B}_{\mathrm{f}}=[\boldsymbol{I}_1 \quad -(\boldsymbol{A}_{\mathrm{t}}^{-1}\boldsymbol{A}_1)^{\mathrm{T}}] \tag{13-8}$$

$$\boldsymbol{Q}_{\mathrm{f}}=[-\boldsymbol{B}_{\mathrm{t}}^{\mathrm{T}} \quad \boldsymbol{I}_{\mathrm{t}}]=[\boldsymbol{A}_{\mathrm{t}}^{-1}\boldsymbol{A}_1 \quad \boldsymbol{I}_{\mathrm{t}}] \tag{13-9}$$

13.5　大规模线性网络的分析方法

13.5.1　节点分析法

节点分析法以节点电压为电路变量。对于具有 n 个节点的连通网络，若取节点 n 为参考节点，则可定义节点电压向量 $\boldsymbol{u}_n$ 为

$$\boldsymbol{u}_n=[u_{n1} \quad u_{n2} \quad \cdots \quad u_{n(n-1)}]^{\mathrm{T}}$$

由于每条支路的支路电压等于它所关联的两个节点的节点电压之差，因此，不难证明，支路电压向量 $\boldsymbol{u}_{\mathrm{b}}$ 和节点电压向量 u_{n} 间的关系可表示为

$$\boldsymbol{u}_{\mathrm{b}}=\boldsymbol{A}^{\mathrm{T}}\boldsymbol{u}_n \tag{13-10}$$

设网络中的支路如图 13-4 所示，为了使分析结果具有普遍性，该图采用了相量模型，图中 Z_k 为该支路的阻抗，$\dot{U}_{\mathrm{S}k}$ 和 $\dot{U}_{\mathrm{S}k}$ 分别为该支路中独立电流源的电流相量和独立电压源的电压相量。由于该模型反映了网络中支路的一般情况，而通常网络中的支路都是它的特例，因此将图 13-4 所示的支路称为一般支路或复合支路。在图示各电压和电流参考方向下，支路伏安关系可表示为

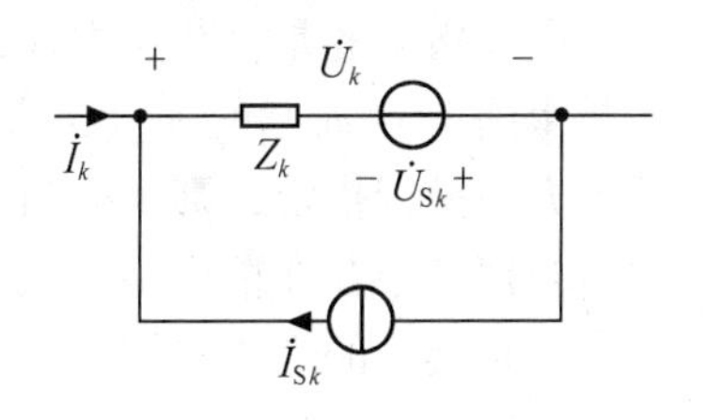

图 13-4　一般支路

$$\dot{U}_k=Z_k(\dot{I}_k+\dot{I}_{\mathrm{S}k})-\dot{U}_{\mathrm{S}k} \tag{13-11}$$

或

$$\dot{I}_k=Y_k(\dot{U}_k+\dot{U}_{\mathrm{S}k})-\dot{I}_{\mathrm{S}k} \tag{13-12}$$

式中，$Y_k=Z_k^{-1}$ 为该支路的导纳。

由此可得，网络中所有支路的伏安关系用矩阵形式可表示为

$$\dot{\boldsymbol{U}}_{\mathrm{b}}=\boldsymbol{Z}(\dot{\boldsymbol{I}}_{\mathrm{b}}+\dot{\boldsymbol{I}}_{\mathrm{S}})-\dot{\boldsymbol{U}}_{\mathrm{S}} \tag{13-13}$$

或

$$\dot{\boldsymbol{I}}_{\mathrm{b}}=\boldsymbol{Y}(\dot{\boldsymbol{U}}_{\mathrm{b}}+\dot{\boldsymbol{U}}_{\mathrm{S}})-\dot{\boldsymbol{I}}_{\mathrm{S}} \tag{13-14}$$

其中 $\boldsymbol{Z}$ 是支路阻抗矩阵，定义为

$$\boldsymbol{Z}=\mathrm{diag}[Z_1 \quad Z_2 \quad \cdots \quad Z_{\mathrm{b}}]$$

$\boldsymbol{Y}$ 是支路导纳矩阵，定义为

$$\boldsymbol{Y}=\boldsymbol{Z}^{-1}=\mathrm{diag}[Y_1 \quad Y_2 \quad \cdots \quad Y_{\mathrm{b}}]$$

$\dot{\boldsymbol{U}}_{\mathrm{S}}$ 是支路电压源向量，定义为

$$\dot{\boldsymbol{U}}_{\mathrm{S}}=[\dot{U}_{\mathrm{S1}}\quad \dot{U}_{\mathrm{S2}}\quad \cdots\quad \dot{U}_{\mathrm{Sb}}]^{\mathrm{T}}$$

$\dot{\boldsymbol{I}}_{\mathrm{S}}$ 是支路电流源向量，定义为

$$\dot{\boldsymbol{I}}_{\mathrm{S}}=[\dot{I}_{\mathrm{S1}}\quad \dot{I}_{\mathrm{S2}}\quad \cdots\quad \dot{I}_{\mathrm{Sb}}]^{\mathrm{T}}$$

由式（13-3）和式（13-10），有

$$\boldsymbol{A}\dot{\boldsymbol{I}}_{\mathrm{b}}=0 \tag{13-15}$$

$$\dot{\boldsymbol{U}}_{\mathrm{b}}=\boldsymbol{A}^{\mathrm{T}}\dot{\boldsymbol{U}}_{n} \tag{13-16}$$

将式（13-14）和式（13-16）代入式（13-15），可得

$$\boldsymbol{AYA}^{\mathrm{T}}\dot{\boldsymbol{U}}_{n}=\boldsymbol{A}\dot{\boldsymbol{I}}_{\mathrm{S}}-\boldsymbol{AY}\dot{\boldsymbol{U}}_{\mathrm{S}}$$

或写为

$$\boldsymbol{Y}_{n}\dot{\boldsymbol{U}}_{n}=\dot{\boldsymbol{J}}_{n} \tag{13-17}$$

式（13-17）中

$$\boldsymbol{Y}_{n}=\boldsymbol{AYA}^{\mathrm{T}}$$

称为节点导纳矩阵，而

$$\dot{\boldsymbol{J}}_{n}=\boldsymbol{A}\dot{\boldsymbol{I}}_{\mathrm{S}}-\boldsymbol{AY}\dot{\boldsymbol{U}}_{\mathrm{S}}$$

称为节点电流源向量。式（13-17）就称为节点方程。由节点方程式解出节点电压向量 $\dot{\boldsymbol{U}}_{\mathrm{n}}$ 后，利用式（13-16）和式（13-14）即可求得支路电压向量 $\dot{\boldsymbol{U}}_{\mathrm{b}}$ 和支路电流向量 $\dot{\boldsymbol{I}}_{\mathrm{b}}$。

必须指出的是，节点方程式（13-17）中的节点电流源向量 $\dot{\boldsymbol{J}}_{n}=\boldsymbol{A}\dot{\boldsymbol{I}}_{\mathrm{S}}-\boldsymbol{AY}\dot{\boldsymbol{U}}_{\mathrm{S}}$ 各项前的符号是由图 13-4 所示的一般支路的各独立源的参考方向确定的，如果一般支路的各独立源的参考方向另行指定，则可得到不同的结果。

当网络中存在耦合电感时，式（13-13）和式（13-14）表示的支路伏安关系的形式不变，只是其中的支路阻抗矩阵 $\boldsymbol{Z}$ 由于互感的存在不再是对角阵，如考虑各支路间均有互感存在这一最一般的情况，则支路阻抗矩阵 $\boldsymbol{Z}$ 可表示为

$$\boldsymbol{Z}=\begin{bmatrix} Z_1 & \pm \mathrm{j}\omega M_{12} & \cdots & \pm \mathrm{j}\omega M_{1\mathrm{b}} \\ \pm \mathrm{j}\omega M_{21} & Z_2 & & \pm \mathrm{j}\omega M_{2\mathrm{b}} \\ \vdots & \vdots & \ddots & \vdots \\ \pm \mathrm{j}\omega M_{\mathrm{b}1} & \pm \mathrm{j}\omega M_{\mathrm{b}2} & \cdots & Z_{\mathrm{b}} \end{bmatrix}$$

上式中各互感前的正负号由各线圈的同名端以及支路电流和电压的参考方向决定。支路导纳矩阵 $\boldsymbol{Y}$ 仍定义为 $\boldsymbol{Y}=\boldsymbol{Z}^{-1}$，显然也不是对角阵。

当网络中存在受控源时，原则上仍可采用一般支路的形式列节点方程，但如果要考虑到网络内同时存在 4 种受控源，这时各支路电压和电流间的关系将因受控源的存在而变得复杂，使得节点方程的建立过程较繁琐。

【例 13-1】 试写出图 13-5（a）所示电路的节点方程。

解 该电路对应的有向图如图 13-5（b）所示，若取节点 4 为参考节点，则关联矩阵为

$$\boldsymbol{A}=\begin{bmatrix} 1 & 0 & 0 & 1 & 0 & 0 \\ 0 & 0 & 0 & -1 & 1 & 1 \\ 0 & 1 & 1 & 0 & -1 & 0 \end{bmatrix}$$

支路电压源向量 $\dot{\boldsymbol{U}}_{\mathrm{S}}=[0\quad -\dot{U}_{\mathrm{S2}}\quad 0\quad 0\quad 0\quad 0]^{\mathrm{T}}$

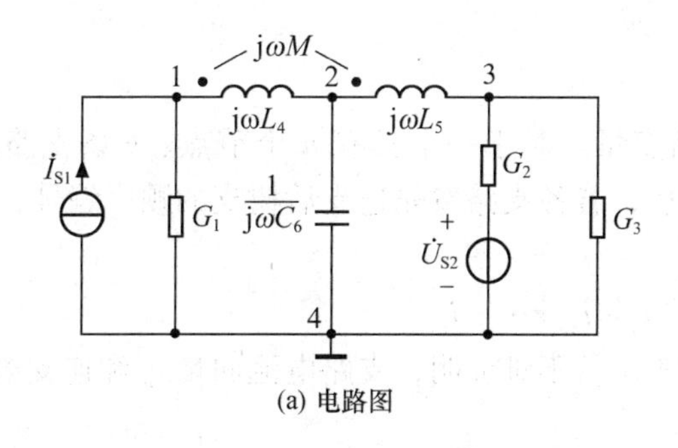

(a) 电路图

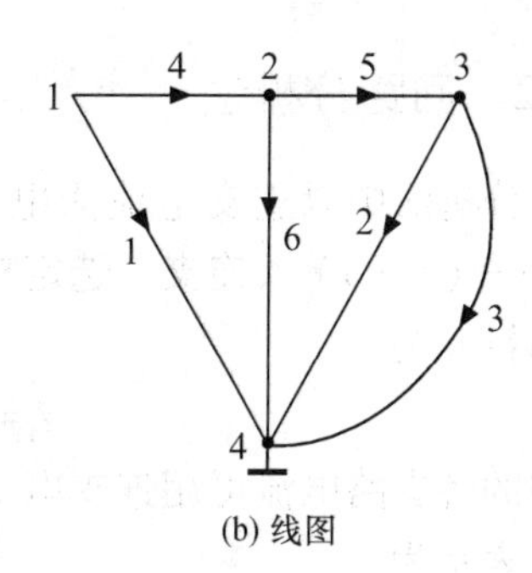

(b) 线图

图 13-5　例 13-1 图

支路电流源向量 $\dot{\boldsymbol{I}}_S = [\dot{I}_{S1}\quad 0\quad 0\quad 0\quad 0\quad 0]^T$

支路阻抗矩阵

$$\boldsymbol{Z}=\begin{bmatrix} R_1 & 0 & 0 & 0 & 0 & 0 \\ 0 & R_2 & 0 & 0 & 0 & 0 \\ 0 & 0 & R_3 & 0 & 0 & 0 \\ 0 & 0 & 0 & j\omega L_4 & j\omega M & 0 \\ 0 & 0 & 0 & j\omega M & j\omega L_5 & 0 \\ 0 & 0 & 0 & 0 & 0 & \dfrac{1}{j\omega C_6} \end{bmatrix}$$

因此，支路导纳矩阵

$$\boldsymbol{Y}=\boldsymbol{Z}^{-1}=\begin{bmatrix} G_1 & 0 & 0 & 0 & 0 & 0 \\ 0 & G_2 & 0 & 0 & 0 & 0 \\ 0 & 0 & G_3 & 0 & 0 & 0 \\ 0 & 0 & 0 & \dfrac{L_5}{j\omega D} & -\dfrac{M}{j\omega D} & 0 \\ 0 & 0 & 0 & -\dfrac{M}{j\omega D} & \dfrac{L_4}{j\omega D} & 0 \\ 0 & 0 & 0 & 0 & 0 & j\omega C_6 \end{bmatrix}$$

其中　$D=L_4L_5-M^2$

故可得节点方程

$$\boldsymbol{Y}_n\dot{\boldsymbol{U}}_n=\dot{\boldsymbol{J}}_n$$

其中

$$\boldsymbol{Y}_n=\boldsymbol{AYA}^T=\begin{bmatrix} G_1+\dfrac{L_5}{j\omega D} & -\dfrac{L_5+M}{j\omega D} & \dfrac{M}{j\omega D} \\ -\dfrac{L_5+M}{j\omega D} & \dfrac{L_4+L_5+2M}{j\omega D}+j\omega C_6 & -\dfrac{L_4+M}{j\omega D} \\ \dfrac{M}{j\omega D} & -\dfrac{L_4+M}{j\omega D} & G_2+G_3+\dfrac{L_4}{j\omega D} \end{bmatrix}$$

$$\dot{\boldsymbol{J}}_n=\boldsymbol{A}\dot{\boldsymbol{I}}_S-\boldsymbol{AY}\dot{\boldsymbol{U}}_S=[\dot{I}_{S1}\quad 0\quad G_2\dot{U}_{S2}]^T$$

13.5.2 回路分析法

在回路分析法中以连支电流为电路变量。对于一个具有 n 个节点、b 条支路的连通网络，有 $l=b-(n-1)$ 条连支。选定树后，若各支路按先连支后树支的顺序编号，则可定义连支电流向量 $\boldsymbol{i}_l$ 为

$$\boldsymbol{i}_l=[i_1 \quad i_2 \quad \cdots \quad i_l]^{\mathrm{T}}$$

由于网路中的各支路电流可用连支电流表示，不难证明，支路电流向量 i_b 和连支电流向量 i_l 间的关系可表示为

$$\boldsymbol{i}_{\mathrm{b}}=\boldsymbol{B}_{\mathrm{f}}^{\mathrm{T}}\boldsymbol{i}_l \tag{13-18}$$

式（13-18）对应的相量形式为

$$\dot{\boldsymbol{I}}_{\mathrm{b}}=\boldsymbol{B}_{\mathrm{f}}^{\mathrm{T}}\dot{\boldsymbol{I}}_l \tag{13-19}$$

由式（13-5）可得

$$\boldsymbol{B}_{\mathrm{f}}\dot{\boldsymbol{U}}_{\mathrm{b}}=0 \tag{13-20}$$

将式（13-13）和式（13-19）代入式（13-20），可得

$$\boldsymbol{B}_{\mathrm{f}}\boldsymbol{Z}\boldsymbol{B}_{\mathrm{f}}^{\mathrm{T}}\dot{\boldsymbol{I}}_l=\boldsymbol{B}_{\mathrm{f}}\dot{\boldsymbol{U}}_{\mathrm{S}}-\boldsymbol{B}_{\mathrm{f}}\boldsymbol{Z}\dot{\boldsymbol{I}}_{\mathrm{S}}$$

或写为

$$\boldsymbol{Z}_l\dot{\boldsymbol{I}}_l=\dot{\boldsymbol{U}}_l \tag{13-21}$$

式（13-21）中

$$\boldsymbol{Z}_l=\boldsymbol{B}_{\mathrm{f}}\boldsymbol{Z}\boldsymbol{B}_{\mathrm{f}}^{\mathrm{T}}$$

称为回路阻抗矩阵，而

$$\dot{\boldsymbol{U}}_l=\boldsymbol{B}_{\mathrm{f}}\dot{\boldsymbol{U}}_{\mathrm{S}}-\boldsymbol{B}_{\mathrm{f}}\boldsymbol{Z}\dot{\boldsymbol{I}}_{\mathrm{S}}$$

称为回路电压源向量。式（13-21）就称为回路方程。由回路方程式解出连支电流向量 $\dot{\boldsymbol{I}}_l$ 后，利用式（13-19）和式（13-13）即可求得支路电流向量 $\dot{\boldsymbol{I}}_{\mathrm{b}}$ 和支路电压向量 $\dot{\boldsymbol{U}}_{\mathrm{b}}$。

【例 13-2】 写出图 13-6（a）所示电路的回路方程。

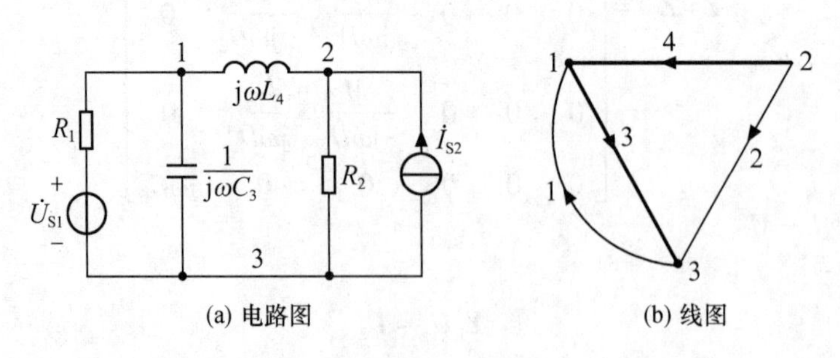

图 13-6 例 13-2 图

解 给定电路的有向图如图 13-6（b）所示，选树如图中粗线所示。

基本回路矩阵 $\boldsymbol{B}_{\mathrm{f}}$ 为

$$\boldsymbol{B}_{\mathrm{f}}=\begin{bmatrix}1 & 0 & 1 & 0\\ 0 & 1 & -1 & 1\end{bmatrix}$$

支路电压源向量 $\dot{\boldsymbol{U}}_{\mathrm{S}}=[\dot{U}_{\mathrm{S1}} \quad 0 \quad 0 \quad 0]^{\mathrm{T}}$

支路电流源向量 $\dot{\boldsymbol{I}}_{\mathrm{S}}=[0 \quad \dot{I}_{\mathrm{S2}} \quad 0 \quad 0]^{\mathrm{T}}$

支路阻抗矩阵 $\boldsymbol{Z}=\mathrm{diag}\left[R_1 \quad R_2 \quad \frac{1}{\mathrm{j}\omega C_3} \quad \mathrm{j}\omega L_4\right]$

因此

$$\boldsymbol{Z}_1=\boldsymbol{B}_f\boldsymbol{Z}\boldsymbol{B}_f^{\mathrm{T}}=\begin{bmatrix} R_1+\frac{1}{\mathrm{j}\omega C_3} & -\frac{1}{\mathrm{j}\omega C_3} \\ -\frac{1}{\mathrm{j}\omega C_3} & R_2+\frac{1}{\mathrm{j}\omega C_3}+\mathrm{j}\omega L_4 \end{bmatrix}$$

$$\dot{\boldsymbol{U}}_1=\boldsymbol{B}_f\dot{\boldsymbol{U}}_S-\boldsymbol{B}_f\boldsymbol{Z}\dot{\boldsymbol{I}}_S=[\dot{U}_{S1} \quad -R_2\dot{I}_{S2}]^{\mathrm{T}}$$

故可得回路方程

$$\boldsymbol{Z}_1\dot{\boldsymbol{I}}_1=\dot{\boldsymbol{U}}_1$$

13.5.3　割集分析法

割集分析法以树支电压为电路变量。对于具有个 n 个节点的连通网络。选定树后，若各支路按先连支后树支的顺序编号，则可定义树支电压向量 $\boldsymbol{u}_t$ 为

$$\boldsymbol{u}_t=[u_{b-t+1} \quad u_{b-t+2} \quad \cdots \quad u_b]^{\mathrm{T}}$$

由于 KCL 对割集形成的封闭面也适用，因此不难证明，支路电压向量 $\boldsymbol{u}_b$ 和树支电压向量 $\boldsymbol{u}_t$ 间的关系可表示为

$$\boldsymbol{u}_b=\boldsymbol{Q}_f^{\mathrm{T}}\boldsymbol{u}_t \tag{13-22}$$

式（13-22）对应的相量形式为

$$\dot{\boldsymbol{U}}_b=\boldsymbol{Q}_f^{\mathrm{T}}\dot{\boldsymbol{U}}_t \tag{13-23}$$

由式（13-7）可得

$$\boldsymbol{Q}_f\dot{\boldsymbol{I}}_b=0 \tag{13-24}$$

将式（13-14）和式（13-23）代入式（13-24），可得

$$\boldsymbol{Q}_f\boldsymbol{Y}\boldsymbol{Q}_f^{\mathrm{T}}\dot{\boldsymbol{U}}_t=\boldsymbol{Q}_f\dot{\boldsymbol{I}}_S-\boldsymbol{Q}_f\boldsymbol{Y}\dot{\boldsymbol{U}}_S$$

或写为

$$\boldsymbol{Y}_t\dot{\boldsymbol{U}}_t=\dot{\boldsymbol{J}}_t \tag{13-25}$$

式（13-25）中

$$\boldsymbol{Y}_t=\boldsymbol{Q}_f\boldsymbol{Y}\boldsymbol{Q}_f^{\mathrm{T}}$$

称为割集导纳矩阵，而

$$\dot{\boldsymbol{J}}_t=\boldsymbol{Q}_f\dot{\boldsymbol{I}}_S-\boldsymbol{Q}_f\boldsymbol{Y}\dot{\boldsymbol{U}}_S$$

称为割集电流源向量。式（13-25）就称为割集方程。由割集方程式可解出树支电压向量 $\dot{\boldsymbol{U}}_t$，利用式（13-23）和式（13-14）即可求得支路电压向量 $\dot{\boldsymbol{U}}_b$ 和支路电流向量 $\dot{\boldsymbol{I}}_b$。

【例 13-3】　写出图 13-7（a）所示电路的割集方程。

解　给定电路的有向图如图 13-7（b）所示，选树如图中粗线所示。

基本割集矩阵 $\boldsymbol{Q}_f$ 为

$$\boldsymbol{Q}_f=\begin{bmatrix} 1 & 1 & 1 & 0 & 0 \\ 1 & 1 & 0 & 1 & 0 \\ -1 & 0 & 0 & 0 & 1 \end{bmatrix}$$

支路电压源向量 $\dot{\boldsymbol{U}}_S=[0 \quad 0 \quad 0 \quad -\dot{U}_{S4} \quad 0]^{\mathrm{T}}$

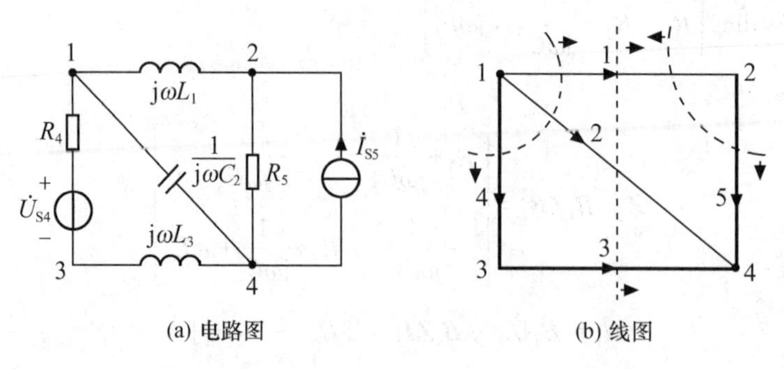

图 13-7　例 13-3 图

支路电流源向量 $\dot{\boldsymbol{I}}_{\mathrm{S}}=[0\quad 0\quad 0\quad 0\quad -\dot{I}_{\mathrm{S5}}]^{\mathrm{T}}$

支路导纳矩阵 $\boldsymbol{Y}=\mathrm{diag}\begin{bmatrix}\dfrac{1}{\mathrm{j}\omega L_1} & \mathrm{j}\omega C_2 & \dfrac{1}{\mathrm{j}\omega L_3} & G_4 & G_5\end{bmatrix}$

因此

$$\boldsymbol{Y}_{\mathrm{t}}=\boldsymbol{Q}_{\mathrm{f}}\boldsymbol{Y}\boldsymbol{Q}_{\mathrm{f}}^{\mathrm{T}}=\begin{bmatrix}\dfrac{1}{\mathrm{j}\omega L_1}+\mathrm{j}\omega C_2+\dfrac{1}{\mathrm{j}\omega L_3} & \dfrac{1}{\mathrm{j}\omega L_1}+\mathrm{j}\omega C_2 & -\dfrac{1}{\mathrm{j}\omega L_1}\\ \dfrac{1}{\mathrm{j}\omega L_1}+\mathrm{j}\omega C_2 & \dfrac{1}{\mathrm{j}\omega L_1}+\mathrm{j}\omega C_2+G_4 & -\dfrac{1}{\mathrm{j}\omega L_1}\\ -\dfrac{1}{\mathrm{j}\omega L_1} & -\dfrac{1}{\mathrm{j}\omega L_1} & \dfrac{1}{\mathrm{j}\omega L_1}+G_5\end{bmatrix}$$

$$\dot{\boldsymbol{I}}_{\mathrm{t}}=\boldsymbol{Q}_{\mathrm{f}}\dot{\boldsymbol{I}}_{\mathrm{S}}-\boldsymbol{Q}_{\mathrm{f}}\boldsymbol{Y}\dot{\boldsymbol{U}}_{\mathrm{S}}=[0\quad G_4\dot{U}_{\mathrm{S4}}\quad \dot{I}_{\mathrm{S5}}]^{\mathrm{T}}$$

故可得割集方程

$$\boldsymbol{Y}_{\mathrm{t}}\dot{\boldsymbol{U}}_{\mathrm{t}}=\dot{\boldsymbol{I}}_{\mathrm{t}}$$

本节介绍了节点分析法、回路分析法和割集分析法，其中，由于节点分析法不用选树，因此分析方法较直接，故在计算机辅助分析（CAA）中应用最为广泛；而用回路分析法或割集分析法分析网络时，必须对给定网络的有向图选择一个树，由于一个有向图往往存在多种不同形式的树，因此，回路分析法和割集分析法比节点分析法具有更多的灵活性。

思维导图

习　题

13-1　已知一个具有5个节点、8条支路的连通图，它的关联矩阵 $\boldsymbol{A}$ 为

$$
A=\begin{array}{c}\\1\\2\\3\\4\end{array}\begin{array}{c}\begin{array}{cccccccc}1&2&3&4&5&6&7&8\end{array}\\\left[\begin{array}{cccccccc}0&0&-1&1&1&0&0&-1\\0&1&0&0&0&1&0&1\\0&-1&0&0&0&0&-1&0\\-1&0&0&-1&0&0&1&0\end{array}\right]\end{array}
$$

试画出对应连通图。

13-2　有向图如题图 10-2 所示，如果选图中粗线为树，试写出其基本回路矩阵 $\boldsymbol{B}_{\mathrm{f}}$ 和基本割集矩阵 $\boldsymbol{Q}_{\mathrm{f}}$。

13-3　试列写题图 10-3 所示电路的节点方程。

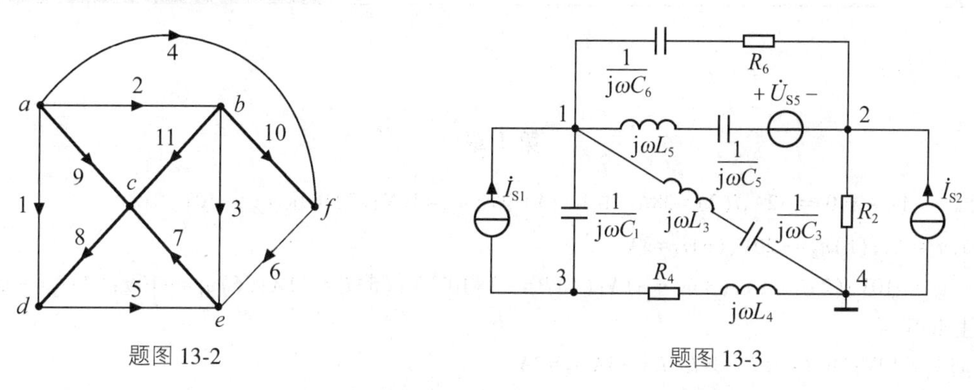

题图 13-2　　　　题图 13-3

13-4　试列出题图 10-4 所示电路的节点方程。

13-5　试列出题图 10-5 所示电路的回路方程和割集方程（选支路 3、4、5 和 6 为树支）。

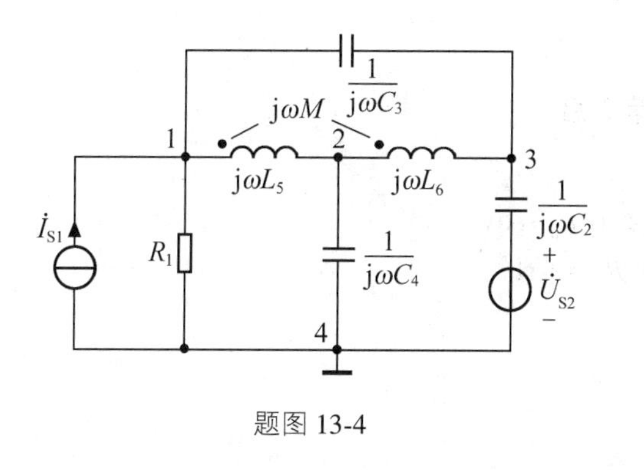

题图 13-4

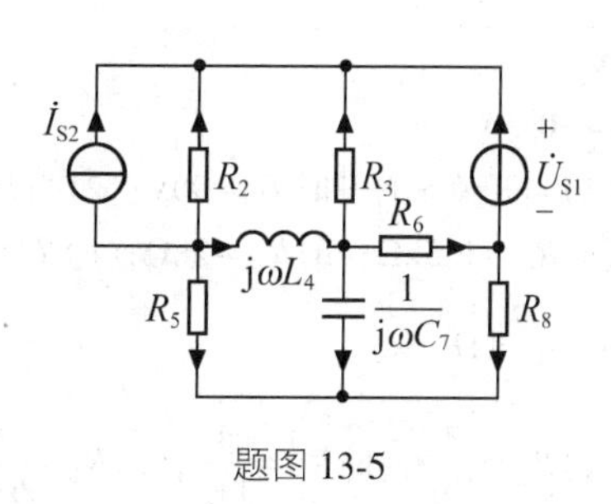

题图 13-5

部分习题参考答案

第 1 章

1-1 能。 1-2 $i(0)=-2A, i(2)=38A$ 1-3 (1)电压 $u_{ab}=10V$;(2)电压 $u_{ab}=-10V$

1-4 (a)$u_1=2i_1$;(b)$u_2=-20V$;(c)$i_3=3A$

1-5 (1)$u_a=-10V$;(2)$i_b=1A$;(3)$i_c=-1A$;(4)$P=-2\times10^{-5}W$;(5)$i_e=-1A$;(6)$u_f=-10V$;(7)$i_g=-1mA$;(8)产生 4mW

1-6 (a)$u_{ab}=10V$;(b)$I=-5A$ 1-7 $i_1=-3A, i_2=2A$

1-8 $u_1=1V, u_2=3V, u_3=5V$ 1-9 $i_1=3A, i_2=1A$

1-10 (a)$U_A=5V$;(b)$U_B=-11V$ 1-11 $i=1A$,受控源产生 24W 的功率

1-12 $I=1.5A, U=-2V$ 1-13 $I_1=-2A, I_2=1A$ 1-14 $R=7\Omega$

1-15 $I=4A, U=-2V$ 1-16 A、C 一定是电源

第 2 章

2-1 $i=-0.5A$

2-2 (1)当开关 S 打开时 $U_0=90V$;(2)当开关 S 闭合时 $U_0=60V$。

2-3 (a)$R_{ab}=1.5k\Omega$;(b)$R_{ab}=2k\Omega$;(c)$R_{ab}=1\Omega$;(d)$R_{ab}=9k\Omega$

2-4 $R_{ab}=\frac{7}{5}k\Omega$

2-5 (a)$R_{ab}=\frac{1}{1+\mu}$;(b)$R_{ab}=\frac{1}{1+\mu}$;(c)$R_{ab}=\frac{8}{6-\gamma}$

2-6 $u_x=0.4V$

2-7 (1)$I_1=2A, U_S=45V$;(2)$U_2=\frac{20}{9}V$

2-8

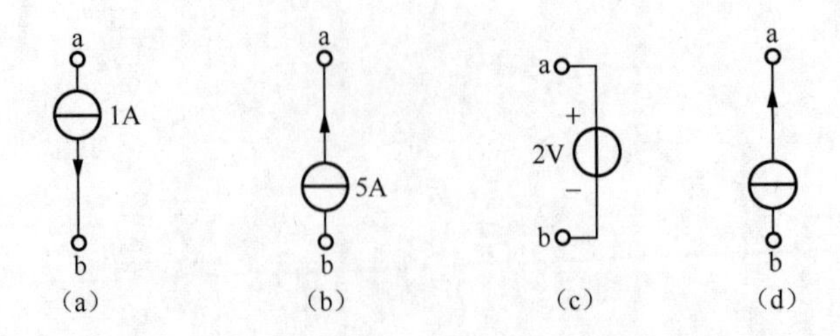

(a) (b) (c) (d)

2-9

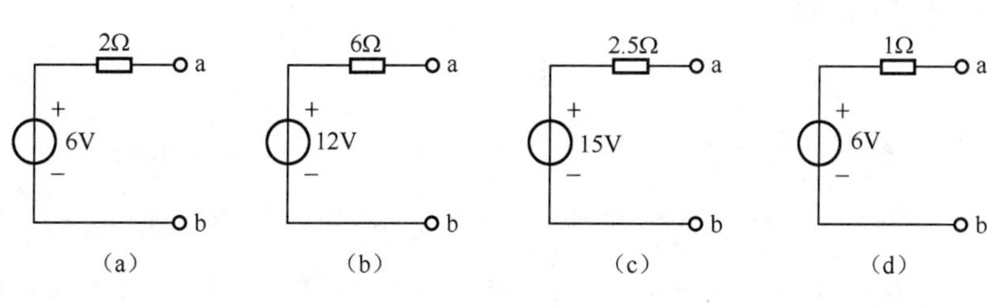

2-10

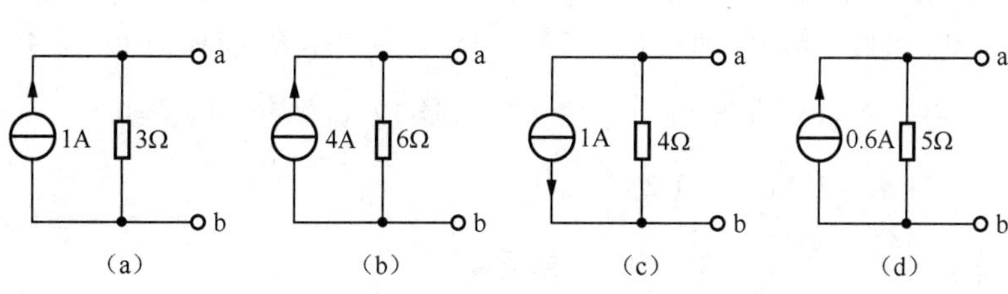

2-11 $I=6A, P=108W$

2-12 $u=1.5V$

2-13

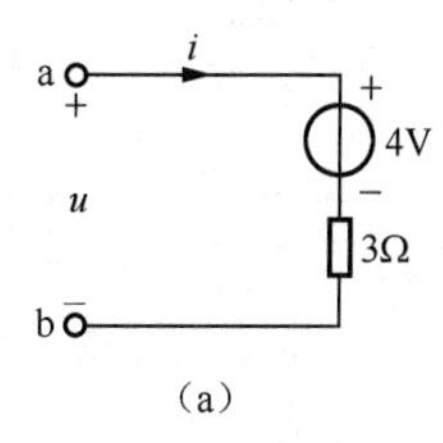

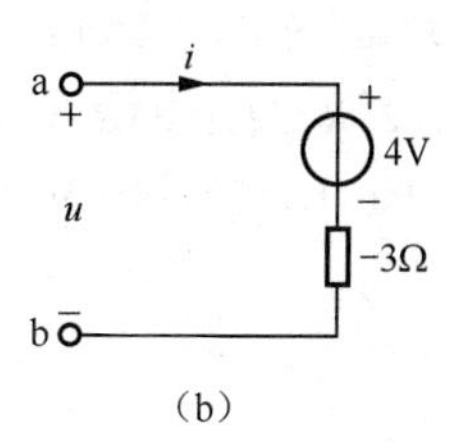

2-14 $U_1=6V$

2-15

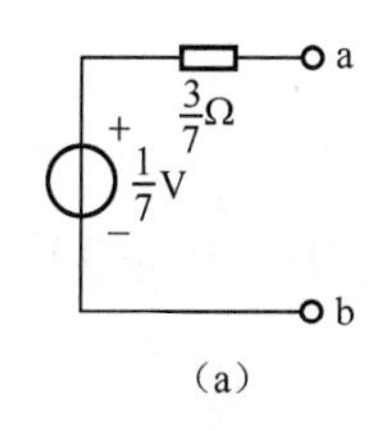

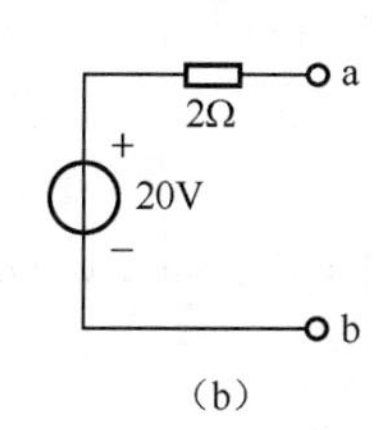

2-16

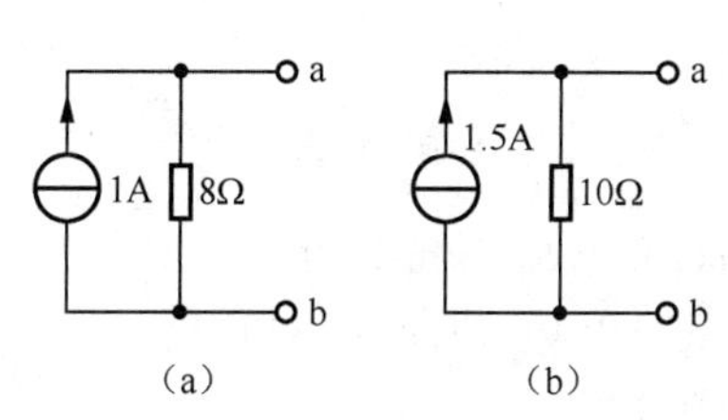

2-17 $I=0.8A, U=0.4V$

2-18 1A 电流源产生 15W 功率

2-19 (1) $U_1=-\frac{10}{3}V, I=-3A$; (2) $R=6\Omega$

2-20 受控源吸收的功率 $P=-1.125W, U_1=0.5V$

第3章

3-1 12W 12W 12W 3-2 $i_1=2A$ $i_2=-0.8A$ $i_3=-1.2A$ $u_{ab}=-8V$ 3-3 $i=2A$ 3-4 $u=48V$

3-6 (a) $i_x=3A$ (b) $u_x=5V$ 3-8 $u_{n1}=21V$ $u_{n2}=35V$ 3-9 $u=7V$ 3-13 $u_{ab}=4V$

3-16 $i=7.5A$ 3-17 $u=20V$

第4章

4-1 $i=4A$ 4-2 $u=23V$ 4-3 $i_x=2A$ 4-4 $u_x=0V$ 4-5 (1) $u_x=150V$ (2) $u_x=160V$

4-6 190mA 4-7 $i=4A$ $u=-4V$ 4-8 $u=40V$ 4-9 (a) $u_{OC}=8V$ $R_o=5\Omega$ (b) $u_{OC}=-\frac{4}{15}V$ $R_o=-\frac{8}{15}\Omega$

4-10 (a) $i_{SC}=-1A$ $R_o=6\Omega$ (b) $i_{SC}=1.5A$ $R_o=6\Omega$ 4-11 $u=6V$ 4-12 $i=1A$ 4-13 $u=0V$

4-14 (a) $R_L=5\Omega$ $P_{max}=5W$ (b) $R_L=8\Omega$ $P_{max}=2W$ 4-15 $u_{OC}=10V$ $R_o=5k\Omega$ 4-16 $u=4V$ 4-17 $u_2=4V$

4-18 $i=0.27A$ 4-19 $i_1=1A$ 4-20 $i=1A$ 4-21 $u'_1=1V$ 4-22 (1) $I_{AB}=0.5A$ (2) $I_{AB}=\frac{1}{3}A$

4-23 $U=2.1V$ 4-24 $i_1=3.2A$ $i_2=4.2A$

第5章

5-1 (1) $u_1=20.8V$ $u_2=20\sin t+0.8\sin^3 t=20.5\sin t-0.2\sin 3t V$ (2) $u\neq u_1+u_2, u\neq ku_1$

5-2 2Ω 4Ω

5-3 $u_1=0.768V$ $i_1=0.846A$; $u_2=-20V$ $i_2=32A$

5-4 (1) $U_0=0.5V, I_0=0.25A$; (2) $R=2\Omega$; (3) $R_d=1\Omega$

5-5 $u=2i-1(i<0A), u=3i-2(0<i<1A)$, $u=4i-3(i>1A)$

5-6 8.2V,17mA,200mW

5-7 4V

5-8 0.94A 0.88mA

5-9 $u=2.5V, i=2A$

5-11 3mA; $U_{OC}=1V$ $R_O=2k\Omega$

5-12 $i=0.1A$

5-13 24mA 15mA

5-14 $u_S=0$时$u=0, i=0$; $u_S=2V$时$u=1V, i=1A$; $u_S=4V$时$u=3V, i=1A$

5-15 (1) 2V, 2A (2) $2+0.3\cos t V$

5-16 $u(t)=2+\frac{1}{7}\sin t V$

第6章

6-1 (2) $w(1)=2J$ $w(2)=0.5J$ $w(3)=0.5J$ 6-2 $0.5e^{-25t}A$

6-3 (1) $C=2\mu F$ (2) $Q=4\times10^{-6}C$ (3) $P=0$ (4) $w_C=4\times10^{-6}J$

6-4 (1) $u_L(t)=10e^{-200t}V$ (2) $u_S(t)=10V$

6-5 (1) $i(t)=(1-t)e^{-t}A$ $u_L(t)=(t-2)e^{-t}V$ (2) $t=1s$ $w_{max}=0.0677J$

6-6 (2) $R=1k\Omega$ $L=1H$ 6-7 $R=1.5\Omega$ $L=0.5H$ $C=1F$

6-8 (1) $C_{ab}=6\mu F$ (2) $L_{ab}=5.2H$ 6-9 $C=0.15F$ 6-10 $i_C(0^+)=-2A$ $u_L(0^+)=0V$ $i(0^+)=2A$

6-11 (a) 8V 1A (b) 1V −0.2A 6-12 $i_L(0^+)=3.5A$ $u_L(0^+)=-2V$ $i_L'(0^+)=-0.5A/s$

6-13 $u(0^+)=1.5V$ $i(0^+)=0.5A$ 6-14 (a) $\tau=3ms$ (b) $\tau=8ms$ (c) $\tau=0.1\mu s$ (d) $\tau=1.5s$

6-15 $u_C(t)=4e^{-2500t}V(t>0)$ $i_R(t)=0.25e^{-2500t}(t>0)$ 6-16 $i_L(t)=e^{-14t}A(t>0)$, $i(t)=8/3-0.8e^{-14t}A$ $(t>0)$, $i_R(t)=0.8e^{-14t}A(t>0)$

6-17 $u_C(t)=6e^{-500t}V$ $i_L(t)=3e^{-10^6 t}mA(t>0)$ $i(t)=-3(e^{-500t}+e^{-10^6 t})mA(t>0)$ 6-18 $u(t)=-16e^{-2t}V(t>0)$

6-19 $u_C(t)=5(1-e^{-6\times10^6 t})V(t\geqslant0)$ 6-20 $i_L(t)=-0.03(1-e^{-1000t})A\ (t\geqslant0)$

6-21 $i(\infty)=0.4A, \tau=0.2s$ 6-22 $i(t)=1.25-0.25e^{-1.6t}A(t>0)$

6-23 $i_L(t)=0.6(1-e^{-100t})A(t>0)$ $i_C(t)=0.15e^{-250t}A(t>0)$

6-24 $i_L(t)=3+e^{-8t}A(t>0)$, $i_{Lzi}(t)=4e^{-8t}A(t\geqslant0)$, $i_{Lzs}(t)=3(1-e^{-8t})A(t>0)$，暂态响应分量为 $e^{-8t}A(t>0)$，稳态响应分量为 3A

6-25 (a) $i_R(t)=0.5e^{-2t}A(t>0)$ (b) $i_R(t)=-1+2e^{-5t}A(t>0)$

6-26 (1) $u_C(t)=4.75-0.75e^{-\frac{2}{3}\times10^3 t}V(t>0)$ (2) $U_{S2}=4V$ 6-27 $i_L(t)=9-5e^{-5t}A(t>0)$

6-28 $u_C(t)=1.2-0.2e^{-2.5t}V$ $t>0$, $i(t)=0.6-0.1e^{-2.5t}A$ $t>0$

6-29 $u_0(t)=\frac{5}{8}-\frac{1}{8}e^{-t}V(t>0)$ 6-30 $R=2\Omega, L=1.2H, I_S=3A$

6-31 $u_C(t)=4+6(1-e^{-20t})\varepsilon(t)V$ 6-32 $S_u(t)=1.5(1+e^{-2t})\ \varepsilon(t)$

6-33 $i_L(t)=[1-e^{-(t-2)}]\varepsilon(t-2)+[1-e^{-(t-4)}]\varepsilon(t-4)-2[1-e^{-(t-5)}]\varepsilon(t-5)+e^{-t}A, t>0$

6-34 (1) $0.5(1-e^{-2t})\varepsilon(t)V$; (2) $e^{-2t}\varepsilon(t)V$ 6-35 $2.5e^{-50t}\varepsilon(t)A$

6-36 (1) $0.1(1-e^{-10t})\varepsilon(t)-0.1(1-e^{-10(t-1)})\varepsilon(t-1)$, (2) $0.2(e^{-5t}-e^{-10t})\varepsilon(t)$

第7章

7-1 (1) $i_L(t)=(5e^{-5t}-2e^{-2t})A(t\geqslant0)$ (2) $i_L(t)=2(1-4t)\ e^{-2t}A(t\geqslant0)$ (3) $i_L(t)=-0.433e^{-2t}\sin3.464t\ A$

7-2 $u_C(t)=-316\sin316tV(t\geqslant0)$ $i_L(t)=\cos316tA(t\geqslant0)$

7-3 (1) $0.5(e^{-t}-e^{-2t})\varepsilon(t)$, (2) $(-0.5e^{-t}+e^{-2t})\varepsilon(t)$ (3) $(e^{-t}-e^{-2t})\varepsilon(t)-[e^{-(t-1)}-e^{-2(t-1)}]\varepsilon(t-1)$

7-4 $u_C(t)=6-4e^{-2t}+e^{-4t}V$ $i_L(t)=4e^{-2t}-2e^{-4t}A(t>0)$

7-5 $i(t)=(1+500t)e^{-500t}-0.4\ A, t\geqslant0$

7-6 $i(0-)=0, u_C(0-)=15V, K=-8$

7-7 $u_C(t)=-200\ e^{-10t}\sin49.97tV(t>0)$ $i_L(t)=1.02\ e^{-10t}\ \sin(49.96t+78.68°)A(t>0)$

7-8 $u(t)=0.5t\ e^{-2t}\ V(t>0)$

7-9 $L_1L_2\frac{d^2i_{L2}}{dt^2}+(L_1R_1+L_1R_2+L_2R_1)\frac{di_{L2}}{di_{L2}t}+R_1R_2i_{L2}=R_1u_S$，有实根。

7-10 $u(t)=8\ e^{-2t}-6\ e^{-3t}\ V\ (t>0)$

7-11 (1) $i_L(t)=1.581\sin0.3162t\ A(0<t<1s)$; (2) $i_L(t)=1.675e^{-0.05(t-1)}\cos[0.3122(t-1)-72.93°]\ A(t>1s)$

7-12 $u_C(t)=2-2(1+t)\ e^{-t}V(t>0)$, $i_L(t)=4-(3+2t)\ e^{-t}A(t>0)$

7-13 (1) $LC\frac{d^2u_C}{dt^2}+\frac{L}{R}\frac{du_C}{dt}+u_C=u_S$ (2) $R>10\Omega$

7-14 (1) $s^2+(1-\mu)s+4=0$ (2) $\mu=1$ 等幅振荡，$1<\mu<5$ 增幅振荡，$5<\mu$ 增幅非振荡，$-3<\mu<1$ 衰减振荡，$\mu<-3$ 衰减非振荡

第8章

8-1 $U_m=40V$ $U=28.3V$ $T=0.02s$ $f=50Hz$ $\omega=314rad/s$ $\varphi=\frac{3}{4}\pi rad$ 8-2 (1) $T=10s$ $f=0.1Hz$ $\omega=0.2\pi\approx0.628rad/s$ (2) $i(t)=5\cos(0.2\pi t-54°)A$ 8-3 $U_{1m}=10V$ $U_{2m}=16V$ $U_1=7.07V$ $U_2=11.3V$ $\theta_{12}=-120°$ 8-4 $\theta_{12}=180°$ $\theta_{13}=-120°$ $\theta_{23}=60°$ 8-5 (1) $\dot{I}_{1m}=5\angle0°A$ $\dot{I}_1=3.54\angle0°A$ (2) $\dot{I}_{2m}=10\angle-\frac{\pi}{2}A$ $\dot{I}_2=7.07\angle-\frac{\pi}{2}A$ (3) $\dot{U}_{1m}=15\angle+135°V$ $\dot{U}_1=10.06\angle+135°V$ 8-6 (1) $i_1(t)=$

$10\sqrt{2}\cos(314t+\frac{\pi}{2})$A　(2) $i_2(t)=2\cos(314t+\frac{3}{4}\pi)$A　(3) $u_1(t)=5\sqrt{2}\cos(314t+53.1°)$V　(4) $u_2(t)=5\sqrt{2}\cos(314t+45°)$V　8-7　$i_1=\sqrt{3}\cos\omega t$A　$i_2=\sqrt{3}\cos(\omega t+120°)$A　$i_3=\sqrt{3}\cos(\omega t-120°)$A　8-8　$u_{12}=10\sqrt{3}\cos(\omega t+30°)$V　$u_{23}=10\sqrt{3}\cos(\omega t-90°)$V　$u_{31}=10\sqrt{3}\cos(\omega t+150°)$V　8-9　$u=10\cos(10^3t+45°)$V　8-10　$R_1=10\Omega$　$C_2=0.02$F　$L_3=0.5$H　8-11　$i=0.1\sqrt{2}\cos(5000t-75°)$A　$u_R=6\sqrt{2}\cos(5000t-75°)$V　$u_L=6\sqrt{2}\cos(5000t+15°)$V　8-12　$u=5\sqrt{2}\cos(t-45°)$V　$i_R=\frac{\sqrt{2}}{2}\cos(t-45°)$A　$i_C=\frac{\sqrt{2}}{2}\cos(t+45°)$A　8-13　$Z=3.2+j2.4\Omega$　$R=3.2\Omega$　$L=0.24$H　$Y=0.2-j0.15$S　$G=0.2$S　$L=0.67$H　8-14　$R=3\Omega$　$C=0.125$F　8-15　(a) $Z_o=2.5-j1.5\Omega$　(b) $Z_o=2+j1\Omega$　8-16　$U=5$V　8-17　$R=10\Omega$　$L=10$mH　$I_m=1$A　8-18　$R=120\Omega$　$L=25.5$mH　8-19　10A　141V　8-20　$R_3=920\Omega$　8-21　$L_1=0.07$H　$C_2=144.8\mu$F　8-23　(a) $Z_o=1+j1\Omega$　$\dot{U}_{OC}=4+j2$V　(b) $Z_o=3+j1\Omega$　$\dot{U}_{OC}=-5+j5$V　8-24　$\dot{I}=4.14\angle 3.8°$A　8-25　(1) $P=3$W　$Q=0$Var　$S=3$VA　(2) $P=8.66$W　$Q=5$Var　$S=10$VA　(3) $P=8.66$W　$Q=-5$Var　$S=10$VA　8-27　$X_C=8\Omega$　8-28　$pf=0.275$　$C=7.8\mu$F　8-29　$Z_L=2-j2\Omega$　$P_{max}=4$W　8-30　$Z_L=0.5+j1\Omega$　$P_{max}=8$W　8-31　$I_1=11$A　$P=4356$W;$I_1=32.9$A　$P=12996$W　8-33　$I_p=7.6$A　$I_1=13.16$A　8-34　$\dot{I}_A=31\angle-75°$A　$\dot{I}_B=31\angle 165°$A　$\dot{I}_C=31\angle 45°$A　8-35　$i(t)=2+1.58\cos(2t+61.6°)$A　8-36　$38.3\angle 23.4°$A, $38.3\angle-143.4°$A, $8.8\angle 120°$A　8-37　(1) 4.5A,　(2) 7.7A, 13.4A　(3) 3.9A　8-38　$\dot{I}_A=21.2\angle-105°$A, $\dot{I}_{BC}=8.07\angle-8.26°$A, $\dot{I}_{CA}=11.8\angle 87.6°$A　8-39　191V　8-40　329V　8-41　$P=0$W　8-42　$P=18$W

第9章

9-1　a与d　a与e　c与e为同名端　9-3　(a) $u_2=-12e^{-2t}$V　(b) $u_2=3\sqrt{2}\cos(t+45°)$V　9-4　(a) 6H　(b) 5H　(c) 5H　9-5　$k=0.89$　9-6　$Z_{ab}=j1250\Omega$　$Z_{ad}=j250\Omega$　9-8　$\dot{U}_2=39.2\angle-11.3°$V　9-9　$i=0$A　9-10　$R_2=60\Omega$　$C_1=0.707\mu$F　9-11　$Z_L=0.2-j9.8$kΩ　$P_{max}=1$W　9-12　$\dot{I}=2\angle 0°$A　9-13　$u(t)=20\sqrt{2}\cos 5t$V　$i(t)=10\cos(5t+45°)$A　9-14　$\dot{I}_x=\sqrt{2}\angle 45°$A　9-15　$\dot{U}_2=3\angle-150°$V　$\dot{U}_3=3\angle 30°$V　9-16　$n=\sqrt{10}$　9-17　$n=2$　$P_{max}=1.25$W　9-18　$i=29\cos(1000t-14°)$mA　9-19　$\dot{I}_1=0$A　$\dot{U}_2=40\angle 0°$V　9-20　$i_1(t)=1.5-0.9e^{-2t}$A$(t>0)$　$u_2(t)=1.8e^{-2t}$V$(t>0)$

第10章

10-1　(a) $K_U(j\omega)=\frac{R_2}{R_1+R_2}\frac{1}{1+\frac{R_1R_2}{j\omega L(R_1+R_2)}}$　(b) $K_U(j\omega)=\frac{R_2}{R_1+R_2}\frac{1}{1+\frac{j\omega(R_1+R_2)}{R_1R_2C}}$

10-2　(a) $K_U(j\omega)=\frac{1}{1+\frac{j\omega L}{R}}$　(b) $K_U(j\omega)=\frac{R_2}{R_1+R_2}\frac{1}{1+\frac{1}{j\omega C(R_1+R_2)}}$　(c) $K_U(j\omega)=\frac{1}{1+\frac{R}{j\omega L}}$

10-3　(a) $K_I(j\omega)=-\frac{1}{1+j\omega CR}$; $\omega_C=\frac{1}{RC}$; $0\sim\omega_C$　(b) $K_I(j\omega)=-\frac{1}{1+\frac{R}{j\omega L}}$, $\omega_C=\frac{R}{L}$

10-4　$f_0=0.796$MHz, Q=80, BW=9.97kHz, $I_0=0.1$mA, $U_{L0}=U_{C0}=80$mV
10-5　L=20mH, Q=50
10-6　(1) C=45.5pF, L=45.5μH, (2) 500mV, 70kHz
10-7　$r=2.5\Omega$, L=0.4H
10-8　(1) 4rad/s, 100 (2) 100Ω, 2.5mH, 2.5mF

10-9　(1)4.5A,(2)484W

10-10　(1)$f_0=15.9\text{kHz}$,$Z_0=2\text{M}\Omega$,$\rho=4\text{k}\Omega$,$Q=500$,(2) $U=20\text{V}$

10-11　(1)$\omega_0=10^7\text{rad/s}$;(2)$1\angle0°\text{V}$;(3)50;(4)$1\angle90°\text{mA}$;0.01-j1mA

10-12　(1) $f_0=500\text{kHz}$,Q=42.5,BW=11.79kHz,(2)$f_0=500\text{kHz}$,Q=21,BW=23.58kHz,(3)L=121μH,C=798pF.

10-13　9mA　　10-14　$\omega\sqrt{LC}=1$　　10-15　$L_1=0.12\text{H}$,$L_2=0.96\text{H}$

10-16　并联谐振 $\omega_0=10^4\text{rad/s}$, $Z=100\Omega$;串联谐振 $\omega_0=2\times10^4\text{rad/s}$, $Z=50\Omega$.

10-17　0.2mF,1A

第11章

11-1　(a) $\boldsymbol{Z}=\begin{bmatrix}\frac{3}{2} & \frac{1}{2}\\ \frac{1}{2} & \frac{3}{2}\end{bmatrix}$　(b) $\boldsymbol{Z}=\begin{bmatrix}R_b+R_e & R_e\\ R_e-\beta R_c & R_c+R_e\end{bmatrix}$

11-2　(a) $\boldsymbol{Y}=\begin{bmatrix}\frac{5}{3} & -\frac{4}{3}\\ -\frac{4}{3} & \frac{5}{3}\end{bmatrix}$　(b) $\boldsymbol{Y}=\begin{bmatrix}\frac{1}{R}+\text{j}\omega C & -\text{j}\omega C\\ g_m-\text{j}\omega C & \text{j}\omega C\end{bmatrix}$

11-3　(a) $\boldsymbol{A}=\begin{bmatrix}-0.25 & \text{j}15\\ \text{j}0.075 & 0.5\end{bmatrix}$　(b) $\boldsymbol{H}=\begin{bmatrix}2 & 2\\ -2 & \text{j}\omega\end{bmatrix}$

11-4　$I=1.136\text{A}$

11-5　(1) $R=2.4\Omega$　(2) $P_{\text{Lmax}}=1.35\text{W}$　$P_{U_S}=18.9\text{W}$

11-6　(a) $\sqrt{\frac{L}{C}-\frac{(\omega L)^2}{4}}$　(b) $\sqrt{\frac{4(\omega L)^2}{4\omega^2LC-1}}$

11-7　-200Ω　　11-8　3Ω　　11-9　(a) $\begin{bmatrix}A & B\\ YA+C & YB+D\end{bmatrix}$　(b) $\begin{bmatrix}A & ZA+B\\ C & ZC+D\end{bmatrix}$

11-10　$\omega_0=\sqrt{\frac{2}{LC}}$　$L=2rRC$　　11-11　$R_{eq}=10^6\Omega$　$L_{eq}=1\text{H}$　　11-12　$\frac{\dot{U}_2}{\dot{U}_1}=\frac{1}{\text{j}\omega-\omega^2+1}$

第12章

12-1　(1)$\frac{1}{s}(1-\text{e}^{-s})$　(2)$\frac{1}{(s+1)^2}$　(3)$\frac{s^2-\omega_0{}^2}{(s^2+\omega_0{}^2)^2}$　(4)$\frac{\text{e}^{-(s+2)}}{s+2}$　(5)$\frac{s+6}{s^2+9}$　(6)$\frac{1}{s}-\frac{1}{s+2}$　(12) 2e^{-s}

(8)$\frac{s+2}{(s+2)^2+25}$

12-2　(1)$\frac{A}{Ts^2}-\frac{A\text{e}^{-sT}}{s(1-\text{e}^{-sT})}$　(2)$\frac{A}{s(1+\text{e}^{-sT/2})}$　(3)$\frac{A}{1-\text{e}^{sT}}$

12-3　(1)$\frac{3}{s^2+9}$;(2)$\frac{3}{(s+1)^2+9}$;(3)$\frac{3s}{(s+1)^2+9}$;(4)$\frac{6(s+1)}{[(s+1)^2+9]^2}$

12-4　(1)1; (2)0; (3)1/3; (4)1

12-5　(1)0;(2)0;(3)不存在;(4)1/6;(5)2;(6) 0

12-6　(1)$-\text{e}^{-2t}\varepsilon(t)+2\text{e}^{-3t}\varepsilon(t)$;(2)$\text{e}^{-t}\sin t\varepsilon(t)$;(3)$[1+2\text{e}^{-2t}\sin t]\varepsilon(t)$;(4)$\text{e}^{-t}-\text{e}^{-2t}-t\text{e}^{-2t}$

12-7　(1)$(\text{e}^{-t}+2\text{e}^{-2t}-3\text{e}^{-3t})\varepsilon(t)$;(2)$\text{e}^{-t}(2\cos3t+\frac{1}{3}\sin3t)\varepsilon(t)$;(3)$(3\text{e}^{-2t}+2\text{e}^{-3t})\varepsilon(t)+\delta(t)$;

(4)$\text{e}^{-2t}+2\sin t-\cos t$;(5)$(1+t+2\text{e}^{-t})\varepsilon(t)$;(6)$1+\sqrt{2}\sin(2t-45°)$

12-8　(1)$1+\text{e}^{-2t}$,$t>0$　(2)$(\text{e}^{-t}-\text{e}^{-2t})$　$t>0$　(3)$(2+6t)\text{e}^{-2t}$,$t>0$　(4)$\text{e}^{-3t}\sin4t$,$t>0$

12-9 $e^{-0.5t}(\cos\frac{\sqrt{3}}{2}t-\frac{1}{\sqrt{3}}\sin\frac{\sqrt{3}}{2}t),t\geqslant 0$

12-10 $(e^{-t}-e^{-2t})\ \varepsilon(t)\mathrm{A},(e^{-2t}-e^{-t})\ \varepsilon(t)\mathrm{V}$

12-11 $0.5[e^{-t}(\cos t+\sin t)+1]\varepsilon(t)$

12-12 $(2.5+5t-2.5e^{-2t})\varepsilon(t)$

12-13 $(-1/3+4/3e^{-6t}-3/2e^{-5t}+te^{-5t})\ \varepsilon(t)$

12-14 $(e^{-0.5t}-e^{-t})\ \varepsilon(t)$

12-15 $e^{-t}(\cos 2t+\sin 2t),t\geqslant 0$

12-16 $(3-0.6e^{-40t})\ \varepsilon(t)\mathrm{V},4.8\delta(t)+48e^{-40t}\varepsilon(t)\mathrm{mA}$

12-17 (1) $1/(s^2+2s+1)$;(2) $te^{-t}\varepsilon(t)$;(3) $i_L(0^-)=1,u_C(0^-)=0$

12-18 $2\sqrt{3}e^{-t}\sin\sqrt{3}t\ \varepsilon(t)\mathrm{V}$

第13章

13-2

$$
B_f=\begin{array}{c} \begin{matrix}1&2&3&4&5&6&7&8&9&10&11\end{matrix}\\ \left[\begin{array}{cccccc:ccccc}
1&0&0&0&0&0&0&-1&-1&0&0\\
0&1&0&0&0&0&0&0&-1&0&1\\
0&0&1&0&0&0&1&0&0&0&-1\\
0&0&0&1&0&0&0&0&-1&-1&1\\
0&0&0&0&1&0&1&1&0&0&0\\
0&0&0&0&0&1&1&0&0&1&-1
\end{array}\right]\end{array}
$$

$$
Q_f=\begin{array}{c} \begin{matrix}1&2&3&4&5&6&7&8&9&10&11\end{matrix}\\ \left[\begin{array}{cccccc:ccccc}
0&0&-1&0&-1&-1&1&0&0&0&0\\
1&0&0&0&-1&0&0&1&0&0&0\\
1&1&0&1&0&0&0&0&1&0&0\\
0&0&0&1&0&-1&0&0&0&1&0\\
0&-1&1&-1&0&1&0&0&0&0&1
\end{array}\right]\end{array}
$$

13-3

$$
\begin{bmatrix}
Y_1+Y_3+Y_5+Y_6 & -Y_5-Y_6 & -Y_1\\
-Y_5-Y_6 & Y_2+Y_5+Y_6 & 0\\
-Y_1 & 0 & Y_1+Y_4
\end{bmatrix}
\begin{bmatrix}\dot{U}_{n1}\\ \dot{U}_{n2}\\ \dot{U}_{n3}\end{bmatrix}
=
\begin{bmatrix}\dot{I}_{S1}+Y_5\dot{U}_{S5}\\ \dot{I}_{S2}-Y_5\dot{U}_{S5}\\ -\dot{I}_{S1}\end{bmatrix}
$$

其中 $Y_1=j\omega C_1\quad Y_2=\frac{1}{R_2}\quad Y_3=\frac{1}{j\omega L_3+\frac{1}{j\omega C_3}}\quad Y_4=\frac{1}{R_4+j\omega L_4}\quad Y_5=\frac{1}{j\omega L_5+\frac{1}{j\omega C_5}}\quad Y_6=\frac{1}{R_6+\frac{1}{j\omega L_6}}$

13-4

$$
\begin{bmatrix}
\frac{1}{R_1}+j\omega C_3+\frac{L_6}{D} & -\left(\frac{L_6+M}{D}\right) & -j\omega C_3+\frac{M}{D}\\
-\left(\frac{L_6+M}{D}\right) & j\omega C_4+\frac{L_5+L_6+2M}{D} & -\left(\frac{L_5+M}{D}\right)\\
-j\omega C_3+\frac{M}{D} & -\left(\frac{L_5+M}{D}\right) & j\omega C_2+j\omega C_3+\frac{L_5}{D}
\end{bmatrix}
\begin{bmatrix}\dot{U}_{n1}\\ \dot{U}_{n2}\\ \dot{U}_{n3}\end{bmatrix}
=
\begin{bmatrix}\dot{I}_{S1}\\ 0\\ j\omega C_2\dot{U}_{S2}\end{bmatrix}
$$

其中 $D=j\omega(L_5L_6-M^2)$

参 考 文 献

[1] 狄苏尔 C A，葛守仁著．林争辉主译．电路基本理论．北京:高等教育出版社，1979.

[2] 聂孟，捷米尔强著．周昌源译．电工理论基础．北京:高等教育出版社，1990.

[3] 李翰荪．电路分析基础(第四版)．北京:高等教育出版社，2006.

[4] 邱关源．电路(修订本)．北京:高等教育出版社，1978.

[5] 吴锡龙．电路分析导论．北京:高等教育出版社，1987.

[6] 林争辉．电路理论．第一卷．北京:高等教育出版社，1988.

[7] 裴留庆．电路理论基础．北京:北京师范大学出版社，1983.

[8] 王蔼．基本电路理论．上海:上海交通大学出版社，1986.

[9] 刘元干．电路理论基础．北京:人民邮电出版社，1982.

[10] 杨山．电路理论基础．天津:天津大学出版社，1993.

[11] 许健雷．电路与信号分析．北京:人民邮电出版社，1983.

[12] 陈惠开著．范定松，张玲玲译．应用图论:图和电网络．北京:人民邮电出版社，1990.

[13] 徐光藻，陈洪亮．电路分析理论．合肥:中国科学技术大学出版社，1990.

[14] 霍锡真，侯自立．电路分析．北京:北京邮电学院出版社，1994.

[15] 张永瑞，杨林跃，张雅兰．电路分析基础(第二版)．西安:西安电子科技大学出版社，1998.

[16] 江泽佳．电路原理．北京:高等教育出版社，1992.

[17] 潘士先，杜裕曾，刘昭华．电路分析．北京:北京航空航天大学出版社，1980.

[18] 谢嘉奎，谢洪勋，金宝琴．电子电路．北京:高等教育出版社，1987.

[19] 管致中，沙玉钧，夏恭恪．电路，信号与系统．北京:人民邮电出版社，1979.

[20] 吴叔美，王济清，江金容．电路基础．北京:人民邮电出版社，1987.

[21] 王曙钊．电路分析．西安:西北工业大学出版社，1996.

[22] 吴大正，王玉华．电路基础(修订版)．西安:西安电子科技大学出版社，2000.

[23] 张金栋，韩家富．电路分析基础．重庆:重庆大学出版社，1998.

[24] 江缉光．电路原理．北京:清华大学出版社，1997.

[25] 范承志，江传桂，孙士乾．电路原理．北京:机械工业出版社，2001.

[26] 孙桂瑛．电路理论基础(修订版)．哈尔滨:哈尔滨工业大学出版社，2001.

[27] Chua L O，Desor C A，Kuh E S. Linear and Nonlinear Circuits. McGraw-Hall Inc，1987.

[28] 王志功．电路与电子线路基础电路部分．北京:高等教育出版社，2012.

[29] Chua L O，Lin P M. Computer-Aided Analysis of Electronic Circuits. Prentice-Hall Inc，1975.

[30] Huelsman L P. Basic Circuit Theory with Digital Computations. Prentice-Hall Inc，1972.

[31] Franco S. Electric Circuit Fundamentals. Saunders College Publishing,1995.
[32] 陈小平,李长杰．电路原理(第二版)．北京:机械工业出版社,2011.
[33]黄锦安．电路(第二版)．北京:机械工业出版社,2003.
[34]李丽敏．张玉峰．电路分析基础．北京:人民邮电出版社,2014.
[35]黄学良．电路基础．北京:机械工业出版社,2007.
[36]毕淑娥．电路分析基础．北京:机械工业出版社,2015.
[37]朱桂萍，于歆杰，陆文娟．电路原理．北京:高等教育出版社,2016.
[38]沈元隆，刘陈．电路分析基础(第三版)．北京:人民邮电出版社,2007.
[39]张宇飞，史学军，周井泉．电路．北京:机械工业出版社,2015.